普通高等教育“十一五”国家级规划教材
普通高等教育电气工程与自动化类“十一五”规划教材

# 自动控制理论

王孝武　方　敏　葛锁良　编

机械工业出版社

本书为普通高等教育“十一五”国家级规划教材。

本书系统地介绍了经典控制理论的基本理论和基本方法，包括控制系统建模、线性定常连续系统的时域分析法、根轨迹法和频域分析法；利用频率法和根轨迹法进行系统校正，以达到期望的性能。书中同时较详细地介绍了线性定常离散控制系统的建模、系统分析和校正的基本理论和方法。对于非线性系统，介绍了应用相平面法和描述函数法分析系统性能以及常用的改进控制系统性能的基本方法。

本书的内容阐述循序渐进，富有启发性；论证与实例配合紧密；注意各章节之间内容的衔接，可读性强，便于自学；重视理论联系实际，各章配有 MATLAB 仿真实例。本书配有电子教案，欢迎选用本书的老师登录 www. cmpedu. com 注册下载。

本书可作为自动化、电气工程及其自动化、计算机科学与技术、电子信息工程、测控技术等专业本科生教材，也可供从事这些领域的工程技术人员参考。

**图书在版编目（CIP）数据**

自动控制理论/王孝武，方敏，葛锁良编．—北京：机械工业出版社，2009.8（2024.8 重印）

普通高等教育“十一五”国家级规划教材．普通高等教育电气工程与自动化类“十一五”规划教材

ISBN 978-7-111-27618-0

Ⅰ．自…　Ⅱ．①王…②方…③葛…　Ⅲ．自动控制理论—高等学校—教材　Ⅳ．TP13

中国版本图书馆 CIP 数据核字（2009）第 117758 号

机械工业出版社（北京市百万庄大街 22 号　邮政编码 100037）
策划编辑：王保家　责任编辑：王雅新　版式设计：霍永明
责任校对：刘志文　责任印制：单爱军
北京虎彩文化传播有限公司印刷
2024 年 8 月第 1 版第 7 次印刷
184mm × 260mm · 26. 75 印张 · 660 千字
标准书号：ISBN 978-7-111-27618-0
定价：69. 80 元

电话服务　网络服务
客服电话：010-88361066　机　工　官　网：www. cmpbook. com
010-88379833　机　工　官　博：weibo. com/cmp1952
010-68326294　金　　书　　网：www. golden-book. com
**封底无防伪标均为盗版**　机工教育服务网：www. cmpedu. com

# 全国高等学校电气工程与自动化系列教材
# 编 审 委 员 会

# 序

随着科学技术的不断进步，电气工程与自动化技术正以令人瞩目的发展速度，改变着我国工业的整体面貌。同时，对社会的生产方式、人们的生活方式和思想观念也产生了重大的影响，并在现代化建设中发挥着越来越重要的作用。随着与信息科学、计算机科学和能源科学等相关学科的交叉融合，它正在向智能化、网络化和集成化的方向发展。

教育是培养人才和增强民族创新能力的基础，高等学校作为国家培养人才的主要基地，肩负着教书育人的神圣使命。在实际教学中，根据社会需求，构建具有时代特征、反映最新科技成果的知识体系是每个教育工作者义不容辞的光荣任务。

教书育人，教材先行。机械工业出版社几十年来出版了大量的电气工程与自动化类教材，有些教材十几年、几十年长盛不衰，有着很好的基础。为了适应我国目前高等学校电气工程与自动化类专业人才培养的需要，配合各高等学校的教学改革进程，满足不同类型、不同层次的学校在课程设置上的需求，由中国机械工业教育协会电气工程及自动化学科教学委员会、中国电工技术学会高校工业自动化教学专业委员会、机械工业出版社共同发起成立了“全国高等学校电气工程与自动化系列教材编审委员会”，组织出版新的电气工程与自动化类系列教材。这类教材基于“**加强基础，削枝强干，循序渐进，力求创新**”的原则，通过对传统课程内容的整合、交融和改革，以不同的模块组合来满足各类学校特色办学的需要。并力求做到：

**1. 适用性**：结合电气工程与自动化类专业的培养目标、专业定位，按技术基础课、专业基础课、专业课和教学实践等环节，进行选材组稿。对有的具有特色的教材采取一纲多本的方法。注重课程之间的交叉与衔接，在满足系统性的前提下，尽量减少内容上的重复。

**2. 示范性**：力求教材中展现的教学理念、知识体系、知识点和实施方案在本领域中具有广泛的辐射性和示范性，代表并引导教学发展的趋势和方向。

**3. 创新性**：在教材编写中强调与时俱进，对原有的知识体系进行实质性的改革和发展，鼓励教材涵盖新体系、新内容、新技术，注重教学理论创新和实践创新，以适应新形势下的教学规律。

**4. 权威性**：本系列教材的编委由长期工作在教学第一线的知名教授和学者组成。他们知识渊博，经验丰富。组稿过程严谨细致，对书目确定、主编征集、资料申报和专家评审等都有明确的规范和要求，为确保教材的高质量提供了有力保障。

此套教材的顺利出版，先后得到全国数十所高校相关领导的大力支持和广大骨干教师的积极参与，在此谨表示衷心的感谢，并欢迎广大师生提出宝贵的意见和建议。

此套教材的出版如能在转变教学思想、推动教学改革、更新专业知识体系、创造适应学生个性和多样化发展的学习环境、培养学生的创新能力等方面收到成效，我们将会感到莫大的欣慰。

**全国高等学校电气工程与自动化系列教材编审委员会**

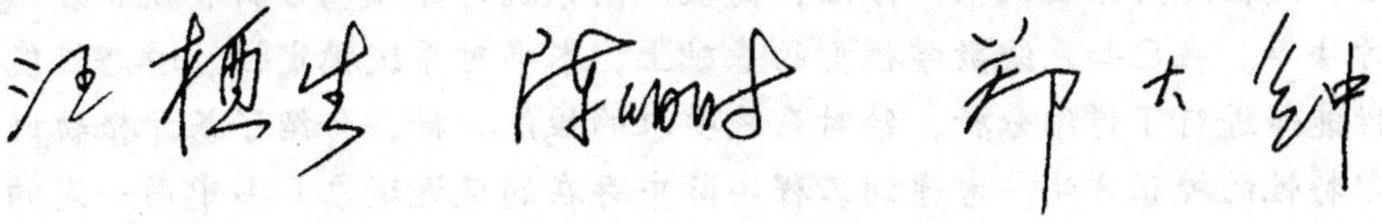

# 前　言

本书为普通高等教育“十一五”国家级规划教材。

根据教育部高等学校自动化专业教学指导分委员会制定的《普通高等学校自动化专业规范》中关于“自动控制理论”课程的知识点要求，本书系统全面地介绍了经典控制理论，主要内容包括连续时间系统的建模方法；线性定常系统的时域分析法、根轨迹分析法、频域分析法；线性定常系统的校正方法；离散时间系统的建模、分析和校正方法；非线性系统的分析方法等。在已知系统数学模型的基础上，本书对系统稳定性、瞬态性能、稳态性能和抗干扰性能等进行了详细分析，针对系统要求的性能指标，介绍了基于根轨迹的校正方法和基于频率特性的校正方法。考虑到工程实际中存在的延迟现象，书中用一定的篇幅介绍了延迟系统的分析和校正。本书在内容上注意与《现代控制理论基础》（王孝武主编）一书的衔接，可与该书配套使用。

在编写方法上，本书从实例出发，引出问题，进而分析问题，解决问题。书中内容的阐述循序渐进，富有启发性，论证与实例配合紧密，并注意各章节之间的呼应，可读性强，便于自学。考虑到 MATLAB 编程语言已有专门课程介绍，本书直接应用 MATLAB 编程语言进行系统的模型描述、性能分析和校正设计。

本书可作为自动化、电气工程及其自动化、计算机科学与技术、电子信息工程、测控等专业本科生教材，也可供从事这些领域的工程技术人员参考。

本书由合肥工业大学王孝武教授、方敏教授、葛锁良副教授合编，王孝武编写第 1、4 章，方敏编写第 2、6、7 章，葛锁良编写第 3、5、8 章。

本书由上海交通大学田作华教授、中国科技大学李嗣福教授主审，他们对本书作了严谨、认真的审阅，提出了许多宝贵的意见，在此谨向他们表示衷心的感谢。

本书得到全国高等学校电气工程与自动化系列教材编审委员会的关心和帮助，得到机械工业出版社和合肥工业大学的大力支持和资助，在此一并致谢。

在编写本书时，参考了一些专家、教授的专著和教材，在本书完稿之际，向他们致以衷心的感谢。

由于编者水平有限，书中的不妥和错误之处恳请指正。

**编　者**

**2009 年 2 月于合肥工业大学**

# 目　录

# 第1章　绪　论

## 1.1　自动控制与自动控制系统

在国民经济各部门中，自动控制起着十分重要的作用。它不仅可以提高劳动生产率和产品质量、改善劳动条件，而且在人类开发利用自然资源和改善人民物质生活等方面都起着极为重要的作用。特别是在导弹制导、正确命中目标，宇宙飞船能够按照预定的轨道运行并安全返回地面等方面，不采用自动控制是不可能实现的。因此，自动控制是实现工业、农业、科学技术和国防现代化的重要技术手段，已被列为当今最有前途的领域之一，它的发展和应用是无可限量的。

什么是自动控制呢？从字面上讲，控制是使被控对象具有某种状态或具有要求的性能。而自动控制，就是在不需要人直接参与的情况下，控制被控对象，使之达到预定状态或所要求的性能。所谓被控对象，是指由一些机器零件有机组合在一起、完成一个（些）特定的运动规律或实现所要求任务的设备或装置。例如机床、雷达天线、加热炉、宇宙飞船等等。被控对象也可以是一个过程，是由一系列逐渐变化、以相对固定的规律发生、发展，最后导致一个特定的结果或状态。如化工过程、生物学过程或社会经济领域。通过控制，使它们达到预定的状态和（或）所要求的性能。对被控对象实施控制的装置称为控制装置或称为控制器。控制器通常是由一些元、部件组成的。控制器与被控对象构成的整体称为自动控制系统。一般地说，系统是指由一些相互制约的部件组成的完成一定任务或具有一定功能的整体。而自动控制系统则指具有自动控制功能的系统。下面举例说明自动控制系统的组成和工作原理。

**例1-1**　水箱的水位控制系统。水箱的水位控制系统如图1-1a所示。在工作过程中，要求水箱的水位保持一定的高度 $H_i$。水箱的进水量 $Q_1$ 由控制阀的开度进行控制。水位的高度由浮子带动水位指示盘的指针指示。出水量 $Q_2$ 是由用户操纵出水阀的开度大小来决定的。如果要保持水箱水位在一定高度，必须根据指示盘指示的水位由人工操纵控制阀控制进水量。若水位比要求的水位高了，则操纵控制阀，使其开度减小，流入水箱的水量 $Q_1$ 相应减少；反之，若水位比要求的水位低了，则使控制阀开度增大，流入水箱的水量 $Q_1$ 相应增加。从而维持水箱的水位保持在要求的高度。这种靠人来控制，在精确、快速的系统中是不能满足要求的，也不利于减轻劳动强度。在图1-1a中，水箱是被控制的对象，水位指示盘、控制阀和操作者构成控制器。两者的组合构成水箱水位的控制系统。该系统通过操作者的直接参与达到控制水箱水位的目的，但不是自动控制。如何实现自动控制呢？在这个系统中，如果能够根据水箱内的水位高低，通过控制控制阀的开度自动调整进水量 $Q_1$ 的大小，就可以使水箱的水位维持在要求的高度，即 $H_o \approx H_i$。为此，在图1-1a的基础上，加上一个杠杆机构，如图1-1b所示，就可以实现水位的自动控制。图中浮子随水箱中的水位高低而上下移动，反映水位的实际高度 $H_o$（这里浮子也反映要求水位高度 $H_i$ 和实际水位高度 $H_o$ 之差）。

浮子推动杠杆机构，驱动控制阀的开度，便可以实现水位的自动调整，使水位在一定准确度下维持 $H_o = H_i$。如何自动调整呢？假设初始水位 $H_o = H_i$，如果出水量 $Q_2$ 增大，在控制阀开度未改变情况下，实际水位 $H_o$ 下降，浮子下移，通过杠杆机构，使控制阀的开度增大，$Q_1$ 增加，使 $H_o$ 增大，直到 $H_o = H_i$；反之，出水量 $Q_2$ 减少，$H_o$ 增大，浮子上移，推动杠杆机构使控制阀开度减小，$Q_1$ 减小，使 $H_o$ 下降，直到 $H_o = H_i$。

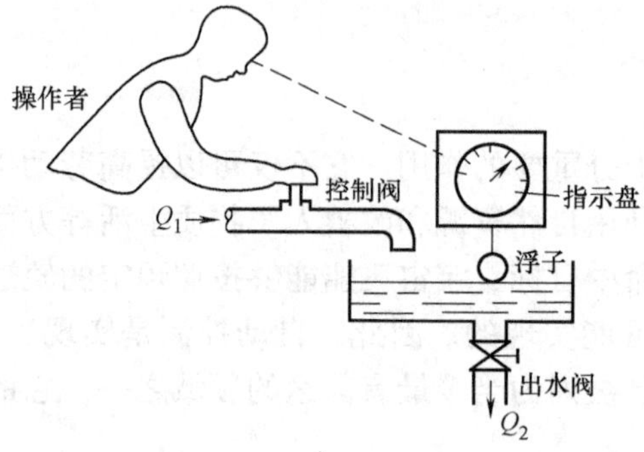


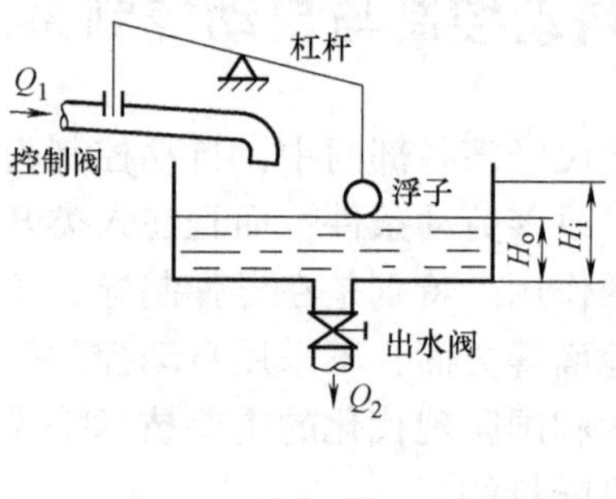


图 1-1

在这个水位控制系统中，水箱是被控对象，要求的水位高度 $H_i$ 是给定量或称系统输入量；水位的实际高度 $H_o$ 是被控制量或称输出量；出水量 $Q_2$ 和进水压力等因素是影响水位保持 $H_i$ 不变的量，称为扰动量，其中 $Q_2$ 是影响水位保持 $H_i$ 的主要因素，称为主扰动；控制阀是执行元件，其开度大小是控制量；浮子及杠杆机构起测量比较作用，它将系统的输出量 $H_o$ 与输入量 $H_i$ 进行比较。这种将系统输出量与输入量进行比较的控制方式称为反馈控制方式。反馈信号的量值称为反馈量。若输入量与反馈量相减，称这种反馈为负反馈，否则称为正反馈。反馈控制原理在工程中有相当广泛的应用，例如石化工业中用来控制湿度、流量、压力、反应物质的浓度以及机械工业中的电动机速度控制等。

**例 1-2** 位置控制系统。位置控制系统的简化电路如图 1-2 所示。系统包括由两个电位器并联的电桥构成的角度测量比较元件、电压放大器、功率放大器、执行电动机和齿轮传动机构等。手柄 A 与发送电位器 $RP_1$ 的滑臂相联，发送电位器 $RP_1$ 和接收电位器 $RP_2$ 连成电桥。接收电位器 $RP_2$ 与系统的负载轴机械相连。系统的输入是手柄 A 转动的角度 $\theta_i$，输出是负载轴的角度 $\theta_o$。系统控制的目标是使输出量 $\theta_o$ 精确地跟随输入量 $\theta_i$。电桥用来比较 $\theta_i$ 和 $\theta_o$，得到角度的位置误差信号 $\Delta\theta = \theta_i - \theta_o$，并将 $\Delta\theta$ 转换成电压信号。经过电压放大、功率放大后的电压 $u_D$ 加到直流他励电动机电枢上。电动机经过齿轮机构带动负载转动，同时带动接收电位器 $RP_2$ 的滑臂转动。滑臂转动的方向是使误差 $\Delta\theta$ 减小的方向。当 $\theta_o = \theta_i$ 时，电动机就不再转动。从而实现了输出量精确地跟随输入量。可见，这个系统是一个具有位置负反馈的自动控制系统。它是按照位置误差进行自动调整的，只要 $\theta_o \neq \theta_i$，系统就自动地进行调整，直到 $\theta_o = \theta_i$。

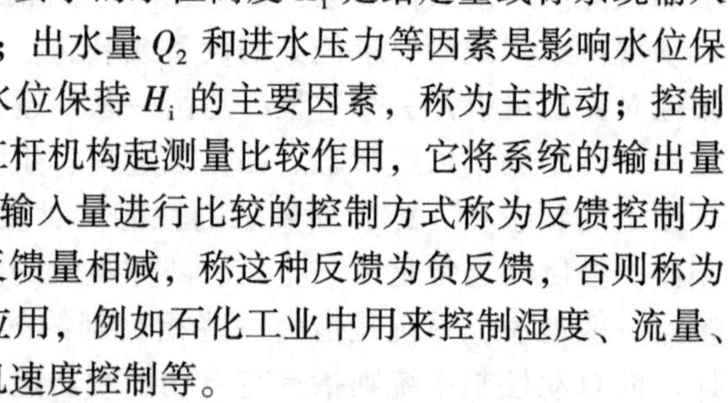


图 1-2

系统中负载是被控对象，输出轴与接收电位器 $RP_2$ 的机械连接构成系统的主反馈。影响该系统实现 $\theta_o$ 跟踪 $\theta_i$ 的因素为负载变化、电网电压变化等，其中负载变化是影响 $\theta_o$ 准确跟踪 $\theta_i$ 的主要因素，是系统的主扰动。

在负载轴上安装一个永磁式测速发电机 TG，其输出电压正比于输出角 $\theta_o$ 的导数即负载的角速度，加到放大器上，极性与控制电压 $u_A$ 相反，形成的速度负反馈称为局部反馈，目的是进一步改善控制系统的性能。

这种系统应用很广，例如机床进给系统的位置控制、轮船舵的控制系统、冶金工厂的飞剪控制系统等。

**例 1-3** 热压炉温度控制系统。热压炉是用于满足晶体管、集成电路等器件制造过程中各种外延烧结和扩散工艺要求的加热设备，其构造如图 1-3 所示。炉丝为石墨材料制成，炉内加入一定压力的惰性气体氮气，防止石墨氧化而损坏。炉丝由晶闸管电路供电，采用相控方式，通过控制炉丝电压（电流），进而控制炉温。炉子的温度在 1000～2000℃ 内可调。为了实现温度的自动控制，测量炉内温度的热电偶输出电压（mV）与毫伏定值器的设定值（mV）相比较，差值经放大后，控制晶闸管导通角，从而自动控制炉丝电压（电流）。在设定的温度下，如果炉内温度低于设定值，误差电压经放大后，使晶闸管导通角增大，炉丝电压（电流）增加，炉温升高；反之，炉温高了，误差电压经放大后，使晶闸管导通角减小，加到炉丝上的电压减小，炉温下降，从而保持炉内温度为设定值。这是一个温度负反馈自动控制系统。

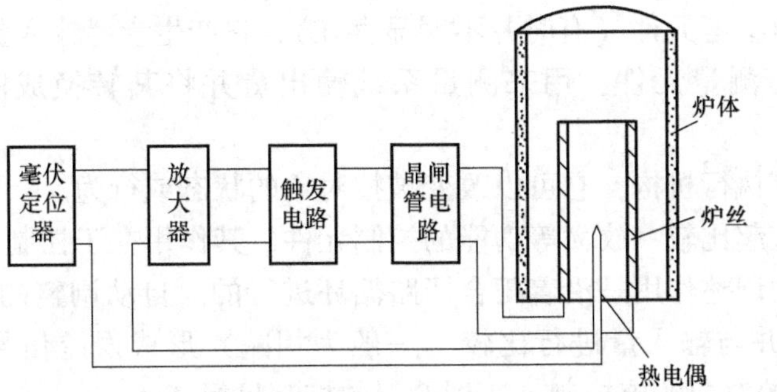


图 1-3

在这个例子中，被控对象是热压炉，它是一个具有时间延迟的大惯性设备。供电电源电压波动、环境温度变化、炉门开启次数等因素影响炉内温度保持在设定值，是扰动信号。

在自动控制系统中，若考虑物体从一点至另一点的传输时间、执行元件的动作时间以及计算机控制中复杂运算所需时间等因素时，严格地说均属于具有时间延迟的自动控制系统。

**例 1-4** 机器人机械手的计算机控制。机械手计算机控制系统的结构如图 1-4 所示。机械手是被控对象，其位置是被控量（系统输出量），它是连续时间信号。由测量元件测量机械手位置，经采样器进行采样，得到离散时间形式的位置信号。经模数转换器 A/D 将其转换成数字信号，送入计算机，并与计算机中设定的参考信号相减（负反馈），得到误差信号。计算机对误差信号进行计算，计算结果由数模转换器 D/A 转换成连续时间形式的模拟信号，经放大器放大，控制直流电动机（执行元件），从而驱动机械手，使其趋于希望的位置。

该系统的自动调整作用是这样进行的：如果机械手偏离希望位置，误差不为零。计算机根据误差的大小和符号，计算出控制量，经放大器放大后，加到直流电动机电枢上，使直流电动机转动，驱使机械手向希望的位置移动直到位置误差等于零，此时计算机输出的控制信号为零，直流电动机停止转动。

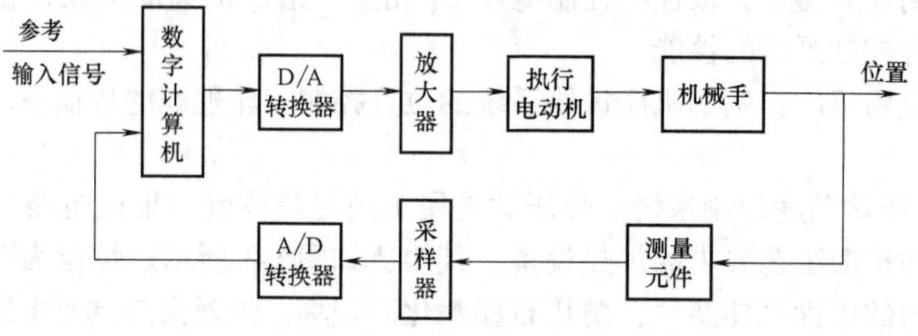


图 1-4

## 1.2 自动控制系统

### 1.2.1 自动控制系统的组成

由上面列举的几个例子可见，系统实现自动控制的共同特征是：

1）系统中含有参考元件（有时并不明显存在），它产生参考输入量或给定量。

2）系统中含有测量元件，用来测量系统输出量并将其转换成能与输入量相比较的量。

3）系统中含有执行机构，它可以改变被控对象的状态或行为。

4）系统中含有起比较、放大等功能的控制元件，其作用在于控制执行机构。

5）系统的自动调整作用是沿着闭合回路循环进行的。自动调整的全部过程就是通过测量元件测量被控量并与输入量进行比较（一般为相减）形成误差信号，误差信号经放大，驱动执行机构对被控对象实施控制，达到希望的控制目标。

上述特征表明，构成一个自动控制系统一般包括下面几部分：

1）被控对象指被控制的机器、设备或发生物理或化学变化的过程。被控制的物理量为输出量或被控制量。

2）测量元件是对输出量或系统内部某个量进行测量和转换的元件，也称为传感器及其变换装置。例如测速发电机（用于测量电动机速度）、热电偶（用于测量温度）、流量计（用于测量流量），压力传感器（用于测量压力或液位）等。当被测量是系统输出量时，测量元件的输出就是主反馈量。因为测量元件的精度直接影响系统的控制精度或性能，所以应尽可能选择性能高的测量元件及合适的转换电路。

3）比较元件或称比较器，是用来对两个或两个以上的量进行加、减运算的元件。该元件常常是用来完成系统的输入量和主反馈量进行减法运算（负反馈控制系统），以形成误差信号（简称误差）。

在系统中也遇到局部正反馈的情况，这时比较元件进行加法运算。在工程控制中，正反馈控制仅仅作为系统的局部反馈。因此，通常所说的闭环控制系统实际上是指具有负反馈的自动控制系统。

4）放大元件也称放大器，是对微弱的信号进行放大、转换并传送给执行机构的元件。例如电压、功率放大元件（电气放大元件），杠杆、齿轮机构（机械放大元件）等。

5）执行元件也称执行器，是实现控制动作的元件。它接受放大元件的输出信号（或称控制信号），并执行其控制动作。常用的执行元件有各种电动机、继电器、电动调节阀和气动调节阀等。

6）校正元件是用来改善系统性能的元件。一般地说，按上述基本元件构成的反馈控制系统往往难以达到预期的系统性能，这就要求加入能改善或提高控制系统性能的校正元件。校正元件的结构和参数应能根据需要方便地进行调整。

测量元件、比较元件、放大元件、执行元件和校正元件的组合构成系统的控制器。因而，一般认为自动控制系统是由控制器和被控对象两部分组成。

### 1.2.2 自动控制系统的原理框图

上一节介绍的几个自动控制系统，物理实现不同，作用机理也不同，但是这些系统控制的基本原理都是一样的。若不考虑组成实际系统的具体元、部件机理，只注意控制信号的传递、转换以及自动调整的原理，可将一个自动控制系统抽象成一种称为原理框图的模型加以研究，如图1-5所示。图中符号“⊗”表示输入量 $r(t)$ 和反馈量 $b(t)$ 的比较运算。

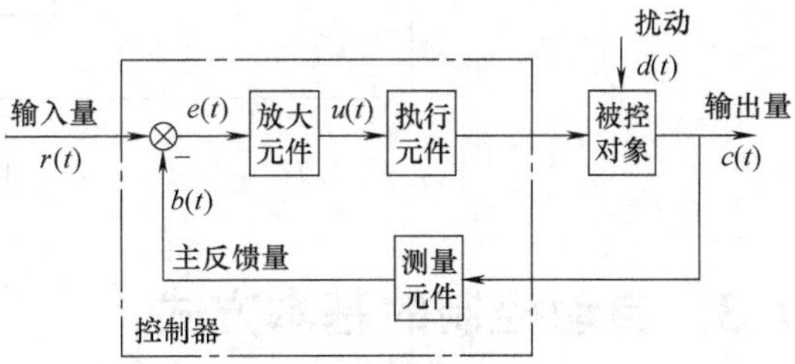


图 1-5

### 1.2.3 原理框图上的术语

通常将原理框图上从系统输入端沿着信号传递的路径到输出端的通道称为系统的前向通道；而由输出端经测量元件到比较元件的通道称为反馈通道。

自动控制系统原理框图中的术语定义如下：

1）参考输入信号 $r(t)$：加到控制系统的指令信号，与反馈控制系统本身无关；

2）主反馈信号 $b(t)$：系统被控量或其函数的测量信号，其量纲与参考输入相同；

3）误差信号 $e(t)$：参考输入信号与主反馈信号之差；

4）控制信号 $u(t)$：控制元件（如放大元件等）的输出信号，作用于执行元件；

5）系统输出信号 $c(t)$：系统中被控制的量；

6）扰动信号 $d(t)$：不是控制系统需要的但又影响被控制量达到希望值的信号。

### 1.2.4 自动控制系统原理框图的绘制

由自动控制系统的原理图绘制原理框图时，首先需要分析自动控制系统的工作原理，明确：①系统的被控对象是什么？被控制量是什么？②系统的参考输入信号是什么？③哪个元件是控制元件？控制信号是什么？④哪个元件是执行元件？⑤哪个元件是测量元件？主反馈信号是什么？局部反馈信号是什么？⑥系统中有哪些扰动信号？主扰动信号是什么？

基于以上分析，按信号传递路径将系统中的元部件联系起来，即可得到系统的原理框图。

对于例 1-2 的位置控制系统来说，被控对象是齿轮机构从动轴上的负载，参考输入是手柄 A 的转角 $\theta_i(t)$，控制元件是接收误差信号的放大器，电动机与齿轮机构是执行元件。主反馈信号是由接收电位器 $RP_2$ 反映的系统输出轴转角 $\theta_o(t)$，发送电位器 $RP_1$ 和接收电位器 $RP_2$ 构成测量比较元件，将角位置误差转换成电压信号，经放大后驱动电动机，实现 $\theta_o(t)$ 跟踪 $\theta_i(t)$，从而形成按误差调整的位置自动控制系统。局部反馈信号是测速发电机的输出电压，它反映了系统输出轴的转动角速度，该电压作用在功率放大器输入端。负载变化 $d(t)$ 是系统的主扰动。将系统中各部分按信号传递方向和路径连接起来即可得到位置控制系统原理框图，如图 1-6 所示。

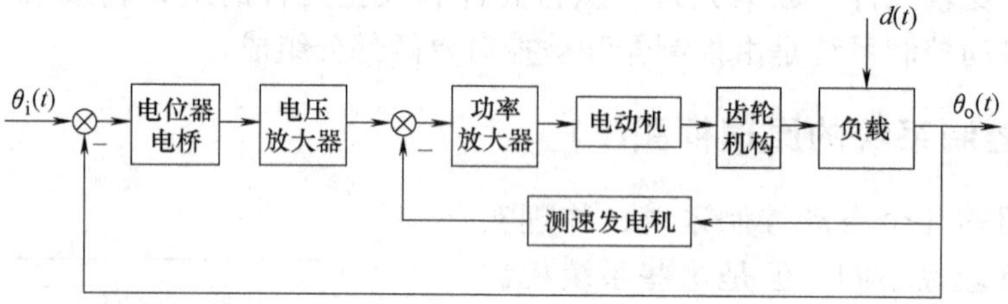


图 1-6

## 1.3 自动控制的基本方式

控制系统基本的控制方式有开环控制和闭环控制两种。

**1. 开环控制**

开环控制系统是一种简单的控制系统，如图 1-7a 所示。在这种控制系统中，没有测量元件对输出量进行测量并反馈到输入端，系统的输出量对系统的控制作用没有影响，这样的系统称为开环控制系统。显然，在开环控制系统中，当系统元部件参数变化或外部扰动等因素引起输出量出现偏差时，系统不能自动调整，控制精度完全取决于系统中采用的元、部件的特性和质量。从保证精度考虑，这种控制系统要求元、部件有好的特性与质量。此外，要有良好的运行环境，才可能使系统取得满意的控制效果。

为了改善开环控制系统性能，有时采用基于补偿的控制方法：

其一是基于扰动补偿的开环控制，如图 1-7b 所示。通过选择合适的补偿元件，减小或消除扰动信号对系统输出量的影响。不过，这种补偿控制只适合扰动信号可测量的场合。

其二是基于输入补偿的开环控制，如图 1-7c 所示。通过选择合适的补偿元件结构和参数，可使系统输出接近

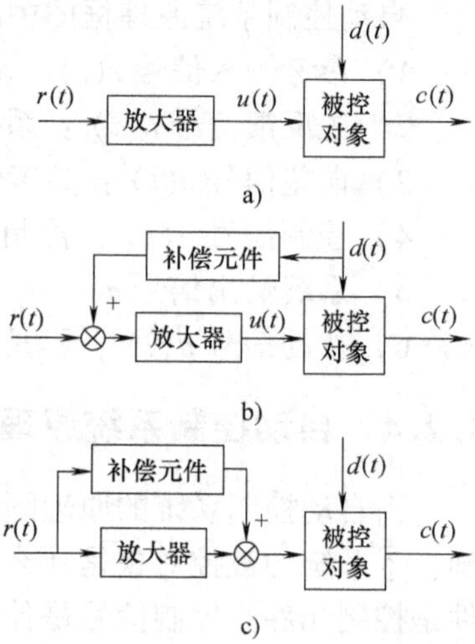


图 1-7

输入。

因为开环控制系统的结构简单、调整方便、成本较低，所以在控制精度要求不高或运行环境条件较好的情况下，有一定实用价值。

**2. 闭环控制**

系统中有测量元件测量输出量，并将其反馈到系统输入端与输入量相减，形成误差信号，经过放大，用以控制输出量，使其达到希望值，这样的系统称为闭环控制系统或负反馈控制系统，如图 1-8 所示。显然，这种系统的输出量对系统的控制作用有影响。

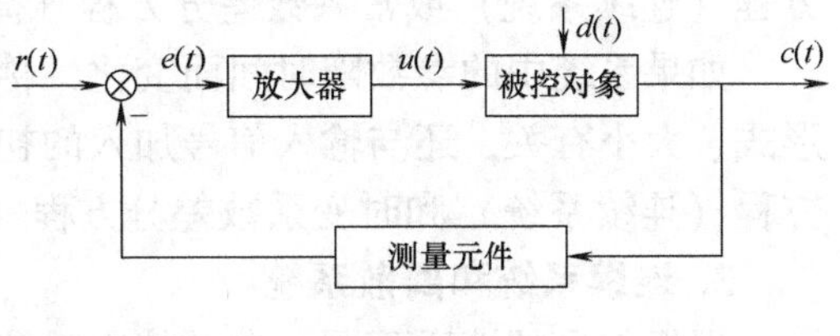


图　1-8

闭环控制系统有诸多的优点：①负反馈可以减小前向通道元件参数变化对系统性能的影响。这样，对前向通道的元、部件质量、特性的要求可以低一些；②负反馈可以减小扰动信号对系统性能的影响。这样，对系统运行所处的环境条件要求可以低一些；③负反馈可以改善系统瞬态和稳态性能。

但是，闭环控制系统也有缺点：①系统可能出现振荡或不稳定问题。不过，只要精心设计和调整，可以消除系统不稳定现象，并可得到优良的性能；②采用反馈需要测量元件、转换元件和比较元件，使得系统结构的复杂程度增加。然而在绝大多数情况下，闭环控制系统的优点是主要的。因此，实际工程中闭环控制系统得到了广泛应用。

为了进一步提高闭环控制系统的性能，可以在闭环控制的基础上附加扰动补偿控制和（或）输入补偿控制，组成复合控制系统。

## 1.4　自动控制系统的分类

自动控制系统有多种分类方法。

**1. 线性系统和非线性系统**

根据系统特性的不同，自动控制系统分为线性系统和非线性系统。

线性系统是指系统中各元件的输入和输出特性是线性关系，系统的特性和（或）状态由线性方程描述。这个线性方程可以是代数方程、微分方程（离散系统为差分方程）等。

线性系统有两个重要的特性：

（1）叠加性　若系统在输入信号 $r_1(t)$ 作用下的输出为 $c_1(t)$，在输入信号 $r_2(t)$ 作用下的输出为 $c_2(t)$，则当系统输入为 $r_1(t)+r_2(t)$ 时，系统的输出为 $c_1(t)+c_2(t)$。即多个输入信号同时加到线性系统时，产生的总输出应为各个输入信号单独作用时引起的输出之和。换句话说，一个输入信号的存在并不影响另一个输入信号产生的输出，这称为叠加性。它是线性系统的必要条件。

（2）齐次性　若系统在输入信号 $r(t)$ 作用下的输出为 $c(t)$，当输入信号为 $ar(t)$（$a$ 为任意常数）时，系统的输出为 $ac(t)$。也就是说，输入信号增大或缩小多少倍，输出信号也相应地增大或缩小多少倍。即保持比例因子 $a$ 不变，这称为齐次性，有的文献称为均匀性。

系统中只要有一个元件具有非线性特性，系统的特性和（或）状态就要用非线性方程来描述，这样的系统就是非线性系统。在 1.1 节的例 1-2 中考虑齿轮间隙、放大器饱和特性等，系统就为非线性系统。

**2. 定常系统和时变系统**

根据系统中参数的时间特性不同，自动控制系统分为定常系统和时变系统。

如果系统中的参数值不随时间变化，称为定常系统或时不变系统。这种系统的特点是系统的输出与输入信号作用于系统的初始时刻的选择无关。定常系统的瞬态特性用常系数微分方程（连续系统）或常系数差分方程（离散系统）描述。

如果系统中的参数随时间而变化，称为时变系统。其特点是输出信号不仅与输入信号的形式、大小有关，还与输入信号加入的初始时刻有关。时变系统的瞬态特性由时变系数微分方程（连续系统）和时变系数差分方程（离散系统）描述。本书只讨论定常系统。

**3. 连续系统和离散系统**

根据信号的性质不同，自动控制系统分为连续（时间）系统和离散（时间）系统。

连续系统是指系统中各部分的信号均为时间的连续函数，其特性可以用微分方程描述。

离散系统是指系统中至少有一处信号为脉冲序列或数码形式。其特性可以用差分方程描述。在1.1节中介绍的数字计算机控制系统属于这一类控制系统。这类系统的特点是信号只在特定的离散时刻取值。

**4. 定值控制系统、随动控制系统和程序控制系统**

根据输入信号的变化规律不同，自动控制系统可分为定值控制系统、随动控制系统和程序控制系统。

定值控制系统也称为镇定系统，是指输入信号在系统运行过程中保持不变，系统控制的主要任务是克服干扰信号的影响，使输出量按一定准确度保持在希望值上。1.1节中例1-1、例1-3就是这种系统的例子。

随动控制系统也称为伺服控制系统，在系统运行过程中，输入信号是随时间变化的函数，系统控制的主要任务是使输出量快速跟随输入量的变化。在随动控制系统中，输入信号的变化规律往往是事前未知的。1.1节中例1-2就是这样的控制系统。

程序控制系统也称为顺序控制系统，在系统运行过程中，输入信号按照事先设定的规律随时间变化，系统控制的主要任务是使输出量以一定的速度和准确度跟踪输入信号的变化。

**5. 集总参数系统和分布参数系统**

根据系统中参数是集总的或分布的，自动控制系统分为集总参数系统和分布参数系统。

集总参数系统是指系统中各元、部件的参数是集总在元、部件本身，可以是定常的，也可以是时变的，但与空间分布无关；系统中的信号都只是时间的函数。这种系统的瞬态特性由常系数微分方程描述。

分布参数系统是指系统中至少有一个元部件的参数不仅随时间变化，同时也随空间位置而变化；系统中的信号与时间、空间位置有关。例如包括两个发电厂的电力系统，中间用长距离输电线连接起来，认为输电线的全部电感、电阻、电容都是沿它的全长分布，这种系统就是分布参数系统。该系统的瞬态特性由偏微分方程描述。本书只讨论集总参数系统。

**6. 确定性系统和不确定性系统**

确定性系统是指系统结构和参数是确定的，作用于系统的信号（包括输入信号和干扰信号）均为时间的确定性函数。这类系统的瞬态特性用微分方程（连续系统）和差分方程（离散系统）描述。

不确定性系统有两种含义：其一是系统结构和参数是确定的，系统中的信号为不确定的（随机的），这种系统称为随机系统。对于随机系统，如果知道其统计特性，可以用概率论中的方法加以研究。其二是系统中的结构和参数有较大的摄动，这种系统称为摄动系统。这样的系统要用鲁棒性研究方法予以研究。

本书只研究确定性系统的分析和设计。

## 1.5　对自动控制系统的要求

对一个自动控制系统而言，其控制任务就是要使系统输出快速、准确地跟随系统输入的变化。自动控制系统要高质量地完成控制任务，就要求系统具有希望的性能。然而，希望的性能并不是很容易达到的，因为一个自动控制系统中，被控对象等元部件是有惯性的。在系统输入端虽然加上输入信号，系统不可能立即从一个状态变化成另一种状态，而要经过一定时间，即有一个中间过程。这个过程称为过渡过程或瞬态过程、动态过程、暂态过程。该过程中系统应该具有什么样的性能呢？过渡过程结束后，系统进入稳定状态，这时系统应该具有什么样的性能呢？为此，对自动控制系统的性能提出了一些要求，这些要求为：系统是稳定的（稳）、过渡过程快且平稳（快）、控制的准确度高（准）、抗参数摄动和外界干扰能力强（强）。

在例 1-2 的位置控制系统中，设 $t<0$ 时，$\theta_i=0$，$\theta_o=0$，系统处于平衡状态。若在 $t=0$ 时，输入信号 $\theta_i$ 由 0 变为 1，则系统输出信号 $\theta_o$ 也会随之变化。当系统元部件参数取不同值时，$\theta_o$ 会呈现不同的形式，如图 1-9 所示。

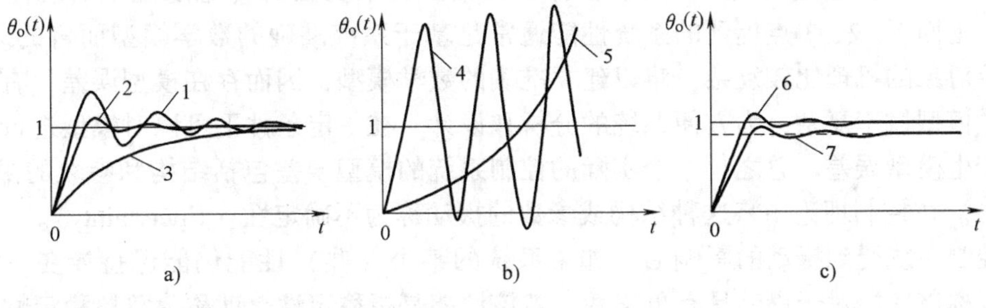


图　1-9

下面结合图 1-9 来具体说明对自动控制系统的性能要求：

**1. 系统稳定且具有一定的稳定裕度**

在图 1-9a 中，系统输出曲线 1 和曲线 2 呈现衰减振荡形式，曲线 3 为单调增长形式，随着时间的增长，它们最终都能够收敛到相应的稳态值。称曲线 1、曲线 2 和曲线 3 所对应的系统是稳定的。而在图 1-9b 中，系统输出曲线 4 呈现发散振荡形式，曲线 5 为单调发散形式，随着时间的增长，它们偏离希望值越来越远。称曲线 4 和曲线 5 所对应的系统是不稳定的。显然，不稳定的系统是不能够正常工作的，稳定是对一个系统最基本的要求。实际中，系统不仅应该是稳定的，还应该有一定的稳定裕度，以便系统参数发生变化时，仍然能保持系统稳定。

**2. 系统瞬态过程快且平稳**

在图 1-9a 中，虽然曲线 1、曲线 2 和曲线 3 所对应的系统都是稳定的，但它们的瞬态过程是不同的。曲线 1 围绕希望值振荡较为剧烈，衰减速度慢，瞬态过程持续时间长；曲线 2 围绕希望值振荡较小，衰减速度很快，瞬态过程持续时间短；曲线 3 在趋于希望值的过程中没有振荡，但增长速度缓慢，瞬态过程持续时间长。对于一个自动控制系统来说，瞬态过程持续时间短意味着系统输出跟随输入的快速性好，振荡小意味着平稳性好。因而，对自动控制系统瞬态过程的要求是响应速度快且平稳。

但是在有些不允许有超调情况的场合，例如由机器人实现机械零件装配，若机器人的机械手在装配动作过程中出现超调，则会碰坏装配件，这时就必须选择单调的响应曲线。

**3. 准确度高**

在图 1-9c 中，虽然曲线 6 和曲线 7 所对应的系统都是稳定的，但在瞬态过程结束后，它们所达到的稳态值是不同的。曲线 6 的稳态值等于希望值，说明系统输出跟随输入的稳态误差小，准确度高；曲线 7 的稳态值不等于希望值，说明系统输出跟随输入时存在稳态误差，与曲线 6 对应的系统相比，该系统的准确度较低。准确度是评价系统稳态性能的一个重要指标，稳态误差越小，控制系统的准确度越高。

应该指出，同一个系统，“稳”、“快”、“准”是互相制约的，三者对系统结构和参数的要求往往存在矛盾。因此在设计时，应该根据被控对象的具体情况和三个性能要求的侧重点折衷处理。

**4. 鲁棒性**

“鲁棒”一词来自英文词“Robust”的音译。鲁棒的含义是稳健或强壮的意思，鲁棒性（Robustness）又称稳健性或强壮性。鲁棒性是指控制系统性能（稳定性或瞬态性能等）的鲁棒性。上面 1、2、3 点提到的系统性能通常是基于系统准确的数学模型而言的。实际上，由于被控对象的机理比较复杂，难以建立准确的数学模型，因而存在模型误差；有时由于系统的数学模型过于复杂，为方便系统的分析和设计，在一定条件下可以对模型进行简化，会人为地产生模型误差。总之，一个实际的控制系统的模型误差包括结构和参数的摄动（Perturbation）。在控制理论中将这种结构或参数的摄动称为不确定性（Uncertainty）。

当控制系统受到摄动的影响后，如果系统的某个（些）性能仍能保持或在一定程度上保持，则称该性能对于摄动具有鲁棒性。若该性能是指稳定性，就称为鲁棒稳定性；若该性能是指某个稳态或瞬态性能，则称为性能鲁棒性。显然，我们希望自动控制系统具有鲁棒稳定性和性能鲁棒性。

应当指出，自动控制系统不是一定要按照鲁棒性要求来设计。因为任何负反馈控制系统均有一定的抑制系统参数摄动的能力。只有在结构和参数摄动大、对控制系统性能要求高的情况下，希望按鲁棒性进行设计。

在设计一个实际系统时，除了上述要求外，还应该保证系统的可靠性，经济上的合理性，实现的可能性等等。本书主要基于上面的性能要求 1、2、3 进行系统分析和设计。

## 1.6 自动控制系统与控制理论

在 1.1 节中列举了一些工程实际中的自动控制系统。当今社会，无处不存在自动控制系统。实际上，系统是一个广泛的概念。无论是人类制造的自动控制系统，还是社会经济系统以及动物和人的生命系统等，都遵循某些共同规律。自动控制理论是一门论述自动控制系统共同规律的技术科学，它基于被控对象的模型，研究构建完成一定任务的人造系统的普遍性原理和方法。

控制理论的内容，通常包括如下三个方面：

**1. 建立系统数学模型的方法**

所谓系统的数学模型是指描述系统各变量之间关系的数学表达式。例如微分方程是连续系统的数学模型；差分方程是离散系统的数学模型等。在控制系统中，不论是机械的、电气的、生物学的、社会经济的等等，各个变量之间的关系都由各自的数学模型来表征。然而，对于一个实际的被控对象，其数学模型是不知道的，这就要建立其数学模型。控制理论的基本任务之一就是给出建立数学模型的方法。一般有机理建模法、实验建模法以及两者相结合的方法。本书介绍的建模方法主要是基于机理建模法。

**2. 自动控制系统的分析方法**

系统分析是指在规定的条件下，对数学模型已知的系统进行性能分析。控制理论给出了多种系统分析方法，人们通过分析能够知道系统的性能好坏，是否满足技术要求，从而获得改善系统性能的途径。

**3. 自动控制系统的设计方法**

系统设计（也称为系统综合）是针对一个被控对象，选择确定控制器的形式、结构和参数，从而构成一个满足要求的自动控制系统，包括满足对它提出的瞬态性能、稳态性能和抗干扰性能等方面的要求。控制理论提供多种系统设计方法。

## 1.7 自动控制理论发展概况

生产实际推动控制理论的形成和发展，理论又指导了生产实际。利用自动控制造福人类的历史可以追溯到两千年以前。我国张衡研制出自动测量地震的侯风地动仪，马钧研制出齿轮传动自动指示方向的指南车，宋代王普记述“莲华漏”上使用浮子—阀门式机构，自动调节漏壶的水位等。但影响较大的是 1765 年，英国 J. 瓦特发明了蒸汽机离心式调速器，自动控制蒸汽机的速度。然而，使用过程中，发现在某些情况下，蒸汽机的速度自发地产生振荡。1779 年拉普拉斯提出了变换方法，将线性常系数微分方程变成代数方程求解（拉普拉斯变换），开创了将数学引入控制工程的新纪元。1868 年，物理学家马克斯韦尔发表论文“论调速器”，分析了飞球调速器的动态特性，解释了这种不稳定现象，并提出了避免出现不稳定的调速器设计规则。1877 年、1895 年，英国 J. 劳斯和德国 A. 赫尔维茨分别提出了基于代数方程系数和根的关系的稳定判据，解决了线性定常系统稳定性的判别问题，沿用至今。1892 年，俄国 A. M. 李亚甫洛夫出版了《论运动稳定性的一般问题》专著。这是关于运动稳定性的一般理论。尤其是其“直接法”可以解决线性、非线性、定常、时变、单变量和多变量系统的稳定性问题。1922 年，美国 N. 米诺尔斯基研制出船舶驾驶的伺服机构，提出比例、积分、微分（PID）控制规律。1927 年，美国 H. S. 布莱克提出改善放大器性能的负反馈方法，发明了负反馈放大器。1932 年，美籍瑞典人 N. 乃奎斯特提出基于开环频率特性判别闭环系统稳定性的稳定判据。该判据是一个频率判据，它不仅可以判别闭环系统稳定性，而且能给出系统的稳定裕度。1939 年，前苏联 Г. В. 谢巴诺夫提出不变性控制原理，可以实现扰动补偿的控制方法。1940 年美国 N. 维纳、1941 年前苏联 A. H. 柯尔莫戈罗夫研究了随机过程的预测、滤波理论，并应用于火炮自动控制中。1940 年，H. W. 博德引入半对数坐标系，使频率法更适合工程应用。该方法用在 1945 年出版的《网络分析和反馈放大器设计》一书中。1942 年，N. 维纳发表《平稳时间序列的外推、内插和平滑化》论文，形成了维纳的滤波理论。1942 年，H. 哈里斯引入了传递函数的概念。1948 年，N. 维纳的《控制论》一书出版，标志着控制学科的诞生。同年，美国 W. R. Evans 提出了根轨迹法，提供了复域的分析和设计方法。1950 年，哥伦比亚大学在雷加基尼（Ragazzini）和查德（Zadeh）的领导下，召集了 40 多位优秀的学生，从事线性采样系统的研究，并由查德建立了线性采样系统的主体基本理论和方法。1951 年，前苏联 R. Z. 崔普金也出版了《脉冲系统的分析和综合方法》一书。此时，科学家们已注意到非线性系统，柯开鲁基（Kochenrugen）提出描述函数方法。A. A. 安德洛诺夫研究了非线性几何方法，利用相空间曲线来表示系统的运动，形成相平面方法。特别值得提出的是，1954 年我国杰出科学家钱学森的《工程控制论》一书出版。这是从控制论学科分化而产生的第一个新的学科。该书系统地揭示了控制论对自动控制、航天航空、电子通信等科学技术的意义和深远的影响。为包括前苏联在内的世界各国科学界所接受，吸引了大批数学家、工程技术专家从事控制论的研究，推动了控制科学的发展。至此，对于单输入—单输出线性定常系统为主要研究对象，以传递函数作为系统的基本描述，以频率法、根轨迹法作为系统分析和设计方法的自动控制理论建立起来了，通常称为经典控制理论（或古典控制理论）。1956 年，前苏联数学家庞德里亚金发表了《最佳过程数学方法》一文，提出了极大值原理，解决了控制量受限的最优控制问题。同年，美国 R. 贝尔曼发表《动态规划理论在控制过程中的应用》。以上两个方法至今仍是解决最优控制问题的主要方法。总之，控制理论在此期间得到了很快发展。但是，控制问题的解决皆基于系统准确的数学模型。而实际系统，尤其是复杂的系统很难建立准确的数学模型。况且周围环境变化引起系统本身结构、参数发生变化以及存在各种各样的干扰，模型是变化的。这个问题引起了控制工作者的重视，并寻求解决方法。1958 年，美国 H. P. 惠特克特研制出第一个模型参考自适应控制系统；美籍匈牙利人 R. E. 卡尔曼提出递推估计的自动优化控制原理，奠定了自校正调节器的基础。1959 年，罗马尼亚 V. M. 波波夫提出绝对稳定性理论，推动了控制理论的发展。

1960 年，R. E. 卡尔曼发表《控制系统的一般理论》等论文，引入状态空间的概念，形成了状态空间方法；提出能控性、能观测性、最优调节器和卡尔曼滤波等概念和方法，奠定了现代控制理论的基础。基本上解决了线性、非线性、定常、时变的多变量系统的分析和设计问题。首先获得实际应用的是各种空间技术中的控制问题，如空间运载火箭最少燃料消耗、最少时间送入轨道等等。但是状态空间法同样要求有准确的数学模型，在一般工业控制中难于保证。解决办法从两方面入手：一是在线辨识系统的数学模型，如 1967 年，瑞典 K. J. 阿斯托姆（Åström）提出最小二乘辨识，解决了线性定常系统参数估计问题和定阶方法；另一个方法是寻求存在模型误差的情况下的控制问题，1969 年比利时 I. 普里戈津提出耗散结构理论，1978 年前苏联哈里托诺夫提出区间多项式稳定性重要定理，1981 年加拿大詹姆斯提出 $H_\infty$ 鲁棒控制设计方法等等。

关于非线性系统的研究方法，1985 年，意大利伊兹托利出版了《非线性控制系统导论》

一书，系统地论述了微分几何方法。近 20 年来，在数字计算机技术的支持下，控制理论发展很快。线性系统已形成了一般性理论，有卡尔曼的代数理论（状态空间理论）、文哈姆的几何理论和函数空间理论。微分几何数学工具，不仅应用于能控、能观测、标准分解、可逆性之类结构性质的认识方面，而且应用于非线性反馈进行线性化、解耦以至于动态补偿等方面。对于相当一类系统已形成了几乎与线性系统相平行的一套结果。在鲁棒控制方面已提出一些设计方法，其中有的方法得到了成功的应用。

我国 20 多年来，控制理论的研究有相当大的发展。在线性和奇异系统、非线性系统的理论研究以及系统辨识、自适应控制、随机控制与优化、分布参数系统和离散事件动态系统方面均作出了较大的贡献。

上面介绍了控制理论的发展概况，目的在于给读者以启迪。正如钱学森先生在《工程控制论》序言中说，“建立这门技术科学，能赋予人们更宽阔、更缜密的眼光去观察老问题，为解决新问题开辟意想不到的新前景。”

## 1.8　本课程的基本任务

“自动控制理论”是自动化等专业的重要技术基础课。通过本课程的学习，掌握自动控制理论中的基本概念、基本理论和基本方法；为应用理论分析和设计自动控制系统打下一定的基础。

另外，本课程研究系统行为的一般规律，有鲜明的方法论色彩。通过学习，可以得到系统地、辨证地观察、分析和解决问题的初步训练，在各个领域表现出它的价值。

## 小　结

（1）自动控制理论是研究自动控制系统应遵循的一般性规律的理论，它提供了构建实际自动控制系统的基本理论和方法。包括建立系统数学模型、系统分析和系统设计的理论和方法。

（2）工程上实现自动控制，主要采用负反馈控制方法。反馈是自动控制理论的一个核心方法。没有反馈，就谈不上控制理论。负反馈是保证一个自动控制系统获得满意性能所必须的。正反馈只用于局部反馈，以进一步改善系统性能。

（3）自动控制系统是由控制器和被控对象组成的。系统工作的特征是基于信号沿闭合回路进行自动调整的。一般地说，这个回路是由包括比较元件、放大元件、校正元件、被控对象（含执行元件）的所谓系统前向通道和包括测量、变换元件的反馈通道构成的。

（4）系统的基本控制方式有开环控制和闭环控制，各有优缺点，在工程中均有应用。本书主要研究闭环控制理论和方法。

（5）对一个自动控制系统的要求是具有稳定且满意的瞬态性能、稳态性能和抗干扰性能。但这些性能之间会有矛盾。学习控制理论的目的在于针对具体对象以及对系统性能要求去折衷处理，从而获得符合要求的自动控制系统。

（6）自动控制理论的建立来源于实践，由实践推动理论的发展，而理论又指导了实践。本章介绍了控制理论的发展简史，目的不在于谈历史而是在于给读者以启迪，从而在学习现有理论的基础上，进一步学习更深入的内容，并在实践中创新，为推动控制理论的发展贡献力量。

## 习 题

1-1 水箱水位控制系统如图1-10所示。要求保持水箱水位高度 $H_i$ 不变。请说明：

（1）该系统工作原理；

（2）画出原理框图；

（3）属于何种控制方式；

（4）能不能保持水位高度 $H_i$ 不改变？

1-2 水箱的结构如图1-11所示。要求保持水箱水位高度 $H_i$ 不变，请问该系统能否实现？为什么？

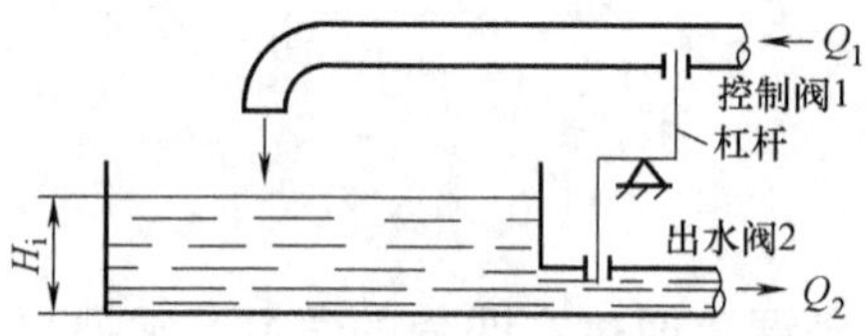


图 1-10

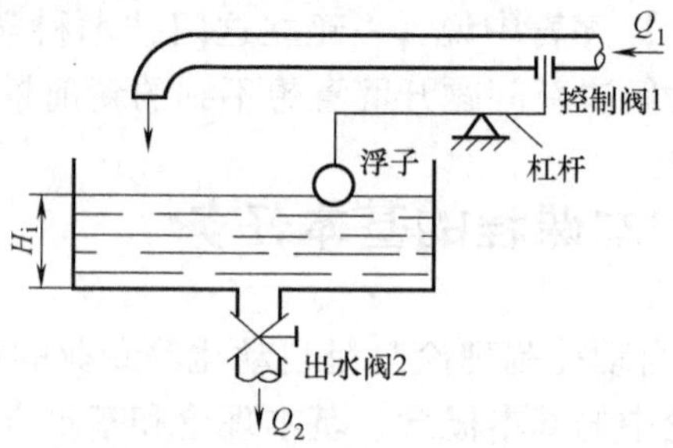


图 1-11

1-3 水位自动控制系统如图1-12所示。希望水位高度维持 $H_i$ 不变。要求：

（1）说明系统的工作原理；

（2）画出系统的原理框图；

（3）该系统与例1-1的图1-1b所示的系统比较一下，有何不同，加入这些元件的作用是什么？

1-4 晶体管稳压电源的原理图如图1-13所示。请画出原理框图；说明该电源中哪些元器件起测量、放大和执行元件的作用；并指出输入量、输出量、干扰量。

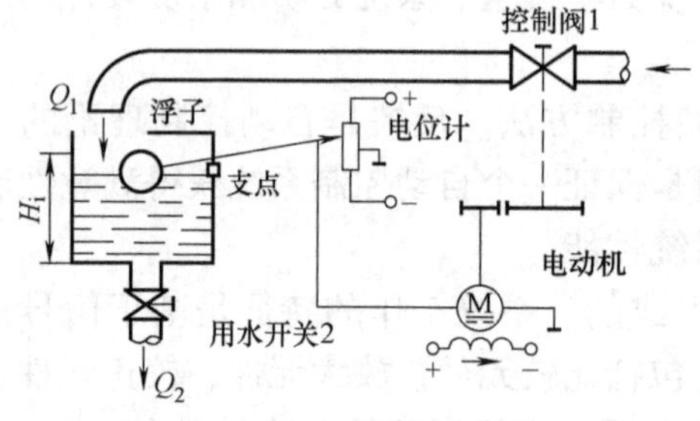


图 1-12

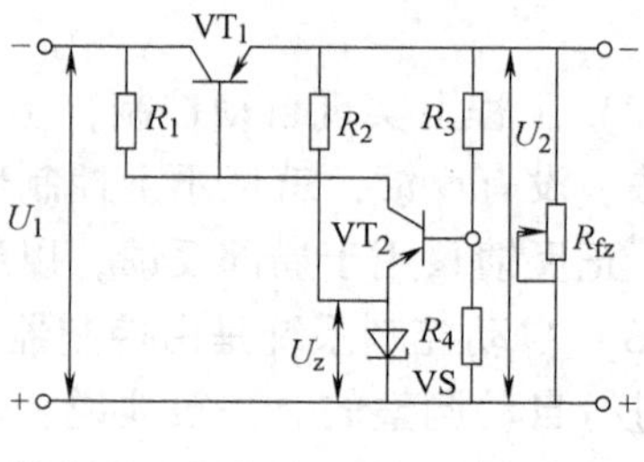


图 1-13

1-5 图1-14是造纸厂纸张的张力自动控制系统原理图。因为卷绕纸张时，张力过小，引起松滚，张力过大，纸张断裂，所以希望保持接近恒定的张力。而卷绕的速度是不变的，卷纸后滚筒直径增大，纸张的线速度增大。通过调节电动机速度的方法来保持张力恒定。为此在图中，设置两个跨轮和一个导滚。导滚由纸张和弹簧支撑，只能垂直移动。请说明张力自动调节过程，画出原理框图并指出输入量、输出量和干扰量。

1-6 仓库大门自动控制系统的原理如图1-15所示。请说明自动控制大门的开启和关闭的工作原理，画出系统的原理框图。

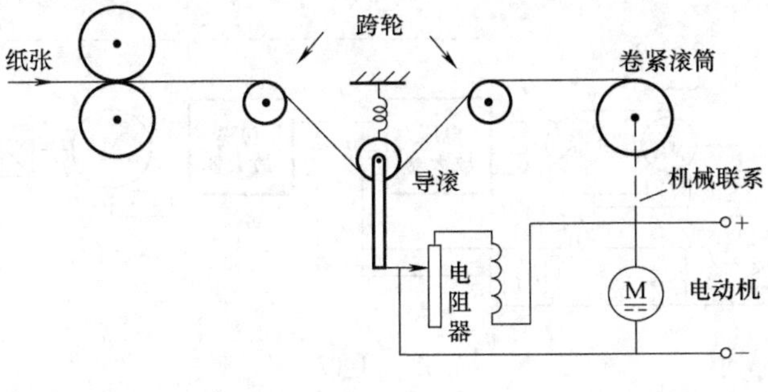


图　1-14

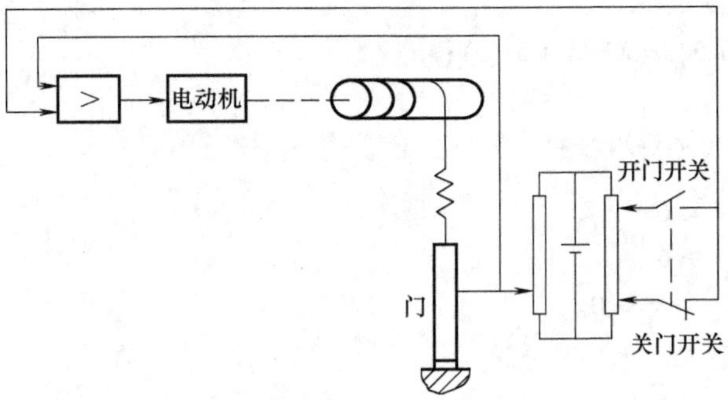


图　1-15

1-7　轧钢机厚度控制系统如图 1-16 所示。这是轧钢机压下装置控制系统示意图。作用是保持钢板在轧制过程中厚度不改变。要求：

（1）说明系统工作原理；

（2）画出原理框图；

（3）如果考虑轧辊之间钢板厚度的变化在到达厚度测量仪测量点之前需要经过一个有限的时间（传输时间），该系统属于什么类型的自动控制系统？

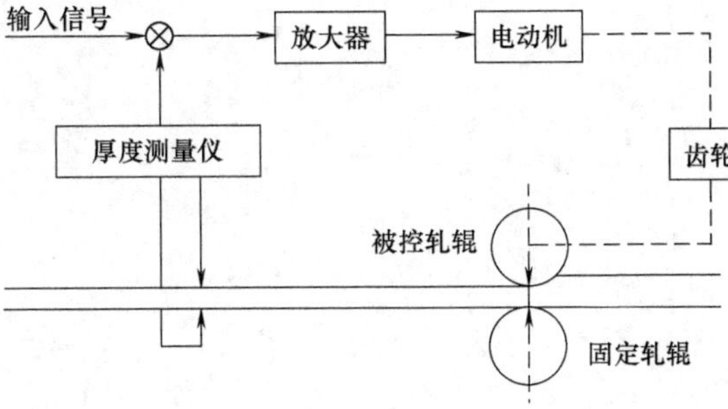


图　1-16

1-8　位置自动控制系统的结构如图 1-17 所示。这是由误差电压 $u_1$ 通道和信号 $u_2$ 通道组成的复合控制方法的控制系统。请分析信号 $u_2$ 通道的工作原理并画出这一部分的原理框图。

1-9　请画出例 1-3 和例 1-4 中系统的原理框图。

1-10　下面的微分方程式分别描述 5 种控制系统，其中 $c(t)$ 为系统输出量，$r(t)$ 为系统输入量，请判断它们描述的系统类型（线性、非线性、定常、时变、无时延、有时延）。

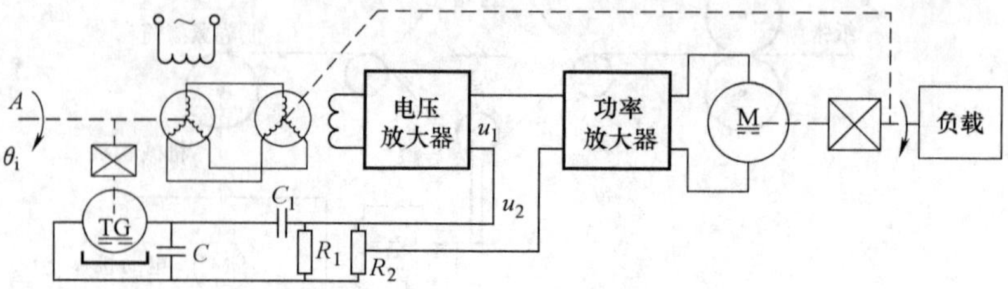


图 1-17

(1) $2\dfrac{d^2c(t)}{dt^2}+4\dfrac{dc(t)}{dt}+5c(t)=r(t)$;

(2) $c(t)=8\dfrac{dr(t)}{dt}+5\int_0^t r(\lambda)d\lambda+5r(t)$;

(3) $c(t)=t\dfrac{d^2r(t)}{dt^2}+2r^2(t)$;

(4) $c(t)=\begin{cases}0 & t<6\\ r(t) & t\geqslant 6\end{cases}$;

(5) $c(t)=r(t-\tau)\qquad \tau>0$。

# 第 2 章　控制系统的数学模型

建立系统的动态数学模型，是对系统进行分析和设计的基础。本章主要介绍连续线性定常系统的四种模型方法：微分方程、传递函数、结构图和信号流图。

## 2.1　引言

控制系统一般都包含大量的动态元件，例如电容、电感、机械阻尼器等，是一个动态系统。根据控制系统的结构、控制任务建立控制系统的工作原理框图，是对控制系统进行分析的第一步，要深入了解系统的运动特性，需要对控制系统进行定量分析。建立准确的控制系统数学模型是对控制系统进行分析和设计的基础。

系统的数学模型是指描述系统输入输出变量以及内部各变量之间关系的数学表达式。在静态条件下，也就是系统中所有变量对时间的各阶导数均为零时，各变量之间关系的数学描述称为静态数学模型，静态模型是一组代数方程；在控制系统的分析中，人们更关心系统动态条件下的行为，而研究系统的动态行为，需要描述各变量及其对时间的各阶导数之间的数学关系，这种数学关系称为动态数学模型，动态数学模型是一组微分方程。

在自动控制理论中，控制系统的动态数学模型有多种形式：时域中的数学模型主要有微分方程、差分方程和状态方程，微分方程描述连续时间系统，差分方程描述离散时间系统，状态方程用于描述更为复杂的多输入多输出系统；复域中的数学模型有传递函数、动态结构图、信号流图；频域中的数学模型有频率特性。在各种模型中，微分方程是最基本的模型，其他形式的模型是由微分方程演变出来的。描述同一系统的不同数学模型之间是等价的，在一定条件下相互之间可以转换。对于不同形式的数学模型有不同的系统分析和设计方法。本书将介绍除状态方程以外的上述数学模型，状态方程已超出古典控制理论的范围，将在现代控制理论的相关教材中介绍。除了上述几种数学模型外，描述控制系统的行为，还可以使用表达变量关系的数据表格、曲线等，从广义上讲，它们也可以称为数学模型。

建立控制系统数学模型的方法有分析法和实验法。分析法首先对系统各组成部分的机理进行分析，根据它们所依据的物理、化学等规律，列写出各变量之间的数学关系式。分析法也称机理法或解析法。用分析法建立模型，需要对系统的工作机理有深入的理解，并且可以比较准确地加以数学描述。对于那些机理比较复杂且不完全明确的系统，使用分析法就比较困难。实验法是对系统施加某种典型测试信号，记录其输出响应，然后经过数学方法辨识模型的结构和参数，从而获得数学模型。实验法建模，又可分为经典辨识法和现代辨识法两类。经典辨识法不考虑测试数据中偶然性误差的影响，它只需要对测试数据进行比较简单的数学处理，计算工作量一般很小。现代辨识法可以消除测试数据中的偶然性误差——噪声的影响，为此需要使用计算机处理大量的测试数据。现代辨识法涉及的内容丰富，已经形成了现代控制理论的一个重要分支。由于实验法可以不需要深入掌握系统内部机理，对于那些复杂工业生产过程的建模，使用实验法一般要比分析法简便。在很多情况下，分析法和实验法需要结合起来使用。本章仅介绍分析法。

建立控制系统的数学模型时，要求模型必须尽可能符合实际物理系统的特性，并且准确可靠；在满足精度要求的情况下，建立的数学模型应尽可能简单，便于系统的分析与设计。实际工业系统的动态特性往往比较复杂，在建立其数学模型时，不得不突出主要因素，忽略次要因素，才能建立满足控制要求、且不太复杂的数学模型。

## 2.2 控制系统的微分方程

### 2.2.1 动态系统微分方程的建立

应用分析法建立动态系统的输入—输出微分方程的步骤如下：

1）根据控制任务要求，确定系统和各组成元件的输入、输出变量。

2）依据各个变量之间遵循的物理或化学定律，列写出一组微分方程。

3）消去中间变量，得到系统输入和输出变量的微分方程。

4）对微分方程进行整理，写成标准形式，即将输出量及其各阶导数项放在等号左边，输入量及其各阶导数项放在等号右边，并按降幂排列。

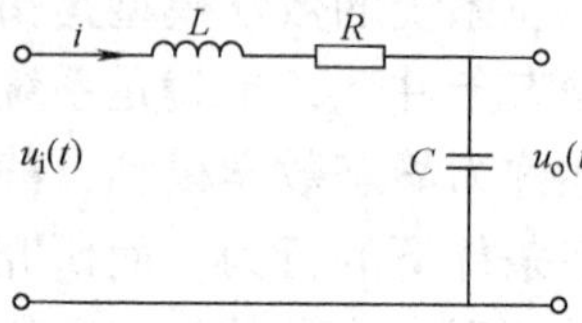


图 2-1

**例 2-1** 图 2-1 是由电阻 $R$、电感 $L$ 和电容 $C$ 组成的无源网络。试列写以 $u_i(t)$ 为输入量，$u_o(t)$ 为输出量的微分方程。

**解** 设回路电流为 $i(t)$，由电路理论中的基尔霍夫定律，可写出

$$u_i(t) = L\frac{di(t)}{dt} + Ri(t) + u_o(t)$$

$$i(t) = C\frac{du_o(t)}{dt}$$

消去中间变量 $i(t)$，经整理后得到输入—输出微分方程的标准形式

$$LC\frac{d^2u_o(t)}{dt^2} + RC\frac{du_o(t)}{dt} + u_o(t) = u_i(t) \tag{2-1}$$

**例 2-2** 图 2-2 给出的是由弹簧、质量块、阻尼器组成的机械位移系统，$f$ 为阻尼器的阻尼系数，$k$ 为弹簧系数，$m$ 为质量块的质量，求在外力 $F(t)$ 作用下，质量块位移 $y(t)$ 的微分方程。

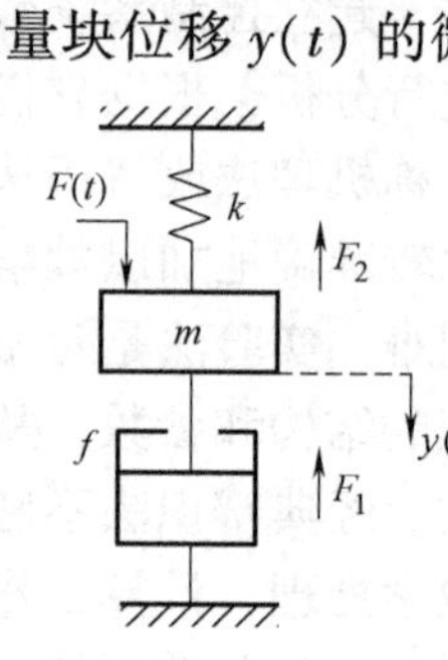


图 2-2

**解** 外力 $F(t)$ 为系统输入，位移 $y(t)$ 为系统输出。作用在质量块上的力有 $F(t)$、$F_1(t)$、$F_2(t)$，其方向如图 2-2 所示，$F_1(t)$ 是阻尼器的阻尼力，$F_2(t)$ 是弹簧力，由弹簧和阻尼器的特性可知

$$F_1(t) = f\frac{dy(t)}{dt}, \qquad F_2(t) = ky(t)$$

根据牛顿第二定律（设不加 $F(t)$ 时，质量块处于平衡状态，$y=0$），有方程

$$F(t) - F_1(t) - F_2(t) = m\frac{d^2y(t)}{dt^2}$$

将 $F_1(t)$、$F_2(t)$ 代入上述方程，经整理后可得

$$\frac{m}{k}\frac{d^2y(t)}{dt^2} + \frac{f}{k}\frac{dy(t)}{dt} + y(t) = \frac{1}{k}F(t) \tag{2-2}$$

比较式（2-1）和式（2-2）可以看出，虽然图 2-1 和图 2-2 中给出的是不同的物理系统，但是描述两个系统的输入—输出微分方程具有相同的结构形式，均为二阶线性常系数微分方程。两个物理系统具有相似的数学模型，叫做相似系统。

**例 2-3**　设有两级 *RC* 电路串联组成的滤波网络如图 2-3a 所示。试列写以 $u_r$ 为输入、$u_c$ 为输出的微分方程。

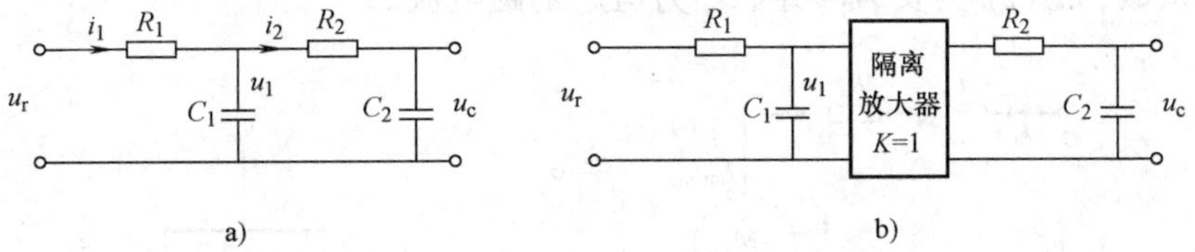


图　2-3

**解**　根据基尔霍夫定律，可写出下列方程组：

$$u_r(t) = R_1 i_1(t) + u_1(t)$$

$$u_1(t) = R_2 i_2(t) + u_c(t)$$

$$u_1(t) = \frac{1}{C_1}\int (i_1 - i_2)dt$$

$$u_c(t) = \frac{1}{C_2}\int i_2(t)dt$$

消去中间变量 $u_1$、$i_1$、$i_2$，得到

$$R_1C_1R_2C_2\frac{d^2u_c(t)}{dt^2} + (R_1C_1 + R_2C_2 + R_1C_2)\frac{du_c(t)}{dt} + u_c(t) = u_r(t)$$

图 2-3a 的电路是由两个一级 *RC* 电路串联而成，后一级 *RC* 电路中的电流 $i_2$ 影响着前一级 *RC* 电路的输出电压 $u_1$，这就是负载效应。若要消除负载效应，可在两个 *RC* 电路之间设置隔离放大器，如图 2-3b 所示。这时所列写的微分方程为

$$R_1C_1R_2C_2\frac{d^2u_c(t)}{dt^2} + (R_1C_1 + R_2C_2)\frac{du_c(t)}{dt} + u_c(t) = u_r(t)$$

读者可比较两个微分方程之间的差异。

**例 2-4**　有源网络如图 2-4 所示。列写输出 $u_o$ 与输入 $u_i$ 之间的微分方程。

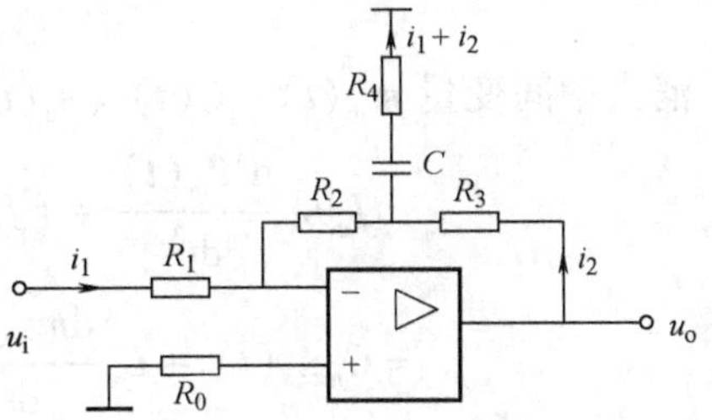


图　2-4

**解**　由运算放大器的基本特性，应用电路理论中的基尔霍夫定律，列写出下列方程：

$$u_i(t) = i_1(t)R_1$$

$$u_o(t) = i_2(t)R_3 + u_c(t) + [i_1(t) + i_2(t)]R_4$$

$$i_1(t) + i_2(t) = C\frac{\mathrm{d}u_c(t)}{\mathrm{d}t}$$

$$u_o(t) = i_2(t)R_3 - i_1(t)R_2$$

消去中间变量 $i_1$、$i_2$ 和电容上的电压 $u_c$，整理后得到输出 $u_o$ 与输入 $u_i$ 之间的微分方程

$$R_4C\frac{\mathrm{d}u_o(t)}{\mathrm{d}t} + u_o(t) = -\frac{R_2R_3 + R_2R_4 + R_3R_4}{R_1}C\frac{\mathrm{d}u_i(t)}{\mathrm{d}t} - \frac{R_2 + R_3}{R_1}u_i(t)$$

**例 2-5** 列写图 2-5a 所示电枢电压控制的他励直流电动机的微分方程。要求以电枢电压 $u_a(t)$ 为输入量，电动机转角 $\theta_m(t)$ 为输出量。图中 $L_a$ 为电枢电感，$R_a$ 为电枢电阻，$i_a(t)$ 为电枢电流，$m_m(t)$ 为电磁转矩，$e_a(t)$ 为电枢反电动势，$J_m$ 为电枢转动惯量，$f_m$ 为电动机轴上的粘性摩擦系数，$m_c(t)$ 为负载转矩，$i_f$ 为恒定励磁电流。

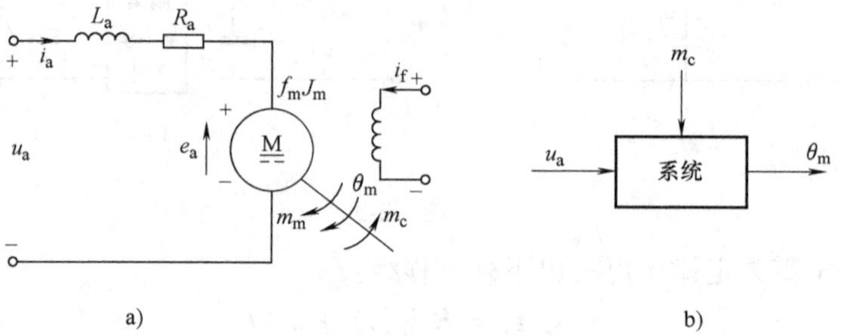


图 2-5

**解** 由电机学知识可知，当电枢两端加上电压 $u_a$ 后，产生电枢电流 $i_a$，获得电磁转矩 $m_m$，克服阻力矩（摩擦力矩 $f_m\omega_m$ 和负载转矩 $m_c$），驱动电枢带动负载转动，同时在电枢两端产生反电动势 $e_a$。变量之间满足以下关系：

电磁转矩方程

$$m_m(t) = C_m i_a(t) \tag{2-3}$$

电枢反电动势

$$e_a(t) = C_e\omega_m(t) = C_e\frac{\mathrm{d}\theta_m(t)}{\mathrm{d}t} \tag{2-4}$$

电枢回路电压平衡方程

$$u_a(t) = L_a\frac{\mathrm{d}i_a(t)}{\mathrm{d}t} + R_a i_a(t) + e_a(t) \tag{2-5}$$

电动机轴上转矩平衡方程

$$m_m(t) = m_c(t) + f_m\frac{\mathrm{d}\theta_m(t)}{\mathrm{d}t} + J_m\frac{\mathrm{d}^2\theta_m(t)}{\mathrm{d}t^2} \tag{2-6}$$

消去中间变量 $m_m(t)$、$i_a(t)$、$e_a(t)$，可得

$$\begin{aligned} & J_mL_a\frac{\mathrm{d}^3\theta_m(t)}{\mathrm{d}t^3} + (J_mR_a + f_mL_a)\frac{\mathrm{d}^2\theta_m(t)}{\mathrm{d}t^2} + (f_mR_a + C_mC_e)\frac{\mathrm{d}\theta_m(t)}{\mathrm{d}t} \\ & = C_mu_a(t) - L_a\frac{\mathrm{d}m_c(t)}{\mathrm{d}t} - R_am_c(t) \end{aligned} \tag{2-7}$$

式（2-7）是三阶线性常系数微分方程，描述了电动机转角 $\theta_m$ 与电枢电压 $u_a$ 和负载转

矩 $m_c$ 之间的关系，如图 2-5b 所示，$u_a$ 和 $m_c$ 是分别作用在系统上的两个外部作用，其中 $u_a$ 是系统输入，$m_c$ 是扰动。

考虑到一般情况下，电枢电感 $L_a$ 很小，可忽略不计，有

$$J_m R_a \frac{d^2\theta_m}{dt^2} + (f_m R_a + C_m C_e)\frac{d\theta_m}{dt} = C_m u_a - R_a m_c \tag{2-8}$$

两边除以 $f_m R_a + C_m C_e$，令

$$T_m = J_m R_a/(f_m R_a + C_m C_e)$$
$$K_m = C_m/(f_m R_a + C_m C_e)$$
$$K_n = R_a/(f_m R_a + C_m C_e)$$

代入式（2-8），得

$$T_m \frac{d^2\theta_m}{dt^2} + \frac{d\theta_m}{dt} = K_m u_a - K_n m_c \tag{2-9}$$

在忽略电枢电感的情况下，式（2-7）降为二阶微分方程。可见，在建立微分方程的过程中，在一定条件下忽略一些次要因素，可以降低模型的复杂性。

若以 $u_a$ 为输入，$\omega_m = \frac{d\theta_m}{dt}$ 为输出，由式（2-9）有

$$T_m \frac{d\omega_m}{dt} + \omega_m = K_m u_a - K_n m_c \tag{2-10}$$

比较式（2-9）和式（2-10）可见，对同一个物理元件或系统，输出量改变了，微分方程就变了。因此，建立元件或系统的微分方程时，一定要明确指出什么是输入量，什么是输出量。

由于式（2-9）、式（2-10）是线性微分方程，为求取 $\theta_m$ 与 $u_a$、$\omega_m$ 与 $u_a$ 之间的关系，可以令 $m_c=0$，分别得到动态方程

$$T_m \frac{d^2\theta_m}{dt^2} + \frac{d\theta_m}{dt} = K_m u_a \tag{2-11}$$

$$T_m \frac{d\omega_m}{dt} + \omega_m = K_m u_a \tag{2-12}$$

**例 2-6**　直流调速控制系统如图 2-6a 所示。以给定电压 $u_r$ 为系统的参考输入，电动机转速 $\omega_m$ 为系统的输出，列写微分方程。

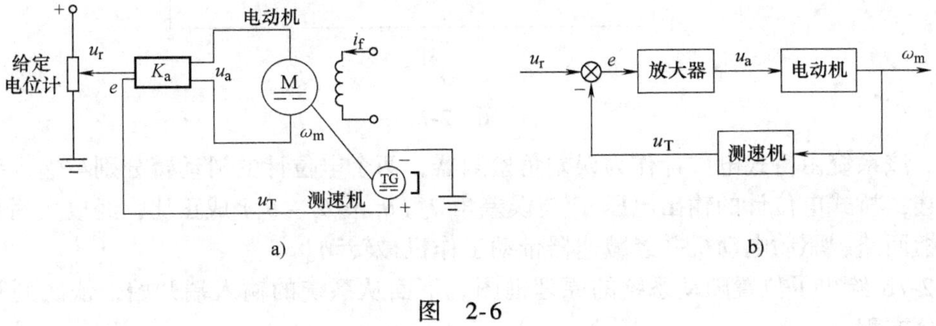


图　2-6

**解** 对于多个部件组成的较为复杂的控制系统，为了便于列写方程，首先画出系统的原理框图，见图2-6b。根据原理框图，从系统输入端开始，对系统中的元部件，依次列写各变量之间的微分方程。

$$e(t) = u_r(t) - u_T(t) \tag{2-13}$$

$$u_a(t) = K_a e(t) \tag{2-14}$$

电动机的输入输出方程已由式（2-12）给出

$$T_m \frac{d\omega_m(t)}{dt} + \omega_m(t) = K_m u_a(t) \tag{2-15}$$

测速发电机与被测电动机同轴相连，测速发电机的输出电压 $u_T$ 与电动机角速度 $\omega_m$ 成正比，即

$$u_T(t) = K_t \omega_m(t) \tag{2-16}$$

联立式（2-13）～式（2-16），并消去中间变量 $e$、$u_a$、$u_T$，得到 $\omega_m$ 与 $u_r$ 之间的微分方程

$$T_m \frac{d\omega_m(t)}{dt} + (1 + K_a K_m K_t)\omega_m(t) = K_a K_m u_r(t) \tag{2-17}$$

**例2-7** 位置随动系统如图2-7a所示，以手柄给定转角 $\theta_r$ 为系统的输入，工作机械的转角 $\theta_c$ 为系统的输出，列写系统的微分方程。图中，$u_s$ 为桥式电位计输出电压，$u_a$ 为电动机电枢电压，$R_a$、$L_a$ 分别为电枢电阻和电感，$e_a$ 是电枢反电动势，$J_m$、$f_m$ 分别是电动机轴上的转动惯量和粘性摩擦系数，$\theta_m$ 为电动机的角位移，$J_L$、$f_L$ 分别是负载轴上的转动惯量和粘性摩擦系数，$m_L$ 是负载轴上的外加阻力矩，$z_2$、$z_1$ 分别是减速器大、小齿轮的齿数。

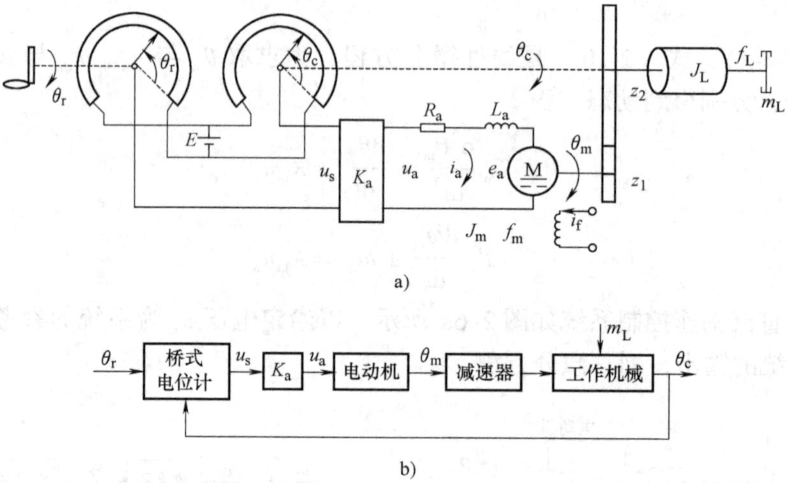


图 2-7

**解** 该系统由桥式电位计作为误差角检测器，两个电位计的滑动臂分别与输入手柄和负载轴相连，桥式电位计的输出电压 $u_s$ 与误差角 $\theta_e$（$\theta_e = \theta_r - \theta_c$）成正比，经放大后再加至电动机电枢回路，驱动电动机并经减速器带动工作机械转动。

图2-7b给出了位置随动系统的原理框图。下面从系统的输入端开始，依次列写各元部件的微分方程。

**1. 桥式电位计**

$$\theta_e = \theta_r - \theta_c \tag{2-18}$$

$$u_s = K_s \theta_e \tag{2-19}$$

式中，比例系数 $K_s$ 由滑动臂的最大转角 $\theta_{max}$ 和加在电位计上的电压 $E$ 确定，$K_s = E/\theta_{max}$(V/rad)。

**2. 放大器**

$$u_a = K_a u_s \tag{2-20}$$

式中，$K_a$ 为放大器的增益。

**3. 电动机**

由于电动机带动减速器和负载转动，因此在列写电动机方程时，必须考虑负载效应。一般是将负载轴上的转动惯量 $J_L$、粘性摩擦系数 $f_L$、外加阻力矩 $m_L$ 等折算到电动机轴上，求出电动机轴上总等效转动惯量 $J$、总粘性摩擦系数 $f$ 和等效阻力矩 $m_c$。根据式 (2-3) ~式 (2-6)，考虑负载效应后的电动机方程有

$$m_m = C_m i_a \tag{2-21}$$

$$e_a = C_e \frac{d\theta_m}{dt} \tag{2-22}$$

$$u_a = L_a \frac{di_a}{dt} + R_a i_a + e_a \tag{2-23}$$

$$J\frac{d^2\theta_m}{dt^2} + f\frac{d\theta_m}{dt} = m_m - m_c \tag{2-24}$$

对照式 (2-7)，电动机输入输出方程为

$$JL_a\frac{d^3\theta_m}{dt^3} + (JR_a + fL_a)\frac{d^2\theta_m}{dt^2} + (fR_a + C_m C_e)\frac{d\theta_m}{dt} = C_m u_a - L_a\frac{dm_c}{dt} - R_a m_c \tag{2-25}$$

式中，$J$、$f$、$m_c$ 分别为折算到电动机轴上的等效转动惯量、等效摩擦系数和等效外加阻力矩。折算方法如后面所述。

**4. 减速器**

$$\theta_c = \frac{1}{i}\theta_m \tag{2-26}$$

式中，$i$ 为齿轮减速器的减速比，$i = \dfrac{z_2}{z_1}$。

**5. 工作机械**

工作机械是电动机的负载，负载轴上的转动惯量 $J_L$、粘性摩擦系数 $f_L$、外加阻力矩 $m_L$ 已折算到电动机轴上，无需再列其他方程。折算的方法是：

根据折算前后能量守恒，有

$$\frac{1}{2}J_m\omega_m^2 + \frac{1}{2}J_L\omega_c^2 = \frac{1}{2}J\omega_m^2$$

$$J = J_m + J_L\left(\frac{\omega_c}{\omega_m}\right)^2 = J_m + J_L\left(\frac{z_1}{z_2}\right)^2$$

可以推出折算后总的等效转动惯量

$$J = J_m + \frac{J_L}{i^2} \tag{2-27}$$

根据折算前后摩擦力矩消耗的功率相等，有

$$f_m\omega_m^2 + f_L\omega_c^2 = f\omega_m^2$$

折算后总的等效摩擦系数

$$f = f_m + \frac{f_L}{i^2} \tag{2-28}$$

由折算前后外加阻力矩消耗的功率相等，有

$$m_L\omega_c = m_c\omega_m$$

折算后等效外加阻力矩

$$m_c = \frac{m_L}{i} \tag{2-29}$$

从式（2-18）～式（2-20）、式（2-25）、式（2-26）中消去中间变量 $\theta_e$、$u_s$、$u_a$、$\theta_m$，并考虑式（2-29），得

$$JL_a\frac{d^3\theta_c}{dt^3} + (JR_a + fL_a)\frac{d^2\theta_c}{dt^2} + (fR_a + C_mC_e)\frac{d\theta_c}{dt} + \frac{K_sK_aC_m}{i}\theta_c$$
$$= \frac{K_sK_aC_m}{i}\theta_r - \frac{L_a}{i^2}\frac{dm_L}{dt} - \frac{R_a}{i^2}m_L \tag{2-30}$$

若忽略 $L_a$ 的数值，考虑 $m_L = 0$，并令 $K = \dfrac{K_sK_aC_m}{R_ai}$，$F = f + \dfrac{C_mC_e}{R_a}$，则式（2-30）可简化为

$$J\frac{d^2\theta_c}{dt^2} + F\frac{d\theta_c}{dt} + K\theta_c = K\theta_r \tag{2-31}$$

由式（2-31）给出的位置随动系统的数学模型是一个二阶线性常系数微分方程，由此描述的系统称为二阶系统。

### 2.2.2 非线性微分方程的线性化

2.2.1 节介绍了如何建立一个环节或一个较为复杂的控制系统的微分方程。在所举的例子中，建立的模型均为线性常系数微分方程。能够用线性微分方程描述的系统，称为线性系统。

第 1 章中指出，线性系统的重要性质是满足叠加原理，即具有叠加性和齐次性。线性系统的叠加原理说明：两个外部输入信号同时加于系统所产生的总响应等于各个信号单独作用时分别产生的响应之和；输入信号的数值增大若干倍时，响应也增加同样的倍数。因此，对线性系统进行分析和设计时，如果有几个外部输入同时加在系统上，则可以对各个输入分别处理。叠加性和齐次性使线性系统的分析大为简化。

严格地说，构成控制系统的各类元件的输入变量和输出变量之间都存在不同程度的非线性特性，因此，构成的控制系统需要用非线性微分方程来描述。对于高阶非线性微分方程，

在数学上尚不可能求得一般解，所以与线性系统相比较，非线性系统的分析要困难得多。但是，在一定条件下，大多数系统都可通过线性化方法近似用线性微分方程描述。在工程上，将非线性微分方程在一定条件下转化为线性微分方程的方法，称为非线性微分方程的线性化。下面介绍的“小偏差法”是常用的一种线性化方法。

考虑到实际控制系统都有一个设定工作状态，即系统中各个变量都在各自的设定值（工作点、平衡点）附近作小范围变化，“小偏差法”的基本思想是，对于描述非线性元件输入与输出之间特性的非线性函数，在元件工作点邻域内展开成泰勒级数，在能够忽略二次以上各项的条件下，用泰勒展开式的一次项近似表示元件输入输出特性函数，使得系统中非线性元件线性化，从而使描述系统的非线性微分方程线性化。

**1. 将非线性元件线性化**

设非线性元件的输入输出特性可用非线性函数 $y=f(x)$ 表示，且可以在平衡点（$x_0$，$y_0$）的邻域内展开成泰勒级数，即

$$y=f(x_0)+\frac{\mathrm{d}f(x_0)}{\mathrm{d}x}(x-x_0)+\frac{1}{2!}\frac{\mathrm{d}^2f(x_0)}{\mathrm{d}x^2}(x-x_0)^2+\cdots$$

令 $\Delta x=x-x_0$，有

$$y=y_0+\frac{\mathrm{d}f(x_0)}{\mathrm{d}x}\Delta x+\frac{1}{2!}\frac{\mathrm{d}^2f(x_0)}{\mathrm{d}x^2}\Delta x^2+\cdots$$

当增量 $\Delta x$ 很小时，展开式中的高次项可忽略，则元件的输入输出特性可近似写成线性化增量方程

$$\Delta y=\frac{\mathrm{d}f(x_0)}{\mathrm{d}x}\Delta x$$

其中，$\Delta y=y-y_0$，$\frac{\mathrm{d}f(x_0)}{\mathrm{d}x}$是非线性函数 $y=f(x)$ 所代表的曲线在 $(x_0,y_0)$ 处的导数，也就是曲线在 $(x_0,y_0)$ 处切线的斜率。因而，非线性特性的线性化，实质上就是以平衡点处的切线代替平衡点附近的曲线。

**2. 将非线性微分方程增量化**

由于非线性元件的线性化描述是一个增量方程，为方便起见，需要将系统中的变量转换成增量形式，使描述系统的微分方程增量化。具体做法为：将微分方程中的各个变量用平衡点处的值和增量值之和的形式表示，并且考虑平衡点处各变量之间的关系，就可以得到增量化的非线性微分方程。

**3. 将非线性微分方程线性化**

将非线性元件的线性增量方程与系统的非线性增量微分方程联立，求得描述系统的线性增量微分方程。

**例 2-8**　单容水箱液位系统如图 2-8 所示。$q_1$ 为水箱的流入量，$q_2$ 为流出量，水箱液面高度为 $h$，水箱的截面积为 $A$，列写 $h$ 与 $q_1$ 之间的线性化微分方程。

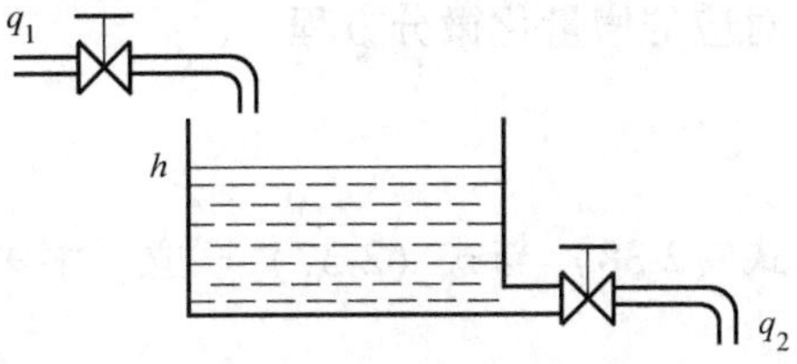

图　2-8

**解**　设流体是不可压缩的，根据物质守恒定律，有

$$\frac{\mathrm{d}h}{\mathrm{d}t}=\frac{q_1-q_2}{A} \tag{2-32}$$

通过负载阀（节流阀）的液体是紊流，根据流体力学，有

$$q_2=a\sqrt{h} \tag{2-33}$$

$a$ 是与负载阀的特性有关的系数，阀的开度一定时为常数。式（2-33）反映了负载阀的输入变量 $h$ 和输出变量 $q_2$ 之间呈现非线性特性，即 $q_2$ 是 $h$ 的非线性函数。

根据式（2-32）、式（2-33），消去中间变量 $q_2$，得

$$\frac{\mathrm{d}h}{\mathrm{d}t}+\frac{a}{A}\sqrt{h}=\frac{1}{A}q_1 \tag{2-34}$$

这是一个一阶非线性微分方程。用小偏差法对式（2-34）进行线性化的关键是如何对式（2-33）线性化。

设平衡点为（$h_0$，$q_{10}$，$q_{20}$），液位系统在平衡点附近小范围内工作时，各变量可以表示为

$$\begin{cases}h=h_0+\Delta h\\ q_1=q_{10}+\Delta q_1\\ q_2=q_{20}+\Delta q_2\end{cases} \tag{2-35}$$

若 $q_2(h)$ 在 $h_0$ 附近对 $h$ 连续可导，那么在 $h_0$ 邻域内可将 $q_2(h)$ 用泰勒展开式表示

$$q_2(h)=q_2(h_0)+\left.\frac{\mathrm{d}q_2}{\mathrm{d}h}\right|_{h=h_0}(h-h_0)+\frac{1}{2!}\left.\frac{\mathrm{d}^2q_2}{\mathrm{d}h^2}\right|_{h=h_0}(h-h_0)^2+\cdots$$

工作在平衡点附近时，$\Delta h=h-h_0$ 是微小增量，忽略其二次以上各项，近似地得到

$$q_2(h)\approx q_2(h_0)+\left.\frac{\mathrm{d}q_2}{\mathrm{d}h}\right|_{h=h_0}\Delta h \tag{2-36}$$

式（2-33）两边对 $h$ 求导，得 $\left.\frac{\mathrm{d}q_2}{\mathrm{d}h}\right|_{h=h_0}=\frac{a}{2\sqrt{h_0}}$，且 $q_2(h_0)=q_{20}$，式（2-36）可改写为

$$\Delta h=R\Delta q_2 \tag{2-37}$$

式中，$R=\frac{2\sqrt{h_0}}{a}$ 称为水阻。

式（2-37）是式（2-33）的线性化方程，是对负载阀的非线性特性的线性近似。

将式（2-35）代入式（2-32），并考虑平衡点处 $\left.\frac{\mathrm{d}h}{\mathrm{d}t}\right|_{h=h_0}=0$，$q_{10}=q_{20}$，得到式（2-32）对应的增量化微分方程

$$\frac{\mathrm{d}\Delta h}{\mathrm{d}t}=\frac{\Delta q_1-\Delta q_2}{A} \tag{2-38}$$

式（2-38）与式（2-37）联立，消去中间变量 $\Delta q_2$，得

$$RA\frac{\mathrm{d}\Delta h}{\mathrm{d}t}+\Delta h=R\Delta q_1 \tag{2-39}$$

式（2-39）就是系统的非线性微分方程式（2-34）的线性化结果，是平衡点附近的线性增量方程。在不混淆的情况下，可以略去增量符号 Δ，直接用变量表示其增量，式（2-39）简

记为

$$RA\frac{\mathrm{d}h}{\mathrm{d}t}+h=Rq_1$$

可见，经线性化后的单容水箱液位系统可以用一阶线性微分方程描述。

**例 2-9**　铁心线圈及其非线性特性如图 2-9 所示，以 $u_r$ 为输入、$i$ 为输出，列写微分方程并进行线性化。

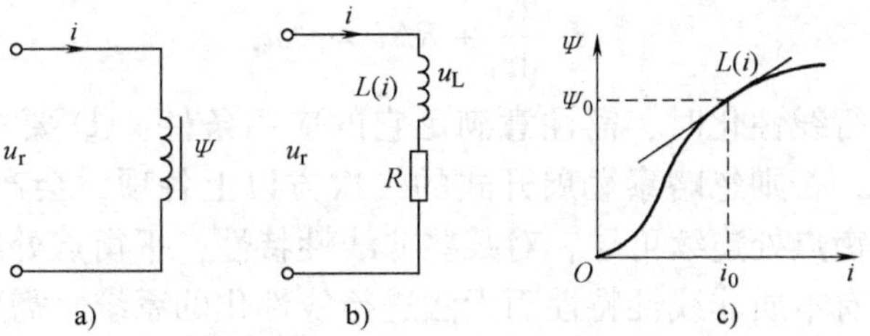


图　2-9

**解**　铁心线圈的等效电路如图 2-9b 所示。根据电路的基尔霍夫定律，有

$$u_r=u_L+Ri \tag{2-40}$$

式中，$u_L$ 为线圈的自感应电势，它等于线圈中磁链对时间 $t$ 的变化率，即

$$u_L=\frac{\mathrm{d}\psi(i)}{\mathrm{d}t}=\frac{\mathrm{d}\psi(i)}{\mathrm{d}i}\frac{\mathrm{d}i}{\mathrm{d}t}$$

令 $L(i)=\dfrac{\mathrm{d}\psi(i)}{\mathrm{d}i}$，所以有

$$u_L=L(i)\frac{\mathrm{d}i}{\mathrm{d}t} \tag{2-41}$$

由于铁心线圈的 $\psi-i$ 特性曲线（如图 2-9c 所示）是非线性的，电感 $L(i)$ 不是常数。在式（2-40）和式（2-41）中消去 $u_L$，可得 $u_r$ 和 $i$ 之间的微分方程

$$\frac{\mathrm{d}\psi(i)}{\mathrm{d}t}+Ri=u_r \quad 或 \quad \frac{\mathrm{d}\psi(i)}{\mathrm{d}i}\frac{\mathrm{d}i}{\mathrm{d}t}+Ri=u_r \tag{2-42}$$

式（2-42）是一个非线性微分方程。下面对 $\psi(i)$ 线性化，从而使方程式（2-42）线性化。

设平衡点 $u_r=u_0$，$i=i_0$，$\psi=\psi_0$，这时有 $u_L=0$，$u_0=Ri_0$。线圈工作在平衡点附近，$\Delta u_r$、$\Delta i$、$\Delta\psi$ 都很小。设 $\psi(i)$ 在 $i_0$ 附近连续可导，可将 $\psi(i)$ 在 $i_0$ 处展开成泰勒级数

$$\psi(i)=\psi_0+\left.\frac{\mathrm{d}\psi}{\mathrm{d}i}\right|_{i=i_0}(i-i_0)+\frac{1}{2!}\left.\frac{\mathrm{d}^2\psi}{\mathrm{d}i^2}\right|_{i=i_0}(i-i_0)^2+\cdots$$

忽略二次方以上的各项，得到

$$\psi-\psi_0\approx\left.\frac{\mathrm{d}\psi}{\mathrm{d}i}\right|_{i=i_0}(i-i_0)$$

即

$$\Delta\psi=\left.\frac{\mathrm{d}\psi}{\mathrm{d}i}\right|_{i=i_0}\Delta i$$

令 $\left.\dfrac{\mathrm{d}\psi}{\mathrm{d}i}\right|_{i=i_0}=L$，$L$ 是平衡点处的电感值，称为动态电感。铁心线圈的近似线性特性表示为

$$\Delta\psi = L\Delta i \tag{2-43}$$

将 $u_r$、$\psi$、$i$ 用增量关系表示：$u_r = u_0 + \Delta u_r$，$i = i_0 + \Delta i$，$\psi = \psi_0 + \Delta\psi$，代入非线性方程式(2-42)，有

$$\frac{d}{dt}(\psi_0 + \Delta\psi) + R(i_0 + \Delta i) = u_0 + \Delta u_r \tag{2-44}$$

将式（2-44）与式（2-43）联立，考虑 $u_0 = i_0 R$，得到线性增量微分方程

$$L\frac{d\Delta i}{dt} + R\Delta i = \Delta u_r$$

使用小偏差法进行线性化时，需注意满足它的应用条件：① 要求输入输出变量在平衡点附近作小范围变化，否则忽略泰勒展开式的二次方以上各项，会产生大的误差。② 要求非线性特性曲线在平衡点处连续可导，对某些非线性特性，平衡点处的导数不存在，不能使用小偏差法。对于具有本质非线性特性而无法进行线性化的系统，需要采用非线性系统的分析方法，这方面的内容将在第8章介绍。

### 2.2.3 用拉普拉斯变换求解线性常系数微分方程

当系统微分方程列写出来之后，只要给定输入量和初始条件，就可以通过求解微分方程，获得系统输出量随时间变化的规律，用于分析系统性能。

线性常系数微分方程的求解可以采用拉普拉斯变换法。求解过程如下：

1）对微分方程进行拉普拉斯变换，得到以 $s$ 为变量的代数方程，又称变换方程。

2）将输入量和初始条件代入变换方程进行求解，得到输出量的拉普拉斯变换函数表达式。

3）将输出量的拉普拉斯变换函数表达式化为部分分式。

4）对部分分式进行拉普拉斯反变换，得到输出量的时域表达式，即为微分方程的全解。

**例 2-10** 在例2-1给出的 *RLC* 无源网络中，已知 $L = 1H$，$C = 1F$，$R = 1\Omega$，输入电压 $u_i(t) = 1(t)$，且初始条件 $u_o(0) = 0.1V$，$i(0) = 0.1A$，求输出电压 $u_o(t)$。

**解** 例2-1已求得 *RLC* 无源网络的输入输出微分方程

$$LC\frac{d^2u_o(t)}{dt^2} + RC\frac{du_o(t)}{dt} + u_o(t) = u_i(t) \tag{2-45}$$

设 $\mathscr{L}[u_o(t)] = U_o(s)$，$\mathscr{L}[u_i(t)] = U_i(s)$。由拉普拉斯变换的微分性质，有

$$\mathscr{L}\left[\frac{du_o(t)}{dt}\right] = sU_o(s) - U_o(0)$$

$$\mathscr{L}\left[\frac{d^2u_o(t)}{dt^2}\right] = s^2U_o(s) - su_o(0) - u_o'(0)$$

输入电压 $u_i(t) = 1(t)$，$\mathscr{L}[u_i(t)] = U_i(s) = \frac{1}{s}$。对微分方程两边进行拉普拉斯变换，有

$$s^2U_o(s) - su_o(0) - u_o'(0) + sU_o(s) - u_o(0) + U_o(s) = \frac{1}{s} \tag{2-46}$$

考虑初始条件

$$u_o(0) = 0.1V$$

由 $$i(t) = C\frac{\mathrm{d}u_o(t)}{\mathrm{d}t} = Cu'_o(t),\ i(0) = Cu'_o(0) = 0.1\mathrm{A}$$

有 $$u'_o(0) = 0.1\ \mathrm{V/s}$$

将初始条件代入式（2-46）

$$s^2U_o(s) + sU_o(s) + U_o(s) = \frac{1}{s} + 0.1s + 0.1 + 0.1$$

求得

$$U_o(s) = \frac{0.1s^2 + 0.2s + 1}{s(s^2 + s + 1)}$$

化成部分分式

$$U_o(s) = \frac{1}{s} - \frac{0.9s + 0.8}{s^2 + s + 1} = \frac{1}{s} - \frac{0.9\left(s + \frac{1}{2}\right)}{\left(s + \frac{1}{2}\right)^2 + \frac{3}{4}} - \frac{0.35}{\left(s + \frac{1}{2}\right)^2 + \frac{3}{4}}$$

求 $U_o(s)$ 的拉普拉斯反变换，得

$$u_o(t) = 1 - 0.9\mathrm{e}^{-0.5t}\cos\frac{\sqrt{3}}{2}t - 0.35 \times \frac{2}{\sqrt{3}}\mathrm{e}^{-0.5t}\sin\frac{\sqrt{3}}{2}t \qquad t \geqslant 0$$

## 2.3　线性定常系统的传递函数

控制系统的微分方程是在时域内描述系统动态行为的数学模型，称为时域模型。使用微分方程分析系统时，可在给定外作用和初始条件下，求出系统动态响应表达式，比较直观、准确。但是如果系统的参数或结构发生变化，就要重新列写并求解微分方程，不便于分析比较系统在不同情况下的性能变化。

在经典控制理论中，广泛应用的一种数学模型是传递函数，并且在传递函数的基础上已经建立了一整套的控制系统分析和设计方法，例如后面将要介绍的根轨迹法和频率法。因此，传递函数的概念和控制系统传递函数的求法是本章最重要的内容。

### 2.3.1　传递函数的定义

以图 2-10 的 $RC$ 网络为例进行分析。

输入输出微分方程为 $$RC\frac{\mathrm{d}u_c}{\mathrm{d}t} + u_c = u_r$$

对上式进行拉普拉斯变换

$$RC[sU_c(s) - u_c(0)] + U_c(s) = U_r(s)$$

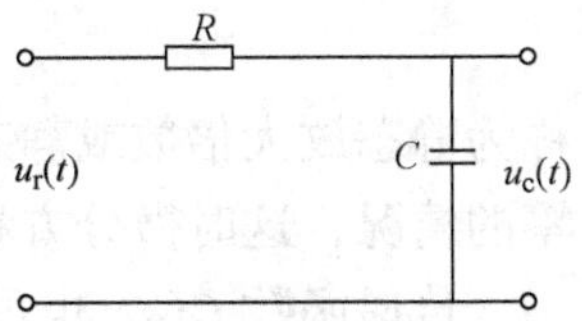

图　2-10

设初始条件 $u_c(0) = 0$，求出 $RC$ 网络在零初始条件下输出响应的拉普拉斯变换

$$U_c(s) = \frac{1}{RCs + 1}U_r(s)$$

$U_c(s)$ 为两部分的乘积：$U_r(s)$ 是输入信号 $u_r(t)$ 的拉普拉斯变换，由输入信号决定；$\dfrac{1}{RCs+1}$ 则完全由系统的结构和参数决定。令 $G(s)=\dfrac{1}{RCs+1}$，则

$$U_c(s)=G(s)U_r(s)$$

$$G(s)=\frac{U_c(s)}{U_r(s)} \tag{2-47}$$

$G(s)$ 反映了系统自身的动态特性，称 $G(s)$ 为系统的传递函数，可用框图表示，如图 2-11 所示。

所以，传递函数定义为：线性定常系统在零初始条件下，输出量的拉普拉斯变换与输入量的拉普拉斯变换之比。

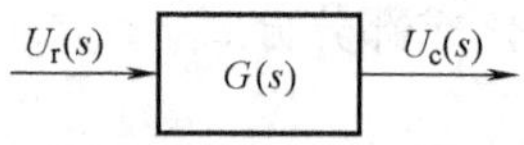


图 2-11

传递函数是用拉普拉斯变换法求解微分方程的过程中引伸出的一种数学模型，本质上与微分方程完全一致。传递函数是复变量 $s$ 的函数，因此可以认为传递函数是输出与输入之间的复放大倍数。

### 2.3.2 传递函数的一般形式

线性定常系统的微分方程一般可表示为

$$a_n\frac{d^n}{dt^n}c(t)+a_{n-1}\frac{d^{n-1}}{dt^{n-1}}c(t)+\cdots+a_1\frac{d}{dt}c(t)+a_0c(t)$$
$$=b_m\frac{d^m}{dt^m}r(t)+b_{m-1}\frac{d^{m-1}}{dt^{m-1}}r(t)+\cdots+b_1\frac{d}{dt}r(t)+b_0r(t) \tag{2-48}$$

式中，$c(t)$ 是系统的输出量，$r(t)$ 是系统的输入量。$a_0$，…，$a_n$，$b_0$，…，$b_m$，$n$，$m$ 都是与系统结构参数有关的常系数，且有 $n\geqslant m$。

令初始条件为零，进行拉普拉斯变换，得到 $s$ 的代数方程

$$(a_ns^n+a_{n-1}s^{n-1}+\cdots+a_1s+a_0)C(s)=(b_ms^m+b_{m-1}s^{m-1}+\cdots+b_1s+b_0)R(s) \tag{2-49}$$

根据传递函数的定义

$$G(s)=\frac{C(s)}{R(s)}=\frac{b_ms^m+b_{m-1}s^{m-1}+\cdots+b_1s+b_0}{a_ns^n+a_{n-1}s^{n-1}+\cdots+a_1s+a_0}=\frac{M(s)}{D(s)} \tag{2-50}$$

式（2-50）是用 $s$ 的多项式分式表示的传递函数形式。

若取 $s=0$，有

$$G(0)=\frac{b_0}{a_0}$$

称为静态放大倍数或静态增益。$s=0$ 对应的是微分方程式（2-48）中变量的各阶导数均为零的情况，这时微分方程蜕变成静态方程。

传递函数 $G(s)$ 也可写成零极点表示的形式

$$G(s)=K^*\frac{(s-z_1)(s-z_2)\cdots(s-z_m)}{(s-p_1)(s-p_2)\cdots(s-p_n)} \tag{2-51}$$

式中，$K^* = \dfrac{b_m}{a_n}$，$z_i(i=1,\cdots,m)$ 是分子多项式方程 $M(s)=0$ 的 $m$ 个根，称为 $G(s)$ 的零点；$p_i(i=1,\cdots n)$ 是分母多项式方程 $N(s)=0$ 的 $n$ 个根，称为 $G(s)$ 的极点。$z_i$、$p_i$ 的值由 $a_0$，…，$a_n$，$b_0$，…，$b_m$ 确定，$z_i$ 和 $p_i$ 可以是实数，也可以是复数，若为复数，一定以共轭形式出现。

传递函数的零极点可以用零极点分布图表示。在 $s$ 复平面上，用“◦”表示零点，“×”表示极点。例如

$$G(s)=\frac{s+2}{s^3+5s^2+8s+6}=\frac{s+2}{(s+3)(s+1\pm \mathrm{j})}$$

其零极点分布图如图 2-12 所示。

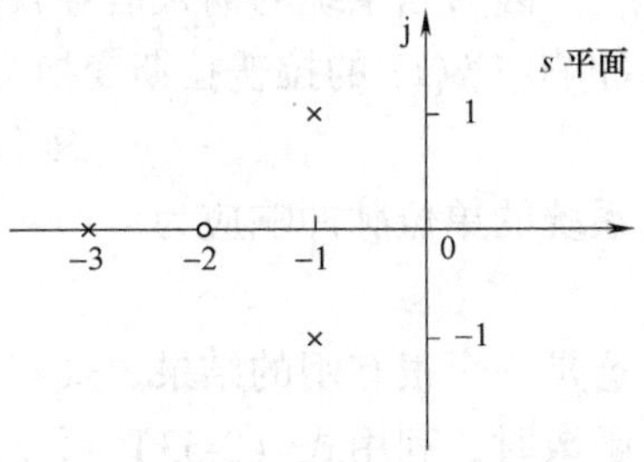


图 2-12

## 2.3.3 关于传递函数的几点说明

对于传递函数概念，需要强调以下几点：

1）传递函数的概念只适用于线性定常系统，是一种在复域中描述其运动特性的数学模型。

2）传递函数是复变量 $s$ 的有理真分式函数，即 $m \leqslant n$，且所有系数均为实数（因为系统中元件参数是实数）。$m \leqslant n$ 是因为实际存在的物理系统一般都具有惯性，输出信号总是滞后于输入信号。

3）传递函数表征了系统的固有特性，它与系统输入信号的形式无关，但与输入信号的作用位置及输出信号的取出位置有关。对于同一系统，在不同的输入、输出信号间将表现出不同的固有特性，因而也就存在不同的传递函数。因此，建立一个系统的传递函数时，必须指明是哪一个输入变量和哪一个输出变量之间的传递函数。

4）传递函数与微分方程之间可以相互转换。用微分算子 $p=\dfrac{\mathrm{d}}{\mathrm{d}t}$ 替换传递函数中的复变量 $s$，并用输入和输出变量的时间函数替换传递函数中的象函数，就可以由传递函数得到微分方程。

例如
$$G(s)=\frac{C(s)}{R(s)}=\frac{5}{s^2+3s+2}$$

可写成
$$(s^2+3s+2)C(s)=5R(s)$$

令 $s=p$，将 $C(s)$ 和 $R(s)$ 换成 $c(t)$ 和 $r(t)$，有

$$(p^2+3p+2)c(t)=5r(t)$$

或
$$\frac{\mathrm{d}^2}{\mathrm{d}t^2}c(t)+3\frac{\mathrm{d}c(t)}{\mathrm{d}t}+2c(t)=5r(t)$$

5）传递函数是在零初始条件下定义的，它与输入信号的拉普拉斯变换的乘积仅反映了系统在零初始条件下的响应规律。若要求解系统在非零初始条件下的响应，则应该先由传递函数求出系统的微分方程，然后在考虑初始条件的情况下求解该微分方程，从而得到系统在非零初始条件下的响应表达式。

6）一个系统的传递函数，可以通过该系统在零初始条件下的单位脉冲响应 $k(t)$ 的拉普

拉斯变换求得，即

$$G(s) = \mathscr{L}[k(t)] \tag{2-52}$$

因为当系统的输入信号 $r(t)=\delta(t)$，有 $R(s)=1$，零初始条件下的输出信号即单位脉冲响应 $k(t)$ 的拉普拉斯变换为

$$\mathscr{L}[k(t)] = C(s) = G(s)R(s) = G(s)$$

系统的单位脉冲响应为

$$k(t) = \mathscr{L}^{-1}[G(s)] \tag{2-53}$$

这是一个很有用的结果。式（2-52）提供了求传递函数的一种方法；同时，已知系统的传递函数时，利用式（2-53）可以方便地求得该系统的单位脉冲响应。可见，系统的单位脉冲响应与传递函数所含有的系统信息是相同的，因此也可以说，系统的脉冲响应是以时域响应过程表示的一种数学模型。

### 2.3.4 典型环节及其传递函数

任何一个复杂的系统，从结构上看都可以由不同的元部件组成。从数学模型来看，一个复杂系统的传递函数，可以分解成若干个典型环节的传递函数。由于典型环节比较简单，建立典型环节的传递函数并研究其特性，可以为复杂系统的分析提供基础。下面介绍一些常用的典型环节及其传递函数。

考虑以 $r(t)$ 为输入变量，$c(t)$ 为输出变量的典型环节，设其传递函数为 $G(s)$。

**1. 比例环节**

比例环节又称放大环节，它的输入输出方程为

$$c(t) = Kr(t)$$

$K$ 为比例系数，也称放大系数或增益，它可以是无量纲的量，也可以是有量纲的量。方程经拉普拉斯变换，得到传递函数为

$$G(s) = \frac{C(s)}{R(s)} = K \tag{2-54}$$

比例环节的输出量能够无失真、无延迟地按照一定比例关系复现输入量。例如，例 2-2 中弹簧力 $F_2$ 与位移 $y$ 之间，例 2-7 中桥式电位计的输出电压 $u_s$ 与误差角 $\theta_e$ 之间，均具有比例关系，因此弹簧和桥式电位计均可看作比例环节。

**2. 微分环节**

微分环节的输出量是输入量对时间 $t$ 的微分，其输入输出微分方程为

$$c(t) = \frac{\mathrm{d}r(t)}{\mathrm{d}t}$$

传递函数为

$$G(s) = s \tag{2-55}$$

微分环节有一个零点，位于 $s$ 平面的坐标原点。

考虑例 2-6 中的测速发电机，其输出电压 $u_T$ 与输入角速度 $\omega_m$ 成正比，有 $u_T(t) = K_t\omega_m(t) = K_t\dfrac{\mathrm{d}\theta_m(t)}{\mathrm{d}t}$，若以 $\theta_m(t)$ 作为测速发电机的输入，则 $u_T(t)$ 与 $\theta_m(t)$ 之间的传递函

数 $G(s)=\dfrac{U_{\mathrm{T}}(s)}{\theta_{\mathrm{m}}(s)}=K_{\mathrm{t}}s$，这时测速发电机可看成微分环节。

**3. 积分环节**

积分环节的输出量是输入量对时间 $t$ 的积分，其输入输出积分方程为

$$c(t)=\int r(t)\mathrm{d}t$$

传递函数为

$$G(s)=\frac{1}{s} \tag{2-56}$$

积分环节有一个极点，位于 $s$ 平面的坐标原点。

**4. 惯性环节**

惯性环节的输出量与输入量之间的微分方程为

$$T\frac{\mathrm{d}c(t)}{\mathrm{d}t}+c(t)=r(t)$$

传递函数为

$$G(s)=\frac{1}{Ts+1} \tag{2-57}$$

惯性环节有一个负实数极点 $s=-\dfrac{1}{T}$，$T$ 为惯性环节的时间常数。

图 2-5a 所示的电枢控制他励直流电动机，若以电枢电压 $u_{\mathrm{a}}(t)$ 为输入量，电动机角速度 $\omega_{\mathrm{m}}(t)$ 为输出量，其微分方程由式（2-12）给出，传递函数为

$$G(s)=\frac{\Omega_{\mathrm{m}}(s)}{U_{\mathrm{a}}(s)}=\frac{K_{\mathrm{m}}}{T_{\mathrm{m}}s+1}$$

这时，电枢控制的他励直流电动机可以看作由比例环节 $K_{\mathrm{m}}$ 和惯性环节 $\dfrac{1}{T_{\mathrm{m}}s+1}$ 组成。

若以电枢电压 $u_{\mathrm{a}}(t)$ 为输入量，电动机转角 $\theta_{\mathrm{m}}(t)$ 为输出量，其微分方程由式（2-11）给出，传递函数为

$$G(s)=\frac{\theta_{\mathrm{m}}(s)}{U_{\mathrm{a}}(s)}=K_{\mathrm{m}}\frac{1}{s}\,\frac{1}{T_{\mathrm{m}}s+1}$$

这时，电枢控制的他励直流电动机是由比例环节、积分环节和惯性环节组成。

**5. 一阶微分环节**

一阶微分环节的输出量是输入量的比例加微分，其输入输出微分方程为

$$c(t)=\tau\frac{\mathrm{d}r(t)}{\mathrm{d}t}+r(t)$$

传递函数为

$$G(s)=\tau s+1 \tag{2-58}$$

一阶微分环节有一个负实数零点 $s=-\dfrac{1}{\tau}$。

**6. 振荡环节**

振荡环节的输出量与输入量之间满足如下微分方程：

$$T^2 \frac{d^2c(t)}{dt^2} + 2\xi T \frac{dc(t)}{dt} + c(t) = r(t) \quad 0 < \xi < 1$$

传递函数为

$$G(s) = \frac{1}{T^2s^2 + 2\xi Ts + 1} \quad 0 < \xi < 1 \tag{2-59}$$

振荡环节有一对共轭复数极点分布在 $s$ 平面的左半开平面。图 2-1 的 *RLC* 无源网络和图 2-2 的机械位移系统，当参数满足一定条件时，都是振荡环节。

**7. 二阶微分环节**

将具有如下输入输出微分方程的环节称为二阶微分环节：

$$c(t) = \tau^2 \frac{d^2r(t)}{dt^2} + 2\zeta\tau \frac{dr(t)}{dt} + r(t) \quad 0 < \zeta < 1$$

传递函数为

$$G(s) = \tau^2s^2 + 2\zeta\tau s + 1 \quad 0 < \zeta < 1 \tag{2-60}$$

二阶微分环节有一对共轭复数零点位于 $s$ 平面的左半开平面。

**8. 延迟环节**

延迟环节（或称滞后环节）的输出量滞后于输入量一段时间 $\tau$，$\tau$ 称为延迟时间。其输入输出方程的形式为

$$c(t) = r(t - \tau)$$

经拉普拉斯变换

$$C(s) = e^{-\tau s}R(s)$$

传递函数为

$$G(s) = e^{-\tau s} \tag{2-61}$$

一个复杂的传递函数可分解为若干个典型环节的传递函数。系统中的一个元部件可能是一个典型环节，也可能由几个典型环节组成，或者由若干个元部件构成一个典型环节。

为了便于对控制系统进行模拟仿真实验，通常采用无源或有源电路实现各种典型环节。表 2-1 给出了几个主要典型环节的运算放大器电路实现。比例环节、积分环节是控制系统中最基本的环节，由若干个比例环节和积分环节可以构成任意阶动态系统的模拟仿真电路。

**表 2-1 典型环节运算放大器的电路实现**

| 典型环节 | 传递函数 | 电路图 |
| --- | --- | --- |
| 比例环节 | $\frac{U_2(s)}{U_1(s)} = -K$<br>$K = \frac{R_2}{R_1}$ | 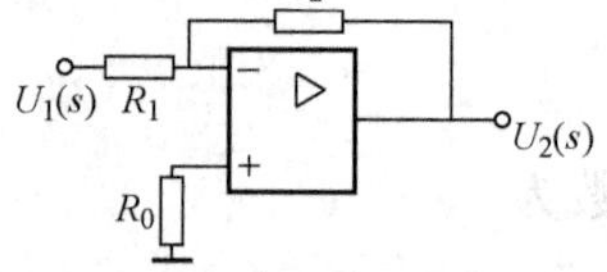 |
| 积分环节 | $\frac{U_2(s)}{U_1(s)} = -\frac{1}{Ts}$<br>$T = RC$ | 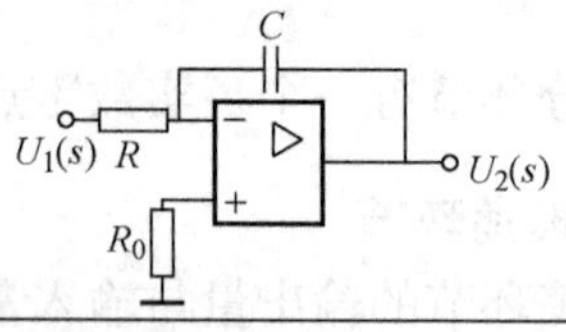 |

（续）

| 典型环节 | 传递函数 | 电路图 |
|---|---|---|
| 惯性环节 | $\frac{U_2(s)}{U_1(s)}=-\frac{1}{Ts+1}$<br>$T=RC$ | 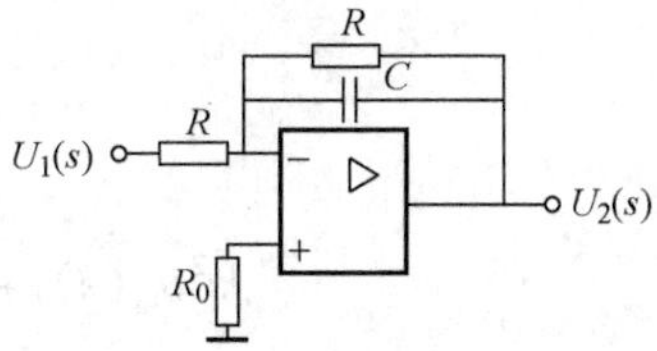 |
| 一阶微分环节 | $\frac{U_2(s)}{U_1(s)}=-K\frac{\tau s+1}{Ts+1}\approx -K(\tau s+1)$<br>$K=(R_2+R_3)/R_1, T=R_4C$<br>$\tau=(\frac{R_2R_3}{R_2+R_3}+R_4)C$ | 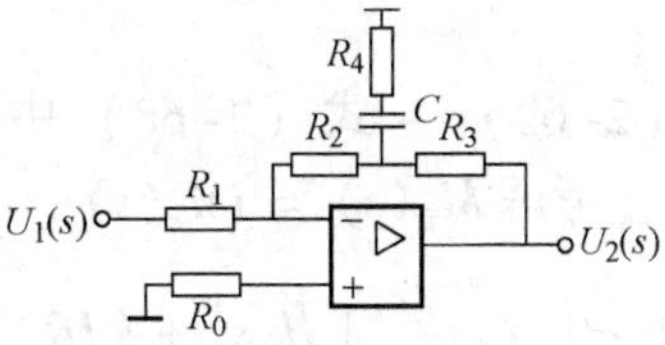 |

## 2.3.5　控制系统的传递函数

求一个较为复杂的控制系统的传递函数，同样需要首先列写控制系统中各个变量之间的微分方程，得到微分方程组。根据列写的微分方程组，可以通过两种途径求系统的传递函数：一是首先在微分方程组中消去中间变量，获得描述系统输入输出关系的微分方程，然后在零初始条件下进行拉普拉斯变换，求得系统的传递函数；二是先对微分方程组在零初始条件下进行拉普拉斯变换，然后在获得的代数方程组中消去中间变量，求得系统的传递函数。采用后一种方法，只需进行代数消元，避免了在第一种方法中必须进行的微积分消元，简化了计算。

**例 2-11**　考虑例 2-7 的位置随动系统。以给定转角 $\theta_r$ 为系统的输入，工作机械的转角 $\theta_c$ 为系统的输出，列写系统的传递函数。

**解**　例 2-7 中，系统各变量之间的微分方程由式（2-19）~式（2-24）、式（2-26）描述，即

$$u_s=K_s(\theta_r-\theta_c)$$
$$u_a=K_a u_s$$
$$m_m=C_m i_a$$
$$e_a=C_e\frac{d\theta_m}{dt}$$
$$u_a=L_a\frac{di_a}{dt}+R_a i_a+e_a$$
$$J\frac{d^2\theta_m}{dt^2}+f\frac{d\theta_m}{dt}=m_m-m_c$$
$$\theta_c=\frac{1}{i}\theta_m$$

在零初始条件下，对上面各方程进行拉普拉斯变换，得到一组代数方程

$$U_s(s)=K_s[\theta_r(s)-\theta_c(s)] \tag{2-62}$$

$$U_a(s)=K_aU_s(s) \tag{2-63}$$

$$M_m(s)=C_mI_a(s) \tag{2-64}$$

$$E_a(s)=C_es\theta_m(s) \tag{2-65}$$

$$U_a(s)=(L_as+R_a)I_a(s)+E_a(s) \tag{2-66}$$

$$Js^2\theta_m(s)+fs\theta_m(s)=M_m(s)-M_c(s) \tag{2-67}$$

$$\theta_c(s)=\frac{1}{i}\theta_m(s) \tag{2-68}$$

在式（2-62）~式（2-68）中消去中间变量 $U_s(s)$、$U_a(s)$、$I_a(s)$、$M_m(s)$、$E_a(s)$、$\theta_m(s)$，考虑 $M_L(s)=iM_c(s)$，可得

$$[JL_as^3+(JR_a+fL_a)s^2+(fR_a+C_mC_e)s+\frac{K_sK_aC_m}{i}]\theta_c(s)$$

$$=\frac{K_sK_aC_m}{i}\theta_r(s)-\frac{L_as+R_a}{i^2}M_L(s) \tag{2-69}$$

上式也可以通过直接对式（2-30）在零初始条件下进行拉普拉斯变换求得。

输出变量 $\theta_c(s)$ 是给定输入变量 $\theta_r(s)$ 和外加阻力矩 $M_L(s)$ 的函数，为了求 $\theta_c(s)$ 与 $\theta_r(s)$ 之间的传递函数，令 $M_L(s)=0$，有

$$G(s)=\frac{\theta_c(s)}{\theta_r(s)}=\frac{K_sK_aC_m/i}{JL_as^3+(JR_a+fL_a)s^2+(fR_a+C_mC_e)s+K_sK_aC_m/i} \tag{2-70}$$

同样可令 $\theta_r(s)=0$，求得 $\theta_c(s)$ 与 $M_L(s)$ 之间的传递函数。

忽略 $L_a$ 的情况下，式（2-70）简化为

$$G(s)=\frac{\theta_c(s)}{\theta_r(s)}=\frac{K_sK_aC_m/i}{JR_as^2+(fR_a+C_mC_e)s+K_sK_aC_m/i} \tag{2-71}$$

令 $K=\frac{K_sK_aC_m}{R_ai}$，$F=f+\frac{C_mC_e}{R_a}$，有

$$G(s)=\frac{K}{Js^2+Fs+K} \tag{2-72}$$

由式（2-72）给出的位置随动系统的传递函数是一个振荡环节。式（2-72）也可以通过直接对式（2-31）在零初始条件下进行拉普拉斯变换求出。

## 2.4 控制系统的结构图

前面介绍的微分方程和传递函数两种数学模型只能表示系统输入输出信号之间总的传输关系，不能反映系统中各中间变量的情况；同时，由微分方程求系统的传递函数时，需要对方程组进行微积分消元或者代数消元的方法，当中间变量比较多时，消元计算是比较麻烦的。

结构图是描述系统中各元部件的功能和信号之间传递关系的图解表示。控制系统的结构图也称方块图、框图。结构图能形象直观地表示输入信号在系统中的传递过程，能直接反映

每个中间变量的特性，因此是描述控制系统的一种简便的方法。通过结构图的等效变换方法，还可以方便地求系统中任意两个变量之间的传递函数，避免使用消元法。

### 2.4.1 结构图的组成

结构图包含四种基本单元，如图 2-13 所示。

**1. 信号线**

信号线是带有箭头的直线，箭头表示信号的传递方向，线上标记信号的时间函数或象函数，如图 2-13a 所示。

**2. 引出点**（测量点）

引出点表示信号的引出位置。从同一点引出的信号，其数值和性质完全相同，如图 2-13b 所示。

**3. 综合点**（比较点）

综合点表示对两个以上的信号进行加减运算，用“+”、“-”表示。使用时“+”可以省略，但“-”必须标出。图 2-13c 表示 $Y(s)=X_1(s)\pm X_2(s)$。

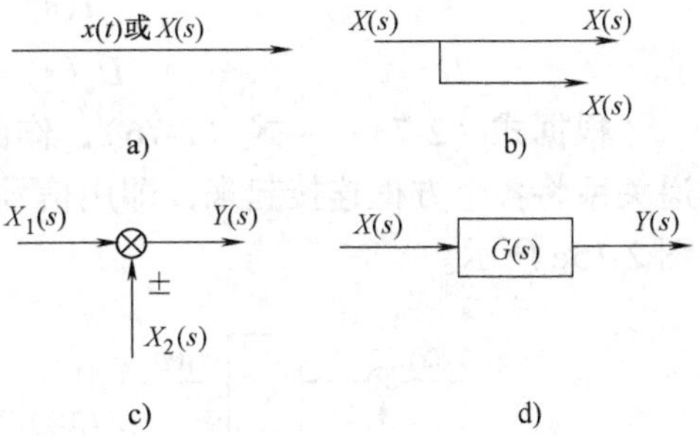


图 2-13

**4. 方框**（环节）

方框是对加到方框上的输入信号的一种运算符号，运算结果以输出量表示，方框中写入相应元部件或环节的传递函数。图 2-13d 所示方框的输出信号与输入信号之间的传递关系为 $Y(s)=G(s)X(s)$。

### 2.4.2 结构图的绘制

绘制系统的结构图，一般可以按照以下步骤进行：

1）列写系统各元部件的微分方程；

2）在零初始条件下，对各微分方程进行拉普拉斯变换，并将每一个变换方程用方框表示；

3）按系统中各变量的传递顺序，依次将方框连接起来。将系统的输入变量置于左端，输出变量置于右端，得到系统完整的结构图。

**例 2-12** 绘制图 2-14 所示 *RC* 无源网络的结构图。$u_r$ 和 $u_c$ 分别为系统的输入、输出变量。

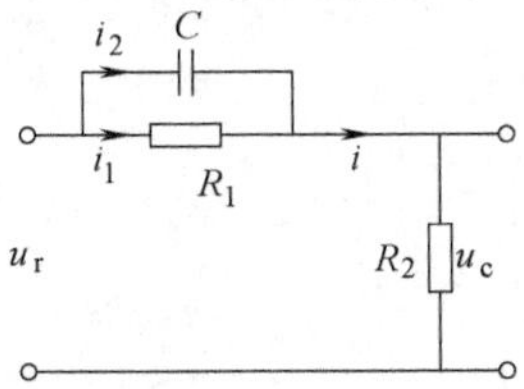


图 2-14

**解** 对于图 2-14 所示电路，应用电路理论，可以不需要列写微分方程，而是直接利用复阻抗的概念列写拉普拉斯变换后的方程组

$$U_r(s)=I_1(s)R_1+U_c(s)$$

$$U_c(s)=I(s)R_2$$

$$I_2(s)\frac{1}{sC}=I_1(s)R_1$$

$$I_1(s)+I_2(s)=I(s)$$

在用方框表示上述方程之前，为了便于对每一个方框进行连接，可以从输入变量开始，按照变量之间因果关系，首先对方程进行整理。将输入变量放在第一个方程等号的右边，第

一个方程等号左边的变量是第一个方框的输出变量，应出现在下一个方程等号右边。按此方法，将上述方程整理后依次排列为

$$I_1(s)=\frac{1}{R_1}[U_r(s)-U_c(s)] \tag{2-73}$$

$$I_2(s)=R_1Cs\,I_1(s) \tag{2-74}$$

$$I(s)=I_1(s)+I_2(s) \tag{2-75}$$

$$U_c(s)=R_2I(s) \tag{2-76}$$

根据式（2-73）~式（2-76），作出各方框如图2-15a、b、c、d所示。再按照信号的传递关系将各个方框连接起来，即用信号线将同一个变量连接起来，组成整个系统的结构图如图2-15e所示。

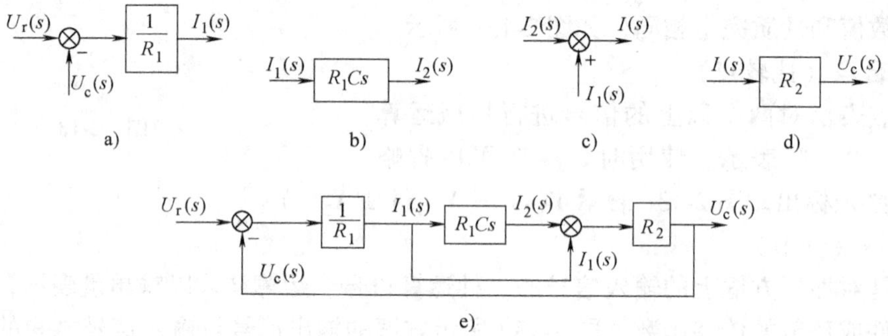


图 2-15

**例2-13** 绘制图2-6a所示位置随动系统的结构图。

**解** 在例2-11中，根据描述系统中各元件特性的微分方程组，已得到其相应的拉普拉斯变换方程组，由式（2-62）~式（2-68）给出。设外加阻力矩 $M_L(s)=0$，按照变量之间的因果关系，对方程整理后重新排列如下：

$$U_s(s)=K_s[\theta_r(s)-\theta_c(s)] \tag{2-77}$$

$$U_a(s)=K_aU_s(s) \tag{2-78}$$

$$I_a(s)=\frac{1}{L_as+R_a}[U_a(s)-E_a(s)] \tag{2-79}$$

$$M_m(s)=C_mI_a(s) \tag{2-80}$$

$$\theta_m(s)=\frac{1}{Js^2+fs}M_m(s) \tag{2-81}$$

$$\theta_c(s)=\frac{1}{i}\theta_m(s) \tag{2-82}$$

$$E_a(s)=C_es\theta_m(s) \tag{2-83}$$

对每一方程画出一个方框，依次连接，绘制出系统的结构图如图2-16所示。

在例2-3中，列写两级 $RC$ 电路的微分方程时指出，不考虑负载效应会得到错误的数学模型。负载效应的影响可以通过结构图看得很清楚。例如，若将图2-17a的电路系统直接分成两个 $RC$ 电路子系统串联如图2-17b所示，由于分割时未考虑负载效应，其结构图如图

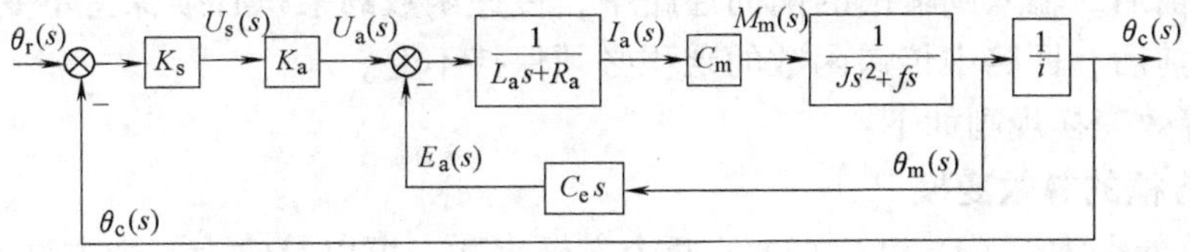


图　2-16

2-17d所示。而图 2-17a 对应的正确的结构图应该如图 2-17c 所示。比较结构图 2-17c 和图 2-17d 可见，在图 2-17c 中，增加了从电流 $i_2$ 引出的反馈。

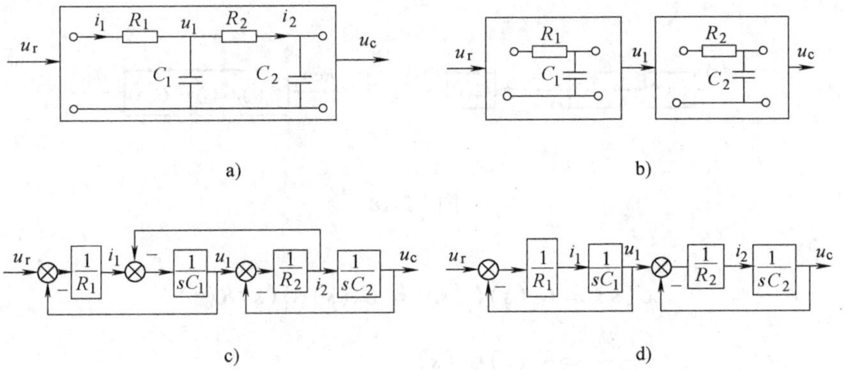


图　2-17

用结构图表示一个控制系统的优点是：只要依据信号的流向，将各元件的方框连接起来，就能够容易地组成整个系统的结构图。利用系统的结构图，可以方便地观察到系统中各个变量之间的关系以及各个环节的作用。

关于结构图的几点说明：

1）在结构图中，每一方框中的传递函数都应该是考虑了负载效应后的传递函数。因此在结构图中，后一方框对前一方框无影响，信号仅按箭头的方向传递。

2）描述一个系统的结构图不是唯一的。选择不同的中间变量可得到不同的结构图，但系统总的传递函数唯一，也就是说系统的输入输出关系是不会改变的。

3）结构图中的方框与实际系统的元部件并非一定是一一对应的。一个元件可能用多个方框表示，一个方框也可能表示多个元件。

4）结构图包含了系统的全部内容，和微分方程、传递函数一样，也是系统的一种动态模型，是一种图形化的数学模型。

### 2.4.3　结构图的等效变换

一个系统的结构图，可以应用结构图的等效变换规则，经过逐步地归并和化简，最终简化成为一个方框，就得到了系统输入输出变量之间总的传递函数。通过结构图化简求系统总传递函数，可避免繁琐的方程组联立消元计算。

所谓结构图的等效变换，是指变换前后系统输入输出总的传递关系保持不变。具体地说，在结构图化简过程中，应遵循两条原则：

1）变换前后，输入到输出的前向通路中，传递函数的乘积必须保持不变；

2）变换前后，回路中传递函数的乘积必须保持不变。

结构图等效变换规则如下：

**1. 串联方框的等效变换**

传递函数分别为 $G_1(s)$ 和 $G_2(s)$ 的两个方框串联，可以等效为一个方框，其传递函数等于 $G_1(s)$ 和 $G_2(s)$ 的乘积。

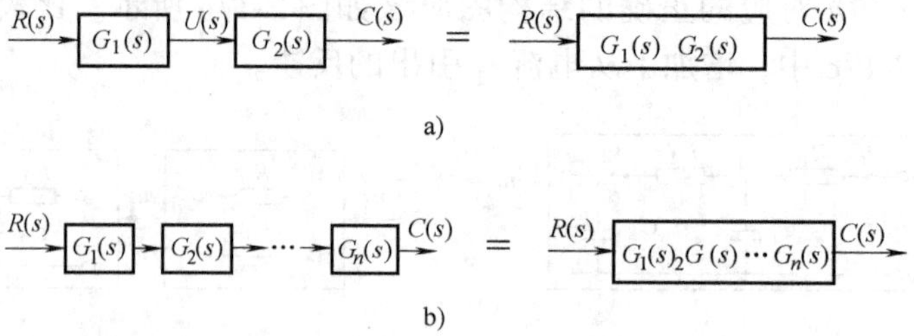


图 2-18

由图 2-18a，得

$$C(s) = G_2(s)U(s) = G_2(s)G_1(s)R(s)$$

所以
$$\frac{C(s)}{R(s)} = G_1(s)G_2(s)$$

上述结论可以推广到 $n$ 个方框的串联，如图 2-18b 所示。

**2. 并联方框的等效变换**

传递函数分别为 $G_1(s)$ 和 $G_2(s)$ 的两个方框并联，可以等效为一个方框，其传递函数等于 $G_1(s)$ 和 $G_2(s)$ 的代数和。

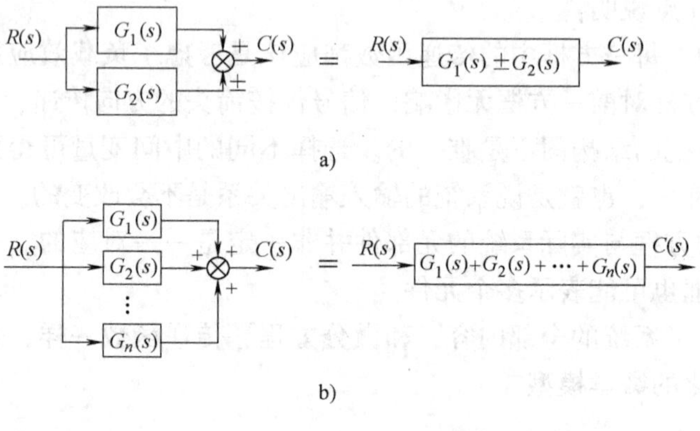


图 2-19

由图 2-19a，得

$$C(s) = G_1(s)R(s) \pm G_2(s)R(s) = [G_1(s) \pm G_2(s)]R(s)$$

所以
$$\frac{C(s)}{R(s)} = G_1(s) \pm G_2(s)$$

上述结论可以推广到 $n$ 个方框的并联，如图 2-19b 所示。

**3. 反馈方框的等效变换**

由图 2-20，得

$$C(s) = G(s)[R(s) \pm H(s)C(s)] = G(s)R(s) \pm G(s)H(s)C(s)$$

$$[1 \mp G(s)H(s)]C(s) = G(s)R(s)$$

所以

$$\frac{C(s)}{R(s)} = \frac{G(s)}{1 \mp G(s)H(s)}$$

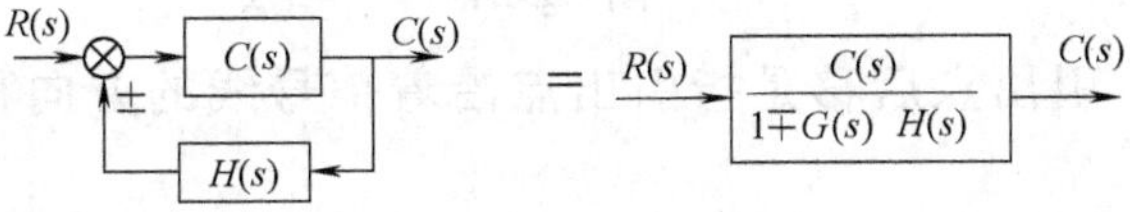


图　2-20

**4. 综合点和引出点的移动**

（1）综合点前移　综合点前移是指综合点逆着信号线的方向移动。其等效变换（见图 2-21）为

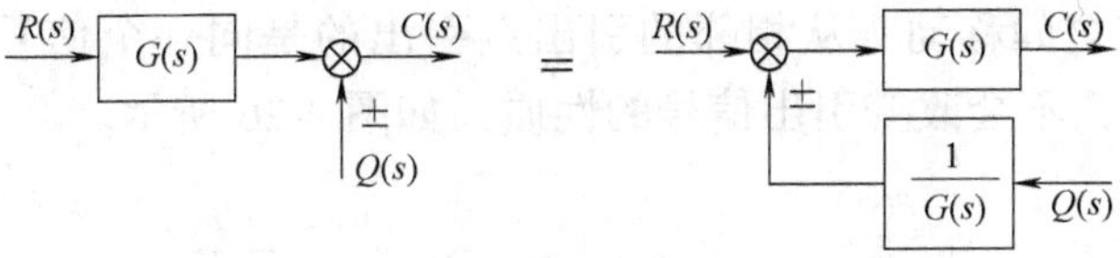


图　2-21

移动前　$C(s) = G(s)R(s) \pm Q(s)$

移动后　$C(s) = G(s)\left[R(s) \pm \dfrac{1}{G(s)}Q(s)\right] = G(s)R(s) \pm Q(s)$

可见，移动前后信号之间的关系不变。

（2）综合点后移　综合点后移是指综合点沿着信号线的方向移动。其等效变换见图 2-22。

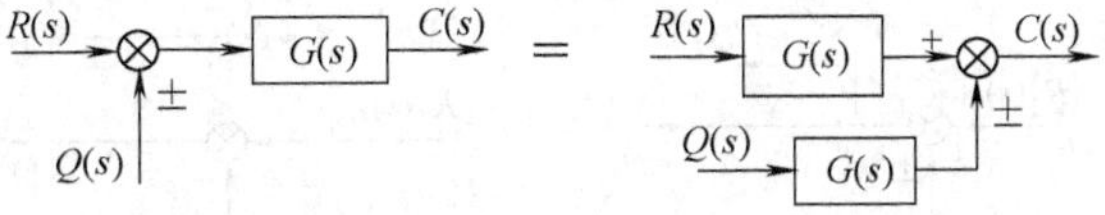


图　2-22

（3）相邻综合点之间移动　综合点表示对信号进行加减运算，信号之间的加减运算满足交换率。其等效变换见图 2-23。

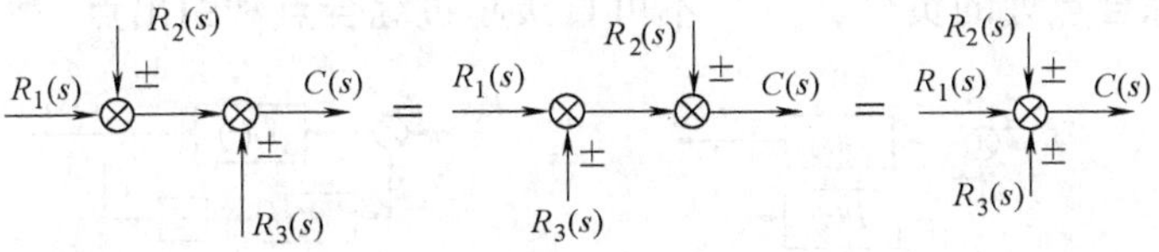


图　2-23

（4）引出点前移　引出点前移是指引出点逆着信号线的方向移动。其等效变换见图 2-24。

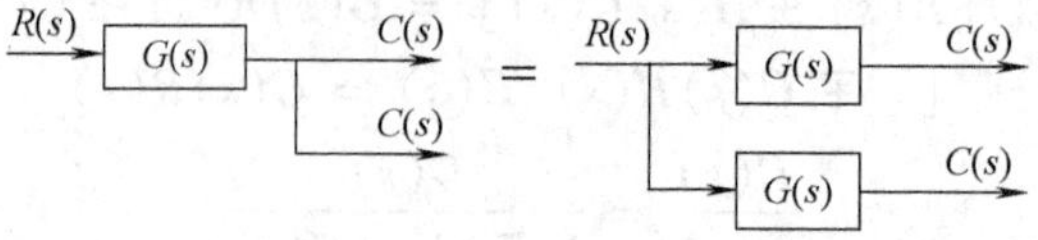


图　2-24

（5）引出点后移　引出点后移是指引出点沿着信号线的方向移动。其等效变换见图 2-25。

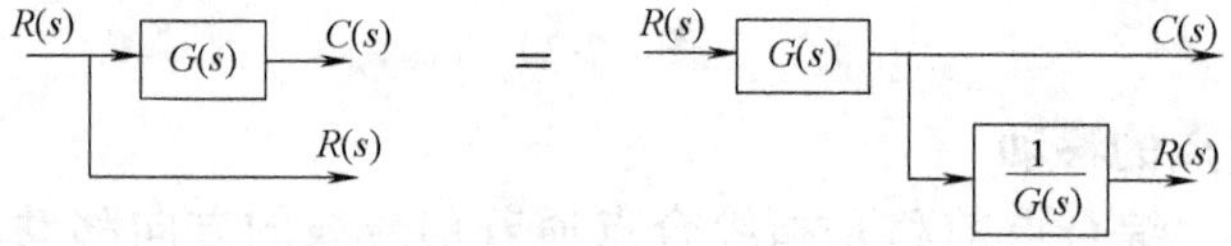


图　2-25

（6）相邻引出点之间移动　从相邻的引出点引出的是同一个信号，因此，相邻的引出点之间直接交换位置，不会改变引出信号的性质，如图 2-26 所示。

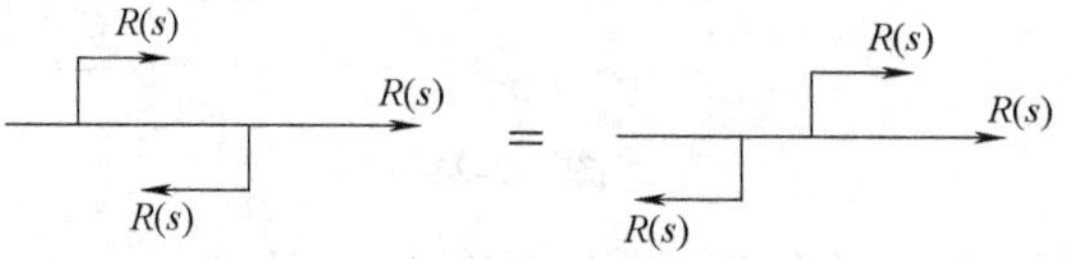


图　2-26

（7）综合点和引出点交换位置　相邻综合点和引出点交换位置，可按照图 2-27 的等效关系进行。需要注意的是，综合点和引出点之间交换位置，往往会使结构图变复杂，一般尽量避免使用。

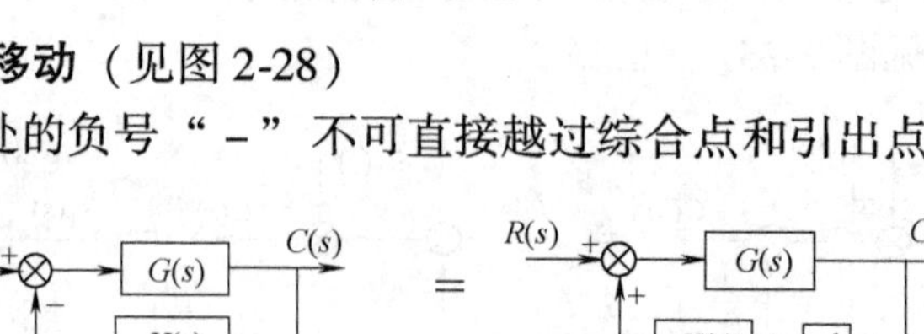


图　2-27

**5. 负号在支路上的移动**（见图 2-28）

需要注意，综合点处的负号“－”不可直接越过综合点和引出点。




图　2-28

**例 2-14**　化简图 2-29 所示的结构图，并求传递函数 $C(s)/R(s)$。

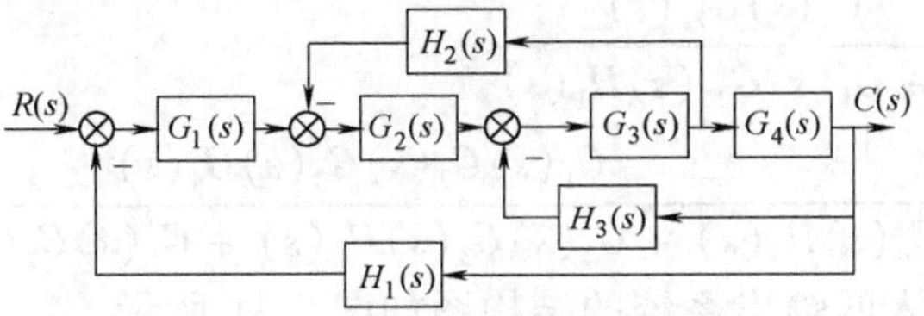


图　2-29

**解**　图 2-29 是一个多回路系统，由于回路 $G_2(s)G_3(s)H_2(s)$ 和 $G_3(s)G_4(s)H_3(s)$ 之间存在交叉联系，不移动综合点或引出点就无法进行其他等效变换。可以先采用引出点后移或综合点前移。

将图 2-29 中 $G_3(s)$ 和 $G_4(s)$ 之间的引出点后移，得到图 2-30a，然后从内环开始，由内向外逐层进行化简。化简过程由图 2-30a ~ d 表示。

由图 2-30a，求得 $G_{34}(s)=\dfrac{G_3(s)G_4(s)}{1+G_3(s)G_4(s)H_3(s)}$，简化后的结构图见图 2-30b。

由图 2-30b，求得

$$G_{23}(s)=\frac{G_2(s)G_{34}(s)}{1+G_2(s)G_{34}(s)\dfrac{H_2(s)}{G_4(s)}}=\frac{G_2(s)G_3(s)G_4(s)}{1+G_3(s)G_4(s)H_3(s)+G_2(s)H_2(s)G_3(s)}$$

结构图进一步简化为图 2-30c、d 所示。

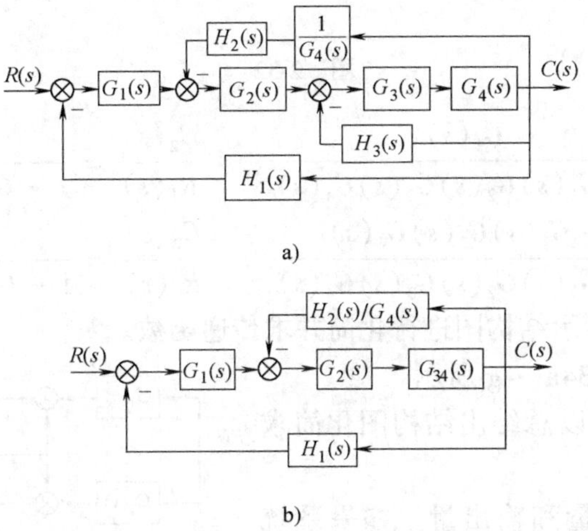


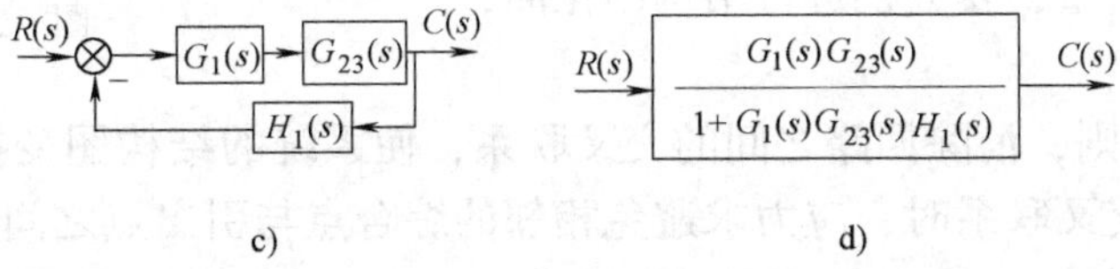


图　2-30

系统输入输出总传递函数为

$$G(s)=\frac{C(s)}{R(s)}=\frac{G_1(s)G_{23}(s)}{1+G_1(s)G_{23}(s)H_1(s)}$$

$$=\frac{G_1(s)G_2(s)G_3(s)G_4(s)}{1+G_3(s)G_4(s)H_3(s)+G_2(s)G_3(s)H_2(s)+G_1(s)G_2(s)G_3(s)G_4(s)H_1(s)}$$

**例 2-15** 一个两输入两输出系统的结构图如图 2-31 所示。求传递函数 $C_1(s)/R_1(s)$，$C_1(s)/R_2(s)$，$C_2(s)/R_1(s)$，$C_2(s)/R_2(s)$。

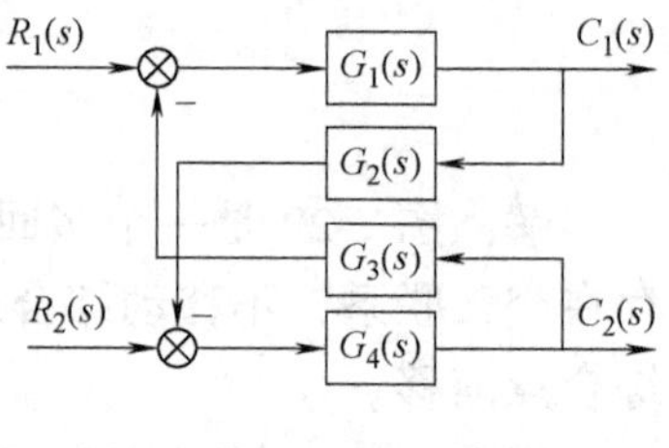


图 2-31

**解** 对于多输入系统，化简时应对每个输入逐个化简，分别求传递函数。先考虑输入 $R_1(s)$，令 $R_2(s)=0$，结构图可以分别简化为图 2-32a 和图 2-32b；再考虑输入 $R_2(s)$，令 $R_1(s)=0$，结构图可以分别简化为图 2-32c 和图 2-32d。

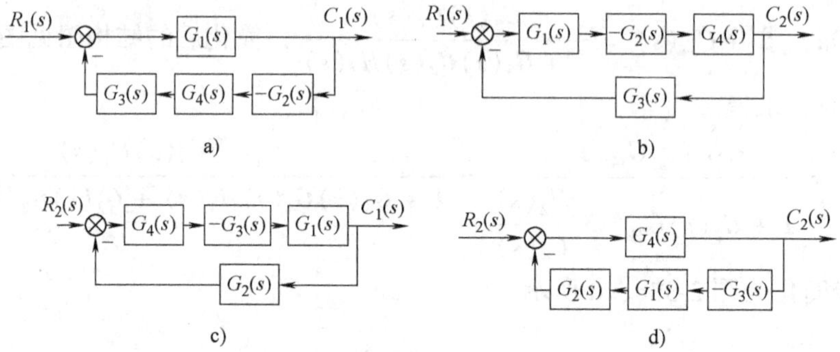


图 2-32

分别求得 $\dfrac{C_1(s)}{R_1(s)}=\dfrac{G_1(s)}{1-G_1(s)G_2(s)G_3(s)G_4(s)}$ $\dfrac{C_2(s)}{R_1(s)}=\dfrac{-G_1(s)G_2(s)G_4(s)}{1-G_1(s)G_2(s)G_3(s)G_4(s)}$

$$\frac{C_1(s)}{R_2(s)}=\frac{-G_1(s)G_3(s)G_4(s)}{1-G_1(s)G_2(s)G_3(s)G_4(s)}\qquad \frac{C_2(s)}{R_2(s)}=\frac{G_4(s)}{1-G_1(s)G_2(s)G_3(s)G_4(s)}$$

**例 2-16** 对图 2-33 所示结构图进行化简并求传递函数。

**解** 化简过程如图 2-34a ~g 所示。

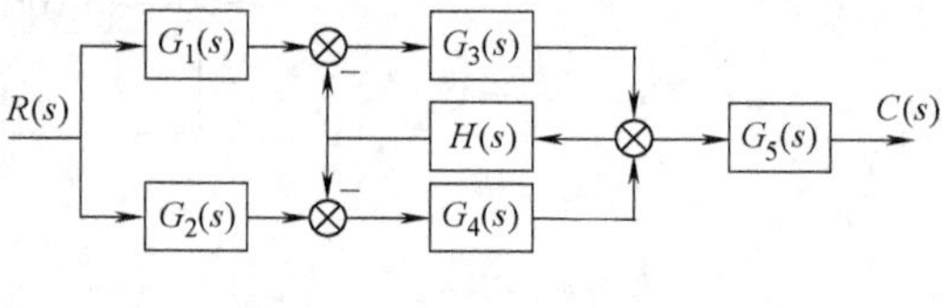


图 2-33

从上面的几个例题可以总结出结构图化简求传递函数的步骤如下：

1）确定系统的输入量和输出量。如果系统有多个输入量或输出量，要分别进行结构图化简，求各自的传递函数。

2）应用移动规则，消除回路之间的交叉联系，使系统的结构图变换为无交叉的多回路结构。注意在消除交叉联系时，应力求避免相邻的综合点与引出点之间交换位置。

3）对多回路系统，由里向外进行变换，直至变为一个方框，即可得到输入输出总的传递函数。

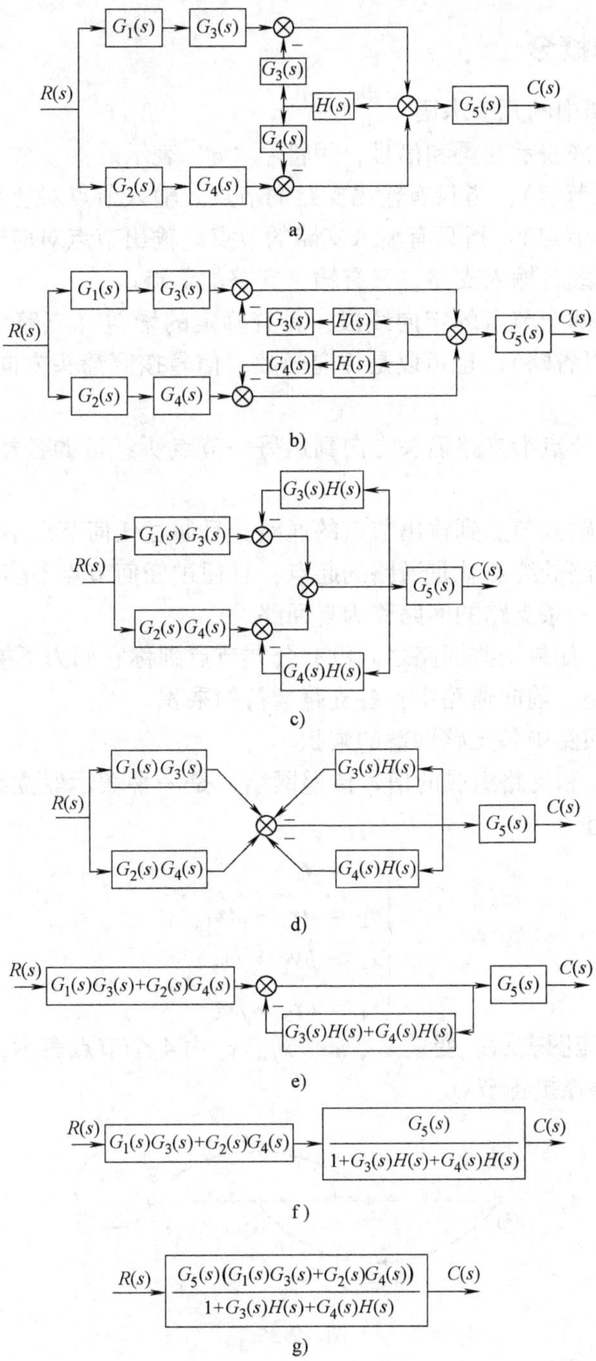


图　2-34

## 2.5　控制系统的信号流图

信号流图方法是一种将代数方程用图形表示的方法。在控制理论中，信号流图与结构图一样，都是用图形来描述控制系统中的信号传递关系，但符号更简单，便于绘制和应用。

### 2.5.1 信号流图的概念

首先介绍信号流图中的几个术语：

1）节点：节点用来表示变量和信号，用符号“o”表示。

2）输入节点（源节点）：指只有输出支路的节点。输入节点对应系统的输入变量。

3）输出节点（汇节点）：指只有输入支路的节点。输出节点对应于系统的输出变量。

4）混合节点：指既有输入支路，又有输出支路的节点。

5）支路：是连接两个节点的定向线段，具有确定的增益（支路增益），增益可以是常数（增益为1时，可以省略），也可以是传递函数。信号按照箭头方向从支路的一个节点乘以增益后流向另一节点。

6）通路：从一个节点沿支路箭头方向到达另一节点所经过的各相连支路叫通路，也称为通道。

7）前向通路：从输入节点到输出节点的通路，且通过任何节点不多于一次。

8）回路：如果通路的终点就是通路的起点，且通过任何节点不多于一次，称为回路。

9）自回路：只有一条支路的回路称为自回路。

10）不接触回路：如果一些回路之间没有公共节点则称它们为不接触回路。

11）前向通路增益：前向通路中，各支路增益的乘积。

12）回路增益：回路中各支路增益的乘积。

信号流图是由节点和支路组成的信号传递网络，是一种表示联立线性代数方程组的图。例如，线性代数方程组

$$\begin{cases} x_1 = x_1 \\ x_2 = ax_1 + dx_4 \\ x_3 = bx_1 + cx_2 \\ x_4 = ex_3 + fx_4 \end{cases}$$

可以用图2-35的信号流图表示。变量$x_1$、$x_2$、$x_3$、$x_4$由4个节点表示，分别具有增益$a$、$b$、$c$、$d$、$e$、$f$的6条支路连接各节点。

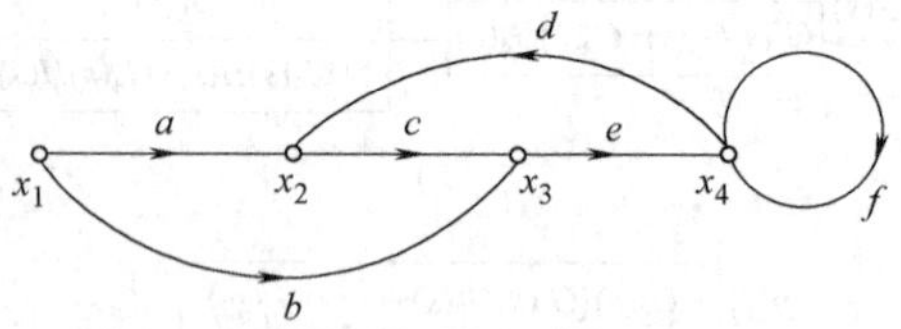


图 2-35

线性系统中，微分方程通过拉普拉斯变换成为代数方程，因此，信号流图可以方便地描述动态系统。

在使用信号流图时应注意以下几点：

1）节点变量是所有流向该节点的信号之和，而从同一节点流向各支路的信号均用该节点变量表示。

2）支路表示了一个节点信号到另一个节点信号的传输关系，信号只能沿着支路上的箭

头方向传递。

3）在混合节点上，增加一条具有单位增益的支路，可把混合节点变为输出节点，即可以分离出系统的输出变量。例如在图 2-35 中，要将混合节点 $x_4$ 变成输出节点，可增加一条具有单位增益的支路如图 2-36 所示。需要注意的是，用这种方法不能将混合节点变为输入节点。

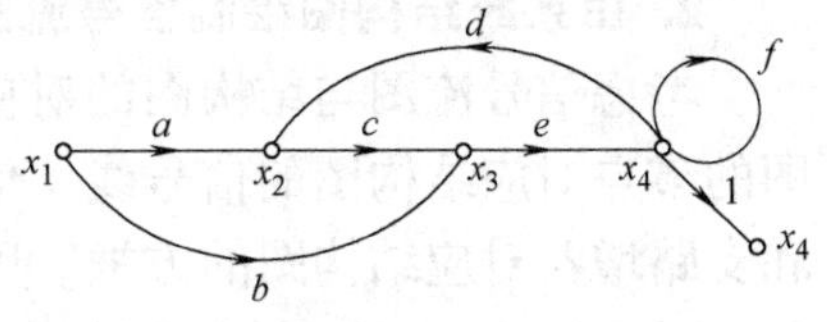


图　2-36

4）对于给定系统，信号流图不是唯一的。

5）信号流图只适用于线性系统（而结构图可用于非线性系统）。

## 2.5.2　信号流图的绘制

信号流图可以由控制系统的微分方程直接绘制，也可以由动态结构图转化获得。下面分别举例介绍。

**1. 由系统微分方程绘制信号流图**

信号流图表示的是线性代数方程组，如果已知系统的微分方程组描述，应该先经过拉普拉斯变换使其成代数方程组，然后再绘制信号流图。

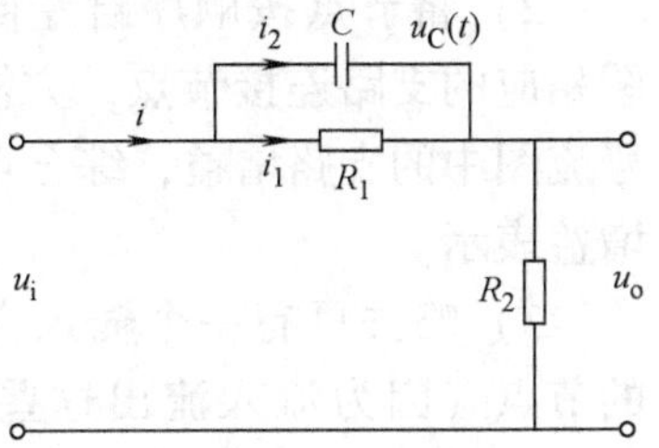


图　2-37

**例 2-17**　绘制图 2-37 所示电路的信号流图。已知电容初始电压为 $u_C(0)$。

**解**　列写微分方程如下

$$u_i(t) = i_1(t)R_1 + u_o(t)$$
$$u_o(t) = i(t)R_2$$
$$i_1(t)R_1 = u_C(t)$$
$$C\frac{du_C(t)}{dt} = i_2(t)$$
$$i_1(t) + i_2(t) = i(t)$$

对以上各式在考虑初始条件 $u_C(0)$ 的情况下进行拉普拉斯变换，得

$$U_i(s) = I_1(s)R_1 + U_o(s)$$
$$U_o(s) = I(s)R_2$$
$$I_1(s)R_1 = U_C(s)$$
$$CsU_C(s) - Cu_C(0) = I_2(s)$$
$$I_1(s) + I_2(s) = I(s)$$

按照变量的因果关系排列，得到下列代数方程组

$$I_1(s) = \frac{1}{R_1}U_i(s) - \frac{1}{R_1}U_o(s)$$
$$U_C(s) = R_1 I_1(s)$$
$$I_2(s) = sCU_C(s) - Cu_C(0)$$
$$I(s) = I_1(s) + I_2(s)$$
$$U_o(s) = R_2 I(s)$$

绘制的信号流图如图2-38所示。

**2. 由系统结构图绘制信号流图**

考虑信号流图与结构图的对应关系：信号流图的节点对应结构图的信号线，信号流图的支路和支路增益对应结构图的方框。因此由结构图绘制信号流图可按以下步骤进行：

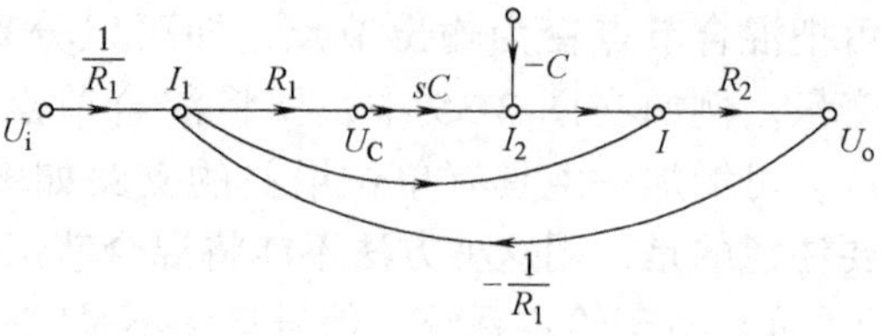


图 2-38

1）用“o”在结构图的信号线上标出信号流图的节点。具体说，在结构图的输入量和输出量信号线上、综合点之后的信号线上、方框之后的信号线上分别标出节点。信号线上有引出点时，节点标在引出点之前。

2）将节点按顺序自左向右排列，用与结构图相应的支路连接节点，方框中的传递函数为信号流图中的支路增益，综合点处的“-”号用负增益表示。

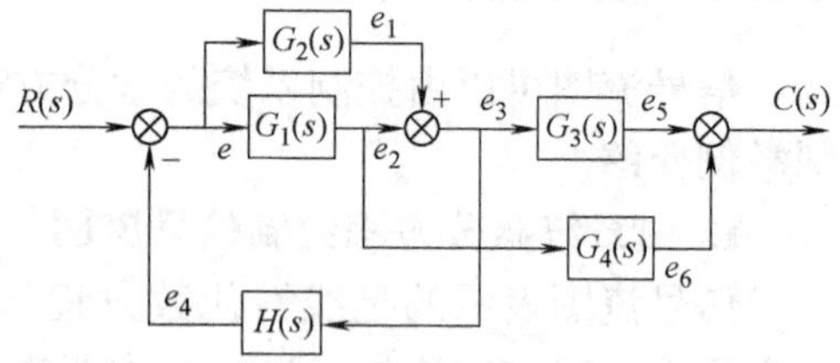


图 2-39

3）略去只有一个输入支路和一个输出支路的节点（因为流入流出这些节点的信号相同），注意新的支路增益是与所略去节点有关的支路增益的乘积。

**例 2-18** 绘制图2-39所示结构图的信号流图。

**解** 首先在结构图上标出节点，如图2-40a所示。按顺序自左向右排列节点，用支路连接节点，标出支路增益，如图2-40b所示。略去节点$e_1$、$e_4$、$e_5$、$e_6$，得到图2-40c的信号流图。

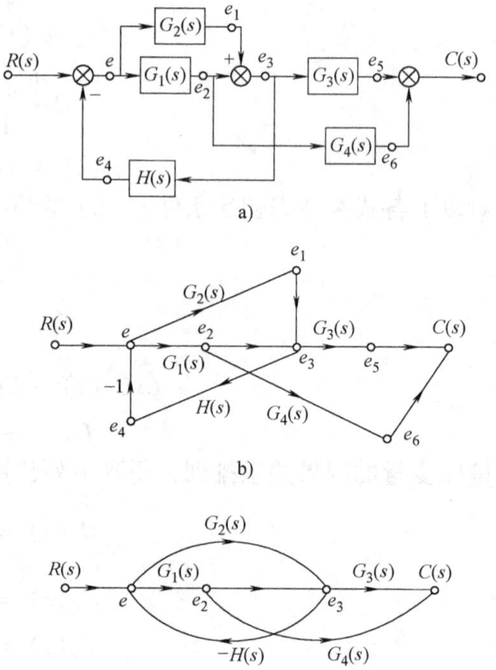


图 2-40

## 2.5.3 信号流图的等效变换

与结构图的等效变换类似，由信号流图求系统的传递函数，也可以通过信号流图的等效变换进行化简。化简的几个基本规则简要介绍如下。

规则1：串联支路的简化　$n$个同方向的串联支路可用一个等效支路代替，等效支路增益等于串联支路增益的乘积，如图2-41所示。

规则2：并联支路的简化　$n$个同方向的并联支路可用一个等效支路代替，等效支路增益等于并联支路增益之和，如图2-42所示。

规则3：混合节点的消除　混合节点的消除方法如图2-43所示。

规则4：回路的消除　回路的消除方法如图2-44所示。

**例 2-19** 化简图2-45所示的信号流图，并求

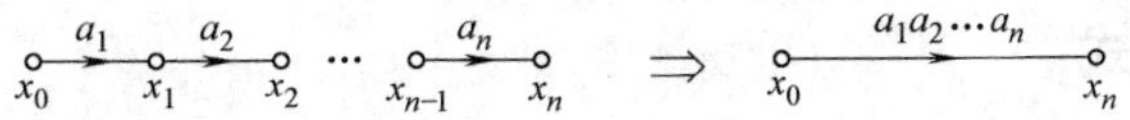

图 2-41

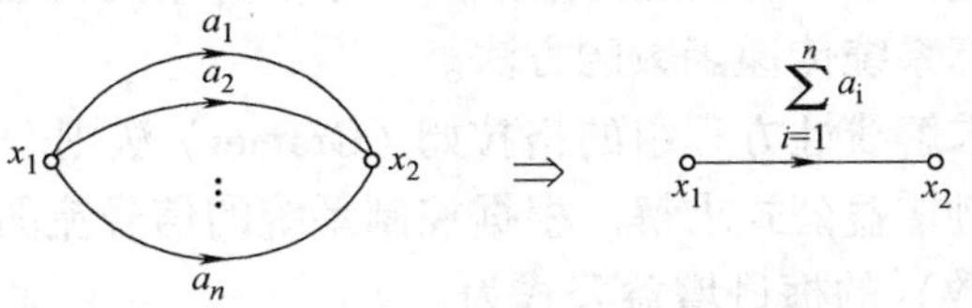

图 2-42

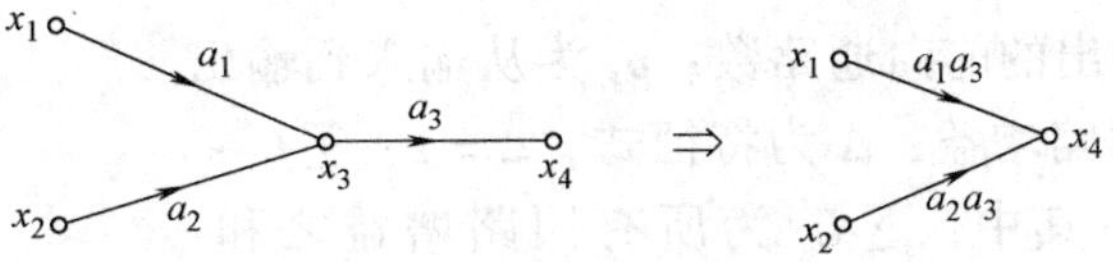

图 2-43

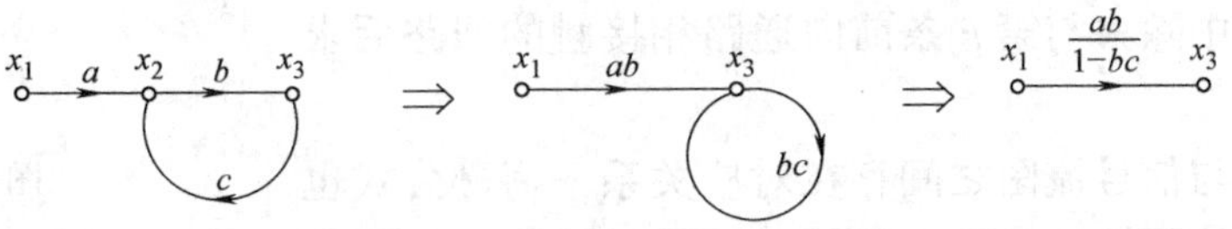

图 2-44

增益 $x_4/x_1$。

**解** 化简过程如图2-46所示。利用规则3消除节点 $x_2$，得到图2-46a；利用规则2，得到图2-46b；利用规则3消除 $x_3$，然后使用规则2，得到图2-46c；利用规则4消除自回路，得到图2-46d。

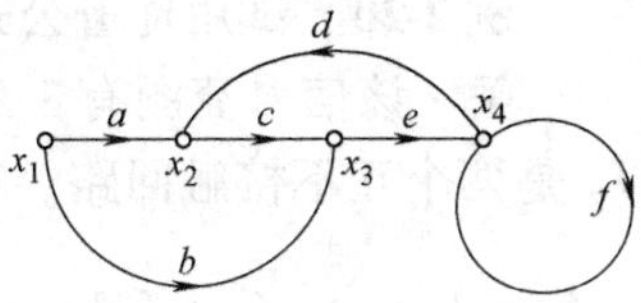

图 2-45

求得增益 $\dfrac{x_4}{x_1}=\dfrac{(ac+b)e}{1-f-cde}$。

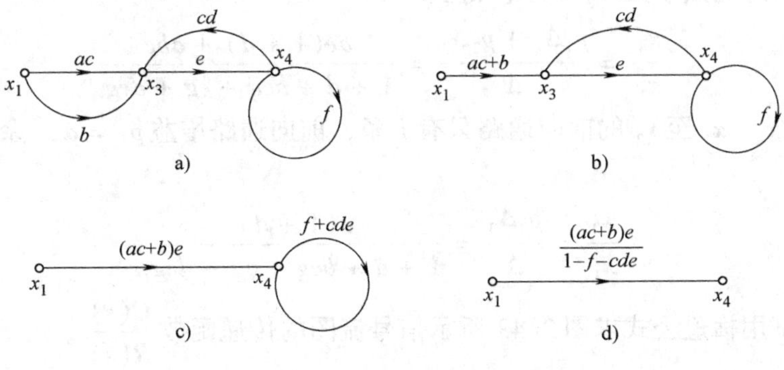

图 2-46

### 2.5.4 梅逊增益公式

从2.3节和2.4节可知，用结构图和信号流图的等效变换求传递函数不需要进行消元，但是通过等效变换求传递函数有时仍然是麻烦的。本节介绍的梅逊增益公式给出了一种直接由信号流图或结构图计算系统传递函数的方法。

梅逊增益公式源于求解线性方程组的格拉姆（Gramer）法则。信号流图是线性方程组的图形表示，因此可由梅逊增益公式求解。根据控制系统的信号流图，计算输入、输出节点间总增益（系统的传递函数）的梅逊增益公式为

$$G(s) = \frac{1}{\Delta}\sum_{k=1}^{n} p_k\Delta_k \tag{2-84}$$

式中，$n$ 为从输入至输出的前向通路数；$p_k$ 为从输入到输出的第 $k$ 条前向通路的通路增益；$\Delta$ 为特征式，$\Delta = 1 - \sum L_a + \sum L_b L_c - \sum L_d L_e L_f + \cdots$ 其中，$\sum L_a$ 为所有回路增益之和；$\sum L_b L_c$为所有每两个互不接触回路增益乘积之和；$\sum L_d L_e L_f$ 为所有每三个互不接触的回路增益乘积之和；$\Delta_k$ 为余因子式。在信号流图中除去与第 $k$ 条前向通路相接触的回路后求得的特征式。

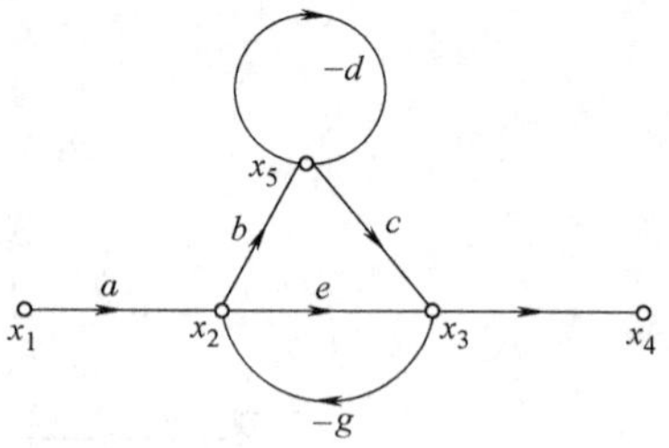

图 2-47

由于结构图与信号流图之间存在对应关系，梅逊公式也可以直接用于结构图输入输出之间传递函数的计算。下面举例说明梅逊公式的使用。

**例2-20** 试用梅逊公式求图2-47所示信号流图的增益 $x_4/x_1$ 和 $x_2/x_1$。

**解** 该信号流图有3个回路，回路增益分别为：$L_1 = -d$，$L_2 = -bcg$，$L_3 = -eg$。$L_1$ 和 $L_3$ 是两个互不接触回路。特征式为

$$\Delta = 1 - \sum_{i=1}^{3} L_i + L_1 L_3 = 1 - (-d - bcg - eg) + (-d)(-eg) = 1 + d + bcg + eg + deg$$

（1）求 $x_4/x_1$　从 $x_1$ 至 $x_4$ 的前向通路有2条，前向通路增益分别为：$p_1 = ae$，$p_2 = abc$。前向通路 $p_1$ 与回路 $L_1$ 不接触，对应的余子式 $\Delta_1 = 1 - (-d) = 1 + d$；前向通路 $p_2$ 与所有回路都接触，对应的余子式 $\Delta_2 = 1$，得到

$$\frac{x_4}{x_1} = \frac{p_1\Delta_1 + p_2\Delta_2}{\Delta} = \frac{ae(1+d) + abc}{1 + d + bcg + eg + deg}$$

（2）求 $x_2/x_1$　$x_1$ 至 $x_2$ 的前向通路只有1条，前向通路增益 $p_3 = a$，余子式 $\Delta_3 = 1 + d$，得到

$$\frac{x_2}{x_1} = \frac{p_3\Delta_3}{\Delta} = \frac{a(1+d)}{1 + d + bcg + eg + deg}$$

**例2-21** 试用梅逊公式求图2-48所示信号流图的传递函数 $\dfrac{C(s)}{R(s)}$。

**解** 图中有四个回路，回路增益：$L_1 = -G_1(s)$，$L_2 = -G_2(s)$，$L_3 = -G_3(s)$，$L_4 = -G_1(s)G_2(s)$。有四组两个互不接触回路：$L_1$ 和 $L_2$，$L_1$ 和 $L_3$，$L_2$ 和 $L_3$，$L_3$ 和 $L_4$。有一组三个互不接触回路：$L_1$、$L_2$、$L_3$。信号流图的特征式为

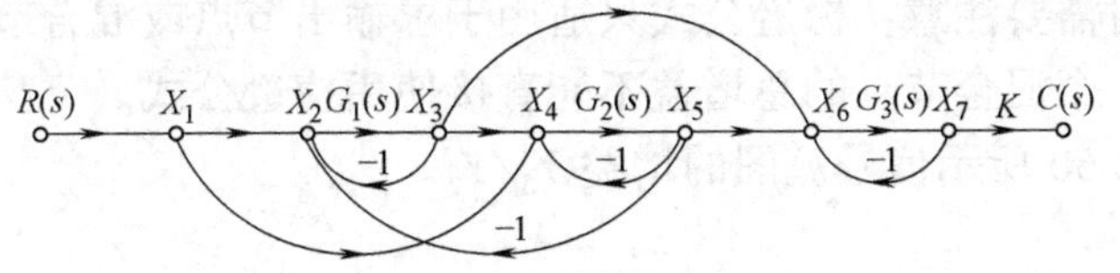


图　2-48

$$\Delta = 1 - \sum L_a + \sum L_b L_c - \sum L_d L_e L_f$$
$$= 1 - (-G_1(s) - G_2(s) - G_3(s) - G_1(s)G_2(s)) +$$
$$(G_1(s)G_2(s) + G_1(s)G_3(s) + G_2(s)G_3(s) + G_1(s)G_2(s)G_3(s)) -$$
$$(-G_1(s)G_2(s)G_3(s))$$
$$= 1 + G_1(s) + G_2(s) + G_3(s) + 2G_1(s)G_2(s) +$$
$$G_1(s)G_3(s) + G_2(s)G_3(s) + 2G_1(s)G_2(s)G_3(s)$$

从 $R(s)$ 到 $C(s)$ 的前向通路有四条：$RX_1X_2X_3X_4X_5X_6X_7C$，$RX_1X_4X_5X_6X_7C$，$RX_1X_2X_3X_6X_7C$，$RX_1X_4X_5X_2X_3X_6X_7C$。通路增益分别为 $p_1 = G_1(s)G_2(s)G_3(s)K$，$p_2 = G_2(s)G_3(s)K$，$p_3 = G_1(s)G_3(s)K$，$p_4 = -G_1(s)G_2(s)G_3(s)K$。

各前向通路的余子式　　$\Delta_1 = 1$，$\Delta_2 = 1 + G_1(s)$，$\Delta_3 = 1 + G_2(s)$，$\Delta_4 = 1$

$$\frac{C(s)}{R(s)} = \frac{1}{\Delta}(p_1\Delta_1 + p_2\Delta_2 + p_3\Delta_3 + p_4\Delta_4)$$
$$= \frac{G_2(s)G_3(s)K(1 + G_1(s)) + G_1(s)G_3(s)K(1 + G_2(s))}{1 + G_1(s) + G_2(s) + G_3(s) + 2G_1(s)G_2(s) + G_1(s)G_3(s) + G_2(s)G_3(s) + 2G_1(s)G_2(s)G_3(s)}$$

**例 2-22**　控制系统的结构图如图 2-49 所示，试用梅逊公式求传递函数 $\frac{C(s)}{R(s)}$。

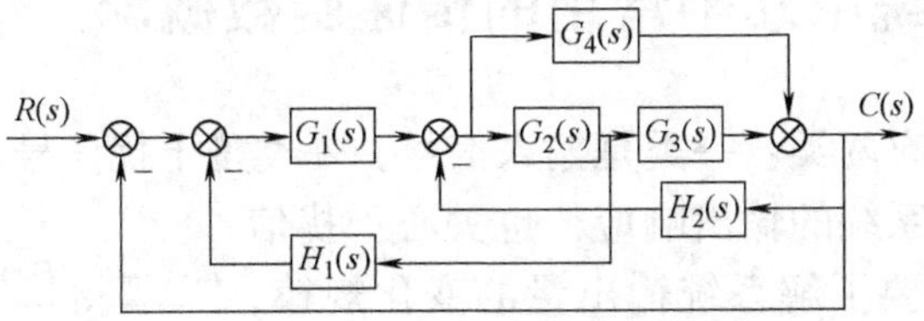


图　2-49

**解**　结构图中有五个回路：$L_1 = -G_1(s)G_2(s)H_1(s)$，$L_2 = -G_1(s)G_2(s)G_3(s)$，$L_3 = -G_2(s)G_3(s)H_2(s)$，$L_4 = -G_4(s)H_2(s)$，$L_5 = -G_1(s)G_4(s)$。没有不接触回路，所以

$$\Delta = 1 - \sum_{i=1}^{5} L_i = 1 + G_1(s)G_2(s)H_1(s) + G_1(s)G_2(s)G_3(s) +$$
$$G_2(s)G_3(s)H_2(s) + G_4(s)H_2(s) + G_1(s)G_4(s)$$

有两条前向通路　$p_1 = G_1(s)G_2(s)G_3(s)$，$p_2 = G_1(s)G_4(s)$，$\Delta_1 = 1$，$\Delta_2 = 1$

所以

$$\frac{C(s)}{R(s)} = \frac{p_1\Delta_1 + p_2\Delta_2}{\Delta} = \frac{G_1(s)G_2(s)G_3(s) + G_1(s)G_4(s)}{1 + G_1(s)G_2(s)H_1(s) + G_1(s)G_2(s)G_3(s) + G_2(s)G_3(s)H_2(s) + G_4(s)H_2(s) + G_1(s)G_4(s)}$$

使用梅逊公式时需要注意：梅逊公式只适用于求输出节点或混合节点对输入节点的总增益。求一个节点对一个混合节点的总增益不能直接使用梅逊公式。

**例 2-23** 求图 2-50 所示信号流图的增益 $Y_5/Y_2$。

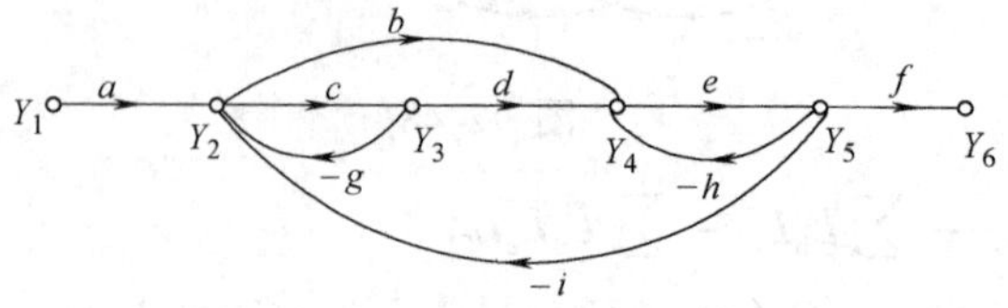


图 2-50

**解** 由于 $Y_2$ 不是输入节点，而是混合节点，不能直接用梅逊公式。可以采用下面两种方法：

方法 1：先用梅逊公式求出 $Y_5/Y_1$ 和 $Y_2/Y_1$，再求 $Y_5/Y_2$。

$$\Delta = 1 + cg + cdei + bei + eh + cgeh$$

$$\frac{Y_5}{Y_1} = \frac{acde + abe}{\Delta} \qquad \frac{Y_2}{Y_1} = \frac{a(1 + eh)}{\Delta}$$

$$\frac{Y_5}{Y_2} = \frac{Y_5/Y_1}{Y_2/Y_1} = \frac{cde + be}{1 + eh}$$

方法 2：将反馈至 $Y_2$ 的支路都断开，$Y_2$ 变成输入节点，直接用梅逊公式。

反馈断开后，只有一个回路，回路增益为 $-eh$，特征式 $\Delta = 1 + eh$。$Y_2$ 到 $Y_5$ 的前向通路有 2 条，增益为 $L_1 = cde$，$L_2 = be$，$\Delta_1 = \Delta_2 = 1$。由梅逊公式求得

$$\frac{Y_5}{Y_2} = \frac{cde + be}{1 + eh}$$

## 2.6 闭环控制系统中几个常用的传递函数概念

系统受到的外作用有两类：一类是输入信号，一类是干扰信号。在进行系统分析时，除了关心给定输入信号下系统的输出响应，也关心干扰信号对输出的影响；除了要了解系统输出量的变化规律，也关心控制过程中输出量与输入量之间的误差的变化规律。因此，需要在系统的输出 $c(t)$、误差 $e(t)$ 和输入 $r(t)$、干扰 $d(t)$ 之间建立数学模型。前面已经指出，传递函数是描述系统中一个输入量和一个输出量之间的关系。这一节介绍在闭环控制系统分析中几个常用的传递函数概念。

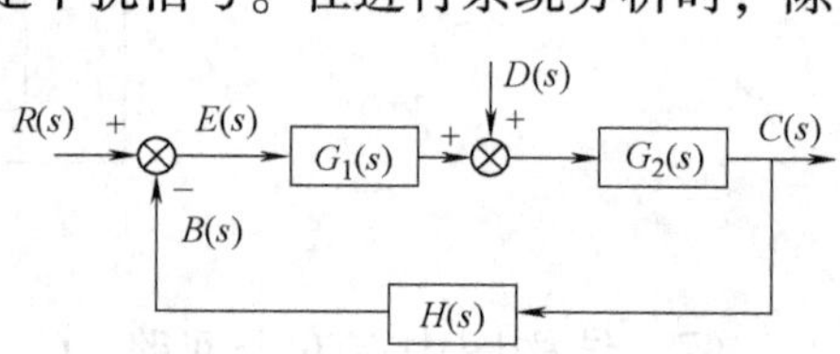


图 2-51

闭环系统的典型结构如图 2-51 所示。

图 2-51 中，$R(s)$ 是输入信号，$D(s)$ 是干扰信号，$E(s)$ 是输入信号与输出反馈信号之间的误差。

**1. 开环传递函数**

断开系统的主反馈通路后，前向通路的传递函数与反馈通路传递函数的乘积

$G_1(s)G_2(s)H(s)$，称为闭环系统的开环传递函数。即

$$G(s)=\frac{B(s)}{E(s)}=G_1(s)G_2(s)H(s) \tag{2-85}$$

需要注意，开环传递函数的概念是针对闭环系统来说的，并非指开环系统的传递函数。闭环系统的开环传递函数在闭环系统的分析中有着重要的作用。

**2. 闭环传递函数**

(1) 输入信号 $r(t)$ 作用下系统的闭环传递函数 $\Phi(s)$　定义为当 $d(t)=0$ 时，$c(t)$ 与 $r(t)$ 之间的传递函数

$$\Phi(s)=\frac{C(s)}{R(s)}=\frac{G_1(s)G_2(s)}{1+G_1(s)G_2(s)H(s)} \tag{2-86}$$

(2) 干扰信号 $d(t)$ 作用下系统的闭环传递函数 $\Phi_{\mathrm{d}}(s)$　定义为当 $r(t)=0$ 时，$c(t)$ 与 $d(t)$ 之间的传递函数

$$\Phi_{\mathrm{d}}(s)=\frac{C(s)}{D(s)}=\frac{G_2(s)}{1+G_1(s)G_2(s)H(s)} \tag{2-87}$$

(3) 系统的总输出　用传递函数描述的系统是线性定常系统，满足叠加原理，所以

$$C(s)=\Phi(s)R(s)+\Phi_{\mathrm{d}}(s)D(s) \tag{2-88}$$

$$=\frac{G_1(s)G_2(s)}{1+G_1(s)G_2(s)H(s)}R(s)+\frac{G_2(s)}{1+G_1(s)G_2(s)H(s)}D(s)$$

**3. 闭环系统的误差传递函数**

定义系统的误差：$e(t)=r(t)-b(t)$，$E(s)=R(s)-B(s)$

(1) $r(t)$ 作用下系统的误差传递函数 $\Phi_{\mathrm{er}}(s)$　定义为当 $d(t)=0$ 时，$e(t)$ 与 $r(t)$ 之间的传递函数

$$\Phi_{\mathrm{er}}(s)=\frac{E(s)}{R(s)}=\frac{1}{1+G_1(s)G_2(s)H(s)} \tag{2-89}$$

(2) $d(t)$ 作用下系统的误差传递函数 $\Phi_{\mathrm{ed}}(s)$　定义为当 $r(t)=0$ 时，$e(t)$ 与 $d(t)$ 之间的传递函数

$$\Phi_{\mathrm{ed}}(s)=\frac{E(s)}{D(s)}=\frac{-G_2(s)H(s)}{1+G_1(s)G_2(s)H(s)} \tag{2-90}$$

(3) 系统的总误差　由叠加原理

$$E(s)=\Phi_{\mathrm{er}}(s)R(s)+\Phi_{\mathrm{ed}}(s)D(s) \tag{2-91}$$

其中，$\Phi_{\mathrm{er}}(s)R(s)$ 表示跟随输入信号时的误差，$\Phi_{\mathrm{ed}}(s)D(s)$ 表示扰动引起的误差。

比较由式 (2-86)、式 (2-87)、式 (2-89) 和式 (2-90) 给出的四种闭环系统传递函数表达式，可以看出它们具有相同的分母 $1+G_1(s)G_2(s)H(s)$，这是闭环控制系统各种传递函数具有的共同特点。方程 $1+G_1(s)G_2(s)H(s)=0$ 称为闭环控制系统的特征方程。

## 2.7　应用 MATLAB 建立控制系统模型

MATLAB 是基于数学模型分析控制系统性能的功能强大的软件工具。由于微分方程与传

递函数的模型参数完全一致，在 MATLAB 中只需要用传递函数描述。本节介绍利用 MATLAB 软件建立不同形式的传递函数模型，进行不同形式传递函数之间的转换，以及由子系统构成复杂系统的基本语句和用法。

**1. 传递函数在 MATLAB 中的表示**

(1) 多项式分式形式的传递函数

$$G(s)=\frac{b_m s^m+b_{m-1}s^{m-1}+\cdots+b_1 s+b_0}{a_n s^n+a_{n-1}s^{n-1}+\cdots+a_1 s+a_0}$$

用 num = $[b_m, b_{m-1}, \cdots, b_0]$ 表示分子多项式系数, den = $[a_n, a_{n-1}, \cdots, a_0]$ 表示分母多项式系数。具有多项式分式形式的传递函数可以用 MATLAB 语句表示

sys = tf(num,den)

(2) 零极点增益形式的传递函数

$$G(s)=K\frac{(s-z_1)(s-z_2)\cdots(s-z_m)}{(s-p_1)(s-p_2)\cdots(s-p_n)}$$

用 $Z=[z_1,z_2,\cdots,z_m]$ 表示零点，$P=[p_1,p_2,\cdots,p_n]$ 表示极点，$K$ 表示增益。具有零极点增益形式的传递函数可以用 MATLAB 语句表示

sys = zpk(Z,P,K)

(3) 两种传递函数形式之间的转换　上面两种传递函数形式用下面的语句转换

```
[Z, P, K] =tf2zp (num, den)        %多项式分式形式转换成零极点增益形式
[num, den] =zp2tf (Z, P, K)        %零极点增益形式转换成多项式分式形式
```

(4) 求传递函数的零极点分布图　求系统零极点分布图使用 MATLAB 命令语句

```
pzmap (sys)
```

**例 2-24**　已知一系统的传递函数 $G(s)=\dfrac{s^2+s-2}{s^3+5s^2+8s+6}$，求其零极点增益形式，并绘出零极点分布图。

**解**　在命令窗键入指令

```
>> num= [1 1 -2]; den= [1 5 8 6]; G1=tf (num, den)    %建立传递函数
```

运行结果

```
Transfer function:
    s^2 + s - 2
---------------------------
s^3 + 5 s^2 + 8 s + 6
>> [z, p, k] =tf2zp (num, den);                 %求传递函数的零极点及增益
>> z=z', p=p', k                                %用行向量表示结果
```

运行结果

```
z =
     -2     1
p =
    -3.0000     -1.0000 + 1.0000i   -1.0000 - 1.0000i
```

```
k =
     1

>> G2 = zpk (z, p, k)                    %求零极点增益形式的传递函数
```

运行结果

```
Zero/pole/gain:
     (s+2)(s-1)
------------------------------

(s+3)(s^2 + 2s + 2)

>> pzmap (G1)                            %求零极点分布图
```

运行结果如图 2-52 所示。

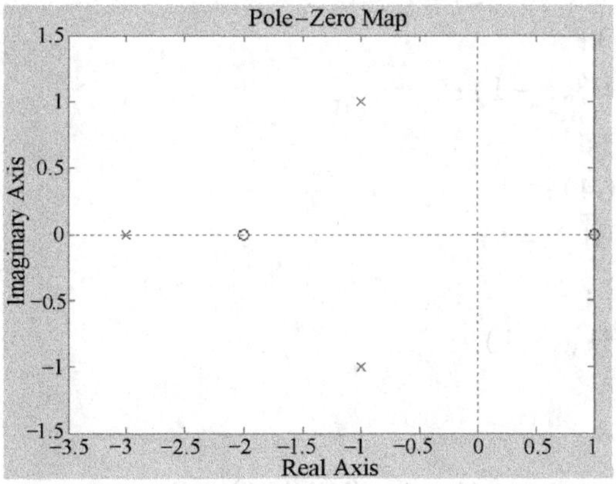


图 2-52

**2. 控制系统的建立**

在 MATLAB 中，提供了一些函数，将环节或子系统连接起来组成复杂系统，并且可求出总的传递函数。下面的语句给出了相关连接函数的使用

```
sys = series (sys1, sys2)              %两个子系统串联连接
sys = parallel (sys1, sys2)            %两个子系统并联连接
sys = feedback (sys1, sys2, -1)        %两个子系统反馈连接。参数 -1 表示负反馈，
                                       %可省略；但是正反馈必须取 +1
```

**例 2-25**　控制系统结构如图 2-53a 所示，其中各环节的传递函数

$$G_1(s)=\frac{1}{s+10},G_2(s)=\frac{1}{s+2},G_3(s)=\frac{s+1}{s^2+4s+10},G_4(s)=\frac{s+1}{s^2+6}$$

$$H_1(s)=1,H_2(s)=1,H_3(s)=\frac{s+1}{s+2}$$

用 MATLAB 语言编程求系统总的传递函数。

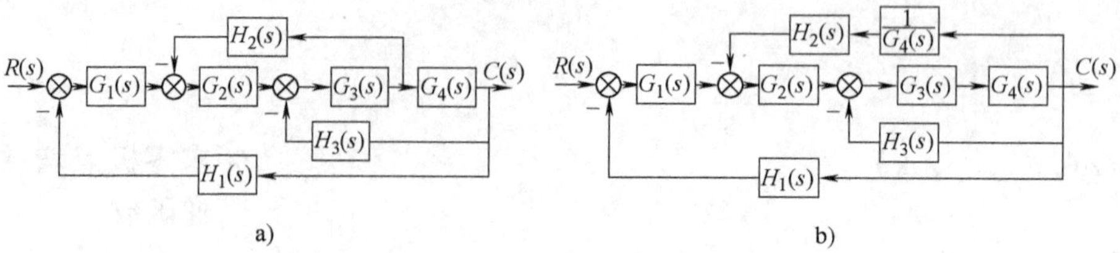


图 2-53

**解** 首先消除结构图2-53a中的交叉回路，得到结构图2-53b，然后在命令窗键入命令

```
>> num1 = [1]; den1 = [1 10]; G1 = tf (num1, den1);
>> num2 = [1]; den2 = [1 2]; G2 = tf (num2, den2);
>> num3 = [1 1]; den3 = [1 4 10]; G3 = tf (num3, den3);
>> num4 = [1 1]; den4 = [1 0 6]; G4 = tf (num4, den4);
>> num5 = [1]; den5 = [1]; H1 = tf (num5, den5);
>> num6 = [1]; den6 = [1]; H2 = tf (num6, den6);
>> num7 = [1 1]; den7 = [1 2]; H3 = tf (num7, den7);
>> S1 = series (G3, G4);
>> S2 = feedback (S1, H3, -1);
>> S3 = series (G2, S2);
>> S4 = series (H2, 1/G4);
>> S5 = feedback (S3, S4, -1);
>> S6 = series (G1, S5);
>> G = feedback (S6, H1, -1)
```

运行结果

```
Transfer function:
                    s^4 + 5 s^3 + 9 s^2 + 7 s + 2
-------------------------------------------------------------------------------
s^8 + 19 s^7 + 136 s^6 + 610 s^5 + 1850 s^4 + 4093 s^3 + 6604 s^2 + 6411 s + 2542
```

## 小 结

（1）建立系统的动态数学模型，是对系统进行定性分析和定量估算的基础，也是对系统进行仿真研究的依据。本章主要介绍了连续时间系统的四种数学模型：微分方程、传递函数、结构图、信号流图。建立这些模型的方法是分析法。

（2）微分方程是另外三种数学模型的基础，只有正确分析元部件和系统的工作原理，并且进行合理的简化，才能得到合乎实际需要的微分方程。不同的物理系统，只要具有相同的运动规律，就可以抽象出相同的微分方程，说明这些系统的动态过程具有相同的本质特征。

（3）由于实际系统中的元部件往往不同程度地存在着非线性特性，系统需要由非线性微分方程描述，这就给系统的分析和计算带来很大困难。工程实际中，在系统的工作点附近进行线性化处理的小偏差法是常用的线性化方法之一。

（4）传递函数是用拉普拉斯变换求解微分方程中引伸出来的数学模型，只适用于线性定常系统。传递函数是由系统本身的结构和参数决定的，表征了系统的固有特性。因此，传递函数是经典控制理论中最主要的数学模型，是控制系统分析和校正方法的基础。如何建立线性定常系统的传递函数是本章学习的重点。

（5）结构图和信号流图是图形化的数学模型，可以清楚地描述系统中各个变量之间的信号传递关系。结构图和信号流图是以传递函数的概念为基础建立起来的，同时又为求解系统输入输出传递函数提供了更为方便的方法，即结构图和信号流图的等效变换方法、梅逊增益公式计算方法。

## 习　题

2-1　试分别写出图 2-54 中无源网络的微分方程。

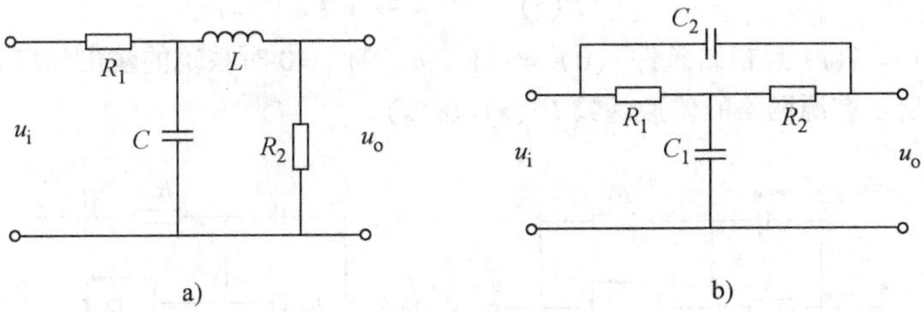


图　2-54

2-2　设机械系统如图 2-55 所示，其中 $x_i$ 是输入位移，$x_o$ 是输出位移。试分别列写出各系统的微分方程。

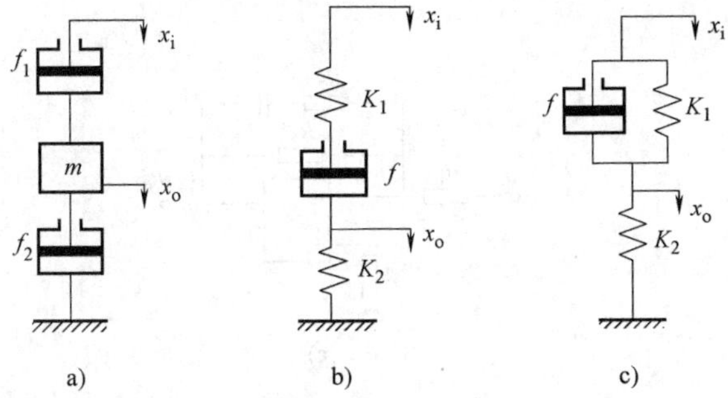


图　2-55

2-3　试证明图 2-56a 的电网络与图 2-56b 的机械系统有相同的数学模型。

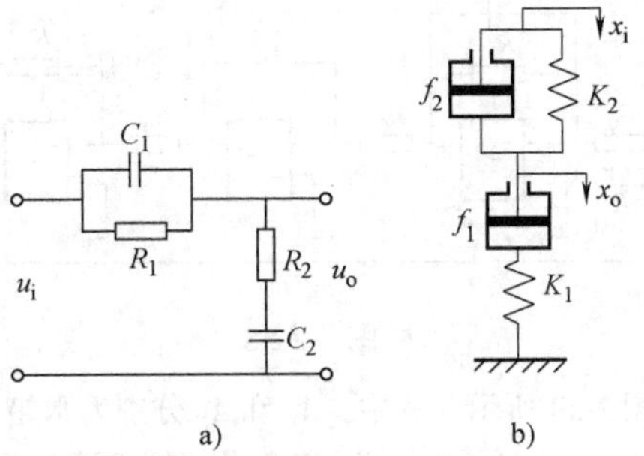


图　2-56

2-4 设弹簧特性由下式描述：

$$F = 12.65y^{1.1}$$

其中，$F$ 是弹簧力，$y$ 是变形位移。若弹簧在变形位移 0.25 附近做微小变化，试推导描述弹簧特性的线性化方程。

2-5 设晶闸管三相桥式全控整流电路的输入量为触发延迟角 $\alpha$，输出量为空载整流电压 $e_d$，它们之间的关系为

$$e_d = E_{d0}\cos\alpha$$

其中，$E_{d0}$ 是整流电压的理想空载值，试推导其线性化方程式。

2-6 若某系统在阶跃输入 $r(t) = 1(t)$ 时，零初始条件下的输出响应 $c(t) = 1 - e^{-2t} + e^{-t}$，试求系统的传递函数和脉冲响应。

2-7 设系统传递函数为

$$\frac{C(s)}{R(s)} = \frac{2}{s^2 + 3s + 2}$$

试求当输入信号 $r(t) = 1(t)$ 且初始条件 $c(0) = -1$，$\dot{c}(0) = 0$ 时系统的输出响应 $c(t)$。

2-8 求图 2-57 所示有源网络的传递函数 $U_o(s)/U_i(s)$。

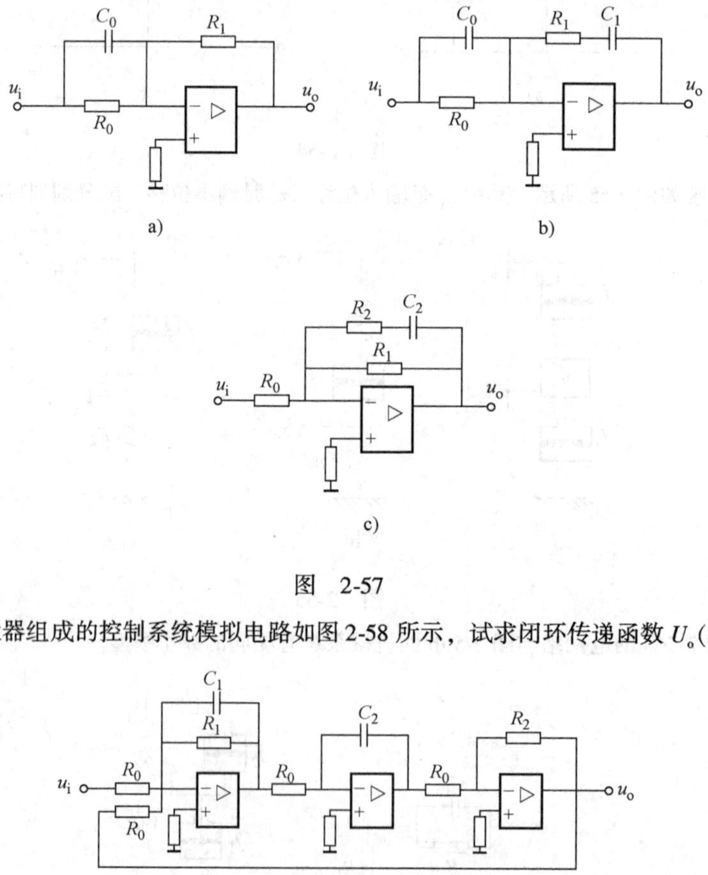


图 2-57

2-9 由运算放大器组成的控制系统模拟电路如图 2-58 所示，试求闭环传递函数 $U_o(s)/U_i(s)$。

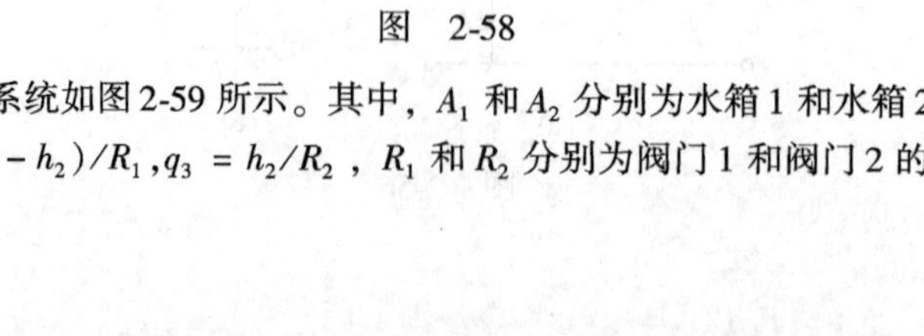


图 2-58

2-10 双容水箱液位系统如图 2-59 所示。其中，$A_1$ 和 $A_2$ 分别为水箱 1 和水箱 2 的截面积。将阀门近似为线性元件，即 $q_2 = (h_1 - h_2)/R_1$，$q_3 = h_2/R_2$，$R_1$ 和 $R_2$ 分别为阀门 1 和阀门 2 的水阻。要求以流量 $q_1$ 为

系统的输入，液位 $h_2$ 为系统的输出，建立系统的传递函数 $H_2(s)/Q_1(s)$。

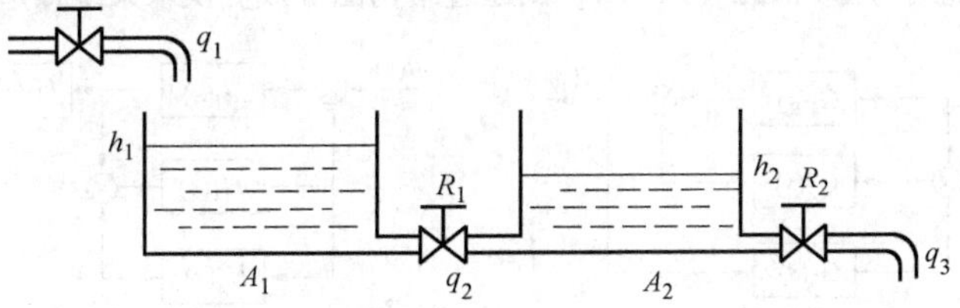


图　2-59

2-11　描述系统的微分方程组如下：

$$x_1(t) = r(t) - c(t)$$

$$x_2(t) = \tau \frac{dx_1(t)}{dt} - K_1 x_1(t)$$

$$x_3(t) = K_2 x_2(t)$$

$$x_4(t) = x_3(t) - x_5(t) - K_5 c(t)$$

$$\frac{dx_5(t)}{dt} = K_3 x_4(t)$$

$$K_4 x_5(t) = T\frac{dc(t)}{dt} + c(t)$$

其中，$\tau$、$K_1$、$K_2$、$K_3$、$K_4$、$K_5$、$T$ 均为正常数。以 $r(t)$ 为输入，$c(t)$ 为输出，建立系统的动态结构图，并求传递函数 $C(s)/R(s)$。

2-12　某航天平台的位置控制系统由下列方程组描述：

$$\frac{d^2p(t)}{dt^2} + 2\frac{dp(t)}{dt} + 4p(t) = \theta(t)$$

$$v_1(t) = r(t) - p(t)$$

$$\frac{d\theta(t)}{dt} = 0.6v_2(t)$$

$$v_2(t) = 7v_1(t)$$

其中，$r(t)$ 为平台的预期位置，$p(t)$ 为平台的实际位置，$v_1(t)$ 为放大器输入电压，$v_2(t)$ 为放大器输出电压，$\theta(t)$ 为电动机轴角位移。试画出该系统的结构图，并计算系统的传递函数 $P(s)/R(s)$。

2-13　某位置随动系统原理框图如图 2-60 所示。已知电位器最大工作角度 $\theta_{max} = 330°$，功率放大级放大系数为 $K_3$，要求：

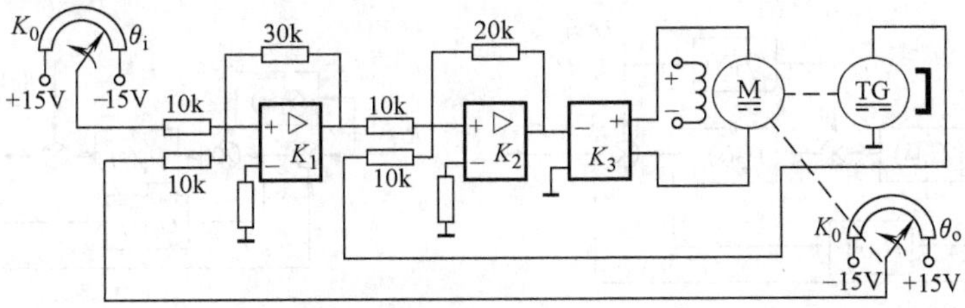


图　2-60

（1）分别求出电位器传递系数 $K_0$，两级放大器的比例系数 $K_1$ 和 $K_2$；

（2）画出系统结构图；

（3）化简结构图，求系统传递函数 $\theta_o(s)/\theta_i(s)$。

2-14 已知控制系统结构图如图 2-61 所示。试通过结构图等效变换求系统传递函数 $C(s)/R(s)$。

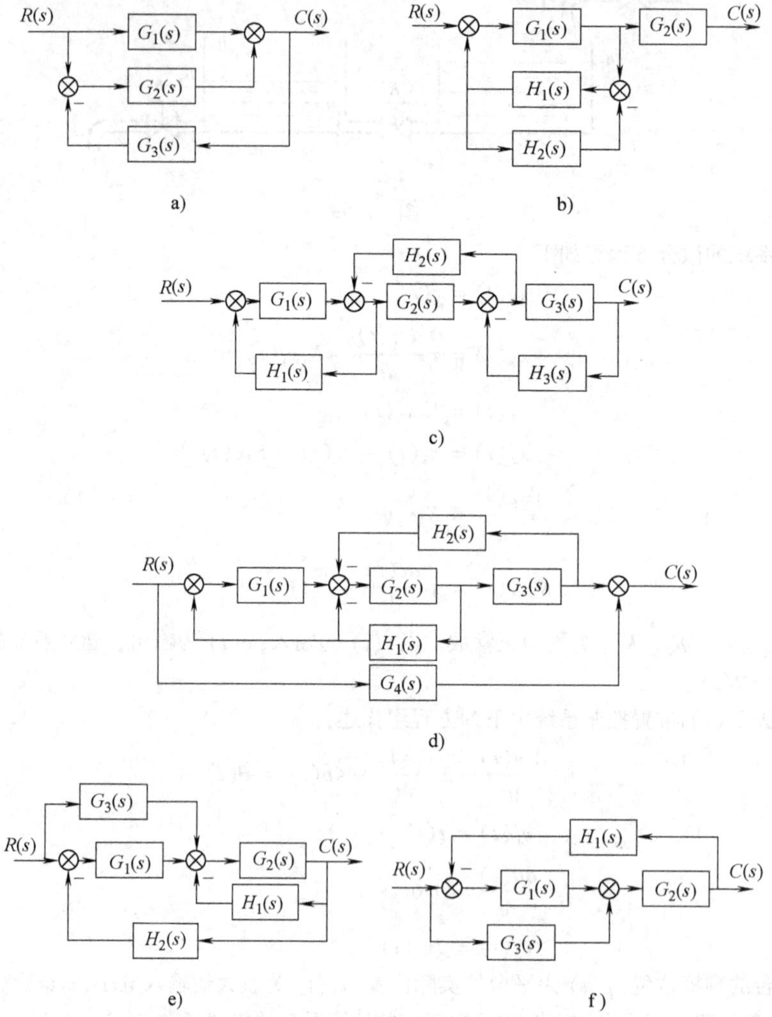


图 2-61

2-15 试化简图 2-62 所示的系统结构图，并求传递函数 $C(s)/R(s)$ 和 $C(s)/D(s)$。

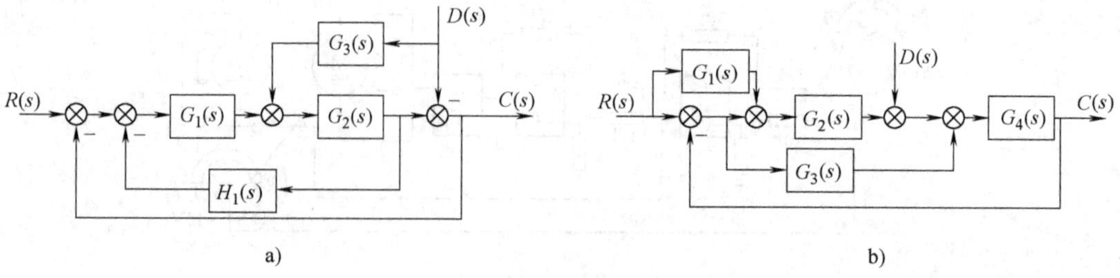


图 2-62

2-16 试绘制图 2-63 中的系统结构图对应的信号流图，并用梅逊增益公式求传递函数 $C(s)/R(s)$ 和 $E(s)/R(s)$。

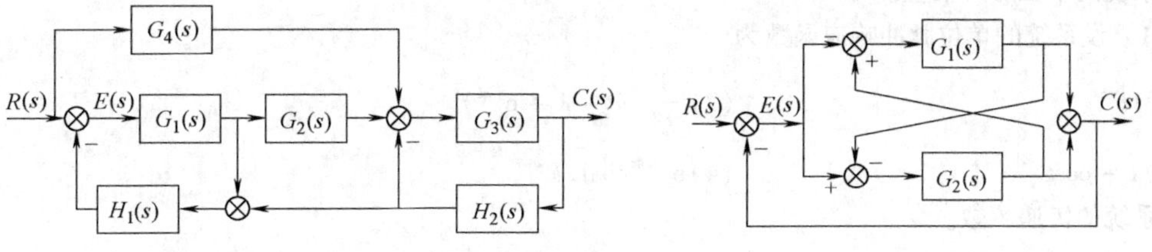


a) b)

图 2-63

2-17 试用梅逊增益公式由图 2-62 中各系统的结构图求传递函数 $C(s)/R(s)$ 和 $C(s)/D(s)$ 。

2-18 试用梅逊增益公式求图 2-64 中各系统信号流图的传递函数 $C(s)/R(s)$ 。

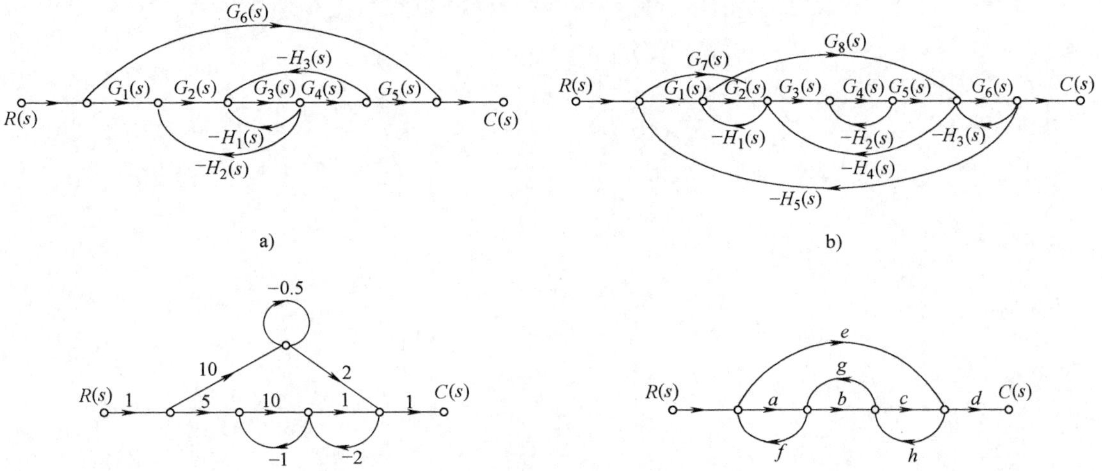


a) b) c) d)

图 2-64

2-19 试用梅逊增益公式求出图 2-65a 所示系统的传递函数 $C(s)/R_1(s)$ 和 $C(s)/R_2(s)$ ；图 2-65b 所示系统的传递函数 $C_1(s)/R_1(s)$ 、$C_2(s)/R_1(s)$ 、$C_1(s)/R_2(s)$ 和 $C_2(s)/R_2(s)$ 。

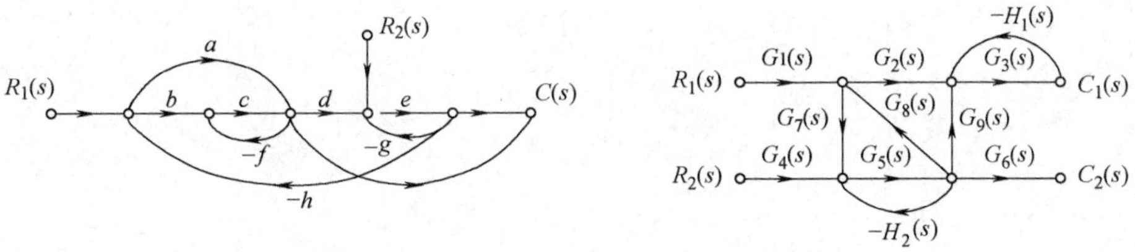


a) b)

图 2-65

2-20 设系统的传递函数为

(1) $\dfrac{s+1}{s^2+4s+5}$ (2) $\dfrac{s+1}{(s+2)(s+3)}$

(3) $\dfrac{s}{(s+1)^2(s+2)}$ (4) $\dfrac{s+3}{s(s+1)(s+2)}$

求系统的单位脉冲响应。

2-21 设系统的单位脉冲响应函数为

(1) $te^{-at}$ (2) $\frac{1}{a^2}(at - 1 + e^{-at})$

(3) $1 - \cos t$ (4) $e^{-0.4t}\cos 12t$

求系统的传递函数。

2-22 控制系统的结构如图 2-62a 所示。其中 $G_1(s) = \frac{1}{2s+1}$，$G_2(s) = \frac{1}{s(s+2)}$，$G_3(s) = \frac{1}{s+3}$，$H(s) = s + 1$。试用 MATLAB 语言编程求传递函数 $C(s)/R(s)$ 和 $C(s)/D(s)$。

# 第 3 章　控制系统的时域分析

时域分析法是直接在时间域中对系统性能进行分析的方法。在系统输入端施加一个典型输入信号，根据系统的微分方程或传递函数，求出系统的输出，并依据输出来分析系统的性能。时域分析法具有直观、准确的优点。

本章采用时域分析法从稳定性、瞬态性能（动态性能）和稳态性能三个方面来分析控制系统的性能。

## 3.1　引言

对于单输入、单输出线性定常系统，描述输出量 $c(t)$ 和输入量 $r(t)$ 关系的微分方程为

$$\frac{\mathrm{d}^n c(t)}{\mathrm{d}t^n}+a_{n-1}\frac{\mathrm{d}^{n-1}c(t)}{\mathrm{d}t^{n-1}}+\cdots+a_1\frac{\mathrm{d}c(t)}{\mathrm{d}t}+a_0c(t)$$

$$=b_m\frac{\mathrm{d}^m r(t)}{\mathrm{d}t^m}+\cdots+b_1\frac{\mathrm{d}r(t)}{\mathrm{d}t}+b_0r(t)\qquad n\geqslant m \tag{3-1}$$

式（3-1）中的 $a_0$、$a_1$、…、$a_{n-1}$，$b_0$、$b_1$、…、$b_m$ 取决于系统的结构与参数。通常，式（3-1）中的 $r(t)$ 和 $c(t)$ 应理解为系统实际输入和输出相对于平衡工作点的增量，若系统的平衡工作点在原点，式（3-1）中的 $r(t)$ 和 $c(t)$ 即为系统的实际输入和输出。

取初始时刻 $t=0$，输入量 $r(t)$ 在 $t\geqslant 0$ 时作用于系统，为了求解线性常系数微分方程，对式（3-1）中两边进行拉普拉斯变换，得

$$\begin{aligned}&[s^nC(s)-s^{n-1}c(0^-)-s^{n-2}\dot{c}(0^-)-\cdots-c^{(n-1)}(0^-)]\\&+a_{n-1}[s^{n-1}C(s)-s^{n-2}c(0^-)-s^{n-3}\dot{c}(0^-)-\cdots-c^{(n-2)}(0^-)]\\&+\cdots+a_1[sC(s)-c(0^-)]+a_0C(s)=b_ms^mR(s)+\cdots+b_1sR(s)+b_0R(s)\end{aligned}$$

式中　$C(s)=\mathscr{L}[c(t)]=\int_{0^-}^{\infty}c(t)\mathrm{e}^{-st}\mathrm{d}t,R(s)=\mathscr{L}[r(t)]=\int_{0^-}^{\infty}r(t)\mathrm{e}^{-st}\mathrm{d}t$，整理后可得

$$C(s)=\frac{N(s)}{D(s)}R(s)+\frac{1}{D(s)}N_{c0}(s) \tag{3-2}$$

式中　$D(s)=s^n+a_{n-1}s^{n-1}+\cdots+a_1s+a_0$

$N(s)=b_ms^m+b_{m-1}s^{m-1}+\cdots+b_1s+b_0$

$N_{c0}(s)=c(0^-)s^{n-1}+[\dot{c}(0^-)+a_{n-1}c(0^-)]s^{n-2}+\cdots+[c^{(n-1)}(0^-)+a_{n-1}c^{(n-2)}(0^-)+\cdots+a_1c(0^-)]$

对式（3-2）进行拉普拉斯反变换，可以得到系统输出 $c(t)$ 的表达式为

$$c(t)=\mathscr{L}^{-1}\left[\frac{N(s)}{D(s)}R(s)\right]+\mathscr{L}^{-1}\left[\frac{1}{D(s)}N_{c0}(s)\right] \tag{3-3}$$

式（3-3）表明，系统输出 $c(t)$ 包含两项，第一项 $c_1(t)=\mathscr{L}^{-1}\left[\frac{N(s)}{D(s)}R(s)\right]$ 由输入

$r(t)$ 确定，与初始状态无关，称为零状态响应；第二项 $c_2(t) = \mathscr{L}^{-1}[\frac{1}{D(s)}N_{c0}(s)]$ 是由系统初始状态确定的，与输入信号无关，称为零输入响应。据此，系统输出（或系统响应）由两部分组成，即

$$系统响应 = 零状态响应 + 零输入响应 \tag{3-4}$$

可见系统响应既与输入信号的大小及形式有关，也与系统的初始状态（或初始条件）有关。在用时域分析法研究控制系统时，为了分析和比较系统性能的优劣，通常对初始状态和输入信号作一些典型化处理。

### 3.1.1 典型初始状态

为了重点研究系统的输出在输入信号作用下的性能，在用时域分析法研究系统性能时，规定系统的初始状态为零状态（典型初始状态），即

$$c(0^-) = \dot{c}(0^-) = \ddot{c}(0^-) = \cdots = c^{(n-1)}(0^-) = 0$$

典型初始状态表明，在输入信号作用于系统之前，输出量相对于平衡工作点的增量为零，其各阶导数也为零，系统处于相对静止状态。

### 3.1.2 典型输入信号

所谓典型输入信号，是指根据系统经常遇到的输入信号形式，在数学描述上加以理想化的一些基本输入信号。典型输入信号是众多复杂的实际输入的近似和抽象，它的选择不仅应使数学运算简单，而且还应便于实验验证。常用的典型输入信号有以下几种：

**1. 单位阶跃信号**

单位阶跃信号如图 3-1 所示，其数学表达式为

$$f(t) = \begin{cases} 1 & t \geqslant 0 \\ 0 & t < 0 \end{cases} \tag{3-5}$$

通常把单位阶跃信号记为 $1(t)$，其拉普拉斯变换为

$$\mathscr{L}[1(t)] = \frac{1}{s} \tag{3-6}$$

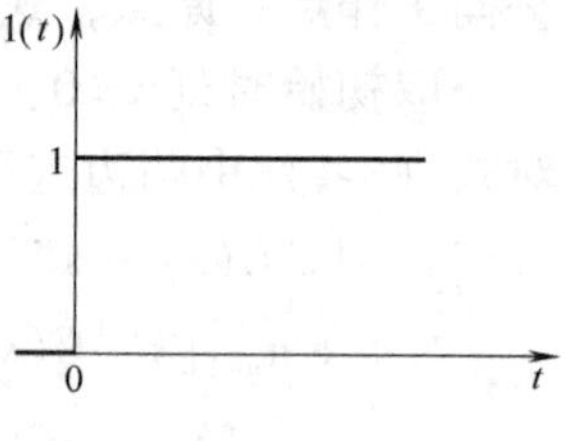

图 3-1

单位阶跃信号在 $t=0$ 处，信号突变的幅值为 1。如果信号突变的幅值不为 1，则称为阶跃信号，如 $R \cdot 1(t)$ 表示在 $t=0$ 处，信号突变的幅值为 $R$。指令的突然转换、电源的突然接通、负荷的突然变化等，均可视作阶跃信号。

函数 $1(t)$ 有时可用于表示信号作用的时间域，如 $f(t) \cdot 1(t)$ 所示的信号在 $t \geqslant 0$ 的时间区域内为 $f(t)$，在 $t<0$ 时为 0；$f(t) \cdot 1(t-t_1)$ 所示的信号在 $t \geqslant t_1$ 时为 $f(t)$，在 $t<t_1$ 时为 0；而 $f(t)[1(t-t_1) - 1(t-t_2)](t_2 > t_1)$ 所示的信号在 $t_1 \leqslant t < t_2$ 时为 $f(t)$，在 $t<t_1$ 及 $t \geqslant t_2$ 时为 0。

**2. 单位斜坡信号**

单位斜坡信号如图 3-2 所示，其数学表达式为

$$f(t) = \begin{cases} t & t \geqslant 0 \\ 0 & t < 0 \end{cases} \tag{3-7}$$

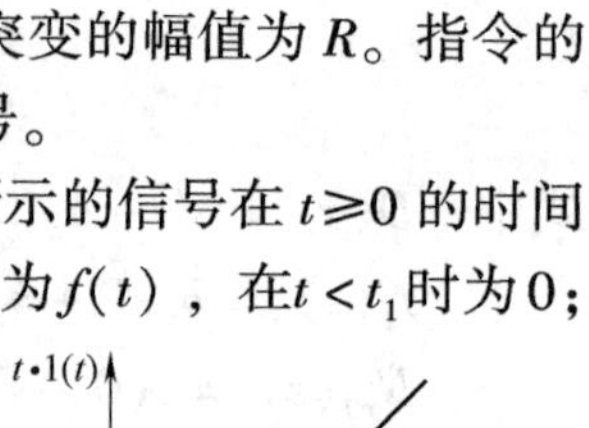

图 3-2

通常把单位斜坡信号记为 $t \cdot 1(t)$，有时也记作 $t$，其拉普拉斯

变换为

$$\mathscr{L}[t \cdot 1(t)] = \frac{1}{s^2} \tag{3-8}$$

单位斜坡信号从 $t=0$ 开始，信号匀速上升，斜率为 1。如果斜率不为 1，则称为斜坡信号，如 $Rt \cdot 1(t)$ 表示从 $t=0$ 开始，信号匀速上升，斜率为 $R$。在闸门匀速升降、工件匀速运动时，其位置信号可视作斜坡信号。

**3. 单位加速度信号**

单位加速度信号如图 3-3 所示，其数学表达式为

$$f(t) = \begin{cases} \frac{1}{2}t^2 & t \geqslant 0 \\ 0 & t < 0 \end{cases} \tag{3-9}$$

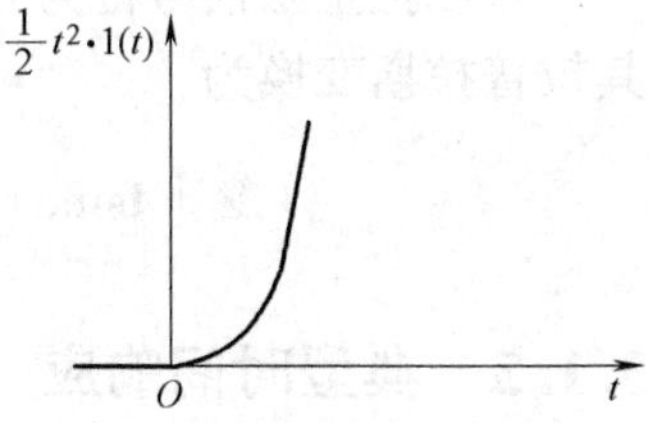


图　3-3

通常把单位加速度信号记为 $\frac{1}{2}t^2 \cdot 1(t)$，有时也记作 $\frac{1}{2}t^2$，其拉普拉斯变换为

$$\mathscr{L}\left[\frac{1}{2}t^2 \cdot 1(t)\right] = \frac{1}{s^3} \tag{3-10}$$

单位加速度信号从 $t=0$ 开始，信号的加速度为 1。如果加速度不为 1，则称为加速度信号，如 $\frac{1}{2}Rt^2 \cdot 1(t)$ 表示从 $t=0$ 开始，信号加速上升，加速度为 $R$。以恒转矩起动的电动机位置信号，可视作加速度信号。

**4. 单位脉冲信号**

单位脉冲信号是一种理想化的信号，其定义为

$$f(t) = \begin{cases} \infty & t = 0 \\ 0 & t \neq 0 \end{cases} \quad 且 \int_{-\infty}^{+\infty} f(t)\,\mathrm{d}t = 1 \tag{3-11}$$

通常把单位脉冲信号记为 $\delta(t)$，其拉普拉斯变换为

$$\mathscr{L}[\delta(t)] = 1 \tag{3-12}$$

单位脉冲信号可以用在 $t=0$ 时刻、高度为 1 的箭头表示（代表信号强度为 1），如图 3-4a所示。在图 3-4b 中，面积为 1 的方波信号当 $T \to 0$ 时可作为单位脉冲信号，即

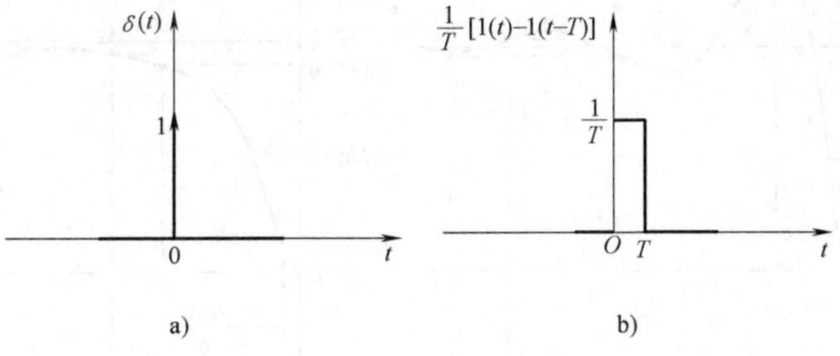


图　3-4

$$\delta(t) = \lim_{T \to 0} \frac{1}{T}[1(t) - 1(t-T)] = \frac{\mathrm{d}}{\mathrm{d}t}1(t)$$

由此可见，单位阶跃信号的导数即为单位脉冲信号。单位脉冲信号在现实中是不存在的，它只有数学上的意义。脉冲电压信号、冲击信号等可近似为脉冲信号。

**5. 正弦信号**

正弦信号如图 3-5 所示，其数学表达式为

$$f(t) = \begin{cases} A\sin\omega t & t \geqslant 0 \\ 0 & t < 0 \end{cases} \tag{3-13}$$

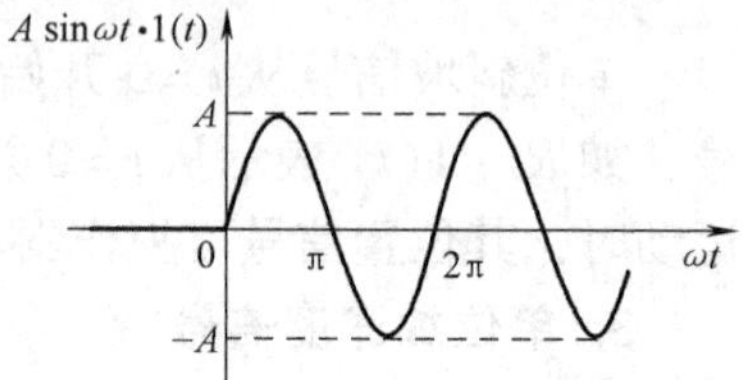


图 3-5

可以把正弦信号记为 $A\sin\omega t \cdot 1(t)$，有时也记作 $A\sin\omega t$，其拉普拉斯变换为

$$\mathscr{L}[A\sin\omega t \cdot 1(t)] = \frac{A\omega}{s^2 + \omega^2} \tag{3-14}$$

## 3.1.3 典型时间响应

当系统处于典型初始状态（即初始状态为零）时，在系统输入端施加典型输入信号，所得到的系统输出称为典型时间响应。显然，典型时间响应是系统的零状态响应，可以由式（3-1）所示的微分方程来求解，也可以利用系统的传递函数进行求解。

由式（3-1）求出系统的传递函数

$$\Phi(s) = \frac{C(s)}{R(s)} = \frac{b_m s^m + b_{m-1}s^{m-1} + \cdots + b_1 s + b_0}{s^n + a_{n-1}s^{n-1} + \cdots + a_1 s + a_0} \qquad n \geqslant m$$

若输入信号 $r(t)$ 的拉普拉斯变换为 $R(s)$，则系统输出 $c(t)$ 的拉普拉斯变换

$$C(s) = \Phi(s)R(s)$$

对 $C(s)$ 进行拉普拉斯反变换即可求出系统的典型时间响应。

初始条件为零的线性定常系统，在输入信号为单位阶跃信号时，系统的输出称为单位阶跃响应，记为 $h(t)$。$h(t)$ 从初态变化到终态的过程如图 3-6 所示，图 3-6a 中 $h(t)$ 曲线是振荡收敛的，图 3-6b 中 $h(t)$ 曲线是单调变化的。通常把系统输出的变化过程分为瞬态过程和稳态过程两部分。

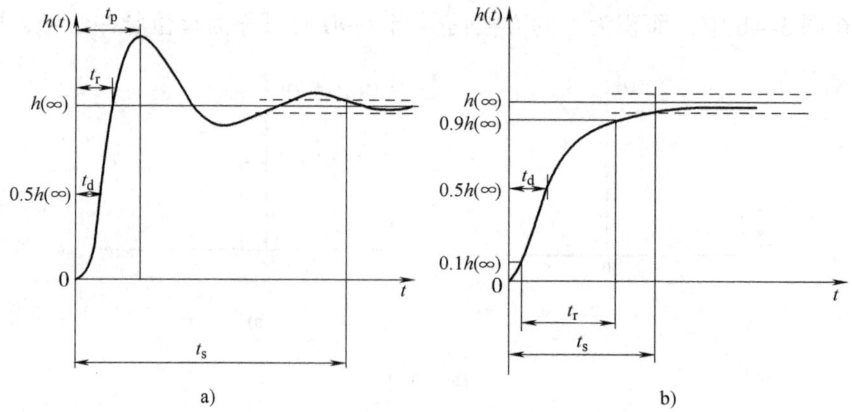


图 3-6

瞬态过程：瞬态过程又称过渡过程或动态过程，是指系统在输入信号作用下，输出由初始状态到达最终状态的响应过程。

稳态过程：稳态过程只存在于稳定的系统中，是指系统在输入信号作用下，当时间 $t$ 趋于无穷大时，系统输出量的表现形式或响应过程。

对于图 3-6 所示的单位阶跃响应曲线，理论上，由初始状态 $h(0)$ 达到并稳定在最终状态 $h(\infty)$ 需要经过无穷长的时间。实际应用中，定义 $h(\infty)$ 的 $\pm5\%$ 或 $\pm2\%$ 的邻域为误差带，经过一段时间 $t_s$ 后，$h(t)$ 进入了 $h(\infty)$ 的误差带内，并且以后不再超出该误差带，就认为 $h(t)$ 达到了最终状态，此后 $h(t)$ 与 $h(\infty)$ 的误差将被限定在一个较小的范围内（如 $\pm5\%$ 或 $\pm2\%$）。因而在图 3-6 中，当 $0 \leqslant t \leqslant t_s$ 时，认为 $h(t)$ 处于瞬态过程；当 $t > t_s$ 时，则认为 $h(t)$ 进入了稳态过程。

### 3.1.4　性能指标

控制系统的时域性能指标，通常由瞬态性能指标和稳态性能指标两部分组成。

**1. 瞬态性能指标**

描述系统在典型输入信号作用下，瞬态过程随时间 $t$ 变化状况的指标，称为瞬态性能指标。对于图 3-6 所示单位阶跃响应 $h(t)$，其瞬态性能指标包括：

(1) 延迟时间 $t_d$　延迟时间是指单位阶跃响应 $h(t)$ 第一次达到其终值 $h(\infty)$ 的一半所需要的时间。

(2) 上升时间 $t_r$　上升时间是指单位阶跃响应 $h(t)$ 从终值的 10% 上升到终值的 90% 所需要的时间；对于单位阶跃响应 $h(t)$ 有振荡的系统，也可定义为 $h(t)$ 从零时刻开始第一次上升到终值所需要的时间。上升时间是系统响应速度的一种度量。

(3) 峰值时间 $t_p$　对于单位阶跃响应 $h(t)$ 呈振荡收敛形式的系统，峰值时间是指 $h(t)$ 超过终值达到第一个峰值所需要的时间。

(4) 超调量 $\sigma\%$　对于单位阶跃响应 $h(t)$ 呈振荡收敛形式的系统，超调量是指 $h(t)$ 的第一个峰值 $h(t_p)$ 超出其终值 $h(\infty)$ 的偏离量与 $h(\infty)$ 之比，常用百分数表示，即

$$\sigma\% = \frac{h(t_p) - h(\infty)}{h(\infty)} \times 100\% \tag{3-15}$$

峰值时间和超调量用于度量系统响应振荡的剧烈程度。超调量较小的系统，其响应过程较为平稳。

(5) 调节时间 $t_s$　调节时间是指单位阶跃响应 $h(t)$ 达到并保持在终值的 $\pm5\%$（或 $\pm2\%$）误差带内所需要的最小时间。调节时间用于衡量系统瞬态过程的快慢，当 $t > t_s$ 时，$h(t)$ 进入稳态过程，$h(t)$ 与稳态值 $h(\infty)$ 之间的偏差将不会超过 $\pm5\%$（或 $\pm2\%$）的允许范围。

**2. 稳态性能指标**

稳态误差是描述系统稳态性能的一种性能指标，通常在阶跃信号、斜坡信号和加速度信号作用下进行测定或计算。当时间趋于无穷大时，若系统的实际输出不等于理想输出，则系统存在稳态误差。

稳态误差是系统控制精度的一种度量。

## 3.2 一阶系统的时域分析

### 3.2.1 一阶系统的数学模型

用一阶微分方程描述的系统称为一阶系统。对于图 3-7 所示的一阶系统，其开环传递函数为

$$G(s) = \frac{1}{Ts} \tag{3-16}$$

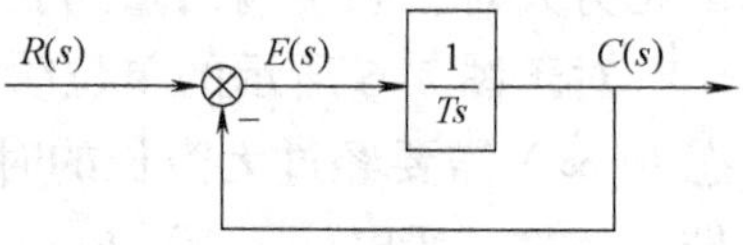


图 3-7

式中，$T$ 为时间常数。

闭环传递函数为

$$\Phi(s) = \frac{1}{Ts+1} \tag{3-17}$$

由于 $\Phi(s)$ 不存在零点，式（3-17）所示的一阶系统是一个无零点的一阶系统，本节主要讨论无零点一阶系统的时域分析。

### 3.2.2 一阶系统的响应

**1. 单位阶跃响应**

对于图 3-7 所示的一阶系统，当输入信号为单位阶跃信号时，即

$$r(t) = 1(t) \qquad R(s) = \frac{1}{s}$$

系统输出的拉普拉斯变换

$$C(s) = \Phi(s)R(s) = \frac{1}{s(Ts+1)} = \frac{1}{s} - \frac{1}{s+\dfrac{1}{T}}$$

对 $C(s)$ 进行拉普拉斯反变换，得一阶系统的单位阶跃响应为

$$h(t) = 1 - e^{-t/T} \qquad t \geqslant 0 \tag{3-18}$$

在式（3-18）中，$h(t)$ 由稳态分量 1 和瞬态分量 $-e^{-t/T}$ 两部分组成，随着时间的增长，瞬态分量逐渐衰减并趋于零，当 $t$ 趋于无穷大时，$h(\infty)=1$。

当 $t$ 取不同值时，由式（3-18）计算得到 $h(t)$ 的不同数值，如表 3-1 所示。根据表 3-1，可以画出一阶系统的单位阶跃响应曲线如图 3-8 所示。

**表 3-1 一阶系统的单位阶跃响应**

| $t$ | 0 | $T$ | $2T$ | $3T$ | $4T$ |
|---|---|---|---|---|---|
| $h(t)$ | 0 | 0.632 | 0.865 | 0.950 | 0.982 |

从图 3-8 可以看出，对于图 3-7 所示的一阶系统，其单位阶跃响应曲线是一条从原点出发，趋向于 1 的指数曲线，瞬态过程不出现超调。根据瞬态性能指标的定义，可求得一阶系统的瞬态性能指标为

$$t_d = 0.69T \tag{3-19}$$

$$t_r = 2.20T \tag{3-20}$$

$$t_s = 3T \qquad \pm 5\% \tag{3-21}$$

式（3-21）中的调节时间 $t_s$ 是 $h(t)$ 达到并保持在终值的 ±5% 误差带内所需要的时间。若规定调节时间是 $h(t)$ 达到并保持在终值的 ±2% 误差带内所需要的时间 $t_s$，则

$$t_s = 4T \qquad \pm 2\% \tag{3-22}$$

一阶系统的瞬态性能指标取决于时间常数 $T$，$T$ 越小，系统的响应速度越快。

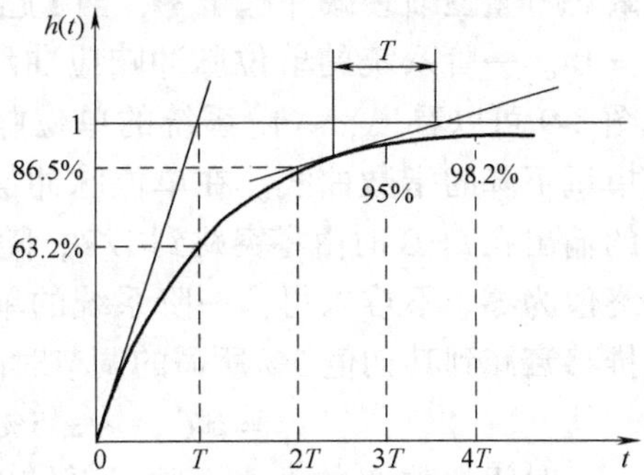


图　3-8

通过计算，得

$$\left.\frac{\mathrm{d}h(t)}{\mathrm{d}t}\right|_{t=0} = \frac{1}{T}$$

表明一阶系统的单位阶跃响应的初始速度为$\frac{1}{T}$，若系统输出以初始速度等速上升至稳态值1，所需的时间为 $T$，即在 $t=0$ 处，作出 $h(t)$ 曲线的切线，该切线与 $h(t)$ 的稳态值交于 $t=T$ 处，如图 3-8 所示。事实上，在 $h(t)$ 曲线的任一点作切线，切线和 $h(t)$ 稳态值的交点对应的时刻与切点对应的时刻之差（称为次割距）正好等于一阶系统时间常数 $T$，这是一阶系统单位阶跃响应曲线的一个特征。另一个特征是当 $t=T$ 时，$h(t)$ 达到其终值的 63.2%。根据这些特点，可用实验方法测定一阶系统的时间常数，或判断所测系统是否是一阶系统。

对于一个自动控制系统，人们总是希望其实际输出等于理想输出，而理想输出是由系统的输入信号给定的。对于图 3-7 所示的一阶系统，其实际输出为 $c(t) = h(t)$，若认为系统的理想输出在数值上等于系统的输入信号 $r(t)$，则系统的误差为

$$e(t) = r(t) - c(t) = r(t) - h(t)$$

一阶系统在单位阶跃信号作用下，稳态误差（即误差的稳态值）

$$e_{ss} = \lim_{t\to\infty} e(t) = \lim_{t\to\infty}[r(t) - h(t)] = 0$$

说明图 3-7 所示的一阶系统在跟踪阶跃信号时，无稳态误差。进入稳态后系统输出信号与输入信号大小相同，这样的系统称为无静差系统。

**2. 单位脉冲响应**

对于图 3-7 所示的一阶系统，当输入信号为单位脉冲信号时，即

$$r(t) = \delta(t) \quad R(s) = 1$$

系统输出的拉普拉斯变换

$$C(s) = \Phi(s)R(s) = \frac{1}{Ts+1} = \frac{1/T}{s+1/T}$$

对 $C(s)$ 进行拉普拉斯反变换，得一阶系统的单位脉冲响应为

$$k(t) = \frac{1}{T}\mathrm{e}^{-t/T} \qquad t \geqslant 0 \tag{3-23}$$

在式（3-23）中，$k(t)$ 由稳态分量 0 和瞬态分量$\frac{1}{T}\mathrm{e}^{-t/T}$两部分组成，随着时间的增长，

瞬态分量逐渐衰减并趋于零，当 $t$ 趋于无穷大时，$k(\infty)=0$。一阶系统的单位脉冲响应曲线如图 3-9 所示。由图 3-9 可以看出，一阶系统的单位脉冲响应曲线是一条单调下降的指数曲线。在单位脉冲信号的作用下，系统的输出在 $t=0$ 时由零突跳到 $1/T$，随后按指数曲线下降，终值为零。不难求得，一阶系统的单位脉冲响应随时间推移衰减到其初值 5% 所需的调节时间为

$$t_s = 3T \qquad \pm 5\%$$

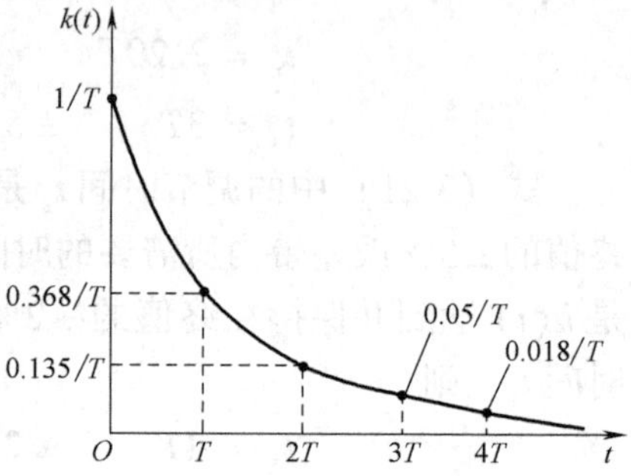


图 3-9

时间常数 $T$ 的大小反映了系统响应的快速性，$T$ 值越小，系统的响应速度越快。

**3. 单位斜坡响应**

对于图 3-7 所示的一阶系统，当输入信号为单位斜坡信号时，即

$$r(t) = t \cdot 1(t) \quad R(s) = \frac{1}{s^2}$$

系统输出的拉普拉斯变换

$$C(s) = \Phi(s)R(s) = \frac{1}{s^2(Ts+1)} = \frac{1}{s^2} - \frac{T}{s} + \frac{T^2}{Ts+1}$$

对 $C(s)$ 进行拉普拉斯反变换，得一阶系统的单位斜坡响应为

$$c(t) = t - T + Te^{-t/T} \quad t \geqslant 0 \tag{3-24}$$

在式（3-24）中，$c(t)$ 由稳态分量 $t-T$ 和瞬态分量 $Te^{-t/T}$ 两部分组成，随着时间的增长，瞬态分量逐渐衰减并趋于零。当 $t$ 趋于无穷大时，系统的稳态输出即为 $c(t)$ 的稳态分量，一阶系统的单位斜坡响应如图 3-10 所示。

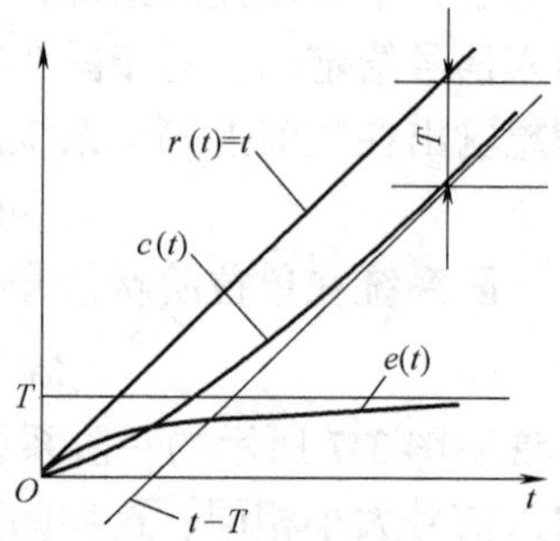


图 3-10

从图 3-10 可以看出，$c(t)$ 是一条从原点出发，按指数规律趋于 $t-T$ 的曲线，在时间 $t$ 无限增长时，输出信号 $c(t)$ 也是斜坡函数，其斜率与输入信号斜率相同，$c(t)$ 和 $r(t)$ 是两条高度不同的平行线，表明图 3-7 所示的一阶系统在跟踪单位斜坡形式的输入信号时，在系统进入稳态以后，$c(t)$ 和 $r(t)$ 的变化速度相同，但存在位置稳态误差。

系统误差为

$$e(t) = r(t) - c(t) = T(1 - e^{-t/T})$$

稳态误差为

$$e_{ss} = \lim_{t\to\infty} e(t) = \lim_{t\to\infty}[r(t) - c(t)] = T$$

说明图 3-7 所示的一阶系统在跟踪单位斜坡形式的输入信号时，存在稳态误差，通过减小时间常数 $T$，可以减小稳态误差，但不能最终消除它。

根据 $e(t)$ 绘制的误差曲线如图 3-10 所示，它是一条自零开始，随时间增长按指数规律趋于稳态误差（常值 $T$）的曲线。若以 $e(t)$ 从零开始，增长到其终值 95% 所需时间作为调

节时间，则

$$t_s = 3T \qquad \pm 5\%$$

可见，通过减小时间常数 $T$，既可以减小稳态误差，又可以加快系统响应速度。

**4. 单位加速度响应**

对于图 3-7 所示的一阶系统，当输入信号为单位加速度信号时，即

$$r(t) = \frac{1}{2}t^2 \cdot 1(t) \qquad R(s) = \frac{1}{s^3}$$

系统输出的拉普拉斯变换

$$C(s) = \Phi(s)R(s) = \frac{1}{s^3(Ts+1)} = \frac{1}{s^3} - \frac{T}{s^2} + \frac{T^2}{s} - \frac{T^3}{Ts+1}$$

对 $C(s)$ 进行拉普拉斯反变换，得一阶系统的单位加速度响应为

$$c(t) = \frac{1}{2}t^2 - Tt + T^2(1 - e^{-t/T}) \qquad t \geqslant 0 \tag{3-25}$$

系统误差为

$$e(t) = r(t) - c(t) = Tt - T^2(1 - e^{-t/T})$$

稳态误差为

$$e_{ss} = \lim_{t \to \infty} e(t) = \infty$$

由于稳态误差趋于无穷，系统输出在数值上将远远偏离输入信号，说明一阶系统不能跟踪加速度形式的输入信号。

**5. 四种响应的关系**

在图 3-11 中，$\Phi(s)$ 为任一线性定常系统的传递函数，$K(s)$ 为积分环节或微分环节，设初始条件为零，由于

$$C_1(s) = C_2(s) = K(s)\Phi(s)R(s)$$

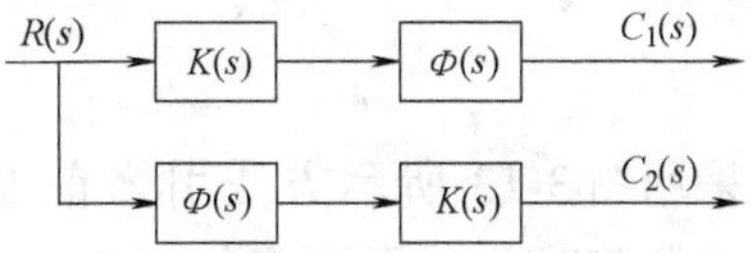


图 3-11

经过拉普拉斯反变换，得

$$c_1(t) = c_2(t)$$

注意到图 3-11 中，$c_1(t)$ 为输入信号 $r(t)$ 先进行积分（或微分）再作用于系统 $\Phi(s)$ 所产生的输出，而 $c_2(t)$ 为输入信号 $r(t)$ 先作用于系统 $\Phi(s)$ 产生输出再进行积分（或微分）的结果，于是可以得出如下一般结论：某输入信号的积分（或微分）作用于线性定常系统后的响应等于该输入信号作用于系统后的响应的积分（或微分）。

把以上结论应用于一阶系统，并注意到单位脉冲信号、单位阶跃信号、单位斜坡信号和单位加速度信号中相邻两信号之间为积分或微分的关系，有如下结论：一阶系统的单位加速度响应对时间 $t$ 的导数等于其单位斜坡响应，单位斜坡响应对时间 $t$ 的导数等于其单位阶跃响应，单位阶跃响应对时间 $t$ 的导数等于其单位脉冲响应。这个结论可由式（3-18）、式（3-23）、式（3-24）、式（3-25）进行验证。

**例 3-1**　一阶系统如图 3-12 所示，反馈系数 $\alpha = 0.1$，试求系统单位阶跃响应的调节时间 $t_s$。如果要求 $t_s = 0.1\text{s}$，试问系统的反馈系数应如何调整？

**解**　当反馈系数 $\alpha = 0.1$ 时，系统的闭环传递函数为

$$\Phi(s)=\frac{100/s}{1+0.1\times100/s}=\frac{10}{0.1s+1}$$

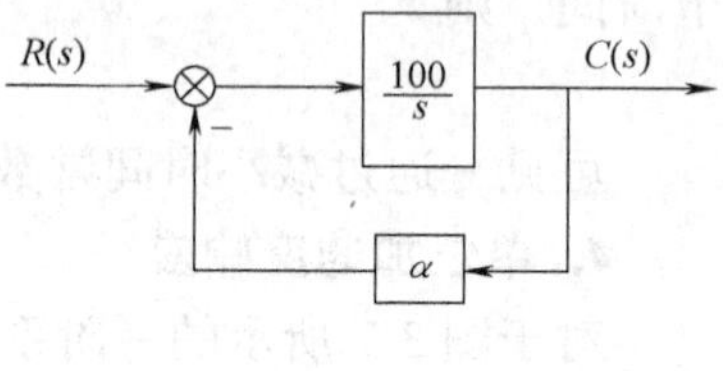


图 3-12

这是一个一阶系统，与式（3-17）相比，放大系数为10，注意到放大系数的变化使系统响应在数值上按比例地发生改变，因而系统的瞬态性能指标与式（3-17）所示系统是一致的。由于时间常数 $T$ 为0.1s，故调节时间

$$t_s=3T=0.3\text{s}$$

当反馈系数为 $\alpha$ 时，系统的闭环传递函数为

$$\Phi(s)=\frac{100/s}{1+\alpha\times100/s}=\frac{1/\alpha}{\frac{1}{100\alpha}s+1}$$

放大系数为 $\frac{1}{\alpha}$，时间常数 $T$ 为 $\frac{1}{100\alpha}$。若要求调节时间 $t_s=0.1\text{s}$，即

$$t_s=3T=\frac{3}{100\alpha}=0.1\text{s}$$

则

$$\alpha=0.3$$

可以看出，单纯加大反馈系数 $\alpha$，虽然影响了系统的放大倍数，但却可以减小时间常数 $T$，使系统的响应速度加快。

**例 3-2** 已知某元部件的传递函数为

$$G(s)=\frac{10}{0.2s+1}$$

采用图 3-13 所示方法引入前置放大器和负反馈，将调节时间减至原来的0.1，但总放大系数保持不变，试选择 $K_H$、$K_0$ 的值。

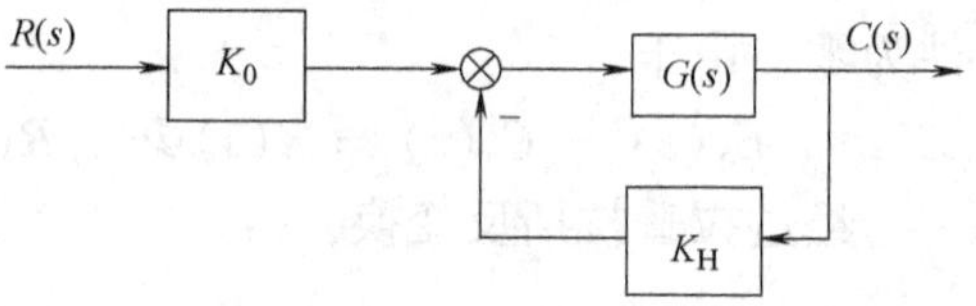


图 3-13

**解** 原系统的传递函数为

$$G(s)=\frac{10}{0.2s+1}$$

放大系数为10，时间常数 $T$ 为0.2s，引入前置放大器和负反馈后，系统的传递函数为

$$\Phi(s)=\frac{C(s)}{R(s)}=K_0\frac{G(s)}{1+G(s)K_H}$$

$$=\frac{10K_0/(0.2s+1)}{1+10K_H/(0.2s+1)}=\frac{\frac{10K_0}{1+10K_H}}{\frac{0.2}{1+10K_H}s+1}$$

这是一个一阶系统。若要求系统总放大系数保持为10不变，而将调节时间减至原来的0.1，即时间常数为原来的0.1，则

$$\begin{cases} \dfrac{10K_0}{1+10K_H} = 10 \\ \dfrac{0.2}{1+10K_H} = 0.1 \times 0.2 \end{cases}$$

得 $K_H = 0.9$、$K_0 = 10$。

可见采用负反馈加前置放大的办法，可以在保持系统总放大系数不变的情况下，减小时间常数 $T$，加快系统的响应速度。

## 3.3 二阶系统的时域分析

### 3.3.1 二阶系统的数学模型

用二阶微分方程描述的系统称为二阶系统，二阶系统的结构图如图 3-14 所示，其开环传递函数为

$$G(s) = \frac{\omega_n^2}{s(s+2\xi\omega_n)} \tag{3-26}$$

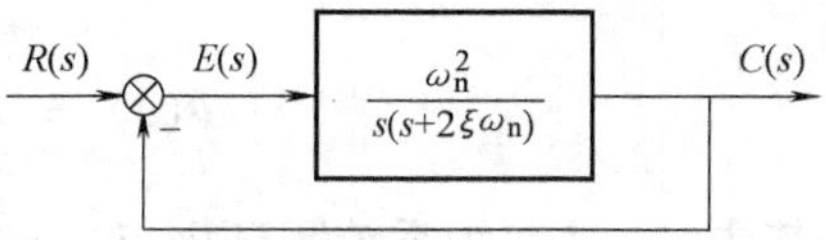


图 3-14

式中，$\xi$ 称为二阶系统阻尼比；$\omega_n$ 称为二阶系统自然振荡角频率或无阻尼振荡角频率，简称为自然振荡频率或无阻尼振荡频率。

式（3-26）也可写作

$$G(s) = \frac{K}{s(Ts+1)}$$

其中，$K = \omega_n/(2\xi)$ 称为开环增益，$T = 1/(2\xi\omega_n)$ 为时间常数。

二阶系统的闭环传递函数为

$$\Phi(s) = \frac{\omega_n^2}{s^2 + 2\xi\omega_n s + \omega_n^2} \tag{3-27}$$

由于系统不存在闭环零点，式（3-27）所示系统为无零点的二阶系统。显然，二阶系统的时间响应取决于 $\xi$ 和 $\omega_n$ 两个参数，令式（3-27）分母多项式为零，得二阶系统特征方程为

$$s^2 + 2\xi\omega_n s + \omega_n^2 = 0$$

系统的闭环极点即特征方程式的根为

$$s_{1,2} = -\xi\omega_n \pm \sqrt{\xi^2 - 1}\,\omega_n \tag{3-28}$$

二阶系统闭环极点分布与 $\xi$ 的关系如图 3-15 所示。若阻尼比 $\xi<0$，二阶系统的两个闭环极点为正实数或一对具有正实部的共轭复数，位于右半 $s$ 平面；若阻尼比 $\xi>0$，二阶系统的两个闭环极点为负实数或一对具有负实部的共轭复数，位于左半 $s$ 平面。

### 3.3.2 二阶系统的单位阶跃响应

对于图 3-14 所示的二阶系统，由式（3-27）表示的闭环传递函数可以写为

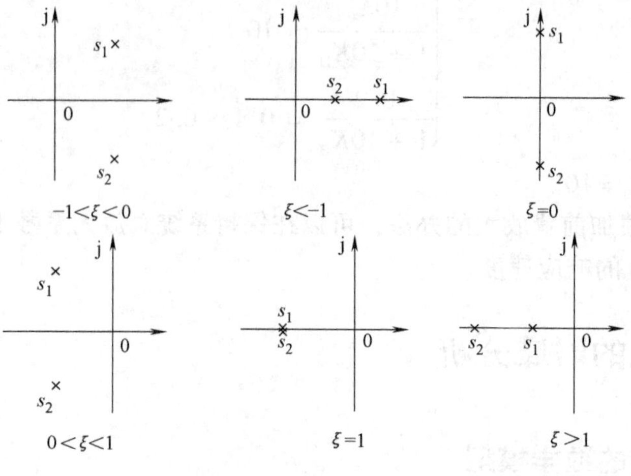


图 3-15

$$\Phi(s)=\frac{\omega_n^2}{s^2+2\xi\omega_n s+\omega_n^2}=\frac{s_1 s_2}{(s-s_1)(s-s_2)}$$

其中，$s_1$、$s_2$ 为系统闭环极点，如式（3-28）所示。

若输入信号为单位阶跃信号，即

$$r(t)=1(t)\qquad R(s)=\frac{1}{s}$$

则

$$C(s)=\Phi(s)R(s)=\frac{s_1 s_2}{s(s-s_1)(s-s_2)}=\frac{1}{s}+\frac{\frac{s_2}{s_1-s_2}}{s-s_1}+\frac{\frac{s_1}{s_2-s_1}}{s-s_2}$$

对 $C(s)$ 进行拉普拉斯反变换，得二阶系统单位阶跃响应的表达式为

$$h(t)=1+\frac{s_2}{s_1-s_2}e^{s_1 t}+\frac{s_1}{s_2-s_1}e^{s_2 t} \tag{3-29}$$

若 $\xi<-1$，二阶系统的两个闭环极点为正实数，把式（3-28）代入式（3-29），可以求得

$$h(t)=1+\frac{1}{2\sqrt{\xi^2-1}(\xi+\sqrt{\xi^2-1})}e^{-(\xi+\sqrt{\xi^2-1})\omega_n t}-\frac{1}{2\sqrt{\xi^2-1}(\xi-\sqrt{\xi^2-1})}e^{-(\xi-\sqrt{\xi^2-1})\omega_n t} \tag{3-30}$$

若 $-1<\xi<0$，二阶系统的两个闭环极点为一对具有正实部的共轭复数，把式（3-28）代入式（3-29），可以求得

$$h(t)=1-\frac{1}{\sqrt{1-\xi^2}}e^{-\xi\omega_n t}\sin\left(\omega_n\sqrt{1-\xi^2}t+\arctan\frac{\sqrt{1-\xi^2}}{\xi}\right) \tag{3-31}$$

由式（3-30）、式（3-31）可以看出，$h(t)$ 由稳态分量和瞬态分量组成。在 $\xi<0$ 的范围内，$h(t)$ 中瞬态分量的指数因子具有正幂指数，使系统的瞬态过程为单调发散或振荡发散，致使 $h(t)$ 无法趋向于稳态值，表明 $\xi<0$ 的二阶系统是不稳定的。$\xi<0$ 时二阶系统的闭环极

点分布及单位阶跃响应曲线如图 3-16 所示。

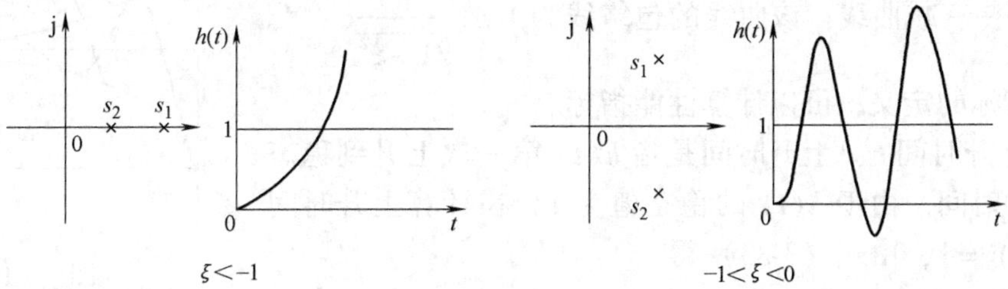


图　3-16

鉴于以上原因，用时域分析法讨论二阶系统的性能时，主要讨论 $\xi>0$ 的二阶系统，根据阻尼比 $\xi$ 的取值，可把系统分为欠阻尼（$0<\xi<1$）、临界阻尼（$\xi=1$）和过阻尼（$\xi>1$）三种情况。

**1. 欠阻尼情况**（$0<\xi<1$）

在欠阻尼情况下，二阶系统闭环极点为共轭复数

$$s_{1,2}=-\xi\omega_n\pm j\sqrt{1-\xi^2}\,\omega_n=\sigma\pm j\omega_d$$

其中

$$\sigma=-\xi\omega_n\qquad \omega_d=\sqrt{1-\xi^2}\,\omega_n$$

$\omega_d$ 称为阻尼振荡角频率，简称阻尼振荡频率。欠阻尼情况下二阶系统极点分布如图 3-17 所示，图中闭环极点 $s_1$、$s_2$ 的模值为 $\omega_n$，原点与 $s_1$ 的连线和负实轴之间的夹角 $\beta$ 称为阻尼角，其数值取决于阻尼比 $\xi$ 的大小。容易算得

$$\beta=\arccos\xi \tag{3-32}$$

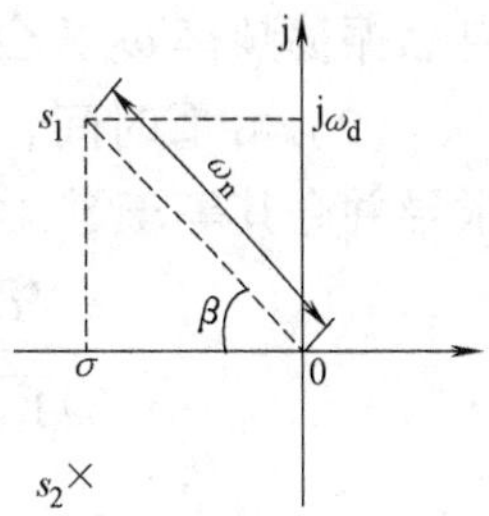


图　3-17

若输入信号为单位阶跃信号，即

$$r(t)=1(t)\qquad R(s)=\frac{1}{s}$$

则

$$\begin{aligned}C(s)&=\Phi(s)R(s)\\&=\frac{\omega_n^2}{s^2+2\xi\omega_n s+\omega_n^2}\cdot\frac{1}{s}=\frac{\omega_n^2}{(s+\xi\omega_n)^2+\omega_d^2}\cdot\frac{1}{s}\\&=\frac{1}{s}-\frac{s+\xi\omega_n}{(s+\xi\omega_n)^2+\omega_d^2}-\frac{\xi\omega_n}{(s+\xi\omega_n)^2+\omega_d^2}\end{aligned}$$

对 $C(s)$ 进行拉普拉斯反变换，得

$$h(t)=\mathscr{L}^{-1}[C(s)]=1-e^{-\xi\omega_n t}\cos\omega_d t-\frac{\xi\omega_n}{\omega_d}e^{-\xi\omega_n t}\sin\omega_d t$$

欠阻尼二阶系统单位阶跃响应为

$$h(t)=1-\frac{1}{\sqrt{1-\xi^2}}e^{-\xi\omega_n t}\sin(\omega_d t+\beta)\qquad 0<\xi<1 \tag{3-33}$$

$h(t)$ 的表达式中包含稳态分量和瞬态分量，稳态分量为 1，瞬态分量呈现振荡衰减特

性，$h(t)$ 曲线如图 3-18 所示。$h(t)$ 是一条从原点出发，趋向于稳态值的振荡衰减曲线，该曲线的包络线为 $1 \pm \frac{1}{\sqrt{1-\xi^2}}e^{-\xi\omega_n t}$。根据性能指标的定义，可以计算性能指标。

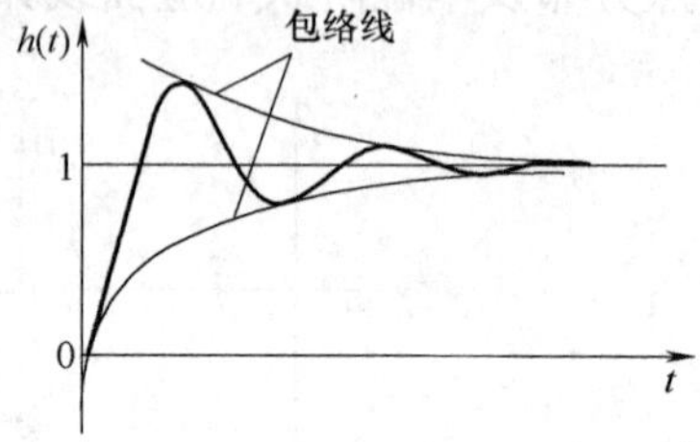


图　3-18

（1）上升时间 $t_r$　上升时间是指 $h(t)$ 第一次上升到稳态值所需要的时间。由于 $h(t)$ 的稳态值为 1，在计算上升时间时，令 $h(t)=1$，由式（3-33）得

$$1-\frac{1}{\sqrt{1-\xi^2}}e^{-\xi\omega_n t}\sin(\omega_d t+\beta)=1$$

$$\sin(\omega_d t+\beta)=0$$

$$\omega_d t+\beta=k\pi \qquad k=0,\pm1,\pm2,\cdots$$

$$t=\frac{k\pi-\beta}{\omega_d} \qquad k=0,\pm1,\pm2,\cdots$$

取

$$t_r=\frac{\pi-\beta}{\omega_d} \tag{3-34}$$

减小二阶系统的阻尼比 $\xi$，会增加阻尼角 $\beta$ 以及阻尼振荡频率 $\omega_d$，减小上升时间；增大自然振荡频率 $\omega_n$，会增大阻尼振荡频率 $\omega_d$，也将减小上升时间。

（2）峰值时间 $t_p$　峰值时间是指 $h(t)$ 上升到最大值所需要的时间。将式（3-33）对 $t$ 求导并令其等于零，得

$$\frac{\xi\omega_n}{\sqrt{1-\xi^2}}e^{-\xi\omega_n t}\sin(\omega_d t+\beta)-\frac{\omega_d}{\sqrt{1-\xi^2}}e^{-\xi\omega_n t}\cos(\omega_d t+\beta)=0$$

$$\xi\sin(\omega_d t+\beta)-\sqrt{1-\xi^2}\cos(\omega_d t+\beta)=0$$

$$\cos\beta\sin(\omega_d t+\beta)-\sin\beta\cos(\omega_d t+\beta)=0$$

$$\sin(\omega_d t)=0$$

$$\omega_d t=k\pi \qquad k=0,\ \pm1,\ \pm2,\ \cdots$$

取

$$t_p=\frac{\pi}{\omega_d} \tag{3-35}$$

增大自然振荡频率 $\omega_n$ 或减小阻尼比 $\xi$，会增大阻尼振荡频率 $\omega_d$，减小峰值时间。

（3）超调量 $\sigma\%$　把式（3-35）代入式（3-33），得

$$h(t_p)=1+e^{-\frac{\xi\pi}{\sqrt{1-\xi^2}}}$$

利用超调量计算公式（3-15），得

$$\sigma\%=e^{-\frac{\xi\pi}{\sqrt{1-\xi^2}}}\times100\% \tag{3-36}$$

超调量的大小取决于阻尼比 $\xi$ 的大小。阻尼比大，超调量小；阻尼比小，超调量大。故阻尼比 $\xi$ 的大小反映了系统振荡的剧烈程度。

（4）调节时间 $t_s$　准确计算调节时间是相当困难的，注意到 $h(t)$ 曲线的包络线为 $1\pm$

$\frac{1}{\sqrt{1-\xi^2}}e^{-\xi\omega_n t}$，由于实际响应的收敛速度总是比包络线的收敛速度要快，可以用包络线代替响应曲线进行估算，所得结果略保守。设误差带为 $\Delta$，包络线进入误差带的时间为 $t_s$，则

$$\frac{1}{\sqrt{1-\xi^2}}e^{-\xi\omega_n t_s}=\Delta$$

$$t_s=-\frac{1}{\xi\omega_n}\ln(\Delta\sqrt{1-\xi^2}) \tag{3-37}$$

在初步设计和分析控制系统时，若阻尼比 $0<\xi\leqslant 0.8$，对于 $\Delta=0.05$ 或 $\Delta=0.02$，常采用以下公式计算调节时间：

$$t_s=\frac{3.5}{\xi\omega_n}\qquad \pm 5\% \tag{3-38}$$

$$t_s=\frac{4.5}{\xi\omega_n}\qquad \pm 2\% \tag{3-39}$$

显然，调节时间的大小取决于闭环极点实部的数值。若闭环极点远离虚轴，则调节时间短；反之，闭环极点靠近虚轴，则调节时间长。

（5）稳态误差 $e_{ss}$　对于图3-14所示的二阶系统，在单位阶跃信号作用下，稳态误差

$$e_{ss}=\lim_{t\to\infty}e(t)=\lim_{t\to\infty}[r(t)-c(t)]=\lim_{t\to\infty}[r(t)-h(t)]=0$$

说明二阶系统在跟踪阶跃形式的输入信号时无稳态误差，系统为无静差系统。

在绘制 $h(t)$ 曲线时，应注意到 $\left.\frac{\mathrm{d}h(t)}{\mathrm{d}t}\right|_{t=0}=0$，即 $h(t)$ 曲线在 $t=0$ 处其切线是水平线。

由 $h(t)$ 的表达式和性能指标的计算公式可以得出以下结论：

1）超调量的大小只取决于阻尼比 $\xi$，阻尼比 $\xi$ 越大，系统的超调量越小，响应越平稳；阻尼比 $\xi$ 越小，系统的超调量越大，响应的平稳性越差。在图3-17中，系统闭环极点与原点的连线称为等阻尼线，由于等阻尼线与负实轴夹角 $\beta$ 反映了系统阻尼比的大小，只要闭环极点位于该等阻尼线上，系统的阻尼比都是相同的，超调量也是相同的。

由于 $\beta=\arccos\xi$，说明阻尼比 $\xi$ 越小，$\beta$ 越大，系统的超调量也越大。

当阻尼比 $\xi=0$ 时，系统为无阻尼二阶系统，特征方程

$$s^2+\omega_n^2=0$$

系统的闭环极点为位于虚轴上的纯虚根 $s_{1,2}=\pm j\omega_n$，如图3-15所示。

在式（3-33）中，令 $\xi=0$，得无阻尼二阶系统的单位阶跃响应为

$$h(t)=1-\cos\omega_n t \tag{3-40}$$

式（3-40）表明无阻尼二阶系统的单位阶跃响应呈频率为 $\omega_n$ 的等幅振荡，系统无法进入平衡工作状态，不能正常工作。二阶系统单位阶跃响应的通用曲线如图3-19所示。

另外，在 $\xi$ 一定时，$\omega_n$ 越大，系统的振

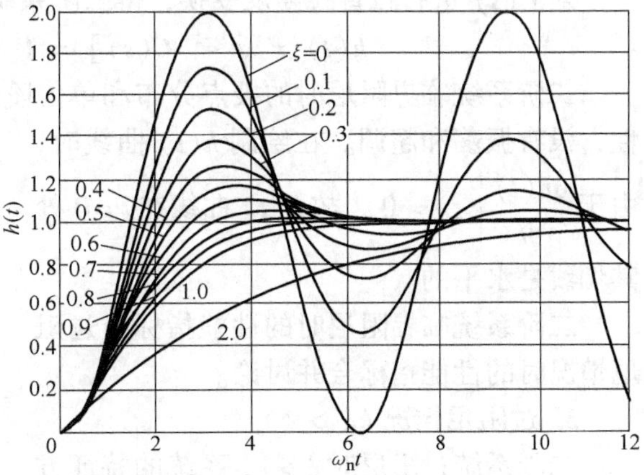


图　3-19

荡频率 $\omega_d$ 越大，响应的平稳性越差。

故 $\xi$ 大，$\omega_n$ 小，系统响应的平稳性好。

2）调节时间 $t_s$ 的计算公式为近似表达式。实际上若 $\xi$ 小，系统响应振荡剧烈，收敛速度慢，调节时间长；若 $\xi$ 过大，系统响应迟钝，调节时间也较长。由式（3-38）及式（3-39）知，调节时间与闭环极点实部的数值成反比，由于阻尼比主要根据对系统超调量的要求来确定，所以调节时间主要由自然振荡频率决定，加大自然振荡频率的数值，将会减小调节时间。

图 3-20 为 $\omega_n t_s$ 与 $\xi$ 的关系曲线，它是根据式（3-37）在 $\Delta=0.05$ 时作出的。从图 3-20 可以看出，当 $\xi=0.68$ 时，调节时间最小。为了减小调节时间，$\xi$ 应取适当的数值，常取 $\xi=0.4\sim0.8$。工程上把 $\xi=0.707$ 时的二阶系统称为最佳二阶系统，此时不仅调节时间小，超调量也不大，经准确计算，最佳二阶系统（$\xi=0.707$）的超调量和调节时间分别为

$$\sigma\% = 4.3\%,\ t_s = \frac{3}{\omega_n} \qquad \pm 5\% \tag{3-41}$$

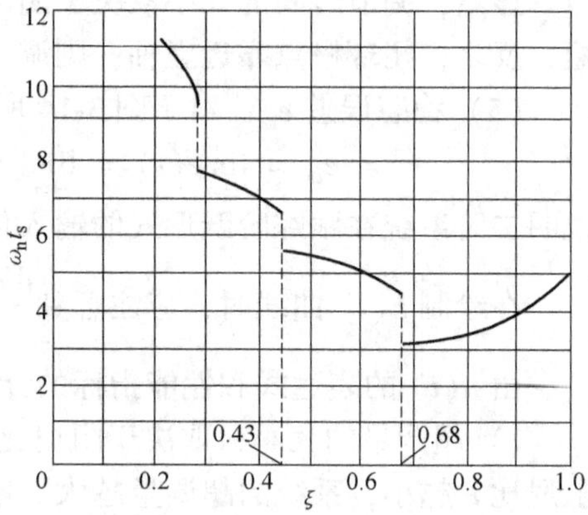

图 3-20

**2. 临界阻尼情况（$\xi=1$）**

二阶系统临界阻尼时 $\xi=1$，这时系统的特征方程为

$$s^2+2\omega_n s+\omega_n^2=0$$

闭环极点为重极点

$$s_{1,2}=-\omega_n$$

当输入信号为单位阶跃信号时，即

$$r(t)=1(t),\qquad R(s)=\frac{1}{s}$$

则

$$C(s)=\Phi(s)R(s)=\frac{{\omega_n}^2}{s^2+2\omega_n s+{\omega_n}^2}\frac{1}{s}$$

$$=\frac{{\omega_n}^2}{(s+\omega_n)^2}\frac{1}{s}$$

对 $C(s)$ 进行拉普拉斯反变换，得二阶系统临界阻尼时的单位阶跃响应为

$$h(t)=\mathscr{L}^{-1}[C(s)]=1-(1+\omega_n t)e^{-\omega_n t} \qquad \xi=1 \tag{3-42}$$

二阶系统临界阻尼时的极点分布和单位阶跃响应曲线如图 3-21 所示。响应呈现非周期性，没有振荡和超调。在绘制 $h(t)$ 曲线时，由于 $\left.\frac{dh(t)}{dt}\right|_{t=0}=0$，故 $h(t)$ 曲线在 $t=0$ 处其切线是水平的。

二阶系统临界阻尼时的性能指标与过阻尼情况时的性能指标合并讨论。

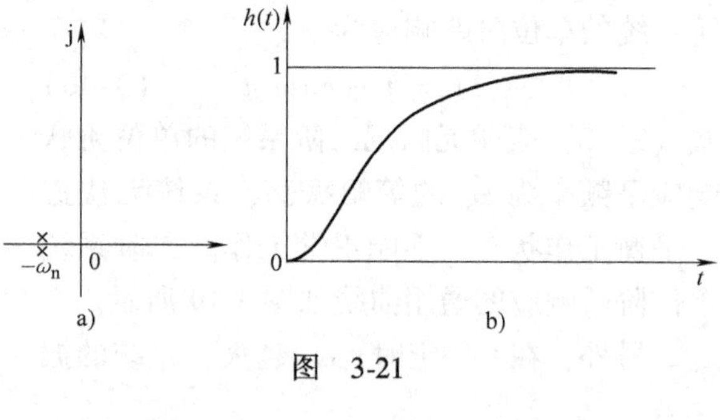

图 3-21

**3. 过阻尼情况（$\xi>1$）**

二阶系统过阻尼时 $\xi>1$，系统的特征方程

$$s^2+2\xi\omega_n s+\omega_n^2=0$$

闭环极点为两个负实数极点

$$s_{1,2}=-\xi\omega_n\pm\omega_n\sqrt{\xi^2-1}$$

若令

$$T_1=\frac{1}{\xi\omega_n-\omega_n\sqrt{\xi^2-1}},\quad T_2=\frac{1}{\xi\omega_n+\omega_n\sqrt{\xi^2-1}}\qquad T_1>T_2>0$$

则 $s_1=-\dfrac{1}{T_1}$，$s_2=-\dfrac{1}{T_2}$，且 $T_1T_2=\dfrac{1}{\omega_n^2}$。

闭环传递函数可写为

$$\Phi(s)=\frac{\omega_n^2}{s^2+2\xi\omega_n s+\omega_n^2}=\frac{s_1s_2}{(s-s_1)(s-s_2)}=\frac{1/(T_1T_2)}{(s+1/T_1)(s+1/T_2)}$$

当输入信号为单位阶跃信号时，即

$$r(t)=1(t)\qquad R(s)=\frac{1}{s}$$

则

$$C(s)=\Phi(s)R(s)=\frac{\omega_n^2}{s^2+2\xi\omega_n s+\omega_n^2}\frac{1}{s}=\frac{1/(T_1T_2)}{(s+1/T_1)(s+1/T_2)}\frac{1}{s}$$

对 $C(s)$ 进行拉普拉斯反变换，得二阶系统过阻尼时的单位阶跃响应为

$$h(t)=1+\frac{1}{T_2/T_1-1}e^{-t/T_1}+\frac{1}{T_1/T_2-1}e^{-t/T_2}\qquad \xi>1 \tag{3-43}$$

二阶系统过阻尼时的极点分布和单位阶跃响应曲线如图 3-22 所示。响应呈现非周期性，没有振荡和超调，该响应曲线不同于一阶系统的单位阶跃响应曲线，在绘制 $h(t)$ 曲线时，应注意到 $\left.\dfrac{dh(t)}{dt}\right|_{t=0}=0$，即 $h(t)$ 曲线在 $t=0$ 处其切线是水平的。

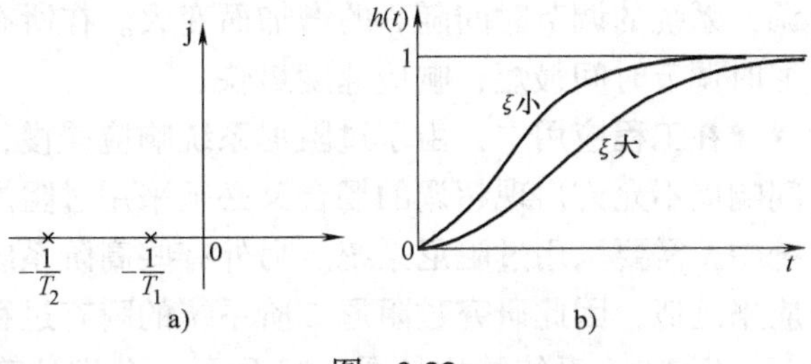


图 3-22

由于系统响应没有振荡和超调，二阶系统在临界阻尼、过阻尼情况下的性能指标着重于讨论调节时间，它反映了系统响应的快速性，确定 $t_s$ 的准确表达式是很困难的，一般可根据式（3-43）取相对变量 $t_s/T_1$ 及 $T_1/T_2$，作出过阻尼二阶系统的调节时间特性曲线，如图 3-23 所示。

从图 3-23 可以看出，系统在临界阻尼情况下，调节时间为

$$t_s=4.75T_1 \tag{3-44}$$

由于当 $\xi=1$ 时，有 $T_1=T_2=1/\omega_n$，故临界阻尼情况下，式（3-44）可写为

$$t_s=4.75/\omega_n \tag{3-45}$$

当 $\xi>1$ 时，根据 $T_1$ 和 $T_2$ 的数值在图 3-23 中可以查出相应的调节时间，例如当 $T_1=4T_2$（$\xi=1.25$）时，调节时间 $t_s\approx3.3T_1$；而在 $T_1>4T_2$（$\xi>1.25$）时，由于系统的一个负实根

比另一个大4倍以上，在式（3-43）中，对应于绝对值较大的负实根的瞬态分量衰减很快，系统可以等效为一阶系统，其调节时间估算为 $t_s=3T_1$（误差不大于10%）。

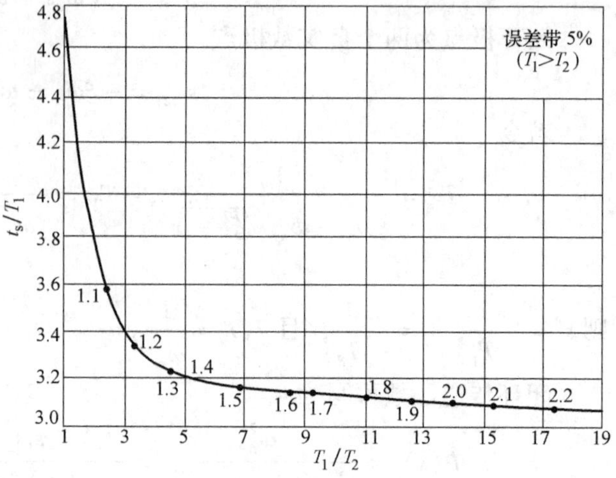


图 3-23

实际应用时，调节时间既可以根据过阻尼二阶系统的阻尼比 $\xi$ 和自然振荡频率 $\omega_n$ 计算出 $T_1$、$T_2$ 后，利用图3-23曲线进行估算，也可以由以下近似公式进行估算：

$$t_s=\frac{1}{\omega_n}(6.45\xi-1.7)\qquad \xi\geqslant 0.7 \tag{3-46}$$

至于延迟时间和上升时间，可采用如下近似公式估算：

$$t_d=\frac{1}{\omega_n}(1+0.6\xi+0.2\xi^2)\qquad \xi\geqslant 1 \tag{3-47}$$

$$t_r=\frac{1}{\omega_n}(1+1.5\xi+\xi^2)\qquad \xi\geqslant 1 \tag{3-48}$$

二阶系统在单位阶跃信号作用下，其响应的稳态值为1，与输入信号相等，故稳态误差为0，说明二阶系统跟踪单位阶跃输入信号时，无稳态误差，系统为无静差系统。

需要说明的是，对于临界阻尼和过阻尼的二阶系统，其单位阶跃响应都没有振荡和超调，系统的调节时间随 $\xi$ 的增加而变大。在所有单位阶跃响应无超调的二阶系统中，临界阻尼时调节时间最短，响应速度最快。

在工程应用中，由于过阻尼系统响应缓慢，通常不希望采用过阻尼系统。但是在有些时间响应不允许出现超调的场合又必须采用过阻尼系统，例如在低增益、大惯性的温度控制系统中，需要采用过阻尼系统。另外有些高阶系统的时间响应可以用过阻尼二阶系统的时间响应来近似，因此研究过阻尼二阶系统的瞬态过程，有较大的工程意义。

**例3-3** 系统结构如图3-24所示，分别计算开环增益 $K=1$、2、5、10时，系统的超调量和调节时间。

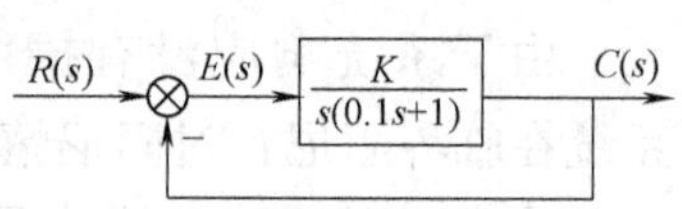


图 3-24

**解** 该系统为二阶系统，开环增益 $K=1$ 时，系统的闭环传递函数为

$$\Phi(s)=\frac{10}{s^2+10s+10}$$

将上述 $\Phi(s)$ 的分母多项式与 $s^2+2\xi\omega_n s+\omega_n^2$ 相比较，得 $\xi=1.58$、$\omega_n=3.16$，系统为过阻尼情况，不存在超调，$t_s=\frac{1}{\omega_n}(6.45\xi-1.7)=2.69\text{s}$。

开环增益 $K=2$ 时，系统的闭环传递函数为

$$\Phi(s) = \frac{20}{s^2 + 10s + 20}$$

$\xi = 1.12$、$\omega_n = 4.47$，系统为过阻尼情况，不存在超调，$t_s = \frac{1}{\omega_n}(6.45\xi - 1.7) = 1.24s$。

开环增益 $K = 5$ 时，系统的闭环传递函数为

$$\Phi(s) = \frac{50}{s^2 + 10s + 50}$$

$\xi = 0.707$、$\omega_n = 7.07$，此时的系统为最佳二阶系统，$\sigma\% = 4.3\%$，$t_s = \frac{3}{\omega_n} = 0.42s$。

开环增益 $K = 10$ 时，系统的闭环传递函数为

$$\Phi(s) = \frac{100}{s^2 + 10s + 100}$$

$\xi = 0.5$、$\omega_n = 10$，系统为欠阻尼情况，$\sigma\% = e^{-\frac{\xi\pi}{\sqrt{1-\xi^2}}} \times 100\% = 16.3\%$，$t_s = \frac{3.5}{\xi\omega_n} = 0.7s$。

本例说明，随着开环增益 $K$ 的增加，系统的阻尼比将逐渐减小。在过阻尼情况下，$K$ 的增加会使调节时间减小，加快系统响应速度；在欠阻尼情况下，$K$ 的增加会使系统阻尼比减小，超调量增加，使系统响应的平稳性变差。

**例 3-4** 系统结构如图 3-24 所示，要求单位阶跃响应无超调，调节时间不大于 1s，求开环增益 $K$。

**解** 该系统为二阶系统，开环传递函数为

$$G(s) = \frac{K}{s(0.1s + 1)}$$

与二阶系统的开环传递函数

$$G(s) = \frac{\omega_n^2}{s(s + 2\xi\omega_n)} = \frac{\frac{\omega_n}{2\xi}}{s(\frac{1}{2\xi\omega_n}s + 1)}$$

相比较，得

$$K = \frac{\omega_n}{2\xi}, \qquad T = 0.1 = \frac{1}{2\xi\omega_n}$$

由于要求单位阶跃响应无超调，为尽量减小调节时间，应选择 $\xi = 1$，故

$$\omega_n = 5, K = 2.5$$

由式（3-45），调节时间 $t_s = 4.75/\omega_n = 0.95s$。

**例 3-5** 设二阶系统的单位阶跃响应曲线如图 3-25 所示，试确定系统的传递函数。

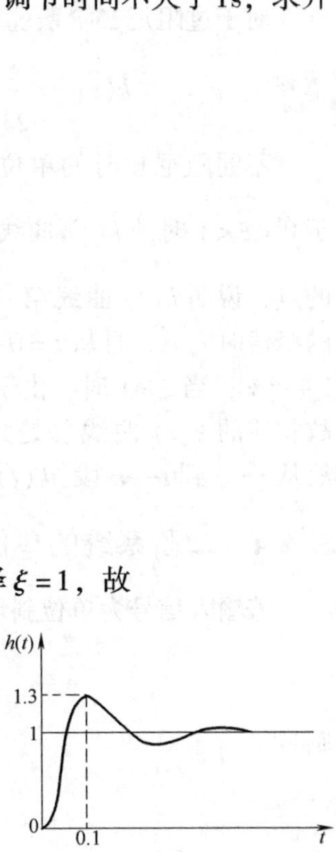

图 3-25

**解** 根据题意 $\sigma\% = 30\%$，$t_p = 0.1s$。即

$$\sigma\% = e^{-\frac{\xi\pi}{\sqrt{1-\xi^2}}} \times 100\% = 30\%$$

得

$$\xi = 0.361$$

由 $t_p = \dfrac{\pi}{\omega_d} = 0.1\text{s}$，得

$$\omega_d = 34.1\text{s}^{-1}, \qquad \omega_n = 36.6\text{s}^{-1}$$

系统的闭环传递函数为

$$\Phi(s) = \frac{\omega_n^2}{s^2 + 2\xi\omega_n s + \omega_n^2} = \frac{1340}{s^2 + 26.4s + 1340}$$

### 3.3.3 二阶系统的单位脉冲响应

由于单位脉冲响应 $k(t)$ 是单位阶跃响应 $h(t)$ 对时间 $t$ 的导数，对不同阻尼比下的单位阶跃响应表达式求导，可以得到二阶系统的单位脉冲响应。

对于欠阻尼二阶系统（$0<\xi<1$），由式（3-33）对 $t$ 求导，得系统单位脉冲响应为

$$k(t) = \frac{\omega_n}{\sqrt{1-\xi^2}}e^{-\xi\omega_n t}\sin(\sqrt{1-\xi^2}\omega_n t) \qquad 0<\xi<1 \tag{3-49}$$

对于临界阻尼二阶系统（$\xi=1$），由式（3-42）对 $t$ 求导，得系统单位脉冲响应为

$$k(t) = \omega_n^2 t e^{-\omega_n t} \qquad \xi = 1 \tag{3-50}$$

对于过阻尼二阶系统（$\xi>1$），由式（3-43）对 $t$ 求导，得系统单位脉冲响应为

$$k(t) = \frac{\omega_n}{2\sqrt{\xi^2-1}}e^{-(\xi-\sqrt{\xi^2-1})\omega_n t} - \frac{\omega_n}{2\sqrt{\xi^2-1}}e^{-(\xi+\sqrt{\xi^2-1})\omega_n t} \qquad \xi>1 \tag{3-51}$$

不同阻尼比时的单位脉冲响应曲线如图 3-26 所示。对于 $0<\xi<1$ 时的 $k(t)$ 曲线，$k(t)=0$ 的点对应于 $\dfrac{dh(t)}{dt}=0$ 的点，说明 $k(t)$ 曲线第一次过零的时刻必是单位阶跃响应的峰值时间 $t_p$，且从 $t=0$ 到 $t=t_p$ 段，$k(t)$ 曲线下的面积为 $1+\sigma\%$；当 $\xi\geq1$ 时，由于单位阶跃响应曲线是单调上升的，故相应的 $k(t)$ 曲线总是为正。考虑到 $h(t)$ 的稳态值为 1，故从 $t=0$ 到 $t\to\infty$ 段，$k(t)$ 曲线下的面积为 1。

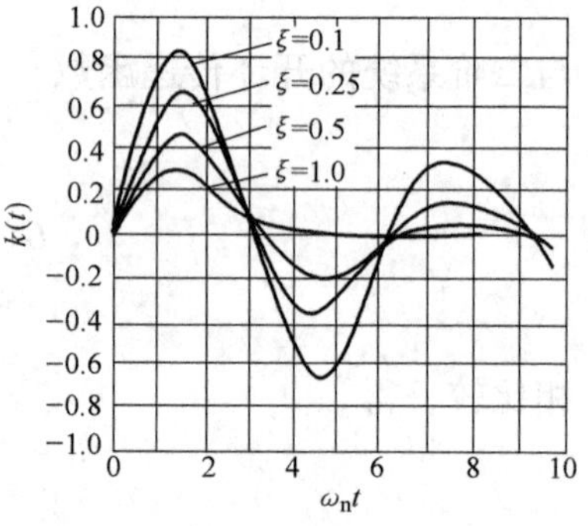

图 3-26

### 3.3.4 二阶系统的单位斜坡响应

若输入信号为单位斜坡信号，即

$$r(t) = t, \qquad R(s) = \frac{1}{s^2}$$

则

$$C(s) = \Phi(s)R(s) = \frac{s_1 s_2}{s^2(s-s_1)(s-s_2)}$$

$$= \frac{1}{s^2} + \frac{\frac{s_1+s_2}{s_1s_2}}{s} + \frac{\frac{s_2}{s_1(s_1-s_2)}}{s-s_1} + \frac{\frac{s_1}{s_2(s_2-s_1)}}{s-s_2} \quad s_1 \neq s_2$$

对 $C(s)$ 进行拉普拉斯反变换，得二阶系统单位斜坡响应的表达式为

$$c(t) = t + \frac{s_1+s_2}{s_1s_2} + \frac{s_2}{s_1(s_1-s_2)}e^{s_1t} + \frac{s_1}{s_2(s_2-s_1)}e^{s_2t} \quad s_1 \neq s_2 \tag{3-52}$$

**1. 欠阻尼二阶系统（$0<\xi<1$）的单位斜坡响应**

对于欠阻尼二阶系统（$0<\xi<1$），把 $s_{1,2}=-\xi\omega_n \pm j\sqrt{1-\xi^2}\omega_n$ 代入式（3-52），得系统单位斜坡响应为

$$c(t) = t - \frac{2\xi}{\omega_n} + \frac{1}{\omega_n\sqrt{1-\xi^2}}e^{-\xi\omega_n t}\sin(\omega_d t + 2\beta) \quad 0<\xi<1 \tag{3-53}$$

式（3-53）表明，欠阻尼二阶系统的单位斜坡响应由稳态分量 $c_{ss}(t)=t-\frac{2\xi}{\omega_n}$ 和瞬态分量 $c_{tt}(t)=\frac{1}{\omega_n\sqrt{1-\xi^2}}e^{-\xi\omega_n t}\sin(\omega_d t+2\beta)$ 组成，其瞬态分量为衰减振荡形式，误差响应为

$$e(t) = r(t) - c(t) = \frac{2\xi}{\omega_n} - \frac{1}{\omega_n\sqrt{1-\xi^2}}e^{-\xi\omega_n t}\sin(\omega_d t + 2\beta) \quad 0<\xi<1 \tag{3-54}$$

稳态误差为

$$e_{ss} = \lim_{t\to\infty} e(t) = \frac{2\xi}{\omega_n} \quad 0<\xi<1 \tag{3-55}$$

不同阻尼比时的单位斜坡响应曲线及其误差曲线如图3-27 所示。式（3-54）对 $t$ 求导并令其为零，得误差响应的峰值时间为

$$t_p = \frac{\pi-\beta}{\omega_d} \tag{3-56}$$

它正好等于单位阶跃响应的上升时间，将式（3-56）代入式（3-54），得误差响应的峰值为

$$e(t_p) = \frac{2\xi}{\omega_n}\left(1+\frac{1}{2\xi}e^{-\xi\omega_n t_p}\right)$$

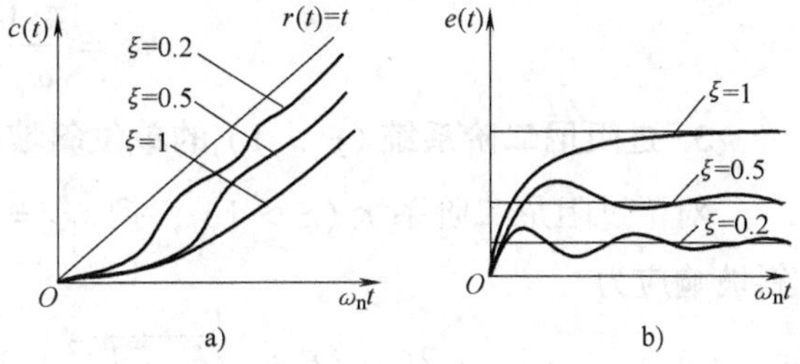

图　3-27

误差响应的最大偏离量为

$$e_m = e(t_p) - e_{ss} = \frac{1}{\omega_n}e^{-\xi\omega_n t_p} \tag{3-57}$$

根据式（3-54），可以得到误差曲线的包络线为 $\frac{2\xi}{\omega_n} \pm \frac{1}{\omega_n\sqrt{1-\xi^2}}e^{-\xi\omega_n t}$，在计算调节时间时，可以用包络线进入 $e_{ss}=\frac{2\xi}{\omega_n}$ 的误差带所需时间作为调节时间的近似表达式

$$t_s = \frac{3}{\xi\omega_n} \quad \pm 5\% \tag{3-58}$$

稳态误差、峰值时间、最大偏离量和调节时间，反映了欠阻尼二阶系统单位斜坡响应性能。减小系统的阻尼比，可以减小系统的稳态误差和峰值时间，但是最大偏离量和调节时间会加大，从而使瞬态性能恶化。

**2. 临界阻尼二阶系统（$\xi=1$）的单位斜坡响应**

对于临界阻尼二阶系统（$\xi=1$），若输入信号为单位斜坡信号，即

$$r(t)=t,\qquad R(s)=\frac{1}{s^2}$$

则

$$C(s)=\Phi(s)R(s)=\frac{\omega_n^{\ 2}}{s^2(s+\omega_n)^2}$$

对 $C(s)$ 进行拉普拉斯反变换，得临界阻尼二阶系统的单位斜坡响应为

$$c(t)=t-\frac{2}{\omega_n}+\frac{2}{\omega_n}\left(1+\frac{1}{2}\omega_n t\right)e^{-\omega_n t} \tag{3-59}$$

误差响应为

$$e(t)=r(t)-c(t)=\frac{2}{\omega_n}\left[1-\left(1+\frac{1}{2}\omega_n t\right)e^{-\omega_n t}\right] \tag{3-60}$$

临界阻尼二阶系统的单位斜坡响应 $c(t)$ 及误差响应 $e(t)$ 曲线如图 3-27 所示。由式（3-60）可以求得系统的稳态误差为

$$e_{ss}=\frac{2}{\omega_n} \tag{3-61}$$

若取 5% 误差带，利用数值解法求得误差响应的调节时间近似为

$$t_s=\frac{4.1}{\omega_n}\qquad \pm 5\% \tag{3-62}$$

**3. 过阻尼二阶系统（$\xi>1$）的单位斜坡响应**

对于过阻尼二阶系统（$\xi>1$），把 $s_{1,2}=-\xi\omega_n\pm\sqrt{\xi^2-1}\omega_n$ 代入式（3-52），得系统单位斜坡响应为

$$c(t)=t-\frac{2\xi}{\omega_n}+\frac{(\xi+\sqrt{\xi^2-1})^2}{2\omega_n\sqrt{\xi^2-1}}e^{-(\xi-\sqrt{\xi^2-1})\omega_n t}-\frac{(\xi-\sqrt{\xi^2-1})^2}{2\omega_n\sqrt{\xi^2-1}}e^{-(\xi+\sqrt{\xi^2-1})\omega_n t} \tag{3-63}$$

误差响应为

$$e(t)=r(t)-c(t)=\frac{2\xi}{\omega_n}-\frac{(\xi+\sqrt{\xi^2-1})^2}{2\omega_n\sqrt{\xi^2-1}}e^{-(\xi-\sqrt{\xi^2-1})\omega_n t}+\frac{(\xi-\sqrt{\xi^2-1})^2}{2\omega_n\sqrt{\xi^2-1}}e^{-(\xi+\sqrt{\xi^2-1})\omega_n t} \tag{3-64}$$

显然，稳态误差为

$$e_{ss}=\frac{2\xi}{\omega_n} \tag{3-65}$$

一般来说，在单位斜坡信号作用下，过阻尼二阶系统的瞬态性能指标只能用计算机求得。

### 3.3.5　二阶系统瞬态性能的改善

图 3-28 为二阶系统的结构图和单位阶跃响应曲线以及误差曲线，图中假定系统是欠阻尼的。欠阻尼二阶系统，在单位阶跃信号作用下其输出将产生超调。下面来定性分析一下系统的瞬态过程，找出产生超调的原因，进而设法减小超调。首先在 $[0,t_1]$ 时间内，由于 $e(t)$ 为正，系统输出 $c(t)$ 增加，这种增加一方面使输出接近希望值，另一方面有可能使系统出现超调，要减小超调，在 $[0,t_1]$ 时间内 $e(t)$ 不能过大，若给 $e(t)$ 加入一个附加的负信号，则有利于减小超调；在 $[t_1,t_2]$ 时间内，系统出现超调，此时 $e(t)$ 为负，有利于减弱 $c(t)$ 增加的趋势，若在 $[t_1,t_2]$ 时间内，给 $e(t)$ 加入一个附加的负信号，则有利于减小超调；在 $[t_2,t_3]$ 时间内，$c(t)$ 已经过最大值出现下降趋势，此时 $e(t)$ 为负，有利于 $c(t)$ 的下降，同时有可能使 $c(t)$ 出现反向超调，在此时间段内，给 $e(t)$ 加入一个附加的正信号，则有利于减小反向超调；在 $[t_3,t_4]$ 时间内，$c(t)$ 出现反向超调，此时 $e(t)$ 为正，有利于减小 $c(t)$ 的反向超调，在此时间段内，给 $e(t)$ 加入一个附加的正信号，有利于进一步减小反向超调。

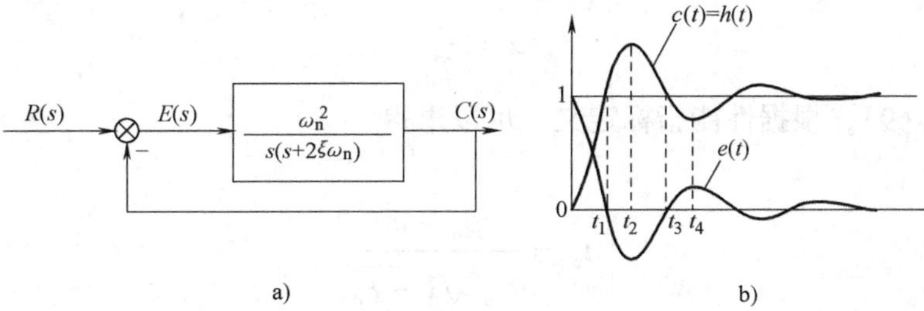


图　3-28

通过以上分析可知，要减小系统的超调量，可以给 $e(t)$ 加入一个附加信号，其极性要求为：$[0,t_1]$："－"、$[t_1,t_2]$："－"、$[t_2,t_3]$："＋"、$[t_3,t_4]$："＋"。经分析，$e(t)$ 的导数或 $-c(t)$ 的导数的极性符合要求，在原控制系统的基础上，引入这两种附加信号，即采用比例－微分控制或测速负反馈控制，可达到减小系统超调量的目的。

**1. 比例－微分控制**

比例－微分控制是通过引入误差信号的导数作为附加控制信号，来减小系统的超调量，如图 3-29 所示，图中通过调整 $T_d$ 的大小，可以改变附加信号的强弱。采用比例－微分控制时系统的开环传递函数为

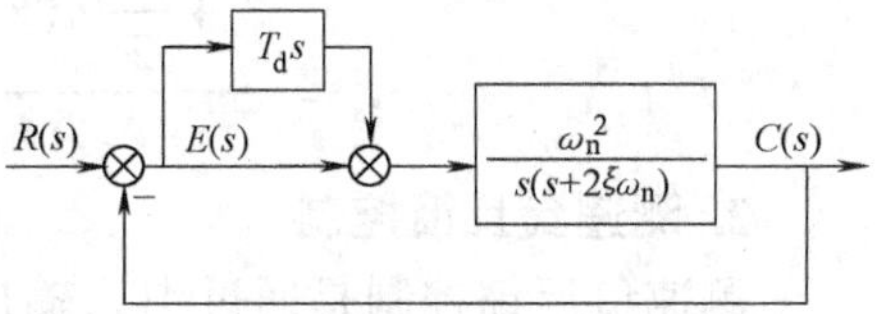


图　3-29

$$G(s) = \frac{\omega_n^2(T_d s + 1)}{s(s + 2\xi\omega_n)} \tag{3-66}$$

闭环传递函数为

$$\Phi(s) = \frac{G(s)}{1 + G(s)} = \frac{\omega_n^2(T_d s + 1)}{s^2 + 2(\xi + \frac{1}{2}T_d\omega_n)\omega_n s + \omega_n^2} \tag{3-67}$$

系统的阻尼比为

$$\xi_d = \xi + \frac{1}{2}T_d\omega_n \tag{3-68}$$

可见，对于阻尼比为 $\xi$ 的欠阻尼二阶系统，采用比例 – 微分控制时其阻尼比增加为 $\xi_d$，从而使系统超调量下降，调节时间缩短。需要注意的是，采用比例 – 微分控制后，系统为有零点的二阶系统，前述无零点二阶系统性能指标的计算公式不再适用。

对于采用比例 – 微分控制的二阶系统，当输入信号为单位阶跃信号时，有

$$C(s) = \Phi(s)R(s) = \frac{\omega_n^2(T_d s + 1)}{s^2 + 2(\xi + \frac{1}{2}T_d\omega_n)\omega_n s + \omega_n^2}\frac{1}{s}$$

对 $C(s)$ 进行拉普拉斯反变换，并假定 $\xi_d \leqslant 1$，得

$$h(t) = 1 + re^{-\xi_d\omega_n t}\sin(\omega_n\sqrt{1-\xi_d^2}\,t + \varphi) \tag{3-69}$$

其中

$$r = \sqrt{z^2 - 2\xi_d\omega_n + \omega_n^2}/(z\sqrt{1-\xi_d^2})$$

$$\varphi = -\pi + \arctan[\omega_n\sqrt{1-\xi_d^2}/(z - \xi_d\omega_n)] + \arctan(\sqrt{1-\xi_d^2}/\xi_d)$$

$$z = \frac{1}{T_d}$$

利用式（3-69），根据性能指标定义，可以求得

峰值时间

$$t_p = \frac{\beta_d - \varphi}{\omega_n\sqrt{1-\xi_d^2}} \tag{3-70}$$

其中 $\beta_d = \arctan\dfrac{\sqrt{1-\xi_d^2}}{\xi_d}$

超调量

$$\sigma\% = r\sqrt{1-\xi_d^2}\,e^{-\xi_d\omega_n t_p} \times 100\% \tag{3-71}$$

调节时间

$$t_s = \frac{3 + \frac{1}{2}\ln(z^2 - 2\xi_d\omega_n + \omega_n^2) - \ln z - \frac{1}{2}\ln(1 - \xi_d^2)}{\xi_d\omega_n} \tag{3-72}$$

**2. 测速负反馈控制**

测速负反馈控制是通过引入输出量的导数作为附加控制信号，来减小系统的超调量，如图 3-30 所示，图中通过调整 $K_t$ 的大小，可以改变附加信号的强弱，采用测速负反馈控制时系统的开环传递函数为

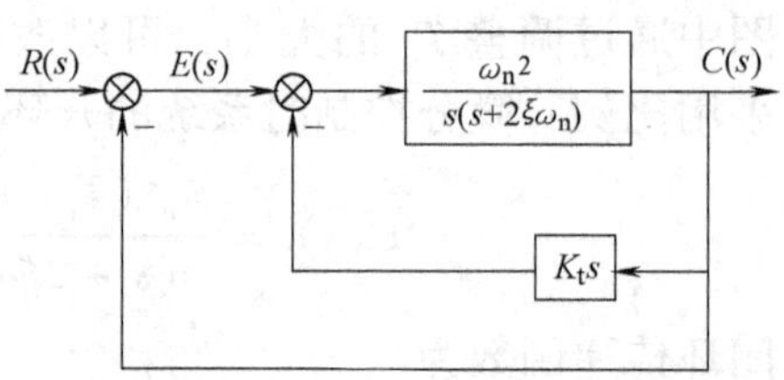

图 3-30

$$G(s) = \frac{\dfrac{\omega_n^2}{s(s+2\xi\omega_n)}}{1 + K_t s\dfrac{\omega_n^2}{s(s+2\xi\omega_n)}}$$

或写为

$$G(s) = \frac{\omega_n}{2\xi + K_t\omega_n} \frac{1}{s\left[\frac{1}{2\xi\omega_n + K_t\omega_n^2}s + 1\right]} \tag{3-73}$$

闭环传递函数为

$$\Phi(s) = \frac{G(s)}{1 + G(s)} = \frac{\omega_n^2}{s^2 + 2(\xi + \frac{1}{2}K_t\omega_n)\omega_n s + \omega_n^2} \tag{3-74}$$

引入测速负反馈控制后，系统的阻尼比为

$$\xi_t = \xi + \frac{1}{2}K_t\omega_n \tag{3-75}$$

可见，测速负反馈控制增大了系统的阻尼比，从而有利于减小系统的超调量。采用测速负反馈控制后，由于闭环传递函数没有零点，性能指标的计算可采用前述无零点二阶系统性能指标的计算公式。

**3. 比例－微分控制与测速负反馈控制的比较**

对于理想的线性控制系统，在比例－微分控制和测速负反馈控制方法中，可以任取一种来改善系统性能。然而，实际控制系统有许多必须考虑的因素，例如系统的具体组成、作用在系统上噪声的大小及频率、系统的线性范围和饱和程度等。下面仅讨论几种主要差别：

（1）附加阻尼来源　比例－微分控制的附加阻尼来源于系统误差信号的变化速度，而测速负反馈控制的附加阻尼作用来源于系统输出的变化速度。

（2）使用环境　比例－微分控制对噪声具有明显的放大作用，当系统输入端噪声严重时，一般不宜选用比例－微分控制；同时微分器的输入信号为系统的误差信号，其能量水平低，需要相当大的放大作用，为了不明显恶化信噪比，要求选用高质量的放大器。用测速发电机作为测速元件构成测速负反馈控制时，对系统噪声有滤波作用，同时测速发电机的输入信号能量水平较高，不需要对信号进行放大，使用场合比较广泛。

（3）对开环增益和自然振荡频率的影响　由式（3-66）、式（3-67）以及式（3-73）、式（3-74）可以看出，比例－微分控制对系统的开环增益和自然振荡频率均无影响，测速负反馈虽不影响自然振荡频率，但会降低开环增益。

（4）对瞬态性能的影响　比例－微分控制相当于在系统中加入实零点，可以减小上升时间。在相同阻尼比的情况下，比例－微分控制系统的输出与测速负反馈控制系统的输出相比，多了一个与测速负反馈控制系统的输出量导数成比例的项，因此，一般认为比例－微分控制系统的超调量会略大于测速负反馈控制系统的超调量。

（5）对稳态误差的影响　对于阶跃形式的输入信号，系统进入稳态后，由于稳态输出为常值，无论是比例－微分控制系统还是测速负反馈控制系统，附加控制信号均为0，相当于附加控制环节开路，因此对于阶跃形式的输入信号，比例－微分控制系统和测速负反馈控制系统对系统稳态误差没有影响。对于斜坡形式的输入信号，无论是比例－微分控制系统还是测速负反馈控制系统，进入稳态后系统的输出必为斜坡函数，且斜率与输入信号斜率相同，系统的稳态误差为一个常数。由于稳态误差为常数，因而在比例－微分控制系统中，附加控制信号仍为0，相当于附加控制环节开路，说明比例－微分控制不影响常值稳态误差，即在斜坡信号作用下，比例-微分控制系统的稳态误差与原系统相同。而测速负反馈控制却会加大系统在斜坡信号作用下的稳态误差。这是因为在测速负反馈控制系统中，当系统进入稳态后，一方面由于稳态输出为斜坡函数，导致附加控制信号为非零常数，另一方面对于位于前向通道中的环节 $\frac{\omega_n^2}{s(s+2\xi\omega_n)}$ 来说，稳态时其输入信号的大小应与稳态输出的斜率相适应，由于附加了测速反馈后，系统稳态输出斜率不变，故环节 $\frac{\omega_n^2}{s(s+2\xi\omega_n)}$ 的输入信号也应保持不变，推知系统的稳态误差必然增加。

### 3.3.6 非零初始条件下二阶系统的响应

前面讨论了初始条件为零时，二阶系统在单位阶跃信号、单位脉冲信号以及单位斜坡信号作用下的响应。由于在定义线性定常系统的传递函数时，要求系统初始条件为零，故利用 $c(t)=\mathscr{L}^{-1}[C(s)]=\mathscr{L}^{-1}[\Phi(s)R(s)]$ 只能计算系统的零状态响应。若系统初始条件不为零，应当用微分方程来描述系统，通过求解微分方程来计算系统的响应。

设二阶系统的闭环传递函数为

$$\Phi(s)=\frac{C(s)}{R(s)}=\frac{\omega_n^2}{s^2+2\xi\omega_n s+\omega_n^2}$$

相应的微分方程为

$$\ddot{c}(t)+2\xi\omega_n\dot{c}(t)+\omega_n^2c(t)=\omega_n^2r(t)$$

对上式取拉普拉斯变换，并考虑初始条件，得

$$C(s)=\frac{\omega_n^2}{s^2+2\xi\omega_n s+\omega_n^2}R(s)+\frac{c(0)(s+2\xi\omega_n)+\dot{c}(0)}{s^2+2\xi\omega_n s+\omega_n^2}$$

对 $C(s)$ 进行拉普拉斯反变换，得

$$c(t)=c_1(t)+c_2(t)$$

其中零状态响应分量 $c_1(t)=\mathscr{L}^{-1}\left[\frac{\omega_n^2}{s^2+2\xi\omega_n s+\omega_n^2}R(s)\right]=\mathscr{L}^{-1}[\Phi(s)R(s)]$ 是由输入信号产生的，零输入响应分量 $c_2(t)=\mathscr{L}^{-1}\left[\frac{c(0)(s+2\xi\omega_n)+\dot{c}(0)}{s^2+2\xi\omega_n s+\omega_n^2}\right]$ 是由非零初始状态产生的。

当 $0<\xi<1$ 时，有

$$c_2(t)=\sqrt{c^2(0)+\left[\frac{c(0)\xi\omega_n+\dot{c}(0)}{\omega_n\sqrt{1-\xi^2}}\right]^2}\,e^{-\xi\omega_n t}\sin(\omega_d t+\theta) \tag{3-76}$$

其中

$$\theta=\arctan\frac{\omega_n\sqrt{1-\xi^2}}{\dot{c}(0)/c(0)+\xi\omega_n}$$

可见 $c_2(t)$ 为阻尼振荡过程，其幅值及相位与系统初始条件有关。$c_2(t)$ 的衰减速率取决于 $-\xi\omega_n$ 的数值，即闭环极点的实部，位于左半 $s$ 平面的闭环极点离开虚轴越远，$c_2(t)$ 衰减

越快；反之，位于左半 $s$ 平面的闭环极点离开虚轴越近，$c_2(t)$ 衰减越慢。$c_2(t)$ 的振荡角频率 $\omega_d = \omega_n\sqrt{1-\xi^2}$ 与阻尼比 $\xi$ 有关，$\xi$ 越小，振荡性越强；$\xi$ 越大，振荡性越弱。

由以上分析可以看出，有关 $c_2(t)$ 的各项结论与有关 $c_1(t)$ 的相应结论是一致的。因而通过研究系统零状态响应 $c_1(t)$ 的特性，便可以大致评价非零初始条件对系统响应过程的影响。

## 3.4　高阶系统的时域分析

### 3.4.1　高阶系统的阶跃响应

设控制系统闭环传递函数为

$$\Phi(s) = \frac{M(s)}{D(s)} = \frac{K^* \prod_{i=1}^{m}(s-z_i)}{\prod_{i=1}^{n}(s-s_i)}$$

系统特征方程的根即闭环极点 $s_i$ 有实根、复根以及单根、重根之分，在求取系统的单位阶跃响应时，可应用拉普拉斯变换进行求解。当系统闭环极点 $s_i$ 为互不相同之实数时，可以求取系统的单位阶跃响应如下：

$$C(s) = \Phi(s)R(s) = \frac{K^* \prod_{i=1}^{m}(s-z_i)}{\prod_{i=1}^{n}(s-s_i)}\frac{1}{s} = \frac{A_0}{s} + \sum_{i=1}^{n}\frac{A_i}{s-s_i}$$

其中

$$A_0 = s\Phi(s)R(s)\big|_{s=0} = \frac{K^* \prod_{i=1}^{m}(-z_i)}{\prod_{i=1}^{n}(-s_i)} = \Phi(0)$$

$\Phi(0)$ 称为系统的静态放大倍数（静态增益）。

$$A_i = (s-s_i)\Phi(s)R(s)\big|_{s=s_i} = \frac{1}{s_i}\frac{K^* \prod_{j=1}^{m}(s_i-z_j)}{\prod_{\substack{j=1\\ j\neq i}}^{n}(s_i-s_j)}$$

对 $C(s)$ 进行拉普拉斯反变换，得系统的单位阶跃响应为

$$h(t) = A_0 + \sum_{i=1}^{n}A_i e^{s_i t} \tag{3-77}$$

若控制系统闭环极点中有 $q$ 个实数极点 $s_i(i=1,2,\cdots,q)$，$r$ 对复数极点 $-\xi_k\omega_k \pm j\sqrt{1-\xi_k^{\ 2}}\omega_k(k=1,2,\cdots,r)$ $(q+2r=n)$，当输入为单位阶跃信号时，有

$$C(s) = \Phi(s)R(s) = \frac{K^* \prod_{i=1}^{m}(s-z_i)}{\prod_{i=1}^{q}(s-s_i)\prod_{k=1}^{r}(s^2+2\xi_k\omega_k s+\omega_k^{\ 2})}\frac{1}{s}$$

$$= \frac{A_0}{s} + \sum_{i=1}^{q} \frac{A_i}{s - s_i} + \sum_{k=1}^{r} \frac{B_k s + C_k}{s^2 + 2\xi_k \omega_k s + \omega_k^2}$$

$B_k$、$C_k$ 为实常数，对 $C(s)$ 进行拉普拉斯反变换，得系统的单位阶跃响应为

$$h(t) = A_0 + \sum_{i=1}^{q} A_i e^{s_i t} + \sum_{k=1}^{r} B_k e^{-\xi_k \omega_k t} \cos(\omega_k \sqrt{1 - \xi_k^2} t)$$
$$+ \sum_{k=1}^{r} \frac{C_k - B_k \xi_k \omega_k}{\omega_k \sqrt{1 - \xi_k^2}} e^{-\xi_k \omega_k t} \sin(\omega_k \sqrt{1 - \xi_k^2} t) \qquad (3\text{-}78)$$

式（3-77）、式（3-78）表明，高阶系统的时间响应，也是由稳态分量和瞬态分量组成的，每一个闭环极点都有一个相应的瞬态分量与之对应，如闭环实数极点 $s_i(i = 1,2,\cdots,q)$，对应的瞬态分量 $A_i e^{s_i t}$ 为指数形式，闭环共轭复数极点 $s_k, s_{k+1} = -\xi_k \omega_k \pm j\sqrt{1 - \xi_k^2}\omega_k(k = 1, 2,\cdots,r)$，对应的瞬态分量 $B_k e^{-\xi_k \omega_k t} \cos(\omega_k \sqrt{1 - \xi_k^2} t) + \frac{C_k - B_k \xi_k \omega_k}{\omega_k \sqrt{1 - \xi_k^2}} e^{-\xi_k \omega_k t} \sin(\omega_k \sqrt{1 - \xi_k^2} t)$ 为振荡形式。如果高阶系统的所有闭环极点都具有负实部，即所有闭环极点都位于左半 $s$ 开平面，那么随着时间的增长，响应的瞬态分量趋于零，系统稳态输出量为 $A_0 = \Phi(0)$。

### 3.4.2 闭环主导极点和偶极子

由于式（3-77）或式（3-78）中的 $h(t)$ 包含众多的瞬态分量，使高阶系统的瞬态性能分析和计算变得异常复杂。由式（3-77）或式（3-78）中 $h(t)$ 的瞬态分量与时间的关系可以发现，若所有闭环极点都位于左半 $s$ 开平面，则与每一个闭环极点相对应的瞬态分量都将随着时间的增长而衰减。闭环极点负实部的绝对值越大，其对应的瞬态分量衰减得越迅速；反之，则衰减越慢。如果在所有的闭环极点中，距虚轴最近的极点周围没有闭环零点，而其他极点又远离虚轴，那么距虚轴最近的极点所对应的瞬态分量，随时间的增长衰减最慢，在系统的时间响应过程中起主导作用，这样的闭环极点就称为闭环主导极点。闭环主导极点可以是实数极点，也可以是复数极点，或是它们的组合。除闭环主导极点外，其他闭环极点由于其对应的瞬态分量随时间的增长而迅速衰减，对系统的时间响应过程影响较小，因而统称为闭环非主导极点，在分析高阶系统瞬态性能时，闭环非主导极点所对应的瞬态分量可以忽略。另外，当闭环极点 $s_i$ 附近有闭环零点时，则该闭环极点所对应的瞬态分量系数 $A_i$ 很小，该瞬态分量对系统的时间响应过程影响甚微，这样的一对闭环零、极点称为偶极子。在分析高阶系统的性能时，可以忽略偶极子的影响。

若高阶系统的所有闭环极点都位于左半 $s$ 平面，则可以运用闭环主导极点和偶极子的概念，简化高阶系统的数学模型。在实际应用中，若一对闭环零、极点之间的距离比它们本身的模小一个数量级，则认为该闭环零、极点构成偶极子，在系统的传递函数中可以同时忽略构成偶极子的零点和极点。在忽略了偶极子之后，通常保留最靠近虚轴的一个、两个或三个闭环极点作为闭环主导极点，那些离开虚轴的距离比闭环主导极点离开虚轴的距离大 5 倍（有时甚至取 3 倍）以上的极点被认为是闭环非主导极点，在系统的传递函数中可以忽略。经过以上近似处理，高阶系统的数学模型被简化为一阶、二阶或三阶系统，从而简化了系统性能的分析和计算。

考虑到在式（3-77）或式（3-78）中，高阶系统在单位阶跃信号作用下的稳态输出

$A_0=\Phi(0)$，在对高阶系统的数学模型进行简化时，为了不改变系统的稳态性能，简化后系统的静态放大倍数 $\Phi(0)$ 应保持不变。

**例 3-6**　某线性系统的闭环传递函数为

$$\Phi(s)=\frac{50}{(s+1)(s^2+10s+50)}$$

试确定其单位阶跃响应。

**解**　输入信号为单位阶跃信号，$r(t)=1(t)$　$R(s)=\frac{1}{s}$

$$C(s)=\Phi(s)R(s)=\frac{50}{(s+1)(s^2+10s+50)}\frac{1}{s}$$

通过拉普拉斯反变换，可求得

$$h(t)=1-1.22\mathrm{e}^{-t}+0.22\mathrm{e}^{-5t}\cos5t+0.024\mathrm{e}^{-5t}\sin5t$$

闭环系统有三个极点：$s_1=-1$、$s_{2,3}=-5\pm\mathrm{j}5$，$s_1$ 为闭环主导极点。从单位阶跃响应的表达式可以看出，闭环极点 $s_1$ 对应的瞬态分量幅值较大，衰减较慢，在系统瞬态过程中起主导作用。

若对例 3-6 的系统进行性能分析，通常有两种方法：

1）运用闭环主导极点和偶极子的概念，对系统数学模型进行简化。由于 $s_1$ 为闭环主导极点，$s_{2,3}$ 为闭环非主导极点，在忽略闭环非主导极点后，数学模型为

$$\Phi(s)=\frac{1}{s+1}$$

根据简化后的传递函数，可求出单位阶跃响应为 $h(t)=1-\mathrm{e}^{-t}$，利用 $h(t)$ 的表达式可以方便地进行性能分析。

2）在例 3-6 中首先求出 $h(t)$ 的表达式，在 $h(t)$ 的瞬态分量中忽略与闭环非主导极点及偶极子对应的项，只保留与闭环主导极点对应的项，得到 $h(t)=1-1.22\mathrm{e}^{-t}$，利用 $h(t)$ 的表达式可以方便地进行性能分析。

将方法 1 和方法 2 所得结果与例 3-6 所得结果相比较可以发现，方法 1 比方法 2 简单实用，而方法 2 比方法 1 更为准确。

### 3.4.3　高阶系统瞬态性能估算

下面按方法 2 推导高阶系统瞬态性能的估算公式。设高阶系统传递函数为

$$\Phi(s)=\frac{M(s)}{D(s)},\quad \Phi(0)=1$$

且 $\Phi(s)$ 的极点都位于左半 $s$ 平面，具有一对共轭复数主导极点 $s_{1,2}=-\sigma\pm\mathrm{j}\omega_\mathrm{d}$，而闭环非主导极点实部的模比主导极点实部的模大 5 倍以上，在单位阶跃响应表达式中忽略与闭环非主导极点和偶极子对应的瞬态分量，则输出量的拉普拉斯变换近似式为

$$C(s)=\frac{1}{s}+\left[(s-s_1)\frac{M(s)}{D(s)}\frac{1}{s}\right]_{s=s_1}\frac{1}{s-s_1}+\left[(s-s_2)\frac{M(s)}{D(s)}\frac{1}{s}\right]_{s=s_2}\frac{1}{s-s_2}$$

即

$$C(s)=\frac{1}{s}+\left[\frac{M(s)}{\dot{D}(s)}\frac{1}{s}\right]_{s=s_1}\frac{1}{s-s_1}+\left[\frac{M(s)}{\dot{D}(s)}\frac{1}{s}\right]_{s=s_2}\frac{1}{s-s_2}\tag{3-79}$$

其中，$\dot{D}(s) = \mathrm{d}D(s)/\mathrm{d}s$，对式（3-79）进行拉普拉斯反变换，得

$$h(t) = 1 + 2\left|\frac{M(s_1)}{s_1\dot{D}(s_1)}\right| \mathrm{e}^{-\sigma t}\cos\left(\omega_{\mathrm{d}}t + \angle\frac{M(s_1)}{s_1\dot{D}(s_1)}\right) \tag{3-80}$$

根据式（3-80），可以估算系统的瞬态性能指标。

**1. 峰值时间**

由式（3-80）所示的 $h(t)$ 对时间 $t$ 求导，并令其为零，可以求得峰值时间为

$$t_{\mathrm{p}} = \frac{1}{\omega_{\mathrm{d}}}\left[\pi - \sum_{i=1}^{m}\angle(s_1 - z_i) + \sum_{i=3}^{n}\angle(s_1 - s_i)\right] \tag{3-81}$$

由式（3-81）可以得出如下结论：

1）闭环零点的作用为减小峰值时间，使系统响应起始阶段速度加快，并且闭环零点越接近虚轴，这种作用便越显著。

2）闭环非主导极点的作用为增大峰值时间，使系统响应起始阶段速度变慢。

3）若闭环零、极点彼此接近，则它们对峰值时间的影响相互削弱。

**2. 超调量**

把式（3-81）代入式（3-80），可以求得超调量为

$$\sigma\% = PQ\mathrm{e}^{-\sigma t_{\mathrm{p}}} \times 100\% \tag{3-82}$$

$$P = \frac{\prod_{i=3}^{n}|s_i|}{\prod_{i=3}^{n}|s_1 - s_i|}, \quad Q = \frac{\prod_{i=1}^{m}|s_1 - z_i|}{\prod_{i=1}^{m}|z_i|}$$

由式（3-82）可以得出如下结论：

1）若闭环零点距虚轴较近，将使超调量增大，表明闭环零点会减小系统阻尼。

2）若闭环非主导极点距虚轴较近，将使超调量减小，表明闭环非主导极点可以增大系统阻尼。

**3. 调节时间**

根据调节时间的定义，在 $t \geqslant t_{\mathrm{s}}$ 时，有

$$|h(t) - h(\infty)| \leqslant \Delta h(\infty)$$

其中，$\Delta$ 为允许的误差带，类似于欠阻尼二阶系统调节时间的计算。上式中 $h(t)$ 用其包络线近似，可计算出系统调节时间为

$$t_{\mathrm{s}} = \frac{1}{\xi\omega_{\mathrm{n}}}\ln\left(\frac{2}{\Delta}FQ\right) \tag{3-83}$$

$$F = \frac{\prod_{i=2}^{n}|s_i|}{\prod_{i=2}^{n}|s_1 - s_i|}, \quad Q = \frac{\prod_{i=1}^{m}|s_1 - z_i|}{\prod_{i=1}^{m}|z_i|}$$

由式（3-83）可以得出如下结论：

1）若闭环零点距虚轴较近，将使调节时间增大。因此，闭环零点对系统瞬态性能总的影响是减小峰值时间，增大系统的超调量和调节时间，这种作用将随闭环零点接近虚轴而加剧。

2）若闭环非主导极点距虚轴较近，将使调节时间减小。因此，闭环非主导极点对系统

瞬态性能总的影响是增大峰值时间，减小系统的超调量和调节时间。

## 3.5　线性定常系统的稳定性分析

### 3.5.1　稳定的基本概念

稳定性是控制系统的重要性能，也是系统能够正常工作的首要条件。假定工作在某个平衡状态的系统由于受到扰动而偏离了平衡状态，在扰动消失后，系统仍能逐渐恢复到原平衡状态，则系统是渐近稳定的，或称系统是稳定的，若系统不能恢复到原平衡状态，则系统是不稳定的。一个控制系统在实际工作过程中，总会受到各种各样的扰动，因而不稳定的系统是不能够正常工作的。线性系统的稳定性是系统的一种固有特性，取决于系统的结构和参数，与系统的输入以及初始状态无关。

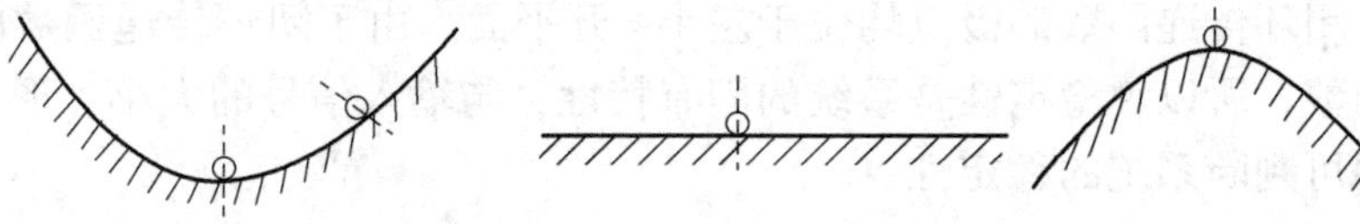

a)　　b)　　c)

图　3-31

在图 3-31a 中，当小球处于凹面底部时，小球处于平衡位置，如果由于某种扰动使小球偏离了平衡位置，则当扰动消失后，小球会逐渐恢复到原平衡位置，这样的系统是稳定的。类似地，图 3-31c 的系统是不稳定的，而图 3-31b 的系统处于临界稳定，显然只有当系统满足某种条件（称为临界稳定条件）时，系统才会处于临界稳定，实际控制系统要严格保持临界稳定条件是很困难的，一旦临界稳定条件被破坏，系统即可能变成稳定的或不稳定的系统，因此临界稳定系统只是在理论上存在，在工程应用上总是把临界稳定系统看作不稳定系统。

分析系统的稳定性，找出保证系统稳定的条件，是控制理论的基本任务之一。

### 3.5.2　线性定常系统稳定的数学条件

线性定常系统的稳定性是针对平衡状态而言的。不失一般性，可以假设线性定常系统的平衡状态为零状态，即输入信号为零，初始条件为零，系统输出也为零。在系统输入端施加扰动信号 $\delta(t)$ ，这时系统的输出响应为单位脉冲响应 $k(t)$ 。这相当于在扰动信号作用下，系统输出偏离平衡状态的问题。若 $t\to\infty$ 时，$k(t)\to 0$ ，则系统是稳定的。

设线性定常系统闭环极点中有 $q$ 个实数极点 $s_i(i=1,2,\cdots,q)$ ，$r$ 对复数极点 $-\xi_k\omega_k \pm \mathrm{j}\sqrt{1-\xi_k^2}\omega_k\ (k=1,2,\cdots,r)(q+2r=n)$ ，传递函数为

$$\Phi(s)=\frac{K^*\prod_{i=1}^{m}(s-z_i)}{\prod_{i=1}^{q}(s-s_i)\prod_{k=1}^{r}(s^2+2\xi_k\omega_k s+\omega_k^2)}$$

在系统输入端施加扰动信号 $\delta(t)$ 时，有

$$C(s)=\Phi(s)R(s)=\sum_{i=1}^{q}\frac{A_i}{s-s_i}+\sum_{k=1}^{r}\frac{B_k s+C_k}{s^2+2\xi_k\omega_k s+\omega_k^2}$$

对 $C(s)$ 进行拉普拉斯反变换，得：

$$k(t)=\sum_{i=1}^{q}A_i e^{s_i t}+\sum_{k=1}^{r}B_k e^{-\xi_k\omega_k t}\cos(\omega_k\sqrt{1-\xi_k^2}t)+\sum_{k=1}^{r}\frac{C_k-B_k\xi_k\omega_k}{\omega_k\sqrt{1-\xi_k^2}}e^{-\xi_k\omega_k t}\sin(\omega_k\sqrt{1-\xi_k^2}t) \tag{3-84}$$

式（3-84）中 $A_i(i=1,2,\cdots,q)$、$B_k$、$C_k(k=1,2,\cdots,r)$ 为实常数。从式（3-84）可以看出，若系统的特征根全部具有负实部，则有 $\lim\limits_{t\to\infty}k(t)=0$，即当时间无限延长时，系统逐渐恢复到了原平衡状态，因而系统是稳定的；系统的特征根中有一个或一个以上正实部根，则当 $t\to\infty$ 时，$k(t)$ 趋于无穷，即当时间无限延长时，系统不仅未能恢复到原平衡状态，反而离平衡状态越来越远，因而系统是不稳定的；若系统特征根中有一个或一个以上零实部根，而其余的特征根均具有负实部，则 $t\to\infty$ 时，$k(t)$ 趋于常数或趋于等幅正弦振荡，这时的系统是临界稳定的，属不稳定。

由此可见，线性定常系统稳定的充分必要条件是：闭环系统特征方程的所有根均具有负实部；或者说，闭环传递函数的极点均位于左半 $s$ 开平面。由于闭环传递函数的极点取决于系统的结构和参数，所以说稳定性是系统的固有特性，与输入信号的大小、形式无关，根据系统特征方程即可判断系统的稳定性。

### 3.5.3 稳定判据

系统特征方程的根是由特征方程的系数决定的，在不解出特征方程的根的情况下，直接根据特征方程的系数判断系统的稳定性的方法称为代数稳定判据，常用的有劳斯稳定判据、赫尔维茨判据、林纳德－奇帕特判据等。

**1. 劳斯稳定判据**

设线性定常系统的闭环传递函数为

$$\Phi(s)=\frac{M(s)}{D(s)}=\frac{b_m s^m+b_{m-1}s^{m-1}+\cdots+b_1 s+b_0}{a_n s^n+a_{n-1}s^{n-1}+\cdots+a_1 s+a_0}$$

其特征方程为

$$a_n s^n+a_{n-1}s^{n-1}+\cdots+a_1 s+a_0=0 \qquad a_n>0 \tag{3-85}$$

根据特征方程式的系数，可建立劳斯表如表 3-2 所示。

**表 3-2 劳斯表**

| | | | | | |
|---|---|---|---|---|---|
| $s^n$ | $a_n$ | $a_{n-2}$ | $a_{n-4}$ | $a_{n-6}$ | … |
| $s^{n-1}$ | $a_{n-1}$ | $a_{n-3}$ | $a_{n-5}$ | $a_{n-7}$ | … |
| $s^{n-2}$ | $b_1$ | $b_2$ | $b_3$ | … | |
| $s^{n-3}$ | $c_1$ | $c_2$ | … | | |
| ⋮ | | | | | |
| $s^2$ | $p_1$ | $p_2$ | $p_3$ | | |
| $s^1$ | $q_1$ | $q_2$ | | | |
| $s^0$ | $r_1$ | | | | |

劳斯表的前两行由系统特征方程的系数直接构成，其中第一行由特征方程的第 1、3、5、…项系数组成，第二行由特征方程的第 2、4、6、…项系数组成，劳斯表中以后各行的系数可根据其上两行系数计算如下：

$$b_1 = \frac{a_{n-1}a_{n-2} - a_n a_{n-3}}{a_{n-1}},\quad b_2 = \frac{a_{n-1}a_{n-4} - a_n a_{n-5}}{a_{n-1}},\quad b_3 = \frac{a_{n-1}a_{n-6} - a_n a_{n-7}}{a_{n-1}}\cdots$$

$$c_1 = \frac{b_1 a_{n-3} - a_{n-1}b_2}{b_1},\quad c_2 = \frac{b_1 a_{n-5} - a_{n-1}b_3}{b_1}\cdots$$

在计算过程中出现的空位，均置为零，一直计算到 $n+1$ 行为止。

劳斯判据指出，若劳斯表中第一列系数全部为正，则所有闭环极点均为负实数或具有负实部，系统是稳定的；若劳斯表第一列系数有负数，则系统是不稳定的，说明有闭环极点位于右半 $s$ 平面，位于右半 $s$ 平面的闭环极点数正好等于劳斯表第一列系数符号改变的次数。

**例 3-7**　设控制系统特征方程式为

$$D(s) = s^4 + 4s^3 + 3s^2 + 4s + 1 = 0$$

试判断系统的稳定性。

**解**　根据特征方程式的系数，写出劳斯表的前两行系数如下：

$$\begin{matrix} s^4 & 1 & 3 & 1 \\ s^3 & 4 & 4 & 0 \end{matrix}$$

根据公式，利用劳斯表的前两行系数计算第 3 行的系数，有

$$b_1 = \frac{a_{n-1}a_{n-2} - a_n a_{n-3}}{a_{n-1}} = \frac{4\times 3 - 1\times 4}{4} = 2, b_2 = \frac{a_{n-1}a_{n-4} - a_n a_{n-5}}{a_{n-1}} = \frac{4\times 1 - 1\times 0}{4} = 1$$

应用计算结果，可以写出劳斯表的第 3 行。利用劳斯表的第 2、3 行系数计算第 4 行的系数，有

$$c_1 = \frac{b_1 a_{n-3} - a_{n-1}b_2}{b_1} = \frac{4\times 2 - 1\times 4}{2} = 2$$

类似地，计算出劳斯表的第 5 行系数：$d_1 = 1$

完整的劳斯表如下：

$$\begin{matrix} s^4 & 1 & 3 & 1 \\ s^3 & 4 & 4 & 0 \\ s^2 & 2 & 1 & \\ s^1 & 2 & 0 & \\ s^0 & 1 & & \end{matrix}$$

由于劳斯表第一列系数全部为正，说明系统是稳定的。

**例 3-8**　设控制系统特征方程式为

$$D(s) = s^4 + 2s^3 + 3s^2 + 4s + 5 = 0$$

试判断系统的稳定性。

**解**　根据特征方程式的系数，建立并计算劳斯表如下：

$$\begin{matrix} s^4 & 1 & 3 & 5 \\ s^3 & 2 & 4 & 0 \end{matrix}$$

$$\begin{array}{lll} s^2 & 1 & 5 \\ s^1 & -6 & 0 \\ s^0 & 5 & \end{array}$$

劳斯表中第一列系数符号改变 2 次，系统是不稳定的，有两个闭环极点位于右半 $s$ 平面。

**2. 劳斯判据中的特殊情况**

应用劳斯判据，在判别系统稳定性时，有时会遇到下列两种特殊情况。

1）劳斯表中某行第一列出现系数为零，而该行其余各项系数不全为零。

**例 3-9** 设控制系统特征方程式为

$$D(s) = s^4 + 2s^3 + 2s^2 + 4s + 5 = 0$$

试判断系统的稳定性。

**解** 根据特征方程式的系数，建立并计算劳斯表如下：

$$\begin{array}{llll} s^4 & 1 & 2 & 5 \\ s^3 & 2 & 4 & 0 \\ s^2 & 0 & 5 & \\ s^1 & & & \\ s^0 & & & \end{array}$$

由于劳斯表第三行第一列系数为零，由劳斯判据知系统是不稳定的。若想了解系统有几个不稳定极点，可以用无穷小的正数 $\varepsilon$ 代替 0，接着进行计算，劳斯判据结论不变。

$$\begin{array}{llll} s^4 & 1 & 2 & 5 \\ s^3 & 2 & 4 & 0 \\ s^2 & \varepsilon & 5 & \\ s^1 & \dfrac{4\varepsilon - 10}{\varepsilon} & & \\ s^0 & 5 & & \end{array}$$

由于劳斯表中第一列系数符号改变了两次，有两个闭环极点位于右半 $s$ 平面，系统是不稳定的。

2）劳斯表中出现某行系数全为零。

**例 3-10** 设控制系统特征方程式为

$$D(s) = s^6 + 2s^5 + 8s^4 + 12s^3 + 20s^2 + 16s + 16 = 0$$

试判断系统的稳定性。

**解** 根据特征方程式的系数，建立并计算劳斯表如下：

$$\begin{array}{lllll} s^6 & 1 & 8 & 20 & 16 \\ s^5 & 2 & 12 & 16 & 0 \\ s^4 & 2 & 12 & 16 & \\ s^3 & 0 & 0 & & \\ s^2 & & & & \end{array}$$

劳斯表中出现某行系数全为零，是因为在系统的特征方程中出现了对称于原点的根

(如大小相等，符号相反的实数根；一对共轭纯虚根；对称于原点的两对共轭复数根)，因而系统是不稳定的。对称于原点的根可由全零行上面一行的系数构造一个辅助方程式 $F(s)=0$ 求得，而劳斯表中全零行的系数则由辅助多项式 $F(s)$ 对 $s$ 求导后所得的多项式系数来代替，劳斯表可以继续计算下去。

| | | | | | |
|---|---|---|---|---|---|
| $s^6$ | 1 | 8 | 20 | 16 | |
| $s^5$ | 2 | 12 | 16 | 0 | |
| $s^4$ | 2 | 12 | 16 | | $\rightarrow F(s)=2s^4+12s^2+16$ |
| | | | | | ↓ 求导 |
| $s^3$ | 8 | 24 | | | $8s^3+24s$ |
| $s^2$ | 6 | 16 | | | |
| $s^1$ | $\frac{16}{6}$ | | | | |
| $s^0$ | 16 | | | | |

经过处理的劳斯表中第一列系数符号全部为正，说明系统不存在位于右半 $s$ 平面的根，由于系统是不稳定的，说明还存在共轭虚根。由辅助方程式可以求得系统对称于原点的根：

$$2s^4+12s^2+16=0$$

$$(s^2+2)(s^2+4)=0$$

$$s_{1,2}=\pm \mathrm{j}\sqrt{2} \quad s_{3,4}=\pm \mathrm{j}2$$

特征方程出现 2 对纯虚根 $s_{1,2}=\pm \mathrm{j}\sqrt{2}$，$s_{3,4}=\pm \mathrm{j}2$，利用长除法，可以求出特征方程其余的根 $s_{5,6}=-1\pm \mathrm{j}1$。

需要强调的是，一旦劳斯表中出现以上两种特殊情况，系统必是不稳定的。经计算最后得到的劳斯表中，第一列系数符号改变的次数等于系统位于右半 $s$ 平面的特征根的数目。

根据劳斯判据的计算方法以及稳定性结论，可知在劳斯表的计算过程中，允许某行各系数同时乘以一个正数，而不影响稳定性结论。

**例 3-11**　设控制系统特征方程式为

$$D(s)=s^5+3s^4+2s^3+4s^2+3s+3=0$$

试判断系统的稳定性。

**解**　建立并计算劳斯表如下：

| | | | |
|---|---|---|---|
| $s^5$ | 1 | 2 | 3 |
| $s^4$ | 3 | 4 | 3 |
| $s^3$ | 2 | 6 | |
| $s^2$ | −5 | 3 | |
| $s^1$ | 36 | | |
| $s^0$ | 3 | | |

在计算 $s^3$ 行时，该行各系数同时乘以 3，计算 $s^1$ 行时，该行系数乘以 5。劳斯表第一列系数符号改变 2 次，有 2 个闭环极点位于右半 $s$ 平面，系统是不稳定的。

**3. 赫尔维茨判据**

设线性定常系统的特征方程为

$$D(s)=a_ns^n+a_{n-1}s^{n-1}+\cdots+a_1s+a_0=0\quad(a_n>0)$$

系统稳定的充分必要条件是：由系统特征方程系数所构成的 $n$ 阶赫尔维茨行列式 $\Delta_n$ 及其各阶顺序主子式 $\Delta_i(i=1,2,\cdots,n-1)$ 全部为正。其中：

$$\Delta_n=\begin{vmatrix} a_{n-1} & a_{n-3} & a_{n-5} & \cdots & 0 \\ a_n & a_{n-2} & a_{n-4} & \cdots & 0 \\ 0 & a_{n-1} & a_{n-3} & \cdots & \cdots \\ 0 & a_n & a_{n-2} & \cdots & \cdots \\ 0 & 0 & a_{n-1} & \cdots & \cdots \\ 0 & 0 & a_n & \cdots & \cdots \\ & & \cdots & & \end{vmatrix}_{n\times n} \tag{3-86}$$

$$\Delta_1=a_{n-1}\quad \Delta_2=\begin{vmatrix} a_{n-1} & a_{n-3} \\ a_n & a_{n-2} \end{vmatrix}\quad \Delta_3=\begin{vmatrix} a_{n-1} & a_{n-3} & a_{n-5} \\ a_n & a_{n-2} & a_{n-4} \\ 0 & a_{n-1} & a_{n-3} \end{vmatrix}\cdots \tag{3-87}$$

在控制理论中，常将所有根具有负实部的多项式称为赫尔维茨多项式，因而判别系统稳定性也可以认为是判别系统的特征多项式是不是赫尔维茨多项式。显然，若系统的特征多项式是赫尔维茨多项式，则系统是稳定的，否则是不稳定的。

**例 3-12** 设控制系统特征方程式为

$$D(s)=s^4+2s^3+3s^2+4s+5=0$$

试判断系统的稳定性。

**解**

$$\Delta_1=a_3=2\quad \Delta_2=\begin{vmatrix} a_3 & a_1 \\ a_4 & a_2 \end{vmatrix}=\begin{vmatrix} 2 & 4 \\ 1 & 3 \end{vmatrix}=2$$

$$\Delta_3=\begin{vmatrix} a_3 & a_1 & 0 \\ a_4 & a_2 & a_0 \\ 0 & a_3 & a_1 \end{vmatrix}=\begin{vmatrix} 2 & 4 & 0 \\ 1 & 3 & 5 \\ 0 & 2 & 4 \end{vmatrix}=-12\quad \Delta_4=\begin{vmatrix} 2 & 4 & 0 & 0 \\ 1 & 3 & 5 & 0 \\ 0 & 2 & 4 & 0 \\ 0 & 1 & 3 & 5 \end{vmatrix}=-60$$

由于不满足赫尔维茨稳定条件，系统是不稳定的。

**4. 林纳德－奇帕特判据**

当系统阶数比较高时，用赫尔维茨判据判断系统稳定性计算工作量较大，利用林纳德－奇帕特判据可以减小计算工作量。

设线性定常系统的特征方程为

$$D(s)=a_ns^n+a_{n-1}s^{n-1}+\cdots+a_1s+a_0=0\qquad a_n>0$$

线性系统稳定的充分必要条件是：

1）特征方程式所有系数为正；

2）所有奇数阶或偶数阶赫尔维茨行列式为正，即 $\Delta_{奇}>0$ 或 $\Delta_{偶}>0$。

根据林纳德－奇帕特判据，若系统特征方程式的各项系数中有负或零（缺项），则系统是不稳定的。

对于一阶系统，特征方程式为 $Ts+1=0$，只要系数为正（$T>0$），系统就是稳定的。

对于二阶系统，特征方程式为 $s^2+2\xi\omega_n s+\omega_n^2=0$，只要系数为正（$\xi>0$、$\omega_n>0$），系统也是稳定的。

**例 3-13** 设负反馈系统的开环传递函数为

$$G(s)H(s)=\frac{K(s+1)}{s(Ts+1)(2s+1)}$$

试判断系统稳定时 $K$、$T$ 应满足的条件。

**解** 系统特征方程式为

$$1+G(s)H(s)=0$$

把 $G(s)H(s)$ 代入，得

$$s(Ts+1)(2s+1)+K(s+1)=0$$
$$2Ts^3+(2+T)s^2+(1+K)s+K=0$$

根据林纳德－奇帕特判据，系统稳定时，应有：$K>0$、$T>0$ 且偶数阶赫尔维茨行列式为正，即

$$\Delta_2=\begin{vmatrix}2+T & K\\ 2T & 1+K\end{vmatrix}>0$$
$$(2+T)(1+K)-2TK>0$$
$$2(1+K)>T(K-1)$$

系统稳定的条件为：$\begin{cases}T>0\\ K>0\\ 2(1+K)>T(K-1)\end{cases}$

**5. 稳定判据的应用**

1）利用稳定判据，可以判断系统的稳定性。例 3-7～例 3-12 表明，利用稳定判据，可以判断线性定常系统的稳定性。从本质上说，判断系统的稳定性，就是判断系统特征方程式的根是否全部位于左半 $s$ 平面。若要判断系统的开环极点是否全部位于左半 $s$ 平面，可以利用系统开环传递函数的分母多项式进行判断，方法与判断闭环系统稳定性方法相同。

2）利用稳定判据，可以判断系统稳定时参数的取值范围。

**例 3-14** 设单位负反馈系统开环传递函数为

$$G(s)=\frac{K}{s(0.05s^2+0.4s+1)}$$

试确定系统稳定时 $K$ 的取值范围。

**解** 系统的特征方程式为

$$0.05s^3+0.4s^2+s+K=0$$

建立劳斯表如下：

$$\begin{array}{lll} s^3 & 0.05 & 1\\ s^2 & 0.4 & K\\ s^1 & 0.4-0.05K & \\ s^0 & K & \end{array}$$

系统稳定时，要求劳斯表第一列系数全部为正，故 $0<K<8$。

**例 3-15** 设单位负反馈系统开环传递函数为

$$G(s)=\frac{K}{(T_1s+1)(T_2s+1)(T_3s+1)}$$

求系统临界稳定时的开环增益 $K$，并计算临界开环增益 $K$ 的极小值。

**解** 系统的特征方程式为

$$T_1T_2T_3s^3+(T_1T_2+T_2T_3+T_3T_1)s^2+(T_1+T_2+T_3)s+1+K=0$$

建立劳斯表如下：

$$\begin{array}{lll} s^3 & T_1T_2T_3 & T_1+T_2+T_3 \\ s^2 & T_1T_2+T_2T_3+T_3T_1 & 1+K \\ s^1 & (T_1T_2+T_2T_3+T_3T_1)(T_1+T_2+T_3)-T_1T_2T_3(1+K) & \\ s^0 & 1+K & \end{array}$$

若劳斯表第一列系数中有一个为零而其余为正，则系统临界稳定。对于本例，系统临界稳定时，有

$$(T_1T_2+T_2T_3+T_3T_1)(T_1+T_2+T_3)-T_1T_2T_3(1+K)=0$$

可以求得临界开环增益

$$K=\frac{(T_1T_2+T_2T_3+T_3T_1)(T_1+T_2+T_3)}{T_1T_2T_3}-1$$

$K$ 的大小与 $T_1$、$T_2$、$T_3$ 有关。若令

$$\frac{\partial K}{\partial T_1}=0、\frac{\partial K}{\partial T_2}=0、\frac{\partial K}{\partial T_3}=0$$

得

$$T_1^2=T_2T_3、T_2^2=T_1T_3、T_3^2=T_2T_1$$

化简后得

$$T_1=T_2=T_3$$

即当 $T_1=T_2=T_3$ 时，系统临界开环增益的极小值 $K=8$。

实际应用中，把传递函数为$\frac{1}{Ts+1}$的环节称为惯性环节，$T$ 为时间常数。本例说明若包含在开环传递函数中的多个惯性环节时间常数相互接近，则系统临界开环增益较小，即系统稳定时 $K$ 的取值较小。若要提高系统的临界开环增益，设计时应设法使开环实数极点在 $s$ 平面上位置相互错开，即将包含在开环传递函数中的多个惯性环节的时间常数相互错开。

3）利用稳定判据，判断系统的稳定裕度。系统稳定时，要求所有闭环极点在左半 $s$ 平面，并且闭环极点离虚轴越远，系统稳定性越好，因此闭环极点离开虚轴的距离，可以反映系统稳定裕度的大小。

具体做法是：在系统的特征方程 $D(s)=0$ 中，令 $s=s_1-a(a>0)$，得到 $D(s_1)=0$，利用稳定判据，若 $D(s_1)=0$ 的所有根都在左半 $s_1$ 平面，即位于 $s_1=0$ 左侧，则原系统的特征根都在 $s=-a$ 的左侧，它们离开虚轴的距离必大于 $a$。

**例 3-16** 设单位负反馈系统开环传递函数为

$$G(s)=\frac{K}{s(0.05s^2+0.4s+1)}$$

若要求所有闭环极点在 $s=-1$ 左侧，试确定 $K$ 的取值范围。

**解**　系统的特征方程式为

$$0.05s^3+0.4s^2+s+K=0$$

令 $s=s_1-1$，得

$$0.05(s_1-1)^3+0.4(s_1-1)^2+s_1-1+K=0$$
$$0.05s_1{}^3+0.25s_1{}^2+0.35s_1+K-0.65=0$$

建立劳斯表如下：

$$\begin{array}{lll} s_1^3 & 0.05 & 0.35 \\ s_1^2 & 0.25 & K-0.65 \\ s_1^1 & 0.12-0.05K & \\ s_1^0 & \dfrac{K-0.65}{0.12-0.05K} & \end{array}$$

为使所有闭环极点位于 $s_1$ 平面左侧，或 $s=-1$ 的左侧，劳斯表第一列系数应全部为正，故 $0.65<K<2.4$。

比较例 3-14 和例 3-16，保证闭环极点位于 $s=-1$ 的左侧时 $K$ 的取值范围小于系统稳定时 $K$ 的取值范围。

应当指出，仅用闭环极点离开虚轴的距离并不足以衡量系统的稳定裕度，工程应用中关于系统稳定裕度的定义及计算将在第 5 章中进行讨论。

## 3.6　线性系统的稳态误差计算

顾名思义，稳态误差是指误差信号的稳态值，它是系统控制精度的一种度量，属于稳态性能指标。在系统设计中，稳态误差是一项重要的技术指标。控制系统设计的任务之一，就是要尽量减小系统的稳态误差，或者使系统的稳态误差小于某一容许值。对于不稳定的系统来说，由于其时间响应中的瞬态分量不可能随着时间的增长而消失，系统无法进入稳态过程，因而稳态误差只有在系统稳定时才有意义。

稳态误差的大小与控制系统结构、参数以及输入信号、扰动信号的形式和大小密切相关。本节主要讨论线性定常系统在各种典型输入信号及扰动信号作用下稳态误差的计算方法，包括系统类型与稳态误差的关系、定量计算系统稳态误差的方法，同时介绍了减小或消除稳态误差的常用措施等。

### 3.6.1　误差与稳态误差

在控制系统分析中，误差定义为系统输出量的理想值与实际值之差，由于输出量的理想值可以由输入信号或输入信号的函数来表示，而输出量的实际值可通过测量装置获得，因此，误差有两种不同的定义方法：一种是在系统输入端定义误差；另一种是在系统输出端定义误差。在图 3-32 所示的控制系统中，给出了两种误差所表示的意义。

按输入端定义误差

$$e_1(t)=r(t)-b(t) \tag{3-88}$$

其中，$r(t)$ 为输入信号，代表了系统输出量的理想值，$b(t)$ 是反馈量，代表了系统输出量的实际值。对式（3-88）进行拉普拉斯变换

$$E_1(s) = R(s) - B(s) = R(s) - H(s)C(s)$$

按输出端定义误差

$$e_2(t) = b_1(t) - c(t) \tag{3-89}$$

其中，$b_1(t)$ 是输入信号的函数，代表了系统输出量的理想值，$c(t)$ 是系统的实际输出。对式（3-89）进行拉普拉斯变换

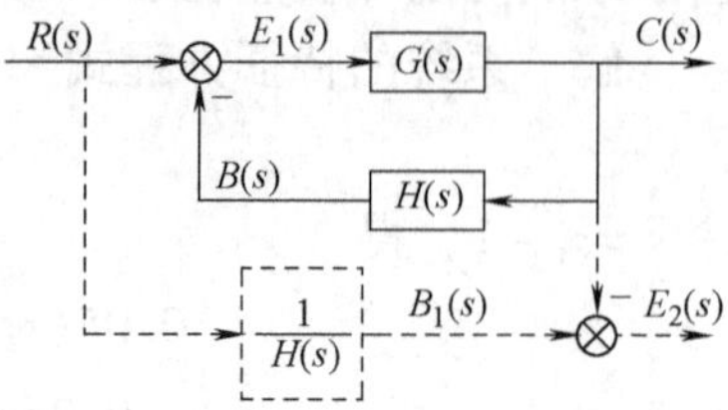


图 3-32

$$E_2(s) = B_1(s) - C(s) = \frac{R(s)}{H(s)} - C(s)$$

可见 $E_1(s) = H(s)E_2(s)$，从评价系统控制精度的角度考虑，按照输入端定义误差和按照输出端定义误差没有本质的差别。需要指出，在输出端定义的误差 $e_2(t)$，通常无法从控制系统中直接测量。对于单位负反馈系统，两种误差定义结果是一致的。在系统分析和设计中，一般采用按输入端定义误差，因此在后续讨论中采用第一种误差定义，即 $e(t) = e_1(t)$。

误差信号 $e(t)$ 包含瞬态分量 $e_{tt}(t)$ 和稳态分量 $e_{ss}(t)$ 两部分。稳态误差是指误差信号的稳态值，即

$$e_{ss} = \lim_{t\to\infty} e(t) = \lim_{t\to\infty} e_{ss}(t) \tag{3-90}$$

由式（3-90）计算的稳态误差 $e_{ss}$，是误差信号稳态分量 $e_{ss}(t)$ 在 $t$ 趋向于无穷时的数值，也称为终值误差。在某些信号（例如正弦信号）作用下，误差信号稳态分量 $e_{ss}(t)$ 是时间 $t$ 的函数（例如正弦函数），且在 $t$ 趋向于无穷时，$e_{ss}(t)$ 不能趋向于确定的数值，即终值误差不存在，这时的稳态误差可用 $e_{ss}(t)$ 表示。

控制系统典型结构可由图 3-33 表示。系统的误差包括由输入信号作用下的误差和外部扰动信号作用下的误差。输入信号作用下的误差反映了系统跟踪输入信号的能力，扰动信号作用下的误差反映了系统抗干扰的能力。

由图 3-33 可得输入信号作用下和扰动信号作用下的误差传递函数分别为

$$\Phi_{er}(s) = \frac{1}{1 + G_1(s)G_2(s)H(s)}$$

$$\Phi_{ed}(s) = \frac{-G_2(s)H(s)}{1 + G_1(s)G_2(s)H(s)}$$

系统总误差为

$$E(s) = \Phi_{er}(s)R(s) + \Phi_{ed}(s)D(s)$$

若 $E(s)$ 满足拉普拉斯变换终值定理的条件（即要求系统稳定，且 $R(s)$、$D(s)$ 的所有极点在左半 $s$ 平面或坐标原点），可以利用终值定理来求稳态误差，即

$$e_{ss} = \lim_{s\to 0} sE(s) \tag{3-91}$$

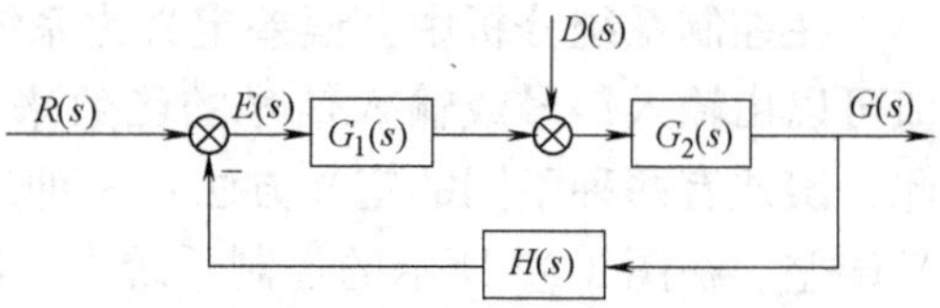


图 3-33

**例 3-17** 设单位负反馈系统的开环传递函数

为 $G(s)=\dfrac{1}{Ts}$，求 $r(t)=1(t)$，$r(t)=t$，$r(t)=\dfrac{1}{2}t^2$ 以及 $r(t)=\sin\omega t$ 时系统的稳态误差。

**解** 误差传递函数为

$$\Phi_{er}(s)=\frac{E(s)}{R(s)}=\frac{1}{1+G(s)}=\frac{Ts}{Ts+1}$$

易知系统是稳定的。当输入信号为单位阶跃信号时，即

$$r(t)=1(t)\quad R(s)=\frac{1}{s}$$

$$E(s)=\frac{Ts}{Ts+1}\frac{1}{s}$$

$$e_{ss}=\lim_{s\to0}sE(s)=\lim_{s\to0}s\frac{Ts}{Ts+1}\frac{1}{s}=0$$

当输入信号为单位斜坡信号时，即

$$r(t)=t\qquad R(s)=\frac{1}{s^2}$$

$$e_{ss}=\lim_{s\to0}sE(s)=\lim_{s\to0}s\frac{Ts}{Ts+1}\frac{1}{s^2}=T$$

稳态误差等于 $T$，通过减小 $T$ 的值，可以减小稳态误差。

当输入信号为单位加速度信号时，即

$$r(t)=\frac{1}{2}t^2\qquad R(s)=\frac{1}{s^3}$$

$$e_{ss}=\lim_{s\to0}sE(s)=\lim_{s\to0}s\frac{Ts}{Ts+1}\frac{1}{s^3}=\infty$$

稳态误差趋于无穷，说明本例所示系统无法跟踪加速度输入信号，上述结论与3.2节的讨论结果相同。

若输入信号为正弦信号，由于不满足拉普拉斯变换终值定理条件，稳态误差不能应用拉普拉斯变换终值定理进行计算，这时的稳态误差用误差的稳态分量 $e_{ss}(t)$ 表示。

$$r(t)=\sin\omega t\qquad R(s)=\frac{\omega}{s^2+\omega^2}$$

$$E(s)=\frac{Ts}{Ts+1}\cdot\frac{\omega}{s^2+\omega^2}$$

$$=-\frac{T\omega}{(T\omega)^2+1}\cdot\frac{1}{s+1/T}+\frac{T\omega}{(T\omega)^2+1}\cdot\frac{s}{s^2+\omega^2}+\frac{(T\omega)^2}{(T\omega)^2+1}\cdot\frac{\omega}{s^2+\omega^2}$$

对 $E(s)$ 进行拉普拉斯反变换，得

$$e(t)=-\frac{T\omega}{(T\omega)^2+1}e^{-t/T}+\frac{T\omega}{(T\omega)^2+1}\cos\omega t+\frac{(T\omega)^2}{(T\omega)^2+1}\sin\omega t$$

随着时间的增长，$e(t)$ 中的瞬态分量逐渐衰减并趋于零，稳态误差即为 $e(t)$ 中的稳态分量，即

$$e_{ss}(t) = \frac{T\omega}{(T\omega)^2 + 1}\cos\omega t + \frac{(T\omega)^2}{(T\omega)^2 + 1}\sin\omega t$$

可见在正弦信号作用下，稳定系统的稳态误差是时间的正弦（余弦）函数。

### 3.6.2 典型输入信号作用下的稳态误差计算

系统的误差是由系统自身的结构和参数以及作用在系统上的外部信号的大小与形式共同决定的。上面介绍了利用拉普拉斯变换的终值定理来计算稳态误差的方法，只要满足终值定理条件，可以计算在任意外部信号作用下的稳态误差。在系统分析中，人们往往关心一些典型信号作用下系统的稳态误差。实际上，在阶跃信号、斜坡信号、加速度信号等典型信号作用下，系统稳态误差的大小与系统的结构特点有着明确的关系，分析和利用系统的结构特点，可以简化典型信号作用下的稳态误差计算。

**1. 系统类型**

设控制系统的开环传递函数为

$$G(s)H(s) = \frac{K\prod_{i=1}^{m}(\tau_i s + 1)}{s^v \prod_{j=1}^{n-v}(T_j s + 1)} \tag{3-92}$$

式中，$K$ 为系统的开环增益；$v$ 为系统的开环传递函数中含有的积分环节个数。

根据 $v$ 定义系统类型：$v=0$，系统称为 0 型系统；$v=1$，系统称为 Ⅰ 型系统；$v=2$，系统称为Ⅱ型系统；…。系统类型与系统阶数之间没有必然的联系。一般说来，对于 $v>2$ 的系统，要使其稳定是相当困难的。因此在实际控制系统中，很少采用Ⅲ型及Ⅲ型以上的系统。

**2. 静态误差系数**

（1）单位阶跃信号作用下的稳态误差与静态位置误差系数　对于稳定的线性定常系统，在输入信号作用下，系统误差的拉普拉斯变换为

$$E(s) = \frac{1}{1 + G(s)H(s)}R(s)$$

当输入为单位阶跃信号时，利用终值定理计算稳态误差，得

$$\begin{aligned} e_{ss} &= \lim_{s\to 0} sE(s) = \lim_{s\to 0} s\frac{1}{1 + G(s)H(s)}R(s) \\ &= \lim_{s\to 0} s\frac{1}{1 + G(s)H(s)}\frac{1}{s} = \lim_{s\to 0}\frac{1}{1 + G(s)H(s)} \\ &= \frac{1}{1 + \lim_{s\to 0} G(s)H(s)} \end{aligned}$$

定义系统静态位置误差系数

$$K_p = \lim_{s\to 0} G(s)H(s) \tag{3-93}$$

根据系统类型，可得

$$K_p = \begin{cases} K & v = 0 \\ \infty & v \geqslant 1 \end{cases} \tag{3-94}$$

系统在单位阶跃信号作用下的稳态误差为

$$e_{ss} = \frac{1}{1 + K_p} \tag{3-95}$$

阶跃信号作用下的稳态误差称为位置误差。由式（3-94）、式（3-95）可知，如果要求系统对于阶跃形式的输入作用不存在稳态误差，必须选用Ⅰ型及Ⅰ型以上的系统。习惯上常把系统在阶跃形式输入作用下的稳态误差称为静差，静差为零的系统称为无差系统，静差不为零的系统称为有差系统。

（2）单位斜坡信号作用下的稳态误差与静态速度误差系数　对于稳定的线性定常系统，当输入信号为单位斜坡函数时，其稳态误差可用终值定理来计算

$$e_{ss} = \lim_{s\to 0} sE(s) = \lim_{s\to 0} s\frac{1}{1 + G(s)H(s)}R(s) = \lim_{s\to 0} s\frac{1}{1 + G(s)H(s)}\frac{1}{s^2}$$

$$= \lim_{s\to 0}\frac{1}{s + sG(s)H(s)} = \frac{1}{\lim\limits_{s\to 0} sG(s)H(s)}$$

定义系统静态速度误差系数

$$K_v = \lim_{s\to 0} sG(s)H(s) \tag{3-96}$$

根据系统类型，可得

$$K_v = \begin{cases} 0 & v = 0 \\ K & v = 1 \\ \infty & v \geqslant 2 \end{cases} \tag{3-97}$$

系统在单位斜坡信号作用下的稳态误差为

$$e_{ss} = \frac{1}{K_v} \tag{3-98}$$

系统在斜坡信号（等速度信号）作用下的稳态误差称为速度误差，速度误差是输入信号与反馈信号在数值上的偏差信号，而非两者变化速度上的偏差。由式（3-97）、式（3-98）可知，0 型系统在跟踪斜坡形式的输入信号时，其稳态误差趋于无穷，表明 0 型系统不能跟踪斜坡信号；Ⅰ型系统在单位斜坡信号作用下，存在常值稳态误差 $1/K$，表明Ⅰ型系统在跟踪斜坡信号时，当系统进入稳态后，其反馈信号也为斜坡函数，该斜坡函数与输入信号在数值上（位置上）存在误差 $1/K$，但变化速度相同，通过增加开环增益 $K$，可以减小Ⅰ型系统在斜坡信号作用下的稳态误差；对于Ⅱ型及Ⅱ型以上的系统，当输入为斜坡信号时其稳态误差为零，表明Ⅱ型及Ⅱ型以上的系统在稳态时能准确跟踪斜坡输入信号。

（3）单位加速度信号作用下的稳态误差与静态加速度误差系数　对于稳定的线性定常系统，当输入信号为单位加速度函数时，其稳态误差可用终值定理来计算

$$e_{ss} = \lim_{s\to 0} sE(s) = \lim_{s\to 0} s\frac{1}{1 + G(s)H(s)}R(s) = \lim_{s\to 0} s\frac{1}{1 + G(s)H(s)}\frac{1}{s^3}$$

$$= \lim_{s\to 0}\frac{1}{s^2 + s^2G(s)H(s)} = \frac{1}{\lim\limits_{s\to 0} s^2G(s)H(s)}$$

定义系统静态加速度误差系数

$$K_a = \lim_{s\to 0} s^2G(s)H(s) \tag{3-99}$$

根据系统类型，可得

$$K_a = \begin{cases} 0 & v = 0,1 \\ K & v = 2 \\ \infty & v \geqslant 3 \end{cases} \tag{3-100}$$

系统在单位加速度信号作用下的稳态误差为

$$e_{ss} = \frac{1}{K_a} \tag{3-101}$$

系统在加速度信号作用下的稳态误差称为加速度误差，加速度误差是输入信号与反馈信号之间的稳态偏差，而非两者加速度之间的偏差。由式（3-100）、式（3-101）可知，0型、Ⅰ型系统在跟踪加速度信号时，其稳态误差趋于无穷，表明0型、Ⅰ型系统不能跟踪加速度信号；Ⅱ型系统在单位加速度信号作用下，存在常值稳态误差 $1/K$，表明Ⅱ型系统在跟踪加速度信号时，当系统进入稳态后，其输出信号的反馈值也为加速度函数，该加速度函数与输入信号在数值上（位置上）存在误差 $1/K$，但加速度及速度相同，通过增加开环增益 $K$，可以减小Ⅱ型系统在加速度信号作用下的稳态误差；对于Ⅲ型及Ⅲ型以上的系统，当输入为加速度信号时其稳态误差为零，表明Ⅲ型及Ⅲ型以上的系统在稳态时能准确跟踪加速度信号。

为了便于分析比较，典型输入信号作用下的稳态误差与控制系统结构和参数的关系用表3-3给出。

**表 3-3　典型输入信号作用下的稳态误差与系统结构和参数的关系**

| 系统类型 | 静态误差系数 | | | 阶跃输入 $r(t)=1(t)$ | 斜坡输入 $r(t)=t$ | 加速度输入 $r(t)=\frac{1}{2}t^2$ |
|---|---|---|---|---|---|---|
| | $K_p$ | $K_v$ | $K_a$ | $e_{ss}=\frac{1}{1+K_p}$ | $e_{ss}=\frac{1}{K_v}$ | $e_{ss}=\frac{1}{K_a}$ |
| 0 | $K$ | 0 | 0 | $\frac{1}{1+K}$ | $\infty$ | $\infty$ |
| Ⅰ | $\infty$ | $K$ | 0 | 0 | $\frac{1}{K}$ | $\infty$ |
| Ⅱ | $\infty$ | $\infty$ | $K$ | 0 | 0 | $\frac{1}{K}$ |
| Ⅲ | $\infty$ | $\infty$ | $\infty$ | 0 | 0 | 0 |

（4）几点结论

1）系统类型 $v$ 和开环增益 $K$ 决定了闭环系统跟踪典型输入信号的能力。系统类型越高，跟踪典型输入信号的能力越强。具体地说，输入为阶跃信号时，消除稳态误差的条件是 $v\geqslant 1$；输入为斜坡信号时，消除稳态误差的条件是 $v\geqslant 2$；输入为加速度信号时，消除稳态误差的条件是 $v\geqslant 3$。通常称Ⅰ型系统为一阶无差度系统，Ⅱ型系统为二阶无差度系统。

当系统的稳态误差不为零且为有限值时，增加开环增益 $K$ 可减小稳态误差，但是系统类型 $v$ 和开环增益 $K$ 的增大，都有可能引起系统不稳定。

2）静态误差系数是评价控制系统稳态性能的主要指标。由定义看出，静态误差系数完全是由系统的结构和参数决定的，体现了系统本身在典型输入信号作用下消除稳态误差的能力。$K_p$ 表示系统跟踪阶跃信号的能力；$K_v$ 表示系统跟踪斜坡信号的能力；$K_a$ 表示系统跟踪加速度信号的能力。$K_p$、$K_v$、$K_a$ 越大，系统在相应典型输入信号作用下的稳态误差越小，稳态精度越高。

3）需要注意的是，只有当输入为阶跃、斜坡、加速度三种典型信号或者它们的线性组合时，才可以利用静态误差系数 $K_p$、$K_v$、$K_a$ 来计算稳态误差 $e_{ss}$。

对于稳定的线性定常系统，如果输入信号为典型信号的线性组合

$$r(t) = R_0 + R_1 t + \frac{1}{2}R_2 t^2$$

根据叠加原理，系统的稳态误差为

$$e_{ss} = \frac{R_0}{1+K_p} + \frac{R_1}{K_v} + \frac{R_2}{K_a}$$

**3. 动态误差系数**

为了研究系统在更为广泛的输入信号作用下的稳态精度，引入动态误差系数的概念。动态误差系数又称广义误差系数。利用动态误差系数法，可以求取输入信号几乎为任意时间函数时系统的稳态误差。

设控制系统在输入信号作用下的误差传递函数为 $\Phi_{er}(s)$，将其在 $s=0$ 的邻域内展开成泰勒级数，得

$$\begin{aligned}\Phi_{er}(s) &= \frac{E(s)}{R(s)} = \frac{1}{1+G(s)H(s)} \\ &= \Phi_{er}(0) + \dot{\Phi}_{er}(0)s + \frac{1}{2!}\ddot{\Phi}_{er}(0)s^2 + \cdots + \frac{1}{k!}\Phi_{er}^{(k)}(0)s^k + \cdots \end{aligned} \tag{3-102}$$

于是误差信号可以表示为如下级数：

$$\begin{aligned}E(s) &= \Phi_{er}(s)R(s) \\ &= \Phi_{er}(0)R(s) + \dot{\Phi}_{er}(0)sR(s) + \frac{1}{2!}\ddot{\Phi}_{er}(0)s^2R(s) + \cdots + \frac{1}{k!}\Phi_{er}^{(k)}(0)s^kR(s) + \cdots \end{aligned} \tag{3-103}$$

定义动态误差系数

$$c_i = \frac{1}{i!}\Phi_{er}^{(i)}(0) \tag{3-104}$$

习惯上称 $c_0$ 为动态位置误差系数，$c_1$ 为动态速度误差系数，$c_2$ 为动态加速度误差系数。于是式（3-103）可以表示为

$$E(s) = c_0R(s) + c_1sR(s) + c_2s^2R(s) + \cdots \tag{3-105}$$

上述级数收敛于 $s=0$ 的邻域，相当于在时间域 $t\to\infty$ 时成立。对式（3-105）进行拉普拉斯反变换，得

$$e_{ss}(t) = c_0r(t) + c_1\dot{r}(t) + c_2\ddot{r}(t) + \cdots \tag{3-106}$$

式（3-106）为稳态误差的计算公式，它完整地描述了系统稳态误差随时间变化的规律。由于式（3-106）仅在 $t\to\infty$ 时成立，因此式（3-106）中的输入信号 $r(t)$，是指 $t\to\infty$ 时的输入信号表达式，在输入信号中，那些随时间增长而趋于零的分量应予以舍去。

实际计算动态误差系数 $c_i(i=1,2,\cdots)$ 时，通常采用长除法，即把误差传递函数的分子多项式及分母多项式写成 $s$ 的升幂级数形式，利用除法，得到一个 $s$ 的升幂级数：

$$\Phi_{er}(s)=\frac{b_0+b_1s+b_2s^2+\cdots+b_ms^m}{a_0+a_1s+a_2s^2+\cdots+a_{n-1}s^{n-1}+a_ns^n}=c_0+c_1s+c_2s^2+\cdots \tag{3-107}$$

式（3-104）和式（3-107）给出了计算动态误差系数的两种方法。显然，在系统阶数较高的情况下，利用式（3-107）来计算动态误差系数较为简便。

**例 3-18** 设单位负反馈系统的开环传递函数为

$$G(s)=\frac{100}{s(0.1s+1)}$$

求当输入信号分别为 $r(t)=t$、$r(t)=t^2$、$r(t)=\sin5t$ 时系统的稳态误差 $e_{ss}(t)$。

**解** 误差传递函数为

$$\Phi_{er}(s)=\frac{1}{1+G(s)}=\frac{s(0.1s+1)}{0.1s^2+s+100}$$

利用长除法

$$\Phi_{er}(s)=0+10^{-2}s+9\times10^{-4}s^2-1.9\times10^{-5}s^3+\cdots$$

可求得系统的稳态误差为

$$e_{ss}(t)=10^{-2}\dot{r}(t)+9\times10^{-4}\ddot{r}(t)-1.9\times10^{-5}\dddot{r}(t)+\cdots$$

当 $r(t)=t$ 时，$\dot{r}(t)=1$、$\ddot{r}(t)=0$、$\dddot{r}(t)=0$，得

$$e_{ss}(t)=10^{-2}$$

当 $r(t)=t^2$ 时，$\dot{r}(t)=2t$、$\ddot{r}(t)=2$、$\dddot{r}(t)=0$，得

$$e_{ss}(t)=2\times10^{-2}t+1.8\times10^{-3}$$

当 $r(t)=\sin5t$ 时，$\dot{r}(t)=5\cos5t$、$\ddot{r}(t)=-25\sin5t$、$\dddot{r}(t)=-125\cos5t$，得

$$\begin{aligned}e_{ss}(t)&=10^{-2}\times5\cos5t-9\times10^{-4}\times25\sin5t+1.9\times10^{-5}\times125\cos5t+\cdots\\&\approx0.057\cos(5t+23.7°)\end{aligned}$$

比较动态误差系数和静态误差系数，可以看出：

1）根据动态误差系数 $c_i$ 和输入信号 $r(t)$ 及其各阶导数，利用式（3-106）可计算稳态误差在 $t\to\infty$ 时的表达式，它反映了稳态误差随时间的变化规律。因此，利用动态误差系数，可以研究输入信号几乎为任意时间函数时系统的稳态误差，而静态误差系数局限于满足终值定理的输入信号。

2）利用静态误差系数计算得到的 $e_{ss}$ 仅表示稳态误差 $e_{ss}(t)$ 的终值。一般地说，两个 $e_{ss}$ 相同的系统，其 $e_{ss}(t)$ 往往不同。利用动态误差系数计算得到的稳态误差 $e_{ss}(t)$ 能够反映当 $t\to\infty$ 时稳态误差随时间变化的过程。若 $e_{ss}(t)$ 的终值为常数，则利用动态误差系数法和利用静态误差系数法计算的稳态误差相同；若 $e_{ss}(t)$ 是时间的函数，但其终值不存在（如 $e_{ss}(t)$ 是正弦函数），则无法利用静态误差系数法计算系统的稳态误差，此时应当利用动态误差系数法来计算系统的稳态误差。

3）在一个特定的系统中，可以建立动态误差系数与静态误差系数之间的关系。

对于 0 型系统，考虑到 $K_p=K$，有

$$G(s)H(s)=\frac{K\prod_{i=1}^{m}(\tau_i s+1)}{\prod_{j=1}^{n}(T_j s+1)}=\frac{K_p\prod_{i=1}^{m}(\tau_i s+1)}{\prod_{j=1}^{n}(T_j s+1)}$$

输入信号作用下的误差传递函数为

$$\Phi_{er}(s)=\frac{1}{1+G(s)H(s)}$$

$$=\frac{\prod_{j=1}^{n}(T_j s+1)}{\prod_{j=1}^{n}(T_j s+1)+K_p\prod_{i=1}^{m}(\tau_i s+1)}=\frac{1+\sum_{j=1}^{n}T_j s+\cdots}{(1+K_p)+(\sum_{j=1}^{n}T_j+K_p\sum_{i=1}^{m}\tau_i)s+\cdots}$$

利用除法，得

$$c_0=\frac{1}{1+K_p} \tag{3-108}$$

类似的，对于 I 型系统，有

$$c_0=0,c_1=\frac{1}{K_v} \tag{3-109}$$

对于Ⅱ型系统，有

$$c_0=0,c_1=0,c_2=\frac{1}{K_a} \tag{3-110}$$

上述对应关系可由式（3-106）以及表 3-3 进行验证。例如对于 0 型系统，当输入为单位阶跃信号时，有 $r(t)=1(t),\dot{r}(t)=\ddot{r}(t)=\cdots=0$，利用动态误差系数法，由式（3-106）得稳态误差

$$e_{ss}(t)=c_0 r(t)+c_1\dot{r}(t)+c_2\ddot{r}(t)+\cdots=c_0=\frac{1}{1+K_p}$$

与表 3-3 所示结果一致，可见对于常值稳态误差，利用动态误差系数法和利用静态误差系数法计算的结果相同。对于 I 型及其以上系统，读者可利用动态误差系数法和静态误差系数法计算稳态误差，并验证计算结果的一致性。

### 3.6.3　典型扰动信号作用下的稳态误差计算

控制系统除承受输入信号作用之外，还经常处于各种扰动信号作用之下，系统在扰动信号作用下的稳态误差，是系统抗干扰能力的一种度量。人们总是希望控制系统的输出能尽量少受或不受扰动信号的影响。对于图 3-33 所示的线性定常系统，为了研究系统在扰动信号作用下的稳态误差，设 $r(t)=0$，表示系统的理想输出应为零。在扰动信号作用下系统的误差为

$$E_d(s)=0-H(s)C(s)=-H(s)C(s)$$

若 $E_d(s)$ 满足拉普拉斯变换终值定理条件，可利用终值定理来计算扰动信号作用下的稳态误差

$$e_{ssd}=\lim_{s\to 0}sE_d(s) \tag{3-111}$$

在典型输入信号作用下系统的稳态误差与系统结构和参数有着明确的关系。同样，典型扰动信号作用下的稳态误差与系统结构和参数也有类似的关系。在图 3-33 中，有

$$\Phi_{ed}(s)=\frac{E_d(s)}{D(s)}=-\frac{G_2(s)H(s)}{1+G_1(s)G_2(s)H(s)}$$

设 $$G_1(s)=\frac{K_1\prod_{i=1}^{m_1}(\tau_i s+1)}{s^{\gamma}\prod_{j=1}^{n_1-\gamma}(T_j s+1)}\qquad G_2(s)H(s)=\frac{K_2\prod_{i=1}^{m_2}(\tau_i' s+1)}{s^{\lambda}\prod_{j=1}^{n_2-\lambda}(T_j' s+1)}$$

若 $E_d(s)$ 满足终值定理条件，利用终值定理，有

$$e_{ssd}=\lim_{s\to 0}s\frac{-G_2(s)H(s)}{1+G_1(s)G_2(s)H(s)}D(s)=\lim_{s\to 0}\frac{-K_2s^{\gamma+1}}{s^{\lambda+\gamma}+K_1K_2}D(s)\tag{3-112}$$

当 $\lambda>0$，即扰动作用点之后包含积分环节时

$$e_{ssd}=\lim_{s\to 0}\frac{-s^{\gamma+1}}{K_1}D(s)\tag{3-113}$$

当 $\lambda=0$，即扰动作用点之后不包含积分环节时

$$e_{ssd}=\lim_{s\to 0}\frac{-K_2s^{\gamma+1}}{s^{\gamma}+K_1K_2}D(s)\tag{3-114}$$

稳态误差的大小不仅与系统结构、参数及扰动信号的大小与形式有关，也与扰动作用点的位置有关，这是因为实际系统扰动作用点的位置不同，其 $G_1(s)$、$G_2(s)H(s)$ 的形式是不同的。若 $G_2(s)H(s)$ 中包含积分环节，即 $\lambda>0$，由式（3-113）可以看出系统在扰动信号作用下的稳态误差与扰动作用点之前的前向环节 $G_1(s)$ 所含有的积分环节个数 $\gamma$ 及增益 $K_1$ 有关，而与扰动作用点之后的环节 $G_2(s)$ 及反馈环节 $H(s)$ 无关。

当扰动分别取阶跃信号、斜坡信号和加速度信号时，利用式（3-113）和式（3-114）计算得到的稳态误差如表 3-4 所示。

**表 3-4　扰动信号作用下的稳态误差与系统结构和参数的关系**

| $G_1(s)$ 的积分环节个数 $\gamma$ | 稳态误差 $e_{ssd}$ | | |
|---|---|---|---|
| | $d(t)=R\cdot 1(t)$ | $d(t)=Rt$ | $d(t)=\frac{R}{2}t^2$ |
| 0 | $-R/K_1$　$(\lambda>0)$<br>$-K_2R/(1+K_1K_2)$　$(\lambda=0)$ | $\infty$ | $\infty$ |
| 1 | 0 | $-R/K_1$ | $\infty$ |
| 2 | 0 | 0 | $-R/K_1$ |
| 3 | 0 | 0 | 0 |

从表 3-4 的结果中可以总结出：通过增加 $G_1(s)$ 所含有的积分环节个数 $\gamma$ 或增益 $K_1$，可以消除或减小由扰动引起的稳态误差，提高系统的抗扰动能力。

**例 3-19**　对于图 3-34 所示系统，求 $r(t)=t, d(t)=1(t)$ 时系统的稳态误差。

**解**　系统的开环传递函数为

$$G(s) = \frac{K_1K_2}{s(Ts+1)}$$

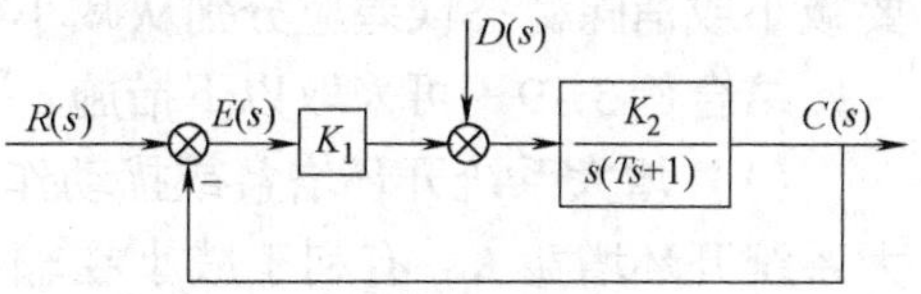


图　3-34

为Ⅰ型二阶系统，系统是稳定的，在 $r(t) = t$ 时，稳态误差

$$e_{ssr} = \frac{1}{K_v} = \frac{1}{K_1K_2}$$

在扰动信号作用下的误差表达式为

$$E_d(s) = -\frac{\dfrac{K_2}{s(Ts+1)}}{1+K_1\dfrac{K_2}{s(Ts+1)}}D(s) = -\frac{K_2}{s(Ts+1)+K_1K_2}D(s)$$

当 $d(t) = 1(t)$ 时，稳态误差为　$e_{ssd} = \lim\limits_{s\to 0}sE_d(s) = -\dfrac{1}{K_1}$

系统总的稳态误差为　$e_{ss} = e_{ssr} + e_{ssd} = \dfrac{1}{K_1K_2} - \dfrac{1}{K_1}$

扰动信号作用下的稳态误差也可用动态误差系数法计算，即将控制系统在扰动信号作用下的误差传递函数 $\Phi_{ed}(s)$ 在 $s = 0$ 的邻域内展开成泰勒级数，得

$$\Phi_{ed}(s) = \frac{E_d(s)}{D(s)} = c_{0d} + c_{1d}s + c_{2d}s^2 + \cdots$$

其中

$$c_{id} = \frac{1}{i!}\Phi_{ed}^{(i)}(0) \qquad i = 0,1,2,\cdots \tag{3-115}$$

称 $c_{id}(i = 0,1,2,\cdots)$ 为系统对扰动作用的动态误差系数。于是系统在扰动信号作用下的误差可以表示为

$$E_d(s) = c_{0d}D(s) + c_{1d}sD(s) + c_{2d}s^2D(s) + \cdots$$

上述级数收敛于 $s=0$ 的邻域，相当于在时间域 $t\to\infty$ 时成立。对上述级数进行拉普拉斯反变换，得

$$e_{ssd}(t) = c_{0d}d(t) + c_{1d}\dot{d}(t) + c_{2d}\ddot{d}(t) + \cdots \tag{3-116}$$

式（3-116）为在扰动信号作用下系统稳态误差的计算公式，它完整地描述了系统稳态误差随时间变化的规律。由于式（3-116）仅在 $t\to\infty$ 时成立，因此式（3-116）中的 $d(t)$ 是指 $t\to\infty$ 时扰动信号的表达式，在扰动信号中，那些随时间增长而趋于零的分量应予以舍去。

利用动态误差系数法，可以求取扰动信号几乎为任意时间函数时系统的稳态误差。至于动态误差系数则既可以利用式（3-115）进行计算，也可以利用长除法进行计算。

在计算输入信号和扰动信号作用下的总的稳态误差时，两种信号作用下的误差定义方式应该一致，即都按输入端定义或都按输出端定义。

### 3.6.4　减小或消除稳态误差的措施

系统的稳态误差包括输入信号作用下的稳态误差和扰动信号作用下的稳态误差两部分。

要减小或消除稳态误差应分别从减小或消除这两部分稳态误差入手。

结合例3-19，可采取以下措施：

(1) 增大系统开环增益或扰动作用点之前系统的前向通道增益　由表3-3可以看出，增大系统开环增益$K$，有利于减小在输入信号作用下的非零常值稳态误差。由表3-4可以看出，扰动信号作用下的非零常值稳态误差与扰动作用点之前系统的前向通道增益$K_1$成反比，因此增大该增益不仅可以减小系统在输入信号作用下的稳态误差，而且可以减小系统在扰动信号作用下的稳态误差。但是应当注意，对于高阶系统，其开环增益的增加有可能使系统稳定性变差，甚至使系统不稳定。

(2) 在系统前向通道或主反馈通道中设置积分环节　在系统前向通道中设置积分环节，将提高系统类型，从而可以减小或消除输入信号作用下的稳态误差。

为了减小或消除扰动信号作用下的稳态误差，积分环节的位置应加在扰动信号作用点之前的前向通道中（若误差按输出端定义，积分环节的位置也可加在反馈通道中）。

对于例3-19所示的系统，为了减小稳态误差，可在扰动作用点之前的前向通道中增加积分环节，但会导致系统不稳定。为了保持系统的稳定性，在增加积分环节时又给系统增加了一个开环零点，如图3-35所示。经过计算，当扰动为单位阶跃信号时，引起的稳态误差为零。与例3-19计算结果作对比，显然在扰动作用点之前增加积分环节，消除了扰动信号所引起的稳态误差。实际上，由于扰动作用点之后有积分环节，在扰动信号$d(t)=1(t)$作用下系统进入平衡状态后，$u(t)=0$，推知$m(t)=-1$，由于$E(s)$和$M(s)$之间有积分环节，故$e(t)=0$。

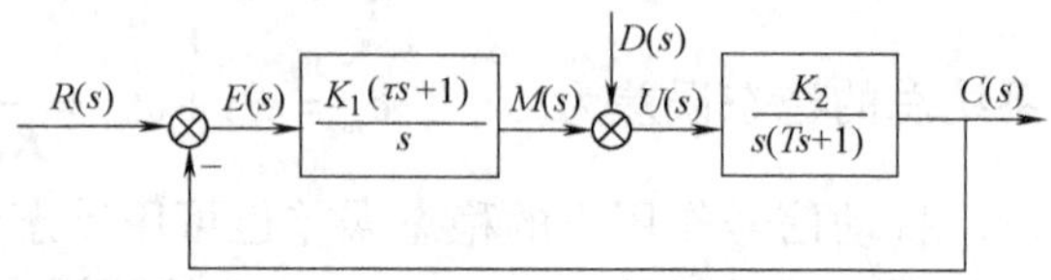


图　3-35

(3) 采用复合控制的方法　采用复合控制，可减小或消除稳态误差，详细内容在第6章中进行介绍。

## 3.7 控制系统的灵敏度

### 3.7.1 控制系统灵敏度的定义

在控制系统运行的过程中，由于系统环境的变化、元器件的老化等因素，引起系统数学模型发生变化，导致系统的输出偏离希望的输出，其偏离的程度可以用控制系统的灵敏度$S$来表示。灵敏度定义为系统传递函数$\Phi(s)$受参数$\alpha$变化影响的程度，用公式表示

$$S=\frac{\text{系统传递函数的相对变化量}}{\text{系统参数的相对变化量}}=\frac{\Delta\Phi(s)/\Phi(s)}{\Delta\alpha/\alpha}$$

当$\alpha$变化很小时

$$S=\frac{\partial\Phi(s)/\Phi(s)}{\partial\alpha/\alpha} \tag{3-117}$$

鲁棒性是指控制系统在参数摄动时，维持其性能的特性。对于一个控制系统，人们总是希望系统具有好的鲁棒性，即系统模型参数的变化尽可能不影响系统的特性。控制系统灵敏

度$S$越小，说明系统的参数变化对系统输出响应的影响就越小，系统的鲁棒性就越好。因此，灵敏度$S$表征了控制系统的鲁棒性能。分析系统的灵敏度，并采取措施降低灵敏度，是自动控制理论的任务之一。

### 3.7.2　控制系统灵敏度分析

**1. $\Phi(s)$ 对被控对象 $G(s)$ 变化的灵敏度**

这时 $\alpha = G(s)$，$\Phi(s)$ 对 $G(s)$ 变化的灵敏度为

$$S_G^{\Phi} = \frac{\partial \Phi(s)/\Phi(s)}{\partial G(s)/G(s)} = \frac{\partial \Phi(s)}{\partial G(s)} \frac{G(s)}{\Phi(s)}$$

对于图3-36所示的闭环系统，由于 $\Phi(s) = G(s)/[1+G(s)H(s)]$，得

$$\begin{aligned} S_G^{\Phi} &= \frac{\partial \Phi(s)}{\partial G(s)} \frac{G(s)}{\Phi(s)} \\ &= \frac{[1+G(s)H(s)]-G(s)H(s)}{[1+G(s)H(s)]^2} \frac{G(s)}{G(s)/[1+G(s)H(s)]} = \frac{1}{1+G(s)H(s)} \end{aligned} \tag{3-118}$$

对于开环系统，由于 $\Phi(s) = G(s)$，故开环系统的灵敏度

$$S_G^{\Phi} = S_G^G = 1$$

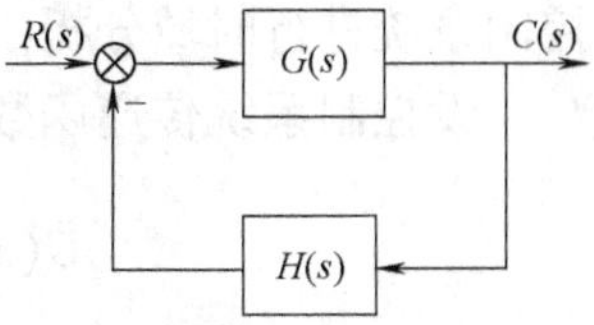


图　3-36

**2. $\Phi(s)$ 对反馈环节 $H(s)$ 变化的灵敏度**

对于图3-36所示的闭环系统，取 $\alpha = H(s)$

$$\begin{aligned} S_H^{\Phi} &= \frac{\partial \Phi(s)/\Phi(s)}{\partial H(s)/H(s)} = \frac{\partial \Phi(s)}{\partial H(s)} \frac{H(s)}{\Phi(s)} \\ &= \frac{-G^2(s)}{[1+G(s)H(s)]^2} \frac{H(s)}{G(s)/[1+G(s)H(s)]} = \frac{-G(s)H(s)}{1+G(s)H(s)} \end{aligned} \tag{3-119}$$

当 $|G(s)H(s)| >> 1$ 时，灵敏度 $S_H^{\Phi}$ 约为 $-1$，即 $H(s)$ 变化多大，相应的 $\Phi(s)$ 就变化多大。

**3. $\Phi(s)$ 对参数 $\alpha$ 变化的灵敏度**

这时 $\alpha$ 是被控对象 $G(s)$ 中一个易受环境影响的参数。

$$S_\alpha^{\Phi} = \frac{\partial \Phi(s)/\Phi(s)}{\partial \alpha/\alpha} = \frac{\partial \Phi(s)/\Phi(s)}{\partial G(s)/G(s)} \frac{\partial G(s)/G(s)}{\partial \alpha/\alpha} = S_G^{\Phi} S_\alpha^G \tag{3-120}$$

若把 $\Phi(s)$ 表示为 $s$ 的有理分式

$$\Phi(s,\alpha) = \frac{M(s,\alpha)}{N(s,\alpha)}$$

$S_\alpha^{\Phi}$ 又可以写成

$$S_\alpha^{\Phi} = \frac{\partial \Phi(s)/\Phi(s)}{\partial \alpha/\alpha} = \frac{\partial \ln \Phi}{\partial \ln \alpha} = \frac{\partial \ln M}{\partial \ln \alpha} - \frac{\partial \ln N}{\partial \ln \alpha} = S_\alpha^M - S_\alpha^N \tag{3-121}$$

比较以上几种情况下的灵敏度，可以得出：

1）开环系统灵敏度 $S_G^{\Phi} = S_G^G = 1$，说明被控对象 $G(s)$ 的相对变化会引起等量的系统传递函数 $\Phi(s)$ 的相对变化。为得到高精度的开环系统，要求 $G(s)$ 尽可能少受环境变化的影响，因而需要采用价格高的高精度元、器件来实现 $G(s)$。

2）对于闭环系统，由灵敏度 $S_G^{\Phi}$ 可以看出，当 $G(s)$ 变化了 $\Delta G(s)$ 时，由于负反馈的作

用，闭环传递函数 $\Phi(s)$ 的相对变化仅为 $G(s)$ 相对变化的 $1/(1+G(s)H(s))$，说明控制系统引入负反馈后能够减小因 $G(s)$ 变化而造成的影响，这是反馈控制系统的一个重要优点。当 $|G(s)H(s)| >> 1$ 时，$\Delta\Phi(s)$ 被大大降低。

3）对于闭环系统，由灵敏度 $S_H^{\Phi}$ 可以看到，当反馈环节传递函数 $H(s)$ 变化了 $\Delta H(s)$ 时，虽然同样假设 $|G(s)H(s)| >> 1$，但是由 $\Delta H(s)$ 引起的 $\Delta\Phi(s)$ 却无法降低，说明反馈环节传递函数 $H(s)$ 的变化对闭环系统的传递函数以及系统的输出量影响很大。因此，在闭环控制系统中，挑选参数稳定的反馈元件，保持反馈环节传递函数不因环境的改变而改变，对于保证闭环系统的控制精度非常重要。

## 3.8 用 MATLAB 进行控制系统时域分析

对于一阶、二阶系统，用解析法可以求出系统的时间响应和性能指标的准确表达式，因此用时域分析法分析一阶、二阶系统是十分方便的。对于高阶系统，由于求解系统的时间响应和性能指标的准确表达式十分困难，通常只能进行近似计算。可用 MATLAB 仿真软件对控制系统进行时域分析。

设控制系统传递函数的一般形式为

$$G(s)=\frac{b_m s^m+b_{m-1}s^{m-1}+\cdots+b_1 s+b_0}{a_n s^n+a_{n-1}s^{n-1}+\cdots+a_1 s+a_0}=\frac{\mathrm{num}(s)}{\mathrm{den}(s)}$$

用 MATLAB 语言表示

$$G=\mathrm{tf}([b_m \quad b_{m-1} \quad \cdots \quad b_1 \quad b_0],[a_n \quad a_{n-1} \quad \cdots \quad a_1 \quad a_0])$$

或者 $\mathrm{num}=[b_m \quad b_{m-1} \quad \cdots \quad b_1 \quad b_0],\mathrm{den}=[a_n \quad a_{n-1} \quad \cdots \quad a_1 \quad a_0]$

$G=\mathrm{tf}(\mathrm{num},\mathrm{den})$

### 3.8.1 用 MATLAB 求控制系统的输出响应

**1. 单位阶跃响应**

求单位阶跃响应的函数 step（）有以下调用方式：

step（G） 绘出单位阶跃响应曲线，时间变量 t 由该函数自动生成。

step（G，t） 绘出单位阶跃响应曲线，t 为给定的时间向量或标量。

[y，t] =step（G） 返回向量 y 表示的单位阶跃响应值和时间向量 t，t 自动生成。

y =step（G，t） 返回向量 y 表示的单位阶跃响应值，t 为给定的时间向量或标量。

一般地，由 t =0 :Δt:T 语句产生时间向量，Δt 为时间间隔，T 为终止时间。在 step（G，t）中，t 取标量表示终止时间。

step（）也可以用传递函数的分子和分母多项式系数向量调用，如：

step（num，den），step（num，den，t），[y，t] =step（num，den），y =step（num，den，t）

**2. 单位脉冲响应**

求单位脉冲响应的函数 impulse（）有如下调用方式：

impulse（G） impulse（num，den）

```
impulse (G, t)                    impulse (num, den, t)
[y, t] = impulse (G)              [y, t] = impulse (num, den)
y = impulse (G, t)                y = impulse (num, den, t)
```

**3. 单位脉冲响应和单位阶跃响应解析解**

MATLAB 函数 residue ( ) 的功能是将传递函数 $G(s)$ 化为部分分式的形式。其调用方式为：

```
[k, p, r] = residue (num, den)
```

该函数返回 k，p，r。k 为各部分分式的系数向量，p 为各部分分式的极点向量，r 为分子与分母多项式相除的商。借助函数的上述功能，可进一步求出系统脉冲响应的解析解。

**例 3-20**　典型二阶系统的传递函数

$$G(s) = \frac{\omega_n^2}{s^2 + 2\xi\omega_n s + \omega_n^2}$$

用 MATLAB 程序绘制 $\omega_n = 1$，$\xi = 0$，0.1，0.3，0.4，0.7，0.8，1，2 时的单位阶跃响应曲线。

**解**　用 MATLAB 编制的程序如下：

```
%计算不同阻尼比的二阶系统阶跃响应程序
t=0:0.1:12;
ksai0=0; G0=tf ([1], [1 2*ksai0 1]);
ksai1=0.1; G1=tf ([1], [1 2*ksai1 1]);
ksai2=0.3; G2=tf ([1], [1 2*ksai2 1]);
ksai3=0.4; G3=tf ([1], [1 2*ksai3 1]);
ksai4=0.7; G4=tf ([1], [1 2*ksai4 1]);
ksai5=0.8; G5=tf ([1], [1 2*ksai5 1]);
ksai6=1; G6=tf ([1], [1 2*ksai6 1]);
ksai7=2; G7=tf ([1], [1 2*ksai7 1]);
%计算阶跃响应
[y0, t] =step (G0, t); [y1, t] =step (G1, t); [y2, t] =step (G2, t);
[y3, t] =step (G3, t); [y4, t] =step (G4, t); [y5, t] =step (G5, t);
[y6, t] =step (G6, t); [y7, t] =step (G7, t);
%绘制响应曲线
plot (t, y0, 'k', t, y1, 'k', t, y2, 'k', t, y3, 'k', t, y4, 'k', t, y5, 'k',
t, y6, 'k', t, y7, 'k')
xlabel ('t'), ylabel ('y (t) ')
grid on
title ('ksai=0, 0.1, 0.3, 0.4, 0.7, 0.8, 1, 2')
```

运行结果见图 3-37。

**例 3-21**　系统传递函数为 $G(s) = \dfrac{s^4 + 7s^3 + 18s^2 + 23s + 13}{s^4 + 5s^3 + 9s^2 + 7s + 2}$，求系统的单位脉冲响应和单位阶跃响应解析表达式。

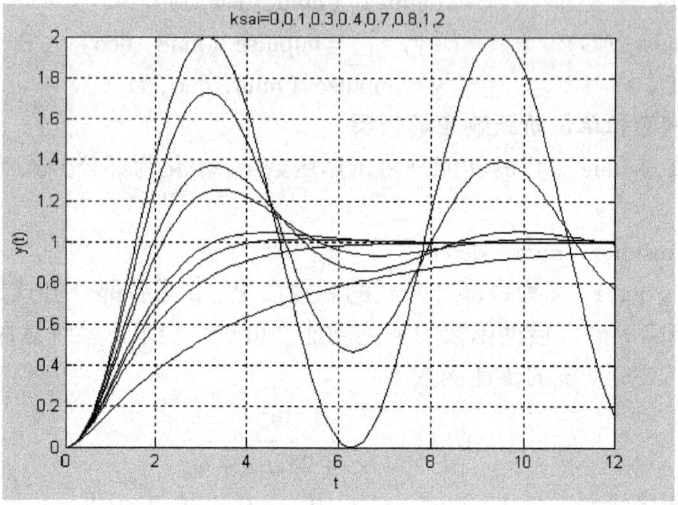


图 3-37

**解** (1) 求单位脉冲响应解析表达式 在 MATLAB 命令窗键入如下指令:

```
>> num = [1 7 18 23 13]; den = [1 5 9 7 2];
>> [k, p, r] =residue (num, den);
>> k=k', p=p', r=r'                        %求转置, 用行向量显示 k, p, r
```

运行结果:

```
k =
    1.0000   1.0000   2.0000   2.0000
p =
   -2.0000   -1.0000   -1.0000   -1.0000
r =
    1
```

根据 k, p, r 可以写出脉冲响应 $C(s)$ 的部分分式

$$C(s) = G(s) = \frac{1}{s+2} + \frac{1}{s+1} + \frac{2}{(s+1)^2} + \frac{2}{(s+1)^3} + 1$$

经拉普拉斯反变换有 $c(t) = e^{-2t} + e^{-t} + 2te^{-t} + t^2e^{-t} + \delta(t)$

(2) 求单位阶跃响应解析表达式 由于单位阶跃响应 $Y(s) = G(s)/s$, 只要将 $G(s)$ 的分母多项式乘以 $s$, 即分母多项式系数向量 den 增加一个零, 然后使用求脉冲响应的方法

```
>> num = [1 7 18 23 13]; den = [1 5 9 7 2];
>> [k, p, r] =residue (num, [den, 0]);       %分母多项式系数向量增加一个0
>> k=k', p=p', r
```

运行结果:

```
k =
   -0.5000   -5.0000   -4.0000   -2.0000   6.5000
p =
```

```
    -2.0000   -1.0000   -1.0000   -1.0000   0
r =
    [ ]
```

根据 k, p, r 可以直接写出系统的阶跃响应为

$$c(t) = -0.5e^{-2t} - 5e^{-t} - 4te^{-t} - t^2e^{-t} + 6.5$$

需要说明的是，用 MATLAB 函数 residue（）计算得到的结果是近似值，因此上面写出的解析解表达式是近似的。

### 3.8.2　用 MATLAB 求控制系统的参数

MATLAB 函数 damp（）的主要功能是计算系统的 $\xi$ 和 $\omega_n$。其调用格式：

```
[wn, ksai, p] = damp (G)          % 返回ωn、ξ和极点p
[wn, ksai] = damp (G)             % 返回ωn、ξ
```

MATLAB 函数 dcgain（）的功能是计算系统的静态放大倍数。其调用格式：

```
k = dcgain (G)                    % 返回静态增益k
```

**例 3-22**　传递函数 $G(s) = \dfrac{15}{s^3 + 6s^2 + 13s + 20}$，使用 MATLAB 语句求系统 $G(s)$ 的静态放大倍数、自然振荡频率和阻尼比。

**解**　在命令窗键入指令：

```
>> G=tf ( [ 15 ], [1 6 13 20]);
>> [wn, ksai, p] =damp (G);
>> k=dcgain (G);
>>k, wn=wn', ksai = ksai', p=p'          % 用行向量表示运行结果
```

运行结果：

```
k =
    0.7500
wn =
    2.2361   2.2361   4.0000
ksai =
    0.4472   0.4472   1.0000
p =
   -1.0000 -2.0000i   -1.0000 +2.0000i   -4.0000
```

从返回的运行结果看出，静态放大倍数 $k=0.75$，对应于一对共轭复数极点 $s=-1\pm2i$ 的阻尼比 $\xi=0.4472$，自然振荡频率 $\omega_n=2.2361$；对应于实数极点 $s=-4$ 的阻尼比 $\xi=1$，自然振荡频率 $\omega_n=4$。

### 3.8.3　用 MATLAB 判断控制系统的稳定性

判断闭环系统稳定性的直接方法是求出闭环极点并判断极点是否具有负实部。在 MATLAB中，可使用函数 roots（）来求传递函数的极点。

其调用格式：r=roots（den）

**例 3-23** 系统的传递函数为 $G(s)=\dfrac{3s+2}{s^5+3s^4+12s^3+20s^2+35s+25}$，判断系统的稳定性。

**解** 键入下面的 MATLAB 语句求出系统的极点，并根据极点实部的正负来判断系统的稳定性。

```
>> den = [1 3 12 20 35 25];
>> r = roots (den)
```

运行结果：

```
r =
    0.0000 + 2.2361i
    0.0000 - 2.2361i
   -1.0000 + 2.0000i
   -1.0000 - 2.0000i
   -1.0000
```

其中两个极点为纯虚根，故系统是临界稳定的。

使用 MATLAB 语言编程，也可以方便地实现本章介绍的代数稳定判据，有兴趣的读者可参考有关文献。

### 3.8.4 用 MATLAB 计算静态误差系数

3.8.2 节中用函数 dcgain（）计算了系统的静态放大倍数，通过对传递函数作适当处理，也可用 dcgain（）来计算控制系统的静态位置误差系数 $K_p$，静态速度误差系数 $K_v$，静态加速度误差系数 $K_a$。

**例 3-24** 闭环系统的开环传递函数 $G(s)=\dfrac{s^2+2s+6}{s^4+2s^3+10s^2}$，求静态误差系数 $K_p$、$K_v$、$K_a$。

**解** 在命令窗键入指令：

```
>>G = tf ( [1 2 6], [1 2 10 0 0]); sG = tf ( [1 2 6 0], [1 2 10 0 0]); ssG = tf ( [1 2 6 0 0], [1 2 10 0 0]);
>> kp = dcgain (G), kv = dcgain (sG), ka = dcgain (ssG)
```

运行结果：

```
kp =
    Inf
kv =
    Inf
ka =
    0.6000
```

系统的静态误差系数 $K_p=\infty$、$K_v=\infty$、$K_a=0.6$。

## 小　结

(1) 时域分析法是分析自动控制系统性能的常用方法之一。该方法通过求解系统在典型输入信号作用下的输出来分析系统的性能。

(2) 控制系统时域性能指标包括瞬态性能指标、稳态性能指标以及稳定性。瞬态性能指标用来衡量系统的瞬态品质，其中常用的是超调量和调节时间；稳态性能指标用来衡量系统稳态时对输入信号的跟踪精度，常用稳态误差表示；稳定性是系统正常工作的必要条件。

(3) 通过求解一阶系统、二阶系统在典型输入信号作用下的响应，可以分析其瞬态性能及稳态性能。采用比例 - 微分控制及测速负反馈控制，可以减小二阶系统的超调量，改善响应的平稳性。

(4) 由于求解高阶系统输出表达式并进行性能分析较为复杂，高阶系统性能指标常采用近似公式进行估算。对于高阶系统，也可以采用闭环主导极点和偶极子的概念对数学模型进行简化，以利于性能分析。

(5) 稳定性分析是系统分析的重要内容。只有当系统闭环极点均位于左半 $s$ 开平面时，系统才是稳定的，利用代数稳定判据，如劳斯稳定判据、林纳德 - 奇帕特判据、赫尔维茨判据等可以判断系统稳定性。

(6) 稳态误差包括输入信号作用下的稳态误差以及扰动信号作用下的稳态误差。在满足拉普拉斯变换终值定理应用条件时，可以用静态误差系数法计算典型信号作用下的稳态误差。当输入信号或扰动信号是任意时间函数时，可以用动态误差系数法计算稳态误差。采取适当措施，可以减小或消除稳态误差。

(7) 利用 MATLAB 软件，可以方便地求出控制系统的单位阶跃响应和单位脉冲响应，绘制系统的输出曲线，计算系统性能指标，判断系统稳定性等。

## 习　题

3-1　已知线性定常系统的单位脉冲响应为 $k(t)=0.0125e^{-1.25t}$，试求系统闭环传递函数 $\Phi(s)$。

3-2　设温度计的传递函数 $\Phi(s)=\dfrac{K}{Ts+1}$，把温度计放入被测物体中，要求在 1min 时显示出稳态值的 98%，求时间常数 $T$。

3-3　已知某一阶系统传递函数为 $\Phi(s)=\dfrac{K}{Ts+1}$，在单位阶跃信号作用下，系统的输出为 $c(t)=0.1(1-2e^{-t/3})$，试求系统传递函数 $\Phi(s)$。

3-4　设某高阶系统可用下列一阶微分方程近似描述

$$T\dot{c}(t)+c(t)=\tau\dot{r}(t)+r(t)$$

其中，$1>(T-\tau)>0$。试证明系统的动态性能指标为

$$t_d=[0.693+\ln(T-\tau)]T$$

$$t_r=2.2T$$

$$t_s=[3+\ln(T-\tau)]T$$

3-5　设单位负反馈控制系统的开环传递函数为$\dfrac{1}{2s+1}$，求系统的单位阶跃响应，计算调节时间和稳态

输出。

3-6 设单位负反馈系统的开环传递函数为$G(s)=\dfrac{4}{s(s+2)}$，试求系统的单位阶跃响应$h(t)$，计算系统的超调量$\sigma\%$、峰值时间$t_p$和调节时间$t_s$，绘制$h(t)$曲线的大致形状。

3-7 已知控制系统的单位阶跃响应为

$$h(t)=1+0.2e^{-60t}-1.2e^{-10t}$$

试求出系统的特征方程式，确定系统阻尼比$\xi$和自然振荡频率$\omega_n$。

3-8 已知二阶系统的单位阶跃响应为

$$h(t)=10-12.5e^{-1.2t}\sin(1.6t+53.1°)$$

试求系统的超调量$\sigma\%$、峰值时间$t_p$和调节时间$t_s$。

3-9 单位负反馈二阶系统，已知其开环传递函数为$G(s)=\dfrac{\omega_n^2}{s(s+2\xi\omega_n)}$。用实验方法求得其零初始状态下的阶跃响应曲线。经测量知，$\sigma\%=9.6\%$，$t_p=0.2s$。试确定系统阻尼比$\xi$和自然振荡频率$\omega_n$。

3-10 设单位反馈系统的开环传递函数为$G(s)=\dfrac{0.4s+1}{s(s+0.6)}$，试求系统在单位阶跃输入下的瞬态性能。

3-11 某控制系统结构图如图3-38所示，试选择参数$K_1$和$K_t$，使系统的$\omega_n=6$，$\xi=1$。

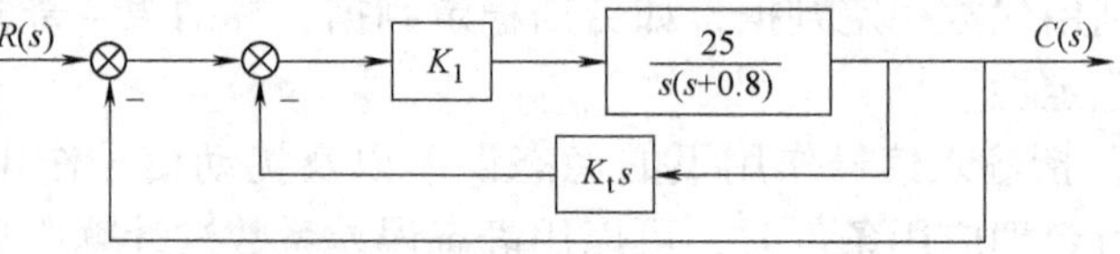


图 3-38

3-12 试分别求出图3-39所示系统的自然振荡频率和阻尼比，并列表比较其动态性能。

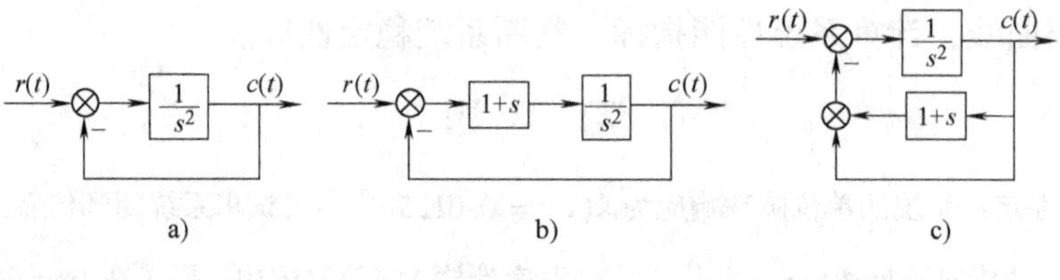


图 3-39

3-13 图3-40所示控制系统有a、b两种不同的结构方案，其中$T>0$不可变。要求：

（1）在这两种方案中，应如何调整$K_1$、$K_2$和$K_3$，才能使系统获得较好的动态性能？

（2）比较说明两种结构方案的特点。

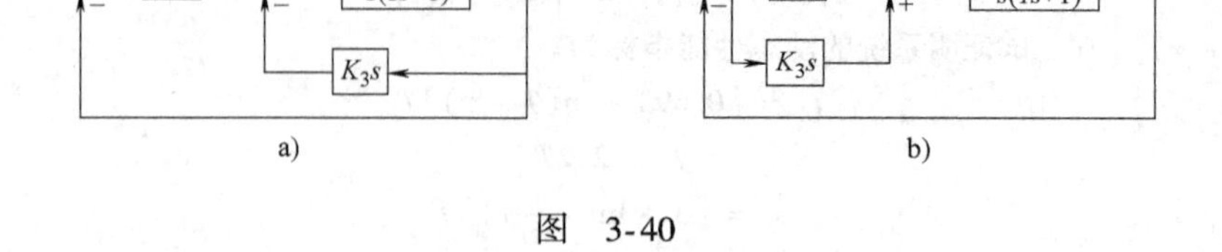


图 3-40

3-14　控制系统的传递函数为 $\dfrac{30}{(s+1)(s^2+11s+30)}$，采用闭环主导极点概念对系统传递函数进行化简，利用化简后的结果求出系统的单位阶跃响应，并与化简前系统的单位阶跃响应相比较。

3-15　已知系统的特征方程如下，试用劳斯判据（或赫尔维茨判据）检验其稳定性。

(1) $s^4+2s^3+8s^2+4s+3=0$　　(2) $s^4+2s^3+s^2+4s+2=0$

(3) $s^5+s^4+3s^3+9s^2+16s+10=0$　　(4) $s^6+3s^5+5s^4+9s^3+8s^2+6s+4=0$

(5) $3s^4+10s^3+5s^2+s+2=0$

3-16　已知系统特征方程如下，试求系统在右半 $s$ 平面的根数及虚根值：

(1) $s^5+3s^4+12s^3+24s^2+32s+48=0$

(2) $s^6+4s^5-4s^4+4s^3-7s^2-8s+10=0$

(3) $s^5+3s^4+12s^3+20s^2+35s+25=0$

3-17　根据下列单位反馈系统的开环传递函数，确定使系统稳定的 $K$ 值的范围。

(1) $G(s)=\dfrac{K}{s(0.1s+1)}$　　(2) $G(s)=\dfrac{K}{(2s+1)(0.5s+1)(0.2s+1)}$

3-18　在习题 3-17 中，若要求闭环极点 $s_i$ 满足 $\mathrm{Re}[s_i]\leqslant -1$，求 $K$ 值范围。

3-19　已知系统结构图如图 3-41 所示。试确定能使系统稳定的反馈参数 $\tau$ 的取值范围。

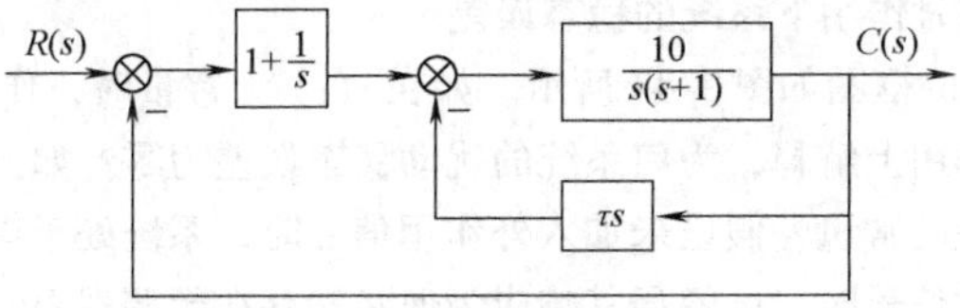


图　3-41

3-20　已知单位反馈控制系统的开环传递函数为

$$G(s)=\frac{K(s+1)}{s(\tau s+1)(2s+1)}$$

请在以 $K$ 为横坐标、$\tau$ 为纵坐标的平面上，确定系统稳定的区域。

3-21　已知单位反馈控制系统的开环传递函数为

$$G(s)=\frac{K}{(s+2)(s+4)(s^2+6s+25)}$$

试求系统产生持续等幅振荡时的 $K$ 值及相应的振荡频率。

3-22　求下列单位反馈控制系统的静态位置、速度、加速度误差系数。系统的开环传递函数为

(1) $G(s)=\dfrac{10}{(1+0.1s)(1+2s)}$　　(2) $G(s)=\dfrac{K}{s(1+0.1s)(1+0.5s)}$

(3) $G(s)=\dfrac{K(1+2s)(1+4s)}{s^2(s^2+2s+10)}$　　(4) $G(s)=\dfrac{K}{s(s^2+4s+200)}$

3-23　设单位反馈系统的开环传递函数为

$$G(s)=\frac{10}{s(0.1s+1)}$$

若输入信号如下，求系统的稳态误差：

(1) $r(t)=R_0$　　(2) $r(t)=R_0+R_1t$　　(3) $r(t)=R_0+R_1t+\dfrac{1}{2}R_2t^2$

3-24　单位负反馈系统开环传递函数如下表，写出系统在输入信号作用下的稳态误差。

| 输入信号 | 开环传递函数 | 稳态误差 | 输入信号 | 开环传递函数 | 稳态误差 |
|---|---|---|---|---|---|
| $1(t)$ | $\frac{1}{s(s+1)(s+2)}$ | | $t^2$ | $\frac{(s+1)}{s(s+2)}$ | |
| $t$ | $\frac{10}{s(s+1)(s+2)}$ | | $\sin t$ | $\frac{1}{s(s+1)}$ | |

3-25 设单位反馈系统的开环传递函数为 $G(s)=\frac{500}{s(0.1s+1)}$，如输入为 $r(t)=\sin 5t$，求系统的稳态误差级数。

3-26 设控制系统如图 3-42 所示。其中

$$G(s)=K_p+\frac{K}{s},F(s)=\frac{1}{Js}$$

输入 $r(t)$ 以及扰动 $d_1(t)$ 和 $d_2(t)$ 均为单位阶跃函数。试求：

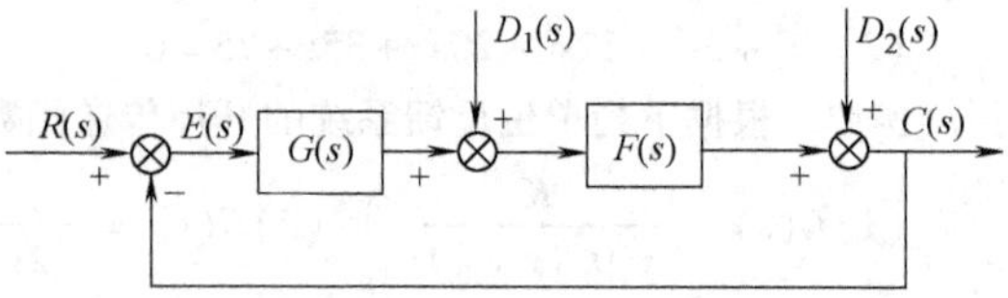


图 3-42

(1) 在 $r(t)$ 作用下系统的稳态误差；

(2) 在 $d_1(t)$ 作用下系统的稳态误差；

(3) 在 $d_1(t)$ 和 $d_2(t)$ 同时作用下系统的稳态误差。

3-27 单位反馈控制系统的框图如图 3-43 所示。如在 $r(t)$ 为常量时，作用于系统的扰动 $d(t)$ 为阶跃函数形式，试从环节及物理作用上解释，为何系统的扰动稳态误差为零？如扰动 $d(t)$ 为斜坡函数形式，为何扰动稳态误差是与时间无关的常量？假设未加入外作用信号时，系统处于零初始状态，如果不考虑扰动，当参考输入为阶跃函数形式的信号时，试解释其响应为何必然存在超调现象？

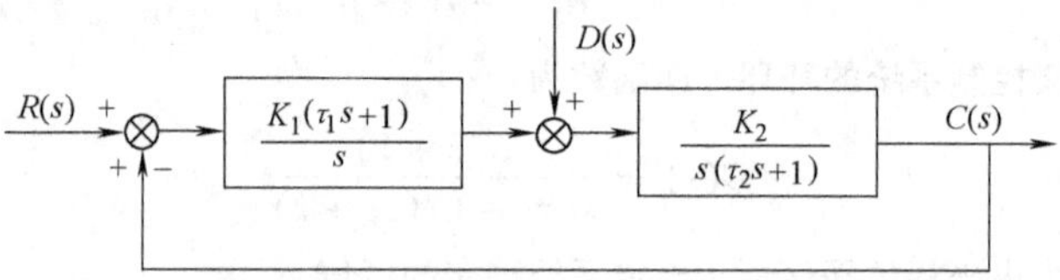


图 3-43

3-28 设闭环传递函数的一般形式为

$$\Phi(s)=\frac{G(s)}{1+G(s)H(s)}=\frac{b_m s^m+b_{m-1}s^{m-1}+\cdots+b_1 s+b_0}{s^n+a_{n-1}s^{n-1}+\cdots+a_1 s+a_0}$$

系统稳定且误差定义为 $e(t)=r(t)-c(t)$。试证：

(1) 系统在阶跃信号输入下，稳态误差为零的充要条件是：$b_0=a_0$

(2) 系统在斜坡信号输入下，稳态误差为零的充要条件是：$b_0=a_0$，$b_1=a_1$

3-29 设二阶系统的传递函数为

$$\frac{C(s)}{R(s)}=\frac{\omega_n^2}{s^2+2\zeta\omega_n s+\omega_n^2}$$

分别取 $\omega_n=1$，5；$\zeta=0$，0.05，0.2，0.5，0.7，1.0，1.25，试用 MATLAB 绘制系统的单位阶跃响应曲线，并进行分析。

3-30 已知系统的闭环传递函数

$$\frac{C(s)}{R(s)}=\frac{s+0.1}{s^3+0.6s^2+s+1}$$

用 MATLAB 求系统的单位阶跃响应、单位脉冲响应和单位斜坡响应。

3-31　已知高阶系统的闭环传递函数

$$\frac{C(s)}{R(s)}=\frac{45}{(s^2+0.6s+1)(s^2+3s+9)(s+5)}$$

$s_{1,2}=-0.3\pm \mathrm{j}0.954$ 是系统的主导极点，其余 3 个极点分别是 $s_{3,4}=-1.5\pm \mathrm{j}2.6$，$s_5=-5$。可借用下式所示的低阶系统近似原系统

$$\frac{C(s)}{R(s)}=\frac{1}{s^2+0.6s+1}$$

用 MATLAB 分别求原系统和近似系统的单位阶跃响应，并对它们的瞬态响应性能进行比较分析。

# 第4章 根轨迹法

根轨迹法是基于系统闭环极点与开环极点、零点之间存在的关系而建立的一种求闭环极点的图解方法。本章将介绍根轨迹的基本概念，导出根轨迹方程。据此，得到闭环系统根轨迹的绘图规则。有了根轨迹，就可以分析系统的性能。这种方法使用简便，是分析和设计线性定常系统的重要方法，在工程中得到广泛应用。

## 4.1 引言

由第3章分析可知，闭环控制系统的稳定性是由其特征方程式的根（即闭环极点）唯一确定的，而系统的瞬态性能取决于系统的极点和零点分布。在已知系统开环极点和零点的情况下，可以方便地求出系统的闭环零点，但是求闭环极点就必须将闭环系统特征方程式分解成因式，当特征方程式阶次大于3阶时，因式分解是比较复杂的。特别是当开环传递函数的参数改变时，需要重新计算闭环特征方程式的根才能得到所需要的结果。为避免直接求解特征方程式的困难，伊万思（Evans）提出了一种求解闭环特征方程的图解方法，即根轨迹法。

根轨迹法根据开环传递函数的零、极点分布，用图解法画出闭环特征方程式的根与系统中某个参数全部数值的关系曲线，也就是开环传递函数中某个参数从零变到无穷大时，闭环特征方程式的根在 $s$ 平面上的变化轨迹。这些轨迹就叫做闭环系统的根轨迹，简称根轨迹。利用根轨迹，可以确定控制系统的闭环极点，从而分析系统性能。由于根轨迹反映了系统的参数对闭环极点的影响，因而通过调整参数有可能获得希望的闭环极点。不仅如此，还可以利用根轨迹法选择附加的开环零点和（或）开环极点，以改善系统的性能。从而形成了基于根轨迹对线性定常系统进行分析和设计的方法。

为了说明什么是闭环系统根轨迹，以二阶系统为例，用解析法得到闭环系统根轨迹。

**例4-1** 单位反馈系统如图4-1所示，绘制 $K$ 从 $0\to\infty$ 时闭环极点变化的轨迹，并分析系统性能。

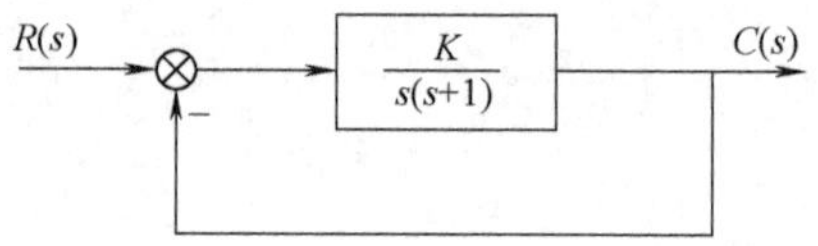

图 4-1

**解** 闭环传递函数为

$$\Phi(s) = \frac{C(s)}{R(s)} = \frac{K}{s^2 + s + K}$$

闭环系统特征方程式为

$$D(s) = s^2 + s + K = 0$$

特征根为

$$s_{1,2} = -\frac{1}{2} \pm \frac{1}{2}\sqrt{1-4K}$$

取不同的 $K$ 值，利用上式计算闭环系统特征方程式的根 $s_{1,2}$，见表4-1。

表 4-1　闭环系统特征方程式的根

| $K$ | $s_1$ | $s_2$ |
|---|---|---|
| 0 | 0 | -1 |
| 0.25 | -0.5 | -0.5 |
| 0.5 | -0.5 + j0.5 | -0.5 - j0.5 |
| 1 | -0.5 + j0.866 | -0.5 - j0.866 |
| 4 | -0.5 + j1.937 | -0.5 - j1.937 |
| ⋮ | ⋮ | ⋮ |
| ∞ | -0.5 + j∞ | -0.5 - j∞ |

将根的数值标在 $s$ 平面上，并连成光滑的粗实线，如图 4-2 所示。图中以“×”表示系统开环极点。“○”表示开环零点（本例无零点），图上的粗实线就是闭环系统以 $K$ 为参变量的根轨迹。根轨迹上的箭头表示随着 $K$ 的增加，闭环特征方程式根的变化趋势，而在根轨迹上标注的数值则代表与闭环特征根位置相对应的增益 $K$ 的数值。

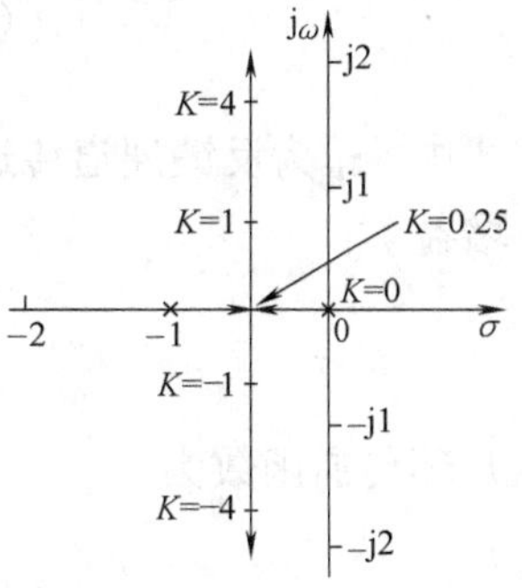

图　4-2

有了根轨迹，就可以分析该闭环系统的大致性能。

（1）稳定性　当 $K$ 从零变化到无穷大时，根轨迹均在 $s$ 左半开平面上，表示该系统对所有的 $K$ 值都是稳定的。

（2）瞬态性能　当增益 $0<K<0.25$ 时，闭环系统特征根为两个不相等的实根，系统为过阻尼情况，阶跃响应为非周期过程；当 $K=0.25$ 时，闭环系统特征根为两个相等的实根，系统为临界阻尼的情况，阶跃响应仍为非周期过程，但响应速度较 $0<K<0.25$ 时为快；$K>0.25$ 时，闭环系统特征根为一对共轭复根，系统为欠阻尼情况，其阶跃响应为衰减振荡过程。

（3）稳态性能　该系统的开环传递函数有一个 $s=0$ 的极点，表明该系统为Ⅰ型系统。对于阶跃输入信号，系统稳态误差为零；在斜坡输入信号时存在稳态误差。

例 4-1 是用解析法绘制闭环系统根轨迹的，对于具有多个开环极点和零点的复杂系统，用解析法来绘制根轨迹十分困难。伊万思提出的根轨迹法是一种图解方法，给出了绘制根轨迹的规则，可以较方便地绘制系统的根轨迹。

## 4.2　绘制根轨迹的依据

### 4.2.1　闭环零、极点和开环零、极点的关系

控制系统结构图如图 4-3 所示，设系统前向通道传递函数为

$$G(s)=\frac{K_G(\tau_1 s+1)(\tau_2^2 s^2+2\zeta_2\tau_2 s+1)\cdots}{s^v(T_1 s+1)(T_2^2 s^2+2\xi_2 T_2 s+1)\cdots}$$

$$= K_G^* \frac{\prod_{j=1}^{f}(s - z_{Gj})}{\prod_{i=1}^{g}(s - p_{Gi})} \tag{4-1}$$

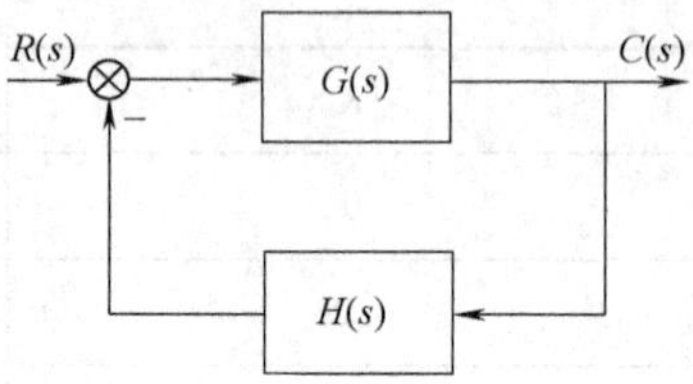

图 4-3

式中，$z_{Gj}$为前向通道传递函数零点；$p_{Gi}$为前向通道传递函数的极点；$K_G^*$ 为前向通道根轨迹增益。

$$K_G^* = K_G \frac{\tau_1 \tau_2^2 \cdots}{T_1 T_2^2 \cdots} \tag{4-2}$$

反馈通道传递函数为

$$H(s) = \frac{K_H(\tau_{H1}s + 1)(\tau_{H2}^2 s^2 + 2\zeta_{H2}\tau_{H2}s + 1)\cdots}{(T_{H1}s + 1)(T_{H2}^2 s^2 + 2\xi_{H2}T_{H2}s + 1)\cdots} = K_H^* \frac{\prod_{j=1}^{l}(s - z_{Hj})}{\prod_{i=1}^{h}(s - p_{Hi})} \tag{4-3}$$

式中，$z_{Hj}$为反馈通道传递函数零点；$p_{Hi}$为反馈通道传递函数的极点；$K_H^*$ 为反馈通道根轨迹增益。

$$K_H^* = K_H \frac{\tau_{H1}\tau_{H2}^2 \cdots}{T_{H1}T_{H2}^2 \cdots} \tag{4-4}$$

开环传递函数为

$$G(s)H(s) = K^* \frac{\prod_{j=1}^{f}(s - z_{Gj}) \prod_{j=1}^{l}(s - z_{Hj})}{\prod_{i=1}^{g}(s - p_{Gi}) \prod_{i=1}^{h}(s - p_{Hi})} \tag{4-5}$$

其中

$$K^* = K_G^* K_H^* = K \frac{\tau_1 \tau_2^2 \cdots \tau_{H1}\tau_{H2}^2 \cdots}{T_1 T_2^2 \cdots T_{H1} T_{H2}^2 \cdots} \tag{4-6}$$

$K^*$称为开环根轨迹增益，$K = K_G K_H$ 为开环增益。并且$f + l = m, g + h = n$ 。

闭环传递函数为

$$\Phi(s) = \frac{G(s)}{1 + G(s)H(s)}$$

$$= \frac{K_G^* \prod_{j=1}^{f}(s - z_{Gj}) \prod_{i=1}^{h}(s - p_{Hi})}{\prod_{i=1}^{g}(s - p_{Gi}) \prod_{i=1}^{h}(s - p_{Hi}) + K^* \prod_{j=1}^{f}(s - z_{Gj}) \prod_{j=1}^{l}(s - z_{Hj})}$$

$$= \frac{K_G^* \prod_{j=1}^{m}(s - z_j)}{\prod_{i=1}^{n}(s - s_i)} \tag{4-7}$$

式中，$z_j$ 为闭环零点；$s_i$ 为闭环极点。

对于单位反馈系统，$H(s)=1, K^*=K_G^*$。由式（4-7）可知：

1）闭环系统的根轨迹增益等于系统前向通道的根轨迹增益。

2）系统的闭环零点由前向通道传递函数 $G(s)$ 的零点与反馈通道传递函数 $H(s)$ 的极点构成。对于单位反馈系统，系统的闭环零点就是系统的开环零点。

3）系统的闭环极点与系统的开环零点、极点以及根轨迹增益有关。

如上所述，由系统开环传递函数求系统闭环传递函数，关键在于求出系统闭环极点。一旦系统闭环极点求出来，闭环传递函数也就可以由式（4-7）完全确定。根轨迹法正是解决求闭环极点的有效方法。它根据系统的开环零点和极点分布，通过图解方法确定闭环的极点。

## 4.2.2　根轨迹方程

根轨迹是开环传递函数中某个参数从零变到无穷大时，闭环特征方程式的根在 $s$ 平面上变化的轨迹。对于图 4-3 所示的闭环系统，根轨迹上的点必然满足闭环系统特征方程式

$$1+G(s)H(s)=0$$

或

$$G(s)H(s)=-1 \tag{4-8}$$

式（4-8）称为系统的根轨迹方程。

式（4-5）表示的开环传递函数可以简记为

$$G(s)H(s)=K^*\frac{\prod_{j=1}^{m}(s-z_j)}{\prod_{i=1}^{n}(s-p_i)} \tag{4-9}$$

式中，$z_j$ 为开环传递函数的零点；$p_i$ 为开环传递函数的极点。

根轨迹方程式（4-8）可写成

$$\frac{K^*\prod_{j=1}^{m}(s-z_j)}{\prod_{i=1}^{n}(s-p_i)}=-1 \tag{4-10}$$

如果以根轨迹增益 $K^*$ 为参变量，令 $K^*$ 从零变到无穷大，得到相应的 $s$ 值，在 $s$ 平面上表示出来，并连成光滑的曲线，就是以 $K^*$ 为参变量的根轨迹。

根轨迹方程式（4-8）可表示为相角条件 $\angle G(s)H(s)=(2k+1)\pi \quad k=0, \pm1, \pm2, \cdots$ 和模值条件 $|G(s)H(s)|=1$，即

$$\sum_{j=1}^{m}\angle(s-z_j)-\sum_{i=1}^{n}\angle(s-p_i)=(2k+1)\pi \qquad k=0,\pm1,\pm2,\cdots \tag{4-11}$$

和

$$K^*=\frac{\prod_{i=1}^{n}|s-p_i|}{\prod_{j=1}^{m}|s-z_j|} \tag{4-12}$$

如果 $s$ 平面上的点 $s_i$ 是系统闭环极点，它一定同时满足相角条件式（4-11）和模值条件

式（4-12）。因为模值条件与根轨迹增益 $K^*$ 相关，而相角条件与 $K^*$ 无关。所以，满足相角条件的 $s_i$ 值代入模值条件，总可以求得一个对应的 $K^*$ 值。也就是说满足相角条件的 $s_i$ 值，必定同时满足模值条件。因此，相角条件是决定闭环系统根轨迹的充分必要条件。这就是说，绘制根轨迹时，只要使用相角条件就可以绘制出根轨迹。下面介绍的根轨迹绘制规则，大部分是由相角条件得到的。当需要确定根轨迹上各点对应的根轨迹增益 $K^*$ 时，才用到模值条件。

下面以例 4-1 所画出的二阶系统根轨迹为例来说明根轨迹上任何一点都满足相角条件。为了便于说明起见，将图 4-2 重新画出，记为图 4-4。在图 4-4 上取根轨迹上一点 $s_1$，将开环极点 $p_1=0$ 和 $p_2=-1$ 分别与 $s_1$ 相连，二直线与正实轴构成的相角分别为 $\theta_1$ 和 $\theta_2$（注意，所有角度均取逆时针方向为正值），二直线的模值分别为 $|s_1|$ 和 $|s_1+1|$。很显然，$\theta_1+\theta_2=180°$，即满足相角条件

$$-\angle(s_1-p_1)-\angle(s_1-p_2)=180°(2k+1)$$
$$(k=0,\pm1,\pm2,\cdots)$$

同样在实轴上 $[-1,0]$ 之间取一点 $s_2$，则 $\theta_1=180°$，$\theta_2=0°$，且

$$\theta_1+\theta_2=180°$$

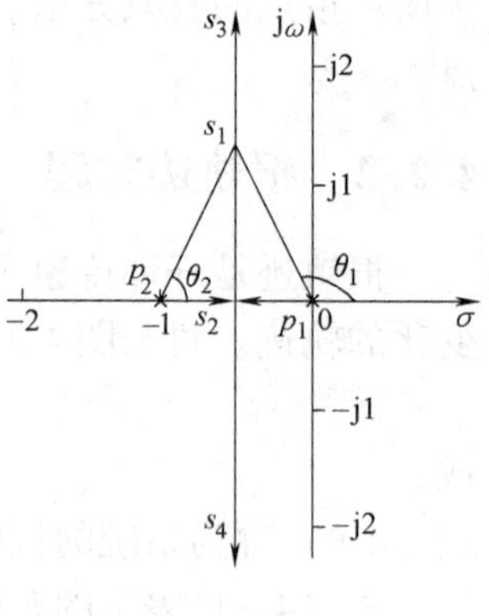


图 4-4

如果闭环极点 $s_3=-0.5+\mathrm{j}2$，则由模值条件

$$|G(s)H(s)|=\frac{K}{|s_3||s_3+1|}=\frac{K^*}{|s_3||s_3+1|}=1$$

求得该点对应的根轨迹增益

$$K^*=|s_3||s_3+1|_{s_3=-0.5+\mathrm{j}2}=4.4$$

因为复数极点是共轭的，所以如果其中一个极点 $s_3=-0.5+\mathrm{j}2$ 的 $K^*$ 被确定，则另一个极点 $s_4=-0.5-\mathrm{j}2$ 的 $K^*$ 值自然也就确定了。在计算 $K^*$ 值时，可以采用共轭复数极点中任何一个极点来计算，结果相同。在求出 $K^*$ 后按式（4-6）可计算系统开环增益 $K$。

## 4.3 根轨迹的绘制规则及控制系统闭环极点的确定

### 4.3.1 根轨迹的绘制规则

直接应用相角条件绘制系统根轨迹，只能采用试探的方法，实际应用困难。为此，根据根轨迹方程或相角条件导出根轨迹的绘制规则，利用这些规则就可以方便地绘制系统根轨迹。下面介绍以根轨迹增益 $K^*$（$K^*>0$）为参变量的根轨迹绘制规则。

**规则 1** 根轨迹的分支数和根轨迹的起点、终点

根轨迹的分支数等于闭环系统特征方程的阶数。根轨迹起点为开环极点，终点为开环零点。

若开环传递函数为式（4-9），闭环系统特征方程式为

$$\prod_{i=1}^{n}(s-p_i)+K^*\prod_{j=1}^{m}(s-z_j)=0 \tag{4-13}$$

显然，特征方程式的阶数或特征根的个数等于 $n$ 和 $m$ 中的较大值，因此当 $K^*$ 从零到无穷大变化时，根轨迹的分支数等于 $n$ 和 $m$ 中的较大值。

根轨迹起点是指 $K^*=0$ 时的闭环极点。由式（4-13）知，$s=p_i(i=1,2,\cdots,n)$ 是该方程在 $K^*=0$ 时的根。这表明，根轨迹起始于开环极点。

根轨迹终点是指 $K^*\to\infty$ 时的闭环极点。将式（4-13）改写为

$$\frac{1}{K^*}\prod_{i=1}^{n}(s-p_i)+\prod_{j=1}^{m}(s-z_j)=0 \tag{4-14}$$

当 $K^*\to\infty$ 时，由上式可求得 $s=z_j(j=1,2,\cdots,m)$，即根轨迹的终点是系统开环零点。

若系统开环极点的个数等于开环零点的个数，即当 $n=m$ 时，系统的 $n$ 条根轨迹从 $n$ 个开环极点出发，终止于 $n$ 个开环零点。若 $n>m$，从 $n$ 个开环极点出发的根轨迹，有 $m$ 条终止于开环零点，另外 $n-m$ 条根轨迹终止于无穷远（此时认为系统在无穷远处有 $n-m$ 个开环零点，称其为无限零点）。这是因为根轨迹方程可写为

$$\frac{\prod_{j=1}^{m}(s-z_j)}{\prod_{i=1}^{n}(s-p_i)}=-\frac{1}{K^*}$$

在 $n>m$ 时，$s\to\infty$ 是上式当 $K^*\to\infty$ 时的根。类似地，若 $n<m$，则有 $m-n$ 条根轨迹起始于无穷远，$n$ 条根轨迹起始于开环极点，它们分别终止于 $m$ 个开环零点（此时认为系统在无穷远处有 $n-m$ 个开环极点，称其为无限极点）。

若把位于无穷远处开环极点或开环零点包括在内，系统开环零点和开环极点的个数总是相等的。因此根轨迹起始于开环极点，终止于开环零点。

**规则2** 根轨迹的连续性和对称性

闭环特征方程式中的某些参数是根轨迹增益 $K^*$ 的函数。当 $K^*$ 从零到无穷大连续变化时，特征方程式中这些参数也随之连续地变化。因此，特征方程式根的变化也必然是连续的，故根轨迹具有连续性。

闭环特征方程式的根是实根或共轭复根。实根位于实轴上，共轭复根对称于实轴。而根轨迹是闭环特征方程式根的集合。因此，根轨迹必对称于实轴。基于根轨迹的对称性，在绘制根轨迹时，只需要画出上半 $s$ 平面的根轨迹部分，下半 $s$ 平面的根轨迹部分根据其对称性可镜像画出。

**规则3** 根轨迹的渐近线

当开环传递函数 $G(s)H(s)$ 的分子多项式次数 $m$ 小于分母多项式次数 $n$ 时，有 $n-m$ 条根轨迹将终止在 $s$ 平面的无穷远处。因此，要了解根轨迹无穷远处的特征。

如果在 $s$ 平面上，取一试验点 $s_1$，它距 $s$ 平面坐标原点很远。从 $G(s)H(s)$ 的各个零点和极点到点 $s_1$ 的向量角度可认为是相等的。这时一个开环零点和一个开环极点在点 $s_1$ 产生的相角相互抵消。因此，当 $s$ 值很大时，根轨迹趋于某直线。该直线称为渐近线。渐近线与正实轴夹角

$$\phi_a=\frac{(2k+1)\pi}{n-m} \qquad k=0,1,2,\cdots,n-m-1 \tag{4-15}$$

渐近线与实轴的交点为

$$\sigma_a = \frac{\sum_{i=1}^{n} p_i - \sum_{j=1}^{m} z_j}{n - m} \tag{4-16}$$

证明如下：

如果将开环传递函数的分子和分母展开成 $s$ 多项式形式时，得到

$$G(s)H(s) = \frac{K^* \prod_{j=1}^{m}(s - z_j)}{\prod_{i=1}^{n}(s - p_i)} = K^* \frac{s^m + b_{m-1}s^{m-1} + \cdots + b_1 s + b_0}{s^n + a_{n-1}s^{n-1} + \cdots + a_1 s + a_0}$$

其中，$a_{n-1} = -(p_1 + p_2 + \cdots + p_n) = -\sum_{i=1}^{n} p_i$

$$b_{m-1} = -(z_1 + z_2 + \cdots + z_m) = -\sum_{j=1}^{m} z_j$$

由根轨迹方程

$$G(s)H(s) = K^* \frac{s^m + b_{m-1}s^{m-1} + \cdots + b_1 s + b_0}{s^n + a_{n-1}s^{n-1} + \cdots + a_1 s + a_0} = -1$$

或改写成

$$\frac{s^n + a_{n-1}s^{n-1} + \cdots + a_1 s + a_0}{s^m + b_{m-1}s^{m-1} + \cdots + b_1 s + b_0} = -K^*$$

用长除法，得到

$$s^{n-m} + (a_{n-1} - b_{m-1})s^{n-m-1} + \cdots = -K^*$$

上式两边开 $n-m$ 次方，得

$$s\left[1 + \frac{a_{n-1} - b_{m-1}}{s} + \cdots\right]^{1/(n-m)} = (-K^*)^{1/(n-m)} \tag{4-17}$$

式（4-17）中的省略部分的各项 $s$ 幂次均低于 $-1$，当 $s \to \infty$ 时省略部分趋于零。将式（4-17）的中括号内的两项按牛顿二项式定理展开

$$\left[1 + \frac{a_{n-1} - b_{m-1}}{s}\right]^{1/(n-m)} = 1 + \frac{a_{n-1} - b_{m-1}}{(n-m)s} + \frac{1}{2!}\left(\frac{1}{n-m}\right)\left(\frac{1}{n-m} - 1\right)\left(\frac{a_{n-1} - b_{m-1}}{s}\right)^2 + \cdots$$

若 $s \to \infty$，因为上式中第二项以后的各项趋于零，取上式前两项，即

$$\left[1 + \frac{a_{n-1} - b_{m-1}}{s}\right]^{1/(n-m)} = 1 + \frac{a_{n-1} - b_{m-1}}{(n-m)s} \tag{4-18}$$

式（4-17）可写为

$$s\left[1 + \frac{a_{n-1} - b_{m-1}}{(n-m)s}\right] = (-K^*)^{1/(n-m)} \tag{4-19}$$

用 $s = \sigma + j\omega$ 代入式（4-19），考虑到 $e^{j(2k+1)\pi} = -1$ 并利用棣美弗公式[⊖]，式（4-19）改写成

$$\left[\sigma + \frac{a_{n-1} - b_{m-1}}{n-m}\right] + j\omega = (K^*)^{1/(n-m)}\left[\cos\frac{(2k+1)\pi}{n-m} + j\sin\frac{(2k+1)\pi}{n-m}\right] \quad k = 0,1,2,\cdots,n-m-1$$

---

⊖ 棣美弗公式：$(\cos\theta + j\sin\theta)^{1/n} = \cos\frac{\theta}{n} + j\sin\frac{\theta}{n}$

令等式两边实部和虚部分别相等，得到

$$\sigma + \frac{a_{n-1} - b_{m-1}}{n - m} = (K^*)^{1/(n-m)} \cos \frac{(2k+1)\pi}{n - m} \tag{4-20}$$

$$\omega = (K^*)^{1/(n-m)} \sin \frac{(2k+1)\pi}{n - m} \tag{4-21}$$

令 $\sigma_a = -\dfrac{a_{n-1} - b_{m-1}}{n - m}$，由式（4-20）解出

$$(K^*)^{1/(n-m)} = \frac{\sigma - \sigma_a}{\cos \dfrac{(2k+1)\pi}{n - m}}$$

代入式（4-21），得

$$\omega = \tan \frac{(2k+1)\pi}{n - m}(\sigma - \sigma_a)$$

上式为 $s \to \infty$ 时根轨迹的渐近线方程。当 $k$ 取不同值时，渐近线为 $s$ 平面的一些直线。其斜率为 $\tan \dfrac{(2k+1)\pi}{n-m}$，渐近线与正实轴夹角为

$$\phi_a = \frac{(2k+1)\pi}{n - m} \quad k = 0,1,2,\cdots,n - m - 1$$

令 $\omega = 0$，因为正切函数不总为零，所以渐近线与正实轴交点坐标为

$$\sigma = \sigma_a = -\frac{a_{n-1} - b_{m-1}}{n - m} = \frac{\sum\limits_{i=1}^{n} p_i - \sum\limits_{j=1}^{m} z_j}{n - m}$$

考虑到复数零点、极点是共轭的，它们的虚部是相互抵消的，这样只要将开环传递函数的极点和零点的实部代入式（4-16）即可。

**例 4-2** 控制系统结构如图 4-5a 所示，应用已有的绘制根轨迹规则确定根轨迹上有关特征点和渐近线。

**解** 该系统开环传递函数已是绘制根轨迹的传递函数形式，根轨迹增益 $K^* = K$。没有有限零点，即 $m = 0$，有 3 个极点，即 $n = 3$。由规则 1 可知，根轨迹的起点是开环极点：$p_1 = 0$，$p_2 = -1$，$p_3 = -2$。系统有 3 条根轨迹分支。终点为无限零点。

由规则 3 可以确定根轨迹的渐近线。渐近线与正实轴夹角由式（4-15）计算

$$\phi_a = \frac{(2k+1)\pi}{n - m} = \frac{(2k+1)\pi}{3}$$

$k = 0, \phi_{a1} = 60°; k = 1, \phi_{a2} = 180°; k = 3, \phi_{a3} = 300°$ 或 $\phi_{a3} = -60°$。3 条渐近线与实轴的交点由式（4-16）计算

$$\sigma_a = \frac{\sum\limits_{i=1}^{n} p_i - \sum\limits_{j=1}^{m} z_j}{n - m} = \frac{-(0+1+2)}{3} = -1$$

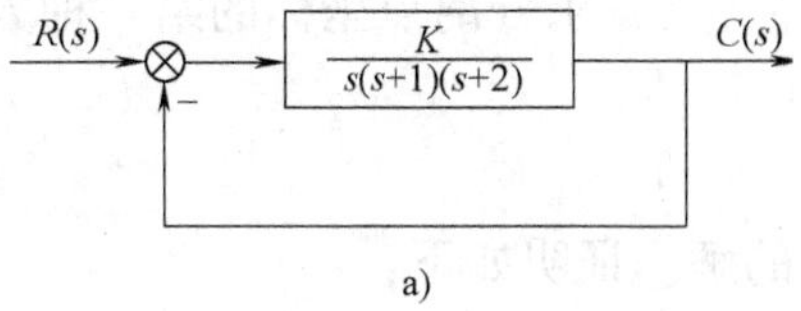

a)

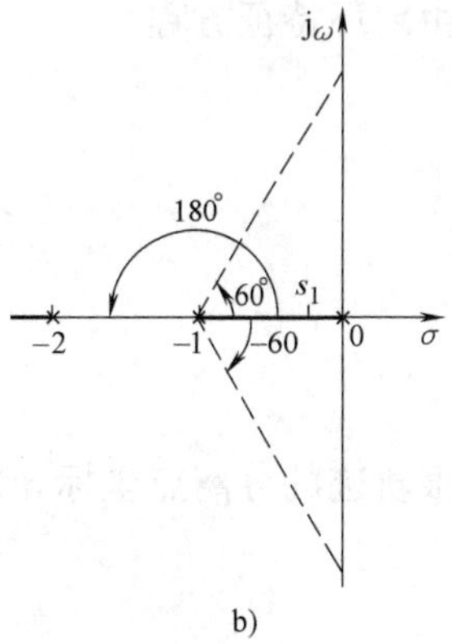

b)

图 4-5

根据计算画出开环极点和渐近线如图 4-5b 所示。

**规则 4** 实轴上的根轨迹

实轴上某线段右边的开环实数零点数和极点数之和为奇数时，该线段就是根轨迹上的一段。

设开环传递函数的零、极点分布如图 4-5b 所示。实轴上 0 到 -1 线段的右边有 1 个实数极点，因而是根轨迹。可以用相角条件来验算，因为在该线段上取一个试验点 $s_1$，则

$$\angle G(s)H(s) = 0° - 180° - 0° - 0° = -180°$$

满足相角条件。所以这一线段是实轴上的根轨迹。同理，实轴上 -2 到 -∞ 线段也是根轨迹。

应当指出，开环传递函数的复数极点或复数零点对实轴上的根轨迹的分布没有影响。

如图 4-6 所示的一对共轭复数极点 $p_1$、$p_2$，它对实轴上的试验点 $s_2$ 构成的相角

$$\theta_{p_1} + \theta_{p_2} = 360°$$

这表明任一对复数极点到实轴上点 $s_2$ 构成的相角总和为 360°，因此由相角条件可知，复数极点对实轴上的根轨迹分布没有影响。同样可以分析，复数零点对实轴上的根轨迹分布也无影响。

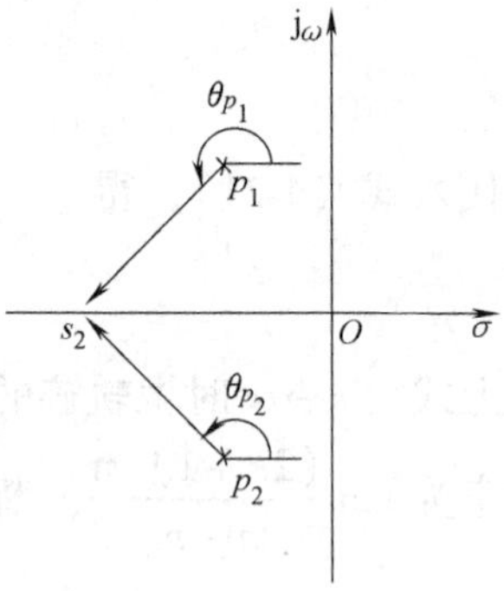

图 4-6

**规则 5** 根轨迹的分离点和分离角

两条根轨迹分支，在 $s$ 平面上某处相遇又立即分开的点叫做根轨迹的分离点（或会合点，为了简单起见，统称为分离点）。分离点说明闭环特征方程在该点有重根。一个系统的根轨迹可能没有分离点，也可能有分离点甚至于不止一个分离点。由于根轨迹的对称性，分离点或位于实轴上，或位于对称于实轴的复平面上。若根轨迹位于实轴上相邻两个开环极点之间，则这两个极点之间至少存在一个分离点；同样，如果根轨迹位于实轴上相邻的两个零点之间，则至少存在一个分离点。下面介绍求分离点坐标 $d$ 的两种方法。

1）求分离点坐标的第一种方法：分离点的坐标 $d$ 是方程

$$\sum_{i=1}^{n} \frac{1}{d - p_i} = \sum_{j=1}^{m} \frac{1}{d - z_j} \tag{4-22}$$

的解。证明如下：

由闭环特征方程

$$1 + \frac{K^* \prod_{j=1}^{m} (s - z_j)}{\prod_{i=1}^{n} (s - p_i)} = 0$$

得到

$$\prod_{i=1}^{n} (s - p_i) + K^* \prod_{j=1}^{m} (s - z_j) = 0$$

根轨迹的分离点坐标 $d$ 就是闭环特征方程的重根。根据代数中重根条件知，$d$ 满足：

$$\prod_{i=1}^{n} (s - p_i) + K^* \prod_{j=1}^{m} (s - z_j) = 0$$

和

$$\frac{\mathrm{d}}{\mathrm{d}s}\left[\prod_{i=1}^{n} (s - p_i) + K^* \prod_{j=1}^{m} (s - z_j)\right] = 0$$

或表示成

$$\prod_{i=1}^{n}(s-p_i) = -K^* \prod_{j=1}^{m}(s-z_j) \tag{4-23}$$

$$\frac{\mathrm{d}}{\mathrm{d}s}\prod_{i=1}^{n}(s-p_i) = -K^* \frac{\mathrm{d}}{\mathrm{d}s}\prod_{j=1}^{m}(s-z_j) \tag{4-24}$$

将式（4-23）除以式（4-24），得

$$\frac{\frac{\mathrm{d}}{\mathrm{d}s}\prod_{i=1}^{n}(s-p_i)}{\prod_{i=1}^{n}(s-p_i)} = \frac{\frac{\mathrm{d}}{\mathrm{d}s}\prod_{j=1}^{m}(s-z_j)}{\prod_{j=1}^{m}(s-z_j)}$$

根据自然对数求导公式，上式可改写成

$$\frac{\mathrm{d}\ln\prod_{i=1}^{n}(s-p_i)}{\mathrm{d}s} = \frac{\mathrm{d}\ln\prod_{j=1}^{m}(s-z_j)}{\mathrm{d}s} \tag{4-25}$$

而

$$\ln\prod_{i=1}^{n}(s-p_i) = \sum_{i=1}^{n}\ln(s-p_i) \tag{4-26}$$

$$\ln\prod_{j=1}^{m}(s-z_j) = \sum_{j=1}^{m}\ln(s-z_j) \tag{4-27}$$

将式（4-26）、式（4-27）代入式（4-25），得

$$\sum_{i=1}^{n}\frac{\mathrm{d}\ln(s-p_i)}{\mathrm{d}s} = \sum_{j=1}^{m}\frac{\mathrm{d}\ln(s-z_j)}{\mathrm{d}s}$$

由上式进一步得到

$$\sum_{i=1}^{n}\frac{1}{s-p_i} = \sum_{j=1}^{m}\frac{1}{s-z_j}$$

从上面方程中解出的 $s$ 就是分离点 $d$。

如果开环传递函数中没有有限零点，分离点 $d$ 的计算公式（4-22）可写为

$$\sum_{i=1}^{n}\frac{1}{d-p_i} = 0 \tag{4-28}$$

注意，分离点一定是根轨迹上的点，但方程式（4-22）的解不一定都是分离点，因而需要验证式（4-22）的解是否在根轨迹上。若不在根轨迹上，应该舍去。只有满足根轨迹方程的那些解才是根轨迹的分离点。

对于例 4-2 所示系统，由于该系统没有有限零点，可应用式（4-28）求根轨迹分离点。即

$$\sum_{i=1}^{n}\frac{1}{d-p_i} = \frac{1}{d} + \frac{1}{d+1} + \frac{1}{d+2} = 0$$

经计算得到 $3d^2+6d+2=0$，解得 $d_1=-0.423, d_2=-1.577$。

由于实轴上 0 和 −1 之间是根轨迹，故 $d=-0.423$ 是根轨迹分离点。而 $d_2=-1.577$ 不在根轨迹上，因而不是根轨迹的分离点，应该舍去。若把 $d_2=-1.577$ 代入根轨迹方程，解

得 $K^* = -0.385$，由于不满足 $K^* > 0$ 的要求，故 $d_2 = -1.577$ 不满足根轨迹方程。

**例 4-3** 控制系统开环传递函数为

$$G(s)H(s) = \frac{K}{s(s+4)(s^2+4s+20)}$$

利用已有的根轨迹绘制规则，画出系统根轨迹并求其分离点。

**解** (1) 根轨迹起点为开环极点 $p_1=0$，$p_2=-4$，$p_{3,4}=-2\pm \mathrm{j}4$。根轨迹有 4 条分支，趋向无限零点。

(2) 根轨迹的渐近线 已知 $m=0$，$n=4$。渐近线与正实轴夹角

$$\phi_a = \frac{180°(2k+1)}{n-m} = \frac{180°(2k+1)}{4}$$

当 $k=0, \phi_{a1}=45°; k=1, \phi_{a2}=135°; k=2, \phi_{a3}=225°; k=3, \phi_{a3}=315°$。

渐近线与实轴交点为

$$\sigma_a = \frac{(0-4-2-2)-0}{4} = -2$$

(3) 实轴上的根轨迹 实轴上 0 到 −4 之间的线段为根轨迹。

(4) 根轨迹的分离点 因为该系统没有有限零点，由式 (4-28)

$$\sum_{i=1}^{4}\frac{1}{d-p_i} = \frac{1}{d}+\frac{1}{d+4}+\frac{1}{d+2+\mathrm{j}4}+\frac{1}{d+2-\mathrm{j}4} = 0$$

经整理得到

$$4d^3+24d^2+72d+80=0$$

求解上面的方程，根为

$$d_1=-2,\quad d_{2,3}=-2\pm \mathrm{j}2.45。$$

根据上述计算画出的根轨迹如图 4-7 所示。

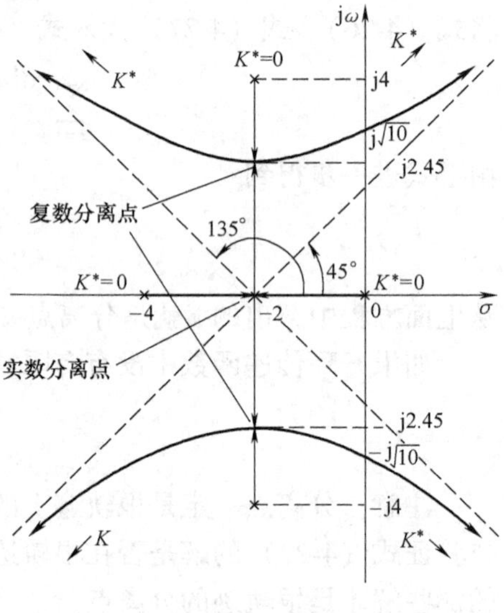


图 4-7

2) 求分离点坐标的第二种方法：设系统开环传递函数为

$$G(s)H(s) = K^*\frac{B(s)}{A(s)} \tag{4-29}$$

其中，$A(s)$、$B(s)$ 为不包含 $K^*$ 的 $s$ 多项式。则分离点的坐标 $d$ 是方程

$$A(s)\frac{\mathrm{d}B(s)}{\mathrm{d}s} - \frac{\mathrm{d}A(s)}{\mathrm{d}s}B(s) = 0 \tag{4-30}$$

的解。证明如下：

闭环特征方程为

$$D(s) = 1+K^*\frac{B(s)}{A(s)} = 0 \tag{4-31}$$

根轨迹的分离点就是闭环特征方程出现重根之处，因此在分离点处下式成立：

$$\frac{\mathrm{d}}{\mathrm{d}s}D(s) = \frac{\mathrm{d}}{\mathrm{d}s}\left[1+K^*\frac{B(s)}{A(s)}\right] = 0 \tag{4-32}$$

即

$$A(s)\frac{\mathrm{d}B(s)}{\mathrm{d}s}-\frac{\mathrm{d}A(s)}{\mathrm{d}s}B(s)=0$$

由式（4-31）可以求出

$$K^{*}=-\frac{A(s)}{B(s)}$$

因此，习惯上将式（4-30）也表示为

$$\frac{\mathrm{d}K^{*}}{\mathrm{d}s}=0 \tag{4-33}$$

根据式（4-30）或式（4-33）求出的所有解并非都是根轨迹的分离点，只有满足根轨迹方程的解才是根轨迹的分离点。

下面用第二种方法计算例4-2所示系统根轨迹的分离点。

$$A(s)=s(s+1)(s+2),B(s)=1$$

代入式（4-30），得

$$3s^2+6s+2=0$$

解得 $s_1=-0.423$， $s_2=-1.577$ 。

经检验，$d=s_1=-0.423$ 是根轨迹的分离点。可见按该法计算的根轨迹分离点与第一种方法计算结果相同。

根轨迹分支到达分离点并立即离开，各分支离开分离点的方向由分离角确定。所谓分离角是指到达分离点的根轨迹分支的切线方向与离开该分离点的根轨迹分支的切线方向之间的夹角。分离点 $d$ 处的分离角为

$$\theta_{\mathrm{d}}=\frac{(2k+1)\pi}{l}\qquad(k=0,1,\cdots,l-1) \tag{4-34}$$

其中，$l$ 是到达分离点的根轨迹的分支数。为了说明其正确性，以图4-7的根轨迹为例加以说明，到达分离点 $d=-2$ 时有 $l=2$ 条根轨迹分支，以分离角为 $\pm90°$离开实轴。如果在 $d=-2$处与实轴成90°的根轨迹分支上取一个试验点，该点无限接近 $d=-2$，不难看出，该点满足相角条件。即该点是离开分离点的根轨迹分支上的一点。

**规则6** 根轨迹的起始角和终止角

为了比较准确地画出系统的根轨迹，需要知道开环复数极点和复数零点附近的根轨迹变化方向。这就必须求出根轨迹离开开环复数极点的起始角和根轨迹进入开环复数零点的终止角。

根轨迹离开开环复数极点 $p_i$ 的切线与正实轴的夹角称为起始角，记成 $\theta_{p_i}$；根轨迹进入开环复数零点 $z_i$ 的切线与正实轴的夹角称为终止角，记为 $\theta_{z_i}$。

起始角的计算公式为

$$\theta_{p_i}=(2k+1)\pi+\sum_{j=1}^{m}\angle(p_i-z_j)-\sum_{\substack{j=1\\ j\neq i}}^{n}\angle(p_i-p_j)\qquad k=0,\pm1,\pm2,\cdots \tag{4-35}$$

终止角的计算公式为

$$\theta_{z_i}=(2k+1)\pi-\sum_{\substack{j=1\\ j\neq i}}^{m}\angle(z_i-z_j)+\sum_{j=1}^{n}\angle(z_i-p_j)\qquad k=0,\pm1,\pm2,\cdots \tag{4-36}$$

说明如下：设开环传递函数有 $m$ 个有限零点，$n$ 个有限极点。在求开环复数极点的起始角

$\theta_{p_i}$时，在离开开环复数极点 $p_i$ 的根轨迹上选取一个试验点 $s_1$，让点 $s_1$ 非常接近复数极点 $p_i$。由于点 $s_1$ 非常接近点 $p_i$，除 $p_i$ 外，其他开环零点和极点即 $z_j(j=1,2,\cdots,m)$ 和 $p_j(j=1,2,\cdots,n$ 但 $j\neq i)$ 到点 $s_1$ 的向量的相角，都可以用它们到 $p_i$ 的向量的相角来代替，而 $p_i$ 到 $s_1$ 的向量的相角，当 $s_1$ 趋于 $p_i$ 时，即为起始角 $\theta_{p_i}$。根据根轨迹的相角条件，有

$$\sum_{j=1}^{m}\angle(p_i-z_j)-\sum_{\substack{j=1\\j\neq i}}^{n}\angle(p_i-p_j)-\theta_{p_i}=(2k+1)\pi \tag{4-37}$$

注意到在根轨迹的相角条件中，$(2k+1)\pi$ 和 $-(2k+1)\pi$ 是等价的，由式（4-37）可以导出式（4-35）。

类似的，可以说明开环复数零点终止角 $\theta_{z_i}$ 的计算公式。这时，在离开开环复数零点 $z_i$ 的根轨迹上选取一个试验点 $s_2$，让点 $s_2$ 非常接近复数零点 $z_i$。由于点 $s_2$ 非常接近 $z_i$，除 $z_i$ 外，其他开环零点和极点到点 $s_2$ 的向量的相角，都可以用它们到 $z_i$ 的向量的相角来代替。而 $z_i$ 到 $s_2$ 的向量的相角，当 $s_2$ 趋于 $z_i$ 时，即为终止角 $\theta_{z_i}$。根据根轨迹的相角条件，有

$$\sum_{\substack{j=1\\j\neq i}}^{m}\angle(z_i-z_j)-\sum_{j=1}^{n}\angle(z_i-p_j)+\theta_{z_i}=(2k+1)\pi \tag{4-38}$$

由上式可得式（4-36）。

**例 4-4** 单位反馈系统的开环传递函数为

$$G(s)=\frac{K^*(s+1.5)(s+2+\mathrm{j})(s+2-\mathrm{j})}{s(s+2.5)(s+0.5+\mathrm{j}1.5)(s+0.5-\mathrm{j}1.5)}$$

试画出该系统的根轨迹。

**解** （1）根轨迹的起点是开环极点 $p_1=0$，$p_{2,3}=-0.5\pm \mathrm{j}1.5$，$p_4=-2.5$。有 4 条根轨迹。根轨迹终点是开环零点，包括有限零点：$z_1=-1.5$，$z_{2,3}=-2\pm\mathrm{j}$ 和一个无限零点。

（2）根轨迹的渐近线 已知 $m=3$，$n=4$，只有一条渐近线。

按式（4-15）求出根轨迹渐近线与实轴夹角

$$\phi_a=\frac{180°(2k+1)}{n-m}=\frac{180°(2k+1)}{4-3}$$

取 $k=0$，$\phi_a=180°$，即渐近线位于负实轴上。

（3）实轴上的根轨迹 根据绘制根轨迹的规则 4，可知实轴上 $[-\infty,\ -2.5]$ 和 $[-1.5,\ 0]$ 区段为根轨迹。

（4）根轨迹的起始角和终止角 根据绘制根轨迹的规则 6，开环复数极点 $p_2$ 处的起始角由式（4-35）求出

$$\begin{aligned}\theta_{p_2}&=180°(2k+1)+\sum_{j=1}^{3}\angle(p_2-z_j)-\sum_{\substack{j=1\\j\neq 2}}^{4}\angle(p_2-p_j)\\&=180°(2k+1)+\angle(p_2-z_1)+\angle(p_2-z_2)+\angle(p_2-z_3)-\angle(p_2-p_1)-\\&\quad\angle(p_2-p_3)-\angle(p_2-p_4)\end{aligned}$$

由图 4-8a 求出各角度，得到

$$\begin{aligned}\theta_{p_2}&=180°(2k+1)+56.5°+19°+59°-108.5°-90°-37°\\&=180°(2k+1)-101°\end{aligned}$$

取 $k=0$ 时，$\theta_{p_2}=79°$。因为 $p_3$ 和 $p_2$ 为共轭复数极点，所以 $\theta_{p_3}=-79°$。

开环复数零点 $z_2$ 处的终止角，由式（4-36）求出

$$\theta_{z_2} = 180°(2k+1) + \sum_{i=1}^{4} \angle(z_2 - p_i) - \sum_{\substack{j=1\\j\neq 2}}^{3} \angle(z_2 - z_j)$$

$$= 180°(2k+1) + \angle(z_2 - p_1) + \angle(z_2 - p_2) + \angle(z_2 - p_3) + \angle(z_2 - p_4) - \angle(z_2 - z_1) - \angle(z_2 - z_3)$$

按图 4-8b 求出各个角度，得到

$$\theta_{z_2} = 180°(2k+1) + 153° + 199° + 121° + 63.5° - 117° - 90°$$

$$= 180°(2k+1) + 329.5°$$

取 $k=-1$，$\theta_{z_2} = 149.5°$。系统的根轨迹如图 4-8c 所示。

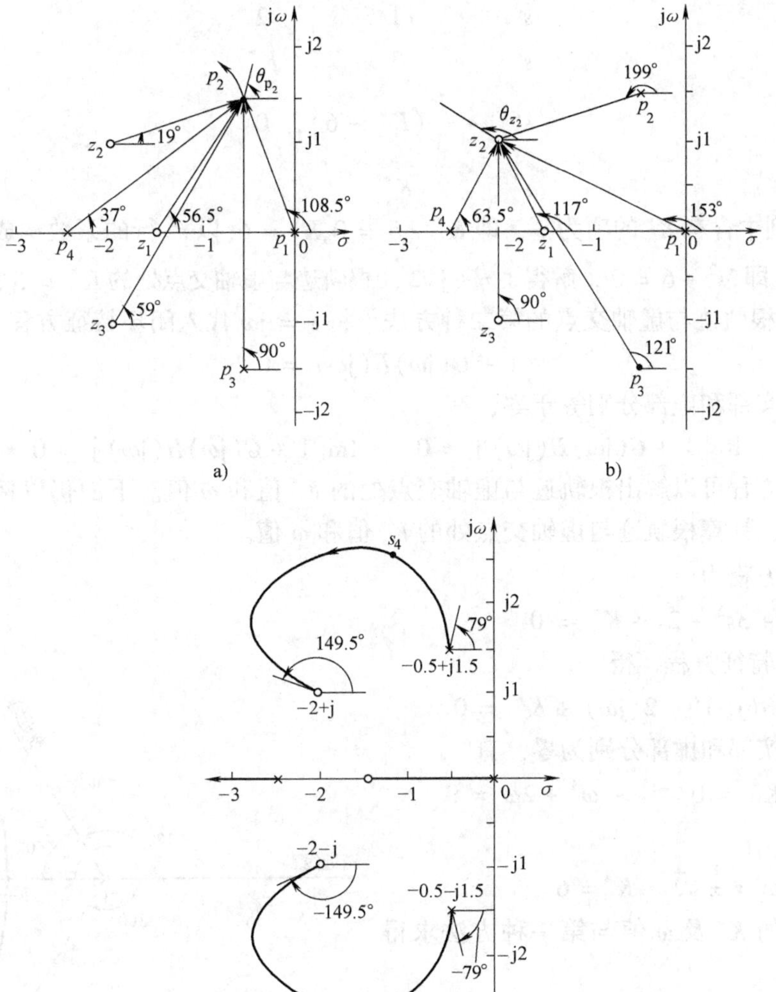


图 4-8

**规则 7 根轨迹与虚轴的交点**

根轨迹与虚轴相交，意味着闭环特征方程式有纯虚根 $\pm j\omega$。应当准确地确定根轨迹与虚

轴交点处的 $K^*$ 和 $\omega$ 值，从而控制 $K^*$ 值保证闭环系统稳定。

确定根轨迹与虚轴交点有两种方法：

（1）应用劳斯稳定判据确定根轨迹与虚轴交点　若根轨迹与虚轴有交点，令劳斯表第一列包含 $K^*$ 的项为零即可确定根轨迹与虚轴的交点处的 $K^*$ 值；利用劳斯表中 $s^2$ 行的系数构成辅助方程，可以解得纯虚根，即求得根轨迹与虚轴的交点处的 $\omega$ 值。如果根轨迹与正虚轴（或负虚轴）有一个以上的交点，则应该用劳斯表中幂大于 2 的 $s$ 偶次方行的系数构成的辅助方程，求取多个交点处的 $\omega$ 值。

对于例 4-2 给出的系统，闭环特征方程为

$$s^3+3s^2+2s+K^*=0$$

劳斯表为

| | | |
|---|---|---|
| $s^3$ | $1$ | $2$ |
| $s^2$ | $3$ | $K^*$ |
| $s^1$ | $-\frac{1}{3}(K^*-6)$ | $0$ |
| $s^0$ | $K^*$ | |

令劳斯表第一列中含有 $K^*$ 的项为零，即 $K^*-6=0, K^*=6$，以 $s^2$ 行的系数构成的辅助方程为 $3s^2+K^*=0$，即 $3s^2+6=0$，解得 $s=\pm\mathrm{j}\sqrt{2}$。根轨迹与虚轴交点处的 $K^*=6$，交点为 $\pm\mathrm{j}\sqrt{2}$。

（2）确定根轨迹与虚轴交点的第二种方法　将 $s=\mathrm{j}\omega$ 代入闭环特征方程，得到

$$1+G(\mathrm{j}\omega)H(\mathrm{j}\omega)=0$$

令上述方程的实部和虚部分别等于零，有

$$\mathrm{Re}[1+G(\mathrm{j}\omega)H(\mathrm{j}\omega)]=0\qquad \mathrm{Im}[1+G(\mathrm{j}\omega)H(\mathrm{j}\omega)]=0$$

利用上面两个方程可以解出根轨迹与虚轴交点处的 $K^*$ 值和 $\omega$ 值。下面仍以例 4-2 给出的系统结构和参数，计算根轨迹与虚轴交点处的 $K^*$ 值和 $\omega$ 值。

闭环特征方程为

$$s^3+3s^2+2s+K^*=0$$

将 $s=\mathrm{j}\omega$ 代入特征方程，得

$$(\mathrm{j}\omega)^3+3(\mathrm{j}\omega)^2+2(\mathrm{j}\omega)+K^*=0$$

令上述方程的实部和虚部分别为零，有

$$-3\omega^2+K^*=0\qquad -\omega^3+2\omega=0$$

联立求解，得

$$\omega=\pm\sqrt{2}\quad K^*=6$$

可见所得的 $K^*$ 及 $\omega$ 值与第一种方法求得的值相同。

至此，将例 4-2 的系统根轨迹完整地画出，如图 4-9 所示。

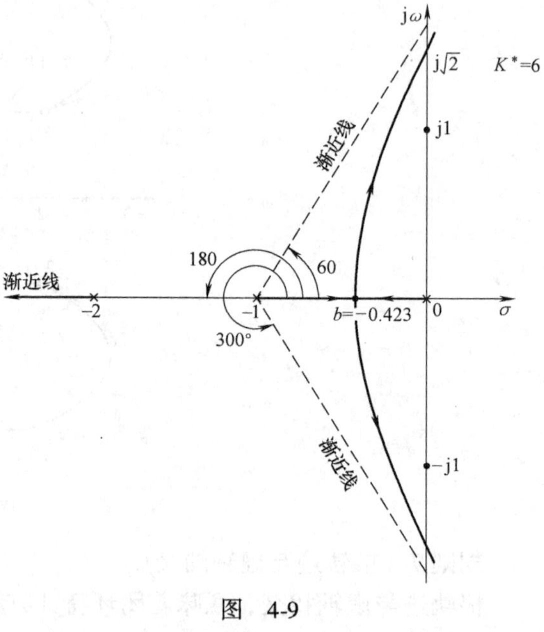


图　4-9

**规则 8**　闭环特征方程的根之和与根之积

闭环系统特征方程为

$$1+G(s)H(s)=0$$

即 $\prod_{i=1}^{n}(s-p_i)+K^*\prod_{j=1}^{m}(s-z_j)=\prod_{i=1}^{n}(s-s_i)=s^n+a_{n-1}s^{n-1}+\cdots+a_1s+a_0=0$

其中，$s_i$（$i=1$，2，…，$n$）为闭环极点，$p_i$（$i=1$，2，…，$n$）为开环极点，$z_j$（$j=1$，2，…，$m$）为开环零点。

根据代数方程根与系数的关系，有

$$\sum_{i=1}^{n}s_i=-a_{n-1} \tag{4-39}$$

$$\prod_{i=1}^{n}(-s_i)=-a_0 \tag{4-40}$$

当 $n-m\geqslant 2$ 时，闭环特征方程第二项系数与 $K^*$ 无关，可得

$$\sum_{i=1}^{n}s_i=\sum_{i=1}^{n}p_i \tag{4-41}$$

式（4-41）表明当 $n-m\geqslant 2$ 时，无论 $K^*$ 取何值，闭环特征方程 $n$ 个根之和总是等于 $n$ 个开环极点之和。因而，在开环极点确定的情况下，闭环系统的根之和是一个与 $K^*$ 无关的常数。这样，当 $K^*$ 从零变化到无穷大时，若闭环一部分根轨迹分支向右半 $s$ 平面移动，必定有另一部分根轨迹分支向左半 $s$ 平面移动。该规则对于判断根轨迹的走向是有用的。

利用闭环特征方程的根之和与根之积的关系，在已知某些简单系统的部分闭环极点的情况下，易于确定其余的闭环极点在 $s$ 平面上的分布位置。

**规则 9** 根轨迹上各点对应的 $K^*$，由根轨迹模值条件式（4-12）计算。即

$$K^*=\frac{\prod_{i=1}^{n}|s-p_i|}{\prod_{j=1}^{m}|s-z_j|}$$

若要计算根轨迹上某点 $s_t$ 处的 $K^*$ 值，可以作出 $s_t$ 到系统中各开环极点和开环零点的连线，并测量出每条连线的长度 $|s_t-p_i|(i=1,2,\cdots,n)$ 和 $|s_t-z_j|$（$j=1$，2，…，$m$），代入上式即可求出点 $s_t$ 处的 $K^*$ 值。在求得 $K^*$ 后，可计算对应的开环增益 $K$。

为了便于查阅，将所有的绘制根轨迹规则统一归纳在表4-2中。

**表4-2 根轨迹的绘制规则**

| 规则序号 | 根轨迹特征点（线） | 规 则 |
|---|---|---|
| 1 | 根轨迹分支数和根轨迹起点、终点 | 根轨迹的分支数等于闭环特征方程的阶数，根轨迹的起点为开环极点（包括无限极点），终点为开环零点（包括无限零点） |
| 2 | 根轨迹的连续性和对称性 | 根轨迹随参数变化具有连续性并且根轨迹对称于实轴 |
| 3 | 根轨迹的渐近线 | $n$ 个极点、$m$ 个有限零点的系统，$(n-m)$ 条根轨迹的渐近线与正实轴夹角为<br>$\phi_a=\frac{(2k+1)\pi}{n-m}\quad k=0,1,\cdots,n-m-1$<br>与实轴的交点为<br>$\sigma_a=\frac{\sum_{i=1}^{n}p_i-\sum_{j=1}^{m}z_j}{n-m}$ |
| 4 | 实轴上的根轨迹 | 实轴上某线段右边的开环实数零点数和极点数之和为奇数时，该线段就是根轨迹上一段 |

（续）

| 规则序号 | 根轨迹特征点（线） | 规　则 |
| --- | --- | --- |
| 5 | 根轨迹的分离点与分离角 | 方法 1：根轨迹分离点的坐标 $d$ 由方程 $$\sum_{i=1}^{n}\frac{1}{d-p_i}=\sum_{j=1}^{m}\frac{1}{d-z_j}$$ 的解确定；如果开环传递函数没有有限零点时，根轨迹分离点坐标 $d$ 由方程 $$\sum_{i=1}^{n}\frac{1}{d-p_i}=0$$ 的解确定。<br>方法 2：若 $G(s)H(s)=K^*\frac{B(s)}{A(s)}$，其中 $A(s)$、$B(s)$ 为不包含 $K^*$ 的 $s$ 多项式。则分离点的坐标 $d$ 是方程 $$A(s)\frac{dB(s)}{ds}-\frac{dA(s)}{ds}B(s)=0 \quad 或 \quad \frac{\mathrm{d}K^*}{\mathrm{d}s}=0$$ 的解。<br>如果根轨迹在接近分离点的分支数为 $l$，则根轨迹的分离角为 $\theta_d=\frac{(2k+1)\ \pi}{l}\quad (k=0,\ 1,\ \cdots,\ l-1)$ |
| 6 | 根轨迹的起始角和终止角 | 起始角的计算公式为 $$\theta_{p_i}=(2k+1)\pi+\sum_{j=1}^{m}\angle(p_i-z_j)-\sum_{\substack{j=1\\j\neq i}}^{n}\angle(p_i-p_j)$$ $$(k=0,\pm1,\pm2,\cdots)$$ 终止角的计算公式为 $$\theta_{z_i}=(2k+1)\pi-\sum_{\substack{j=1\\j\neq i}}^{m}\angle(z_i-z_j)+\sum_{j=1}^{n}\angle(z_i-p_j)$$ $$(k=0,\pm1,\pm2,\cdots)$$ |
| 7 | 根轨迹与虚轴的交点 | 根轨迹与虚轴交点处的 $K^*$ 和 $\omega$ 值由劳斯稳定判据或令 $s=\mathrm{j}\omega$ 代入闭环特征方程式求出 |
| 8 | 闭环特征方程的根之和与根之积 | 设闭环特征方程为 $$1+G(s)H(s)=\prod_{i=1}^{n}(s-s_i)$$ $$=s^n+a_{n-1}s^{n-1}+\cdots+a_1s+a_0=0$$ $$\sum_{i=1}^{n}s_i=-a_{n-1}$$ $$\prod_{i=1}^{n}(-s_i)=a_0$$ 当 $n-m\geqslant2$ 时，有 $\sum_{i=1}^{n}s_i=\sum_{i=1}^{n}p_i$ |
| 9 | 根轨迹上各点对应的 $K^*$ 值 | $$K^*=\frac{\prod_{i=1}^{n}\lvert s-p_i\rvert}{\prod_{j=1}^{m}\lvert s-z_j\rvert}$$ |

**例 4-5**　系统开环传递函数为

$$G(s)H(s)=\frac{K^*}{s(s+3)(s^2+2s+2)}$$

要求画出闭环系统的根轨迹。

**解**　(1) 根轨迹起点为开环极点 $p_1=0, p_2=-3, p_{3,4}=-1\pm j$。根轨迹有 4 个分支。根轨迹的终点为无限零点。

(2) 根轨迹的渐近线　已知 $n=4, m=0$。根轨迹有 $n-m=4$ 条渐近线。渐近线与正实轴的夹角

$$\phi_a=\frac{180°(2k+1)}{n-m}=\frac{180°(2k+1)}{4}$$

$k=0$，$\phi_{a1}=45°$；$k=1$，$\phi_{a2}=135°$；$k=2$，$\phi_{a3}=225°$；$k=3$，$\phi_{a4}=315°$。

渐近线与实轴交点

$$\sigma_a=\frac{\sum_{i=1}^{n}p_i-\sum_{j=1}^{m}z_j}{n-m}=\frac{0-3-1-1}{4}=-1.25$$

(3) 实轴上的根轨迹　实轴上 [−3, 0] 的线段为根轨迹。

(4) 分离点　因为无有限零点，所以有

$$\sum_{i=1}^{4}\frac{1}{d-p_i}=0$$

$$\frac{1}{d}+\frac{1}{d+3}+\frac{1}{d+1-j}+\frac{1}{d+1+j}=0$$

上式通分并整理后，得

$$4d^3+15d^2+16d+6=0$$

解得 $d_1=-2.3$，$d_{2,3}=-0.725\pm j0.378$。由于 $d_{2,3}$ 不在根轨迹上，只有 $d_1$ 在根轨迹上。故实轴根轨迹分离点在实轴上的位置为 −2.3。根轨迹的分离角为 ±90°。

(5) 根轨迹的起始角

$$\begin{aligned}\theta_{p_3}&=180°(2k+1)-\angle(p_3-p_1)-\angle(p_3-p_2)-\angle(p_3-p_4)\\&=180°(2k+1)-137°-24°-90°=180°(2k+1)-251°\end{aligned}$$

取 $k=0$，　$\theta_{p_3}=-71°$，$\theta_{p_4}=71°$。

(6) 根轨迹与虚轴交点　闭环系统特征方程

$$1+G(s)H(s)=0$$

即　$$s(s+3)(s^2+2s+2)+K^*=s^4+5s^3+8s^2+6s+K^*=0$$

应用劳斯稳定判据

| | | | |
|---|---|---|---|
| $s^4$ | 1 | 8 | $K^*$ |
| $s^3$ | 5 | 6 | |
| $s^2$ | 34/5 | $K^*$ | |
| $s^1$ | $(204-25K^*)/34$ | | |
| $s^0$ | $K^*$ | | |

令劳斯表中 $s^1$ 行的系数为零，求得 $K^*=8.16$。根据 $s^2$ 行的系数得到辅助方程

$$\frac{34}{5}s^2+K^*=0$$

代入 $K^{*}=8.16, s=\mathrm{j}\omega$，解出根轨迹与虚轴交点为 $\pm\mathrm{j}1.095$。

根据上面的计算，可大致画出系统的根轨迹如图 4-10 所示。

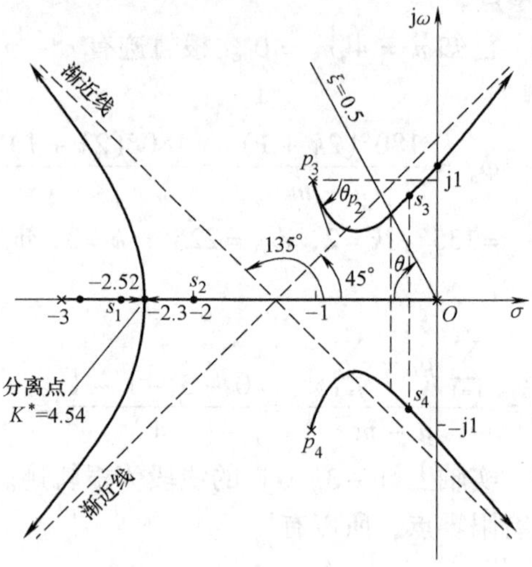


图 4-10

**例 4-6** 负反馈控制系统的开环传递函数为

$$G(s)H(s)=\frac{K(s-z)}{(s-p_1)(s-p_2)} \qquad z<p_1,p_2<0$$

绘制系统根轨迹，证明其复数部分是圆并求出圆心和半径。

**解** 闭环系统的特征方程为

$$(s-p_1)(s-p_2)+K(s-z)=0$$

令 $s=\sigma+\mathrm{j}\omega$ 代入上式，得

$$(\sigma+\mathrm{j}\omega-p_1)(\sigma+\mathrm{j}\omega-p_2)+K(\sigma+\mathrm{j}\omega-z)=0$$

经整理后得

$$K(\sigma-z)+\sigma(\sigma-p_1-p_2)+p_1p_2-\omega^2+\mathrm{j}\omega(2\sigma-p_1-p_2)+\mathrm{j}\omega K=0$$

令上式中实部和虚部分别为零，有

$$K(\sigma-z)+\sigma(\sigma-p_1-p_2)+p_1p_2-\omega^2=0 \tag{4-42}$$

$$K+2\sigma-p_1-p_2=0 \tag{4-43}$$

由式 (4-43) 求出

$$K=p_1+p_2-2\sigma \tag{4-44}$$

将式 (4-44) 代入式 (4-42) 得

$$(p_1+p_2-2\sigma)(\sigma-z)+\sigma(\sigma-p_1-p_2)+p_1p_2-\omega^2=0$$

上式经整理后可得

$$\sigma^2-2\sigma z+\omega^2=p_1p_2-(p_1+p_2)z$$

即

$$(\sigma-z)^2+\omega^2=(z-p_1)(z-p_2) \tag{4-45}$$

式 (4-45) 表明，根轨迹是以 $(z, 0)$ 为圆心，$\sqrt{(z-p_1)\ (z-p_2)}$ 为半径的圆，如图 4-11 所示。

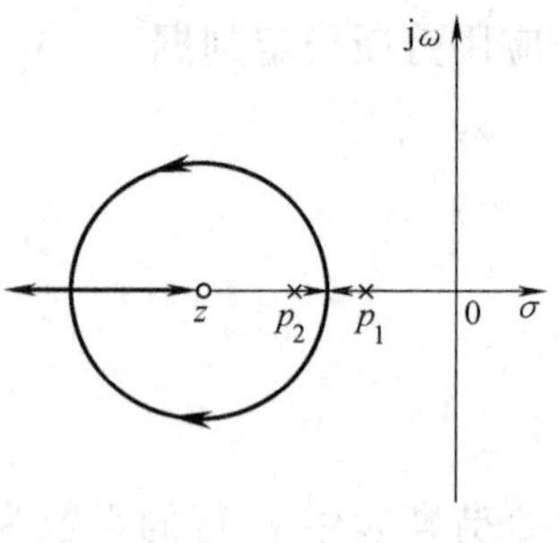


图 4-11

应当指出，对于开环传递函数具有两个复数极点和一个实数零点、两个复数极点和两个复数零点以及两个复数极点和两个实数零点的系统根轨迹常常是圆或圆的一部分。

### 4.3.2 控制系统闭环极点的确定

根轨迹法的一个重要应用，在于确定控制系统的闭环极点，包括指定根轨迹增益时的闭环极点以及指定系统某个特征参数时的闭环极点。

**1. 确定指定根轨迹增益时的闭环极点**

为了求出指定 $K^*$ 值对应的闭环极点，可以根据模值条件，用试探法确定。一般做法是，先确定位于实轴上的闭环极点，然后利用综合除法或根之和与根之积求得其余的闭环极点。

作为例子，针对例 4-5 的控制系统，要求确定 $K^*=4$ 时的闭环极点。根据该系统根轨迹分布的特点，用试探法确定指定 $K^*$ 值下的闭环极点时，将试探区域选在负实轴上，这样比较简单。由图 4-10 所示的根轨迹各分支的分布可知，$d=-2.3$ 是根轨迹在负实轴上的分离点，该点的 $K^*=[|s|\ |s+3|\ |s+1+\mathrm{j}|\ |s+1-\mathrm{j}|]_{s=d=-2.3}=2.3\times0.7\times1.68\times1.68=4.54$。由于 $K^*=4<4.54$，位于负实轴上的两条根轨迹分支必定有闭环极点。为此，将负实轴上从 0 到 $-3$ 线段作为试探区域。经过试探得 $s_1=-2.52$ 和 $s_2=-2$ 是闭环极点。在例 4-5 中，闭环特征方程为

$$s^4+5s^3+8s^2+6s+K^*=0$$

当 $K^*=4$ 时，有

$$s^4+5s^3+8s^2+6s+4=0$$

利用综合除法，可以求得其余两个极点 $s_{3,4}=-0.24\pm\mathrm{j}0.86$。

也可以利用根之和与根之积的关系求取 $s_{3,4}$，即

$$\sum_{i=1}^{4} s_i=-5$$

$$\prod_{i=1}^{4}(-s_i)=4$$

联立求解以上两式，得 $s_{3,4}=-0.24\pm\mathrm{j}0.86$。

**2. 确定指定系统某个特征参数时的闭环极点**

设控制系统闭环主导极点 $s_{1,2}=-\xi\omega_n\pm\mathrm{j}\omega_n\sqrt{1-\xi^2}=-\sigma\pm\mathrm{j}\omega_d$，则阻尼比 $\xi$、衰减系数 $\sigma$、振荡频率 $\omega_d$ 等均可以作为系统主导极点的特征参数。当指定某个特征参数值时，可以确定对应这个数值时的闭环极点。例如，例 4-5 的系统，若求阻尼比 $\xi=0.5$ 时系统闭环极点，可以在根轨迹图 4-10 上画出一条 $\xi=0.5$ 的等阻尼线，该直线与负实轴的夹角 $\theta=\arccos0.5=60°$。等阻尼线与根轨迹相交，交点为 $s_{1,2}=-0.4\pm\mathrm{j}0.7$，点 $s_1$ 对应的根轨迹增益

$$K^*=|s_1|\ |s_1+3|\ |s_1+1+\mathrm{j}|\ |s_1+1-\mathrm{j}|$$
$$=0.84\times2.74\times0.68\times1.86=2.91$$

闭环系统特征方程为

$$s^4+5s^3+8s^2+6s+2.91=0$$

将 $s_{1,2}$ 代入上式，得到

$$s^4+5s^3+8s^2+6s+2.91=(s+0.4+\mathrm{j}0.7)(s+0.4-\mathrm{j}0.7)(s-s_3)(s-s_4)=0$$

用综合除法得到

$$(s-s_3)(s-s_4)=s^2+4.2s+3.9=0$$

解得 $s_3=-1.4$，$s_4=-2.85$。可见 $s_{1,2}$ 为系统的一对共轭复数主导极点，且阻尼比 $\xi=0.5$。可以写出闭环传递函数为

$$\Phi(s)=\frac{2.91}{(s+0.4+\mathrm{j}0.7)(s+0.4-\mathrm{j}0.7)(s+1.4)(s+2.85)}$$

上面列举的控制系统一个共同特点是控制系统的所有开环极点和开环零点均位于 $s$ 左半平面，这样的系统称为最小相位系统。若系统在 $s$ 右半平面至少有一个开环极点和（或）开环零点，这样的系统称为非最小相位系统。非最小相位系统的根轨迹的绘制方法与 4.3.1 节的画法相同。

**例 4-7** 控制系统的开环传递函数为

$$G(s)H(s)=\frac{K(s+1)}{s(s-1)(s^2+4s+16)}$$

要求绘制系统的根轨迹，并求出闭环系统稳定时 $K$ 的取值范围。

**解** 该系统传递函数的形式已经是绘制根轨迹的形式，根轨迹增益 $K^*=K$。

（1）根轨迹的起点为 $p_1=0, p_2=1, p_{3,4}=-2\pm\mathrm{j}2\sqrt{3}$。根轨迹有 4 条分支，它们趋于有限零点 $z_1=-1$ 和无限零点。

（2）根轨迹的渐近线与正实轴的夹角为

$$\phi_{\mathrm{a}}=\frac{180°(2k+1)}{4-1}=\frac{180°(2k+1)}{3}$$

当 $k=0$ 时，$\phi_{\mathrm{a1}}=60°$；当 $k=1$ 时，$\phi_{\mathrm{a2}}=180°$；当 $k=2$ 时，$\phi_{\mathrm{a3}}=300°$或 $\phi_{\mathrm{a3}}=-60°$。渐近线与实轴交点为

$$\sigma_{\mathrm{a}}=\frac{\sum p_i-\sum z_j}{n-m}=\frac{1-2-2-(-1)}{4-1}=-\frac{2}{3}=-0.667$$

（3）实轴上的根轨迹为实轴上 $-\infty$ 到 $-1$ 线段以及 0 到 1 的线段。

（4）根轨迹的分离点与分离角

$$\frac{1}{d}+\frac{1}{d-1}+\frac{1}{d+2-\mathrm{j}2\sqrt{3}}+\frac{1}{d+2+\mathrm{j}2\sqrt{3}}=\frac{1}{d+1}$$

整理得

$$3d^4+10d^3+21d^2+24d-16=0$$

解得 $d_1=0.46, d_2=-0.79+\mathrm{j}2.16, d_3=-0.79-\mathrm{j}2.16, d_4=-2.22$。

由于实轴上 $-\infty$ 至 $-1$ 线段和 0 至 1 线段为根轨迹，故 $d_1=0.46$ 和 $d_4=-2.22$ 为根轨迹的分离点。

根轨迹的分离角为 $\pm 90°$。

（5）根轨迹的起始角

$$\begin{aligned}\theta_{p_3}&=180°(2k+1)+\angle(p_3-z_1)-\angle(p_3-p_1)-\angle(p_3-p_2)-\angle(p_3-p_4)\\&=180°(2k+1)+106°-120°-130.5°-90°\\&=-54.5°\end{aligned}$$

$$\theta_{p_4}=54.5°$$

(6) 根轨迹与虚轴交点，可以利用劳斯稳定判据来确定临界稳定的 $K^*$ 以及与虚轴交点的 $\omega$ 值。

闭环系统特征方程为

$$s(s+1)(s^2+4s+16)+K(s+1)=0$$

或记为

$$s^4+3s^3+12s^2+(K-16)s+K=0$$

劳斯表为

| | | | |
|---|---|---|---|
| $s^4$ | 1 | 12 | $K$ |
| $s^3$ | 3 | $K-16$ | 0 |
| $s^2$ | $\dfrac{52-K}{3}$ | $K$ | 0 |
| $s^1$ | $\dfrac{-K^2+59K-832}{32-K}$ | 0 | |
| $s^0$ | $K$ | | |

使劳斯表的第一列中 $s^1$ 项等于零的 $K$ 值为 $K=35.7$ 和 $K=23.3$。

为了求出根轨迹与虚轴交点处的 $\omega$ 值，由 $s^2$ 行的辅助方程

$$\frac{52-K}{3}s^2+K=0$$

解得 $s_{1,2}=\pm \mathrm{j}2.56$（对应 $K=35.7$）

$s_{3,4}=\pm \mathrm{j}1.56$（对应 $K=23.3$）

根轨迹与虚轴交点处的 $\omega=\pm2.56$ 和 $\omega=\pm1.56$。基于上述运算，绘制的根轨迹如图 4-12 所示。

从根轨迹图上可知，当 $23.3<K<35.7$ 时，闭环系统是稳定的。如果 $K$ 的取值超出上述范围，闭环系统都是不稳定的。具有这种特性的控制系统称为条件稳定系统。

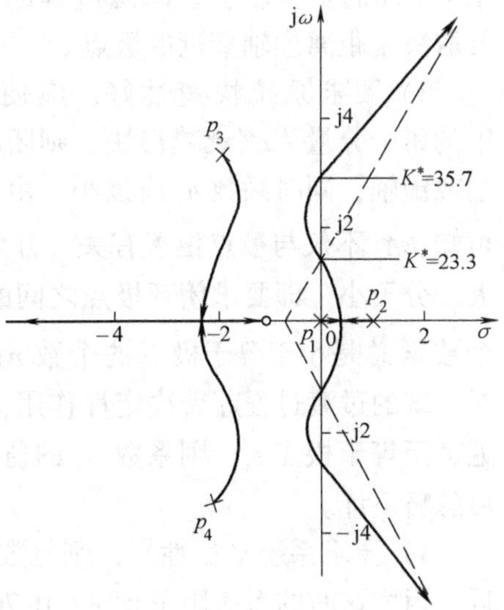


图 4-12

## 4.4 利用根轨迹分析系统性能

根轨迹是系统的开环增益变化时系统闭环极点在 $s$ 平面上的变化轨迹。系统的根轨迹包含了决定系统性能的全部信息。因此用根轨迹法可以对系统进行性能分析和参数选择。

### 1. 系统瞬态性能

利用式（3-77）可以对系统瞬态性能作出估计。为了方便起见，将式（3-77）所示的单位阶跃响应重写如下：

$$c(t)=A_0+\sum_{i=1}^{n}A_i \mathrm{e}^{s_i t} \tag{4-46}$$

其中
$$A_0=\frac{K^*\prod\limits_{j=1}^{m}(-z_j)}{\prod\limits_{i=1}^{n}(-s_i)}\qquad A_i=\frac{1}{s_i}\frac{K^*\prod\limits_{j=1}^{m}(s_i-z_j)}{\prod\limits_{\substack{j=1\\j\neq i}}^{n}(s_i-s_j)}$$

可见，系统单位阶跃响应由闭环极点 $s_i$ 及系数 $A_i$ 决定。$c(t)$ 的各个分量衰减的快慢取决于 $s_i$ 的负实部大小，而各分量所对应的系数 $A_i$ 取决于闭环系统零点和极点的分布，因而闭环系统的零、极点分布决定了系统瞬态性能。

1）闭环系统稳定性只取决于闭环极点在 $s$ 平面的位置。要求闭环系统稳定，必须使所有的闭环极点位于 $s$ 左半开平面，如图4-13 所示。

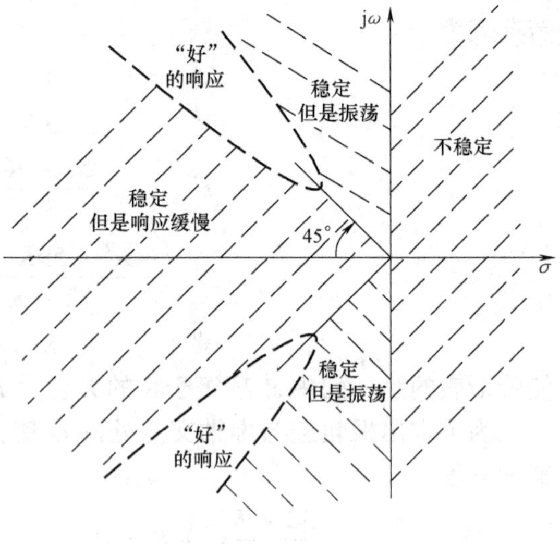

图 4-13

2）希望系统瞬态过程是单调的，即系统是临界阻尼或者过阻尼，则要求闭环极点全部位于 $s$ 平面的负实轴上。瞬态过程的调节时间主要取决于距离虚轴最近的极点。

3）要求系统快速性好，应使式（4-46）中的每个分量 $A_i e^{s_i t}$ 衰减得快，则闭环极点 $s_i$ 应远离虚轴，同时系数 $A_i$ 应该小。由 $A_i$ 的表达式可知，$A_i$ 不仅与极点位置有关，并且与零点的位置也有关。要 $A_i$ 小，应使 $A_i$ 表达式的分母大、分子小，即要求闭环极点之间的距离 $|s_i-s_j|$ 要大，零点 $z_j$ 应靠近极点 $s_i$。由于零点的个数 $m$ 总是小于等于极点的个数 $n$，离虚轴近的极点 $s_i$ 所对应的瞬态分量 $A_i e^{s_i t}$ 衰减最慢，对系统的过渡过程起着决定性作用，故零点应该靠近离虚轴近的极点。如果能使某一零点靠近甚至等于极点 $s_i$，则系数 $A_i$ 的值将会很小甚至等于零，该 $A_i e^{s_i t}$ 分量对过渡过程的影响就可忽略不计。

4）要求系统平稳性好，则复数主导极点应在 $s$ 左半平面且与负实轴成 $\pm45°$ 的阻尼线附近。因为这时的系统阻尼比 $\xi\approx0.707$（称为最佳阻尼比），系统平稳性和快速性都比较理想。

5）闭环极点中，若距虚轴最近的实数或复数极点附近无其他零、极点，其他零、极点的实部绝对值比该极点实部的绝对值大 5 倍以上，则称这样的极点为主导极点。

如果系统除了一对主导极点之外，还具有实数零、极点，则零点的存在会减小系统的阻尼，使系统响应速度加快，但超调量增大。零点越接近 $s$ 平面的坐标原点，这种作用越明显。而实数极点的存在，会增大系统的阻尼，使响应速度变慢，超调量变小。

6）闭环系统零、极点中，靠得很近的一对零点和极点称为偶极子。"很近"常指它们之间的距离比其模值小一个数量级。在一般情况下，偶极子对系统瞬态响应的影响可以忽略。

**2. 附加开环零点对根轨迹的影响**

在校正和调试控制系统时，附加开环零点可以改变根轨迹的形状，达到改善系统性能的目的。

设反馈控制系统开环传递函数为

$$G(s)H(s) = \frac{K(s-z_1)}{s(s-p_2)(s-p_3)}$$

$G(s)H(s)$ 中的 $z_1$ 为附加零点。如果无附加零点，该系统有 3 个开环极点。按照根轨迹绘制规则，画出无附加零点时系统根轨迹，如图 4-14a 所示。可见，当 $K^*$ 的取值超过稳定的临界值时，闭环系统不稳定。

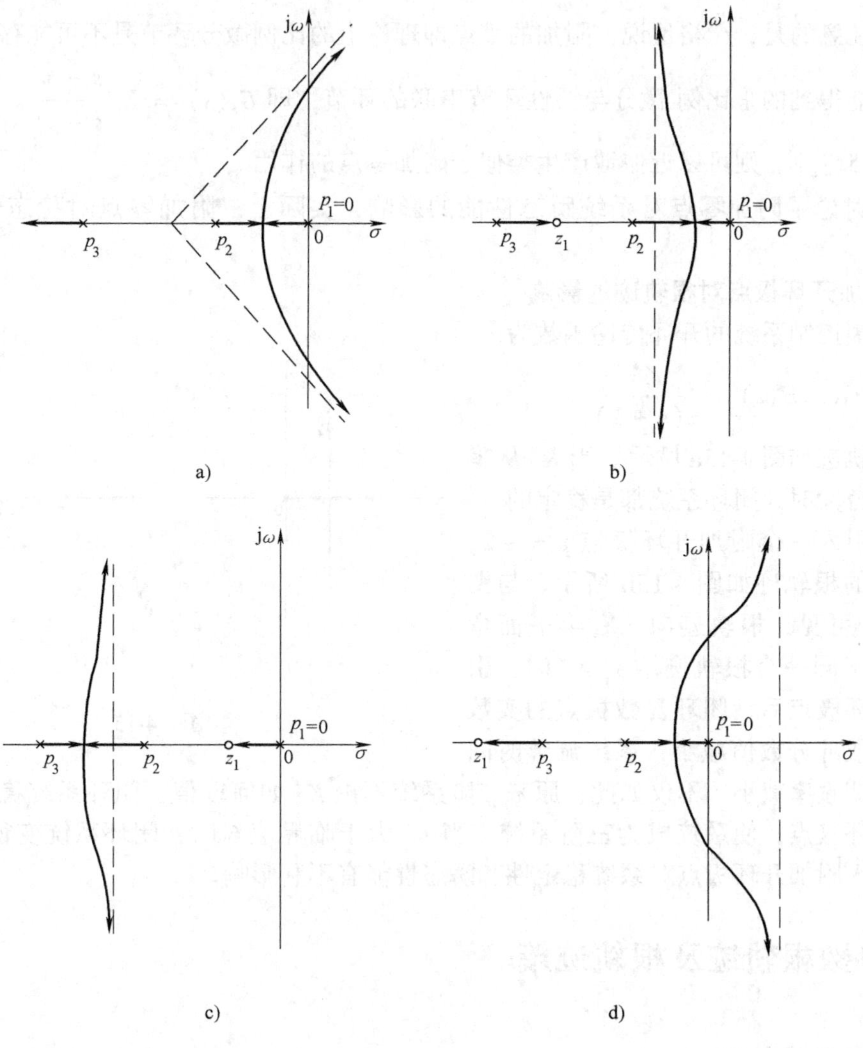


图 4-14

如果引入附加负实数零点 $z_1$，并且 $z_1$ 位于极点 $p_2$ 和极点 $p_3$ 之间，系统根轨迹如图4-14b 所示。这时控制系统不再因为 $K^*$ 取值不同而出现闭环不稳定情况。从理论上说，不论 $K^*$ 取多么大的值，系统都可以稳定工作。

如果附加零点 $z_1$ 介于 $p_1$ 和 $p_2$ 之间时，系统根轨迹如图 4-14c 所示。这时闭环极点中有一对共轭复数极点离虚轴较远，而有一个实数极点靠近虚轴，此时该系统较图 4-14b 的零点配置情况而言，在阶跃信号输入下的瞬态过程比较缓慢。

如果附加零点配置在 $p_3$ 和 $-\infty$ 之间的负实轴上，此时根轨迹如图 4-14d 所示。由于附加的开环零点距虚轴较远，对系统性能没有太大的改善。

通过相对原有的开环极点分布情况而言，上面几种附加实数开环零点的配置，对系统瞬态性能改善的效果不尽相同。尤其是图 4-14d 所示的情况，附加的负实数开环零点在 $p_3$ 和 $-\infty$ 之间，对系统性能没有太大的改善。因此，附加开环零点的数值选配应合适，才会收到改善系统性能的效果。一般地说，附加的开环零点越接近虚轴，使根轨迹向左半 $s$ 平面弯曲越厉害。

应当注意的是，严格地说，附加的零点即理论上的比例微分环节是不可能存在的。实际系统中，能得到的是比例-微分与惯性环节串联的环节，即 $G_e(s)=K_c\dfrac{s-z_1}{s-p_1}$。但是只要选配 $|p_1|>5|z_1|$，则可以近似地产生类似于附加零点的作用。

这里讨论了附加零点对系统瞬态性能的影响，实际上，附加零点对稳态性能亦有影响。

**3. 附加开环极点对根轨迹的影响**

设反馈控制系统的开环传递函数为

$$G(s)H(s)=\frac{K^*}{s(s+1)}$$

系统的根轨迹如图 4-15a 所示。当 $K^*$ 从零变化到无穷大时，闭环系统都是稳定的。

如果引入一个附加开环极点 $p=-2$，这时系统的根轨迹如图 4-15b 所示。与图 4-15a 比较可见，根轨迹向 $s$ 右半平面弯曲，即对于同一个根轨迹增益 $K^*$ 时，引入附加开环极点后，闭环复数极点的实数部分和虚数部分数值减小，系统调节时间增长，振荡频率减小。不仅如此，原来二阶系统不论 $K^*$ 如何取值，闭环系统稳定，现在有了附加开环极点，使系统成为三阶系统，当 $K^*$ 大于临界值 6 时，闭环系统变得不稳定了。因此，引入附加开环极点对系统稳定性和瞬态性能有不利影响。

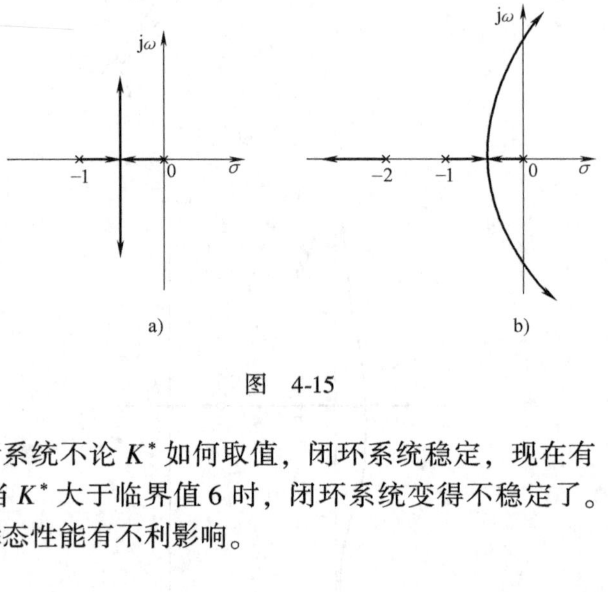


图 4-15

## 4.5 参数根轨迹及根轨迹簇

### 4.5.1 参数根轨迹

4.3 节介绍了以根轨迹增益 $K^*$ 为参变量绘制根轨迹的方法，这种根轨迹称为常规根轨迹。除了以 $K^*$ 为参变量绘制系统根轨迹外，也可以以系统中其他参数为参变量绘制根轨迹。例如当增益指定后，以开环有限零点或有限极点为参变量绘制根轨迹。为了和常规根轨迹区别起见，将以非 $K^*$ 参数为参变量绘制的根轨迹称为参数根轨迹或非 $K^*$（记为 $\overline{K}$）根轨迹。

在绘制参数根轨迹时，首先应当根据闭环特征方程式确定等效的开环传递函数。例如开

环传递函数为

$$G(s)H(s) = \frac{K(s+z_1)}{s(s+p_1)(s+p_2)} \tag{4-47}$$

的系统，闭环特征方程式为

$$s(s+p_1)(s+p_2)+K(s+z_1)=0 \tag{4-48}$$

假设要绘制以 $z_1$ 为参变量的根轨迹，这时就要确定等效的开环传递函数。为此，用 $s(s+p_1)(s+p_2)+Ks$ 去除式（4-48），得到

$$1+\frac{z_1K}{s(s+p_1)(s+p_2)+Ks}=0 \tag{4-49}$$

$$\frac{z_1K}{s(s+p_1)(s+p_2)+Ks}=-1 \tag{4-50}$$

式（4-50）就是绘制以 $z_1$ 为参变量的根轨迹方程。令

$$\frac{z_1K}{s(s+p_1)(s+p_2)+Ks}=G_1(s)H_1(s) \tag{4-51}$$

$G_1(s)H_1(s)$ 就是绘制以 $z_1$ 为参变量的根轨迹时所需要的等效开环传递函数。从 $G_1(s)H_1(s)$ 的形式上看，参变量 $z_1$ 的位置与式（4-9）中 $K^*$ 的位置相同，因此绘制参数根轨迹所依据的绘制规则与常规根轨迹相同。推而广之，绘制以其他参数为参变量的根轨迹时，在等效开环传递函数的形式上，要求将该参数变换成具有式（4-9）形式中 $K^*$ 所居的位置。

根据以上分析，以 $\overline{K}$ 为参变量绘制参数根轨迹方法如下：

1）对于开环传递函数为 $G(s)H(s)$ 的负反馈系统，求出闭环特征方程式。

2）用不含参变量 $\overline{K}$ 的 $s$ 多项式去除闭环特征方程式，变成

$$1+\frac{\overline{K}P(s)}{Q(s)}=0 \tag{4-52}$$

其中，$P(s)$、$Q(s)$ 都是 $s$ 最高次项的系数为 1 的多项式。令

$$\frac{\overline{K}P(s)}{Q(s)}=G_1(s)H_1(s) \tag{4-53}$$

$G_1(s)H_1(s)$ 即为绘制以 $\overline{K}$ 为参变量的根轨迹时的等效开环传递函数。

3）根据等效开环传递函数，用常规根轨迹绘制规则绘制 $\overline{K}$ 从 $0\to\infty$ 时的根轨迹，即为参数根轨迹。

应当强调的是，等效开环传递函数是根据闭环特征方程式得到的，因此，“等效”的含义仅在闭环极点相同这一点上等效。在确定闭环传递函数时，只能由参数根轨迹上得到指定参数后的闭环极点，而系统的闭环零点应由原系统的开环传递函数 $G(s)H(s)$ 求得。

**例 4-8** 位置控制系统的结构如图 4-16 所示。绘制以 $\tau$ 为参变量的根轨迹，并确定阻尼比 $\xi=0.5$ 时的闭环传递函数。

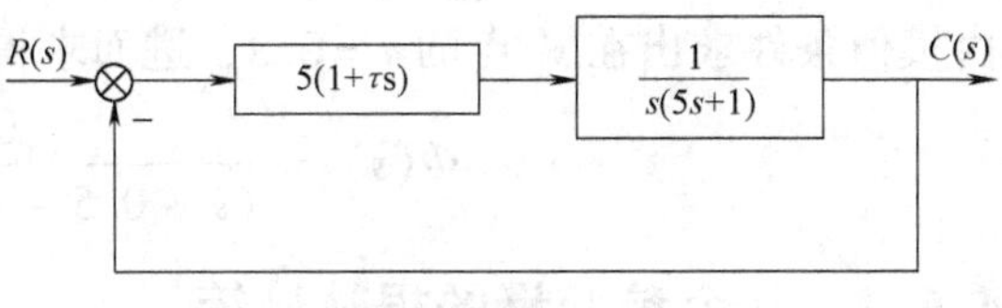


图 4-16

**解** （1）系统开环传递函数为

$$G(s)H(s)=\frac{5(1+\tau s)}{s(5s+1)}=\frac{1+\tau s}{s(s+0.2)}$$

（2）闭环特征方程式为

$$s(s+0.2)+1+\tau s=0$$

（3）等效开环传递函数的确定　用不含有 $\tau$ 的 $s$ 多项式去除闭环特征方程式，得

$$1+\frac{\tau s}{s(s+0.2)+1}=0$$

等效开环传递函数为

$$G_1(s)H_1(s)=\frac{\tau s}{s(s+0.2)+1}$$

（4）按照 $G_1(s)H_1(s)$ 绘制以 $\tau$ 为参变量的根轨迹

1）根轨迹的起点为 $p_{1,2}=-0.1\pm \mathrm{j}0.955$，终点为 $z_1=0$ 以及 1 个无限零点。根轨迹有 2 条分支。

2）有 1 条根轨迹趋于无穷远，渐近线与正实轴夹角为

$$\phi_a=\frac{180°(2k+1)}{n-m}=180°(2k+1)$$

当 $k=0$ 时，$\phi_a=180°$。

3）整个负实轴为根轨迹。

4）计算根轨迹的分离点 $d$

$$\frac{1}{d+0.1-\mathrm{j}0.955}+\frac{1}{d+0.1+\mathrm{j}0.955}=\frac{1}{d}$$

化简得到 $d^2-1=0$，求得 $d_{1,2}=\pm 1$。
$d_2=-1$ 为根轨迹的分离点。

根轨迹的分离角为 $\pm 90°$。

5）计算根轨迹的起始角 $\theta_{p_1}$

$$\theta_{p_1}=180°(2k+1)+\angle(p_1-z_1)-\angle(p_1-p_2)$$
$$=180°(2k+1)+95°-90°$$

当 $k=0$ 时，$\theta_{p_1}=185°$，$\theta_{p_2}=-185°$。

按上面的计算，系统以 $\tau$ 为参变量的根轨迹如图 4-17 所示。

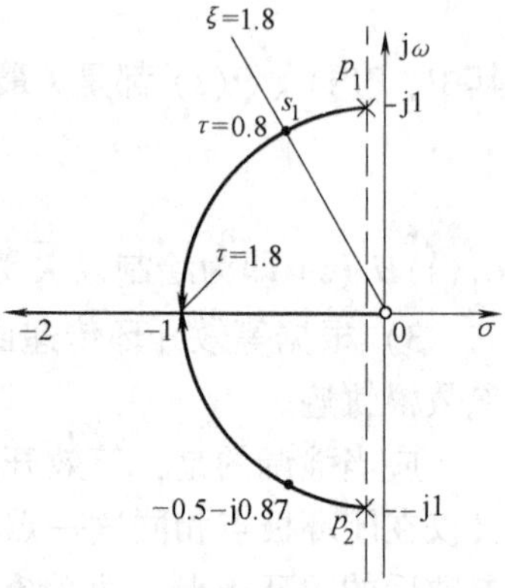

图　4-17

6）确定阻尼比 $\xi=0.5$ 时的闭环传递函数

$$\theta=\arccos 0.5=60°$$

过 $s$ 平面坐标原点作与负实轴成 60°的直线与根轨迹相交，得到闭环极点为

$$s_{1,2}=-0.5\pm \mathrm{j}0.87$$

由模值条件求出在 $s_1$ 点的 $\tau=0.8$，进而求得 $\xi=0.5$ 时的闭环传递函数为

$$\Phi(s)=\frac{0.8(s+1.25)}{(s+0.5-\mathrm{j}0.87)(s+0.5+\mathrm{j}0.87)}$$

### 4.5.2　几个参变量的根轨迹簇

上面介绍了一个参变量的系统根轨迹绘制方法。在实际控制系统中，有时需要研究几个

参变量变化对系统性能的影响，这时就要绘制几个参变量同时变化的系统根轨迹。几个参变量连续地从零到无穷大变化时的根轨迹称为根轨迹簇。绘制根轨迹的规则对于绘制根轨迹簇也是适用的。不失一般性，设系统中有两个可变参数的情况。

闭环特征方程为

$$B(s) + K_1A_1(s) + K_2A_2(s) = 0 \tag{4-54}$$

其中，$K_1$，$K_2$ 为可变参数；$B(s)$ 、$A_1(s)$ 和 $A_2(s)$ 是 $s$ 的多项式。

根轨迹簇的绘制方法是首先令一个可变参数等于零，例如 $K_2=0$。式（4-54）变为

$$B(s) + K_1A_1(s) = 0 \tag{4-55}$$

$B(s)$ 除以式（4-55），得

$$1 + \frac{K_1A_1(s)}{B(s)} = 0 \tag{4-56}$$

将式（4-56）记成

$$1 + G_1(s)H_1(s) = 0 \tag{4-57}$$

根据式 $G_1(s)H_1(s) = \dfrac{K_1A(s)}{B(s)}$ 即可绘制式（4-55）对应的根轨迹。

再令 $K_2\neq0$，用 $B(s) + K_1A_1(s)$ 除式（4-54）两边，得

$$1 + \frac{K_2A_2(s)}{B(s) + K_1A_1(s)} = 0 \tag{4-58}$$

将式（4-58）记成

$$1 + G_2(s)H_2(s) = 0 \tag{4-59}$$

根据 $G_2(s)H_2(s)$ 即可绘制式（4-54）的系统根轨迹簇。

注意，$G_2(s)H_2(s)$ 的极点与式（4-55）或式（4-57）的根是相同的。因此，式（4-59）的根轨迹簇的起点（即 $K_2=0$）全都在式（4-55）或式（4-57）的根轨迹上，即根轨迹簇是插在 $K_2=0$ 的根轨迹上。

**例 4-9** 单位负反馈系统的开环传递函数为

$$G(s)H(s) = \frac{K}{s(s+1)(Ts+1)}$$

绘制以 $K$ 和 $T$ 为参变量的根轨迹簇。

**解** 这是绘制 $K$ 和 $T$ 两个参变量的根轨迹簇问题。

系统闭环特征方程为

$$s(s+1)(Ts+1) + K = 0 \tag{4-60}$$

先令 $T=0$，绘制以 $K$ 为参变量的根轨迹。

式（4-60）变成

$$s(s+1) + K = 0 \tag{4-61}$$

用式 $s(s+1)$ 去除式（4-61），得

$$1 + \frac{K}{s(s+1)} = 0$$

记成

$$1 + G_1(s)H_1(s) = 0$$

即按 $G_1(s)H_1(s)=\dfrac{K}{s(s+1)}$ 绘制 $0\leqslant K<\infty$ 时的根轨迹，如图 4-18 所示。

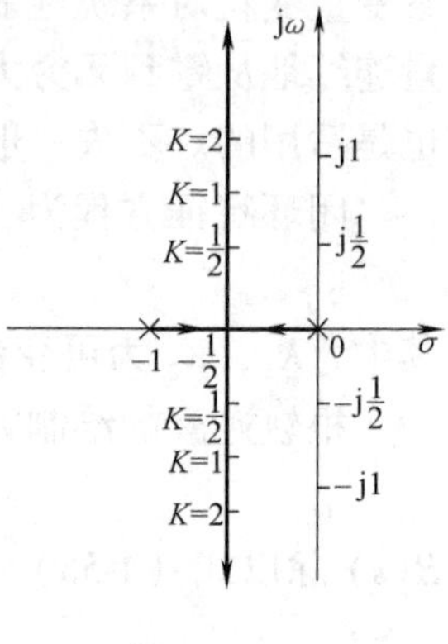


图 4-18

令 $T\neq 0$，用 $[s(s+1)+K]$ 去除式（4-60），得到

$$1+\frac{Ts^2(s+1)}{s(s+1)+K}=0$$

这是以 $T$ 和 $K$ 为参变量绘制根轨迹的依据。由式（4-59）可知

$$G_2(s)H_2(s)=\frac{Ts^2(s+1)}{s(s+1)+K}$$

由于 $G_2(s)H_2(s)$ 的极点与式（4-61）的根相同。绘制 $0\leqslant T<\infty$ 时的根轨迹起点全都在式（4-61）的根轨迹上。式（4-61）的根为 $-\dfrac{1}{2}\pm\dfrac{1}{2}\sqrt{1-4K}$，当 $K>\dfrac{1}{4}$ 时，根轨迹起点为一对共轭复根，绘出的根轨迹簇如图 4-19a 所示；当 $K<\dfrac{1}{4}$ 时，根轨迹起点为两个不等的负实根，同样可以绘出根轨迹簇，图 4-19b 仅给出了 $K=0.1$ 时的根轨迹。

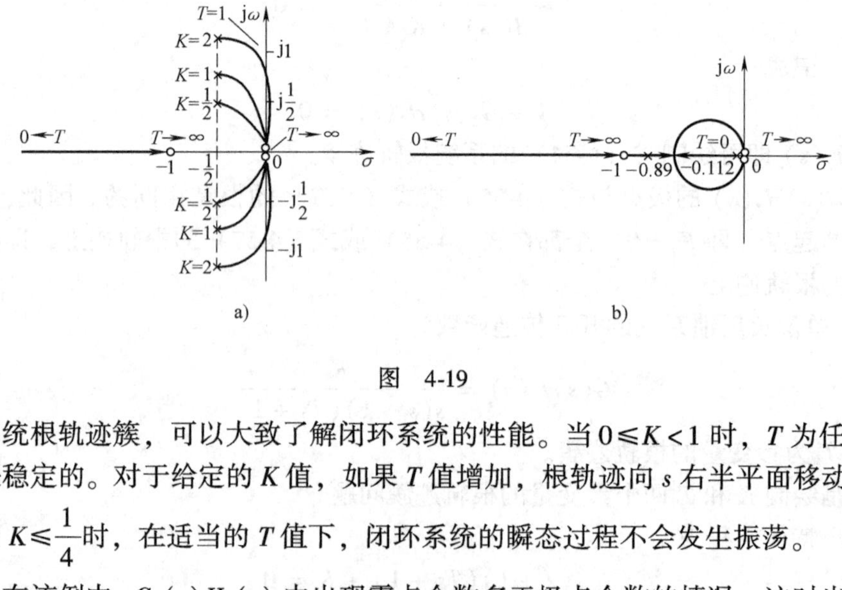


图 4-19

有了系统根轨迹簇，可以大致了解闭环系统的性能。当 $0\leqslant K<1$ 时，$T$ 为任何正值，闭环系统都是稳定的。对于给定的 $K$ 值，如果 $T$ 值增加，根轨迹向 $s$ 右半平面移动，使稳定性变坏。而当 $K\leqslant\dfrac{1}{4}$ 时，在适当的 $T$ 值下，闭环系统的瞬态过程不会发生振荡。

注意，在该例中，$G_2(s)H_2(s)$ 中出现零点个数多于极点个数的情况。这时出现无限极点的问题。一般地说，在绘制参数根轨迹时会遇到这种情况。

### 4.5.3 多环系统的根轨迹

在高精度的控制系统中，为了提高控制系统性能，常采用多个变量反馈，形成多环控制系统。例如电动机调速系统中，内环采用电流负反馈，外环为速度负反馈。跟踪系统中由电流负反馈、速度负反馈和位置负反馈构成三环控制等等。根轨迹法不仅适用于单环控制系统性能分析，而且也适用于多环控制系统的性能分析。为了简单起见但又不失一般性，这里研究根轨迹在双环控制系统的应用问题。

用根轨迹研究双环控制系统可以采用两种方法：其一是应用结构变换的方法将双环系统化简成单环系统，然后画出系统根轨迹。这种方法有局限性。当内环系统的开环传递函数比较复杂，求出内环系统的闭环极点（是整个系统的开环极点的全部或部分）往往遇到因式分解带来的繁琐，故只适合具有简单的内环系统的情况。其二是先绘制内环系统根轨迹，求出在指定参数下内环系统的闭环极点（零点是知道的）。将内环系统的零点、极点连同外环系统中其他环节的极点、零点一起作为整个系统的开环传递函数的极点、零点再绘制整个系统的根轨迹。下面介绍这种方法。

设控制系统结构如图 4-20 所示。首先根据内环的开环传递函数 $G(s)H(s)$ 绘制内环系统的根轨迹。当参变量的数值指定后，可以求出内环的闭环极点和闭环零点。由内环系统的闭环极点、零点再加上 $G_c(s)$ 的极点、零点就构成整个系统的开环极点和零点，进而可以绘制整个系统的根轨迹。有了整个系统的根轨迹，就可以分析系统的性能了。

**例 4-10**　双环系统的结构如图 4-21 所示，绘制 $K_2=1.25$ 时系统的根轨迹。

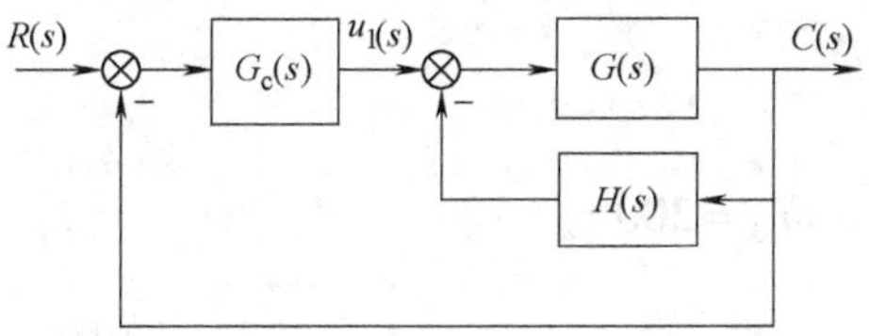


图　4-20

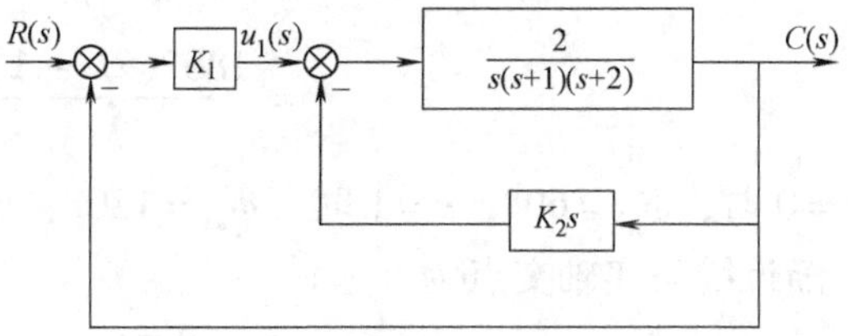


图　4-21

**解**　（1）绘制内环系统根轨迹　内环系统的开环传递函数为

$$G(s)H(s)=\frac{2K_2 s}{s(s+1)(s+2)}=\frac{K_2^* s}{s(s+1)(s+2)}$$

其中，$K_2^*=2K_2$。内环系统的闭环传递函数为

$$\Phi_1(s)=\frac{G(s)}{1+G(s)H(s)}=\frac{2}{s[(s+1)(s+2)+K_2^*]}$$

内环为一个 3 阶系统，有一个闭环极点 $s=0$ 与 $K_2^*$ 无关，即不论 $K_2^*$ 如何变化，该极点都是不变的。为了在根轨迹图中反映该极点，在绘制内环系统根轨迹时，$G(s)H(s)$ 中相同的极点和零点（$s=0$）不能相约。即内环系统有 3 个开环极点 $p_1=0$，$p_2=-1$，$p_3=-2$，有 1 个开环零点 $z_1=0$。内环系统的根轨迹如图 4-22 所示，图中有 3 条根轨迹，其中有 1 条在坐标原点。

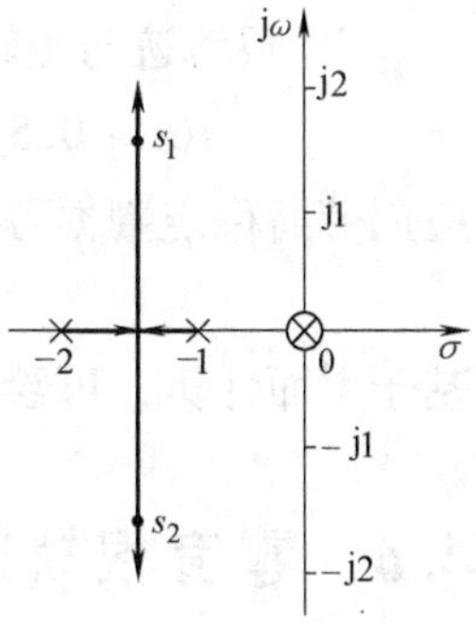


图　4-22

当 $K_2^*=2.5(K_2=1.25)$ 时，经过试探，求出内环系统的两个闭环极点为 $s_{1,2}=-1.5\pm j1.5$，另一个闭环极点 $s_3=0$。内环系统的闭环传递函数为

$$\Phi_1(s)=\frac{2}{s(s+1.5-j1.5)(s+1.5+j1.5)}$$

一般情况下，凡是非单位反馈系统出现反馈通道传递函数 $H(s)$ 的零点与前向通道传递函数 $G(s)$ 的极点相同时，若先进行零、极点相消，再绘制根轨迹，将无法反映系统的所有极点。

（2）绘制系统根轨迹　开环传递函数为

$$G_c(s)\Phi_1(s) = \frac{2K_1}{s(s+0.5-\mathrm{j}1.5)(s+0.5+\mathrm{j}1.5)} = \frac{K_1^*}{s(s+0.5-\mathrm{j}1.5)(s+0.5+\mathrm{j}1.5)}$$

其中，$K_1^* = 2K_1$。

1）根轨迹起点为 $p_1=-0.5+\mathrm{j}1.5$，$p_2=-0.5-\mathrm{j}1.5$，$p_3=0$。有3条分支根轨迹，趋向无限零点。

2）根轨迹渐近线与正实轴的夹角为

$$\phi_a = \frac{180°(2k+1)}{n-m} = \frac{180°(2k+1)}{3-0} = \frac{180°(2k+1)}{3}$$

当 $k=0$ 时，$\phi_{a1}=60°$；$k=1$ 时，$\phi_{a2}=180°$；$k=2$ 时，$\phi_{a3}=300°$。

渐近线与实轴交点为

$$\sigma_a = \frac{-(0+1.5+1.5)-0}{3} = -1$$

3）实轴上的根轨迹为整个负实轴。

4）根轨迹的起始角

$$\theta_{p_2} = 180°(2k+1) - 135° - 90°$$

当 $k=0$ 时，$\theta_{p_2}=-45°$，$\theta_{p_1}=45°$

5）根轨迹与虚轴交点。闭环系统特征方程式为

$$s(s+0.5-\mathrm{j}1.5)(s+0.5+\mathrm{j}1.5)+K_1^* = 0$$

应用劳斯稳定判据可求出 $K_1^* = 13.5$　$(K_1 = 6.75)$

$$\pm \mathrm{j}\omega = \pm \mathrm{j}2.12$$

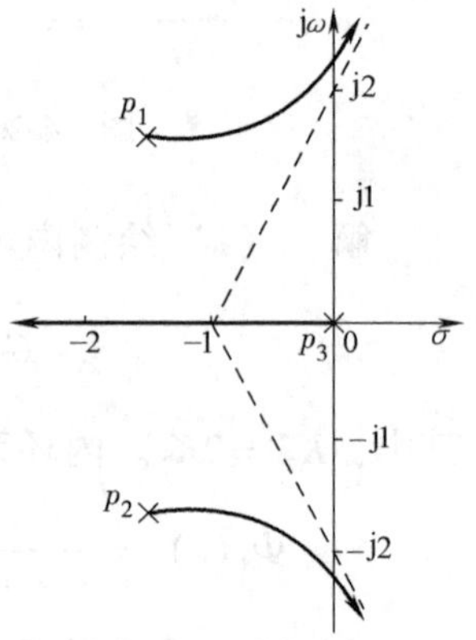

图　4-23

基于上面计算，可绘出系统的根轨迹图如图4-23所示。

## 4.6　零度根轨迹

### 4.6.1　零度根轨迹的定义

前面所介绍的根轨迹，其根轨迹方程形式为

$$G(s)H(s) = -1$$

相角条件为

$$\angle G(s)H(s) = 180° + 2k\pi \qquad k = 0, \pm 1, \pm 2, \cdots$$

这些根轨迹称为 180°根轨迹。若根轨迹方程形式为

$$G(s)H(s) = 1 \tag{4-62}$$

相角条件为

$$\angle G(s)H(s) = 0° + 2k\pi \qquad k = 0, \pm 1, \pm 2, \cdots \tag{4-63}$$

这些根轨迹称为零度根轨迹。设

$$G(s)H(s) = K^* \frac{\prod_{j=1}^{m}(s - z_j)}{\prod_{i=1}^{n}(s - p_i)} \tag{4-64}$$

绘制零度根轨迹时的相角条件和幅值条件可写为

$$\sum_{j=1}^{m} \angle(s - z_j) - \sum_{i=1}^{n} \angle(s - p_i) = 2k\pi \qquad k = 0, \pm 1, \pm 2, \cdots \tag{4-65}$$

$$K^* = \frac{\prod_{i=1}^{n} |(s - p_i)|}{\prod_{j=1}^{m} |(s - z_j)|} \tag{4-66}$$

### 4.6.2 零度根轨迹的绘制规则

由于零度根轨迹与常规根轨迹的模值条件相同，只是相角条件不同，因此，常规根轨迹绘制规则中涉及到相角条件的规则需要作适当的修改。

需要修改的绘制规则有规则 3、规则 4 和规则 6。

**规则 3** 根轨迹的渐近线与正实轴的夹角应改为

$$\phi_a = \frac{2k\pi}{n - m} \quad k = 0,1,\cdots,n - m - 1 \tag{4-67}$$

**规则 4** 实轴上根轨迹分布应改为：实轴上某线段右边的实数零点和极点之和为偶数时，则该线段就是根轨迹上的一段。

**规则 6** 根轨迹的起始角和终止角应改为：

起始角的计算公式

$$\theta_{p_i} = 2k\pi + \sum_{j=1}^{m} \angle(p_i - z_j) - \sum_{\substack{j=1 \\ j \neq i}}^{n} \angle(p_i - p_j) \tag{4-68}$$

终止角的计算公式

$$\theta_{z_i} = 2k\pi - \sum_{\substack{j=1 \\ j \neq i}}^{m} \angle(z_i - z_j) + \sum_{j=1}^{n} \angle(z_i - p_j) \tag{4-69}$$

除了上面 3 条根轨迹绘制规则要修改之外，常规根轨迹中其他的绘制规则均适用于绘制零度根轨迹。为了便于查阅，将零度根轨迹的全部绘制规则归纳在表 4-3 中。

**表 4-3 零度根轨迹的绘制规则**

| 规则序号 | 根轨迹特征点（线） | 规　则 |
|---|---|---|
| 1 | 根轨迹分支数和根轨迹起点、终点 | 根轨迹的分支数等于闭环特征方程的阶数，根轨迹的起点为开环极点（包括无限极点），终点为开环零点（包括无限零点） |
| 2 | 根轨迹的连续性和对称性 | 根轨迹随参数变化具有连续性并且根轨迹对称于实轴 |
| 3 | 根轨迹的渐近线 | $n$ 个极点，$m$ 个有限零点的系统，$(n-m)$ 条根轨迹的渐近线与正实轴夹角为<br>$$\phi_a=\frac{2k\pi}{n-m}\quad k=0,1,\cdots,n-m-1$$<br>与实轴的交点为<br>$$\sigma_a=\frac{\sum_{i=1}^{n}p_i-\sum_{j=1}^{m}z_j}{n-m}$$ |
| 4 | 实轴上的根轨迹 | 实轴上某线段右边的实数零点数和极点数之和为偶数时，该线段就是根轨迹上的一段 |
| 5 | 根轨迹的分离点和分离角 | 方法 1：根轨迹分离点的坐标 $d$ 由方程<br>$$\sum_{i=1}^{n}\frac{1}{d-p_i}=\sum_{j=1}^{m}\frac{1}{d-z_j}$$<br>的解确定；如果开环传递函数没有有限零点时，根轨迹分离点坐标 $d$ 由方程<br>$$\sum_{i=1}^{n}\frac{1}{d-p_i}=0$$<br>的解确定<br>方法 2：若 $G(s)H(s)=K^*\dfrac{B(s)}{A(s)}$，其中 $A(s)$、$B(s)$ 为不包含 $K^*$ 的 $s$ 多项式。则分离点的坐标 $d$ 是方程<br>$$A(s)\frac{\mathrm{d}B(s)}{\mathrm{d}s}-\frac{\mathrm{d}A(s)}{\mathrm{d}s}B(s)=0\quad 或\quad \frac{\mathrm{d}K^*}{\mathrm{d}s}=0$$<br>的解。如果根轨迹在接近分离点的分支数为 $l$，则根轨迹的分离角为<br>$\theta_d=\dfrac{(2k+1)\pi}{l}\quad k=0,1,\cdots,l-1$ |
| 6 | 根轨迹的起始角和终止角 | 起始角的计算公式为<br>$$\theta_{p_i}=2k\pi+\sum_{j=1}^{m}\angle(p_i-z_j)-\sum_{\substack{j=1\\j\neq i}}^{n}\angle(p_i-p_j)$$<br>$k=0,\pm1,\pm2,\cdots$<br>终止角的计算公式为<br>$$\theta_{z_i}=2k\pi-\sum_{\substack{j=1\\j\neq i}}^{m}\angle(z_i-z_j)+\sum_{j=1}^{n}\angle(z_i-p_j)$$<br>$k=0,\pm1,\pm2,\cdots$ |
| 7 | 根轨迹与虚轴的交点 | 根轨迹与虚轴交点处的 $K^*$ 和 $\omega$ 值由劳斯稳定判据或令 $s=\mathrm{j}\omega$ 代入闭环特征方程式求出 |

（续）

| 规则序号 | 根轨迹特征点（线） | 规 则 |
|---|---|---|
| 8 | 闭环特征方程的根之和与根之积 | 设闭环特征方程为<br>$1+G(s)H(s)=\sum_{i=1}^{n}(s-s_i)=s^n+a_{n-1}s^{n-1}+\cdots+a_1s+a_0=0$<br>则 $\sum_{i=1}^{n}s_i=-a_{n-1}$<br>$\prod_{i=1}^{n}(-s_i)=a_0$<br>当 $n-m\geqslant 2$ 时，有 $\sum_{i=1}^{n}s_i=\sum_{i=1}^{n}p_i$ |
| 9 | 根轨迹上各点对应的 $K^*$ 值 | $K^*=\dfrac{\prod_{i=1}^{n}\lvert s-p_i\rvert}{\prod_{j=1}^{m}\lvert s-z_j\rvert}$ |

一般在下面3种情况下会出现零度根轨迹绘制问题。

**1. 正反馈控制系统的根轨迹**

在多环控制系统中，有时会遇到内环为正反馈的情况。例如在双闭环调速系统中，内环采用电流正反馈，外环采用电压负反馈。如果要绘制正反馈系统的根轨迹就遇到绘制零度根轨迹问题。

**例 4-11** 在图4-24中，正反馈的内环系统前向通道传递函数

$$G_2(s)=\frac{K^*(s+2)}{(s+3)(s^2+2s+2)}$$

反馈通道传递函数 $H_2(s)=1$。绘制内环系统根轨迹。

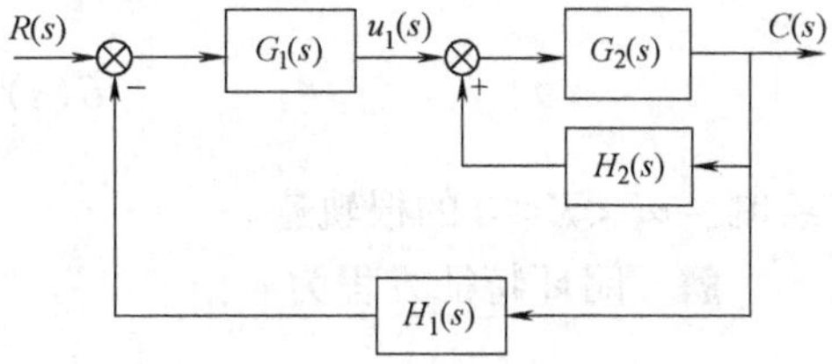


图 4-24

**解** 闭环特征方程为

$$1-G_2(s)H_2(s)=0$$

或
$$G_2(s)H_2(s)=1$$

这是零度根轨迹方程。按零度根轨迹绘制规则画出内环系统根轨迹。

（1）根轨迹的起点为 $-3$，$-1+\mathrm{j}1$，$-1-\mathrm{j}1$。终点为零点 $-2$ 与两个无穷零点。根轨迹的分支数为3。

（2）根轨迹的渐近线与正实轴夹角为

$$\phi_a=\frac{2k\pi}{n-m}=k\pi$$

当 $k=0$ 时，$\phi_{a1}=0°$；$k=1$ 时，$\phi_{a2}=180°$。这表明根轨迹渐近线位于实轴上。

（3）实轴上的根轨迹为 $-3$ 与 $-\infty$ 之间以及 $-2$ 与 $+\infty$ 之间的线段。

（4）根轨迹的分离点由方程

$$\frac{1}{d+3}+\frac{1}{d+1-\mathrm{j}1}+\frac{1}{d+1+\mathrm{j}1}=\frac{1}{d+2}$$

解出。经过整理得到

$$(d+0.8)(d^2+4.7d+6.24)=0$$

由于分离点在实轴上，故取 $d=-0.8$。

根轨迹分支在分离点处的分离角为

$$\theta_d = \frac{180°(2k+1)}{l} = \frac{180°(2k+1)}{2}$$

分离角为 ±90°。

(5) 根轨迹的起始角

$$\theta_{p_1} = 180° \times 2k + \angle(p_1+2) - \angle(p_1+3) - \angle(p_1+1+\mathrm{j}1)$$
$$= 180° \times 2k + 45° - (27° + 90°)$$

当 $k=0$ 时，$\theta_{p_1} = -72°$，$\theta_{p_2} = 72°$。

根据上面的计算可绘制正反馈系统的根轨迹，如图 4-25 所示。

(6) 临界稳定时的增益 $K^*$　系统临界稳定点由图 4-25 可知，是 $s$ 平面坐标原点。

由模值条件

$$K^* = \frac{\sqrt{2} \times \sqrt{2} \times 3}{2} = 3$$

为了使正反馈系统稳定，$K^* < 3$。

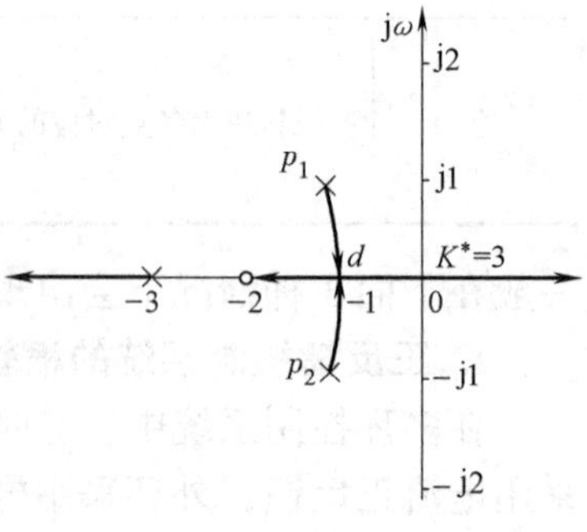


图 4-25

**2. 开环增益为负值的负反馈系统**

**例 4-12**　单位负反馈系统的开环传递函数为

$$G(s) = \frac{1.6K(s+10)}{s(s+1)(s+4)^2}$$

绘制 $-\infty < K \leqslant 0$ 的根轨迹。

**解**　闭环特征方程为

$$1 + \frac{1.6K(s+10)}{s(s+1)(s+4)^2} = 0$$

绘制 $-\infty < K \leqslant 0$ 的根轨迹，相当于绘制 $0 \leqslant K < \infty$ 时下列方程的根轨迹

$$1 - \frac{1.6K(s+10)}{s(s+1)(s+4)^2} = 0$$

这是零度根轨迹方程，以此绘制零度根轨迹。令

$$K^* = 1.6K, \qquad G(s) = \frac{K^*(s+10)}{s(s+1)(s+4)^2}$$

(1) 根轨迹起点为 0，-1，-4，-4；终点为 -10 与 3 个无限零点。有 4 条根轨迹分支。

(2) 根轨迹的渐近线与正实轴夹角为

$$\phi_a = \frac{180° \times 2k}{n-m} = \frac{180° \times 2k}{3}$$

当 $k=0$ 时，$\phi_{a1}=0°$；$k=1$ 时，$\phi_{a2}=120°$；$k=2$ 时，$\phi_{a3}=240°$。

渐近线与实轴交点

$$\sigma_a = \frac{-(0+1+4+4)-(-10)}{3} = \frac{1}{3}$$

（3）实轴上的根轨迹分布在 -1 至 -10 之间的线段以及整个正实轴。

（4）根轨迹的分离点与分离角

$$\frac{1}{d}+\frac{1}{d+1}+\frac{1}{d+4}+\frac{1}{d+4}=\frac{1}{d+10}$$

上式经过整理，得到

$$d^3+15.3d^2+36.7d+13.3=0$$

解得 $d_1=-0.45, d_2=-2.25, d_3=-12.5$。

经过分析，-2.25 为根轨迹在实轴上的分离点。根轨迹分支在分离点处的分离角为 ±90°。

根据以上的计算画出该系统当 $-\infty<K\leqslant 0$ 时的根轨迹如图 4-26 所示。

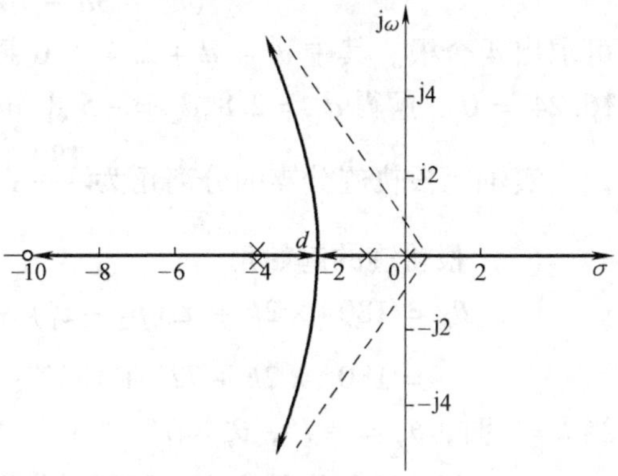

图　4-26

**3. 系统开环传递函数分子 s 多项式中包含 s 最高次幂的系数为负的因式**

这种情况出现在诸如飞机、导弹控制系统中，由被控对象本身具有的特性而产生。

**例 4-13**　单位负反馈系统的开环传递函数为

$$G(s)=\frac{K(-s^2-2s+3)}{s(s^2+4s+13)}$$

绘制系统的根轨迹并确定 $K=2.56$ 时的闭环传递函数。

**解**　闭环特征方程为

$$1+\frac{K(-s^2-2s+3)}{s(s^2+4s+13)}=0$$

即

$$\frac{K(s^2+2s-3)}{s(s^2+4s+13)}=1$$

这是零度根轨迹方程，以此绘制零度根轨迹。

（1）根轨迹的起点为 3 个开环极点，$p_1=0, p_2=-2+\mathrm{j}3, p_3=-2-\mathrm{j}3$。终点为 2 个有限零点，$z_1=1, z_2=-3$ 及一个无限零点。系统根轨迹有 3 条分支。

（2）根轨迹的渐近线与正实轴的夹角为

$$\phi_a=\frac{180°\times 2k}{n-m}=\frac{180°\times 2k}{3-2}=180°\times 2k\quad k=0, \phi_a=0°$$

这表明根轨迹的渐近线位于正实轴上。

（3）实轴上 0 至 -3 之间以及 1 至 +∞ 之间的线段为实轴上的根轨迹。

（4）根轨迹的分离点由方程

$$\frac{1}{d}+\frac{1}{d+2-\mathrm{j}3}+\frac{1}{d+2+\mathrm{j}3}=\frac{1}{d-1}+\frac{1}{d+3}$$

解出。经过运算和整理得到

$$d^4+4d^3-14d^2-24d-39=0$$

即

$$(d^2+3d-16.24)(d^2+d+2.4)=0$$

可求出4个根。其中$d^2+d+2.4=0$解出的为复根，不是实轴上的分离点，由$d^2+3d-16.24=0$，解得$d_1=2.8, d_2=-5.8$，根据实轴上根轨迹的特点，$d_1=2.8$为根轨迹分离点。

实轴上根轨迹分支的分离角为$\dfrac{180°(2k+1)}{l}$，可取为±90°。

（5）根轨迹的起始角

$$\theta_{p_2}=180°\times 2k+\angle(p_2-z_1)+\angle(p_2-z_2)-\angle(p_2-p_1)-\angle(p_2-p_3)$$
$$=180°\times 2k+72°+135°-124°-90°$$

当$k=0$时，$\theta_{p_2}=-7°$，$\theta_{p_3}=7°$。

（6）根轨迹与虚轴交点　根据劳斯稳定判据可以求出根轨迹与虚轴交点处的增益$K^*=2.85$，$\pm j\omega=\pm j2.72$。

（7）基于上面的计算可以绘制出系统根轨迹如图4-27所示。下面确定$K=2.56$时的闭环传递函数。该系统有3个闭环极点，根据幅值条件，用试探法求得实轴上$s_1=-1$是系统的一个闭环极点。此时，该系统闭环特征方程式为

$$s^3+(4-K)s^2+(13-2K)s+3K=0$$

代入$K=2.56$，得

$$s^3+1.44s^2+7.88s+7.68=0$$

用$(s+1)$除上面方程，求得另外两个闭环极点

$$s_{2,3}=-0.22\pm j2.77$$

闭环传递函数为

$$\phi(s)=\frac{2.56(s+3)(s-1)}{(s+1)(s+0.22-j2.77)(s+0.22+j2.77)}$$

对于这种在$s$右半平面有开环零点的非最小相位系统，阶跃信号$r(t)$作用下的响应$c(t)$如图4-28所示。响应$c(t)$一开始先往与希望值相反方向变化，经过时间$t_1$后，才趋向输出希望值的方向。从0到$t_1$这段时间相当于一个时间延迟。这种控制系统较难校正。在设计快速跟踪系统时应当力求避免。

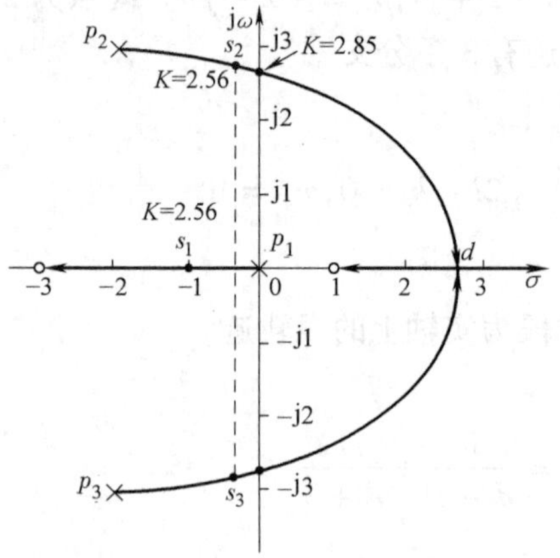


图　4-27

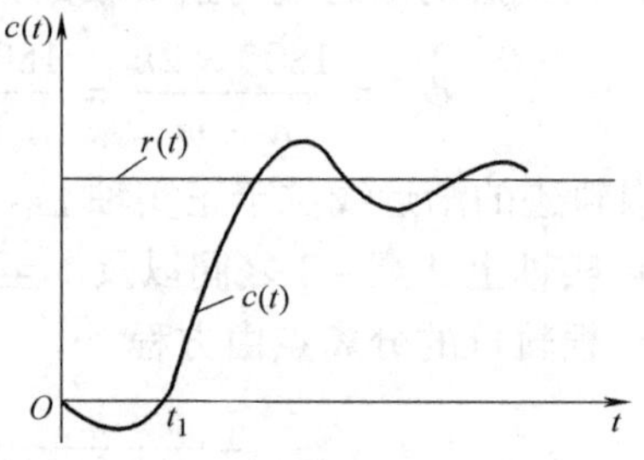


图　4-28

## 4.7 延迟系统的根轨迹

具有延迟环节的控制系统称为延迟控制系统。在第 1 章中例 1-3 的热压炉温度自动控制系统就是一个延迟系统。该系统中的热压炉就是一个具有延迟环节的被控对象。由第 2 章知道，延迟环节的传递函数为 $e^{-\tau s}$，其中 $\tau$ 为延迟时间。

### 4.7.1 延迟系统根轨迹的绘制依据

线性延迟系统的结构如图 4-29 所示。其开环传递函数为

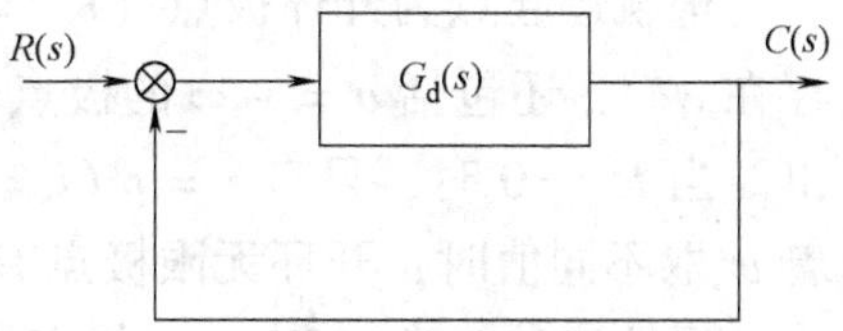

图 4-29

$$G_d(s) = G(s)e^{-\tau s} = \frac{K^* \prod_{j=1}^{m}(s - z_j)}{\prod_{i=1}^{n}(s - p_i)} e^{-\tau s} \tag{4-70}$$

闭环系统的特征方程为

$$1 + G_d(s) = 1 + G(s)e^{-\tau s} = 0 \tag{4-71}$$

考虑式（4-70），由式（4-71）可得

$$\frac{K^* \prod_{j=1}^{m}(s - z_j)}{\prod_{i=1}^{n}(s - p_i)} e^{-\tau s} = -1 \tag{4-72}$$

式（4-72）就是延迟系统的根轨迹方程。

令 $s = \sigma + j\omega$，则 $e^{-\tau s} = e^{-\tau(\sigma + j\omega)} = e^{-\tau\sigma} \angle -\tau\omega$。代入式（4-72），得到根轨迹方程的相角条件和模值条件。相角条件为

$$\begin{aligned}\angle G(s) &= \sum_{j=1}^{m} \angle(s - z_j) - \sum_{i=1}^{n} \angle(s - p_i) \\ &= (2k+1)\pi + \tau\omega \qquad k = 0, \pm 1, \pm 2, \cdots\end{aligned} \tag{4-73}$$

或

$$\begin{aligned}\angle G(s) &= \sum_{j=1}^{m} \angle(s - z_j) - \sum_{i=1}^{n} \angle(s - p_i) \\ &= 180°(2k+1) + \frac{180°}{\pi}\tau\omega \\ &= 180°(2k+1) + 57.3°\tau\omega \qquad k = 0, \pm 1, \pm 2, \cdots\end{aligned} \tag{4-74}$$

延迟系统根轨迹的模值条件为

$$\frac{\prod_{j=1}^{m}|s - z_j|}{\prod_{i=1}^{n}|s - p_i|} |e^{-\tau s}| = \frac{1}{K^*} \tag{4-75}$$

### 4.7.2 延迟系统根轨迹的绘制规则

将式（4-74）、式（4-75）与绘制常规根轨迹的相角条件式（4-11）和模值条件式（4-12）比较可见，由于延迟系统含有一个延迟环节 $e^{-\tau s}=e^{-\tau\sigma}\angle-\tau\omega$，使得相角条件和模值条件发生变化，$\angle-\tau\omega$ 影响相角条件，而因子 $e^{-\tau\sigma}$ 影响模值条件。另外，因为 $e^{-\tau s}$ 是超越函数，所以，延迟系统的闭环特征方程不再是 $s$ 的代数方程，而是超越方程。这就要求常规根轨迹的绘制规则中的某些规则应作相应的修改。具体地说，应该修改的规则有：

**规则 1** 根轨迹的起点、终点和根轨迹的分支数

根轨迹起点为开环极点（$K^*=0$ 的点）。在延迟系统中，除了开环有限极点 $p_i$ 外，由于存在 $e^{-\tau s}$，还包括 $\sigma=-\infty$ 的极点，这可以称为开环无限极点。其原因由式（4-72）可以看出，当 $K^*=0$ 时，只有 $s=p_i(i=1,2,\cdots,n)$ 和 $\sigma=-\infty$ 时，式（4-72）才能成立。并且随着 $\omega$ 取不同值时，开环无限极点有无穷个。

根轨迹的终点（$K^*=\infty$ 的点）为开环有限零点 $z_j$（$j=1,2,\cdots,m$）以及 $\sigma=+\infty$ 的开环无限零点。

由于 $K^*$ 从零变化到无穷大时根轨迹从开环极点出发，终止于某个开环零点，因此，延迟系统的根轨迹有无穷多条分支。

**规则 3** 根轨迹的渐近线

对于起始于无限极点（$\sigma=-\infty$）的根轨迹，在无限极点附近取一点 $s_1$，当 $s_1$ 虚部 $\omega$ 为有限值时，所有开环有限极点、零点指向 $s_1$ 的向量的相角均可以认为是 180°。根据相角条件，有

$$\angle G(s)=\sum_{j=1}^{m}\angle(s-z_j)-\sum_{i=1}^{n}\angle(s-p_i)=-180°(n-m)=180°(2k+1)+57.3°\tau\omega$$

由上式可以得到根轨迹渐近线方程为

$$57.3°\tau\omega=-180°(n-m)-180°(2k+1)$$

这表明，当 $\tau$、$m$、$n$ 一定时，根轨迹渐近线为平行于 $s$ 平面实轴的直线。因为 $k=0,\pm1,\pm2,\cdots$，即 $k$ 的取值有无穷多个，所以从开环无限极点出发的根轨迹分支及其渐近线亦有无穷多条。它们与虚轴的交点坐标为

$$\omega=\begin{cases}\dfrac{180°\times 2k}{57.3°\tau} & |n-m|\text{为奇数}\\[2ex] \dfrac{180°(2k+1)}{57.3°\tau} & |m-n|\text{为偶数}\end{cases} \tag{4-76}$$

同理，对于终止于无限零点（$\sigma=+\infty$）的根轨迹，在无限零点附近取一点 $s_2$，当 $s_2$ 虚部 $\omega$ 为有限值时，所有开环有限极点、零点到 $s_2$ 所引的向量的相角均可以认为是 0°。于是由相角条件得到

$$\angle G(s)=\sum_{j=1}^{m}\angle(s-z_j)-\sum_{i=1}^{n}\angle(s-p_i)=180°(2k+1)+57.3°\tau\omega=0$$

由上式得到趋向开环无限零点的根轨迹渐近线方程为

$$\tau\omega=180°(2k+1)/57.3°$$

这也是平行于实轴的直线，它们与虚轴交点的坐标为

$$\omega = \frac{180°(2k+1)}{57.3°\tau} \tag{4-77}$$

同样，由于 $k$ 的取值有无穷多个，因而趋于开环无限零点的根轨迹分支及其渐近线也有无穷多条。

将式（4-76）、式（4-77）统一起来，根轨迹离开开环无限极点或根轨迹趋向开环无限零点的根轨迹渐近线与虚轴交点的坐标为

$$\omega = \frac{N\pi}{\tau} \text{ 或 } \omega = \frac{180°N}{57.3°\tau} \tag{4-78}$$

其中，$N$ 的取值如下：

当 $|n-m|$ 为奇数时　　$K^*=0, N=0, \pm 2, \pm 4, \cdots$

　　　　　　　　　　　$K^*=\infty, N=\pm 1, \pm 3, \pm 5, \cdots$

当 $|n-m|$ 为偶数时　　$K^*=0$ 或 $K^*=\infty, N=\pm 1, \pm 3, \pm 5, \cdots$

**规则5**　根轨迹的分离点

对于延迟系统，根轨迹分离点可以按如下方法确定：

闭环系统的特征方程为

$$1+G_{\mathrm{d}}(s) = 1+K^*\frac{\prod\limits_{j=1}^{m}(s-z_j)}{\prod\limits_{i=1}^{n}(s-p_i)}\mathrm{e}^{-\tau s} = 0$$

由上式可以求出

$$K^* = -\frac{\prod\limits_{i=1}^{n}(s-p_i)}{\prod\limits_{j=1}^{m}(s-z_j)}\mathrm{e}^{\tau s}$$

根轨迹的分离点表明闭环特征方程有重根。重根必满足

$$\frac{\mathrm{d}}{\mathrm{d}s}[1+G_{\mathrm{d}}(s)] = 0$$

即

$$\frac{\mathrm{d}}{\mathrm{d}s}G_{\mathrm{d}}(s) = \frac{\mathrm{d}}{\mathrm{d}s}\left[\frac{\prod\limits_{j=1}^{m}(s-z_j)}{\prod\limits_{i=1}^{n}(s-p_i)}\mathrm{e}^{-\tau s}\right] = 0 \tag{4-79}$$

或

$$\frac{\mathrm{d}K^*}{\mathrm{d}s} = 0 \tag{4-80}$$

由式（4-80）求出的 $s$ 值是否为根轨迹的分离点 $d$，还要检验该点的值是否满足相角条件式（4-74）。即求出的 $d$ 值位于根轨迹上，才是根轨迹的分离点。

**规则6**　根轨迹的起始角和终止角

根轨迹的起始角为

$$\theta_{p_i} = 180°(2k+1) + \sum_{j=1}^{m}\angle(p_i-z_j) - \sum_{\substack{j=1\\j\neq i}}^{n}\angle(p_i-p_j) + 57.3°\tau\omega \tag{4-81}$$

根轨迹的终止角为

$$\theta_{z_i} = 180°(2k+1) - \sum_{\substack{j=1 \\ j\neq i}}^{m} \angle(z_i - z_j) + \sum_{j=1}^{n} \angle(z_i - p_j) + 57.3°\tau\omega \tag{4-82}$$

**规则7** 根轨迹与虚轴的交点

根轨迹与虚轴交点处的 $K^*$ 和 $\omega$ 值，可以令 $s = \mathrm{j}\omega$ 代入闭环特征方程利用根轨迹的相角条件和模值条件求解。由于 $\mathrm{e}^{-\tau s}$ 是超越函数，导致闭环特征方程是超越方程，因而不能用劳斯稳定判据求出根轨迹与虚轴交点处的 $K^*$ 和 $\omega$ 值。对于较复杂的控制系统，一般地说，只能用数值方法求解。

**规则8** 因为延迟系统闭环特征方程不是代数方程，所以不存在闭环特征方程根之和与根之积的关系。

**规则9** 根轨迹上各点对应的 $K^*$ 值，由式（4-75）计算。

为了方便查阅，将延迟系统根轨迹绘制规则归纳在表4-4中。

**表4-4 延迟系统根轨迹绘制规则**

| 规则序号 | 根轨迹特征点（线） | 规　则 |
|---|---|---|
| 1 | 根轨迹的起点、终点和根轨迹分支数 | 根轨迹的起点为开环有限极点与 $\sigma\to-\infty$ 的无穷个无限极点；根轨迹的终点为开环有限零点与 $\sigma\to\infty$ 的无穷个无限零点，根轨迹的分支数有无穷多条 |
| 2 | 根轨迹的连续性和对称性 | 根轨迹随参数变化具有连续性并且根轨迹对称于实轴 |
| 3 | 根轨迹的渐近线 | 根轨迹离开开环无限极点或趋于开环无限零点的渐近线为平行于 $s$ 平面实轴的直线，它们与虚轴的交点处有<br>$\omega = \dfrac{\pi N}{\tau}$ 或 $\omega = \dfrac{180°N}{57.3°\tau}$<br>其中，$N$ 的取值如下：<br>当 $\lvert n-m\rvert$ 为奇数时，$K^*=0, N=0, \pm2 \pm4, \cdots$<br>$K^*=\infty, N=\pm1, \pm3 \pm5, \cdots$<br>当 $\lvert n-m\rvert$ 为偶数时，$K^*=0$ 或 $K^*=\infty, N=\pm1, \pm3, \pm5, \cdots$ |
| 4 | 实轴上的根轨迹 | 实轴上某线段右边的开环有限零点数和有限极点数之和为奇数时，该线段就是根轨迹上的一段 |
| 5 | 根轨迹的分离点和分离角 | 根轨迹在分离点处，有<br>$\dfrac{\mathrm{d}G_\mathrm{d}(s)}{\mathrm{d}s}=0$ 或 $\dfrac{\mathrm{d}K^*}{\mathrm{d}s}=0$<br>如果根轨迹在接近分离点的分支数为 $l$，则根轨迹的分离角为<br>$\dfrac{180°(2k+1)}{l}(k=0,1,2,\cdots)$ |
| 6 | 根轨迹的起始角和终止角 | 起始角的计算公式为<br>$\theta_{p_i} = 180°(2k+1) + \sum_{j=1}^{m}\angle(p_i - z_j) - \sum_{j=1, j\neq i}^{n}\angle(p_i - p_j) + 57.3°\tau\omega$<br>$k=0, \pm1, \pm2, \cdots$<br>终止角的计算公式为<br>$\theta_{z_i} = 180°(2k+1) - \sum_{j=1, j\neq i}^{m}\angle(z_i - z_j) + \sum_{j=1}^{n}\angle(z_i - p_j) + 57.3°\tau\omega$<br>$k=0, \pm1, \pm2, \cdots$ |

（续）

| 规则序号 | 根轨迹特征点（线） | 规　则 |
| --- | --- | --- |
| 7 | 根轨迹与虚轴的交点 | 根轨迹与虚轴交点处的 $K^*$ 和 $\omega$ 值，可以令 $s=\mathrm{j}\omega$ 代入闭环特征方程利用根轨迹的相角条件和模值条件求解。对于较复杂的控制系统，一般地说，只能用数值方法求解 |
| 8 | 闭环特征方程的根之和与根之积 | 因为延迟系统闭环特征方程不是代数方程，所以不存在闭环特征方程根之和与根之积的关系 |
| 9 | 根轨迹上各点对应的 $K^*$ 值 | $K^*=\dfrac{\prod_{i=1}^{n}\lvert s-p_i\rvert}{\prod_{j=1}^{m}\lvert s-z_j\rvert}\mathrm{e}^{\tau\sigma}$ |

**例 4-14** 延迟系统的结构如图 4-30 所示。绘制系统根轨迹并确定 $K=2$ 时的闭环极点。

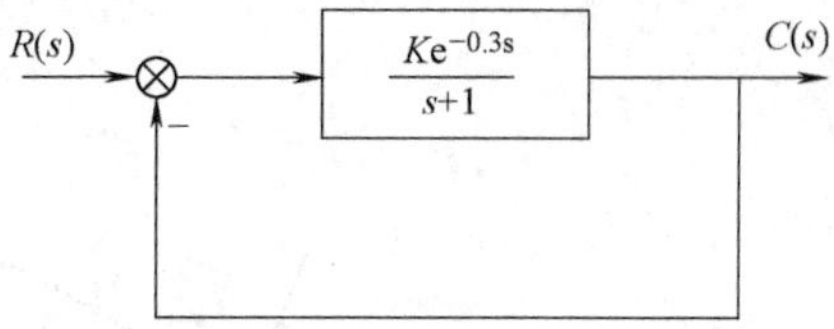


图 4-30

**解** （1）绘制系统根轨迹 在本例中 $K^*=K$。

1）根轨迹的起点为 $p_1=-1$ 和 $s=-\infty$ 的无限极点。根轨迹的终点为无限零点。由于系统存在延迟环节，有无穷多个无限极点，因此，根轨迹的分支数有无穷多条。

2）延迟系统根轨迹的渐近线为平行于实轴的直线。与虚轴交点为

$$\omega=\frac{180°N}{57.3°\tau}$$

当 $|n-m|=1$（奇数）时

$$K^*=0, N=0, \pm 2, \pm 4, \cdots, \qquad \omega=0, \pm 20.93, \pm 41.86, \cdots$$

$$K^*=\infty, N=0, \pm 1, \pm 3, \pm 5, \cdots, \qquad \omega=\pm 10.47, \pm 31.4, \pm 52.33, \cdots$$

根轨迹的渐近线如图 4-31 上的虚线所示。

3）实轴上从 $\sigma=-\infty$ 到 $p_1=-1$ 之间的线段为实轴上的根轨迹。

4）根轨迹的分离点和分离角。闭环特征方程为

$$1+\frac{K^*\mathrm{e}^{-0.3s}}{s+1}=0 \qquad K^*=-\mathrm{e}^{0.3s}(s+1)$$

由 $\dfrac{\mathrm{d}K^*}{\mathrm{d}s}=0$，得到

$$\mathrm{e}^{0.3s}[1+0.3(s+1)]=0$$

求出 $s=-4.33$。即根轨迹在实轴上的分离点 $d=-4.33$。

根轨迹的分离角为 $\pm 90°$。

5）根轨迹与虚轴交点。本例中，令 $s=\mathrm{j}\omega$ 代入闭环特征方程，利用根轨迹的相角条件和模值条件求解。当 $k=0$ 时，利用相角条件求出 $\omega=5.80\mathrm{rad/s}$，由模值条件求出 $K^*=5.88$。

根据以上得到的根轨迹特征点（线），再用试探法确定一些点，然后绘制系统根轨迹。本例中，$s$ 平面上不同 $\omega$ 值时的根轨迹点可以由相角条件用作图方法确定。

本例中相角条件为

$$-\angle(s+1)=180°(2k+1)+57.3°\tau\omega$$

或
$$\angle(s+1)=-[180°(2k+1)+57.3°\tau\omega] \tag{4-83}$$

当 $k=0$ 时

$$\begin{aligned}\angle(s+1)&=-180°-57.3°\tau\omega=-180°-57.3°\times0.3\omega\\&=-180°-17.2°\omega\end{aligned} \tag{4-84}$$

对于 $s$ 平面上 $\omega=1\text{rad/s}$ 的点 $s_1$ 确定方法是这样的：过实轴上开环极点 $p_1=-1$ 处作一条与正实轴夹角为 $-180°-17.2°=-197.2°$的直线，该直线与 $\omega=1$ 的水平线的交点如图 4-31a 上的 $s_1$ 点。因为该点满足 $k=0$ 时的相角条件，所以 $s_1$ 是根轨迹的点。分别给出$\omega=2\text{rad/s}$，3rad/s，…，按上面方法求出 $s_2$，$s_3$，…，见表4-5。

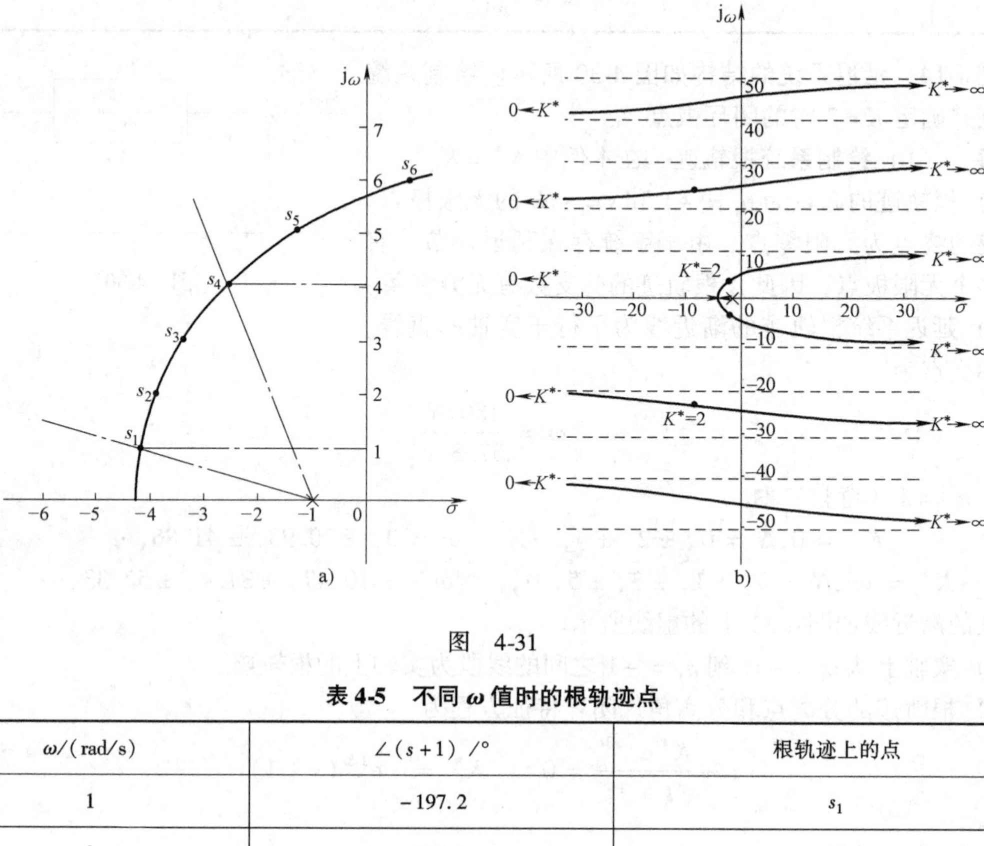


图 4-31

**表 4-5 不同 ω 值时的根轨迹点**

| ω/(rad/s) | ∠(s+1) /° | 根轨迹上的点 |
|---|---|---|
| 1 | -197.2 | $s_1$ |
| 2 | -214.4 | $s_2$ |
| 3 | -231.6 | $s_3$ |
| 4 | -248.8 | $s_4$ |
| 5 | -266 | $s_5$ |
| 6 | -283.2 | $s_6$ |
| ⋮ | ⋮ | ⋮ |

有了这些点，便可大致绘制出 $k=0$ 时的根轨迹，如图 4-31b 所示。

对于 $k=\pm1$，$\pm2$，…，类似 $k=0$ 确定试探点的方法得到根轨迹上的点。不过，这时由于 $k\neq0$，求 $\angle(s+1)$ 的公式为式（4-83）。

对于 $k=0$，$\pm1$，$\pm2$，…，得到相应的根轨迹有无穷条分支。在 $s$ 平面上相邻两条根轨迹分支之间的间隔为 $2\pi/\tau$。而 $k=0$ 时的根轨迹分支最靠近虚轴，称为主根轨迹。它是分析或设计延迟系统的主要依据。$k\neq0$ 时的根轨迹分支称为辅助根轨迹。

该例可以看到，即使在一阶系统中，由于存在延迟环节，当 $K^*>5.88$ 时，闭环系统就不稳定了。即延迟环节给系统的稳定性带来不利的影响。

（2）$K=2$ 时的闭环极点　由模值条件

$$K^* = K = \frac{\sqrt{(1+\sigma)^2+\omega^2}}{-0.3\sigma} = 2$$

在 $k=0$ 的根轨迹分支上进行试探，当 $s_{1,2}=-2.5\pm j3.9$ 时，$K=2$。在 $k=1$ 的根轨迹分支上进行试探，当 $s_{3,4}=-8.6\pm j25.1$ 时也是一对闭环极点。

## 4.8 用 MATLAB 绘制根轨迹

对于比较复杂的控制系统，人工绘制系统根轨迹比较麻烦。借助 MATLAB 编程语言绘制根轨迹，方便、快捷，并且能提高根轨迹绘制的准确性。因此，得到了广泛的应用。

### 4.8.1 根轨迹的绘制

在 MATLAB 编程语言中，有绘制根轨迹的命令 rlocus，其基本格式为

rlocus(num,den) 和 rlocus(num,den,K)

执行前一个命令后，计算机自动生成 $K$ 从 0 到无穷大时的根轨迹。执行后一个命令，则使用者可以绘制规定 $K$ 值取值范围的根轨迹。

**例 4-15**　已知系统开环传递函数为

$$G(s) = \frac{10^7Ks}{s^3+1010s^2+10000s+10^7}$$

绘制系统的根轨迹。

**解**　在 MATLAB 命令窗口键入

```
num = [10000000 0];den = [1 1010 10000 10000000];rlocus(num,den)
```

执行以上命令后，计算机绘制出根轨迹如图 4-32 所示。

### 4.8.2 根轨迹增益 $K^*$ 和闭环极点位置的确定

要想知道根轨迹上某一点处的根轨迹增益 $K^*$ 值，MATLAB 编程语言中提供了rlocfind（）命令来实现这个要求。它是先得到系统根轨迹，即先执行命令 rlocus（num，den），得到根轨迹后，再执行如下命令

```
[K,poles] = rlocfind(num,den)
```

执行该命令后，将在图形窗口中生成一个十字光标，用鼠标将它移动到所期望的闭环极点位置，然后点击鼠标左键，即可得到相应的闭环极点位置值及其对应的根轨迹增益 $K^*$ 值。

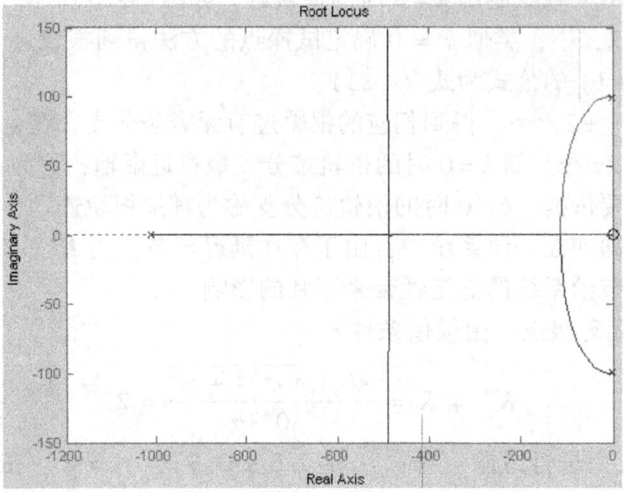


图 4-32

需要指出，由于是手工移动鼠标，不可能很精确，每次选择的点都不可能完全相同。

**例 4-16** 已知系统开环传递函数为

$$G(s)H(s) = \frac{K^*}{s(s+0.5)(s^2+0.6s+10)}$$

绘制系统根轨迹，并求出闭环系统临界稳定时的根轨迹增益值。

**解** 在 MATLAB 命令窗口键入命令

```
num = 1;den = conv([1 0],conv([1 0.5],[1 0.6 10]));
rlocus(num,den)
```

得到系统根轨迹如图 4-33 所示。

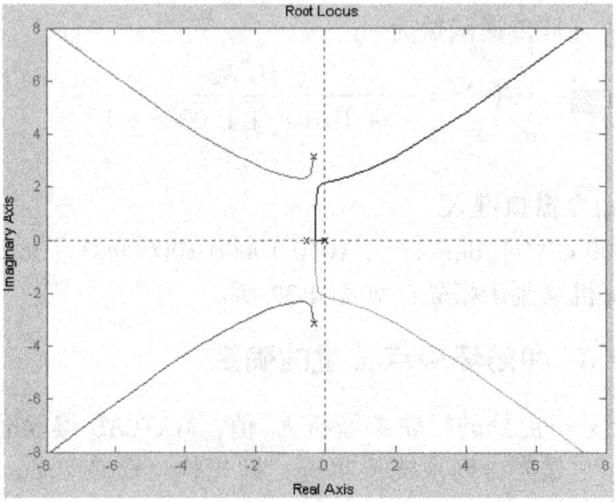


图 4-33

再输入命令

```
[K,poles] = rlocfind(num,den)
```

在图形窗口出现十字光标，如图 4-34 所示。选择闭环极点在虚轴上，点击鼠标左键，就确定了闭环极点，如图 4-35 所示。同时，在命令窗口，计算机给出了相应的数值。

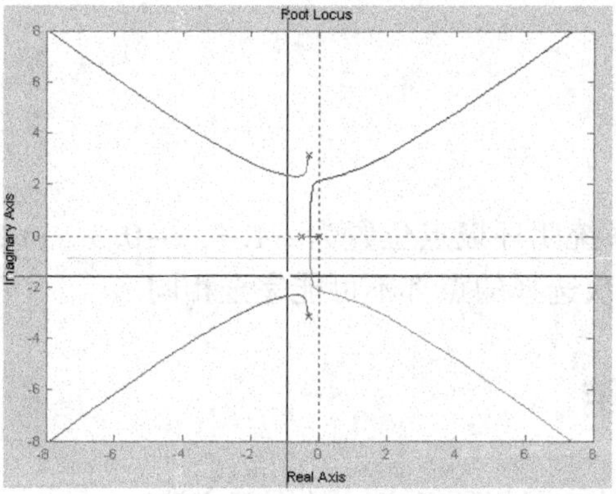


图　4-34

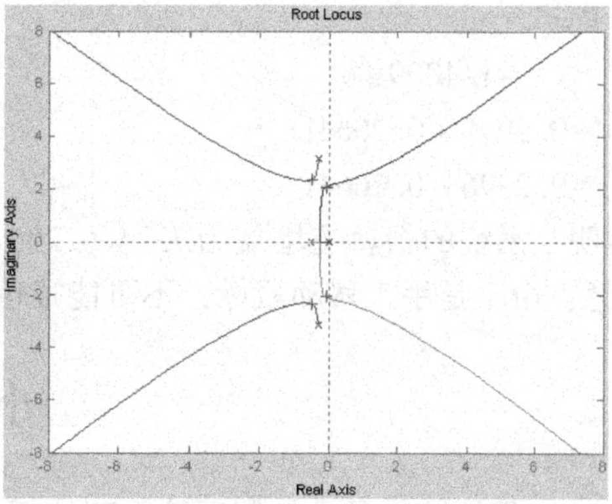


图　4-35

```
selected _ point =
    -0.0169 +2.1234i
K =
    25.9494
poles =
   -0.5333 +2.3393i
   -0.5333 -2.3393i
   -0.0167 +2.1230i
   -0.0167 -2.1230i
```

如果在图形窗口中单击鼠标右键，并且选择 grid，则在根轨迹图上出现极坐标栅格，这些栅格标出阻尼比和自然振荡频率。

**例 4-17**　已知系统开环传递函数为

$$G(s)H(s) = \frac{K^*}{s(s+1)^2}$$

绘制系统根轨迹，并且确定阻尼比 $\zeta = 0.7$ 时，闭环极点的位置及相应的根轨迹增益。

**解**　在 MATLAB 命令窗口键入命令

```
num = 1;den = conv([1 0],[1 2 1]);
        rlocus(num,den),grid
```

计算机绘制出系统根轨迹图如图 4-36，输入

```
[K,P] = rlocfind(num,den)
```

在图形窗口出现十字形光标，在表示阻尼比为 0.7 的那根射线附近略微偏下处点击鼠标左键。在命令窗口中，计算机返回以下信息

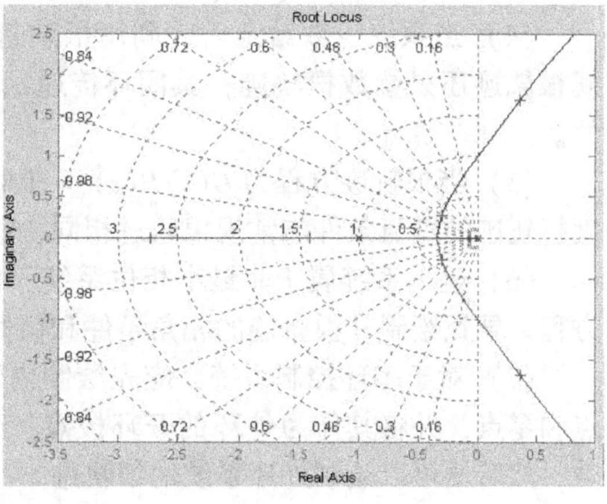


图　4-36

```
selected _ point =
```

-0.2880 +0.2673i

K =

0.2251

P =

-1.4009

-0.2996 +0.2664i

-0.2996 -0.2664i

这表明当系统的根轨迹增益为 $K^* = 0.2251$ 时，系统闭环极点位置为 $-1.4$、$-0.3 \pm j0.27$。(注意：由于是手工移动鼠标，不可能很精确，每次选择的点都不可能完全相同。)

## 小　　结

(1) 根轨迹法是求控制系统闭环特征方程的根（即闭环极点）的图解方法。

(2) 开环传递函数中某个参数从零变到无穷大时，闭环特征方程式的根在 $s$ 平面上变化的轨迹称为该参数的闭环系统根轨迹，简称根轨迹。绘制根轨迹时，随着选择开环传递函数中参数的不同，分为常规根轨迹和参数根轨迹：以根轨迹增益 $K^*$ 为参变量（$0 \leqslant K^* < \infty$）绘制的根轨迹，称为常规根轨迹或 $K^*$ 根轨迹；以开环零点或开环极点的参数为参变量（参变量从零变到无穷大）绘制的根轨迹称为参数根轨迹或非 $K^*$ 根轨迹。

(3) 对于已知开环传递函数的系统，可以由闭环特征方程得到根轨迹方程或其等价的绘制根轨迹相角条件、模值条件以及根轨迹的绘制规则。

绘制根轨迹时，应将开环传递函数的形式变成绘制根轨迹的形式

$$G(s)H(s) = \frac{K^* \prod_{j=1}^{m} (s - z_j)}{\prod_{i=1}^{n} (s - p_i)}$$

即 $G(s)H(s)$ 中各个因式中 $s$ 最高次项的系数为 1。而绘制参数根轨迹时，要采用等效开环传递函数 $G_1(s)H_1(s)$ 。不管是常规根轨迹还是参数根轨迹，其绘制规则是相同的。

(4) 当系统参数给定后，利用根轨迹法可以求出闭环传递函数的极点，而不论是常规根轨迹还是参数根轨迹，其闭环传递函数的零点是由 $G(s)$ 的 零点和 $H(s)$ 的极点构成的。

(5) 当根轨迹方程为 $G(s)H(s) = 1$ 时，系统根轨迹要用零度根轨迹绘制规则绘制。零度根轨迹的模值条件与常规根轨迹相同，相角条件不同。

(6) 延迟系统属于非最小相位系统，由于延迟环节的存在，使闭环特征方程成为超越方程。导致绘制其根轨迹的相角条件和模值条件与不含延迟环节的系统不同。

(7) 对于多环控制系统，应先绘制内环系统的根轨迹，求出内环的闭环传递函数的极点和零点，并将其作为外环的开环极点、开环零点的一部分，进而得到外环的开环传递函数，然后便可以绘制外环系统的根轨迹。

(8) 有了系统的根轨迹，就可以分析系统的性能。由于根轨迹法分析系统性能的基本方法是主导极点法，因此求出闭环传递函数后，需要检验一下系统是否符合主导极点的条

件。另外，由于增益变化或增加零点或极点都能较方便地绘制出系统根轨迹，这样就可以了解其对系统性能的影响，在实际系统调试中很有用。它可以给出达到要求的系统性能的参数调节途径与方法。

（9）根轨迹法不仅可以用来分析系统性能，也可以按希望的性能指标来设计控制系统，见第 6 章。

## 习 题

4-1 负反馈控制系统开环零、极点在 $s$ 平面上的分布如图 4-37 所示。请概略地绘制以根轨迹增益 $K^*$ 为参变量的根轨迹图。

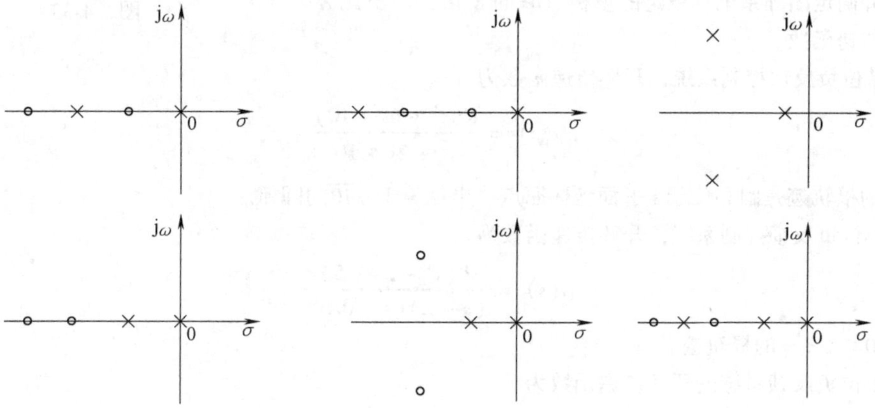


图 4-37

4-2 单位负反馈系统的开环传递函数为

$$G(s)=\frac{K}{s(0.05s^2+0.1s+1)}$$

请绘制以 $K$ 为参变量时闭环系统的根轨迹图。

4-3 请绘制具有以下开环传递函数的负反馈系统的根轨迹图。

（1）$G(s)H(s)=\dfrac{K^*(s+5)}{s(s+3)}$　（2）$G(s)H(s)=\dfrac{K^*(s+5)}{s^2+4s+20}$

（3）$G(s)H(s)=\dfrac{K^*}{s(s+8)}$　（4）$G(s)H(s)=\dfrac{K^*}{s(s+3)(s^2+30s+10)}$

4-4 控制系统的结构如图 4-38 所示。请绘制根轨迹图，并确定闭环系统无超调的 $K$ 的取值范围。

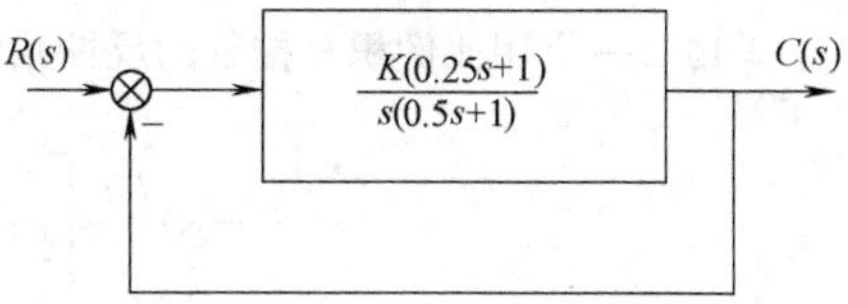


图 4-38

4-5 单位负反馈系统的开环传递函数为

$$G(s)=\frac{K^*}{s(s^2+4s+13)}$$

请绘制系统的根轨迹图并求出闭环系统稳定时 $K^*$ 的取值范围。

4-6 单位负反馈系统的开环传递函数为

$$G(s)=\frac{K^*(s+4)}{s(s+2)}$$

请绘制系统的根轨迹，并求系统最小阻尼比所对应的闭环极点以及根轨迹增益。

4-7 单位负反馈系统的开环传递函数为

$$G(s)=\frac{K(s+1)}{s(s-1)}$$

（1）绘制根轨迹图，并说明复根的轨迹是以（$-1$，$0$）为圆心，半径为$\sqrt{2}$的圆的一部分；

（2）对所有的$K$来说，闭环系统是稳定的吗？若不是，求出系统稳定工作时$K$的取值范围，并求出持续振荡时$K$的临界值及振荡频率。

4-8 负反馈控制系统的开环传递函数为

$$G(s)H(s)=\frac{K^{*}(s+1)}{s(s-1)(s^2+4s+16)}$$

请绘制根轨迹图，并求出使闭环系统稳定的$K^{*}$的取值范围。

4-9 控制系统结构如图 4-39 所示。请绘制以$K$为参变量的根轨迹图，并确定闭环系统有稳定的重极点时的$K$值，写出此$K$值下的闭环传递函数。

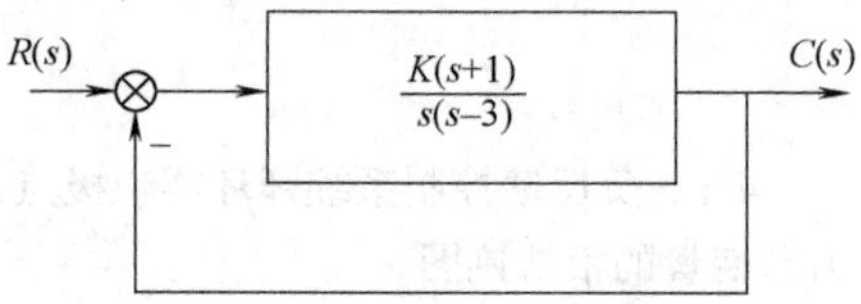


图 4-39

4-10 单位负反馈控制系统，开环传递函数为

$$G(s)=\frac{K(s^2+6s+10)}{s^2+2s+10}$$

请证明系统的根轨迹是圆心位于$s$平面坐标原点、半径等于$\sqrt{10}$的圆弧。

4-11 单位负反馈控制系统，开环传递函数为

$$G(s)=\frac{K(s^2-2s+5)}{(s+2)(s-0.5)}$$

请绘制系统$0\leqslant K<\infty$的根轨迹。

4-12 单位负反馈系统的开环传递函数为

$$G(s)=\frac{\frac{1}{4}(s+z_1)}{s^2(s+1)}$$

请以$z_1$为参变量绘出根轨迹图。

4-13 单位负反馈系统的开环传递函数为

$$G(s)=\frac{2.6}{s(1+0.1s)(1+T_1s)}$$

请以$T_1$为参变量绘出根轨迹图。

4-14 负反馈控制系统，开环传递函数为

$$G(s)H(s)=\frac{K}{s(1+Ts)(s^2+2s+2)}$$

请绘出$K$和$T$同时变化时系统的根轨迹簇。

4-15 一个用比例积分控制的反馈系统，结构如图 4-40 所示。

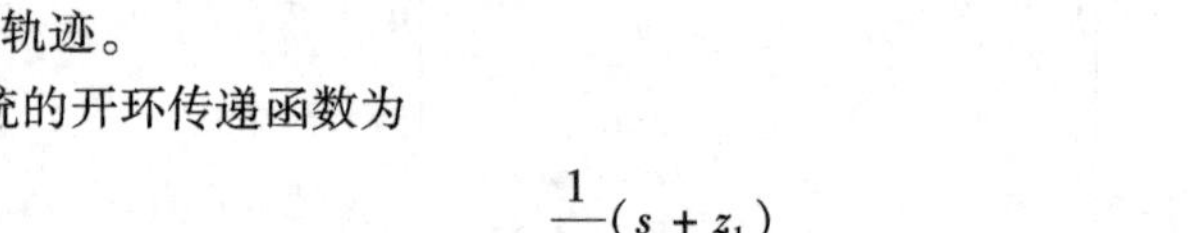


图 4-40

（1）当$K_1=0$，1，2，4 时，绘制系统根轨迹图；

（2）求保证闭环系统稳定时$K_1$的取值范围。

4-16 单位负反馈系统的开环传递函数为

$$G(s) = \frac{K^*(1-s)}{s(s+2)}$$

请绘制 $K^*$ 从零变化到无穷大时的根轨迹图，并求出使系统产生重根和纯虚根的 $K^*$ 值。

4-17　双环控制系统结构如图 4-41 所示。请绘制此系统的根轨迹图。

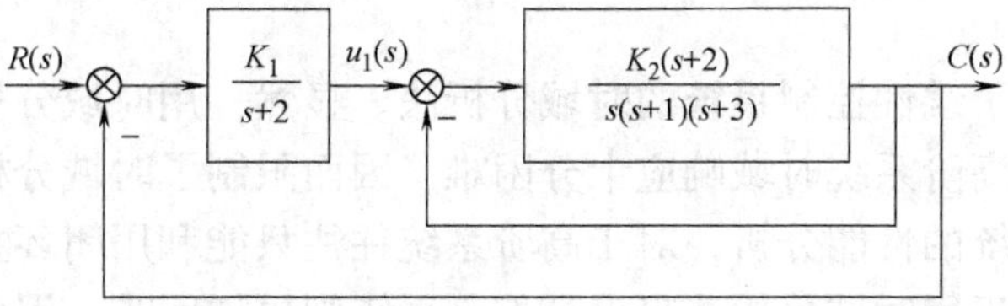


图　4-41

4-18　控制系统结构如图 4-42 所示。已知

$$G_2(s) = \frac{K^*(s+2)}{(s+3)(s^2+2s+2)}, \quad H_2(s) = 1$$

请以 $K^*$ 为参变量绘出正反馈系统（内环）的根轨迹图。

4-19　控制系统的结构如图 4-43 所示。要求

（1）绘出 $K$ 由 $0\to\infty$ 时系统的根轨迹图；

（2）绘出 $K$ 由 $0\to-\infty$ 时系统的根轨迹图。

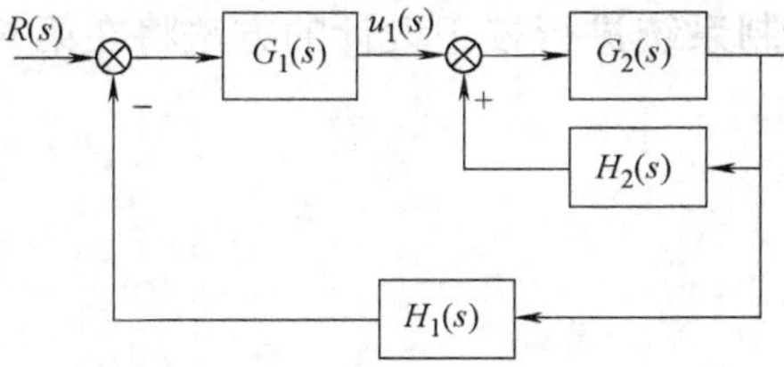


图　4-42

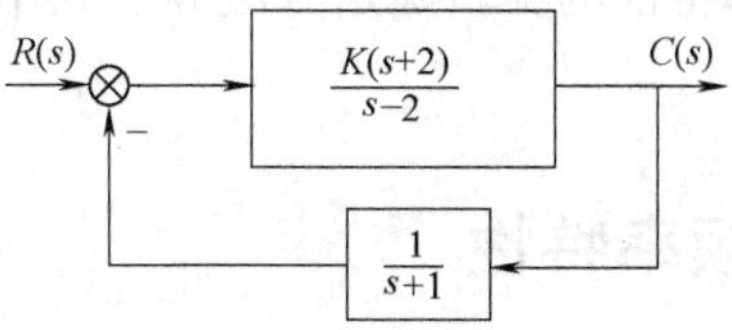


图　4-43

4-20　对于例 4-12 的系统，请绘制 $0\leqslant K^* < +\infty$ 的根轨迹图并进行比较。

4-21　单位负反馈控制系统的开环传递函数为

$$G(s) = \frac{K(1-0.5s)}{s(s+1)}$$

请绘制 $K>0$ 时系统的根轨迹图。

4-22　延迟系统的结构如图 4-44 所示。

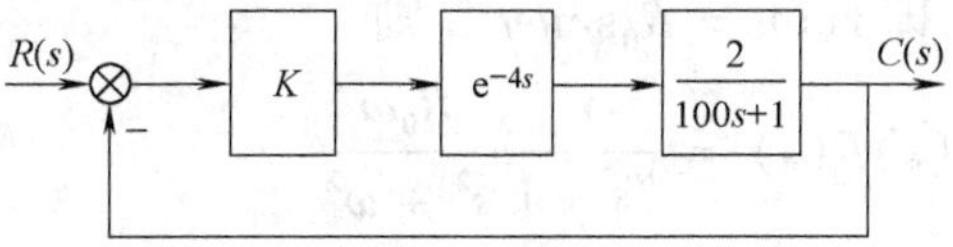


图　4-44

要求绘制系统的根轨迹图，并估算系统稳定时 $K$ 的取值范围。

4-23　用 MATLAB 语言的方法绘出习题 4-2 的系统根轨迹图。

4-24　用 MATLAB 语言的方法绘出习题 4-3 的系统根轨迹图。

# 第5章　控制系统的频域分析

在第3章，介绍了线性控制系统的时域分析法。显然，用时域分析法分析系统性能最为直观。但是由于求解高阶系统时域响应十分困难，因而限制了时域分析法的应用。时域分析法主要适用于低阶系统的性能分析，对于高阶系统往往只能利用闭环主导极点和偶极子的概念进行近似处理，至于用时域分析法来设计控制系统则更加困难。因此，人们借助首先在通信领域中发展起来的频域分析法来分析和设计控制系统。频域分析法是一种图解分析方法，它克服了时域分析法难以分析高阶系统性能的缺点，是分析和设计控制系统的一种实用的工程方法。

频率特性是频域分析法分析和设计控制系统时所用的数学模型，主要适用于线性定常系统。频率特性具有明确的物理意义，许多元件或稳定系统的频率特性都可用实验方法确定，这对于那些难以用机理分析法建立数学模型的场合具有特别重要的意义。

本章介绍频率特性的基本概念、典型环节和系统的开环频率特性、乃奎斯特稳定判据和系统的相对稳定性、由系统开环频率特性求闭环频率特性的方法、系统性能的频域分析方法以及频率特性的实验确定方法等。利用频率特性对控制系统进行校正设计的方法将在第6章中讨论。

## 5.1　频率特性

### 5.1.1　频率特性的基本概念

在第3章中，讨论了阶跃、斜坡、加速度以及脉冲等函数的输入信号对控制系统的作用。现在考虑另一种重要函数——正弦函数作为输入信号对系统的作用。

例如，对于图5-1所示的一阶系统，系统的闭环传递函数为

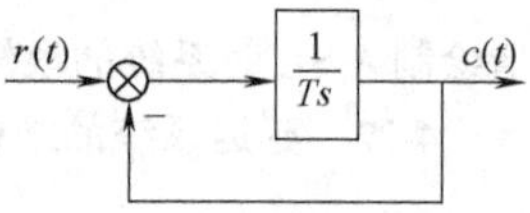


图　5-1

$$\Phi(s) = \frac{1}{Ts + 1}$$

若输入信号为一正弦函数，即 $r(t) = R_0\sin\omega t$，则

$$C(s) = \Phi(s)R(s) = \frac{1}{Ts+1}\frac{R_0\omega}{s^2+\omega^2}$$

经拉普拉斯反变换，得

$$c(t) = \frac{R_0\omega T}{1+\omega^2T^2}\mathrm{e}^{-t/T} + \frac{R_0}{\sqrt{1+\omega^2T^2}}\sin[\omega t - \arctan(\omega T)]$$

系统的输出 $c(t)$ 由两项组成。第一项为瞬态分量，由于系统稳定，其值随着时间的增长而衰减，最终趋于零；第二项为稳态分量，它是一个正弦函数，其频率和输入信号的频率相同，但幅值和相位发生了变化。当时间 $t$ 趋于无穷时，稳态分量即为系统的稳态输出，说明

图 5-1 所示的一阶系统在正弦信号作用下的稳态输出是一个与输入信号频率相同的正弦信号。

上述结论具有一般性，即对于一个稳定的线性定常系统，在其输入端施加一个正弦信号时，当动态过程结束后，其输出（频率响应）是一个与输入信号同频率的正弦信号，该正弦信号的幅值和相位是输入信号频率的函数。

图　5-2

证明如下：对于图 5-2 所示一般线性定常系统，假设描述输出量 $c(t)$ 和输入量 $r(t)$ 关系的微分方程为

$$a_n\frac{\mathrm{d}^n c(t)}{\mathrm{d}t^n}+a_{n-1}\frac{\mathrm{d}^{n-1}c(t)}{\mathrm{d}t^{n-1}}+\cdots+a_1\frac{\mathrm{d}c(t)}{\mathrm{d}t}+a_0c(t)$$

$$=b_m\frac{\mathrm{d}^m r(t)}{\mathrm{d}t^m}+b_{m-1}\frac{\mathrm{d}^{m-1}r(t)}{\mathrm{d}t^{m-1}}+\cdots+b_1\frac{\mathrm{d}r(t)}{\mathrm{d}t}+b_0r(t) \tag{5-1}$$

与其对应的传递函数为

$$\Phi(s)=\frac{C(s)}{R(s)}=\frac{b_ms^m+b_{m-1}s^{m-1}+\cdots+b_1s+b_0}{a_ns^n+a_{n-1}s^{n-1}+\cdots+a_1s+a_0} \tag{5-2}$$

若初始条件为零，在系统输入端施加一个正弦信号，即

$$r(t)=R_0\sin\omega t \tag{5-3}$$

式（5-3）中，$R_0$ 是输入正弦信号幅值，$\omega$ 是输入正弦信号频率。由于

$$R(s)=\frac{R_0\omega}{s^2+\omega^2}$$

系统输出的拉普拉斯变换为

$$C(s)=\Phi(s)R(s)=\sum_{i=1}^{n}\frac{C_i}{s-s_i}+\frac{B}{s+\mathrm{j}\omega}+\frac{D}{s-\mathrm{j}\omega} \tag{5-4}$$

其中，$s_i$ 为系统的闭环极点，$C_i$、$B$、$D$ 为常数，$B$、$D$ 的计算如下：

$$B=\Phi(s)R(s)(s+\mathrm{j}\omega)\big|_{s=-\mathrm{j}\omega}=\Phi(-\mathrm{j}\omega)R_0\frac{1}{-2\mathrm{j}}=\frac{1}{2}|\Phi(\mathrm{j}\omega)|R_0\mathrm{e}^{-\mathrm{j}[\angle\Phi(\mathrm{j}\omega)-\frac{\pi}{2}]}$$

$$D=\frac{1}{2}|\Phi(\mathrm{j}\omega)|R_0\mathrm{e}^{\mathrm{j}[\angle\Phi(\mathrm{j}\omega)-\frac{\pi}{2}]}$$

对式（5-4）进行拉普拉斯反变换，可求得系统的输出为

$$c(t)=\sum_{i=1}^{n}C_i\mathrm{e}^{s_it}+B\mathrm{e}^{-\mathrm{j}\omega t}+D\mathrm{e}^{\mathrm{j}\omega t}$$

其中 $\sum_{i=1}^{n}C_i\mathrm{e}^{s_it}$ 为瞬态分量，$c(t)$ 的稳态分量为

$$c_{\mathrm{s}}(t)=B\mathrm{e}^{-\mathrm{j}\omega t}+D\mathrm{e}^{\mathrm{j}\omega t} \tag{5-5}$$

把 $B$、$D$ 代入式（5-5），得系统输出的稳态分量为

$$c_{\mathrm{s}}(t)=|\Phi(\mathrm{j}\omega)|R_0\frac{1}{2}[\mathrm{e}^{\mathrm{j}(\omega t+\angle\Phi(\mathrm{j}\omega)-\frac{\pi}{2})}+\mathrm{e}^{-\mathrm{j}(\omega t+\angle\Phi(\mathrm{j}\omega)-\frac{\pi}{2})}]$$

$$=|\Phi(\mathrm{j}\omega)|R_0\cos[\omega t+\angle\Phi(\mathrm{j}\omega)-\frac{\pi}{2}]=|\Phi(\mathrm{j}\omega)|R_0\sin[\omega t+\angle\Phi(\mathrm{j}\omega)] \tag{5-6}$$

对于稳定的系统，瞬态分量随着时间的增长而衰减，最终趋于零，系统的稳态输出等于其稳态分量 $c_s(t)$，可见在输入正弦信号作用下，系统的稳态输出是与输入信号同频率的正弦信号，定义该输出正弦信号的幅值与输入正弦信号的幅值之比为幅频特性 $A(\omega)$，相位之差为相频特性 $\varphi(\omega)$，则有

$$A(\omega) = |\Phi(\mathrm{j}\omega)| \tag{5-7}$$

$$\varphi(\omega) = \angle\Phi(\mathrm{j}\omega) \tag{5-8}$$

线性定常系统的频率特性包括幅频特性和相频特性，通常用复数来表示，即

$$A(\omega)\mathrm{e}^{\mathrm{j}\varphi(\omega)} = |\Phi(\mathrm{j}\omega)|\mathrm{e}^{\mathrm{j}\angle\Phi(\mathrm{j}\omega)} = \Phi(\mathrm{j}\omega) = \Phi(s)\big|_{s=\mathrm{j}\omega} \tag{5-9}$$

显然，只要在传递函数中令 $s=\mathrm{j}\omega$ 即可得到系统的频率特性。并且，系统的频率特性等于输出量傅里叶变换与输入量傅里叶变换之比，即 $\Phi(\mathrm{j}\omega) = C(\mathrm{j}\omega)/R(\mathrm{j}\omega)$。

对于不稳定的线性定常系统，在正弦信号作用下，系统输出的稳态分量是与输入信号同频率的正弦信号，可定义系统输出稳态分量的幅值与输入正弦信号的幅值之比为幅频特性 $A(\omega)$，相位之差为相频特性 $\varphi(\omega)$，进而得到不稳定线性定常系统的频率特性。

式（5-7）、式（5-8）及式（5-9）同样适用于不稳定的线性定常系统，差别在于，系统不稳定时，虽然可以在数学上求出系统输出的瞬态分量和稳态分量，但由于瞬态分量始终存在，因而无法观察到系统的稳态分量或稳态输出，所以不稳定系统的频率特性无法通过实验方法获得。

频率特性和传递函数、微分方程一样，也是系统的数学模型。三种数学模型之间的关系如图 5-3 所示。

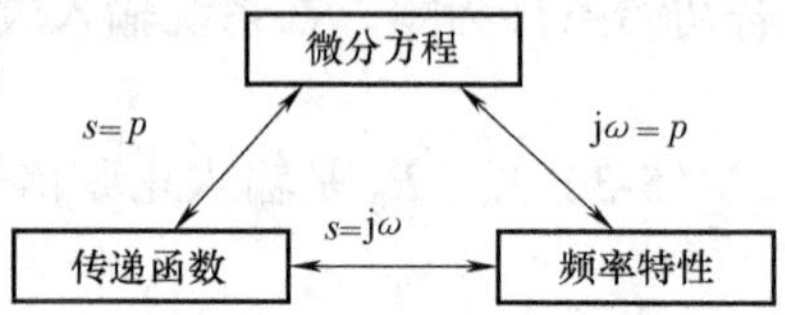


图 5-3

**例 5-1** 单位负反馈系统的开环传递函数为 $G(s) = \dfrac{4}{s(s+2)}$，输入信号 $r(t) = 2\sin 2t$，试求系统的稳态输出和稳态误差。

**解** 容易判断，所给系统是稳定的。在正弦信号作用下，稳定的线性定常系统的稳态输出和稳态误差也是正弦信号，本题可以利用频率特性的概念来求解。

控制系统的闭环传递函数为

$$\Phi(s) = \frac{G(s)}{1+G(s)} = \frac{4}{s^2+2s+4}$$

对应的频率特性为

$$\Phi(\mathrm{j}\omega) = \frac{4}{4-\omega^2+\mathrm{j}2\omega}$$

由于输入正弦信号的频率为 $\omega = 2\mathrm{rad/s}$，可以算得：$\Phi(\mathrm{j}2) = -\mathrm{j} = 1\mathrm{e}^{-\mathrm{j}90°}$

即 $A(2) = 1$，$\varphi(2) = -90°$。当输入信号 $r(t) = 2\sin 2t$ 时，利用幅频特性和相频特性的定义，可以写出系统的稳态输出为 $c_s(t) = 2\sin(2t - 90°)$。

在计算稳态误差时，可利用误差传递函数来计算，即

$$\Phi_e(s) = \frac{s^2+2s}{s^2+2s+4}$$

$$\Phi_e(j\omega) = \frac{-\omega^2 + j2\omega}{4 - \omega^2 + j2\omega}$$

$$\Phi_e(j2) = \frac{-4 + j4}{j4} = \sqrt{2}e^{j45°}$$

因此稳态误差为 $e_{ss}(t) = 2\sqrt{2}\sin(2t + 45°)$ 。

从例 5-1 可以看出，在正弦信号作用下求系统的稳态输出和稳态误差时，由于正弦信号的象函数 $R(s)$ 的极点位于虚轴上，不符合拉普拉斯变换终值定理的应用条件，不能利用拉普拉斯变换的终值定理来求解，但运用频率特性的概念来求解却非常方便。需要注意的是，此时的系统应当是稳定的。

## 5.1.2　频率特性的几何表示

在工程分析和设计中，通常把频率特性绘制成一些曲线，从频率特性曲线出发进行研究。这些曲线包括幅频特性和相频特性曲线、幅相频率特性曲线、对数频率特性曲线以及对数幅相曲线等。

幅频特性和相频特性曲线是指在直角坐标系中分别画出幅频特性 $A(\omega)$ 和相频特性 $\varphi(\omega)$ 随频率 $\omega$ 变化的曲线，其中横坐标表示频率 $\omega$，纵坐标分别表示幅频特性 $A(\omega)$ 和相频特性 $\varphi(\omega)$ 。例如设

$$\Phi(j\omega) = \frac{1}{1 + j\omega T}$$

则有

$$A(\omega) = \frac{1}{\sqrt{1 + (\omega T)^2}}$$

$$\varphi(\omega) = -\arctan(\omega T)$$

表 5-1 列出了幅频特性和相频特性的计算数据，根据表 5-1 可以绘制幅频特性曲线和相频特性曲线，如图 5-4 所示。

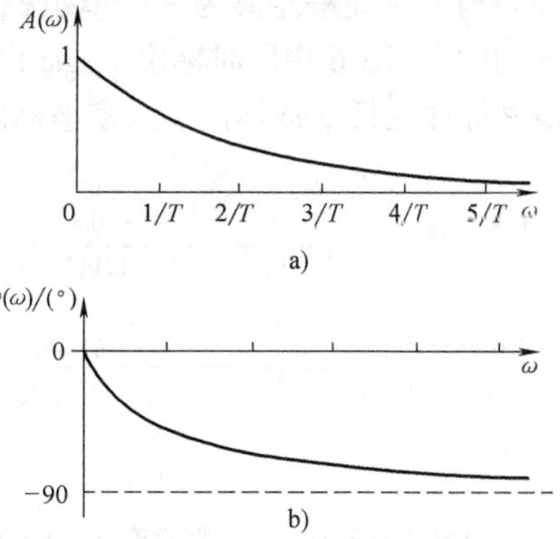


图　5-4

**表 5-1　幅频特性和相频特性的计算数据**

| $\omega$ | 0 | $\frac{1}{2T}$ | $\frac{1}{T}$ | $\frac{2}{T}$ | $\frac{3}{T}$ | $\frac{4}{T}$ | $\frac{5}{T}$ | $\infty$ |
|---|---|---|---|---|---|---|---|---|
| $A(\omega)$ | 1 | 0.89 | 0.71 | 0.45 | 0.32 | 0.24 | 0.20 | 0 |
| $\varphi(\omega)$ | 0° | -26.6° | -45° | -63.5° | -71.5° | -76° | -78.7° | -90° |
| $L(\omega)$ | 0 | -1.01 | -2.97 | -6.94 | -9.90 | -12.40 | -13.98 | — |

幅相频率特性曲线简称幅相曲线，是频域分析法中常用的一种曲线。其特点是把频率 $\omega$ 作为参变量，将频率特性中的幅频特性和相频特性同时表示在复数平面上，例如按表 5-1 所示频率特性数据，可画出幅相曲线如图 5-5 所示，图中频率特性用矢量 ***OP*** 表示，***OP*** 的幅值表示幅频特性，相角表示相频特性。实轴正方向为相角的零度线，逆时针转过的角度为正角度，顺时针转过的角度为负角度。当频率 $\omega$ 从零到无穷大变化时，矢量 ***OP*** 的终端就绘制出一条曲线，这条曲线叫做幅相曲线。幅相曲线中用箭头方向代表 $\omega$ 增加时幅相曲线改变

的方向。鉴于幅频特性是 $\omega$ 的偶函数，相频特性是 $\omega$ 的奇函数，因而一旦画出了 $\omega$ 从零到正无穷大变化时的幅相曲线，则 $\omega$ 从零到负无穷大变化时的幅相曲线，根据对称于实轴的原理立即可得。因此，一般只需研究 $\omega$ 从零到无穷大变化时的幅相曲线，这种画有幅相曲线的图形称为极坐标图，又称为乃奎斯特图。

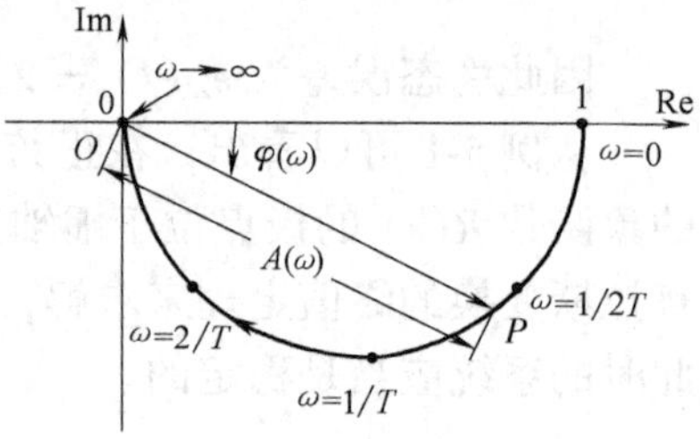

图 5-5

对数频率特性曲线又称博德曲线，包括对数幅频特性和对数相频特性两条曲线，是频域分析法中广泛使用的一组曲线。这两条曲线连同它们的坐标组成了对数坐标图或博德图（Bode 图）。

对数频率特性曲线的横坐标表示频率 $\omega$，并按对数分度。所谓对数分度，是指横坐标以 $\lg\omega$ 进行均匀分度，如图 5-6 所示。从图 5-6 可以看出，横坐标的间隔距离为一个单位长度表示 $\lg\omega$ 的值改变量为 1，相应频率 $\omega$ 的改变量则为 10 倍。换言之，对数频率特性曲线的横坐标当频率 $\omega$ 每变化十倍（称为一个十倍频程）时，其间隔距离为一个单位长度。虽然横坐标对 $\lg\omega$ 来讲是均匀的，但对 $\omega$ 而言却是不均匀的。图 5-6 中同时标出了 $\lg\omega$ 以及与 $\lg\omega$ 相对应的 $\omega$ 值（$\omega$ 的单位是 rad/s），实际应用时，横坐标往往只以 $\omega$ 标出。当横坐标以 $\omega$ 标出时，不存在 $\omega=0$ 的点（因为此时 $\lg\omega\to-\infty$）。

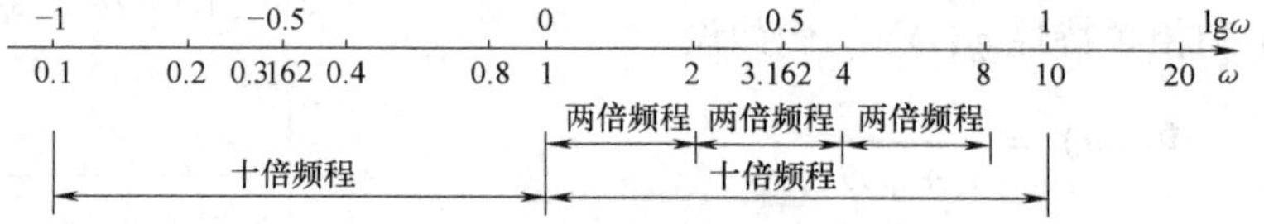

图 5-6

在横坐标上，若某频率 $\omega_2$ 位于 $\omega_1$ 和 $\omega_3$ 的几何中点，即 $\lg\omega_2-\lg\omega_1=\lg\omega_3-\lg\omega_2$，则 3 个频率之间满足

$$\frac{\omega_2}{\omega_1}=\frac{\omega_3}{\omega_2}\text{ 或 }\omega_2^2=\omega_1\omega_3$$

说明在横坐标上，同样的间距代表了同样的频程（频率比）。图 5-6 中，频率之比为 2 的两频率间距均为两倍频程，频率之比为 10 的两频率间距均为十倍频程。

对数幅频特性定义为

$$L(\omega)=20\lg A(\omega)$$

对数幅频特性曲线的纵坐标表示对数幅频特性 $L(\omega)$ 的数值，均匀分度，单位是分贝，记作 dB；对数相频特性曲线的纵坐标表示相频特性 $\varphi(\omega)$ 的数值，均匀分度，单位是度或弧度。

表 5-1 中列有对数幅频特性 $L(\omega)$ 的数值，根据表 5-1 的数值，可以绘制出 $\Phi(\mathrm{j}\omega)=\dfrac{1}{1+\mathrm{j}\omega T}$ 的对数幅频特性曲线和对数相频特性曲线，如图 5-7 所示。

频率分析法中见到的另一种曲线是对数幅相曲线（又称尼可尔斯曲线），其特点是以 $\omega$ 为参变量，横坐标表示相频特性 $\varphi(\omega)$ 的数值，均匀分度；纵坐标表示对数幅频特性 $L(\omega)$

的分贝数，均匀分度。图 5-8 是 $\Phi(\mathrm{j}\omega)=\dfrac{1}{1+\mathrm{j}\omega T}$ 的对数幅相曲线。

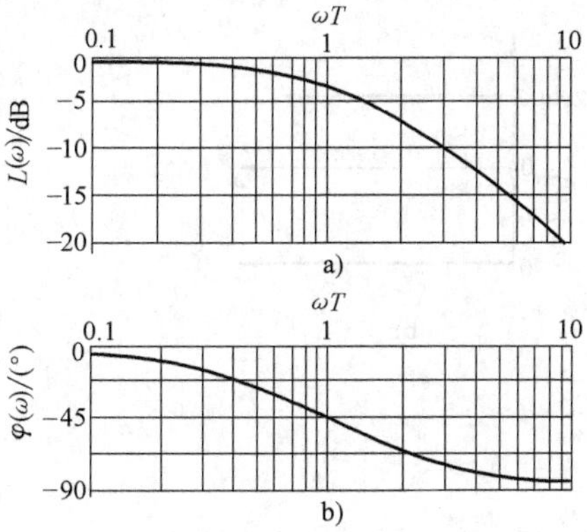

图　5-7

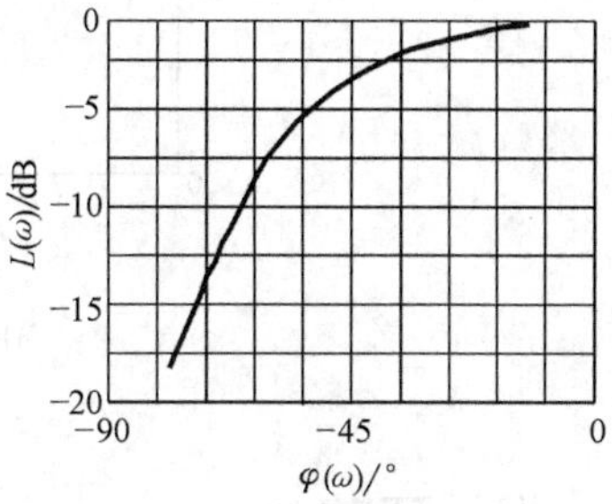

图　5-8

## 5.2　典型环节的频率特性

为了便于对控制系统进行分析，习惯上总是把线性定常控制系统看作是由一些典型环节组合而成的。这些典型环节包括：比例环节 $K$；惯性环节 $1/(Ts+1)$，$(T>0)$；一阶微分环节 $1+\tau s$，$(\tau>0)$；积分环节 $1/s$；微分环节 $s$；振荡环节 $\omega_n^2/(s^2+2\xi\omega_n s+\omega_n^2)$，$(\omega_n>0, 0<\xi<1)$ 以及二阶微分环节 $s^2/\omega_n^2+2\zeta s/\omega_n+1$，$(\omega_n>0, 0<\zeta<1)$。以上环节的零、极点全部位于左半 $s$ 平面。实际上在组成控制系统的典型环节中，还包括零、极点不全部位于左半 $s$ 平面的环节，如：$1/(Ts-1)$，$(T>0)$、$\omega_n^2/(s^2-2\xi\omega_n s+\omega_n^2)$，$(\omega_n>0, 0<\xi<1)$ 以及 $\tau s-1$，$(\tau>0)$、$s^2/\omega_n^2-2\zeta s/\omega_n+1$，$(\omega_n>0, 0<\zeta<1)$ 等。习惯上，把这些环节称为不稳定环节，即不稳定惯性环节 $1/(Ts-1)$，$(T>0)$；不稳定振荡环节 $\omega_n^2/(s^2-2\xi\omega_n s+\omega_n^2)$，$(\omega_n>0, 0<\xi<1)$；不稳定一阶微分环节 $\tau s-1$，$(\tau>0)$ 和不稳定二阶微分环节 $s^2/\omega_n^2-2\zeta s/\omega_n+1$，$(\omega_n>0, 0<\zeta<1)$。另外，延迟环节 $e^{-\tau s}$ 也是典型环节。

本节着重研究这些典型环节的幅相曲线和对数频率特性曲线的绘制方法及其特点。

### 5.2.1　比例环节

比例环节的传递函数为常数 $K$，其频率特性为

$$G(\mathrm{j}\omega)=K \tag{5-10}$$

比例环节的幅频特性和相频特性的表达式为

$$\begin{cases}A(\omega)=K\\ \varphi(\omega)=0\end{cases} \tag{5-11}$$

可见，不论频率 $\omega$ 如何变化，比例环节的幅频特性为一常数，相频特性为零，其幅相曲线可以用位于实轴上的一个点表示，如图 5-9a 所示。

比例环节的对数幅频特性和相频特性为

$$\begin{cases}L(\omega) = 20\lg A(\omega) = 20\lg K \\ \varphi(\omega) = 0\end{cases} \tag{5-12}$$

对数频率特性曲线如图 5-9b 所示。

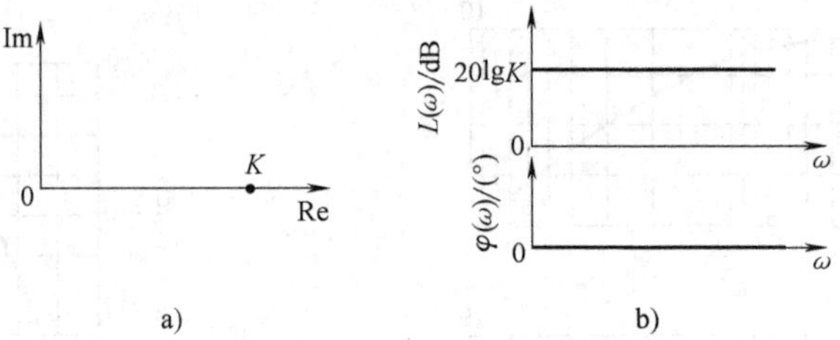


图 5-9

## 5.2.2 惯性环节

惯性环节的传递函数为 $1/(1+Ts)$，$(T>0)$，其频率特性为

$$G(j\omega) = \frac{1}{1+j\omega T} = \frac{1}{\sqrt{1+(\omega T)^2}}e^{-j\arctan(\omega T)} \tag{5-13}$$

惯性环节的幅频特性和相频特性的表达式为

$$\begin{cases}A(\omega) = 1/\sqrt{1+(\omega T)^2} \\ \varphi(\omega) = -\arctan(\omega T)\end{cases} \tag{5-14}$$

从式（5-14）可以看出，在 $\omega$ 由 $0\to\infty$ 变化时，惯性环节的幅值由 1 变化到 0，相角由 $0°$变化到 $-90°$，据此可以画出惯性环节幅相曲线的大致形状，即随着 $\omega$ 由 $0\to\infty$ 变化，幅相曲线在复平面上由起点（1，0）点出发，幅值和相角单调减小，最终以 $-90°$方向趋于原点。通过逐点计算，可以画出惯性环节幅相曲线的精确曲线，惯性环节的幅相曲线如图 5-5 所示。可以证明，惯性环节的幅相曲线为半圆。

惯性环节的对数幅频特性和相频特性为

$$\begin{cases}L(\omega) = -20\lg\sqrt{1+(\omega T)^2} \\ \varphi(\omega) = -\arctan(\omega T)\end{cases} \tag{5-15}$$

可以通过计算若干点的数值来绘制惯性环节的对数幅频特性和相频特性的精确曲线，如图 5-7 所示。为了方便绘图，工程上惯性环节的对数幅频特性曲线常采用近似曲线表示。定义 $\omega_1 = 1/T$ 为惯性环节的交接频率，根据式（5-15）可以求出其对数幅频特性曲线的渐近线

$$\begin{cases}L(\omega) = 0 & \omega \ll \omega_1 \\ L(\omega) = -20\lg(\omega T) = -20\lg\omega + 20\lg\omega_1 & \omega \gg \omega_1\end{cases} \tag{5-16}$$

从渐近线的表达式可以看出，在 $\omega \ll \omega_1$，即 $\omega T \ll 1$ 的区段，$L(\omega)$ 是一条 0dB 的水平线；在 $\omega \gg \omega_1$，即 $\omega T \gg 1$ 的区段，$L(\omega)$ 与 $\lg\omega$ 成线性关系，由于在博德图中，横坐标是以 $\lg\omega$ 均匀分度的，故 $L(\omega)$ 为一条斜率为 $-20$dB/dec（分贝/十倍频程）的直线（即 $\omega$ 每增加十倍，对数幅频特性在数值上下降 20dB），该直线的延长线经过点 $[\omega = \omega_1, L(\omega) = 0]$。为简便起见，在 $\omega < \omega_1$ 的区段，以 $L(\omega) = 0$ 作为惯性环节对数幅频特性曲线的近似曲线；在 $\omega > \omega_1$ 的区段，以 $L(\omega) = -20\lg\omega + 20\lg\omega_1$ 作为惯性环节对数幅频特性曲线的近似曲线，即

$$\begin{cases} L(\omega) = 0 & \omega < \omega_1 \\ L(\omega) = -20\lg(\omega T) = -20\lg\omega + 20\lg\omega_1 & \omega > \omega_1 \end{cases} \tag{5-17}$$

两段近似曲线在交接频率 $\omega_1$ 处相交，如图 5-10 所示。

从图 5-10 可以看出，对数幅频特性近似曲线与精确曲线之间存在误差，若规定误差 $\Delta L(\omega)$ 为精确值减去近似值，可得到误差公式

$$\Delta L(\omega) = \begin{cases} -20\lg\sqrt{1+\omega^2T^2} & \omega < \omega_1 \\ -20\lg\sqrt{1+\omega^2T^2} + 20\lg\omega T & \omega > \omega_1 \end{cases} \tag{5-18}$$

由式（5-18）可制作出误差曲线，必要时可利用误差公式或误差曲线对近似曲线进行修正，误差的最大值出现在交接频率 $\omega_1$ 处，其值约为 -3dB。

在绘制对数相频特性曲线时，注意到 $\omega \to 0$ 时，$\varphi(\omega) \to 0$；$\omega \to \infty$ 时，$\varphi(\omega) \to -90°$；且 $\omega = \omega_1$ 时，$\varphi(\omega) = -45°$，可以画出 $\varphi(\omega)$ 曲线的大致形状。若要精确绘制出 $\varphi(\omega)$ 曲线，只能给出若干个 $\omega$ 值，按式（5-14）逐点求出相应的 $\varphi(\omega)$ 值，然后用平滑曲线连接。有时，也可以采用预先制好的模板绘制。对数相频特性曲线如图 5-10b 所示。

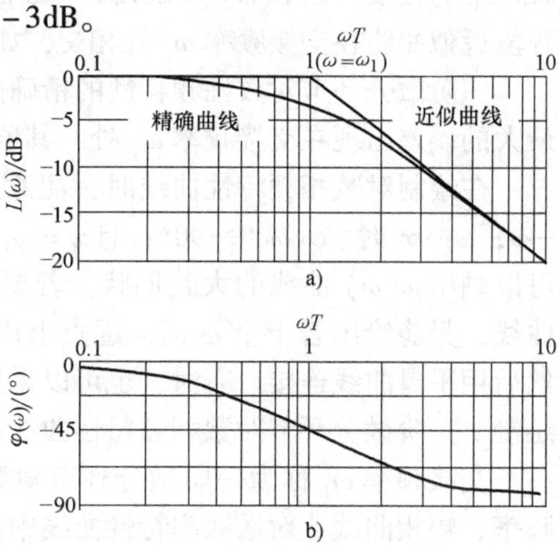

图 5-10

交接频率 $\omega_1$ 也称为惯性环节对数幅频曲线的转折频率，幅相曲线或对数频率特性曲线中与 $\omega = \omega_1$ 相对应的点称为惯性环节的特征点，此时 $A(\omega_1) = 0.707$，$L(\omega_1) = -3\text{dB}$，$\varphi(\omega_1) = -45°$。

## 5.2.3 一阶微分环节

一阶微分环节的传递函数为 $1+\tau s$，$(\tau > 0)$，其频率特性为

$$G(\mathrm{j}\omega) = 1 + \mathrm{j}\omega\tau = \sqrt{1+(\omega\tau)^2}\,\mathrm{e}^{\mathrm{j}\arctan(\omega\tau)} \tag{5-19}$$

一阶微分环节的幅频特性和相频特性的表达式为

$$\begin{cases} A(\omega) = \sqrt{1+(\omega\tau)^2} \\ \varphi(\omega) = \arctan(\omega\tau) \end{cases} \tag{5-20}$$

在 $\omega$ 由 $0 \to \infty$ 变化时，一阶微分环节的实部始终为 1，幅频特性由 1 变化到 $\infty$，相频特性由 0°变化到 90°，一阶微分环节的幅相曲线如图 5-11 所示。

一阶微分环节的对数幅频特性和相频特性为

$$\begin{cases} L(\omega) = 20\lg\sqrt{1+(\omega\tau)^2} \\ \varphi(\omega) = \arctan(\omega\tau) \end{cases} \tag{5-21}$$

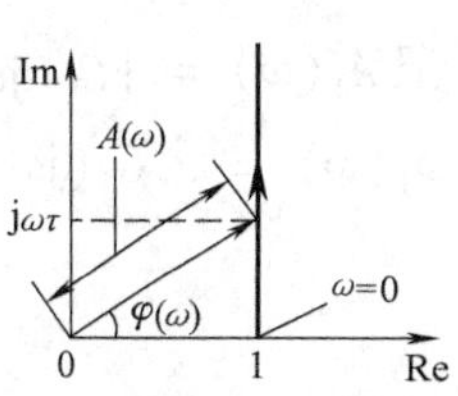

图 5-11

可以采用计算若干点的数值来绘制一阶微分环节的对数幅频特性和相频特性曲线，如图 5-12 所示。工程上，一阶微分环节的对数幅频特性可以采用近似曲线来表示。定义 $\omega_1 = 1/\tau$ 为交接频率，一阶微分环节对数幅频特性渐近线表示如下：

$$\begin{cases} L(\omega) = 0 & \omega \ll \omega_1 \\ L(\omega) = 20\lg(\omega\tau) = 20\lg\omega - 20\lg\omega_1 & \omega \gg \omega_1 \end{cases} \tag{5-22}$$

可见，一阶微分环节对数幅频特性渐近线在 $\omega \ll \omega_1$ 的区段为 $L(\omega) = 0$ 的水平线，在 $\omega \gg \omega_1$ 的区段为一条斜率为 +20dB/dec 的直线。可以构造一阶微分环节对数幅频特性近似曲线

$$\begin{cases} L(\omega) = 0 & \omega < \omega_1 \\ L(\omega) = 20\lg(\omega\tau) = 20\lg\omega - 20\lg\omega_1 & \omega > \omega_1 \end{cases} \tag{5-23}$$

即在 $\omega < \omega_1$ 的区段，以 $L(\omega) = 0$ 作为一阶微分环节对数幅频特性曲线的近似曲线；在 $\omega > \omega_1$ 的区段，以 $L(\omega) = 20\lg\omega - 20\lg\omega_1$ 作为一阶微分环节对数幅频特性曲线的近似曲线。两段近似曲线在交接频率 $\omega_1$ 处相交，如图 5-12a 所示。

一阶微分环节对数幅频特性的精确曲线与近似曲线之间存在误差，必要时应进行修正，最大的误差出现在交接频率 $\omega_1$ 处，其值约为 3dB。

在绘制对数相频特性曲线时，注意到 $\omega \to 0$ 时，$\varphi(\omega) \to 0$；$\omega \to \infty$ 时，$\varphi(\omega) \to 90°$；且 $\omega = \omega_1$ 时，$\varphi(\omega) = 45°$，可以画出 $\varphi(\omega)$ 曲线的大致形状。若要精确绘制出 $\varphi(\omega)$ 曲线，只能给出若干个 $\omega$ 值，逐点求出相应的 $\varphi(\omega)$ 值，然后用平滑曲线连接。有时，也可以采用预先制好的模板绘制。一阶微分环节对数相频特性曲线如图 5-12b 所示。

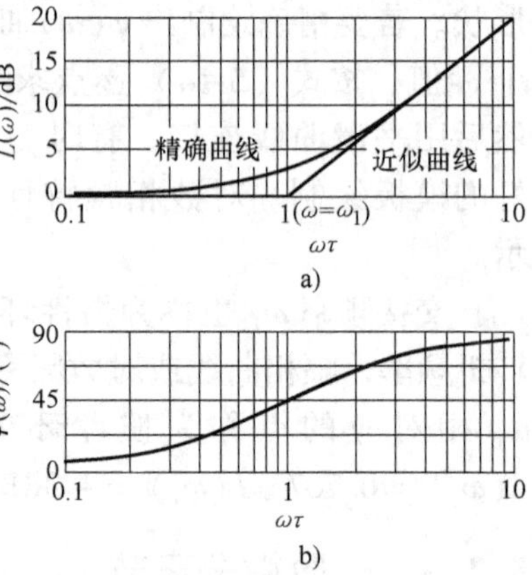


图 5-12

交接频率 $\omega_1$ 称为一阶微分环节对数幅频曲线的转折频率，幅相曲线或对数频率特性曲线中与 $\omega = \omega_1$ 相对应的点称为一阶微分环节的特征点，此时 $A(\omega_1) = 1.414$，$L(\omega_1) = 3\text{dB}$，$\varphi(\omega_1) = 45°$。

比较惯性环节和一阶微分环节可以发现，当 $T = \tau$ 时，它们的传递函数互为倒数，而它们的对数幅频特性曲线和对数相频特性曲线则对称于横轴。这是一个普遍规律，即两个传递函数互为倒数时，其对数幅频特性曲线和对数相频特性曲线对称于横轴。这是因为若 $G_1(s)$ 和 $G_2(s)$ 互为倒数，则

$$G_1(s)G_2(s) = 1$$

或

$$G_1(\mathrm{j}\omega)G_2(\mathrm{j}\omega) = 1$$

记 $A_1(\omega) = |G_1(\mathrm{j}\omega)|$、$A_2(\omega) = |G_2(\mathrm{j}\omega)|$、$L_1(\omega) = 20\lg A_1(\omega)$、$L_2(\omega) = 20\lg A_2(\omega)$ 以及 $\varphi_1(\omega) = \angle G_1(\mathrm{j}\omega)$、$\varphi_2(\omega) = \angle G_2(\mathrm{j}\omega)$，则

$$L_1(\omega) + L_2(\omega) = 0$$

$$\varphi_1(\omega) + \varphi_2(\omega) = 0$$

说明 $G_1(s)$ 和 $G_2(s)$ 的对数幅频特性曲线和对数相频特性曲线对称于横轴。

### 5.2.4 积分环节

积分环节的传递函数是 $1/s$，其频率特性为

$$G(j\omega) = \frac{1}{j\omega} = \frac{1}{\omega}e^{-j90°} \tag{5-24}$$

积分环节的幅频特性和相频特性的表达式为

$$\begin{cases} A(\omega) = \dfrac{1}{\omega} \\ \varphi(\omega) = -90° \end{cases} \tag{5-25}$$

其幅相曲线如图 5-13 所示，显然，$\omega$ 由 $0\to\infty$ 变化时，$G$（$j\omega$）的实部始终为零，幅值由$\infty$变化到 0，而相角始终为 $-90°$。

积分环节的对数幅频特性和相频特性为

$$\begin{cases} L(\omega) = -20\lg\omega \\ \varphi(\omega) = -90° \end{cases} \tag{5-26}$$

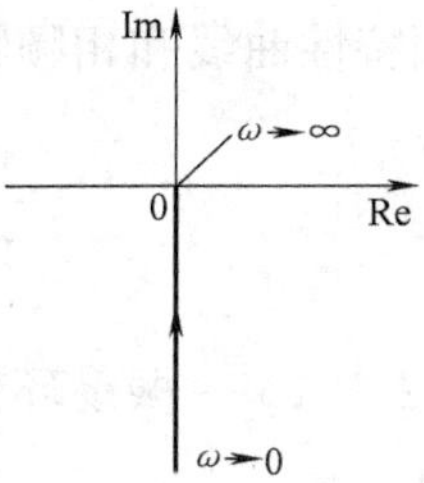


图　5-13

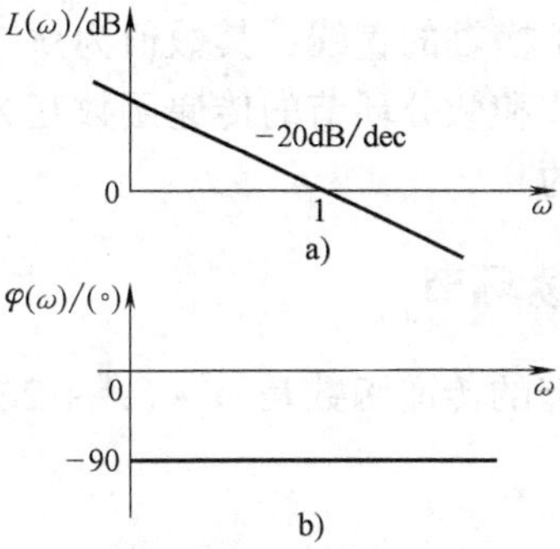


图　5-14

其相应的对数幅频特性和相频特性曲线如图 5-14 所示，由图可见，积分环节的对数幅频特性为一条斜率为 $-20$dB/dec 的直线，此直线通过 [$\omega=1$, $L(\omega)=0$dB] 的点。相频特性是一条平行于横轴的直线，其数值为 $-90°$。

## 5.2.5　微分环节

微分环节的传递函数是 $s$，其频率特性为

$$G(j\omega) = j\omega = \omega e^{j90°} \tag{5-27}$$

微分环节的幅频特性和相频特性的表达式为

$$\begin{cases} A(\omega) = \omega \\ \varphi(\omega) = 90° \end{cases} \tag{5-28}$$

其幅相曲线如图 5-15 所示，显然，$\omega$ 由 $0\to\infty$ 变化时，$G(j\omega)$ 的实部始终为零，其幅值由 0 变化到$\infty$，而相角始终为 90°。

微分环节的对数幅频特性和相频特性为

$$\begin{cases} L(\omega) = 20\lg\omega \\ \varphi(\omega) = 90° \end{cases} \tag{5-29}$$

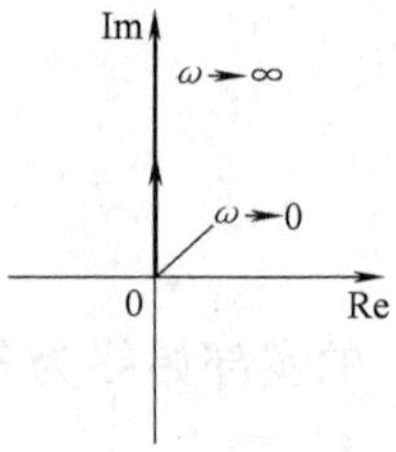


图 5-15

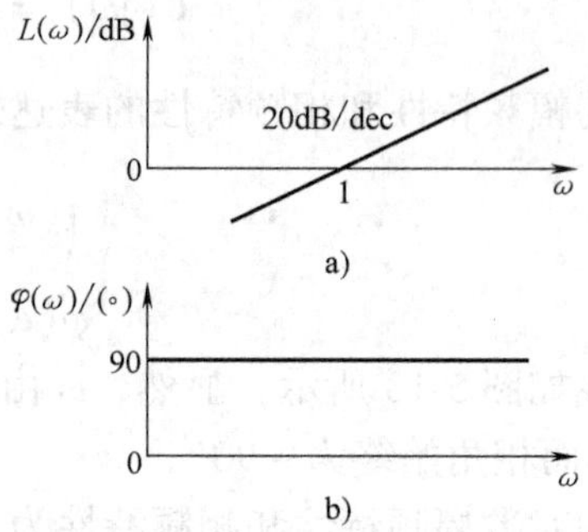


图 5-16

其相应的对数幅频特性曲线和相频特性曲线如图 5-16 所示，由图可见，对数幅频特性曲线为一条斜率为 20dB/dec 的直线，此线通过 $[\omega=1, L(\omega)=0\text{dB}]$ 的点。相频特性曲线是一条平行于横轴的直线，其数值为 90°。

积分环节和微分环节的传递函数互为倒数，它们的对数幅频特性曲线和相频特性曲线是对称于横轴的。

## 5.2.6 振荡环节

振荡环节的传递函数是 $\omega_n^2/(s^2+2\xi\omega_n s+\omega_n^2)(\omega_n>0, 0<\xi<1)$，振荡环节的频率特性为

$$G(j\omega)=\frac{1}{1-\left(\frac{\omega}{\omega_n}\right)^2+j\frac{2\xi\omega}{\omega_n}} \tag{5-30}$$

振荡环节的幅频特性和相频特性的解析表达式分别为

$$A(\omega)=\frac{1}{\sqrt{\left(1-\frac{\omega^2}{\omega_n^2}\right)^2+4\xi^2\frac{\omega^2}{\omega_n^2}}} \tag{5-31}$$

$$\varphi(\omega)=\begin{cases}-\arctan\dfrac{2\xi\frac{\omega}{\omega_n}}{1-\frac{\omega^2}{\omega_n^2}} & \dfrac{\omega}{\omega_n}\leqslant 1\\[2ex] -\left[180°-\arctan\dfrac{2\xi\frac{\omega}{\omega_n}}{\frac{\omega^2}{\omega_n^2}-1}\right] & \dfrac{\omega}{\omega_n}>1\end{cases} \tag{5-32}$$

幅相曲线的起点为 $G(j0)=1\angle 0°$，终点为 $G(j\infty)=0\angle -180°$。当 $\omega$ 由 $0\to\infty$ 变化时，$A(\omega)$ 由 $1\to 0$，$\varphi(\omega)$ 由 $0°\to -180°$ 变化，据此可以画出振荡环节幅相曲线的大致形状。

定义无因次频率

$$\mu = \frac{\omega}{\omega_n} \tag{5-33}$$

振荡环节的幅频特性和相频特性可写为

$$A(\mu) = \frac{1}{\sqrt{(1-\mu^2)^2 + 4\xi^2\mu^2}} \tag{5-34}$$

$$\varphi(\mu) = \begin{cases} -\arctan\dfrac{2\xi\mu}{1-\mu^2} & \mu \leqslant 1 \\ -\left[180° - \arctan\dfrac{2\xi\mu}{\mu^2-1}\right] & \mu > 1 \end{cases} \tag{5-35}$$

频率 $\omega$ 由 $0 \to \infty$ 变化，等价于 $\mu$ 从 $0 \to \infty$ 变化，振荡环节以无因次频率 $\mu$ 为参变量的幅相曲线如图 5-17 所示。由式（5-34）、式（5-35）可知，$\mu = 1$（即 $\omega = \omega_n$）时，振荡环节的相频特性为 $-90°$而幅频特性为 $1/(2\xi)$，即幅相曲线在 $\omega = \omega_n$ 时与虚轴相交，交点坐标为 $(0, -\mathrm{j}\dfrac{1}{2\xi})$。$\xi$ 的数值不同，交点的位置不同，幅相曲线也有所不同。幅相曲线中对应于 $\omega = \omega_n$ 的点称为振荡环节的特征点，它是幅相曲线与虚轴的交点。

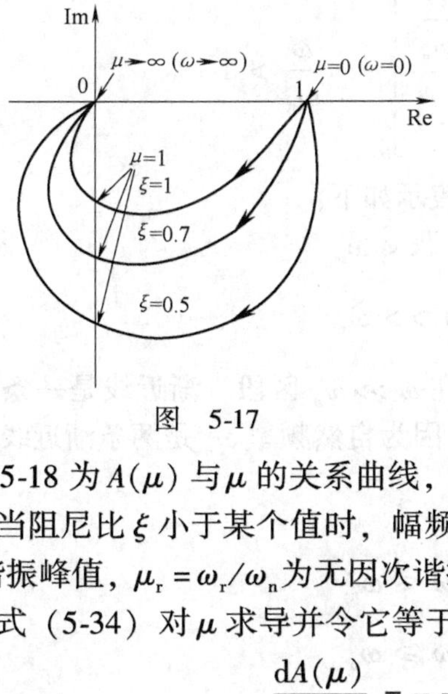

图　5-17

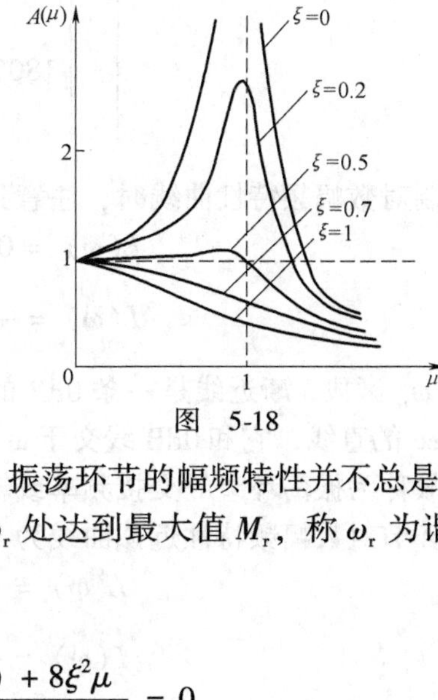

图　5-18

图 5-18 为 $A(\mu)$ 与 $\mu$ 的关系曲线，由曲线可知，振荡环节的幅频特性并不总是 $\omega$ 的递减函数，当阻尼比 $\xi$ 小于某个值时，幅频特性在 $\omega = \omega_r$ 处达到最大值 $M_r$，称 $\omega_r$ 为谐振频率，$M_r$ 为谐振峰值，$\mu_r = \omega_r/\omega_n$为无因次谐振频率。

将式（5-34）对 $\mu$ 求导并令它等于零，即

$$\frac{\mathrm{d}A(\mu)}{\mathrm{d}\mu} = -\frac{-4\mu(1-\mu^2) + 8\xi^2\mu}{2[(1-\mu^2)^2 + 4\xi^2\mu^2]^{\frac{3}{2}}} = 0$$

可以求得无因次谐振频率

$$\mu_r = \sqrt{1-2\xi^2} \qquad \xi \leqslant 0.707 \tag{5-36}$$

谐振频率

$$\omega_r = \sqrt{1-2\xi^2}\,\omega_n \qquad \xi \leqslant 0.707 \tag{5-37}$$

谐振峰值

$$M_r = \frac{1}{2\xi\sqrt{1-\xi^2}} \qquad \xi \leqslant 0.707 \tag{5-38}$$

式（5-36）、式（5-37）及式（5-38）表明，振荡环节只有在$\xi\leqslant 0.707$时才会出现谐振峰值，谐振频率$\omega_r$随阻尼比$\xi$减小而增大；当$\xi=0$时，$\omega_r=\omega_n$；在$\xi>0.707$时，幅频特性的斜率永远为负，没有谐振峰值。

式（5-38）表明，谐振峰值$M_r$仅与阻尼比$\xi$有关。$\xi$越小，$M_r$越大；$\xi$越大，$M_r$越小。由时域分析的结果知，$\xi$反映了系统超调量的大小，$\xi$越小，超调量越大；$\xi$越大，超调量越小。因而在频域分析法中，$M_r$反映了系统超调量的大小，称为振荡性指标。$M_r$越大，系统单位阶跃响应的超调量越大；$M_r$越小，系统单位阶跃响应的超调量越小。

振荡环节的对数幅频特性和相频特性为

$$L(\omega)=-20\lg\sqrt{\left(1-\frac{\omega^2}{\omega_n^2}\right)^2+4\xi^2\frac{\omega^2}{\omega_n^2}} \tag{5-39}$$

$$\varphi(\omega)=\begin{cases}-\arctan\dfrac{2\xi\dfrac{\omega}{\omega_n}}{1-\dfrac{\omega^2}{\omega_n^2}} & \dfrac{\omega}{\omega_n}\leqslant 1\\[2ex] -\left[180^\circ-\arctan\dfrac{2\xi\dfrac{\omega}{\omega_n}}{\dfrac{\omega^2}{\omega_n^2}-1}\right] & \dfrac{\omega}{\omega_n}>1\end{cases} \tag{5-40}$$

在绘制对数幅频特性曲线时，注意到其渐近线可表示如下：

$$L(\omega)=0 \qquad \omega\ll\omega_n \tag{5-41}$$

$$L(\omega)=-40\lg\frac{\omega}{\omega_n} \qquad \omega\gg\omega_n \tag{5-42}$$

即在$\omega\ll\omega_n$区段，渐近线是一条0dB的水平线；而在$\omega\gg\omega_n$区段，渐近线是一条斜率为$-40$dB/dec的直线，它和0dB线交于$\omega=\omega_n$的地方。因为自然频率$\omega_n$是两条渐近线交接点的频率，故称为振荡环节的交接频率或转折频率。

振荡环节对数幅频特性近似曲线为

$$L(\omega)=0 \qquad \omega\leqslant\omega_n \tag{5-43}$$

$$L(\omega)=-40\lg\frac{\omega}{\omega_n} \qquad \omega\geqslant\omega_n \tag{5-44}$$

振荡环节对数幅频特性曲线及其近似曲线如图5-19所示。由图可见，用近似曲线来表示对数幅频特性曲线时存在误差，误差大小既和频率$\omega$有关，也和阻尼比$\xi$有关。若规定误差$\Delta L(\omega,\xi)$为准确值减去近似值，可得误差计算公式

$$\Delta L(\omega,\xi)=\begin{cases}-20\lg\sqrt{(1-\omega^2/\omega_n^2)^2+(2\xi\omega/\omega_n)^2} & \omega\leqslant\omega_n\\ -20\lg\sqrt{(1-\omega^2/\omega_n^2)^2+(2\xi\omega/\omega_n)^2}+20\lg\omega^2/\omega_n^2 & \omega\geqslant\omega_n\end{cases} \tag{5-45}$$

根据式（5-45）可绘制出误差曲线，$\xi$不同，误差曲线也有所不同，必要时可以用误差公式或误差曲线对近似曲线进行修正。注意到$\omega=\omega_n$时，$A(\omega_n)=1/(2\xi)$，$L(\omega_n)=-20\lg(2\xi)$，以及$\omega=\omega_r$时，$A(\omega_r)=M_r=1/(2\xi\sqrt{1-\xi^2})$，$L(\omega_r)=-20\lg(2\xi\sqrt{1-\xi^2})$，

可以利用以上两点的数值对近似曲线进行修正。

对数相频特性曲线如图 5-19 所示。随着频率 $\omega$ 的增加，$\varphi(\omega)$ 由 0°变化到 -180°，在 $\omega=\omega_n$ 时，$\varphi(\omega_n)=-90°$。$\xi$ 不同，曲线的形状也有所不同。

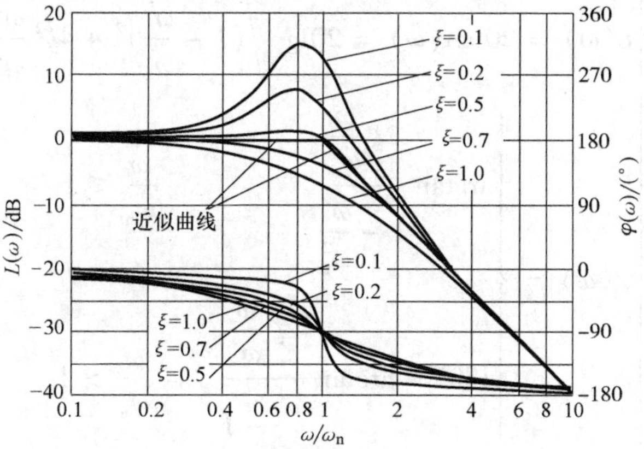


图　5-19

## 5.2.7　二阶微分环节

二阶微分环节的传递函数是 $s^2/\omega_n^2+2\zeta s/\omega_n+1(\omega_n>0, 0<\zeta<1)$，频率特性为

$$G(j\omega)=1-\omega^2/\omega_n^2+j2\zeta\omega/\omega_n \tag{5-46}$$

二阶微分环节的幅频特性和相频特性的解析表达式分别为

$$A(\omega)=\sqrt{\left(1-\frac{\omega^2}{\omega_n^2}\right)^2+4\zeta^2\frac{\omega^2}{\omega_n^2}} \tag{5-47}$$

$$\varphi(\omega)=\begin{cases}\arctan\dfrac{2\zeta\dfrac{\omega}{\omega_n}}{1-\dfrac{\omega^2}{\omega_n^2}} & \dfrac{\omega}{\omega_n}\leqslant 1\\ 180°-\arctan\dfrac{2\zeta\dfrac{\omega}{\omega_n}}{\dfrac{\omega^2}{\omega_n^2}-1} & \dfrac{\omega}{\omega_n}>1\end{cases} \tag{5-48}$$

幅相曲线的起点为 $G(j0)=1\angle 0°$，终点为 $G(j\infty)=\infty\angle 180°$，当 $\omega$ 由 $0\to\infty$ 变化时，幅频特性 $A(\omega)$ 由 $1\to\infty$ 变化，相频特性 $\varphi(\omega)$ 由 $0°\to+180°$变化，据此可以画出二阶微分环节幅相曲线的大致形状。通过逐点计算，可以画出二阶微分环节幅相曲线的精确形状如图 5-20 所示。由式（5-47）、式（5-48）可知，在 $\omega=\omega_n$ 时二阶微分环节的幅频特性为 $2\zeta$，而相频特性为 90°，说明幅相曲线在 $\omega=\omega_n$ 时与虚轴相交，交点坐标为 $(0, j2\zeta)$。显然，$\zeta$ 的数值不

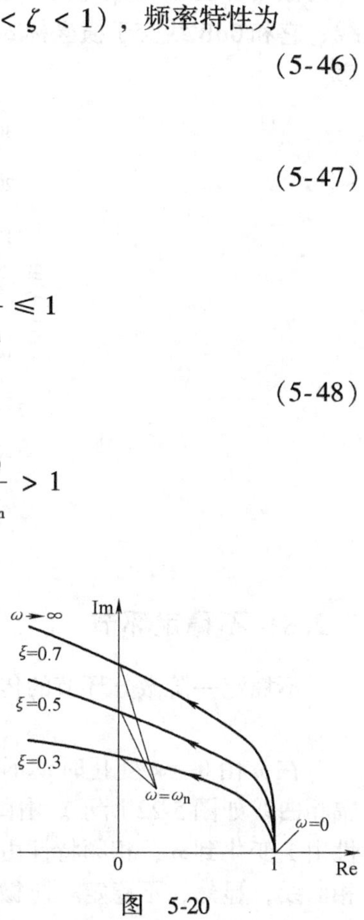


图　5-20

同，交点的位置不同，二阶微分环节的幅相曲线也不同。幅相曲线中对应于 $\omega=\omega_n$ 的点称为二阶微分环节的特征点，它是幅相曲线与虚轴的交点。

二阶微分环节的对数幅频特性和对数相频特性的解析表达式分别为

$$\begin{cases} L(\omega)=20\lg A(\omega)=20\lg\sqrt{(1-\dfrac{\omega^2}{\omega_n^2})^2+4\zeta^2\dfrac{\omega^2}{\omega_n^2}} \\ \varphi(\omega)=\begin{cases} \arctan\dfrac{2\zeta\dfrac{\omega}{\omega_n}}{1-\dfrac{\omega^2}{\omega_n^2}} & \dfrac{\omega}{\omega_n}\leqslant 1 \\ 180°-\arctan\dfrac{2\zeta\dfrac{\omega}{\omega_n}}{\dfrac{\omega^2}{\omega_n^2}-1} & \dfrac{\omega}{\omega_n}>1 \end{cases} \end{cases} \tag{5-49}$$

二阶微分环节和振荡环节的传递函数在形式上互为倒数，两者的对数幅频特性曲线和相频特性曲线对称于横轴。二阶微分环节的博德图如图 5-21 所示。注意到对数幅频特性曲线的近似曲线在 $\omega<\omega_n$ 时是一条 0dB 的水平线，而在 $\omega>\omega_n$ 时是一条斜率为 +40dB/dec 的直线，它和 0dB 线交于横坐标 $\omega=\omega_n$ 的地方。$\omega=\omega_n$ 称为二阶微分环节的交接频率或转折频率。

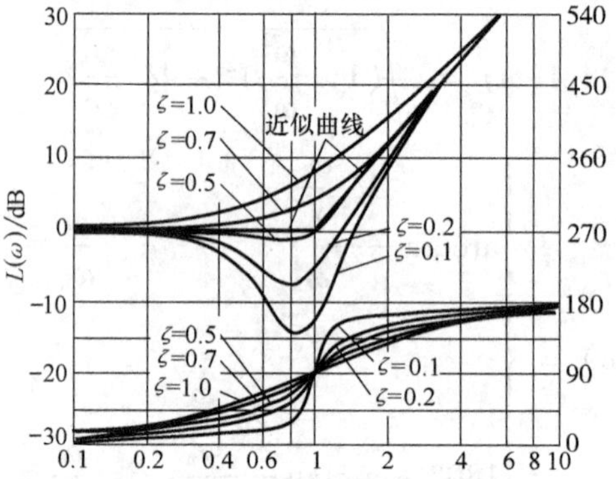


图 5-21

## 5.2.8 不稳定环节

不稳定一阶微分环节的传递函数是 $\tau s-1$，相应的频率特性是

$$G(j\omega)=j\omega\tau-1$$

在 $\omega$ 由 0→∞ 变化时，不稳定一阶微分环节的实部始终为 −1，虚部由 j0 变化到 j∞，其幅相曲线如图 5-22 所示。由图可知，在 $\omega$ 由 0→∞ 变化时，不稳定一阶微分环节的幅频特性由 1 变化到∞，相频特性由 180°变化到 90°。图 5-22 同时绘制了一阶微分环节 $1+\tau s$ 的幅相曲线，显然，不稳定一阶微分环节与一阶微分环节相比，具有相同的幅频特性，因而两者的对数幅频特性曲线相同，同时不稳定一阶微分环节与一阶微分环节的相频特性对称于 90°

线，在一阶微分环节的博德图基础上，根据这一规律可以绘出不稳定一阶微分环节的博德图，如图 5-23 所示。

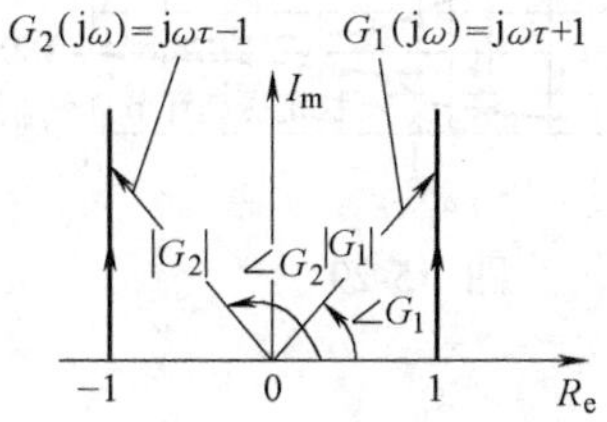


图　5-22

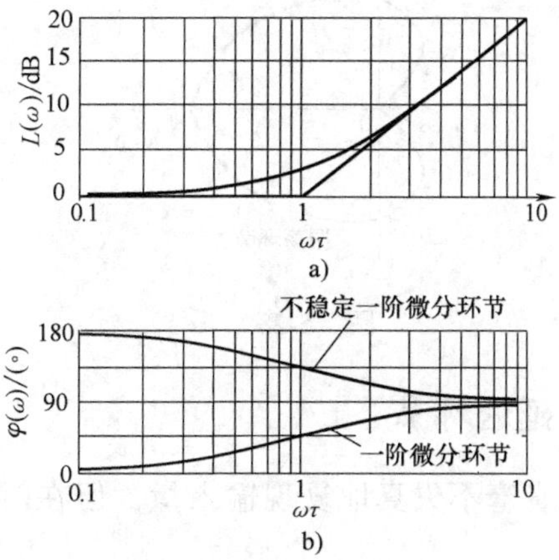


图　5-23

由类似分析可知，不稳定二阶微分环节 $s^2/\omega_n^2-2\zeta s/\omega_n+1$ 的幅频特性和其对应的二阶微分环节 $s^2/\omega_n^2+2\zeta s/\omega_n+1$ 的幅频特性相同，而相频特性曲线对称于 180°线，其幅相曲线和对数频率特性曲线如图 5-24 和图 5-25 所示；不稳定惯性环节 $1/(Ts-1)$ 的幅频特性和其对应的惯性环节 $1/(Ts+1)$ 的幅频特性相同，而相频特性曲线则对称于 −90°线，其幅相曲线和对数频率特性曲线如图 5-26 和图 5-27 所示；不稳定振荡环节 $\omega_n^2/(s^2-2\xi\omega_n s+\omega_n^2)$ 的幅频特性和其对应的振荡环节 $\omega_n^2/(s^2+2\xi\omega_n s+\omega_n^2)$ 的幅频特性相同，而相频特性曲线则对称于 −180°线。其幅相曲线和对数频率特性曲线如图 5-28 和图 5-29 所示。

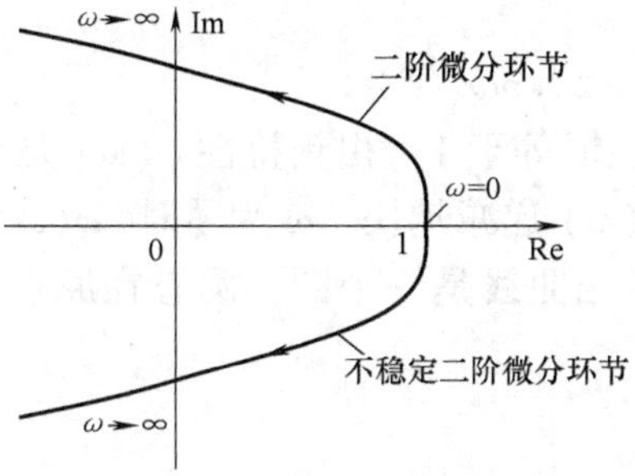


图　5-24

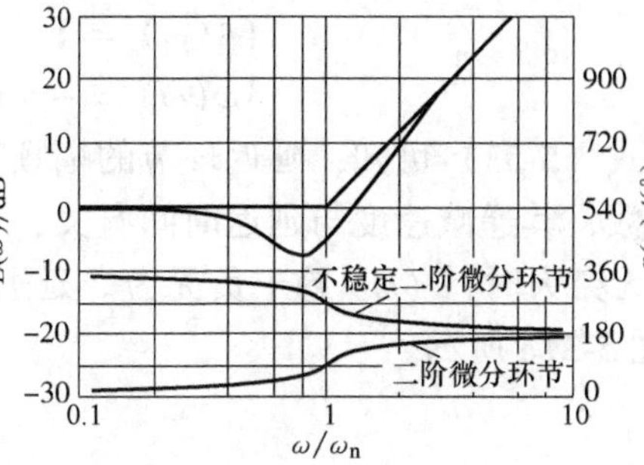


图　5-25

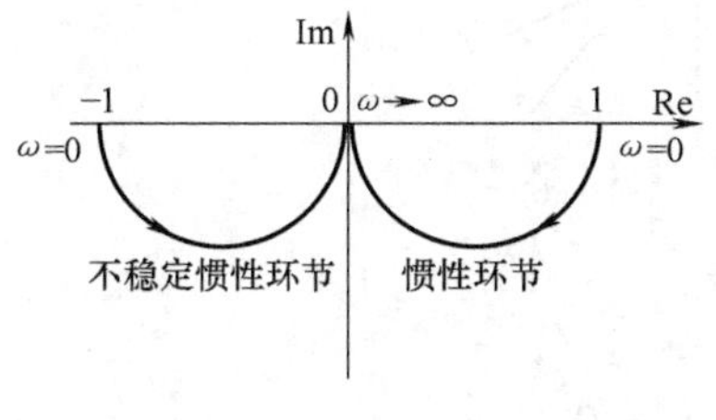


图　5-26

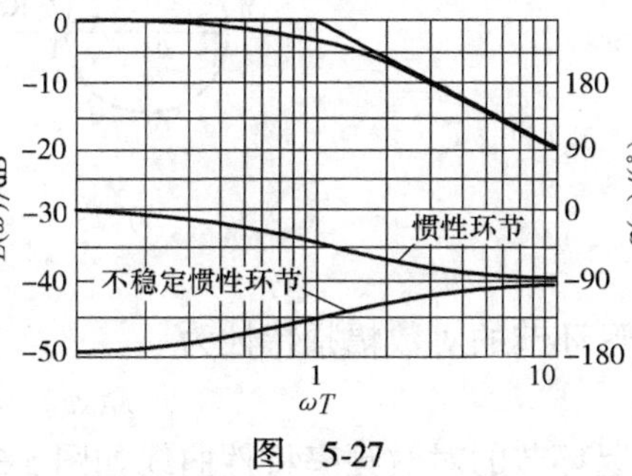


图　5-27

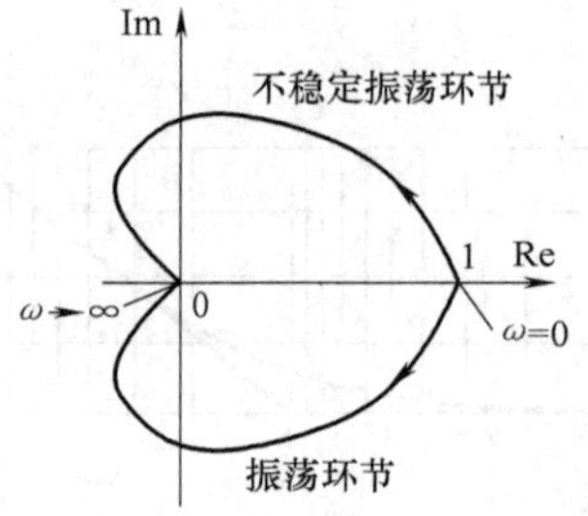


图 5-28

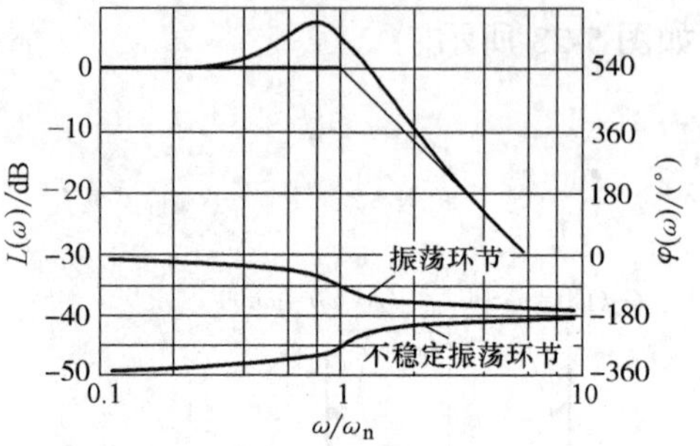


图 5-29

## 5.2.9 延迟环节

输出量毫不失真地复现输入量，但在时间上存在恒定延迟的环节称为延迟环节，如图5-30所示。

延迟环节输出和输入间的关系式为

$$c(t) = r(t-\tau)1(t-\tau) \tag{5-50}$$

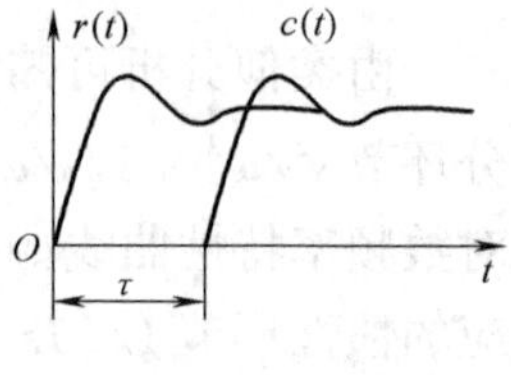


图 5-30

式中，$\tau$ 为延迟时间。对式（5-50）进行拉普拉斯变换

$$C(s) = e^{-\tau s}R(s)$$

故延迟环节的传递函数为

$$G(s) = e^{-\tau s} \tag{5-51}$$

对应的频率特性为

$$G(j\omega) = e^{-j\omega\tau} \tag{5-52}$$

延迟环节的幅频特性和相频特性为

$$\begin{cases} A(\omega) = 1 \\ \varphi(\omega) = -\omega\tau(\text{rad}) = -57.3\omega\tau(°) \end{cases} \tag{5-53}$$

由式（5-53）可知，延迟环节的幅频特性 $A(\omega)$ 恒等于1，相频特性 $\varphi(\omega)$ 是 $\omega$ 的线性递减函数，其递减速度与延迟时间有关，$\tau$ 越大，$\varphi(\omega)$ 递减越快。$\omega$ 为零时，$\varphi(\omega)$ 等于零，$\omega$ 趋于无穷大时，$\varphi(\omega)$ 趋于负无穷。延迟环节的幅相曲线是一个圆，圆心在原点，半径为1，如图5-31a 所示。

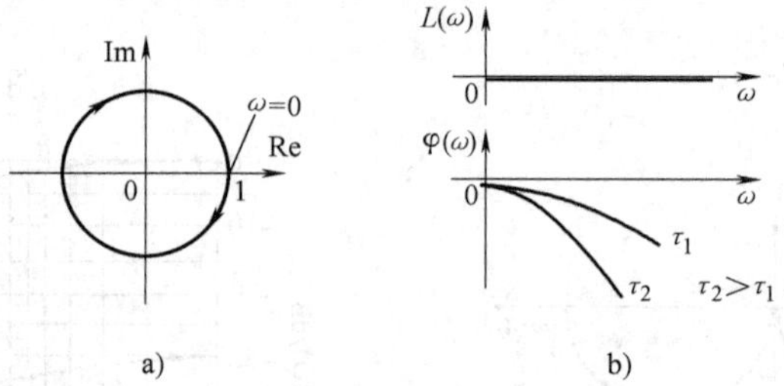


图 5-31

延迟环节的对数幅频特性为

$$L(\omega) = 20\lg A(\omega) = 0 \tag{5-54}$$

延迟环节的对数频率特性曲线如图5-31b 所示，由图可知，$\tau$ 越大，相角迟后就越大。

实际中的元部件和系统常包含延迟环节。例如，有分布参数的长传输线就可用延迟环节表征。在这种传输线内，脉冲可以保持原波形，经时间 $\tau$ 沿传输线传送过去。

因为自然对数底 e 的定义为

$$e = \lim_{m\to\infty}\left(1+\frac{1}{m}\right)^m$$

故

$$e^{-\tau s} = \lim_{m\to\infty}\left[\left(1+\frac{1}{m}\right)^m\right]^{-\tau s} = \lim_{m\to\infty}\left(1+\frac{1}{m}\right)^{-\tau m s}$$

令 $\tau ms = n$，则

$$\frac{1}{m} = \frac{\tau}{n}s$$

有

$$e^{-\tau s} = \lim_{n\to\infty}\frac{1}{\left(1+\dfrac{\tau}{n}s\right)^n} \tag{5-55}$$

式（5-55）表明，多个小时间常数的惯性环节串联后，其等效特性可用延迟环节近似。

若把延迟环节的传递函数写为

$$e^{-\tau s} = 1 - \tau s + \frac{1}{2!}\tau^2 s^2 - \frac{1}{3!}\tau^3 s^3 + \cdots$$

显然，含有延迟环节的传递函数必有位于右半 $s$ 平面的零点。

## 5.3　系统开环频率特性的绘制

在对控制系统进行性能分析时，有些场合使用的是系统的开环传递函数，有些场合使用的是系统的闭环传递函数，应用时应注意区分。类似地，线性定常系统的频率特性也有开环频率特性和闭环频率特性之分。显然，在系统的开环传递函数中令 $s = j\omega$ 得到开环频率特性，在系统的闭环传递函数中令 $s = j\omega$ 得到闭环频率特性。本节讨论系统开环频率特性曲线的绘制方法。

设控制系统的开环传递函数 $G(s)$ 可以表示为

$$G(s) = G_1(s)G_2(s)\cdots G_n(s)$$

其中，$G_i(s)(i=1,\ 2,\ \cdots,\ n)$ 表示典型环节的传递函数，则系统的开环频率特性为

$$G(j\omega) = G_1(j\omega)G_2(j\omega)\cdots G_n(j\omega)$$

其中，$G_i(j\omega)(i=1,\ 2,\ \cdots,\ n)$ 表示典型环节的频率特性。系统的开环幅频特性和相频特性为

$$A(\omega) = A_1(\omega)A_2(\omega)\cdots A_n(\omega) \tag{5-56}$$

$$\varphi(\omega) = \varphi_1(\omega) + \varphi_2(\omega) + \cdots + \varphi_n(\omega) \tag{5-57}$$

相应地，系统的开环对数幅频特性为

$$L(\omega) = L_1(\omega) + L_2(\omega) + \cdots + L_n(\omega) \tag{5-58}$$

式（5-56）、式（5-57）及式（5-58）中 $A_i(\omega)$（$i=1,\ 2,\ \cdots,\ n$）表示各典型环节的幅频特性，$\varphi_i(\omega)$（$i=1,\ 2,\ \cdots,\ n$）表示各典型环节的相频特性，$L_i(\omega)$（$i=1,\ 2,\ \cdots,\ n$）表示各典型环节的对数幅频特性，即

$$G_i(\mathrm{j}\omega) = A_i(\omega)\mathrm{e}^{\mathrm{j}\varphi_i(\omega)}(i = 1,2,\cdots,n)$$
$$L_i(\omega) = 20\lg A_i(\omega)(i = 1,2,\cdots,n)$$

### 5.3.1 最小相位系统和非最小相位系统

在右半 $s$ 平面没有零、极点的传递函数称为最小相位传递函数，与之对应的系统称为最小相位系统，否则称为非最小相位系统。因此，组成最小相位系统的各典型环节中不能含有不稳定环节，也不能含有延迟环节。

上一节讨论了典型环节的频率特性，从中发现，仅根据系统的幅频特性或对数幅频特性是不足以确定其传递函数的。例如惯性环节和不稳定惯性环节的幅频特性或对数幅频特性完全相同，但它们的相频特性不同，因而仅根据幅频特性或对数幅频特性是无法确定其传递函数的。但是如果系统为最小相位系统，则根据系统的幅频特性或对数幅频特性就可以唯一确定其传递函数，进而确定其相频特性，即最小相位系统的幅频特性和相频特性是直接关联的，也即一个幅频特性只能有一个相频特性与之对应；反之亦然。

**例 5-2** 系统的开环传递函数为

$$G(s) = \frac{6s^4 + 8s^3 + 5s^2 + 8s + 2}{s^5 + 2s^4 + 4s^3 + 4s^2 + 5s + 6}$$

试判断 $G(s)$ 是否为最小相位传递函数。

**解** 劳斯判据可以用来判断一个代数方程式的根是否全部位于左半 $s$ 平面。对于本题，根据系统开环传递函数分母多项式系数建立劳斯表如下：

| | | | |
|---|---|---|---|
| $s^5$ | 1 | 4 | 5 |
| $s^4$ | 2 | 4 | 6 |
| $s^3$ | 2 | 2 | |
| $s^2$ | 2 | 6 | |
| $s^1$ | −4 | | |
| $s^0$ | 6 | | |

劳斯表第一列系数符号改变 2 次，说明系统有 2 个开环极点位于右半 $s$ 平面。类似地，根据系统开环传递函数分子多项式系数，利用劳斯判据可以判断出系统有 2 个开环零点位于右半 $s$ 平面。所以该系统的开环传递函数是非最小相位传递函数。

### 5.3.2 开环幅相曲线的绘制

开环幅相曲线的绘制方法和绘制典型环节幅相曲线的方法一样，可以列出开环幅频特性和相频特性的表达式，用解析计算法绘制，也可以用图解计算法绘制。这里着重介绍绘制近似的开环幅相曲线的方法。

**例 5-3** 系统的开环传递函数为 $G(s) = \dfrac{Ts}{Ts+1}$，要求绘制它的幅相曲线。

**解** 系统的开环频率特性为 $G(\mathrm{j}\omega) = \dfrac{\mathrm{j}\omega T}{\mathrm{j}\omega T + 1}$。开环幅相曲线的起点为 $G(\mathrm{j}0) = 0\angle 90^\circ$，终点为 $G(\mathrm{j}\infty) = 1\angle 0^\circ$，注意到在 $\omega$ 由 0 到 $\infty$ 变化时，$G(\mathrm{j}\omega)$ 分子的相角始终为 90°，分母

相角由 0°到 90°单调变化，故 $G(\mathrm{j}\omega)$ 的相角应由 90°单调变化到 0°，而 $G(\mathrm{j}\omega)$ 的幅值由 0 变化到 1，幅相曲线从原点开始，终止于 $(1,\mathrm{j}0)$ 点，位于第一象限，概略绘制幅相曲线如图 5-32 所示。

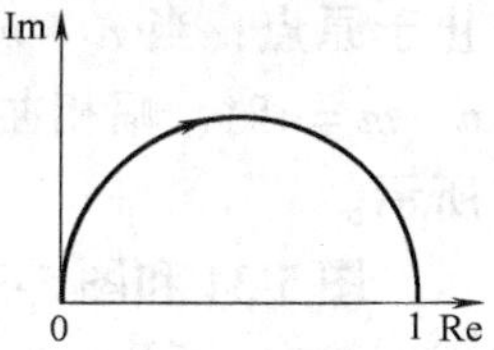

图　5-32

**例 5-4**　某0 型控制系统，开环传递函数为 $G(s)=\dfrac{1}{(T_1s+1)(T_2s+1)}$，试概略地绘制系统开环幅相曲线。

**解**　系统开环频率特性为 $G(\mathrm{j}\omega)=\dfrac{1}{(\mathrm{j}\omega T_1+1)(\mathrm{j}\omega T_2+1)}$。开环幅相曲线的起点为 $G(\mathrm{j}0)=1\angle 0°$，终点为 $G(\mathrm{j}\infty)=0\angle -180°$，注意到在 $\omega$ 由 0 到∞ 变化时，$G(\mathrm{j}\omega)$ 的幅值由 1 到 0 单调减小，相角由 0°到 −180°单调减小，幅相曲线应位于第三、四象限，如图 5-33 所示。

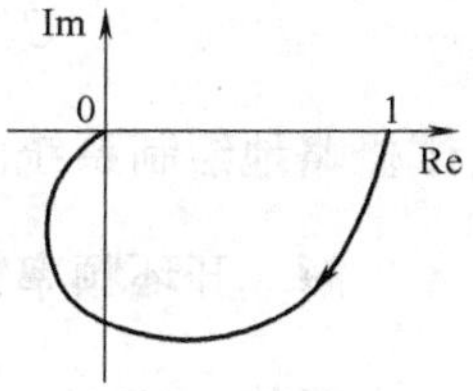

图　5-33

从以上两例可以看出，在近似绘制幅相曲线时，首先应当计算出系统幅相曲线的起点 $G(\mathrm{j}0)$ 和终点 $G(\mathrm{j}\infty)$，再注意到在 $\omega$ 由 0 到∞ 变化时，$G(\mathrm{j}\omega)$ 的幅值和相角的变化情况，必要时可以计算若干点的数值，即可画出幅相曲线的大致形状。一般说来，如果幅相曲线和负实轴有交点，应当计算出交点处的频率以及交点的位置。

对于最小相位传递函数，可以总结出幅相曲线的起点和终点的分布规律。

设系统的开环传递函数为

$$G(s)=\frac{K(b_ms^m+b_{m-1}s^{m-1}+\cdots+b_1s+1)}{s^v(a_ns^{n-v}+a_{n-1}s^{n-v-1}+a_{n-2}s^{n-v-2}+\cdots+1)}$$

式中，$n>m$，令 $s=\mathrm{j}\omega$ 即可得到系统的开环频率特性，在 $\omega\to 0$ 时，有

$$G(\mathrm{j}\omega)=\frac{K}{(\mathrm{j}\omega)^v}\tag{5-59}$$

式 (5-59) 为幅相曲线起点的计算公式。具体地说，对于 0 型系统 $(v=0)$，$G(\mathrm{j}\omega)=K$，幅相曲线起始于 $(K,\mathrm{j}0)$ 点；对于 Ⅰ 型系统 $(v=1)$，$G(\mathrm{j}\omega)=\dfrac{K}{\mathrm{j}\omega}$，说明在 $\omega\to 0$ 时，$G(\mathrm{j}\omega)$ 幅值为无穷，相角为 −90°，即幅相曲线在无穷远处起始于虚轴的负方向（虚轴的负方向仅表示相角为 −90°，并不表示幅相曲线以虚轴为渐近线，见例 5-5）；类似地，对于Ⅱ型系统 $(v=2)$，幅相曲线在无穷远处起始于实轴的负方向；对于Ⅲ型系统 $(v=3)$，幅相曲线在无穷远处起始于虚轴的正方向，如图 5-34 所示。

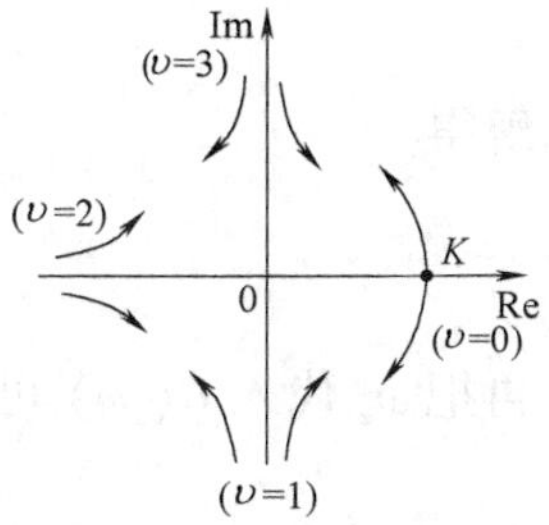

图　5-34

在 $\omega\to\infty$ 时，有

$$G(\mathrm{j}\omega)=\frac{Kb_m/a_n}{(\mathrm{j}\omega)^{n-m}}\tag{5-60}$$

式 (5-60) 为幅相曲线终点的计算公式。具体地说，当 $n-m=1$ 时，即开环极点数比开环零点数多 1 个时，$G(\mathrm{j}\omega)=\dfrac{Kb_m/a_n}{\mathrm{j}\omega}$，说明在 $\omega\to\infty$ 时，$G(\mathrm{j}\omega)$ 幅值为 0，相角为 −90°，系统幅相曲线以 −90°方向终止于原点；类似地，当 $n-m=2$ 时，幅相曲线以 −180°方向终

止于原点；当 $n-m=3$ 时，幅相曲线以 $-270°$ 方向终止于原点；当 $n-m=4$时，幅相曲线则以 $-360°$（即 $0°$）方向终止于原点，如图 5-35 所示。

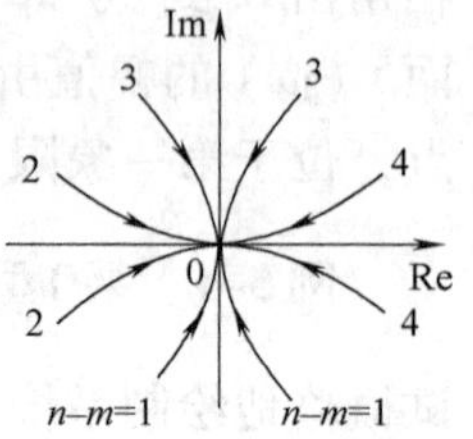


图　5-35

图 5-34 和图 5-35 适用于最小相位传递函数，对于 $v$ 为负数（类似于例 5-3）以及 $n\leqslant m$ 时起点和终点的情况，读者可自行推导。

**例 5-5**　某单位反馈系统，其开环传递函数为

$$G(s)=\frac{K}{s(T_1s+1)(T_2s+1)(T_3s+1)}$$

试概略地绘制系统的开环幅相曲线。

**解**　开环频率特性为 $G(\mathrm{j}\omega)=\dfrac{K}{\mathrm{j}\omega(\mathrm{j}\omega T_1+1)(\mathrm{j}\omega T_2+1)(\mathrm{j}\omega T_3+1)}$

显然，$G(\mathrm{j}0)=\infty\angle-90°$，$G(\mathrm{j}\infty)=0\angle-360°$，也就是说，幅相曲线起于虚轴负方向，并以 $-360°$方向终止于原点，注意到在 $\omega$ 由 0 到$\infty$ 变化时，$G(\mathrm{j}\omega)$ 的幅值由$\infty$ 减小到 0，相角由 $-90°$减小到 $-360°$，系统的开环幅相曲线如图 5-36 所示。

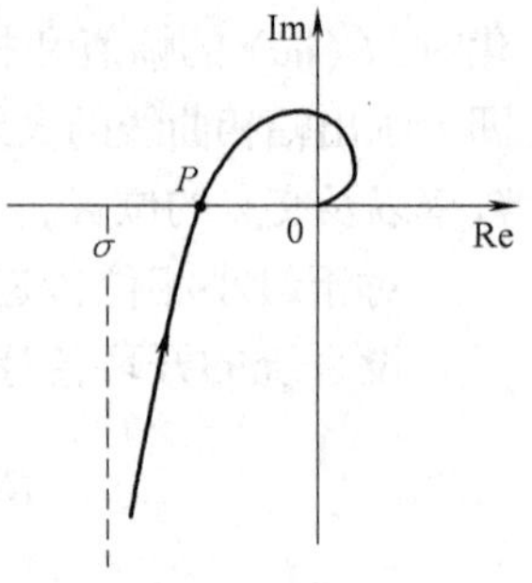


图　5-36

若把频率特性写成实部与虚部的形式

$$G(\mathrm{j}\omega)=\frac{-K[\omega(T_1+T_2+T_3)-\omega^3T_1T_2T_3]}{\omega(1+\omega^2T_1^2)(1+\omega^2T_2^2)(1+\omega^2T_3^2)}+\mathrm{j}\frac{-K[1-\omega^2(T_1T_2+T_2T_3+T_3T_1)]}{\omega(1+\omega^2T_1^2)(1+\omega^2T_2^2)(1+\omega^2T_3^2)}$$

幅相曲线与负实轴有交点 $P$。为求交点的数值，可令 $G(\mathrm{j}\omega)$ 的虚部为零，即

$$\frac{-K[1-\omega^2(T_1T_2+T_2T_3+T_3T_1)]}{\omega(1+\omega^2{T_1}^2)(1+\omega^2{T_2}^2)(1+\omega^2{T_3}^2)}=0$$

解得

$$\omega_x=\frac{1}{\sqrt{T_1T_2+T_2T_3+T_3T_1}}$$

再把 $\omega_x$ 代入 $G(\mathrm{j}\omega)$ 可得

$$G(\mathrm{j}\omega_x)=\frac{-K[(T_1+T_2+T_3)-{\omega_x}^2T_1T_2T_3]}{(1+\omega_x^2T_1^2)(1+{\omega_x}^2T_2^2)(1+\omega_x^2T_3^2)}$$

$\omega_x$ 和 $G(\mathrm{j}\omega_x)$ 即为幅相曲线与负实轴相交时所对应的频率以及交点的数值。

在 $G(\mathrm{j}\omega)$ 中，令 $\omega\to0$，可得

$$G(\mathrm{j}0)=-K(T_1+T_2+T_3)-\mathrm{j}\infty$$

说明 $\omega\to0$ 时，$G(\mathrm{j}\omega)$ 渐近线实部为 $\sigma=-K(T_1+T_2+T_3)$。

**例 5-6**　某单位反馈系统，其开环传递函数为

$$G(s)=\frac{K(\tau s+1)}{s(T_1s+1)(T_2s+1)}$$

试概略地绘制系统的开环幅相曲线。

**解**　开环频率特性为 $G(\mathrm{j}\omega)=\dfrac{K(\mathrm{j}\omega\tau+1)}{\mathrm{j}\omega(\mathrm{j}\omega T_1+1)(\mathrm{j}\omega T_2+1)}$

显然，$G(\mathrm{j}0)=\infty\angle{-90^\circ}$，$G(\mathrm{j}\infty)=0\angle{-180^\circ}$，也就是说，幅相曲线起于虚轴负方向，并以 $-180^\circ$ 方向终止于原点。在 $\omega$ 由 0 到 $\infty$ 变化时，$G(\mathrm{j}\omega)$ 的幅值由 $\infty$ 减小到 0，相角由 $-90^\circ$ 变化到 $-180^\circ$，相角的变化不一定是单调的。在讨论 $G(\mathrm{j}\omega)$ 相角的变化时，可以分别观测 $G(\mathrm{j}\omega)$ 的分子、分母各因子的相角变化情况。

若 $\tau>T_1+T_2$，在 $\omega$ 较小时，分子 $1+\mathrm{j}\omega\tau$ 的相角大于分母中 $1+\mathrm{j}\omega T_1$ 和 $1+\mathrm{j}\omega T_2$ 的相角之和，因此在 $\omega$ 由 0 到 $\infty$ 变化时，$G(\mathrm{j}\omega)$ 的相角变化应由 $-90^\circ$ 先增加，之后再减小到 $-180^\circ$，系统的开环幅相曲线如图 5-37a 所示。

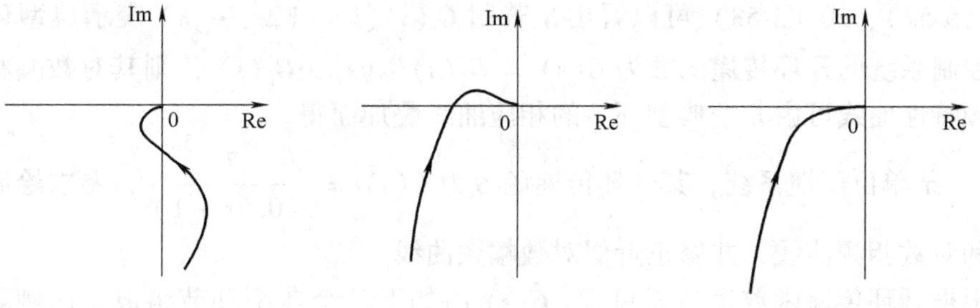


a) $\tau>T_1+T_2$　　b) $\tau<\dfrac{T_1T_2}{T_1+T_2}$　　c) $T_1+T_2>\tau>\dfrac{T_1T_2}{T_1+T_2}$

图　5-37

若 $\tau$ 的数值较小，分子 $1+\mathrm{j}\omega\tau$ 的相角将小于分母中 $1+\mathrm{j}\omega T_1$ 和 $1+\mathrm{j}\omega T_2$ 的相角之和，因此在 $\omega$ 由 0 到 $\infty$ 变化时，$G(\mathrm{j}\omega)$ 的相角应由 $-90^\circ$ 开始变化到 $-180^\circ$，但不一定是单调减小的。当 $T_1$、$T_2$、$\tau$、$\omega$ 满足一定条件时，$G(\mathrm{j}\omega)$ 的相角会出现小于 $-180^\circ$ 的情况。即

$$\arctan(\omega\tau)-90^\circ-\arctan(\omega T_1)-\arctan(\omega T_2)<-180^\circ$$

$$1-T_1T_2\omega^2+T_1\tau\omega^2+T_2\tau\omega^2<0$$

要使上式在某个频率处成立，应有 $\tau<\dfrac{T_1T_2}{T_1+T_2}$

即当 $\tau<\dfrac{T_1T_2}{T_1+T_2}$ 时，$G(\mathrm{j}\omega)$ 在某频率时的相角将小于 $-180^\circ$，开环幅相曲线会进入第二象限，如图 5-37b 所示。

为了计算 $G(\mathrm{j}\omega)$ 曲线与负实轴的交点，将 $G(\mathrm{j}\omega)$ 写成实部和虚部形式

$$\begin{aligned}G(\mathrm{j}\omega)&=\frac{-\mathrm{j}K[1-T_1T_2\omega^2+T_1\tau\omega^2+T_2\tau\omega^2+\mathrm{j}\omega(\tau-T_1-T_2-T_1T_2\tau\omega^2)]}{\omega(\omega^2T_1^2+1)(\omega^2T_2^2+1)}\\&=\frac{K(\tau-T_1-T_2-T_1T_2\tau\omega^2)}{(\omega^2T_1^2+1)(\omega^2T_2^2+1)}-\mathrm{j}\frac{K[1-T_1T_2\omega^2+T_1\tau\omega^2+T_2\tau\omega^2]}{\omega(\omega^2T_1^2+1)(\omega^2T_2^2+1)}\end{aligned}$$

在 $\tau<\dfrac{T_1T_2}{T_1+T_2}$ 时，开环幅相曲线与负实轴有交点，令 $\mathrm{Im}G(\mathrm{j}\omega)=0$，得交点频率以及开环幅相曲线与负实轴交点坐标为

$$\begin{cases}\omega_x = \dfrac{1}{\sqrt{T_1T_2 - T_1\tau - T_2\tau}} \\ G(j\omega_x) = \dfrac{K(\tau - T_1 - T_2 - T_1T_2\tau\omega_x^2)]}{(\omega_x^2T_1^{\ 2} + 1)(\omega_x^2T_2^2 + 1)}\end{cases}$$

在 $T_1 + T_2 > \tau > \dfrac{T_1T_2}{T_1 + T_2}$ 时，开环幅相曲线与负实轴无交点，始终位于第三象限，如图 5-37c 所示。

### 5.3.3 开环对数频率特性曲线的绘制

从式（5-57）、式（5-58）可以看出，若用 $G_i(s)(i = 1,2,\cdots,n)$ 表示典型环节的传递函数，而控制系统的开环传递函数为 $G(s) = G_1(s)G_2(s)\cdots G_n(s)$，则其对数幅频特性曲线和对数相频特性曲线可由 $n$ 个典型环节的相应曲线叠加而得。

**例 5-7** 某单位反馈系统，其开环传递函数为 $G(s) = \dfrac{7}{s(0.5s + 1)}$，要求绘制近似对数幅频曲线和对数相频曲线，并修正近似对数幅频曲线。

**解** 根据开环传递函数表达式可知，$G(s)$ 由如下三个典型环节组成：比例环节 $K=7$、积分环节$\dfrac{1}{s}$和惯性环节$\dfrac{1}{0.5s+1}$。

三个典型环节的对数频率特性曲线如图 5-38 所示。其中比例环节对数幅频特性为 $20\lg K = 16.9\text{dB}$，惯性环节的转折频率为 2rad/s。

将三个典型环节的对数幅频曲线和对数相频曲线相加，即得开环对数幅频和开环对数相频曲线，如图 5-38 所示，图中曲线 4 表示已修正曲线。

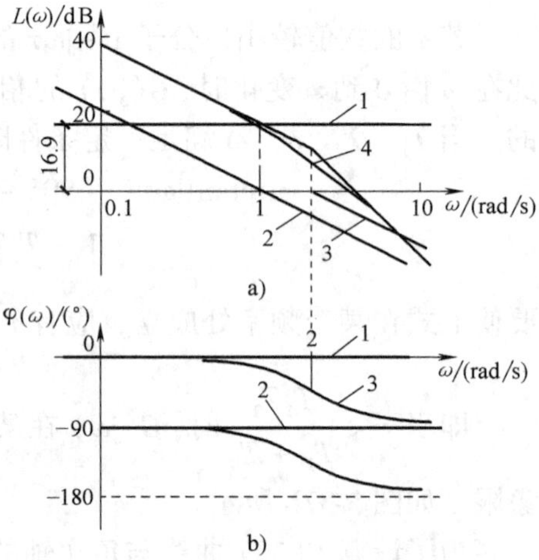


图 5-38
1—比例环节 2—积分环节
3—惯性环节 4—修正曲线

分析图 5-38 的近似开环对数幅频曲线可知，它有以下特点：

1）最左端直线的斜率为 $-20\text{dB/dec}$。这一斜率完全由 $G(s)$ 的积分环节数决定。

2）在 $\omega=1$ 时，曲线的分贝值等于 $20\lg K=16.9\text{dB}$。

3）在惯性环节交接频率 2rad/s 处，斜率从 $-20\text{dB/dec}$ 变为 $-40\text{dB/dec}$。

事实上，在低频段（对应开环对数幅频特性曲线最左端）系统开环频率特性近似为式（5-59），其中 $v$ 是积分环节数目。根据式（5-59）可以得到系统近似开环对数幅频特性曲线最左端直线的表达式为

$$L(\omega) = 20\lg K - 20v\lg\omega \tag{5-61}$$

由式（5-61）可以得出如下结论：

1）近似对数幅频特性曲线最左端为一条直线，斜率为 $-20v\text{dB/dec}$。

2）在 $\omega=1$ 处，最左端直线（当 $\omega<1$ 的频率范围内有交接频率时为最左端直线的延长线）的分贝值等于比例环节的分贝值 $20\lg K$；最左端直线或其延长线与0分贝线的交点频率（此时 $L(\omega)=0$）在数值上等于 $K^{\frac{1}{v}}$，如图5-39所示。

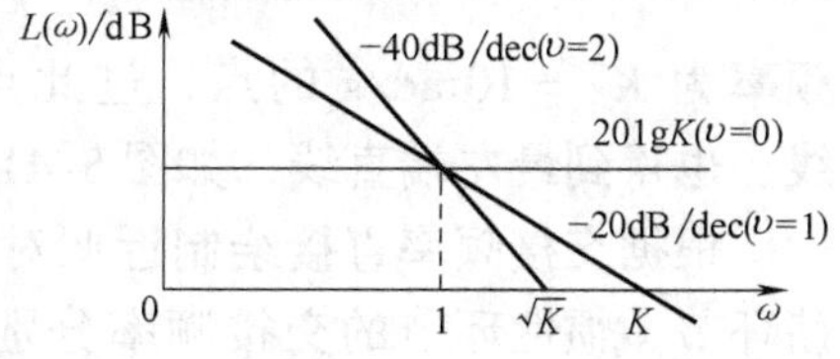


图　5-39

根据以上两点可确定近似对数幅频曲线最左端直线。在交接频率的地方，曲线的斜率发生改变，改变多少视典型环节种类而异。如果典型环节为惯性环节或振荡环节，在交接频率之后，斜率要减小20dB/dec或40dB/dec，如果典型环节为一阶微分环节或二阶微分环节，在交接频率之后，斜率要增加20dB/dec或40dB/dec。

另外，在绘制对数幅频曲线渐近线的时候，经常遇到图5-40所示的情况。在图5-40a中，$L(\omega_1)=20\lg\dfrac{\omega_2}{\omega_1}=40\lg\dfrac{\omega_c}{\omega_1}$，故 $\omega_c^2=\omega_1\omega_2$，绘图时 $\omega_c$ 应位于 $\omega_1$、$\omega_2$ 的几何中点；对于图5-40b，由于 $L(\omega_1)=20\lg\dfrac{\omega_2}{\omega_1}=60\lg\dfrac{\omega_c}{\omega_1}$，故 $\omega_c^3=\omega_1^2\omega_2$，绘图时 $\omega_c$ 离开 $\omega_1$ 的距离为 $\omega_1$、$\omega_2$ 距离的 $\dfrac{1}{3}$。了解图中各频率之间的关系及相对位置，对绘图很有帮助。

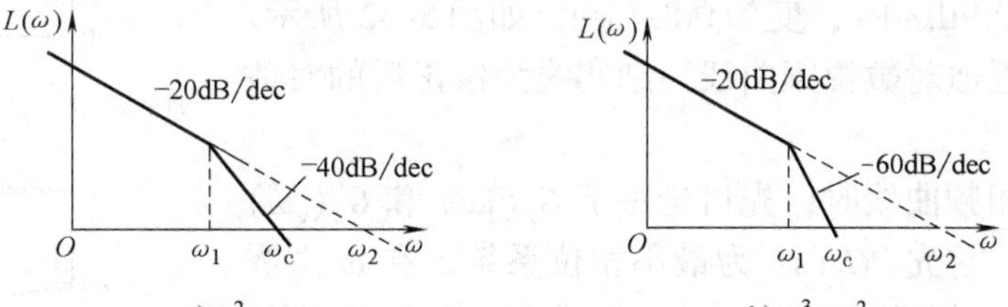


a) $\omega_c^2=\omega_1\omega_2$　　b) $\omega_c^3=\omega_1^2\omega_2$

图　5-40

完成了对数幅频曲线渐近线之后，如有必要，可以根据典型环节的误差曲线对其进行修正。

对于对数相频曲线，原则上讲，应计算若干点的数值进行绘制。工程应用上，重点应掌握 $\omega$ 从0到无穷大变化时 $\varphi(\omega)$ 的变化趋势，必要时再计算一些特殊点的数值。

**例5-8**　绘制传递函数

$$G(s)=\frac{100}{s(s+5)(s^2+s+2)}$$

的对数幅频曲线。

**解**　绘制对数频率特性时，应先将 $G(s)$ 化成由典型环节串联组成的标准形式

$$G(s)=\frac{10}{s(s/5+1)[(s/\sqrt{2})^2+2\times0.35s/\sqrt{2}+1]}$$

然后可按以下步骤绘制近似对数幅频特性曲线。

画最左端直线：在横坐标 $\omega$ 为1、纵坐标为 $20\lg K=20\text{dB}$ 处，根据积分环节数 $v=1$ 画

斜率 $-20$dB/dec 的最左端直线；或者在零分贝线上找到频率为 $K^{\frac{1}{v}}=10$rad/s 的点，过此点画 $-20$dB/dec 的直线，也得到最左端直线，如图 5-41 所示。

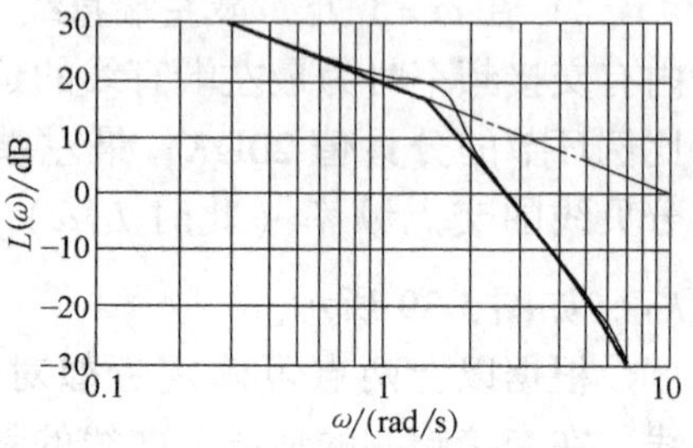

图 5-41

根据交接频率直接绘制近似对数幅频曲线：由于振荡环节、惯性环节的交接频率分别为 1.4 和 5，所以将最左端直线画到 $\omega=1.4$ 时，直线斜率由 $-20$dB/dec 变为 $-60$dB/dec；$\omega=5$ 时，直线斜率由 $-60$dB/dec 变为 $-80$dB/dec，如图 5-41 上粗实线所示。

修正近似的对数幅频曲线：修正后的曲线如图 5-41 上的细实线所示。

**例 5-9** 绘制下列传递函数的对数幅频和对数相频曲线（$T_1>T_2>0$）

$$G_1(s)=\frac{T_1s+1}{T_2s+1}\qquad G_2(s)=\frac{T_1s-1}{T_2s+1}$$

**解** $G_1(s)$ 和 $G_2(s)$ 的对数幅频特性是一样的，差别在于，$G_1(s)$ 为最小相位系统，$G_2(s)$ 为非最小相位系统。

先绘制它们的近似对数幅频曲线，$G_1(s)$ 和 $G_2(s)$ 中不含有积分环节，最左端直线为 $20\lg K=0$dB的水平线；$G_1(s)$ 和 $G_2(s)$ 分别有两个交接频率 $1/T_1$和 $1/T_2$，过 $1/T_1$斜率增加 20dB/dec，变为 $+20$dB/dec；过 $1/T_2$斜率减小 20dB/dec，变为 0dB/dec，如图 5-42 所示。图中的粗实线为近似对数幅频曲线，细实线为修正后的对数幅频曲线。

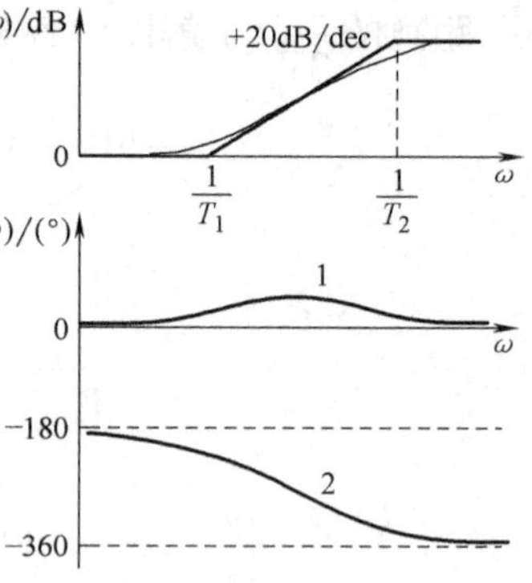

图 5-42

在绘制对数相频曲线时，先讨论一下 $G_1(j\omega)$ 和 $G_2(j\omega)$ 相角的变化情况。首先，$G_1(s)$ 为最小相位系统，在 $\omega$ 由零到无穷大变化时，由于 $T_1>T_2>0$，分子 $1+j\omega T_1$ 和分母 $1+j\omega T_2$的相角皆由 0°变化到 90°，且前者大于后者，故 $G_1(j\omega)$ 的相角由0°变化到0°，始终为正，如图 5-42 中曲线 1 所示。其次，$G_2(s)$ 为非最小相位系统，$\omega$ 由零到无穷大变化时，分子 $j\omega T_1-1$ 的相角由 $-180°$变化到 $-270°$，而分母 $1+j\omega T_2$ 的相角则由 0°变化到 90°，故 $G_2(j\omega)$ 的相角应由 $-180°$变化到 $-360°$，如图 5-42 中曲线 2 所示。

从例 5-9 可以看出，在幅频特性相同时，相频特性并不相同。但对于最小相位系统，一个幅频特性只能有一个相频特性与其对应。根据幅频特性曲线可以写出最小相位系统的传递函数。

**例 5-10** 某最小相位系统的开环对数幅频特性近似曲线如图 5-43 所示。试写出该系统的开环传递函数。

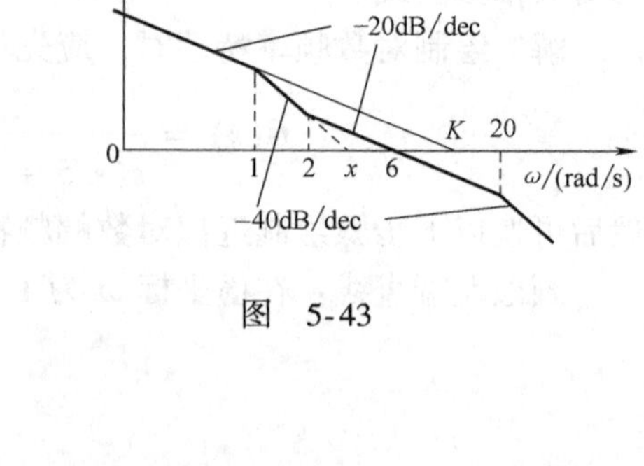

图 5-43

**解** 图 5-43 中，最左端直线的斜率为 $-20$dB/dec，故系统包含一个积分环节。设最左端直线的延长线和零分贝线的交点频率在数值上为系统的开环增益 $K$，$\omega=1$ 后斜率为 $-40$dB/dec 直线与零分贝线

交点频率为 $x$，根据 $x^2=1\times K=2\times 6$，求得 $K=12$。

因为在 $\omega=1$ 处，近似对数幅频曲线斜率从 -20dB/dec变为 -40dB/dec，故 $\omega=1$ 是惯性环节的交接频率；在 $\omega=2$ 处，近似对数幅频曲线斜率从 -40dB/dec 变为 -20dB/dec，故 $\omega=2$ 是一阶微分环节的交接频率；类似地 $\omega=20$ 也是惯性环节的交接频率。于是系统的开环传递函数为

$$G(s)=\frac{12\left(\frac{1}{2}s+1\right)}{s(s+1)\left(\frac{1}{20}s+1\right)}$$

用实验方法确定系统的传递函数时，常常先画出实验对数幅频曲线的渐近线，并以此写出系统的传递函数。如果实验曲线有峰值，则被测系统包含有振荡环节或二阶微分环节，应按峰值确定这个环节的阻尼比。最后，根据实验对数相频曲线校核并修改传递函数表达式，直到其对数相频曲线和实验曲线基本吻合为止。

在非最小相位系统中，幅频和相频特性之间不存在一一对应的关系。

## 5.4　乃奎斯特稳定判据及系统稳定性的判断

在第 3 章中已经指出，闭环控制系统稳定的充分必要条件是，其特征方程式的所有根（闭环极点）都具有负实部，即都位于左半 $s$ 平面。

前面介绍了两种判断系统稳定性的方法：代数判据法根据特征方程根和系数的关系判断系统的稳定性；根轨迹法根据特征方程式的根随系统参量变化的轨迹来判断系统的稳定性。

本节介绍另一种重要并且实用的方法——乃奎斯特稳定判据。这种方法可以根据系统的开环频率特性，来判断闭环系统的稳定性，并能确定系统的相对稳定性。

乃奎斯特稳定判据的数学基础是复变函数论中的映射定理，又称辐角原理。

### 5.4.1　映射定理

设有一复变函数为

$$F(s)=\frac{K^*(s-z_1)(s-z_2)\cdots(s-z_m)}{(s-p_1)(s-p_2)\cdots(s-p_n)} \tag{5-62}$$

$s$ 为复变量，以 $s$ 平面上的 $s=\sigma+\mathrm{j}\omega$ 表示。$F(s)$ 为复变函数，以 $F(s)$ 复平面上的 $F(s)=U+\mathrm{j}V$ 来表示。$z_i(i=1,2,\cdots,m)$、$p_i(i=1,2,\cdots,n)$ 为 $F(s)$ 的有限零、极点，或有限奇点。

设对于 $s$ 平面上除了有限奇点之外的任一点 $s$，复变函数 $F(s)$ 为解析函数，即单值、连续的正则函数，则对于 $s$ 平面上除了有限奇点之外的每一点，在 $F(s)$ 平面上必定有一个对应的映射点。因此，如果在 $s$ 平面画一条封闭曲线，并使其不通过 $F(s)$ 的任一有限奇点，则在 $F(s)$ 平面上必有一条对应的映射曲线，该曲线也是封闭曲线，见图 5-44。若在 $s$ 平面上的封闭曲线是沿着顺时针方向运动的，则在 $F(s)$ 平面上的映射曲线的运动方向可能是顺时针的，也可能是逆时针的，取决于 $F(s)$ 函数的特性。

人们感兴趣的不是映射曲线的形状，而是它包围坐标原点的次数和运动方向，因为这两者与系统的稳定性密切相关。

根据式（5-62），复变函数 $F(s)$ 的相角可表示为

$$\angle F(s) = \sum_{i=1}^{m} \angle(s - z_i) - \sum_{i=1}^{n} \angle(s - p_i) \quad (5\text{-}63)$$

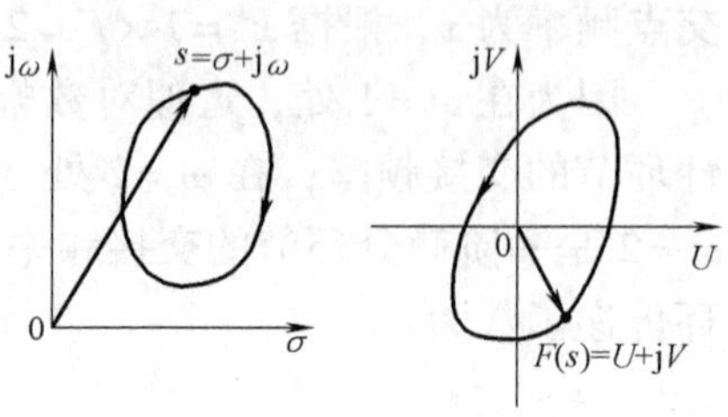

图 5-44

式（5-63）表明，矢量 $F(s)$ 的相角等于所有零点 $z_i(i = 1,2,\cdots,m)$ 指向 $s$ 点的矢量角度之和 $\sum_{i=1}^{m} \angle(s - z_i)$ 减去所有极点 $p_i(i = 1,2,\cdots,n)$ 指向 $s$ 点的矢量角度之和 $\sum_{i=1}^{n} \angle(s - p_i)$。假定 $s$ 平面上的封闭曲线包围了 $F(s)$ 的一个零点 $z_1$，而其他零、极点都位于封闭曲线之外，则当 $s$ 沿着封闭曲线顺时针方向移动一周时，矢量 $(s - z_1)$ 的相角变化 $-2\pi$，而其他各矢量的相角变化为零，因而 $F(s)$ 的相角变化了 $-2\pi$，这意味着在 $F(s)$ 平面上的映射曲线沿顺时针方向围绕着原点旋转了一周，如图 5-45 所示。

若 $s$ 平面上的封闭曲线包围了 $F(s)$ 的 $Z$ 个零点，而其他零、极点都位于封闭曲线之外，则当 $s$ 沿着封闭曲线顺时针方向移动一周时，在 $F(s)$ 平面上的映射曲线将沿顺时针方向围绕着坐标原点旋转 $Z$ 周。

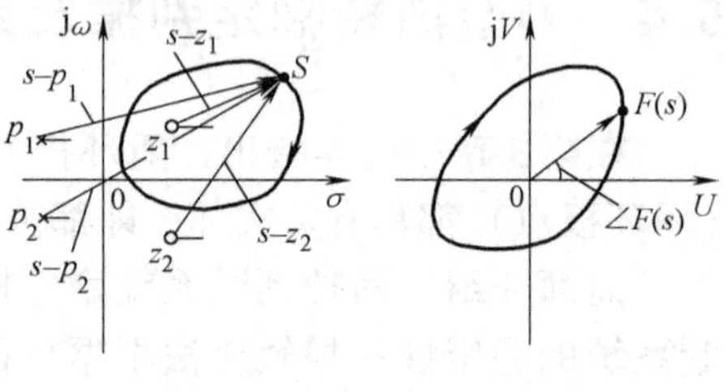

图 5-45

用类似分析方法可以推知，若 $s$ 平面上的封闭曲线包围了 $F(s)$ 的 $P$ 个极点，而其他零、极点都位于封闭曲线之外，则当 $s$ 沿着封闭曲线顺时针方向移动一周时，在 $F(s)$ 平面上的映射曲线将沿逆时针方向围绕着坐标原点旋转 $P$ 周。

综上所述，可以归纳映射定理如下：

设 $s$ 平面上的封闭曲线包围了复变函数 $F(s)$ 的 $Z$ 个零点和 $P$ 个极点，并且此曲线不经过 $F(s)$ 的任一有限零点和极点，则当 $s$ 沿着封闭曲线顺时针方向移动一周时，在 $F(s)$ 平面上的映射曲线将沿逆时针方向围绕着坐标原点旋转 $P - Z$ 周。

### 5.4.2 乃奎斯特稳定判据

现在讨论闭环控制系统的稳定性。设系统的特征方程为

$$F(s) = 1 + G(s)H(s) = 0$$

系统的开环传递函数为

$$G(s)H(s) = \frac{K^*(s - z_1)(s - z_2)\cdots(s - z_m)}{(s - p_1)(s - p_2)\cdots(s - p_n)} \qquad m \leqslant n$$

代入特征方程，可得

$$F(s) = 1 + \frac{K^*(s - z_1)(s - z_2)\cdots(s - z_m)}{(s - p_1)(s - p_2)\cdots(s - p_n)} = K'\frac{(s - s_1)(s - s_2)\cdots(s - s_n)}{(s - p_1)(s - p_2)\cdots(s - p_n)} = 0$$

显然，复变函数 $F(s)$ 的零点为系统闭环特征方程的根（即闭环极点）$s_i(i = 1,2,\cdots,n)$，

而$F(s)$的极点则为系统的开环极点$p_i(i=1,2,\cdots,n)$。

闭环系统稳定的充分和必要条件是：特征方程的根即$F(s)$的零点都严格位于$s$平面的左半部。

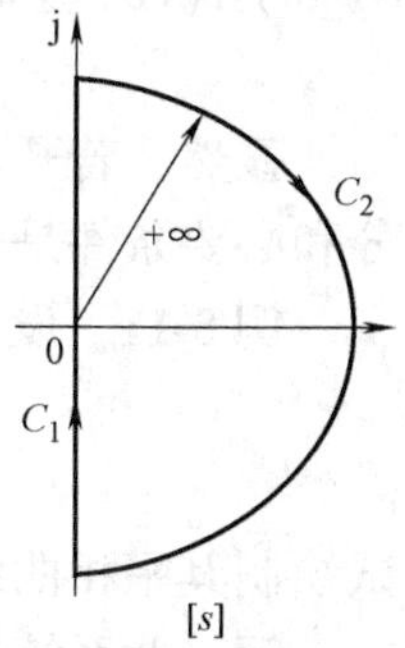


图 5-46

为了判断闭环系统的稳定性，需要检验$F(s)$是否具有位于右半部的零点。为此可以选择一条按顺时针方向包围整个$s$平面右半部的封闭曲线$\Gamma$，如图5-46所示。曲线$\Gamma$由两部分组成。一部分是沿着虚轴由下向上移动的直线段$C_1$，在此线段上$s=\mathrm{j}\omega$，$\omega$由$-\infty$变到$+\infty$，此时映射曲线$F(s)=F(\mathrm{j}\omega)=1+G(\mathrm{j}\omega)H(\mathrm{j}\omega)$。另一部分是半径为无穷大的半圆$C_2$，当$s$沿半圆$C_2$移动时，映射曲线$F(s)$等于一个常数，$F(s)$相角的改变量始终为零。讨论$s$点沿曲线$\Gamma$移动时映射曲线$F(s)$的相角变化情况，只需要考虑$F(\mathrm{j}\omega)=1+G(\mathrm{j}\omega)H(\mathrm{j}\omega)$（$\omega$从$-\infty\to+\infty$）曲线的变化情况。

设复变函数$F(s)$在$s$平面右半部有$Z$个零点和$P$个极点。根据映射定理，当$s$沿着曲线$\Gamma$移动一周时，在$F(s)$平面上的映射曲线$F(\mathrm{j}\omega)=1+G(\mathrm{j}\omega)H(\mathrm{j}\omega)$将按逆时针方向围绕原点旋转$P-Z$周。

由于闭环系统稳定的充要条件是，$F(s)$在$s$平面右半部无零点，即$Z=0$。因此可得如下的稳定判据：

如果在$s$平面上，$s$沿着曲线$\Gamma$顺时针方向移动一周时，在$F(s)$平面上的映射曲线$F(\mathrm{j}\omega)$围绕坐标原点按逆时针方向旋转$P$周，则系统是稳定的。

事实上，若设闭环系统在$s$平面右半部的极点数为$Z$，开环系统在$s$平面右半部的极点数为$P$，映射曲线$F(j\omega)$（$\omega$从$-\infty\to+\infty$）逆时针方向围绕坐标原点的旋转周数为$R$，则

$$Z=P-R \tag{5-64}$$

$Z$等于零时，没有闭环极点位于右半$s$平面，系统是稳定的；$Z$不等于零时，说明有$Z$个闭环极点位于右半$s$平面，因而系统是不稳定的。

由于$F(\mathrm{j}\omega)=1+G(\mathrm{j}\omega)H(\mathrm{j}\omega)$，故$F(\mathrm{j}\omega)$曲线围绕原点的运动情况，相当于$G(\mathrm{j}\omega)H(\mathrm{j}\omega)$曲线围绕着$(-1,\mathrm{j}0)$点的运动情况，如图5-47所示。因此乃奎斯特稳定判据（简称乃氏判据）表述如下：

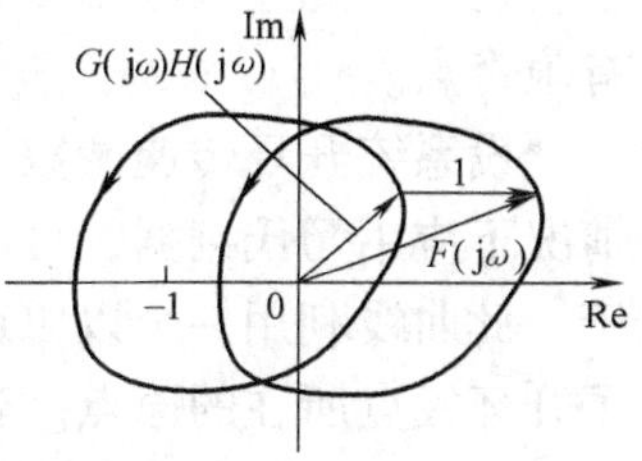


图 5-47

闭环控制系统稳定的充分和必要条件是，当$\omega$从$-\infty$变化到$+\infty$时，系统的开环频率特性曲线$G(\mathrm{j}\omega)H(\mathrm{j}\omega)$按逆时针方向包围$(-1,\mathrm{j}0)$点$P$周，$P$为位于右半$s$平面的开环极点数。

由于$G(\mathrm{j}\omega)H(\mathrm{j}\omega)$的实部是$\omega$的偶函数，虚部是$\omega$的奇函数，$\omega$从$0\to-\infty$变化时的$G(\mathrm{j}\omega)H(\mathrm{j}\omega)$曲线与$\omega$从$0\to+\infty$变化时的$G(\mathrm{j}\omega)H(\mathrm{j}\omega)$曲线对称于实轴，一旦画出了$\omega$从$0\to+\infty$变化时的$G(\mathrm{j}\omega)H(\mathrm{j}\omega)$曲线，则$\omega$从$0\to-\infty$变化时的$G(\mathrm{j}\omega)H(\mathrm{j}\omega)$曲线根据对称于实轴的原理立即可得。

在实际应用中，为了判断系统的稳定性，常常只需画出$\omega$从$0\to+\infty$变化时系统的开环频率特性曲线$G(\mathrm{j}\omega)H(\mathrm{j}\omega)$，这时上述判据中的$P$周应改为$P/2$周，即：

闭环控制系统稳定的充分和必要条件是，当$\omega$从0变化到$+\infty$时，系统的开环频率特性曲线$G(\mathrm{j}\omega)H(\mathrm{j}\omega)$按逆时针方向包围$(-1,\mathrm{j}0)$点$P/2$周，$P$为位于右半$s$平面的开环极点数。

若系统位于右半部的开环极点数为 $P$，$\omega$ 从 0 变到 $+\infty$ 时，系统的开环频率特性曲线 $G(j\omega)H(j\omega)$ 逆时针方向包围 $(-1, j0)$ 点周数为 $N$，则系统位于右半 $s$ 平面的闭环极点数为

$$Z = P - 2N \tag{5-65}$$

显然，若开环系统稳定，即位于右半 $s$ 平面的开环极点数 $P=0$，则闭环系统稳定的充分和必要条件是，系统的开环频率特性 $G(j\omega)H(j\omega)$ 曲线不包围 $(-1, j0)$ 点。

**例 5-11** 设系统的开环传递函数为

$$G(s)H(s) = \frac{K}{T_1 s - 1}$$

试绘制其幅相曲线，并判断闭环系统的稳定性。

**解** 此系统的开环传递函数中，不稳定的极点个数 $P=1$，开环频率特性为

$$G(j\omega)H(j\omega) = \frac{K}{j\omega T_1 - 1}$$

幅相曲线起点为 $G(j0)H(j0) = -K$，终点为 $G(j\infty)H(j\infty) = 0\angle -90^\circ$。当 $\omega$ 从 0 变到 $+\infty$ 时，$G(j\omega)H(j\omega)$ 的幅值由 $K$ 单调变化到 0，相角由 $-180^\circ$ 单调变化到 $-90^\circ$，可以画出系统的幅相曲线如图 5-48 所示。

由图 5-48 可见，当 $0<K<1$ 时，幅相曲线不包围 $(-1, j0)$ 点，$N=0$，闭环系统位于右半部的极点数 $Z=P-2N=1$，系统是不稳定的。

当 $K>1$ 时，幅相曲线逆时针包围 $(-1, j0)$ 点 1/2 周，$N=1/2$，$Z=P-2N=0$，系统是稳定的。

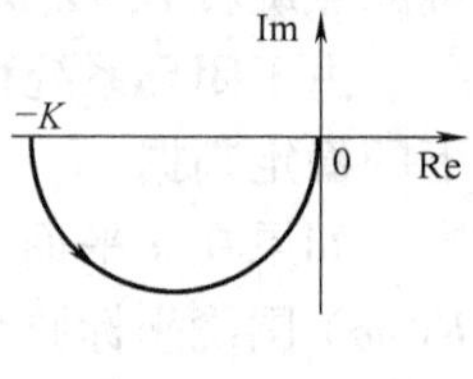

图 5-48

## 5.4.3 虚轴上有开环极点时的乃氏判据

在介绍乃奎斯特稳定判据时，要求封闭曲线 Γ 包围整个右半 $s$ 平面，且不能经过 $F(s)$ 的有限奇点。对于虚轴上有开环极点的系统，函数 $F(s) = 1 + G(s)H(s)$ 有极点位于虚轴上，这时不能直接应用图 5-46 所示的封闭曲线 Γ，因为映射定理要求此曲线不经过 $F(s)$ 的有限奇点。

设系统开环传递函数 $G(s)H(s)$ 中含有积分环节，即有开环极点位于原点，为了在这种情况下应用乃氏判据，可以选择图 5-49 所示的封闭曲线，它与图5-46中曲线 Γ 的区别仅在于，此曲线利用一个以原点为圆心，以无穷小量 $\varepsilon$ 为半径的位于 $s$ 平面右半部的半圆，绕开了开环极点所在的原点。当 $\varepsilon \to 0$ 时，此小半圆的面积也趋近于零。因此，此封闭曲线包围了 $F(s)$ 位于右半 $s$ 平面的所有零点和极点，而位于坐标原点的开环极点处于封闭曲线之外。

当 $s$ 点沿着图 5-49 所示的封闭曲线移动时，所得到的映射曲线包含 3 段，$s = j\omega$（$\omega$ 从 $0^+ \to +\infty$）时所得到的 $G(j\omega)H(j\omega)$ 曲线，即系统的开环幅相曲线；$s = j\omega$（$\omega$ 从 $-\infty \to 0^-$）时所得到的 $G(j\omega)H(j\omega)$ 曲线，它与系统的开环幅相曲线对称于实轴；当 $s$ 点沿上述小半圆移动时，有 $s = \lim\limits_{\varepsilon \to 0} \varepsilon e^{j\theta}$（$\theta$ 从 $-\frac{\pi}{2} \to \frac{\pi}{2}$），此时所得到的 $G(s)H(s)$ 为

$$G(s)H(s)\big|_{s=\lim\limits_{\varepsilon\to 0}\varepsilon e^{j\theta}} = \lim_{\varepsilon \to 0} \frac{K}{\varepsilon^{\upsilon}} e^{-j\upsilon\theta} = \infty\, e^{-j\upsilon\theta} \tag{5-66}$$

式中，$\upsilon$ 为积分环节数目。

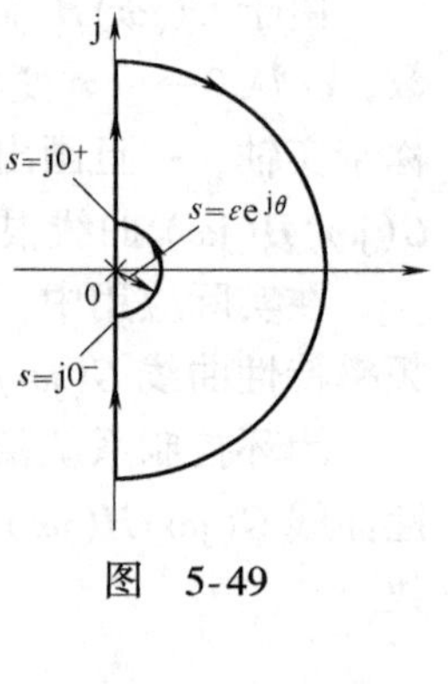

图 5-49

可见，当 $s$ 点沿着小半圆从 $s=\mathrm{j}0^-$ 变化到 $s=\mathrm{j}0^+$ 时，$\theta$ 从 $-\frac{\pi}{2}$ 变化到 $\frac{\pi}{2}$，这时 $G(s)H(s)$ 的幅值为无穷大，相角减小了 $v\pi$，即在 $G(s)H(s)$ 平面上的映射曲线将沿着半径为无穷大的圆弧按顺时针方向旋转的角度为 $v\pi$，相当于沿着半径为无穷大的圆弧按顺时针方向旋转 $\frac{v}{2}$ 周。

对于有开环极点位于原点的控制系统，若要利用 $\omega$ 从 0 到无穷大变化时的 $G(\mathrm{j}\omega)H(\mathrm{j}\omega)$ 曲线判断系统稳定性，应先画出 $\omega$ 从 $0^+$ 到无穷大变化时的 $G(\mathrm{j}\omega)H(\mathrm{j}\omega)$ 曲线，而 $\omega$ 从 0 到 $0^+$ 时的 $G(\mathrm{j}\omega)H(\mathrm{j}\omega)$ 曲线，相当于 $s$ 点沿着上述小半圆移动时所得到的映射曲线的一半，即 $G(\mathrm{j}\omega)H(\mathrm{j}\omega)$ 曲线应补画半径为无穷大的顺时针方向的圆弧 $\frac{v}{4}$ 周。

将 $G(\mathrm{j}\omega)H(\mathrm{j}\omega)$ 曲线补画后，可照常使用乃氏判据，此时在计算不稳定的开环极点数目 $P$ 时，$s=0$ 的开环极点不应计算在内。下面举例说明在上述情况下乃氏判据的应用。

**例 5-12**　设系统的开环传递函数为

$$G(s)H(s)=\frac{K}{s(Ts+1)}$$

试绘制系统的开环幅相曲线，并判断闭环系统的稳定性。

**解**　令 $s=\mathrm{j}\omega$，得

$$G(\mathrm{j}\omega)H(\mathrm{j}\omega)=\frac{K}{\mathrm{j}\omega(\mathrm{j}\omega T+1)}$$

概略地画出开环幅相曲线如图 5-50 所示。系统开环传递函数有一极点在 $s$ 平面的原点处，因此 $\omega$ 从 0 到 $0^+$ 时，幅相曲线应以无穷大半径顺时针补画 1/4 周，如图 5-50 所示。

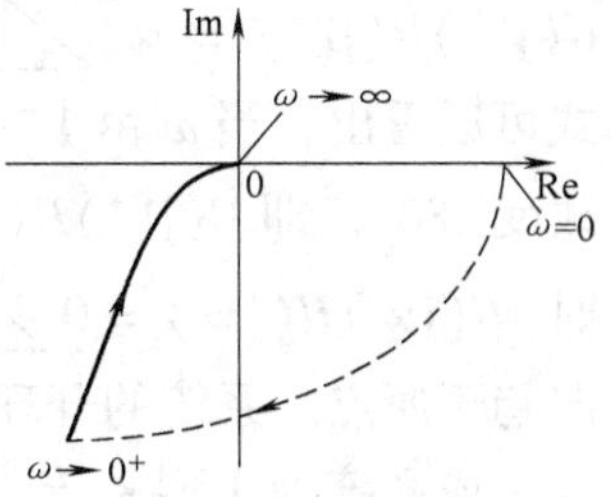

图　5-50

系统的开环传递函数在右半 $s$ 平面没有极点，$P=0$，$G(\mathrm{j}\omega)H(\mathrm{j}\omega)$ 曲线不包围 $(-1,\mathrm{j}0)$ 点，$N=0$，故 $Z=P-2N=0$，闭环系统是稳定的。

**例 5-13**　设系统的开环传递函数为

$$G(s)H(s)=\frac{(4s+1)}{s^2(s+1)(2s+1)}$$

试绘制系统的开环幅相曲线，并判断闭环系统的稳定性。

**解**　与该系统对应的开环频率特性为

$$G(\mathrm{j}\omega)H(\mathrm{j}\omega)=\frac{(\mathrm{j}4\omega+1)}{-\omega^2(1-2\omega^2+\mathrm{j}3\omega)}=\frac{1+10\omega^2+\mathrm{j}\omega(1-8\omega^2)}{-\omega^2[(1-2\omega^2)^2+9\omega^2]}$$

可以画出近似的幅相曲线如图 5-51 所示，幅相曲线与负实轴有交点，若令

$$\mathrm{Im}G(\mathrm{j}\omega)H(\mathrm{j}\omega)=0$$

得 $\omega^2=\frac{1}{8}$，$\omega=0.354\mathrm{rad/s}$，

此时

$$G(\mathrm{j}\omega)H(\mathrm{j}\omega)=\mathrm{Re}G(\mathrm{j}\omega)H(\mathrm{j}\omega)=-10.67$$

即幅相曲线在 $\omega=0.354\text{rad/s}$ 时与负实轴相交，交点为 $(-10.67,\text{j}0)$。

系统有两个开环极点在 $s$ 平面的坐标原点，因此 $\omega$ 从 0 到 $0^+$ 时，幅相曲线应以无穷大半径顺时针补画 1/2 周，如图 5-51 所示。

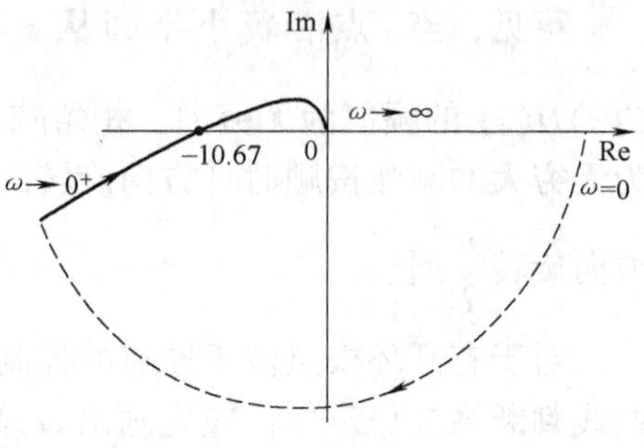


图 5-51

由图可见，当 $\omega$ 从 0 到 $\infty$ 变化时，$G(\text{j}\omega)H(\text{j}\omega)$ 曲线顺时针方向包围了 $(-1,\text{j}0)$ 点一周，即 $N=-1$，由于系统无开环极点位于 $s$ 平面的右半部，故 $P=0$，所以 $Z=P-2N=2$，说明系统是不稳定的，且有两个闭环极点位于 $s$ 平面的右半部。

**例 5-14** 设系统的开环传递函数为

$$G(s)H(s)=\frac{K}{s(s+1)(s^2+1)}$$

试绘制系统的开环幅相曲线，并判断闭环系统的稳定性。

**解** 系统对应的开环频率特性为

$$G(\text{j}\omega)H(\text{j}\omega)=\frac{K}{\text{j}\omega(1-\omega^2)(\text{j}\omega+1)}$$

$G(\text{j}\omega)H(\text{j}\omega)$ 曲线的起点为 $G(\text{j}0^+)H(\text{j}0^+)=\infty\angle-90°$，即幅相曲线起始于虚轴负方向，随着 $\omega$ 的增加，$G(\text{j}\omega)H(\text{j}\omega)$ 的相角逐渐减小，当 $\omega\rightarrow1^-$ 时，$G(\text{j}1^-)H(\text{j}1^-)=\infty\angle-135°$；观察 $G(\text{j}\omega)H(\text{j}\omega)$ 表达式可以看出，当 $\omega$ 由 $1^-\rightarrow1^+$ 时，$G(\text{j}\omega)H(\text{j}\omega)$ 的相角将改变 180°，即 $G(\text{j}1^+)H(\text{j}1^+)=\infty\angle-315°$；当 $\omega\rightarrow\infty$ 时，$G(\text{j}\infty)H(\text{j}\infty)=0\angle-360°$，即幅相曲线以 −360°方向趋于原点。系统的开环幅相曲线如图 5-52 所示。

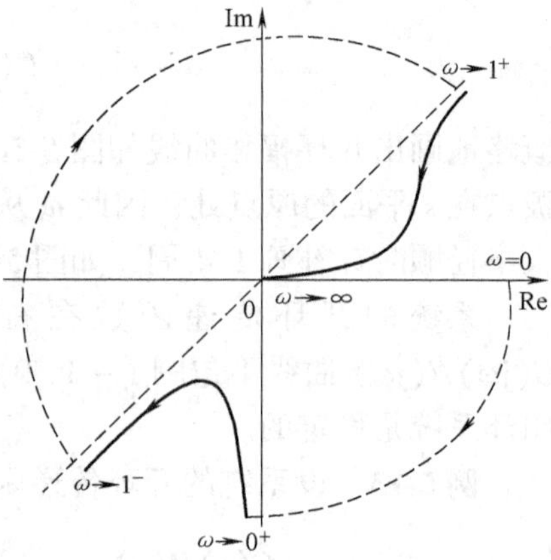


图 5-52

该系统为Ⅰ型系统，当 $\omega$ 由 $0\rightarrow0^+$ 时 $G(\text{j}\omega)H(\text{j}\omega)$ 曲线应以无穷大半径顺时针补画 1/4 周；由于 $s=\pm\text{j}1$ 为系统的开环极点，位于虚轴上，类似于开环极点位于原点时的处理方法，对曲线 $\Gamma$ 进行修正，当 $\omega$ 由 $1^-\rightarrow1^+$ 时 $G(\text{j}\omega)H(\text{j}\omega)$ 曲线应以无穷大半径顺时针补画 1/2 周，如图 5-52 所示。

显然，当 $\omega$ 由 $0\rightarrow\infty$ 时，图 5-52 中的 $G(\text{j}\omega)H(\text{j}\omega)$ 曲线顺时针包围了 $(-1,\text{j}0)$ 点一周，即 $N=-1$，由于系统无开环极点位于 $s$ 平面的右半部，故 $P=0$，所以 $Z=P-2N=2$，说明系统是不稳定的，有两个闭环极点位于 $s$ 平面的右半部。

**例 5-15** 设闭环系统的特征方程式为

$$s+1+10\text{e}^{-s}=0$$

试判断闭环系统的稳定性。

**解** 本例所给的特征方程并非代数方程，因而系统稳定性无法用时域分析法中的代数稳定判据进行判断。将系统的特征方程式改写为

$$1+\frac{10}{s+1}e^{-s}=0$$

显然，该特征方程式与开环传递函数为 $\frac{10}{s+1}e^{-s}$ 的负反馈系统相同，本例相当于判断开环传递函数为 $\frac{10}{s+1}e^{-s}$ 的系统的稳定性。

令

$$G(s)=\frac{10}{s+1}e^{-s}$$

$$G(j\omega)=\frac{10}{j\omega+1}e^{-j\omega}$$

则

$$A(\omega)=|G(j\omega)|=\frac{10}{\sqrt{\omega^2+1}}$$

$$\varphi(\omega)=-\omega-\arctan\omega$$

$G(j\omega)$ 曲线起始于 $G(j0)=10\angle 0^\circ$，终止于 $G(j\infty)=0\angle -\infty$。随着频率 $\omega$ 的增加，幅频特性 $A(\omega)$ 由 10 单调减小到零，相频特性由零单调减小到负无穷。幅相曲线如图 5-53 所示，是一条趋于原点的螺旋线，与负实轴有多个交点。通过数值计算，$G(j\omega)$ 曲线与负实轴最左侧交点 $A$ 的坐标为（$-4.42$，j0），对应的频率 $\omega=2.03\text{rad/s}$，可以判断出 $G(j\omega)$ 曲线顺时针包围了（$-1$，j0）点，因而系统是不稳定的。

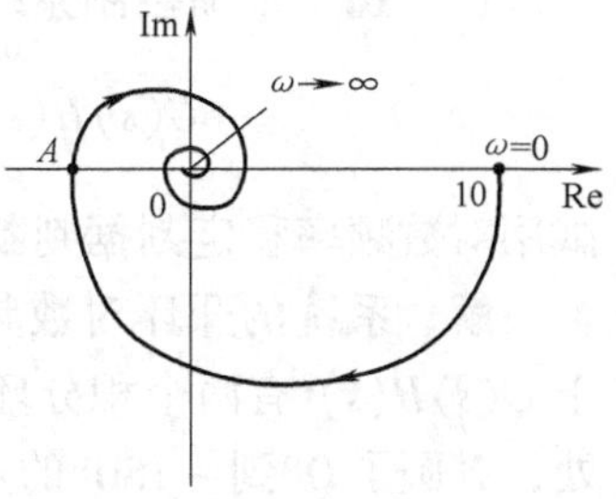


图　5-53

## 5.4.4　根据博德图判断系统的稳定性

系统开环频率特性 $G(j\omega)H(j\omega)$ 的幅相曲线和博德图之间存在着一定的对应关系。例如乃氏图上 $|G(j\omega)H(j\omega)|=1$ 的单位圆与博德图对数幅频特性 $L(\omega)=0$ dB 的线相对应，图 5-54a 中的 $A$ 点与 5-54b 中的 $A'$ 点相对应；乃氏图上的负实轴与傅德图上相频特性的 $-\pi$ 线相对应，图 5-54a 中的 $B$、$C$、$D$ 点与 5-54b 中的 $B'$、$C'$、$D'$ 点相对应。

为了确定开环频率特性曲线包围（$-1$,j0）的周数，可以定义 $G(j\omega)H(j\omega)$ 曲线穿过负实轴的（$-1$，$-\infty$）段的正、负穿越次数。正穿越是指 $G(j\omega)H(j\omega)$ 曲线随着 $\omega$ 的增加从上到下穿过负实轴的（$-1$，$-\infty$）段，如图 5-54a 中的 $C$ 点。由于在正穿越处，$|G(j\omega)H(j\omega)|>1$（$L(\omega)>0$），且伴随着相角增加，因而在博德图上，规定在 $L(\omega)>0$ 范围内，随着 $\omega$ 的增加相频曲线 $\varphi(\omega)$ 由下而上穿越 $-\pi$ 线为正穿越，如图 5-54b 中的

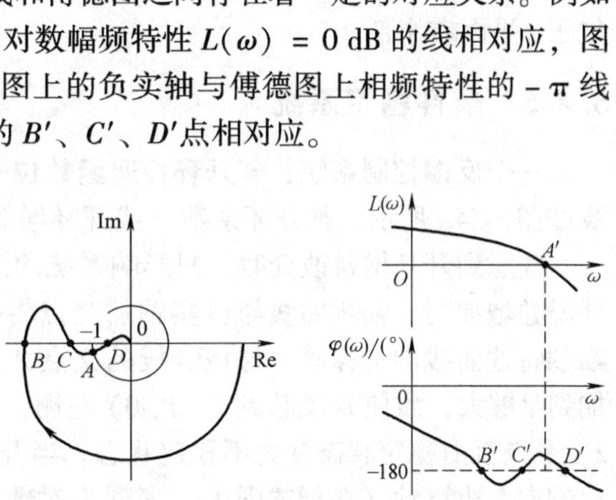


图　5-54

$C'$点。显然，一次正穿越意味着 $G(j\omega)H(j\omega)$ 曲线按逆时针方向包围 $(-1,j0)$ 点一周。负穿越是指 $G(j\omega)H(j\omega)$ 曲线随着 $\omega$ 的增加从下到上穿过负实轴的 $(-1,-\infty)$ 段，如图5-54a 中的 $B$ 点。由于在负穿越处，$|G(j\omega)H(j\omega)|>1(L(\omega)>0)$，且伴随着相角减小，因而在博德图上，规定在 $L(\omega)>0$ 范围内，随着 $\omega$ 的增加相频曲线 $\varphi(\omega)$ 由上而下穿越 $-\pi$ 线为负穿越，如图 5-54b 中的 $B'$点。显然，一次负穿越意味着 $G(j\omega)H(j\omega)$ 曲线按顺时针方向包围 $(-1,j0)$ 点一周。一旦定义了正、负穿越，则开环频率特性曲线逆时针包围 $(-1,j0)$ 的周数 $N=N_+-N_-$（$N_+$为正穿越次数，$N_-$为负穿越次数）。

综上所述，采用对数频率特性时的乃奎斯特判据可表述如下：闭环系统稳定的充要条件是，当 $\omega$ 由 0 变到 $+\infty$ 时，在开环对数幅频特性 $L(\omega)>0$ 的频段内，相频特性曲线 $\varphi(\omega)$ 穿越 $-\pi$ 线的正、负次数之差为 $P/2$，$P$ 为 $s$ 平面右半部开环极点的数目。

对于在 $s$ 平面原点有开环极点的情况，对数频率特性曲线也需要作出相应的修改。设 $\upsilon$ 为积分环节数目，当 $\omega$ 由 0 变到 $0^+$ 时，相频特性曲线 $\varphi(\omega)$ 应在 $\omega$ 趋于 0 处，由上而下补画 $\frac{\upsilon\pi}{2}$，这相当于在 $\omega$ 由 0 变到 $0^+$ 处，$\varphi(\omega)$ 减小了 $\frac{\upsilon\pi}{2}$。计算正、负穿越次数时，应将补画的曲线看成对数相频特性曲线的一部分。

**例 5-16** 反馈控制系统，其开环传递函数为

$$G(s)H(s)=\frac{K}{s^2(Ts+1)}$$

试用对数频率稳定判据判断系统的稳定性。

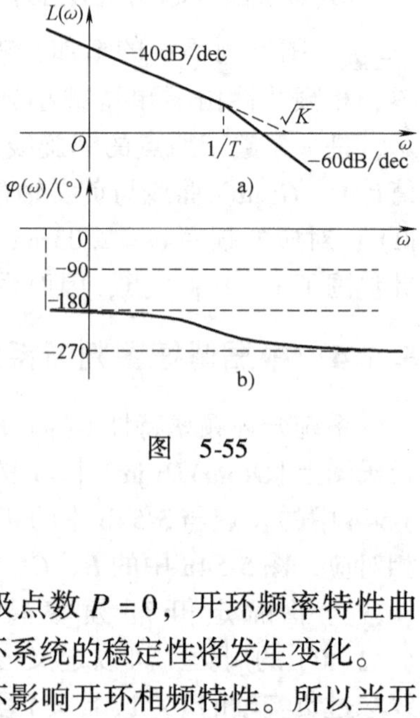

图 5-55

**解** 系统的开环对数频率特性曲线如图 5-55 所示。由于 $G(s)H(s)$ 有两个积分环节，故在对数相频曲线 $\omega$ 趋于 0 处，补画了 0°到 −180°的虚线，作为对数相频曲线的一部分。显然，在 $L(\omega)>0$ 范围内，$N_+=0$，$N_-=1$，$N=N_+-N_-=-1$，根据 $G(s)H(s)$ 的表达式知道，$P=0$，所以 $Z=P-2N=2$，说明闭环系统是不稳定的，有 2 个闭环极点位于 $s$ 平面右半部。

### 5.4.5 条件稳定系统

一个反馈控制系统，若开环传递函数位于右半 $s$ 平面的极点数 $P=0$，开环频率特性曲线如图 5-54a 所示，则开环系数（或开环增益）改变时，闭环系统的稳定性将发生变化。

注意到开环增益改变时，只影响系统的开环幅频特性，不影响开环相频特性。所以当开环增益增加时，幅相曲线与负实轴的交点将按比例向左边移动（在博德图上，表现为对数幅频特性曲线向上移动，与 0dB 线的交点 $A'$向右移动，$\varphi(\omega)$ 曲线不变），如果开环增益增加到足够大，致使 $D$ 点移到 $(-1,j0)$ 左侧，则 $N=N_+-N_-=1-2=-1$，那么 $Z=P-2N=2$，系统就由稳定状态变为不稳定状态。当开环增益减小时，幅相曲线与负实轴的交点将按比例向右边移动（在博德图上，表现为对数幅频特性曲线向下移动，$A'$点向左移动，$\varphi(\omega)$ 曲线不变），如果开环增益减到足够小，致使 $C$ 点移到 $(-1,j0)$ 右侧，而 $B$ 点仍位于 $(-1,j0)$ 左侧，则 $N=N_+-N_-=0-1=-1$，那么 $Z=P-2N=2$，系统也由稳定状态变为不稳定状态。只有开环增益在一定范围内时，例如开环增益足够小，致使 $B$、$C$、$D$ 点均位于

$(-1,j0)$ 右侧，或开环增益适当，使 $B$、$C$ 点位于 $(-1,j0)$ 左侧，$D$ 点位于 $(-1,j0)$ 右侧，$N=N_+-N_-=0$，$Z=P-2N=0$，闭环系统才稳定。故这一系统的稳定是有条件的，这种系统称为条件稳定系统。

### 5.4.6　应用对数频率稳定判据判断多环系统稳定性

应用对数频率稳定判据判断多环系统稳定性比较方便。若多环系统结构如图 5-56 所示。图中内回路系统 $G(s)$ 的开环传递函数是 $G_2(s)H_2(s)$，$G_2(s)H_2(s)$ 位于右半 $s$ 平面极点数为 $P_1$，画出 $G_2(s)H_2(s)$ 对数频率特性曲线，可得正负穿越次数之差 $N_1$，由对数频率稳定判据，可得 $G(s)$ 在右半 $s$ 平面的极点数 $Z_1=P_1-2N_1$。由于

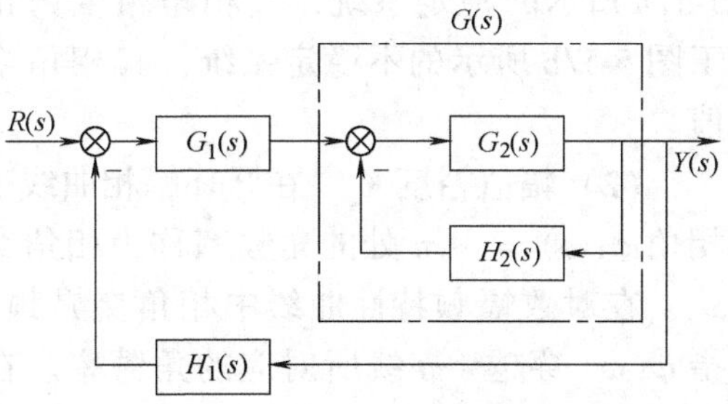

图　5-56

$$G(s)=\frac{G_2(s)}{1+G_2(s)H_2(s)}$$

应用 5.6 节介绍的尼柯尔斯图线可以绘出 $G(s)$ 的对数幅频和对数相频特性曲线。多环系统的稳定性由 $G_1(s)G(s)H_1(s)$ 的对数频率曲线及其在右半 $s$ 平面的极点数来判断。其中 $G_1(s)G(s)H_1(s)$ 位于右半 $s$ 平面极点数 $P_2$ 可由 $G_1(s)$、$G(s)$ 和 $H_1(s)$ 的右半 $s$ 平面的极点数决定，而根据 $G_1(s)G(s)H_1(s)$ 的对数频率特性曲线，可以确定多环系统开环频率特性曲线的正负穿越次数之差 $N_2$，于是由对数频率稳定判据，多环系统右半 $s$ 平面极点数 $Z=P_2-2N_2$。若 $Z=0$，多环系统稳定；否则，不稳定。

原则上，多环系统的稳定性都可以如此分析。但是，回路越多，分析工作量就越大。每多一个回路，就要多画一次类似于 $G(s)$ 这样的对数频率特性曲线。虽然可借助 5.6 节介绍的尼柯尔斯图线绘制，但毕竟还是比较麻烦的。

## 5.5　系统的相对稳定性和稳定裕度

上面介绍了根据开环频率特性判断闭环系统稳定性的乃奎斯特判据。利用这种方法不仅可以定性地判别系统稳定性，而且可以定量地反映系统的相对稳定性，即稳定的裕度。稳定裕度与系统的瞬态响应指标之间有着密切的关系。

前面已经指出，若系统没有位于右半 $s$ 平面的开环极点，则系统稳定的充分必要条件是，开环频率特性曲线不包围 $(-1,j0)$ 点；如果开环频率特性曲线包围 $(-1,j0)$ 点，则系统是不稳定的，而当开环频率特性曲线穿过 $(-1,j0)$ 点时，意味着系统处于稳定的临界状态。因此，系统开环频率特性曲线靠近 $(-1,j0)$ 的程度表征了系统的相对稳定性。

图 5-57a、b 分别为稳定系统、不稳定系统的幅相曲线及其相应的对数频率特性曲线，系统的相对稳定性通常用相角裕度 $\gamma$ 和幅值裕度 $K_g$ 来衡量。

(1) 相角裕度 $\gamma$　在开环幅相曲线上对应于幅值 $A(\omega)=1$ 的角频率称为剪切频率 $\omega_c$（或称开环截止频率），在对数幅频特性曲线中 $\omega_c$ 是指对数幅频特性曲线穿越零分贝线所对应的角频率。在剪切频率 $\omega_c$ 处，使系统达到稳定的临界状态所允许附加的相角，称为相角裕度，以 $\gamma$ 或 $PM$ 表示，如图 5-57 所示。不难看出

$$\gamma = 180° + \varphi(\omega_c) \qquad (5\text{-}67)$$

式中，$\varphi(\omega_c)$ 为开环相频特性在 $\omega = \omega_c$ 处之相角。

相角裕度 $\gamma$ 可以理解为 $\varphi(\omega_c)$ 与 $-180°$ 之差，对于闭环稳定的系统，如果系统开环相频特性再滞后 $\gamma$，系统将处于临界稳定状态。对于图 5-57a 所示的稳定系统，其相角裕度为正值，对于图 5-57b 所示的不稳定系统，其相角裕度为负值。

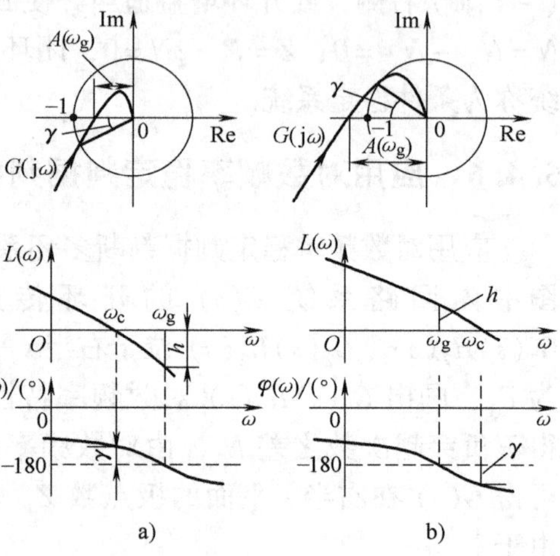


图 5-57

（2）幅值裕度 $K_g$　在开环幅相曲线上对应于相角 $\varphi(\omega) = -\pi$ 处的角频率称为相角交界频率 $\omega_g$，在对数幅频特性曲线中相角交界频率 $\omega_g$ 是指 $\varphi(\omega)$ 穿越 $-\pi$ 线所对应的角频率。在 $\omega = \omega_g$ 处开环幅频特性的倒数 $\dfrac{1}{A(\omega_g)}$ 称为幅值裕度，以 $K_g$ 或 $GM$ 表示。即

$$K_g = \frac{1}{A(\omega_g)} \qquad (5\text{-}68)$$

幅值裕度 $K_g$ 是一个系数。对于闭环稳定的系统，如果系统开环增益增加该系数倍，则开环频率特性曲线将穿过 $(-1, j0)$ 点，系统达到临界稳定状态，因此幅值裕度是系统从稳定状态变成临界稳定时其开环增益允许增加的倍数。在博德图上，幅值裕度用分贝（dB）数来表示，记为

$$h = 20\lg K_g = -20\lg A(\omega_g) \qquad (5\text{-}69)$$

对于图 5-57a 所示的稳定系统，其幅值裕度 $K_g > 1(h > 0\text{dB})$，对于图 5-57b 所示的不稳定系统，其幅值裕度 $K_g < 1(h < 0\text{dB})$。

严格地讲，应当同时给出相角裕度和幅值裕度，才能确定系统的相对稳定性。但在粗略估计系统的瞬态响应指标时，有时只对相角裕度提出要求。

保持适当的稳定裕度，可以预防系统中元部件性能变化可能带来的不利影响。为了得到较满意的暂态响应，相角裕度 $\gamma$ 一般应当在 $30° \sim 70°$ 之间，而幅值裕度 $h$ 应大于 6dB。

**例 5-17**　一单位负反馈控制系统，其开环传递函数为

$$G(s) = \frac{K}{s(s+1)(0.1s+1)}$$

试分别求 $K=0.1$、$K=10$ 和 $K=1000$ 时，系统的相角裕度和幅值裕度的分贝值。

**解**　$K=0.1$、$K=10$ 和 $K=1000$ 时系统的开环对数幅频特性近似曲线如图 5-58 中曲线 1、2、3 所示，相频特性曲线相同，令 $\varphi(\omega) = -\pi$，得 $\omega_g = \sqrt{10} = 3.16$。

$K=0.1$ 时，由曲线 1 得：$\omega_c = 0.1$，故 $\gamma = 45°$，$h = 40\text{dB}$，系统是稳定的。

$K=10$ 时，由曲线 2 得：$\omega_c = 3.16$，故 $\gamma = 0°$，$h = 0\text{dB}$，系统是临界稳定的。由于采用了开环对数幅频特性近似曲线，所以计算结果是近似的，实际上 $K=10$ 时系统是稳定的，但稳定裕度很小。

$K=1000$ 时，由曲线 3 得：$\omega_c = 21.5$，故 $\gamma = -62.4°$，$h = -40\text{dB}$，系统是不稳定的。

通过本例可以看出，随着开环增益的提高，系统的开环对数相频特性曲线是不变的，但开环对数幅频特性曲线向上平移，$\omega_c$ 附近斜率越小，系统的稳定裕度越小。

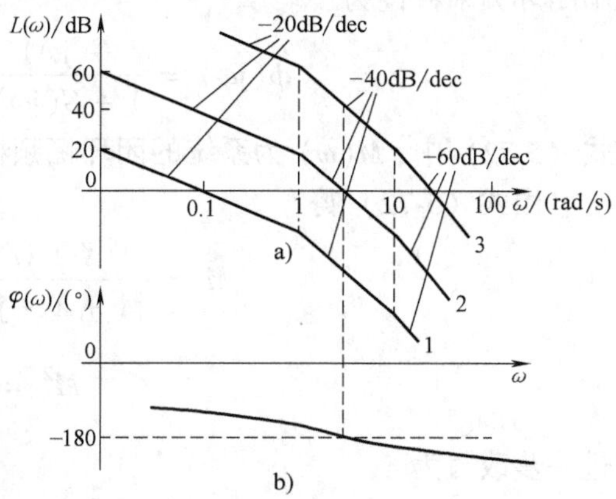

图　5-58

对于最小相位系统，由于开环对数幅频特性曲线和对数相频曲线之间存在单值对应关系，当要求相角裕度在 30°～70°之间时，则开环对数幅频特性曲线在截止频率 $\omega_c$ 附近的斜率应为 -20dB/dec，且有一定的宽度。在大多数实际系统中，为使系统具有较好的瞬态性能，常要求截止频率 $\omega_c$ 附近的斜率为 -20dB/dec；如果此斜率设计为 -40dB/dec，系统即使稳定，稳定裕度也过小；如果此斜率为 -60dB/dec 或更小，则系统是不稳定的。

## 5.6　系统的闭环频率特性

在已知系统开环频率特性的情况下，采用图解法可以求出系统的闭环频率特性。

对于单位负反馈系统，开环频率特性 $G(\mathrm{j}\omega)$ 和闭环频率特性 $\phi(\mathrm{j}\omega)$ 之间关系为

$$\phi(\mathrm{j}\omega) = \frac{G(\mathrm{j}\omega)}{1 + G(\mathrm{j}\omega)} \tag{5-70}$$

根据式（5-70），可以用图解法求闭环频率特性。设系统的开环频率特性曲线如图 5-59 所示。由图可见，当 $\omega = \omega_1$ 时

$$G(\mathrm{j}\omega_1) = \overline{OA} = |\overline{OA}|\mathrm{e}^{\mathrm{j}\varphi}$$
$$1 + G(\mathrm{j}\omega_1) = \overline{PA} = |\overline{PA}|\mathrm{e}^{\mathrm{j}\theta}$$

由此不难求得 $\omega = \omega_1$ 时的闭环频率特性

$$\phi(\mathrm{j}\omega_1) = \frac{G(\mathrm{j}\omega_1)}{1 + G(\mathrm{j}\omega_1)} = \frac{|\overline{OA}|}{|\overline{PA}|}\mathrm{e}^{\mathrm{j}(\varphi-\theta)} \tag{5-71}$$

式（5-71）表示，$\omega = \omega_1$ 时闭环频率特性的幅值等于向量 $\overline{OA}$ 与 $\overline{PA}$ 幅值之比，而闭环频率特性的相角 $\alpha = \varphi - \theta$。在图 5-59 中，测量出不同频率处各向量的大小和相角，利用式(5-71)就可以通过图解法求出闭环频率特性。

上述图解法虽能说明 $\phi(\mathrm{j}\omega)$ 和 $G(\mathrm{j}\omega)$ 的几何关系，但在工程中使用并不方便。实际上比较常用的是等 $M$ 圆图和等 $N$ 圆图以及尼柯尔斯图线。

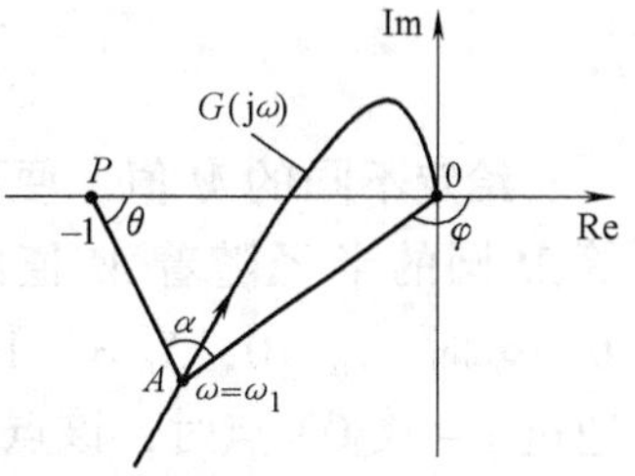

图　5-59

### 5.6.1　等 $M$ 圆图

设单位负反馈系统的开环频率特性 $G(\mathrm{j}\omega)$ 为

$$G(\mathrm{j}\omega) = X(\omega) + \mathrm{j}Y(\omega)$$

则闭环频率特性为

$$\phi(\mathrm{j}\omega) = \frac{G(\mathrm{j}\omega)}{1+G(\mathrm{j}\omega)} = \frac{X+\mathrm{j}Y}{1+X+\mathrm{j}Y} = M(\omega)\mathrm{e}^{\mathrm{j}\alpha(\omega)} \tag{5-72}$$

式（5-72）中，$M(\omega)$ 为系统的闭环幅频特性；$\alpha(\omega)$ 为系统的闭环相频特性。

由式（5-72）得

$$M = \frac{|X+\mathrm{j}Y|}{|1+X+\mathrm{j}Y|} = \left[\frac{X^2+Y^2}{(1+X)^2+Y^2}\right]^{1/2}$$

$$M^2 = \frac{X^2+Y^2}{(1+X)^2+Y^2} \tag{5-73}$$

进一步改写为

$$\left(X+\frac{M^2}{M^2-1}\right)^2 + Y^2 = \frac{M^2}{(M^2-1)^2} \tag{5-74}$$

式（5-74）是系统的闭环幅频特性与开环频率特性之间的关系，它是一个圆的方程，其圆心坐标和半径分别为

$$X_0 = \frac{-M^2}{M^2-1},\quad Y_0 = 0,\quad r_0 = \frac{M}{|M^2-1|} \tag{5-75}$$

给定某个 $M$ 值，根据式（5-74）可以在复平面中绘制出一个圆，该圆称为等 $M$ 圆，显然，若 $G(\mathrm{j}\omega)$ 曲线与等 $M$ 圆相交，交点处的闭环幅频特性即为 $M$。

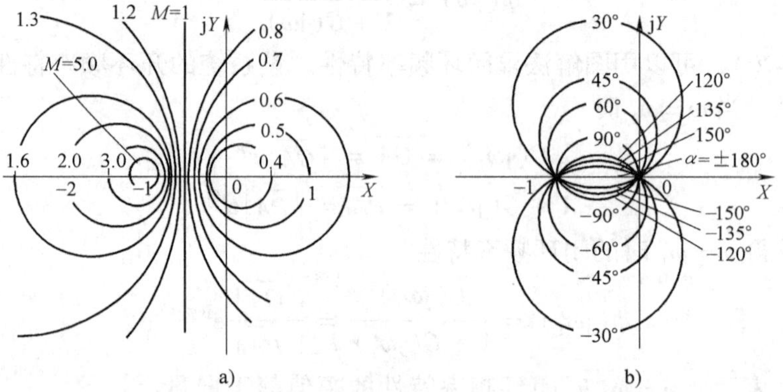


图 5-60

给定不同的 $M$ 值，便可以得到一簇等 $M$ 圆，如图 5-60a 所示。由图可见，当 $M>1$ 时，等 $M$ 圆的半径随着 $M$ 值的增大而减小。位于负实轴上的圆心不断向 $(-1,\mathrm{j}0)$ 点靠近。$M\to\infty$ 时，$r_0=0$，$X_0=-1$，等 $M$ 圆收敛于 $(-1,\mathrm{j}0)$ 点，说明当开环频率特性 $G(\mathrm{j}\omega)$ 曲线通过 $(-1,\mathrm{j}0)$ 点时，该点的闭环幅频特性 $M\to\infty$。

当 $M=1$ 时，$r_0=\infty$，$X_0=-\infty$，说明 $M=1$ 的等 $M$ 圆为一个圆心在无穷远处，半径为无穷大之圆，显然它是一条直线。由式（5-73）推知，$M=1$ 的等 $M$ 圆方程为

$$X = -\frac{1}{2}$$

实际上它是 $(-1,\mathrm{j}0)$ 点和原点之间的垂直平分线。开环频率特性 $G(\mathrm{j}\omega)$ 曲线与该垂直

平分线相交时，交点处的闭环幅频特性 $M=1$。

当 $M<1$ 时，等 $M$ 圆的半径随着 $M$ 值的减小而减小，其位于正实轴上的圆心不断向坐标原点靠近。$M=0$ 时，$r_0=0$，$X_0=0$，等 $M$ 圆最后收敛于坐标原点，说明当开环频率特性 $G(j\omega)$ 曲线趋向原点时，原点处闭环幅频特性 $M=0$。

### 5.6.2　等 $N$ 圆图

根据式（5-72），控制系统的闭环相频特性 $\alpha(\omega)$ 可用下式表示：

$$\alpha(\omega) = \angle\left(\frac{X+jY}{1+X+jY}\right) = \arctan\frac{Y}{X} - \arctan\frac{Y}{1+X}$$

令 $N=\tan\alpha$，则

$$N = \frac{Y}{X^2+X+Y^2}$$

$$\left(X+\frac{1}{2}\right)^2 + \left(Y-\frac{1}{2N}\right)^2 = \frac{1}{4}\frac{N^2+1}{N^2} \tag{5-76}$$

式（5-76）是系统的闭环相频特性与开环频率特性之间的关系，它是一个圆的方程，圆心和半径分别为

$$X_0 = -\frac{1}{2},\quad Y_0 = \frac{1}{2N},\quad r_0 = \frac{1}{2}\sqrt{\frac{N^2+1}{N^2}} \tag{5-77}$$

当 $N$ 为某一常数（相应的 $\alpha$ 也为常数）时，可以在复平面上绘制出一个圆，只要开环频率特性 $G(j\omega)$ 曲线与该圆相交，交点处的 $N$ 值总是相同的，该圆称为等 $N$ 圆。给出不同的 $N$ 值，可以画出一簇等 $N$ 圆，如图 5-60b 所示。图 5-60b 中标出了与每个等 $N$ 圆相对应的 $\alpha$ 值，从图 5-59 可以看出，在横轴的上方有 $\alpha>0$，而在横轴的下方则有 $\alpha<0$，所以在等 $N$ 圆图中，横轴上方 $\alpha$ 取正值，横轴下方 $\alpha$ 取负值，当然在具体应用时，$\alpha$ 的值加减 360°的整数倍也可。由图 5-60b 可见，无论 $N$ 取值如何，所有的等 $N$ 圆都通过坐标原点以及 $(-1, j0)$ 点。

利用等 $M$ 圆图和等 $N$ 圆图，可以根据开环幅相曲线与各圆的交点，求得各交点处频率所对应的闭环幅频特性 $M(\omega)$ 值和闭环相频特性 $\alpha(\omega) = \arctan N$ 值，从而确定出系统的闭环频率特性。

**例 5-18**　设单位负反馈系统的开环频率特性为

$$G(j\omega) = \frac{10}{j\omega(0.2j\omega+1)(0.05j\omega+1)}$$

试求系统的闭环幅频特性。

**解**　将系统的开环幅相曲线画在等 $M$ 圆图上，如图 5-61a 所示，根据其与各圆的交点，求得各交点处频率 $\omega$ 所对应的 $M$ 值，即可绘出系统的闭环幅频特性，如图 5-61b 所示。由图 5-61a 可以看出，$M=3$ 的圆与开环幅相曲线相切，表明系统的闭环幅频特性最大值（称为谐振峰值）为 $M=3$。因此与开环幅相曲线相切、且半径最小的圆对应的 $M$ 值为闭环幅频特性的谐振峰值，切点处的频率称为谐振频率。

类似地，将系统的开环幅相曲线画在等 $N$ 圆图上，根据其与各圆的交点，求得各交点处

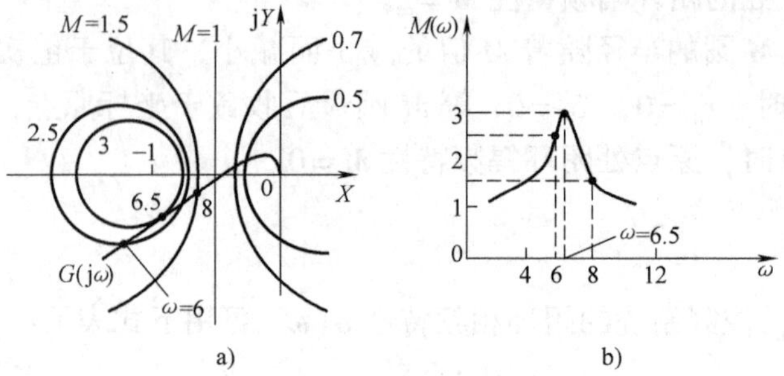


图 5-61

频率 $\omega$ 所对应的 $\alpha$ 值，即可绘出系统的闭环相频特性。

## 5.6.3 尼柯尔斯图线

由于开环对数幅频特性和相频特性曲线比较简便，因此，有时希望根据系统的博德图去求系统的闭环频率特性。尼柯尔斯把等 $M$ 圆图和等 $N$ 圆图移植到博德图上，形成了尼柯尔斯图线。

设单位负反馈系统的开环频率特性为

$$G(j\omega) = A(\omega)e^{j\varphi(\omega)} \tag{5-78}$$

则系统的闭环频率特性为

$$\phi(j\omega) = M(\omega)e^{j\alpha(\omega)} = \frac{Ae^{j\varphi}}{1 + Ae^{j\varphi}}$$

$$Me^{j\alpha}(1 + Ae^{j\varphi}) = Ae^{j\varphi}$$

方程两边乘以 $e^{-j\varphi}$，得

$$Me^{j(\alpha-\varphi)} + MAe^{j\alpha} = A \tag{5-79}$$

根据欧拉公式将式（5-79）中的指数项展开，得

$$M\cos(\alpha - \varphi) + jM\sin(\alpha - \varphi) + MA\cos\alpha + jMA\sin\alpha - A = 0$$

由上式中的虚部为零，得

$$\sin(\alpha - \varphi) + A\sin\alpha = 0$$

$$A(\omega) = \frac{\sin[\varphi(\omega) - \alpha(\omega)]}{\sin\alpha(\omega)}$$

或

$$L(\omega) = 20\lg A(\omega) = 20\lg\frac{\sin[\varphi(\omega) - \alpha(\omega)]}{\sin\alpha(\omega)} \tag{5-80}$$

式（5-80）即为系统的闭环相频特性 $\alpha(\omega)$ 与开环对数幅频特性 $L(\omega)$ 和相频特性 $\varphi(\omega)$ 之间的关系，假定 $\alpha$ 取某一常数，就可在 $L(\omega)-\varphi(\omega)$ 平面绘制出一条等 $\alpha$ 曲线，类似于复平面上的等 $N$ 圆。给定不同的 $\alpha$ 值，可得一组等 $\alpha$ 线，即尼柯尔斯图线，如图 5-62 虚线所示。

式（5-79）可改写为

$$Me^{j\alpha} = \left(1 + \frac{e^{-j\varphi}}{A}\right)^{-1} = \left(1 + \frac{\cos\varphi}{A} - j\frac{\sin\varphi}{A}\right)^{-1}$$

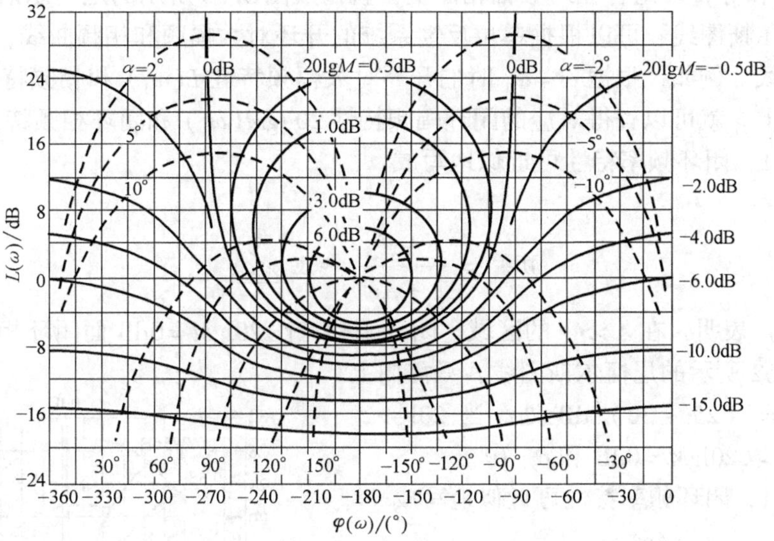


图　5-62

由上式两边复数的模相等，得

$$M = \left[\left(1 + \frac{1}{A^2} + \frac{2\cos\varphi}{A}\right)^{\frac{1}{2}}\right]^{-1}$$

即

$$M^{-2} = 1 + \frac{1}{A^2} + \frac{2\cos\varphi}{A}$$

进一步改写为

$$\frac{1 - M^2}{M^2} = \frac{1 + 2A\cos\varphi}{A^2}$$

经整理后得

$$A^2 - 2A\frac{M^2}{1 - M^2}\cos\varphi - \frac{M^2}{1 - M^2} = 0$$

对以上方程求解，可得 $A$ 的两个根

$$A_{1,2} = \frac{\cos\varphi \pm \sqrt{\cos^2\varphi + M^{-2} - 1}}{M^{-2} - 1}$$

或

$$L(\omega) = 20\lg A(\omega) = 20\lg\frac{\cos\varphi \pm \sqrt{\cos^2\varphi + M^{-2} - 1}}{M^{-2} - 1} \tag{5-81}$$

式（5-81）是闭环幅频特性 $M(\omega)$ 与开环对数幅频特性 $L(\omega)$ 和相频特性 $\varphi(\omega)$ 之间的关系，假定 $M$ 取某一常数，就可在 $L(\omega) - \varphi(\omega)$ 平面绘制出一条等 $M$ 曲线，类似于复平面上的等 $M$ 圆。给定不同的 $M$ 值，可得一组等 $M$ 线，如图 5-62 实线所示，图中等 $M$ 线所对应的 $M$ 值用分贝数（$20\lg M$）表示。

将等 $M$ 线和等 $\alpha$ 线组合在对数幅相图上，就构成图 5-62 所示的尼柯尔斯图线。

应用尼柯尔斯图线，可以根据单位反馈系统的开环对数幅频和相频曲线，确定闭环对数幅频和相频曲线。例如，根据 $\omega=\omega_1$ 时的开环对数幅频特性 $L(\omega_1)$ 和相频特性 $\varphi(\omega_1)$，在尼柯尔斯图线上，就可以查得对应的闭环幅频特性 $20\lg M(\omega_1)$ 和闭环相频特性 $\alpha(\omega_1)$。

如果 $A\gg1$，闭环频率特性可近似地写成

$$M\mathrm{e}^{\mathrm{j}\alpha}=\frac{A\mathrm{e}^{\mathrm{j}\varphi}}{1+A\mathrm{e}^{\mathrm{j}\varphi}}\approx1\angle0° \tag{5-82}$$

式（5-82）表明，在 $A\gg1$ 的区域，闭环幅频特性 $20\lg M=0\mathrm{dB}$ 而闭环相频特性 $\alpha=0°$，因此对于图 5-62 所示的尼柯尔斯图线，只需向上延伸到 $20\lg A=(25\sim30)\mathrm{dB}$ 处，当 $20\lg A>25\mathrm{dB}$ 时，可以取 $20\lg M=0\mathrm{dB}$ 和 $\alpha=0°$。

如果 $A\ll1$，闭环频率特性可近似地写成

$$M\mathrm{e}^{\mathrm{j}\alpha}=\frac{A\mathrm{e}^{\mathrm{j}\varphi}}{1+A\mathrm{e}^{\mathrm{j}\varphi}}\approx A\mathrm{e}^{\mathrm{j}\varphi} \tag{5-83}$$

式（5-83）表明，在 $A\ll1$ 的区域，闭环频率特性和开环频率特性近似相等，因此对于图 5-62所示的尼柯尔斯图线，只需向下延伸到 $20\lg A=(-25\sim-30)\mathrm{dB}$ 处，当 $20\lg A<-25\mathrm{dB}$ 时，可以取 $20\lg M=20\lg A$ 和 $\alpha=\varphi$。

由于等 $M$ 圆图和等 $N$ 圆图对称于负实轴，因此图 5-62 所示的尼柯尔斯图线对称于 $\varphi=-180°$ 线。$\varphi=-180°$ 两侧的等 $M$ 线对应的 $20\lg M$ 绝对值和符号都相同；而 $\varphi=-180°$ 两侧的等 $\alpha$ 线，$\alpha$ 的绝对值相同但符号相反。因此，只需绘制 $\varphi(\omega)$ 从 0°到 −180°的半边图线即可，如图 5-63 所示。

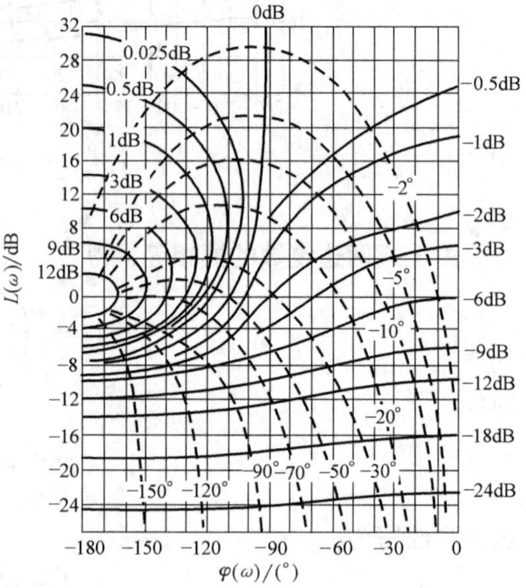


图 5-63

### 5.6.4 非单位反馈系统的闭环频率特性

对于单位反馈系统，在已知开环频率特性 $G(\mathrm{j}\omega)$ 的情况下，可以利用等 $M$ 圆图、等 $N$ 圆图或尼柯尔斯图线求取系统的闭环频率特性 $\Phi(\mathrm{j}\omega)=\dfrac{G(\mathrm{j}\omega)}{1+G(\mathrm{j}\omega)}$。对于非单位反馈系统，由于闭环频率特性为

$$\Phi(\mathrm{j}\omega)=\frac{G(\mathrm{j}\omega)}{1+G(\mathrm{j}\omega)H(\mathrm{j}\omega)}=\frac{1}{H(\mathrm{j}\omega)}\left[\frac{G(\mathrm{j}\omega)H(\mathrm{j}\omega)}{1+G(\mathrm{j}\omega)H(\mathrm{j}\omega)}\right]$$

因此，若已知系统的开环频率特性 $G(\mathrm{j}\omega)H(\mathrm{j}\omega)$，可以先求取 $\dfrac{G(\mathrm{j}\omega)H(\mathrm{j}\omega)}{1+G(\mathrm{j}\omega)H(\mathrm{j}\omega)}$ 的特性，然后再求闭环频率特性 $\Phi(\mathrm{j}\omega)$。

## 5.7 系统时域指标估算

### 5.7.1 频域性能指标

在用频域法分析控制系统时，所采用的频域性能指标，有根据系统的开环频率特性定义的，如开环截止频率 $\omega_c$、稳定裕度等，这些内容已在前面作过介绍；也有根据系统的闭环频率特性定义的，如带宽频率 $\omega_b$、谐振频率 $\omega_r$ 及谐振峰值 $M_r$ 等。下面根据系统闭环频率特性曲线在数值上和形状上的一般特点，介绍谐振峰值 $M_r$、带宽频率 $\omega_b$ 和零频幅比 $M(0)$ 等概念，如图5-64所示。这些特征量属于频域性能指标，它们在很大程度上能够间接地表明系统瞬态过程的品质。

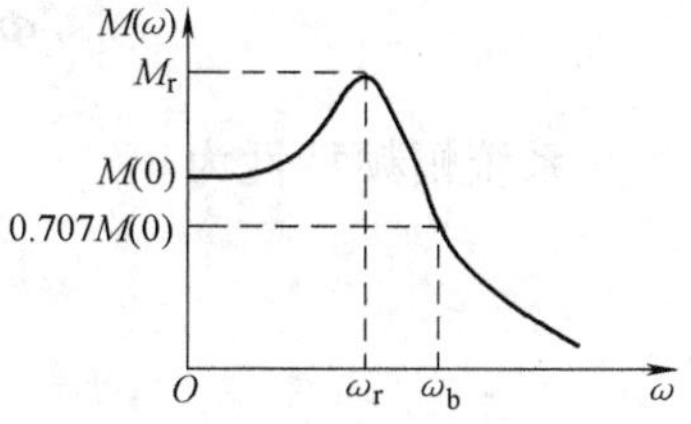

图 5-64

**1. 谐振峰值 $M_r$**

谐振峰值 $M_r$ 是指闭环幅频特性 $M(\omega)$ 的最大值，与谐振峰值 $M_r$ 相对应的频率称为谐振频率 $\omega_r$。谐振峰值大，表明系统对某个频率的正弦信号反映强烈，有共振的倾向。这意味着系统的平稳性较差，阶跃响应将有较大的超调量。实际中一般要求 $M_r < 1.5M(0)$ 。

**2. 零频幅比 $M(0)$**

零频幅比 $M(0)$ 是指零频（$\omega=0$）时的振幅比。在单位负反馈系统的输入端加入一定幅值的零频信号，即直流或常值信号，若 $M(0)=1$，则系统稳态输出也为零频信号，其幅值与输入信号幅值之比为1，表明系统响应的终值等于输入，静差为零；若 $M(0)\neq1$，表明系统有静差。所以 $M(0)$ 与1相差之大小，反映了系统的稳态精度，$M(0)$ 越接近1，系统的精度越高。

**3. 带宽频率 $\omega_b$**

带宽频率 $\omega_b$ 是指闭环幅频特性 $M(\omega)$ 的数值衰减到 $0.707M(0)$ 时所对应的频率，或者说带宽频率 $\omega_b$ 是指系统闭环幅频特性下降到频率为零时的分贝值以下3分贝时所对应的频率。通常把 $0\leqslant\omega\leqslant\omega_b$ 的频率范围称为系统带宽。系统带宽大，则 $M(\omega)$ 曲线由 $M(0)$ 到 $0.707M(0)$ 所占据的频率区间较宽，一方面表明系统重现输入信号的能力强，系统的快速性好，阶跃响应的上升时间和调节时间短；另一方面系统抑制输入端高频噪声的能力就弱。设计中应折衷考虑。

经验表明，闭环对数幅频特性曲线带宽频率附近斜率越小，则曲线越陡峭，系统从噪声中区别有用信号的特性越好，但是，一般这也意味着谐振峰值 $M_r$ 较大，因而系统稳定程度较差。

带宽大，峰值小，过渡过程性能好。这是设计控制系统的一般准则。

### 5.7.2 频率尺度与时间尺度的反比性质

对于一阶或二阶系统，带宽和瞬态响应速度的关系是很明确的。

对于一阶系统，若其传递函数为

$$\Phi(s)=\frac{1}{Ts+1}$$

按定义，可求出系统带宽频率

$$\omega_b = \frac{1}{T} \tag{5-84}$$

带宽频率 $\omega_b$ 和时间常数 $T$ 成反比，因而和时域性能中的上升时间、调节时间成反比，说明带宽大的系统响应速度快，带宽小的系统响应速度慢。

对于欠阻尼二阶系统，设其传递函数为

$$\Phi(s) = \frac{\omega_n^2}{s^2 + 2\xi\omega_n s + \omega_n^2} \qquad 0 < \xi < 1$$

系统幅频特性为

$$M(\omega) = \frac{1}{\sqrt{\left(1 - \dfrac{\omega^2}{\omega_n^2}\right)^2 + 4\xi^2 \dfrac{\omega^2}{\omega_n^2}}}$$

根据带宽频率的定义，$\omega = \omega_b$ 时，$M(\omega_b) = 0.707M(0)$ 。于是可得

$$\omega_b = \omega_n\left[(1 - 2\xi^2) + \sqrt{(1 - 2\xi^2)^2 + 1}\right]^{1/2} \tag{5-85}$$

可见，$\omega_b$ 正比于 $\omega_n$，必反比于上升时间和调节时间。

对于高阶系统，带宽和系统参数之间的关系较为复杂。一般定性地认为，带宽大的系统，响应速度快；带宽小的系统，响应速度慢。

带宽和响应速度的反比关系，可借助频率尺度和时间尺度的反比性质予以证明。如果两个系统 $\Phi_1(j\omega) = M_1(\omega)e^{j\alpha_1(\omega)}$、$\Phi_2(j\omega) = M_2(\omega)e^{j\alpha_2(\omega)}$ 存在以下关系：

$$\Phi_1(j\omega) = \Phi_2\left(j\frac{\omega}{\lambda}\right) \tag{5-86}$$

式中 $\lambda$ 为任意正数，则两个系统的单位阶跃响应 $h_1(t)$、$h_2(t)$ 存在下列关系：

$$h_1(t) = h_2(\lambda t) \tag{5-87}$$

式（5-86）和式（5-87）的意义，如图 5-65 所示。此性质的含义是：系统的频率特性放宽几倍（带宽频率 $\omega_b$ 也放大几倍），单位阶跃响应就加快几倍（上升时间、调节时间缩短为几分之一）。

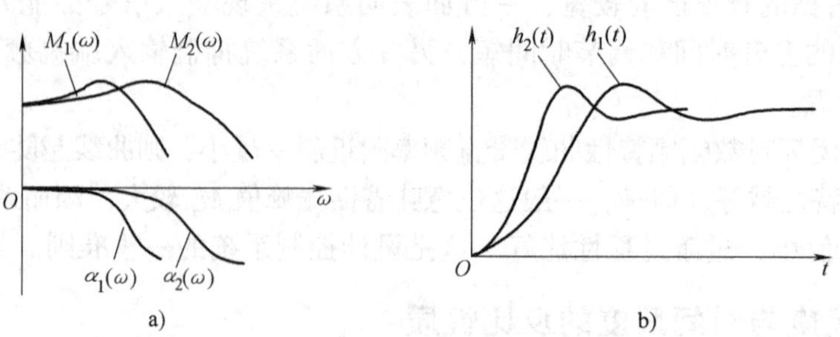


图 5-65

频率尺度和时间尺度的反比性质证明如下：

设两个系统的单位阶跃响应分别为 $h_1(t)$ 和 $h_2(t)$，相应的拉普拉斯变换为 $H_1(s)$ 和

$H_2(s)$，则有

$$H_1(s) = \frac{1}{s}\Phi_1(s) \qquad H_2(s) = \frac{1}{s}\Phi_2(s)$$

应用拉普拉斯变换相似定理，可得

$$\mathscr{L}[h_2(\lambda t)] = \frac{1}{\lambda}\frac{1}{\frac{s}{\lambda}}\Phi_2\left(\frac{s}{\lambda}\right) = \frac{1}{s}\Phi_2\left(\frac{s}{\lambda}\right) = \frac{1}{s}\Phi_1(s) = H_1(s)$$

故有

$$h_1(t) = h_2(\lambda t)$$

需要指出的是，系统的截止频率 $\omega_c$ 和带宽频率 $\omega_b$ 密切相关。如果两个系统稳定程度相仿，则 $\omega_c$ 大的系统，$\omega_b$ 也大；$\omega_c$ 小的系统，$\omega_b$ 也小。即 $\omega_c$ 和系统的响应速度也存在反比关系。因此，$\omega_c$ 也常用来衡量系统的响应速度。

利用线性定常系统的闭环频率特性或开环频率特性均可以估算系统的时域性能指标。

### 5.7.3　二阶系统时域指标估算

下面介绍利用二阶系统频域性能指标估算其时域性能指标的方法。

设二阶系统的开环传递函数为

$$G(s) = \frac{K}{s(Ts+1)}$$

或表示为

$$G(s) = \frac{\omega_n^2}{s(s+2\xi\omega_n)}$$

式中，$\omega_n = \sqrt{K/T}$，$\xi = 1/(2\sqrt{KT})$，开环频率特性曲线如图 5-66 所示。

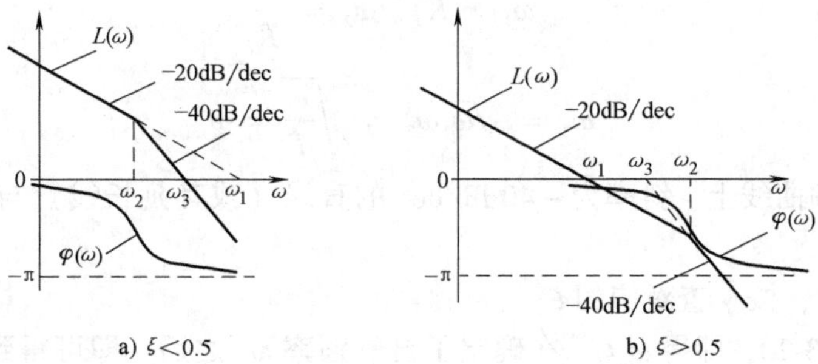


图　5-66

设二阶系统的开环截止频率为 $\omega_c$，由于 $|G(j\omega_c)| = 1$，得

$$\frac{\omega_n^2}{\omega_c\sqrt{\omega_c^2 + 4\xi^2\omega_n^2}} = 1$$

即

$$\omega_c = \omega_n\left(\sqrt{4\xi^4+1}-2\xi^2\right)^{\frac{1}{2}}$$

根据相角裕度的定义，可以求得系统的相角裕度为

$$\gamma = 180° + \angle G(j\omega_c) = \arctan\frac{2\xi\omega_n}{\omega_c}$$

即

$$\gamma = \arctan\left[2\xi\left(\frac{1}{\sqrt{4\xi^4+1}-2\xi^2}\right)^{1/2}\right] \tag{5-88}$$

考虑到 $t_s=\dfrac{3.5}{\xi\omega_n}$，可得

$$\omega_c t_s = \frac{7}{\tan\gamma}$$

式（5-88）表明，二阶系统的相角裕度 $\gamma$ 与阻尼比 $\xi$ 之间存在一一对应关系。图 5-67 是根据式（5-88）绘制的 $\gamma-\xi$ 曲线。由图 5-67 可以看出：$\xi$ 越大，$\gamma$ 就越大；$\xi$ 越小，$\gamma$ 就越小。为使系统的过渡过程不至于振荡得太厉害及调节时间过长，一般希望 $30°\leqslant\gamma\leqslant70°$。

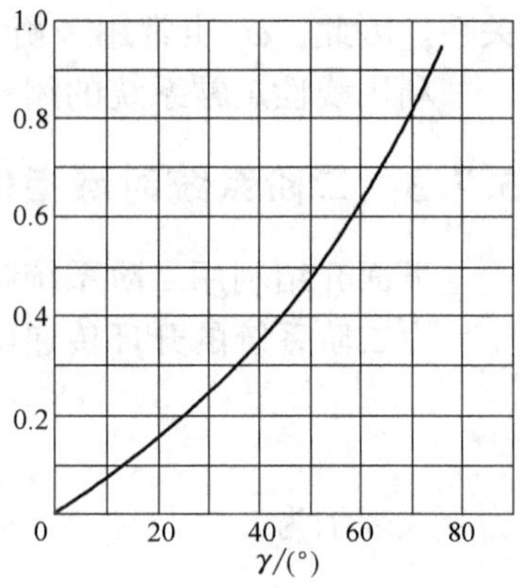

图 5-67

有了图 5-67 所示的 $\gamma-\xi$ 曲线，可以利用二阶系统的频域指标 $\gamma$ 估算时域指标，步骤如下：

1）由开环对数频率特性曲线确定 $\gamma$ 及自然频率 $\omega_n$。

自然频率 $\omega_n$ 可由近似开环对数幅频曲线确定。在图 5-66中，设二阶系统近似开环对数幅频曲线转折频率为 $\omega_2$，斜率为 −20dB/dec 的直线（或其延长线）与 0dB 线的交点频率为 $\omega_1$，斜率为 −40dB/dec 的直线（或其延长线）与 0dB 线的交点频率为 $\omega_3$，显然

$$\omega_1 = K, \quad \omega_2 = \frac{1}{T}$$

$$\omega_3 = \sqrt{\omega_1\omega_2} = \sqrt{\frac{K}{T}} = \omega_n$$

即在近似对数幅频曲线上，斜率为 −40dB/dec 的直线（或其延长线）与 0dB 线的交点就是自然频率 $\omega_n$。

2）由图 5-67，按 $\gamma$ 查对应的 $\xi$；

3）由 $\xi$ 查图 3-20，即得 $\omega_n t_s$，在确定了自然频率 $\omega_n$ 之后，即可得到调节时间 $t_s$；利用 $\sigma\% = e^{-\frac{\xi\pi}{\sqrt{1-\xi^2}}}\times100\%$ 可以计算出二阶系统的超调量。

**例 5-19** 单位负反馈系统，其开环传递函数

$$G(s) = \frac{7}{s(0.087s+1)}$$

试用相角裕度 $\gamma$ 估算过渡过程指标 $t_s$ 和 $\sigma\%$。

**解** 系统开环对数频率特性曲线如图 5-68 所示。由图可见开环截止频率 $\omega_c=6.6\text{rad/s}$，

相角裕度$\gamma=60°$，而斜率为$-40$dB/dec 直线的延长线与零分贝线的交点频率为 9，故自然频率$\omega_n=9$rad/s。

根据$\gamma=60°$，查图 5-67，阻尼比$\xi=0.62$，超调量$\sigma\%=8\%$；查图 3-20，得$\omega_n t_s=4.9$，于是调节时间$t_s=4.9/\omega_n=0.55$s。

直接求解系统的单位阶跃响应，得到的结果是$\sigma\%=7.5\%$；$t_s=0.59$s，两者基本一致。

对于二阶系统，由于振荡性指标$M_r$和阻尼比$\xi$有着确定的关系。因此$M_r$和时域指标之间的关系，也是确定的。

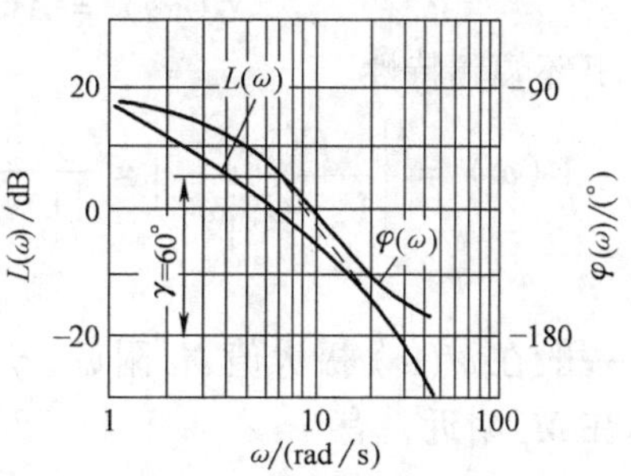


图 5-68

### 5.7.4 高阶系统时域指标估算

**1. 由 $M_r$ 估算时域指标**

高阶系统振荡性指标$M_r$和时域指标没有准确的关系式。但是，通过对大量系统的研究，归纳了以下两个近似关系式：

$$\sigma = 0.16 + 0.4(M_r - 1) \qquad 1 \leqslant M_r \leqslant 1.8 \tag{5-89}$$

$$t_s = \frac{K_1 \pi}{\omega_c} \tag{5-90}$$

其中 $\quad K_1 = 2 + 1.5(M_r - 1) + 2.5(M_r - 1)^2 \qquad 1 \leqslant M_r \leqslant 1.8$

式（5-89）、式（5-90）表明，高阶系统的超调量$\sigma\%$和调节时间$t_s$随谐振峰值$M_r$的增大而增大，$t_s$随$\omega_c$增大而减小。$t_s$和$\omega_c$的反比关系，正是频率尺度和时间尺度反比性质的体现。式（5-89）和式（5-90）的图示关系，如图 5-69 所示。

用以上公式估算高阶系统时域指标，一般偏保守，实际性能比估算结果要好。但初步设计时，应用这组公式，便于留有一定余地。计算时$M_r$的值可根据开环对数频率特性数据从尼柯尔斯图线上查得。

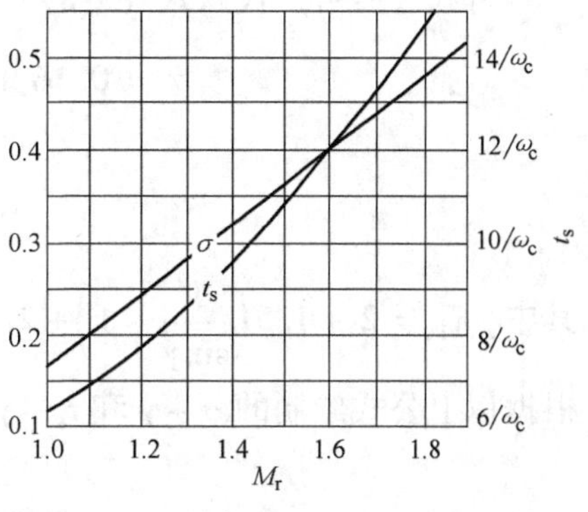


图 5-69

**2. 由 $\gamma$ 估算时域指标**

由于振荡性指标$M_r$和相角裕度$\gamma$都表征系统的稳定程度，只要找到$\gamma$和$M_r$的关系，就可以直接由$\gamma$来估算系统时域指标。

设单位负反馈系统的闭环频率特性

$$\Phi(j\omega) = M(\omega)e^{j\alpha(\omega)}$$

而开环频率特性为

$$G(j\omega) = A(\omega)e^{j\varphi(\omega)}$$

令

$$\varphi(\omega) = -180° + \gamma_d$$

$\gamma_d$表示不同频率时相角对$-180°$的偏移。当$\omega=\omega_c$时，$\gamma_d=\gamma$。因此开环频率特性可写为

$$G(j\omega) = A(\omega)e^{j(-180^\circ+\gamma_d)} = A(\omega)(-\cos\gamma_d - j\sin\gamma_d)$$

闭环幅频特性

$$M(\omega) = \left|\frac{G(j\omega)}{1+G(j\omega)}\right| = \frac{A(\omega)}{|1-A(\omega)\cos\gamma_d - jA(\omega)\sin\gamma_d|} = \frac{A(\omega)}{\sqrt{1-2A(\omega)\cos\gamma_d + A^2(\omega)}} \tag{5-91}$$

一般在$M(\omega)$极大值$M_r$附近，$\gamma_d$变化较小，且$M(\omega)$极大值发生在截止频率$\omega_c$附近，于是在$M_r$附近，有

$$\cos\gamma_d \approx \cos\gamma = \text{常数} \tag{5-92}$$

令

$$\frac{dM(\omega)}{dA(\omega)} = 0$$

得

$$A(\omega) = \frac{1}{\cos\gamma_d} \approx \frac{1}{\cos\gamma} \tag{5-93}$$

式（5-93）代入式（5-91），即得

$$M_r \approx \frac{1}{\sin\gamma} \tag{5-94}$$

式（5-94）建立了$M_r$和$\gamma$的关系。在$\omega_c$附近，关系式（5-92）越近似，式（5-94）的近似程度就越高。

将式（5-94）代入式（5-89）和式（5-90），得到由$\gamma$估算时域指标公式为

$$\sigma = 0.16 + 0.4\left(\frac{1}{\sin\gamma} - 1\right) \qquad 35^\circ \leqslant \gamma \leqslant 90^\circ \tag{5-95}$$

$$t_s = \frac{K_1\pi}{\omega_c} \tag{5-96}$$

其中，$K_1 = 2 + 1.5\left(\frac{1}{\sin\gamma} - 1\right) + 2.5\left(\frac{1}{\sin\gamma} - 1\right)^2 \qquad 35^\circ \leqslant \gamma \leqslant 90^\circ$

根据以上公式绘制的$\sigma-\gamma$和$t_s-\gamma$曲线，如图5-70所示。

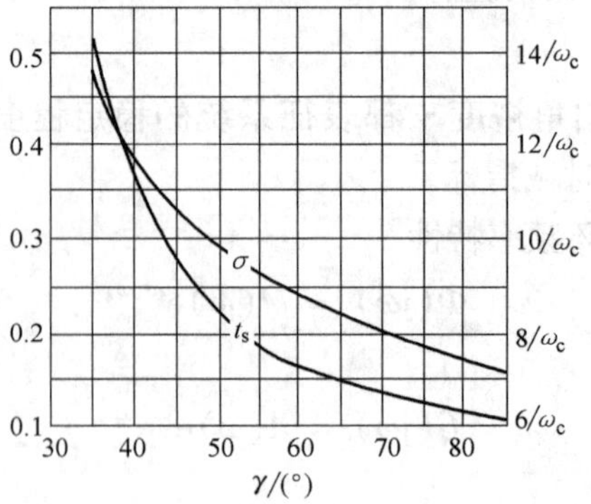


图 5-70

## 5.7.5　根据闭环幅频特性形状估算时域指标

这里再介绍一个根据闭环幅频特性曲线形状估算系统时域指标的经验公式。公式适用于最小相位系统幅频曲线只有一个极大值或没有极大值的情况，公式是在电子模拟设备上，基于对许多线性系统的研究结果，用统计方法得出的。

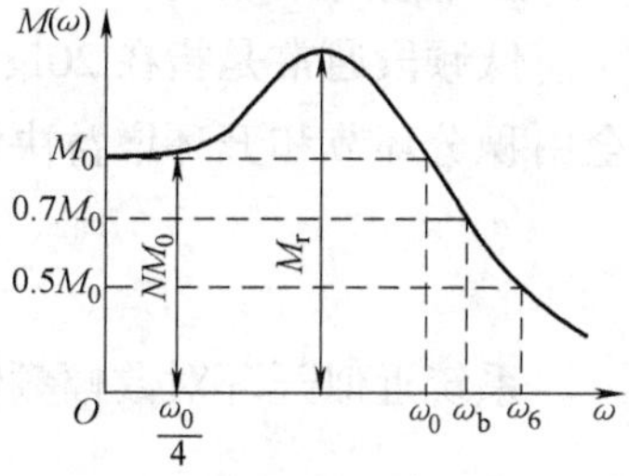

图　5-71

若闭环幅频特性曲线如图 5-71 所示，图中零频幅比 $M(0) = M_0$，则系统超调量和调节时间可以分别由以下公式计算：

$$\sigma\% = [41\ln(NF) + 17]\% \tag{5-97}$$

$$t_s = \frac{13.6F - 2.51}{\omega_6} \tag{5-98}$$

式中

$$N = \frac{M(\frac{\omega_0}{4})}{M_0},\quad F = \frac{\omega_b}{\omega_6}\frac{M_r}{M_0}$$

$F$ 为幅频特性曲线的形状参数。如果曲线是倾斜的，即极大值发生在 $\omega = 0$ 的地方，则

$$N = 1,\quad F = \frac{\omega_b}{\omega_6}$$

## 5.7.6　开环频率特性和时域指标的关系

对于单位反馈系统来说，其开环、闭环传递函数的关系为

$$\Phi(s) = \frac{G(s)}{1 + G(s)}$$

系统的动态结构和参数，唯一地取决于开环传递函数 $G(s)$，因此，不经过计算闭环幅频 $M(\omega)$ 这一步骤，也可以直接由开环频率特性来判断闭环系统的瞬态响应。

由乃氏判据知，稳定系统的开环幅相特性 $G(j\omega)$ 曲线距离 $(-1,j0)$ 点的远近，反映了系统的稳定程度，即系统瞬态过程的平稳性。而 $G(j\omega)$ 曲线靠近 $(-1,j0)$ 点的部位，相当于系统开环对数幅频曲线 $20\lg|G(j\omega)|$ 和零分贝线交点附近的区段。交点处的角频率为截止频率 $\omega_c$，因此 $20\lg|G(j\omega)|$ 在 $\omega_c$ 附近的特性，对闭环系统的动态性能指标（如 $t_s$ 和 $\sigma\%$ 等）起着主要的影响，这一区段称为开环对数幅频特性曲线的中频段。另外，由时域分析法知，稳态误差主要取决于系统开环传递函数中积分环节的数目和开环增益，这反映在开环对数幅频特性曲线 $20\lg|G(j\omega)|$ 的低频段。

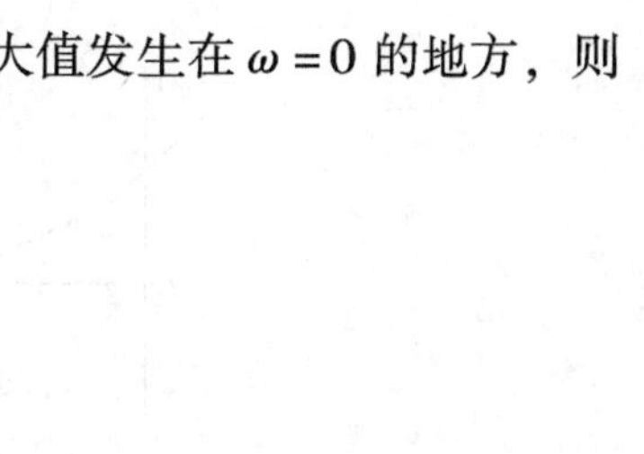

图　5-72

设控制系统的开环对数幅频特性曲线如图 5-72 所示，实际应用中常使用“三频段”的概念。

**1. 低频段**

低频段通常是指在 $20\lg|G(j\omega)|$ 的渐近线第一个转折频率以前的区段，这一段特性完全由积分环节和开环增益决定。式（5-59）表明，在低频段即 $\omega\to 0$ 时，有

$$G(j\omega) = \frac{K}{(j\omega)^{v}}$$

系统近似开环对数幅频特性曲线在低频段的表达式为

$$L(\omega) = 20\lg K - 20v\lg\omega$$

$v$ 为不同值时，低频段对数幅频曲线的形状如图 5-39 所示，为斜率不等的一些直线，斜率为 $-20v$dB/dec。

可以看出，低频段的斜率越小，位置越高，对应于系统积分环节数目越多，开环增益越大，则闭环系统在满足稳定的条件下，其稳态误差越小，说明系统的精度越高。

**2. 中频段**

中频段是指开环对数幅频曲线 $20\lg|G(j\omega)|$ 在截止频率 $\omega_c$ 附近（或零分贝附近）的区段，这段特性集中反映了闭环系统瞬态响应的稳定性和快速性。下面在假定闭环系统稳定的条件下，对两种极端情况进行分析。

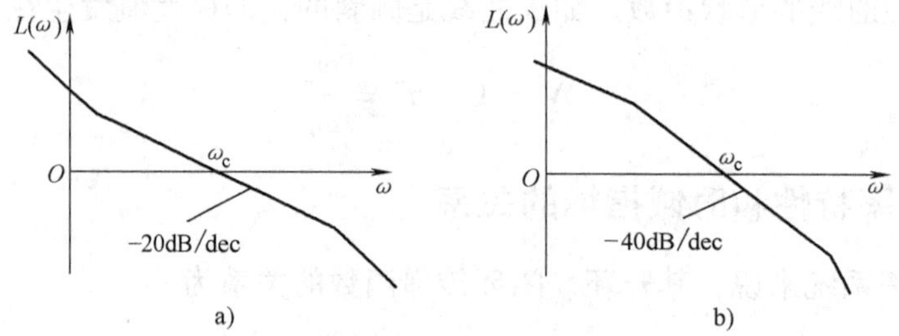


图 5-73

1）如果 $20\lg|G(j\omega)|$ 曲线的中频段斜率为 $-20$dB/dec，且占据的频率区间较宽，如图 5-73a 所示，若只从平稳性和快速性着眼，可近似认为整个开环对数幅频曲线为一条直线，斜率为 $-20$dB/dec，对应的开环传递函数为

$$G(s) = \frac{K}{s} = \frac{\omega_c}{s}$$

对于单位反馈系统，闭环传递函数为

$$\Phi(s) = \frac{G(s)}{1 + G(s)} = \frac{1}{s/\omega_c + 1}$$

这是一个一阶系统。其阶跃响应按指数规律变化，没有振荡，即有较高的稳定程度；而调节时间 $t_s = 3/\omega_c$，截止频率 $\omega_c$ 越高，$t_s$ 越小，系统的快速性越好。

2）如果 $20\lg|G(j\omega)|$ 曲线的中频段斜率为 $-40$dB/dec，且占据的频率区间较宽，如图 5-73b 所示，若只从平稳性和快速性着眼，可近似认为整个开环对数幅频曲线为一条直线，斜率为 $-40$dB/dec，对应的开环传递函数为

$$G(s) = \frac{K}{s^2} = \frac{\omega_c^2}{s^2}$$

对于单位反馈系统，闭环传递函数为

$$\Phi(s) = \frac{G(s)}{1 + G(s)} = \frac{\omega_c^2}{s^2 + \omega_c^2}$$

这是零阻尼的二阶系统。系统处于临界稳定状态，瞬态过程持续振荡。实际系统若中频段斜率为 -40dB/dec，中频段宽度不可能为无穷大，考虑到低频段、高频段对系统的影响，系统可能不稳定，也可能稳定，但稳定裕度较小。因此，实际系统中频段斜率一般不取为 -40dB/dec或更负，若取为 -40dB/dec，所占频率也不宜过宽。否则，$\sigma\%$ 及 $t_s$ 显著增加。若中频段斜率更陡，闭环系统难以稳定。

经过以上讨论可以得出，$20\lg|G(j\omega)|$ 曲线在截止频率 $\omega_c$ 附近（-10 ~ 20dB）的斜率应取为 -20dB/dec，以期得到良好的平稳性，而以通过提高 $\omega_c$ 来保证快速性的要求。

**3. 高频段**

高频段是指 $20\lg|G(j\omega)|$ 曲线在中频段以后（$\omega \geqslant 10\omega_c$）的区段，这部分特性是由系统中时间常数很小、频带很高的元部件决定的。由于远离 $\omega_c$，一般分贝值又较低，故对系统的瞬态响应影响不大，近似分析时可以将系统中多个时间常数很小的惯性环节等效成 1 个惯性环节处理。

另外，从系统抗干扰性的角度来看，高频段特性是有其意义的。由于高频元部件开环幅频的分贝值一般较低，即 $20\lg|G(j\omega)| \ll 0$，$|G(j\omega)| \ll 1$，故对单位负反馈系统，有

$$|\Phi(j\omega)| = \left|\frac{G(j\omega)}{1 + G(j\omega)}\right| \approx |G(j\omega)|$$

闭环幅频特性等于开环幅频特性。因此，系统开环对数幅频特性在高频段的幅值，直接反映了系统对输入端高频干扰信号的抑制能力。这部分特性的分贝值越低，系统对输入端高频干扰信号的抑制能力就越强。

三个频段的划分并没有很严格的确定性准则。但是三频段的概念，为直接运用开环频率特性判别闭环系统的性能，指出了原则和方向。

## 5.8　用 MATLAB 进行控制系统频域分析

利用 MATLAB 软件可以方便地绘制控制系统的各种频率特性曲线，计算频域性能指标。

**例 5-20**　设单位负反馈系统的开环传递函数为

$$G(s) = \frac{4}{(s+1)(s+2)}$$

利用 MATLAB 软件绘制其开环幅相曲线。

**解**　把开环传递函数分子、分母写成 $s$ 降幂形式

$$G(s) = \frac{4}{s^2 + 3s + 2}$$

绘制开环幅相曲线（nyquist 曲线）程序如下：

```
num = [4];
den = [1, 3, 2];
nyquist (num, den)
```

运行结果如图 5-74 所示。

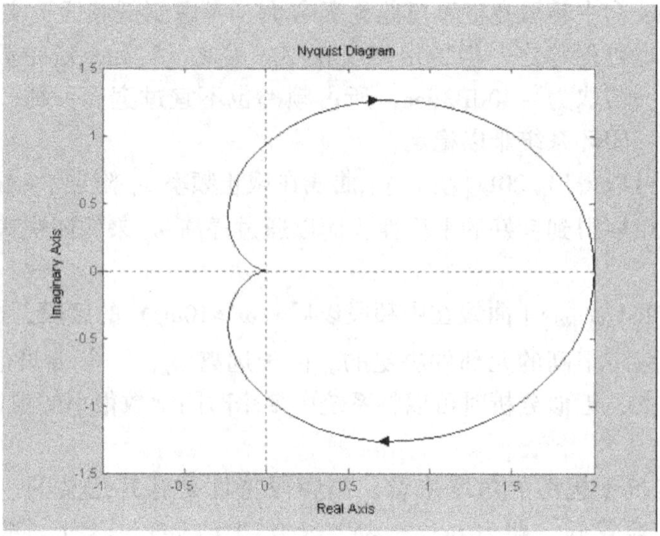


图 5-74

**例 5-21** 设单位负反馈系统的开环传递函数为

$$G(s) = \frac{4}{s(s+1)(s+2)}$$

利用 MATLAB 软件绘制其开环对数频率特性曲线、尼柯尔斯曲线，计算稳定裕度。

**解** 把开环传递函数分子、分母写成 $s$ 降幂形式

$$G(s) = \frac{4}{s^3 + 3s^2 + 2s}$$

绘制对数频率特性曲线（Bode 图），计算稳定裕度程序如下：

```
n= [4];
d= [1 3 2 0];
margin (n, d);    %绘制 bode 图，求幅值裕度、相角裕度
grid
```

运行结果如图 5-75 所示，相角交界频率 $\omega_g = 1.41\text{rad/s}$，幅值裕度 $h = 3.52\text{dB}$，开环截止频率 $\omega_c = 1.14\text{rad/s}$，相角裕度 $\gamma = 11.4°$。

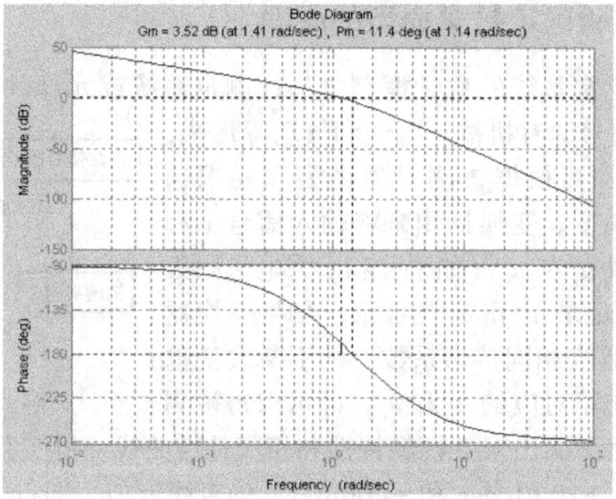


图　5-75

绘制尼柯尔斯曲线（nichols 曲线）程序如下：

```
n = [4];
d = [1 3 2 0];
ngrid ('new');
nichols (n, d)
```

运行结果如图 5-76 所示。

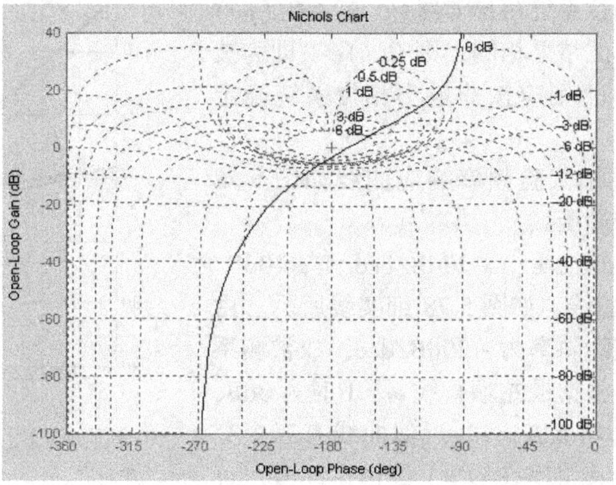


图　5-76

## 5.9　传递函数的实验确定法

自动控制系统的分析和设计是从系统的数学模型出发的。确定数学模型可采用解析法或实验法。本节介绍用频率响应实验确定系统和元部件传递函数的方法。

## 5.9.1 频率响应实验确定数学模型的原理

频率特性是线性定常系统的数学模型之一，测定系统或元部件频率特性的原理，如图5-77所示。图中正弦信号源有机械、电气和气动等形式，频率也有不同的范围，可根据被测对象类型和要求选定，但波形必须没有畸变。变换器用来将输入信号 $x$ 和输出信号 $y$ 变换为电量 $u_r$ 和 $u_c$（如果 $x$ 和 $y$ 为电量则毋需变换）。笔录仪用来记录 $u_r$ 和 $u_c$ 的波形。如果变换器3、4均为比例环节，且有相同传递系数，则不断改变输入信号频率，记录稳态下对应的 $u_r$ 和 $u_c$，即可求得被测对象的幅频和相频特性，画出对数幅频特性和相频特性曲线。将实验得到的对数幅频特性曲线用斜率为0dB/dec、±20dB/dec 和 ±40dB/dec 等直线近似，即得近似对数幅频特性曲线。若被测对象为最小相位系统，根据近似对数幅频特性曲线，即可写出被测对象的传递函数。

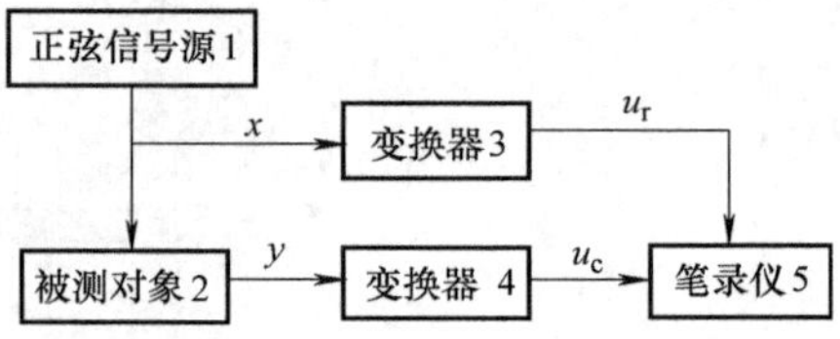


图 5-77

## 5.9.2 包含延迟环节传递函数的确定

若被测对象传递函数为 $G(s)e^{-\tau s}$，由于 $\omega\to\infty$ 时，$\angle G(j\omega)$ 总是趋于一个确定常数，故 $\angle G(j\omega)e^{-j\omega\tau}$ 的变化率取决于时间常数 $\tau$，$\tau$ 可由下式计算：

$$\tau = -\lim_{\omega\to\infty}\frac{d}{d\omega}\angle G(j\omega)e^{-j\tau\omega} \tag{5-99}$$

在获得时间常数 $\tau$ 之后，根据被测对象的近似对数幅频曲线，先按最小相位系统写出 $G(s)$，若 $\angle G(j\omega)e^{-j\omega\tau}$ 的相频特性与测试结果相同，则 $G(s)e^{-\tau s}$ 即为被测对象的传递函数，否则应按非最小相位系统确定 $G(s)$。

**例 5-22** 设某系统试验频率响应曲线如图 5-78 所示，试确定系统传递函数。

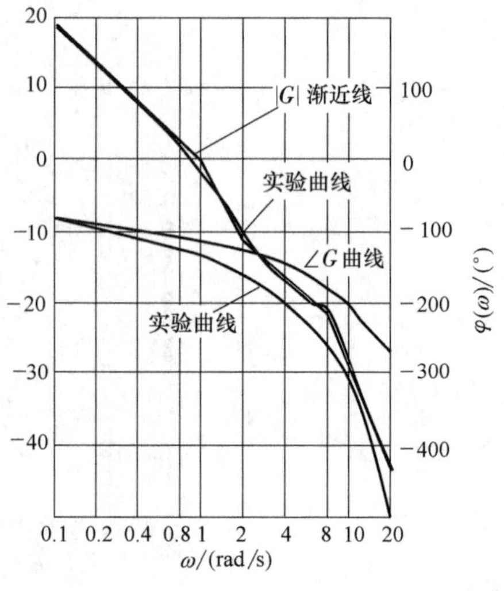


图 5-78

**解** 先以斜率 0dB/dec、±20dB/dec 和 ±40dB/dec 等直线近似实验曲线，如图 5-78 细实线所示。由于近似曲线最左段直线斜率为 −20dB/dec，故被测系统有一个积分环节；根据最左端直线 $\omega=1$ 时为 0dB，知道被测对象的比例环节 $K=1$。近似曲线有三个交接频率：1、2 和 8，其斜率在 $\omega=1$ 处由 −20dB/dec 变为 −40dB/dec，在 $\omega=2$ 处由 −40dB/dec 变为 −20dB/dec，在 $\omega=8$ 处由 −20dB/dec 变为 −60dB/dec。按交接频率处斜率的变化和 $\omega=8$ 附近的谐振峰值（约为 1.2dB），可写出被测对象传递函数

$$G(s) = \frac{0.5s+1}{s(s+1)\left[\left(\frac{s}{8}\right)^2+\frac{s}{8}+1\right]}$$

$$= \frac{32(s+2)}{s(s+1)(s^2+8s+64)}$$

由于尚未检查对数相频曲线，故这个传递函数是试探性的。

根据试探的传递函数，可绘制相应的对数相频曲线，如图 5-78 $\angle G$ 曲线所示。显见，$\angle G$ 曲线与实验曲线不符。$\omega=10$ 时，实验曲线与 $\angle G$ 之差约 $-115°$，而 $\omega=20$ 时，差约 $240°$。这基本上和延迟环节相频特性 $-0.2\omega(\mathrm{rad})$ 相符，故被测对象的传递函数应是 $G(s)\mathrm{e}^{-\tau s}$，延迟时间 $\tau$ 为 0.2s。于是，被测对象的传递函数

$$G(s)\mathrm{e}^{-\tau s} = \frac{32(s+2)\mathrm{e}^{-0.2s}}{s(s+1)(s^2+8s+64)}$$

## 5.9.3 国产 BT-6A 型超低频频率特性测试仪

设控制系统的频率特性为

$$G(\mathrm{j}\omega) = X(\omega) + \mathrm{j}Y(\omega) \tag{5-100}$$

若输入正弦信号的周期为 $T$，控制系统的输出为 $c(t)$，当 $N$ 取较大的整数时，根据相关理论知识，经推导得

$$\begin{cases} X(\omega) = \dfrac{2}{NT}\displaystyle\int_0^{NT} c(t)\sin\omega t\mathrm{d}t \\ Y(\omega) = \dfrac{2}{NT}\displaystyle\int_0^{NT} c(t)\cos\omega t\mathrm{d}t \end{cases} \tag{5-101}$$

上式即为正弦信号相关分析法计算系统频率特性的公式。国产 BT-6A 型超低频频率特性测试仪就是根据正弦信号相关分析法原理设计制造的专用测试仪表。其工作原理可用图5-79表示。

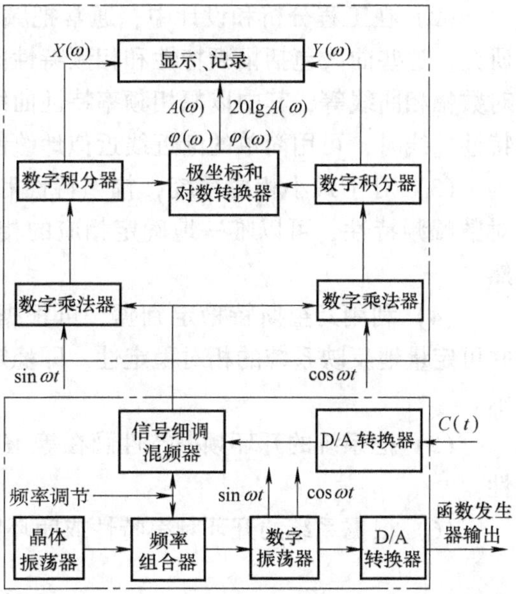


图 5-79

函数发生器主要产生正弦信号。它所产生的数字式正弦波经数/模转换器输出，作为被测系统的激励信号。

被测系统的输出经模/数转换器转换为数字信号，通过面板频率控制旋钮调节，使它与函数发生器频率同步。混频器的输出与函数发生器产生的数字式正弦、余弦信号一起送入仪器的相关部分，通过两个并列的数字式乘法器，实现被测系统的输出信号与函数发生器的正弦、余弦信号相乘，由积分器将乘法器的输出在激励信号基频整数倍的周期时间内积分并平均。经过相关分析过程处理，即能得出频率特性的实部 $X(\omega)$ 及虚部 $Y(\omega)$ 并判断象限。

BT-6A 型超低频频率特性测试仪的主要特性如下：

频率范围：0.00001 ~ 479.7Hz；

测量方式：直角坐标中实部和虚部，极坐标中幅值与相角，对数极坐标中对数幅值与相角；

分辨率：0.1mV（对100mV量程）；

谐波抑制能力：40dB；

噪声抑制能力：60dB；

幅值测量精度：0.5%；

相角测量精度：0.2°。

BT-6A型超低频频率特性测试仪备有计算机接口，可与计算机连接使用，直接打印输出或绘出曲线。

## 小　　结

频域分析法是一种常用的图解分析法，其特点是可以根据系统的开环频率特性去判断闭环系统的性能，并能较方便地分析系统参量对系统性能的影响，从而指出改善系统性能的途径。本章介绍的频域分析和设计方法已经发展成为一种实用的工程方法，应用十分广泛，其主要内容有：

（1）频率特性是线性定常系统的数学模型之一，它既可以根据系统的工作原理，应用机理分析法建立起来，也可以由系统的其他数学模型（传递函数、微分方程等）方便地转换过来，或用实验法来确定。

（2）在工程分析和设计中，通常把频率特性画成一些曲线，从频率特性曲线出发进行研究。这些曲线包括幅频特性和相频特性曲线、幅相频率特性曲线、对数频率特性曲线以及对数幅相曲线等，其中以幅相频率特性曲线，对数频率特性曲线应用最广。在绘制对数幅频特性曲线时，可用简单的渐近线近似地绘制，必要时可进行修正。

（3）对于最小相位系统，幅频特性和相频特性之间存在着唯一的对应关系，故根据对数幅频特性，可以唯一地确定相应的相频特性和传递函数。而对于非最小相位系统则不然。

（4）利用乃奎斯特稳定判据，可根据系统的开环频率特性来判断闭环系统的稳定性，并可定量地反映系统的相对稳定性，即稳定裕度。稳定裕度通常用相角裕度和幅值裕度来表示。

（5）把系统的开环频率特性画在等$M$圆图和等$N$圆图上，可以求得系统的闭环频率特性。

（6）根据系统的开环频率特性或闭环频率特性可以估算系统的一些时域性能指标。

## 习　　题

5-1　某放大器的传递函数为

$$G(s) = \frac{K}{Ts+1}$$

测得其频率特性，当$\omega = 1\text{rad/s}$时，幅频$A = 12/\sqrt{2}$，相频$\varphi = -\pi/4$，问放大系数和时间常数各为多少？

5-2　设控制系统的结构图如图 5-80 所示，试根据频率特性的物理意义，求下列输入信号作用时，系统的稳态输出和稳态误差。

(1) $r(t) = \sin 2t$

(2) $r(t) = \sin(t+30°) - 2\cos(2t-45°)$

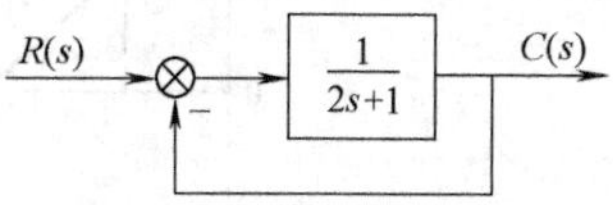


图　5-80

5-3　若系统的单位阶跃响应为

$$h(t) = 1 - 1.8e^{-4t} + 0.8e^{-9t}\ (t \geqslant 0)$$

试求系统的频率特性。

5-4　试求图 5-81 所示网络的频率特性，并画出其对数幅频特性近似曲线。

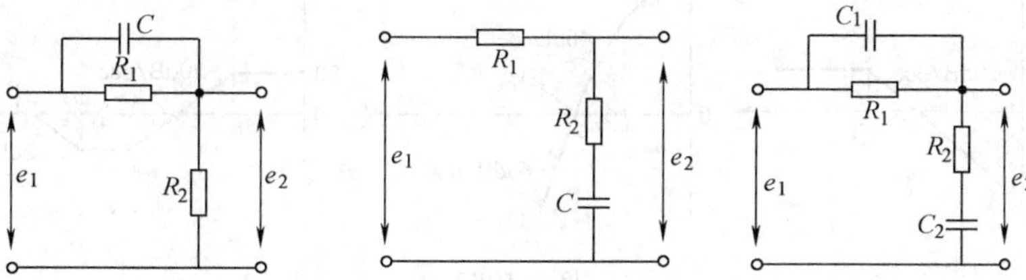


图　5-81

5-5　已知单位反馈系统的开环传递函数，试绘制其开环频率特性的极坐标图。

(1) $G(s) = \dfrac{2}{2s+1}$

(2) $G(s) = \dfrac{2}{s(s+1)(2s+1)}$

(3) $G(s) = \dfrac{2(2s+1)}{s^2(s+1)}$

(4) $G(s) = \dfrac{2(0.5s+1)}{s^2(s+1)}$

(5) $G(s) = \dfrac{2s}{(10s+1)(s+1)}$

(6) $G(s) = \dfrac{2(s+1)(0.1s+1)}{s^2(10s+1)}$

(7) $G(s) = \dfrac{2}{s(s^2+s+1)}$

(8) $G(s) = \dfrac{10s+1}{s^2}$

5-6　请绘制题 5-5 中各系统的近似对数幅频特性曲线和对数相频特性曲线。

5-7　试证惯性环节的幅相曲线为半圆。

5-8　绘制环节 $G(s) = \dfrac{1}{s-1}$ 的博德图，并和 $G(s) = \dfrac{1}{s+1}$ 的博德图相比较。

5-9　最小相位系统的近似对数幅频曲线如图 5-82 所示，要求：

(1) 写出对应的传递函数；

(2) 概略地绘制每个传递函数对应的幅相曲线和对数相频曲线。

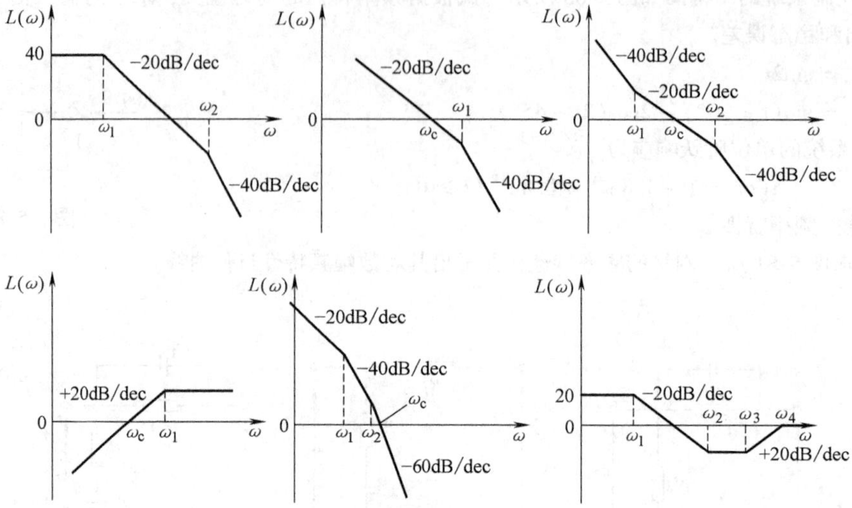


图 5-82

5-10 单位负反馈控制系统的开环传递函数如下，试用乃奎斯特稳定判据判断闭环系统的稳定性。

(1) $G(s)=\dfrac{2}{s(s-1)}$

(2) $G(s)=\dfrac{10}{s(0.1s+1)(0.2s+1)}$

(3) $G(s)=\dfrac{10(2s+1)}{s^2(s+1)}$

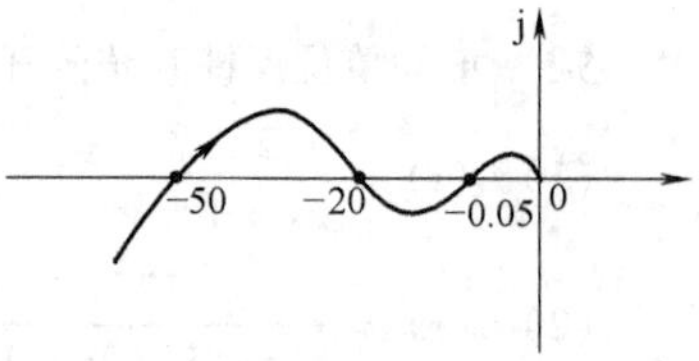


图 5-83

5-11 某负反馈系统的开环幅相曲线如图 5-83 所示，已知 $K=500$，$p=0$，$v=2$，试确定系统稳定时 $K$ 的取值范围。

5-12 反馈控制系统的开环幅相曲线如图 5-84 所示，试判断闭环系统的稳定性。其中 $p$ 为系统开环传递函数位于右半 $s$ 平面的极点数，$v$ 为开环传递函数的积分环节数。

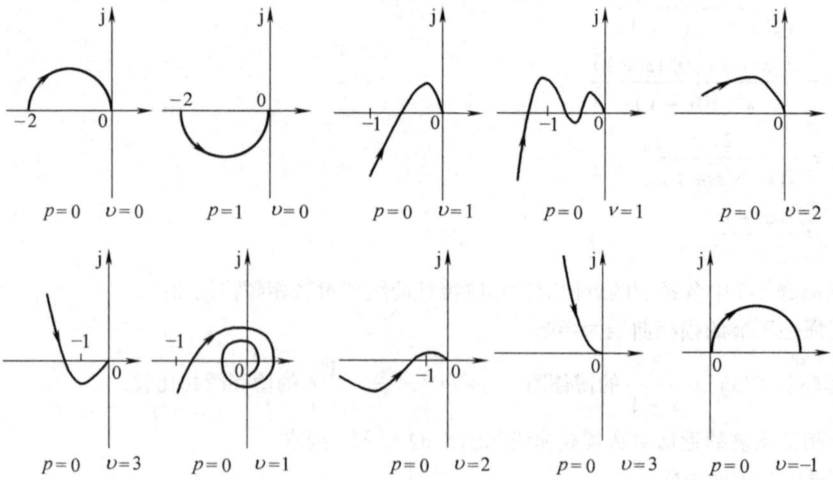


图 5-84

5-13　单位负反馈系统的开环传递函数为：$G(s) = \dfrac{50(0.2s+1)}{s(s+1)(0.05s+1)}$

试绘制其近似对数幅频曲线和对数相频曲线的大致形状，计算其幅值裕度和相角裕度。

5-14　已知负反馈系统的开环传递函数为

$$G(s)H(s) = \frac{K}{s(0.01s^2+0.01s+1)}$$

试求幅值裕度为 20dB 时的 $K$ 值，并求对应的相角裕度。

5-15　设单位负反馈系统的开环传递函数为

(1) $G(s) = \dfrac{K}{s(s+1)}$

(2) $G(s) = \dfrac{\tau s+1}{s^2}$

试求相角裕度为 45°时的 $K$ 值或 $\tau$ 值。

5-16　设单位负反馈系统的开环传递函数为

$$G(s) = \frac{K}{s(0.1s+1)(s+1)}$$

(1) 试求相角裕度为 60°时的 $K$ 值；(2) 求幅值裕度为 20dB 时的 $K$ 值；(3) 求谐振峰值 $M_r = 1.4$ 时的 $K$ 值。

5-17　单位负反馈系统，其开环传递函数为

$$G(s) = \frac{4}{s(0.1s+1)(s+1)}$$

利用尼柯尔斯图线，绘制闭环对数幅频和相频曲线。

5-18　系统如图 5-85 所示，试确定相角裕度 $\gamma$ 和截止频率 $\omega_c$，并估算闭环系统阶跃响应性能指标 $\sigma\%$ 及 $t_s$。

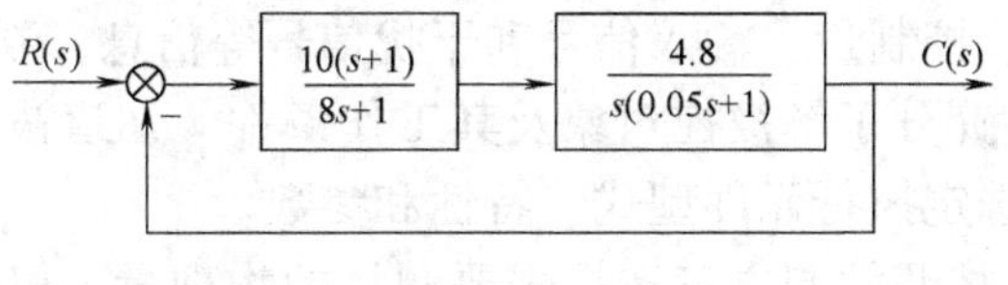


图　5-85

5-19　设单位负反馈系统的开环传递函数为

$$G(s) = \frac{10(0.2s+1)}{s(s+1)}$$

利用 MATLAB 软件绘制其开环对数频率特性曲线，计算稳定裕度。

5-20　设单位负反馈系统的开环传递函数为

$$G(s) = \frac{10(2s+1)}{s(s+1)(0.1s+1)}$$

利用 MATLAB 软件绘制其开环幅相曲线。

# 第 6 章　线性系统的校正

第 3、4、5 章介绍了经典控制理论中自动控制系统的三种分析方法。在已知一个自动控制系统的结构形式及其全部参数的基础上，研究其稳定性条件，以及在典型输入信号作用下，系统的稳态、瞬态性能与系统结构、参数和输入信号之间的关系问题，称为系统分析问题。在实际工程中，往往提出另外一个问题，即根据希望的稳态、瞬态性能指标，研究如何建立满足性能要求的控制系统，这称为系统设计问题（也称为系统综合问题）。在控制理论课程中，控制系统的设计问题主要是指校正装置的设计。本章介绍线性定常控制系统校正的基本理论与方法。

## 6.1　引言

### 6.1.1　控制系统的设计

在第 1 章已述及，一个自动控制系统是由被控对象和控制器两大部分组成的。所谓系统设计，就是根据给定的被控对象和控制任务设计控制器，并将构成控制器的各元部件与被控对象适当组合起来，使之按照一定的精度完成控制任务。设计时必须考虑并解决如下几个问题：

1）制定控制方案。分析被控对象的工作原理，明确控制目标。通常，系统的控制目标是通过所谓性能指标来表述的，如反映稳态性能、瞬态性能和抗干扰性能等方面的时域和频域指标。明确被控制量、控制量、输入信号和干扰信号等信息，制定控制方案。

2）选择执行元件。充分了解被控对象及其工作条件，知道被控对象的能源、功率大小和控制量的性质，从而选定执行元件型式、特性和参数。

3）选择测量元件。按照控制方案选择需要测量的物理量，根据被测物理量的性质，确定测量元件的型式、特性和参数。由于测量元件的特性对系统性能影响很大，需要仔细选择。一般应考虑测量元件的精度、测量所需要的时间、信噪比、非线性度等因素。

4）选择放大元件。需要配合测量元件和执行元件合理选择放大元件，包括前置放大器和功率放大器，实现测量信号的比较和放大，并驱动执行元件。要求放大器的增益是可以调整的。

5）由初步选定的测量元件、放大元件和执行元件等作为控制器的基本组成元件，与被控对象一起，构成的自动控制系统如图 6-1 所示。一般情况下，被控对象和控制器确定之后，除了放大器的增益，其他参数不易调整，因此也将它们称为控制系统中的“不可变部分”。

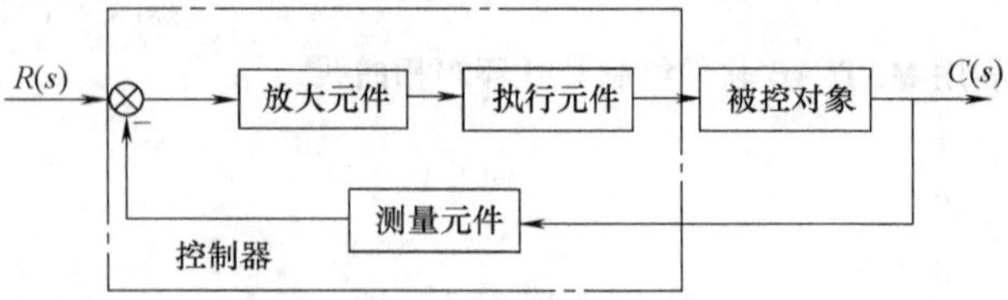


图　6-1

6）设计校正装置。为了使设计的控

制系统满足给定的性能指标，首先需要调整放大器增益。然而在大多数实际情况中，仅仅调整增益不能使系统满足给定的各项性能指标。通常的情况是，提高增益可以改善系统的稳态精度，但是会使系统的相对稳定性变坏，甚至有可能造成系统不稳定。因此，有必要在系统中引入一些附加装置以改变系统的结构，使整个系统的性能发生变化，从而满足给定的各项性能指标要求。这些附加装置称为校正装置或补偿器。设计附加校正装置的过程就称为控制系统的校正。

控制系统的设计是一个涉及面很广的问题，既要根据性能指标的要求进行理论设计，又要考虑工艺性、经济性、使用寿命、体积、重量等问题。既要有理论指导，又要根据实际经验。一般来说，设计一个控制系统不是一次就能完成的，而是一个逐步试探与不断完善的过程。

### 6.1.2 性能指标

控制系统设计和校正中首先需要准确地表述性能指标，以保证设计出的控制系统能够很好地实现控制目标。性能指标通常由使用单位或设计制造单位提出，不同的控制系统对性能指标的要求应有不同的侧重。例如，定值控制系统对平稳性和稳态精度要求较高，而随动系统则侧重于快速性要求。

性能指标的提出，应符合实际系统的需要与可能。一般地说，性能指标不应当比完成给定任务所需要的指标更高。对于一个给定的系统，如果其稳态精度最重要，就没有必要对它的动态过程提出不必要的过高要求，过高的动态性能指标要求价格昂贵的元件来实现。

常用的性能指标有：

1）时域指标：调节时间 $t_s$、超调量 $\sigma\%$、静态误差系数 $K_p$、$K_v$、$K_a$；

2）开环频域指标：相角裕度 $\gamma$、幅值裕度 $h$、截止频率 $\omega_c$；

3）闭环频域指标：谐振峰值 $M_r$、谐振频率 $\omega_r$、带宽频率 $\omega_b$、零频幅比 $M(0)$ 。

在控制系统的校正中，采用的方法一般依据性能指标的形式而定。如果性能指标以时域特征量给出时，一般采用根轨迹法校正。如果性能指标以频域特征量给出时，一般采用频率法校正。

二阶系统频域指标与时域指标有着明确的数学关系：

1）谐振峰值
$$M_r = \frac{1}{2\xi\sqrt{1-\xi^2}} \quad \xi \leqslant 0.707 \tag{6-1}$$

2）谐振频率
$$\omega_r = \omega_n\sqrt{1-2\xi^2} \quad \xi \leqslant 0.707 \tag{6-2}$$

3）带宽频率
$$\omega_b = \omega_n\sqrt{1-2\xi^2+\sqrt{2-4\xi^2+4\xi^4}} \tag{6-3}$$

4）截止频率
$$\omega_c = \omega_n\sqrt{\sqrt{1+4\xi^4}-2\xi^2} \tag{6-4}$$

5）相角裕度
$$\gamma = \arctan\frac{2\xi}{\sqrt{\sqrt{1+4\xi^4}-2\xi^2}} \tag{6-5}$$

6）超调量
$$\sigma\% = e^{-\pi\xi/\sqrt{1-\xi^2}} \times 100\% \tag{6-6}$$

7）调节时间 $$t_s = \frac{3.5}{\xi\omega_n} \quad \omega_c t_s = \frac{7}{\tan\gamma} \tag{6-7}$$

高阶系统频域指标与时域指标之间通常通过近似公式进行转换：

1）谐振峰值 $$M_r = \frac{1}{\sin\gamma} \tag{6-8}$$

2）超调量 $$\sigma = 0.16 + 0.4(M_r - 1) \quad 1 \leqslant M_r \leqslant 1.8 \tag{6-9}$$

3）调节时间 $$t_s = \frac{K_1\pi}{\omega_c} \tag{6-10}$$

式中 $$K_1 = 2 + 1.5(M_r - 1) + 2.5(M_r - 1)^2 \quad 1 \leqslant M_r \leqslant 1.8$$

### 6.1.3 校正的作用

在系统初步设计阶段，先选择一些元部件（如执行元件、测量元件、放大元件）构成控制器的基本组成部分，这时组成的控制系统往往不能满足各项性能指标要求，需要引入适当的校正装置。闭环控制系统的主要性能可以从它的开环频率特性曲线上反映，引入校正装置的作用，对频域来说，就是在不同频段上对原系统开环频率特性曲线的形状进行相应的修改，使校正后的系统满足稳态性能和瞬态性能的要求。

**例 6-1** 控制系统的开环传递函数为

$$G(s)H(s) = \frac{K}{s(s+1)(0.0125s+1)}$$

若要求系统在单位斜坡函数作用下，稳态误差 $e_{ss} \leqslant 0.01$，且闭环谐振峰值 $M_r = 1.25$，试讨论 $K$ 的选择。

**解** 根据稳态误差的要求，应取 $K \geqslant 100$，设 $K = 100$，绘制系统的开环幅相特性曲线如图 6-2 曲线 1 所示，闭环系统是不稳定的。根据闭环谐振峰值 $M_r = 1.25$ 的要求，可求得 $K = 1$，开环幅相特性曲线如图 6-2 曲线 2 所示，这时系统虽然稳定，且具有满意的稳定裕度，但不满足对稳态误差的要求。对于本题，仅仅调整开环增益 $K$ 无法同时满足系统稳态误差和谐振峰值的要求。

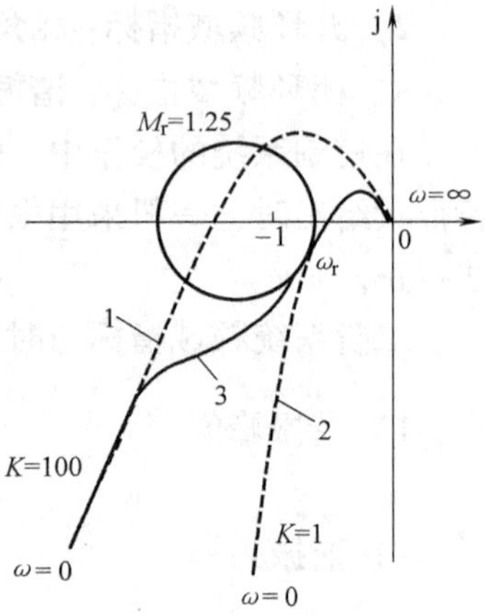


图 6-2

为了获得比较高的稳态精度和满意的相对稳定性，必须对开环频率特性曲线的形状作某些修改。由图 6-2 可以看出，如果在特性曲线的低频段采用曲线 1，而在高频段采用曲线 2，则可以得到开环幅相特性曲线的变形曲线，如图 6-2 中的曲线 3（实线）所示。变形后的特性曲线与给定的 $M$ 圆（$M = 1.25$）相切，具有适当的幅值裕度和相角裕度，可同时满足系统稳态误差和谐振峰值的要求。要使特性曲线产生变形，方法是在系统中引入适当的校正装置，改变原系统的结构。依据曲线 1 和曲线 2，可以找到两种改变曲线形状的方法：

1）保持曲线 1 的低频部分基本不变，而改变它在谐振频率 $\omega_r$ 附近的形状，使之不包围 $(-1, j0)$ 点，并且有一定的稳定裕度。

2）保持曲线 2 在谐振频率 $\omega_r$ 附近的形状不变，而改变它的低频部分，使得 $K = 100$。

上面两种方法需要采用不同的校正装置。因此，系统校正问题不像系统分析问题那样单一，也就是说，能够全面满足性能指标的校正方案并不是唯一的。

### 6.1.4　校正方式

按照校正装置在系统中的位置，以及它和系统不可变部分的连接方式，控制系统校正方式可分为串联校正、反馈校正、复合校正三种。其中，复合校正又分为按输入补偿的复合校正和按扰动补偿的复合校正。

若校正装置 $G_c(s)$ 串联于系统的前向通道之中，称为串联校正，如图 6-3a 所示，图中，原有部分 $G_0(s)$ 是指系统的不可变部分。若校正装置 $G_c(s)$ 位于系统的局部反馈通道之中，则称为反馈校正，如图 6-3b 所示。图 6-3c 是具有输入补偿的复合校正，输入信号经过校正装置 $G_c(s)$ 整形或滤波后，再送入反馈系统。图 6-3d 是具有扰动补偿的复合校正，校正装置 $G_c(s)$ 接在系统可测扰动作用点与误差测量点之间，形成一条附加的对扰动影响进行补偿的通道。

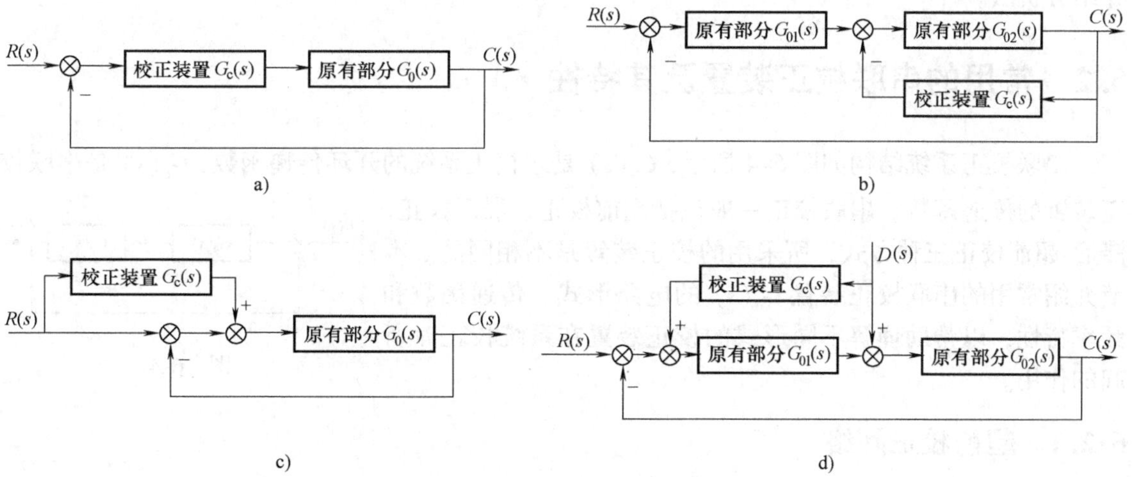


图　6-3

### 6.1.5　校正装置的设计方法

控制系统的校正，归根结底就是设计校正装置。校正问题是以下面两个条件为基础的：

1）已知控制系统不可变部分的结构特性与参数；

2）已知对控制系统提出的全部性能指标。

根据上述条件设计校正装置时，首先确定一个切实可行的校正方式，在此基础上利用本章介绍的校正方法确定校正装置的形式和参数。常用的方法有根轨迹法和频域法。

（1）根轨迹法　通过第 4 章的学习知道，当系统的某一参数发生变化时，由开环零、极点的位置可确定全部闭环极点的位置。根轨迹设计方法通过在系统中增加适当的开环零、极点来修改系统原有的闭环根轨迹形状，使校正后的根轨迹能够经过希望的闭环极点。所需要增加的零、极点由校正装置实现。只要掌握了在系统中增加零点和极点对根轨迹影响的规律，就能够容易地确定校正装置的零点和极点位置。一般来说，当性能指标以时域量给出时，例如给出超调量、调节时间、希望的闭环主导极点等，采用根轨迹法进行设计更为有效和方便。

（2）频域法　如果系统校正时要求满足的性能指标属频域指标，例如相位裕度、幅值裕度、谐振峰值和带宽等，则通常采用频域设计方法。在频域内进行系统设计，是一种间接设计方法，因为设计结果满足的频域指标只能间接地反映了系统的动态响应性能。一般地说，开环频率特性的低频段表征了闭环系统的稳态性能；中频段表征了闭环系统的动态性能；高频段表征了闭环系统的复杂性和噪声抑制性能。因而，在频域内进行设计又是一种简便的方法，在博德图上虽然不能严格定量地给出系统的动态性能，但却能方便地根据开环对数频率特性和给定的频域指标确定校正装置的参数，特别是对已校正系统的高频特性有要求时，采用频域法校正更为方便。

本章重点介绍频域设计法。在线性系统的频域法校正中，常用的方法又分为分析法和综合法两种，本章将结合串联校正分别给予介绍。应当指出，不论是分析法，还是综合法，其设计过程一般仅适用于最小相位系统。根轨迹法也分为分析法和综合法，本章结合串联校正介绍分析法。

## 6.2 常用的串联校正装置及其特性

串联校正系统结构如图6-4所示，$G_0(s)$ 是未校正系统的开环传递函数，$G_c(s)$ 是串联校正装置的传递函数。串联校正一般包括超前校正、滞后校正、滞后-超前校正三种方式，所采用的校正装置是不相同的。本节介绍常用的串联校正装置 $G_c(s)$ 的电路形式、传递函数和频率特性，以帮助理解不同形式的校正装置在系统校正时所起的作用。

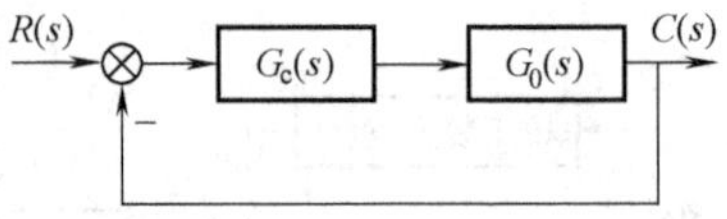


图　6-4

### 6.2.1 超前校正网络

**1. 电路形式及数学模型**

校正装置可以用不同的电路实现，为便于分析，介绍一种常见的无源超前校正网络的电路图，如图6-5所示。其传递函数为

$$G_c(s) = \frac{U_2(s)}{U_1(s)} = \frac{1}{a}\frac{aTs+1}{Ts+1} = \frac{s+\dfrac{1}{aT}}{s+\dfrac{1}{T}} \tag{6-11}$$

其中

$$a = \frac{R_1+R_2}{R_2} > 1 \qquad T = \frac{R_1R_2}{R_1+R_2}C$$

$a$ 和 $T$ 根据校正的要求确定。

超前网络的零、极点分布如图6-6。其零点总是位于极点的右侧，靠近虚轴，因此零点起主要作用。

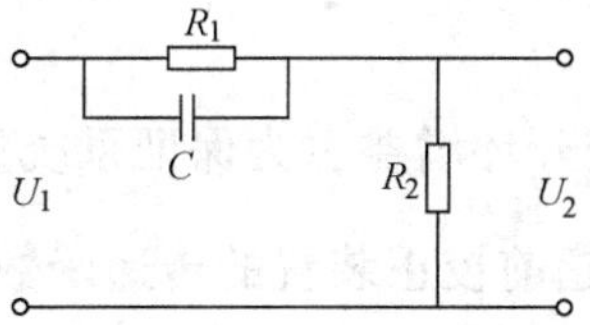


图　6-5

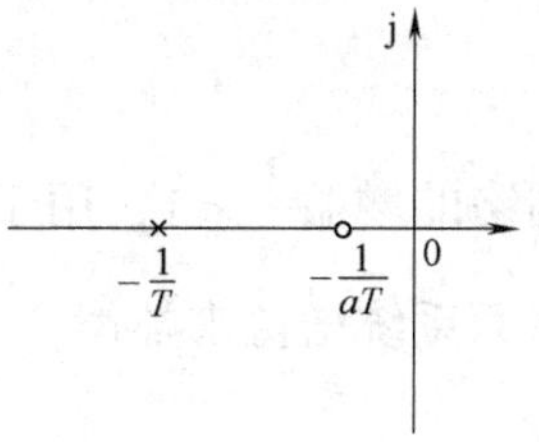


图　6-6

**2. 频率特性**

$$G_c(j\omega) = \frac{1}{a}\frac{jaT\omega + 1}{jT\omega + 1}$$

超前网络的对数频率特性曲线和幅相特性曲线分别如图 6-7a 和图 6-7b 所示。显然，超前网络对角频率 $\omega$ 在$\frac{1}{aT}$和$\frac{1}{T}$之间的正弦输入信号有微分作用，如果在网络上加一正弦输入信号，其输出也是正弦信号，但其相角比输入信号相角超前，超前网络的名称由此而得。超前网络是一个高通滤波器。

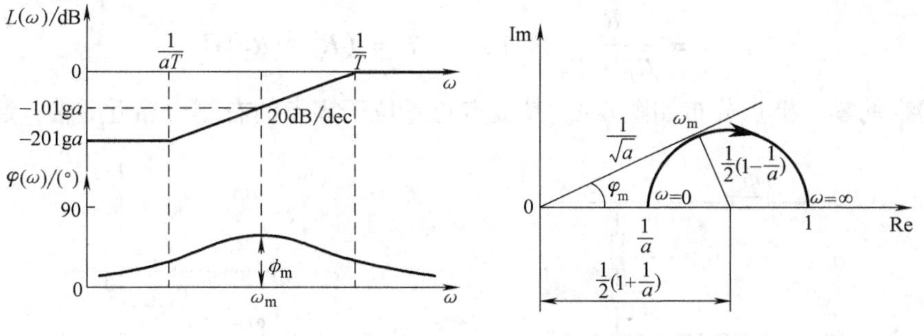


a)　　b)

图　6-7

从频率特性曲线看出，超前网络在角频率 $\omega_m$ 处具有最大超前角 $\phi_m$。由超前网络的幅相曲线容易得

$$\sin\phi_m = \frac{\frac{1}{2}(1 - \frac{1}{a})}{\frac{1}{2}(1 + \frac{1}{a})} = \frac{a - 1}{a + 1} \tag{6-12}$$

最大超前角

$$\phi_m = \arcsin\frac{a - 1}{a + 1} \tag{6-13}$$

由幅相曲线可知，最大相角频率 $\omega_m$ 处有 $|G_c(j\omega_m)| = 1/\sqrt{a}$，即 $L(\omega_m) = -10\lg a$。由对数频率特性曲线很容易看出最大相角频率 $\omega_m$ 正好在 $1/aT$ 和 $1/T$ 的几何中心，即 $\lg\omega_m = \frac{1}{2}(\lg\frac{1}{aT} + \lg\frac{1}{T})$，所以有

$$\omega_m = \frac{1}{\sqrt{a}T} \tag{6-14}$$

无源超前网络的增益$\frac{1}{a}<1$，用于串联校正时会降低系统开环增益，为保证系统的稳态精度，可通过提高原系统增益来补偿。为方便起见，常把无源超前校正装置的传递函数设为

$$G_c(s) = \frac{aTs+1}{Ts+1} \qquad a>1 \tag{6-15}$$

### 6.2.2 滞后校正网络

**1. 电路形式及数学模型**

无源滞后校正网络的电路图如图 6-8 所示，其传递函数为

$$G_c(s) = \frac{U_2(s)}{U_1(s)} = \frac{bTs+1}{Ts+1} = b\frac{s+\frac{1}{bT}}{s+\frac{1}{T}} \tag{6-16}$$

其中

$$b = \frac{R_2}{R_1+R_2} < 1, \qquad T = (R_1+R_2)C$$

滞后网络的零、极点分布如图 6-9。其极点总是位于零点的右侧，靠近虚轴，起主要作用。

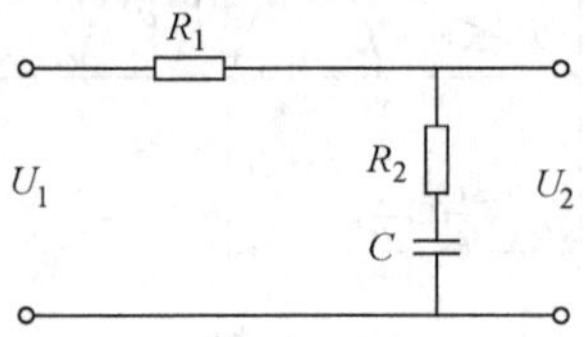


图 6-8

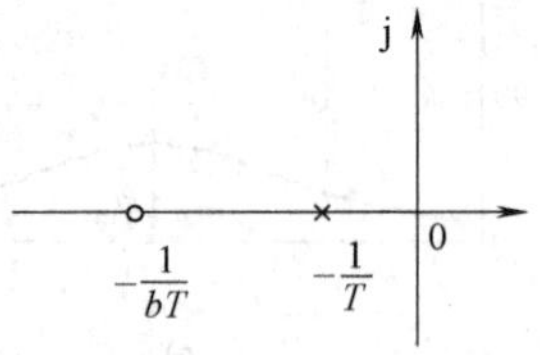


图 6-9

**2. 频率特性**

$$G_c(j\omega) = \frac{jbT\omega+1}{jT\omega+1}$$

滞后网络的对数频率特性曲线和幅相特性曲线分别如图 6-10a 和图 6-10b 所示。由图可

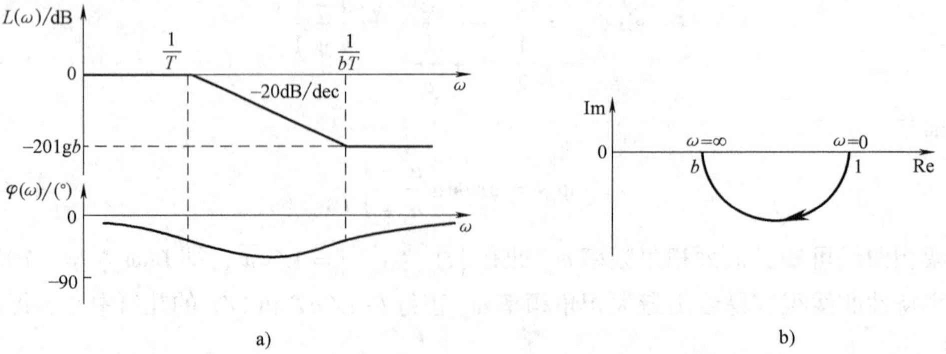


图 6-10

见，滞后网络在角频率 $1/T$ 和 $1/bT$ 之间呈积分效应，在转折频率 $1/bT$ 之后，其对数幅频特性的幅值为 $20\lg b<0$，高频幅值具有衰减的特性，对数相频曲线呈相角滞后特性。滞后网络是一个低通滤波器。

## 6.2.3　滞后-超前校正网络

### 1. 电路形式及数学模型

无源滞后-超前网络的电路图如图 6-11a 所示，其传递函数为

$$G_c(s)=\frac{U_2(s)}{U_1(s)}=\frac{(T_a s+1)(T_b s+1)}{(\alpha T_a s+1)(\frac{T_b}{\alpha}s+1)} \tag{6-17}$$

其中

$$T_a=R_1C_1 \qquad T_b=R_2C_2 \qquad T_a>T_b$$

$$\alpha T_a+\frac{T_b}{\alpha}=R_1C_1+R_2C_2+R_1C_2 \qquad \alpha>1$$

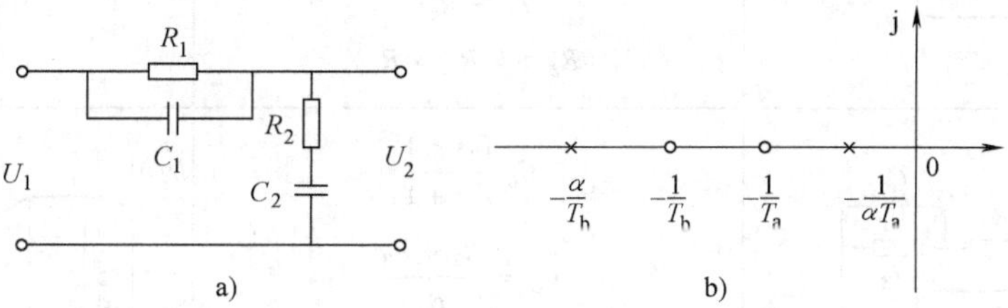


图　6-11

可见，滞后-超前网络是由滞后网络和超前网络两部分组合而成，并且有 $\alpha=a=\frac{1}{b}$。滞后-超前网络的零、极点分布如图 6-11b 所示，滞后部分的零、极点与超前部分的零、极点相比更靠近虚轴。

### 2. 频率特性

滞后-超前网络的频率特性如图 6-12 所示。低频段具有滞后网络的特性，高频段具有超

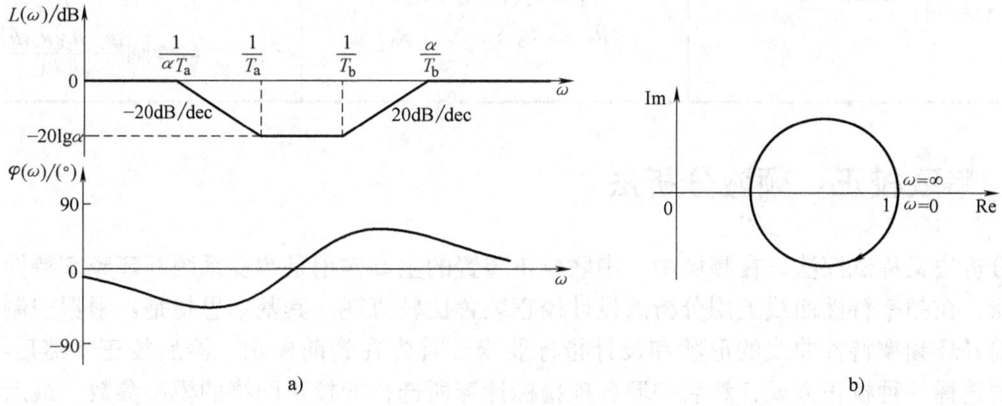


图　6-12

前网络的特性。

### 6.2.4 有源校正网络

无源 $RC$ 网络因其结构简单，便于理解，用作实例进行各类校正网络的分析。在控制系统的实际应用中，由于采用无源网络进行校正时需要考虑负载效应问题，有时难以实现希望的控制规律，此外，复杂网络的设计与调整也不方便。因此，采用由运算放大器实现的有源校正装置更为普遍。

常用有源校正装置示于表 6-1 之中。

**表 6-1 常用有源校正装置**

| 类型 | 电路图 | 传递函数 | 对数幅频特性 |
|---|---|---|---|
| 超前网络 | 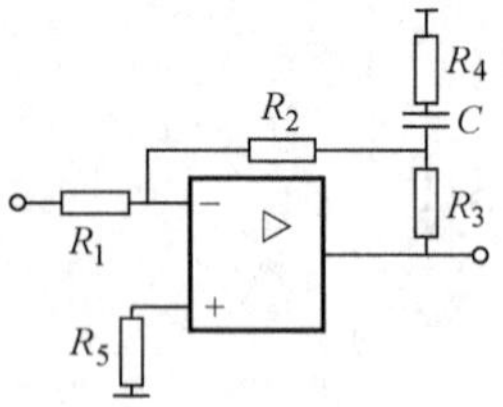 | $G_0\dfrac{T_1s+1}{T_2s+1}$<br>$G_0=(R_2+R_3)/R_1$<br>$T_1=(R_3+R_4)C$<br>$T_2=R_4C$<br>$(R_2>>R_3>R_4)$ | 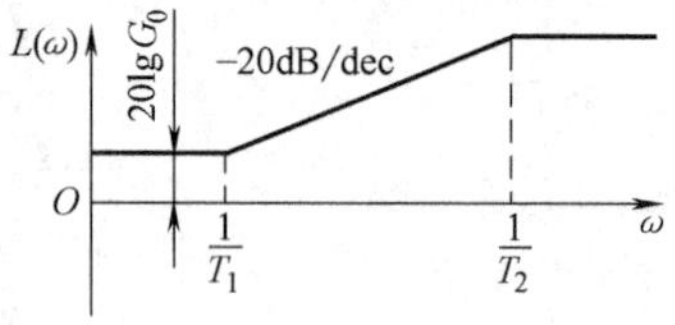 |
| 滞后网络 | 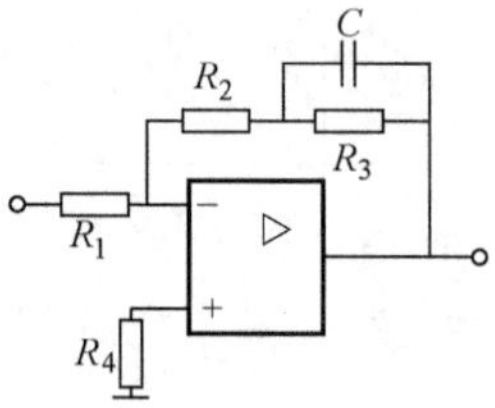 | $G_0\dfrac{T_2s+1}{T_1s+1}$<br>$G_0=\dfrac{R_2+R_3}{R_1}$<br>$T_1=R_3C$<br>$T_2=\dfrac{R_2R_3}{R_2+R_3}C$ | 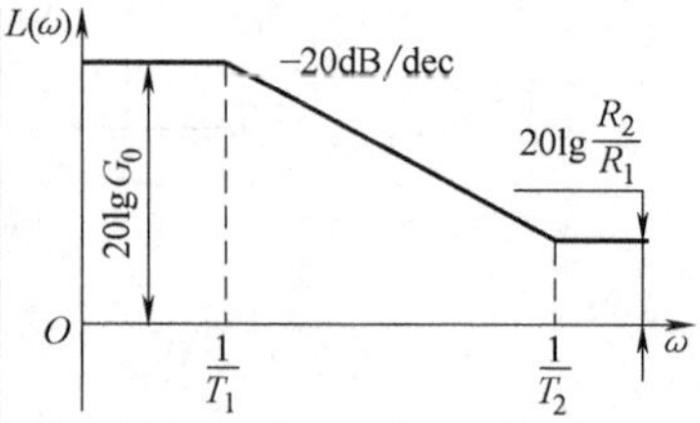 |
| 滞后—超前网络 | 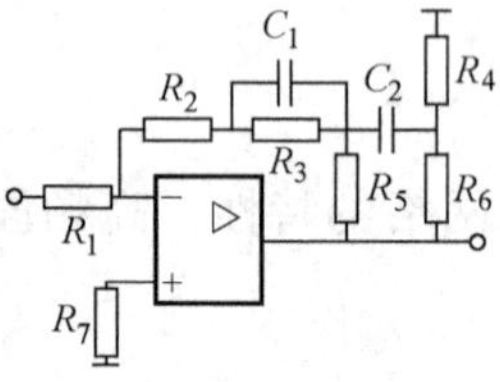 | $G_0\dfrac{(T_2s+1)(T_3s+1)}{(T_1s+1)(T_4s+1)}$<br>$G_0=(R_2+R_3+R_5)/R_1\ T_1=R_3C_1$<br>$T_2=[(R_2+R_5)//R_3]C_1T_3=R_5C_2$<br>$T_4=R_4T_3/(R_4+R_6)$<br>$(R_2>>R_5>>R_6>R_4)$ | 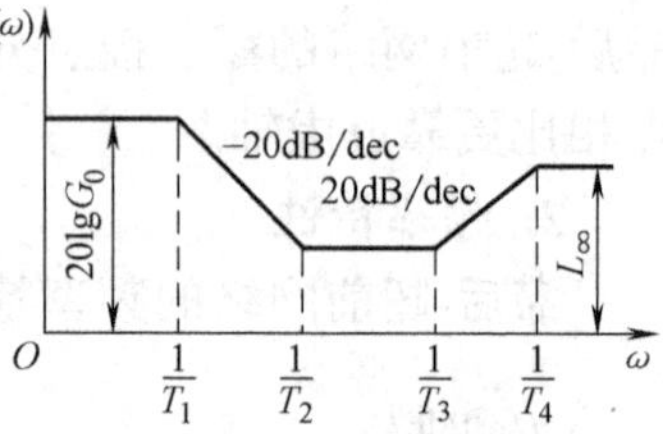<br>$L_\infty=20\lg[\dfrac{(R_2+R_5)(R_4+R_6)}{R_1R_4}]$ |

## 6.3 串联校正：频域分析法

分析法又称试探法。在频域中，串联校正装置的主要作用是改变系统开环频率特性曲线的形状，在频率特性曲线上用分析法设计校正装置比较直观。其基本思想是：根据控制系统校正前开环频率特性曲线的形状和设计指标要求，首先在超前校正、滞后校正、滞后-超前校正中选择一种校正方式，然后按照各项指标计算所选择的校正网络的模型参数，最后依据确定的模型参数决定电路中各元器件的值。

用分析法设计的校正网络在物理上易于实现，但要求设计者有一定的工程设计经验，设计过程带有试探性，需要根据指标要求不断修正设计参数直到满足要求。

## 6.3.1　串联超前校正

### 1. 串联超前校正的作用和特点

串联超前校正的作用是利用超前校正装置产生足够大的相位超前角，来补偿原系统中过大的相角滞后，以改善系统的动态特性。

图 6-13 给出了一个串联超前校正的例子，可以说明超前校正的作用。校正前系统的开环对数幅频和相频特性由图中的曲线 1 表示，这时系统是不稳定的，相角裕度为负值。曲线 2 表示超前校正网络的对数幅频特性和相频特性。校正后的开环对数幅频特性和相频特性由曲线 3 表示。显然，校正后的系统不但稳定而且具有足够的相角裕度。

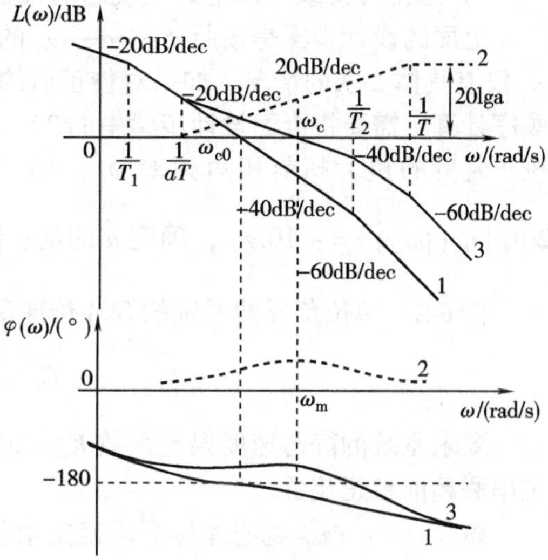

图　6-13

从上面的例子可以总结出超前校正的特点：

1）校正装置提供正相角补偿了原系统的相角滞后，改善了系统的相对稳定性，使系统具有一定的稳定裕度。

2）从对数幅频曲线看，截止频率由校正前的 $\omega_{c0}$ 提高到校正后的 $\omega_c$，使校正后系统频带变宽，动态响应变快。

3）为了充分利用超前校正装置的相角补偿作用，校正装置的转折频率 $1/aT$ 和 $1/T$ 应分设在校正前截止频率 $\omega_{c0}$ 和校正后截止频率 $\omega_c$ 的两边，最大相角频率 $\omega_m$ 设在 $\omega_c$ 处。

4）超前校正提高了系统幅频曲线在高频段的幅值，使得校正后的系统抗高频干扰能力下降。

### 2. 超前校正的设计步骤

单位负反馈系统的开环传递函数为 $G(s)$，希望该系统满足一定的性能指标，这些指标以相位裕度、幅值裕度、误差系数等形式给出。利用频域分析法设计超前校正装置 $G_c(s)$ 的步骤如下：

1）根据稳态误差的要求，确定原系统的开环增益 $K$。

2）利用已确定的开环增益 $K$，计算未校正系统的相角裕度 $\gamma_0$ 和幅值裕度 $20\lg Kg$ 等动态指标，若指标不满足要求，继续以下步骤。

3）根据要求的相角裕度 $\gamma$ 确定校正装置需要产生的最大超前相角 $\phi_m$

$$\phi_m = \gamma - \gamma_0 + (5° \sim 10°) \tag{6-18}$$

考虑到校正后截止频率 $\omega_c$ 将比校正前截止频率 $\omega_{c0}$ 略有增加，因而在 $\phi_m$ 的计算公式中预先增加 5°~10°。

4）确定校正装置 $G_c(s)$ 的参数 $a$ 和 $T$。根据公式（6-12），即 $a = \dfrac{1+\sin\phi_m}{1-\sin\phi_m}$ 确定 $a$ 的数

值。为了最大限度地利用校正装置的超前相角，令 $\omega_c=\omega_m$，这时应有

$$20\lg|G_0(j\omega_c)|=-20\lg|G_c(j\omega_m)|=-10\lg a \tag{6-19}$$

可以求得 $\omega_c$，由式（6-14）有 $\omega_m=\omega_c=\dfrac{1}{T\sqrt{a}}$，可求出 $T$。

5）按式（6-15）确定校正装置的传递函数 $G_c(s)=\dfrac{aTs+1}{Ts+1}$。

6）检验校正后系统的性能指标是否满足要求，若不满足，需要进行修正。

7）选择无源或有源电路实现超前校正网络，确定电路的元件值。

上面的设计步骤是按照 $\phi_m\to a\to\omega_c$ 的顺序进行的，主要用于对校正后系统的截止频率 $\omega_c$ 没有具体要求的情况。如果对校正后的截止频率 $\omega_c$ 有明确要求，则可按照 $\omega_c\to a\to\phi_m$ 的顺序计算，需要将上面设计步骤中的3）、4）改为：3）将校正后希望的截止频率 $\omega_c$ 确定为校正装置的最大超前相角频率 $\omega_m$；4）令未校正系统在 $\omega_m$ 处的幅值 $20\lg|G_0(j\omega_c)|=-20\lg|G_c(j\omega_m)|=-10\lg a$，确定 $a$ 的值；然后由 $T=\dfrac{1}{\omega_m\sqrt{a}}=\dfrac{1}{\omega_c\sqrt{a}}$ 确定 $T$。

**例 6-2** 单位负反馈系统的开环传递函数为

$$G_0(s)=\frac{4K}{s(s+2)}$$

要求系统的静态速度误差系数 $K_v=20\mathrm{s}^{-1}$，相角裕度 $\gamma\geqslant 50°$，幅值裕度 $h\geqslant 10\mathrm{dB}$，试确定串联超前校正装置。

**解** （1）根据稳态指标要求确定增益 $K$。因为

$$K_v=\lim_{s\to 0}sG_0(s)=2K=20$$

所以取 $K=10$。该系统的开环增益为20。

（2）计算未校正系统的性能指标。未校正的开环频率特性

$$G_0(j\omega)=\frac{40}{j\omega(j\omega+2)}=\frac{20}{j\omega(j0.5\omega+1)}$$

绘出未校正系统的开环对数幅频特性和对数相频特性曲线如图6-14所示。计算校正前的截止频率时，可以按照精确的幅频特性曲线计算，也可以按照对数幅频特性近似曲线计算，结果会略有不同。为方便起见，设计时宜采用近似曲线计算，对设计结果用精确计算加以验证。由未校正的开环对数幅频近似曲线可知

$$40(\lg\omega_{c0}-\lg 2)=20(\lg 20-\lg 2)$$

解得 $\omega_{c0}=6.3\mathrm{rad/s}$。求出

$$\gamma_0=17° \qquad h=\infty\ \mathrm{dB}$$

（3）确定校正网络需要产生的最大超前角 $\phi_m$。由 $\gamma\geqslant 50°$可得

$$\phi_m=\gamma-\gamma_0+(5°\sim 10°)=50°-17°+5°=38°$$

（4）计算 $a$。由式（6-12），即 $a=\dfrac{1+\sin\phi_m}{1-\sin\phi_m}$，求得 $a=4.2$

（5）计算 $T$。由式（6-19），$20\lg|G_0(j\omega_c)|=-10\lg a=-6.2\mathrm{dB}$，求得 $\omega_c=9\mathrm{rad/s}$。再由式（6-14），$\omega_m=\dfrac{1}{T\sqrt{a}}=\omega_c$，求得

$$T = \frac{1}{\omega_m \sqrt{a}} = 0.054\text{s}$$

（6）写出校正装置的传递函数。校正装置的传递函数为

$$G_c(s) = \frac{aTs+1}{Ts+1} = \frac{0.227s+1}{0.054s+1}$$

两个转折频率分别为：$\omega = \frac{1}{aT} = 4.4\text{rad/s}$（校正装置的零点），$\omega = \frac{1}{T} = 18.5\text{rad/s}$（校正装置的极点）。

（7）验算校正后系统的性能指标。校正后的开环传递函数

$$G_c(s)G_0(s) = \frac{20(0.227s+1)}{s(0.5s+1)(0.054s+1)}$$

校正装置以及校正后系统的开环对数频率特性曲线在图 6-14 中给出。截止频率 $\omega_c$ 由 6.3rad/s 提高到 9rad/s，意味着增加了系统的带宽，说明系统的响应速度变快；速度误差系数 $K_v = 20\text{s}^{-1}$，相角裕度 $\gamma = 50.5°$，幅值裕度 $h = \infty$ dB，说明系统既能满足稳态要求，也能满足相对稳定性的要求。

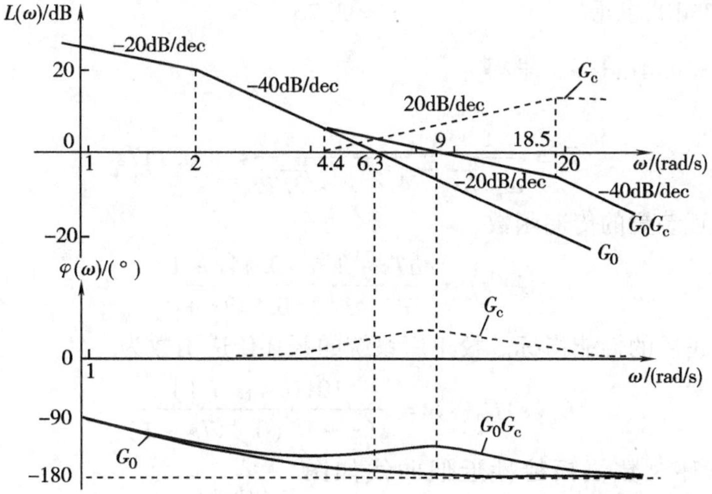


图　6-14

**例 6-3**　单位负反馈系统的开环传递函数为

$$G_0(s) = \frac{K}{s(s+1)}$$

要求系统在单位斜坡输入信号作用下，稳态误差 $e_{ss} \leqslant 0.1$，开环截止频率 $\omega_c \geqslant 4.3\text{rad/s}$，相角裕度 $\gamma \geqslant 45°$，幅值裕度 $h \geqslant 10\text{dB}$，试设计串联超前校正装置。

**解**　（1）首先根据稳态误差的要求，确定 $K$。因为

$$e_{ss} = \frac{1}{K} \leqslant 0.1$$

故求得 $K=10$。未校正系统的开环传递函数为

$$G_0(s)=\frac{10}{s(s+1)}$$

（2）对未校正系统进行分析。考虑到这是一个最小相位系统，可以只画出其对数幅频特性曲线。校正前的开环对数幅频特性近似曲线如图 6-15 所示，由曲线可求出 $\omega_{c0}=3.16\text{rad/s}$。所以

$$\gamma_0=180°-90°-\arctan\omega_{c0}=17.6°$$

二阶系统的幅值裕度必为 $+\infty$ dB。由于截止频率和相角裕度均低于指标要求，故采用串联超前校正是合适的。

（3）确定最大超前相角频率 $\omega_m$。由于给定指标对校正后的截止频率有明确要求，所以，首先选择校正装置的最大超前相角频率 $\omega_m$ 等于希望的截止频率，考虑到近似曲线上的截止频率与精确曲线上的截止频率有一定的误差，可取 $\omega_m=\omega_c=4.4\text{rad/s}$。

（4）计算超前校正网络的参数。令

$$20\lg|G_0(j\omega_c)|=-20\lg|G_c(j\omega_m)|=-10\lg a$$

由近似曲线可知 $20\lg|G_0(j\omega_c)|=-40\lg\frac{\omega_c}{\omega_{c0}}=-40\lg\frac{4.4}{3.16}=-5.75\text{dB}$

所以 $10\lg a=5.75\text{dB}$，求得 $a=3.76$

又由 $\omega_m=\frac{1}{T\sqrt{a}}=4.4\text{rad/s}$，求得

$$T=\frac{1}{\omega_m\sqrt{a}}=\frac{1}{4.4\times\sqrt{3.76}}\text{s}=0.117\text{s}$$

（5）超前校正装置的传递函数

$$G_c(s)=\frac{aTs+1}{Ts+1}=\frac{0.44s+1}{0.117s+1}$$

（6）检验校正后的性能指标。校正后系统的开环传递函数为

$$G_c(s)G_0(s)=\frac{10(0.44s+1)}{s(s+1)(0.117s+1)}$$

校正后的开环对数幅频特性近似曲线如图 6-15所示。由于在校正过程中，首先确定了校正后的截止频率 $\omega_c=4.4\text{rad/s}$，然后按照 $\omega_c\to a\to\phi_m$ 的顺序计算出校正网络的最大补偿相角，因此，不一定能够保证最终获得的相角裕度满足要求，需要进行校验。经过计算可得

$$\omega_c=4.3\text{rad/s},\gamma=48.54°>45°,h=\infty\text{ dB}$$

满足指标要求。

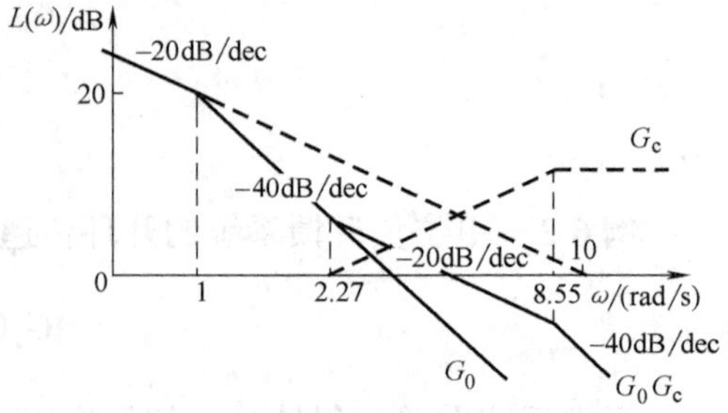

图 6-15

**3. 超前校正的使用条件**

从上面的例子可以看到，当系统要求响应快、超调量小时，可采用串联超前校正。但是，在有些情况下，采用串联超前校正是无效的。串联超前校正受以下两种情况的限制：

1）在截止频率 $\omega_{c0}$ 附近相角迅速减小的系统，一般不宜采用串联超前校正。因为随着

截止频率的增大，未校正系统的相角迅速减小，在 $\omega_c$ 处需要补偿的相角会很大，由于超前校正网络提供的最大相位超前角一般不应大于 60°，当补偿的相角不能满足指标要求时，超前校正变得无效。

2）对系统抗高频干扰要求比较高时，一般也不宜采用串联超前校正。因为若未校正系统不稳定，为了得到希望的相角裕度，需要超前网络提供很大的超前相角 $\phi_m$。这样，超前网络的 $a$ 值必须选得很大，从而造成已校正系统带宽过大，使系统抗高频干扰的能力下降，甚至使系统失控。

在上述情况下，如果需要 60°以上的相位补偿角，可以采用两级或两级以上超前网络进行串联超前校正；如果对系统抗高频干扰要求比较高，可以采用下面将要介绍的串联滞后校正。

### 6.3.2 串联滞后校正

**1. 串联滞后校正的作用和特点**

串联滞后校正的作用是利用滞后校正装置的高频幅值衰减特性，使校正后系统的截止频率下降，从而使系统获得足够的相角裕度。另外，可以提高低频段的增益，减小稳态误差。

图 6-16 给出了一个串联滞后校正的例子。校正前系统的开环对数幅频特性和相频特性由图中曲线 1 表示，在中、高频段的幅值较大，截止频率高。曲线 2 表示滞后校正装置的对数幅频特性和相频特性。校正后系统的开环对数幅频特性和相频特性由曲线 3 表示。

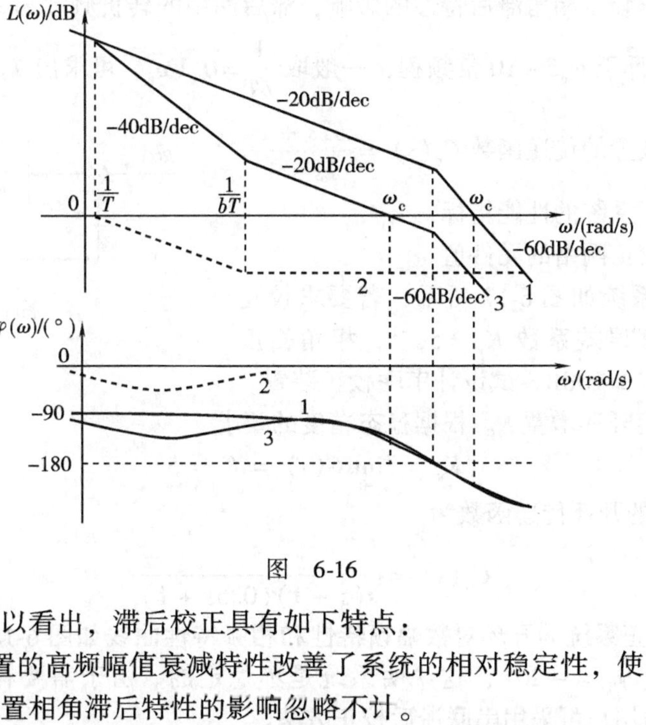


图　6-16

从上面的例子可以看出，滞后校正具有如下特点：

1）利用校正装置的高频幅值衰减特性改善了系统的相对稳定性，使系统具有一定的稳定裕度，而对校正装置相角滞后特性的影响忽略不计。

2）从对数幅频曲线看，校正后的截止频率 $\omega_c$ 比校正前的 $\omega_{c0}$ 降低了，因此，在不改变原系统稳态性能的情况下，滞后校正是以减小系统的带宽来提高系统的相对稳定性。

3）滞后网络在中、高频段的幅值衰减特性有利于进一步提高系统的开环增益，从而改善系统的稳态精度。因此，适当选择校正装置的参数，可以同时改善系统的瞬态和稳态性能。

4）为了保证校正装置的滞后相角不影响系统的相位裕度，其最大滞后相角应避免出现在校正后的截止频率 $\omega_c$ 附近。为了做到这一点，校正网络的两个转折频率 $1/T$ 和 $1/bT$ 均应设置在远离截止频率 $\omega_c$ 的低频段。

5）校正后系统的开环幅频特性曲线在高频段衰减大，可以提高系统抗高频干扰能力。

**2. 滞后校正的设计步骤**

利用频域分析法设计滞后校正装置的步骤如下：

1）根据稳态误差的要求，确定原系统的开环增益 $K$。

2）利用已确定的开环增益 $K$，画出未校正系统的开环对数频率特性曲线，计算未校正系统的相角裕度 $\gamma_0$ 和幅值裕度 $h$。

3）若相角裕度和幅值裕度不满足指标，则根据指标要求的相角裕度 $\gamma$，在未校正系统的开环对数相频曲线上确定相角满足式（6-20）的点

$$\phi(\omega) = \angle G_0(j\omega) = -180° + \gamma + (5° \sim 12°) \tag{6-20}$$

选择该点对应的频率 $\omega$ 作为校正后的截止频率 $\omega_c$。式（6-20）中，增加 5°~12°是为了补偿滞后校正装置将产生的相角滞后。

4）为使校正后的截止频率为 $\omega_c$，计算未校正系统幅频曲线在 $\omega_c$ 处的分贝值 $20\lg|G_0(j\omega_c)|$，并且令 $20\lg|G_0(j\omega_c)| + 20\lg b = 0$，可求出 $b$ 的值。

5）为减小校正装置相角滞后特性的影响，滞后网络的转折频率 $\omega = 1/(bT)$（与滞后网络的零点对应）应低于 $\omega_c$ 5~10 倍频程，一般取 $\dfrac{1}{bT} = 0.1\omega_c$，可求出 $T$。

6）确定校正装置的传递函数 $G_c(s) = \dfrac{bTs+1}{Ts+1}$。

7）验算校正后系统的性能指标。

8）确定滞后校正网络的元件值。

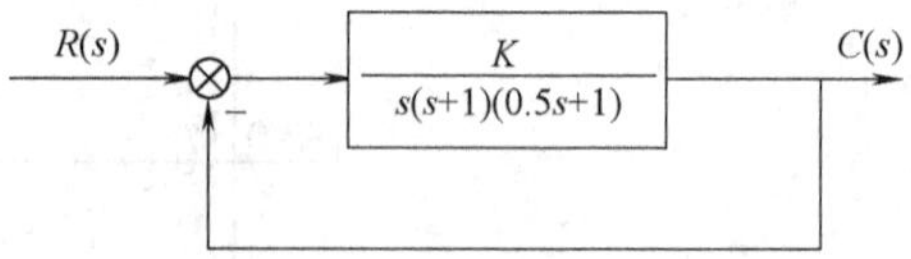

图 6-17

**例 6-4** 控制系统如图 6-17 所示，若要求校正后系统的静态速度误差系数 $K_v = 5s^{-1}$，相角裕度 $\gamma \geq 40°$，幅值裕度 $h \geq 10$dB，试设计串联校正装置。

**解** （1）确定开环增益 $K$。根据稳态精度的要求

$$K_v = \lim_{s\to 0} sG(s) = K = 5$$

因此，未校正系统的开环传递函数为

$$G_0(s) = \frac{5}{s(s+1)(0.5s+1)}$$

（2）作出未校正系统的开环对数幅频特性和相频特性曲线如图 6-18 所示。由图可以求出 $\omega_{c0} = 2.1\text{rad/s}$，$\gamma_0 = -20°$，这说明系统是不稳定的。由于需要补偿的超前相角大于 60°，超前校正不适用，可采用串联滞后校正方法。

（3）确定校正后的截止频率 $\omega_c$。应用式（6-20），有

$$\angle G_0(j\omega_c) = -180° + \gamma + (5° \sim 12°) = -180° + 40° + (5° \sim 12°)$$

取 $\angle G_0(j\omega_c) = -180° + 40° + 10° = -130°$ 时，求得 $\omega_c \approx 0.5\text{rad/s}$。

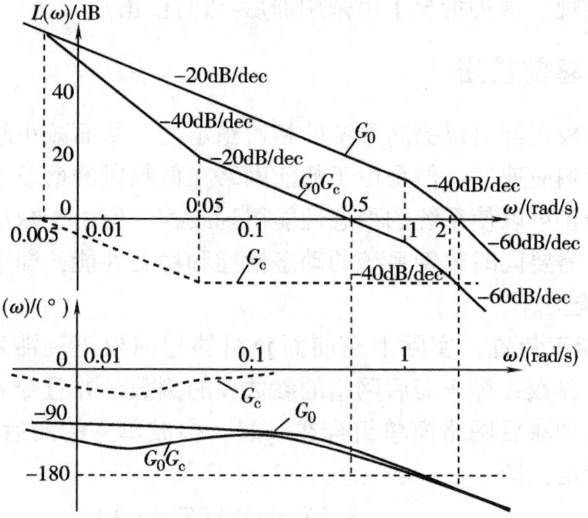


图　6-18

（4）确定参数 $b$。$\omega_c = 0.5\text{rad/s}$ 时，$20\lg|G_0(j\omega_c)| = 20\text{dB}$，令

$$20\lg|G_0(j\omega_c)| + 20\lg b = 0$$

即 $20\lg b = -20$，解得 $b = 0.1$。

（5）确定参数 $T$。取滞后校正网络的转折频率 $\omega = \dfrac{1}{bT} = 0.1\omega_c = 0.05\text{rad/s}$，求得滞后网络的另一个转折频率 $\omega = \dfrac{1}{T} = 0.005\text{rad/s}$，$T = 200\text{s}$。

（6）滞后校正网络的传递函数

$$G_c(s) = \frac{bTs + 1}{Ts + 1} = \frac{20s + 1}{200s + 1}$$

（7）检验校正后的性能指标。校正后系统的开环传递函数为

$$G_c(s)G_0(s) = \frac{5(20s + 1)}{s(s + 1)(0.5s + 1)(200s + 1)}$$

在图 6-18 中绘制了校正装置以及校正后系统的开环对数频率特性曲线，校正后系统的性能指标为

$$\omega_c = 0.5\text{rad/s} \qquad \gamma = 44° \qquad h = 11\text{dB}$$

应当指出，校正后的截止频率从 2.1rad/s 降低到 0.5rad/s，说明系统的带宽降低了，而系统的相对稳定性大大提高。

**3. 滞后校正的使用条件**

当要求稳态精度高、抗高频干扰能力强、对快速性要求不高时，可采用串联滞后校正。但在下面的情况下，不宜使用滞后校正：

1）要求系统动态响应快，采用滞后校正有可能不满足。

2）如果采用滞后校正，使得 $T$ 值太大，难以实现。因为使滞后校正网络产生足够的高频幅值衰减，要求 $b$ 很小，但是滞后网络的零点 $1/(bT)$ 不能太靠近 $\omega_c$（否则滞后网络所引入的滞后相角的影响就不能忽略），只能将滞后网络的极点 $1/T$ 安置在足够小的频率值上，

致使 $T$ 很大而难以实现。这种情况下可采用滞后-超前校正。

### 6.3.3 串联滞后-超前校正

超前校正和滞后校正都可以提高系统的相对稳定性，从而减小超调量。超前校正使带宽增加，提高了系统的响应速度，但是由于超前网络在低频段的增益小，因而对系统稳态性能的改善很小。滞后校正可以使系统的稳态性能得到改善，但由于减小了带宽，因而使系统的动态响应变慢。如果需要同时改善系统的动态性能和稳态性能，即增加开环增益和带宽，则需要采用滞后-超前校正。

设计滞后-超前校正装置，实际上是前面介绍的超前校正和滞后校正设计方法的综合。如果选择超前网络的参数 $a$ 等于滞后网络的参数 $b$ 的倒数，并且令 $\alpha = a = 1/b$，则就可以将单独设计的超前网络和滞后网络简单组合在一起，构成单一的滞后-超前校正装置，其传递函数由式（6-17）给出，即

$$G_c(s) = \frac{(T_a s+1)(T_b s+1)}{(\alpha T_a s+1)(\frac{T_b}{\alpha}s+1)}$$

滞后-超前校正的基本原理是利用超前部分增大相角裕度，利用滞后部分来改善系统的稳态精度。设计步骤如下：

1）根据稳态性能要求确定开环增益 $K$；

2）绘制未校正系统的开环对数频率特性曲线，求出开环截止频率、相角裕度、幅值裕度，检查是否满足指标要求，若不满足则进行校正；

3）在未校正系统开环对数频率特性曲线上，选择一频率作为校正后的截止频率 $\omega_c$，使 $\angle G_0(\omega_c) = -180°$，要求的相角裕度 $\gamma$ 将由校正网络的超前部分补偿；

4）计算需要补偿的相角：$\phi_m = \gamma + 5°$，并由 $\sin\phi_m = \dfrac{\alpha-1}{\alpha+1}$ 确定 $\alpha$ 值；

5）选择校正网络滞后部分的零点：$\omega_a = \dfrac{1}{T_a} = 0.1\omega_c$；

6）未校正系统的对数幅频曲线在 $\omega_c$ 处的分贝值为 $20\lg|G_0(j\omega_c)|$，校正网络在 $\omega_c$ 处的分贝值为 $-20\lg\alpha + 20(\lg\omega_c - \lg\frac{1}{T_b})$，令

$$20\lg|G_0(j\omega_c)| - 20\lg\alpha + 20\lg T_b\omega_c = 0 \tag{6-21}$$

可求出 $T_b$，即可求出 $\omega_b$；

7）确定校正装置的传递函数；

8）验算已校正系统的各项性能指标；

9）确定滞后-超前网络的元件值。

若设计指标对 $\omega_c$ 提出了明确要求，可以对 3）、4）两步作相应调整，即按照要求确定 $\omega_c$，需要补偿的相角 $\phi_m = \gamma - 180° - \angle G_0(j\omega_c) + 5°$。

上述步骤 6）的计算也可以用作图法求出。根据图 6-19 中滞后-超前网络的对数幅频曲线，

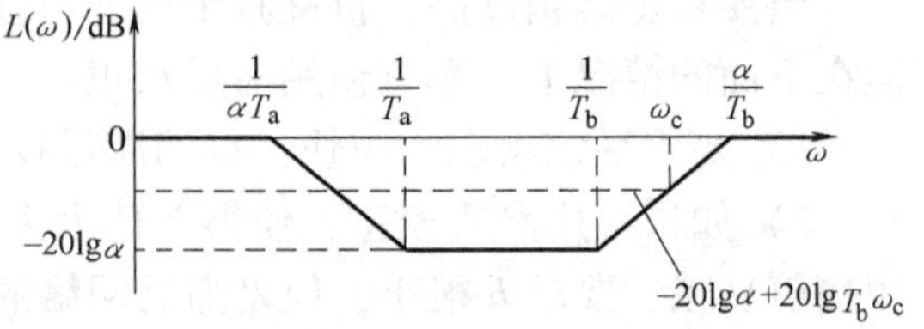


图 6-19

通过横坐标为 $\omega_c$，纵坐标为 $-20\lg|G_0(j\omega_c)| = -20\lg\alpha + 20\lg T_b\omega_c$ 的点画斜率为 20dB/dec 的直线，该直线与 0 分贝线和 $-20\lg\alpha$ 分贝线的交点处频率分别是 $\alpha/T_b$ 和 $1/T_b$，然后可以求出 $T_b$。

**例 6-5**　单位负反馈系统的开环传递函数为

$$G_0(s) = \frac{K}{s(s+1)(s+2)}$$

要求校正后系统满足如下性能：静态速度误差系数 $K_v = 10s^{-1}$，相角裕度 $\gamma \geqslant 50°$，幅值裕度 $h \geqslant 10dB$。试设计滞后-超前校正装置。

**解**　(1) 求增益 $K$　根据对静态速度误差系数的要求，可得

$$K_v = \lim_{s\to 0} sG(s) = \frac{K}{2} = 10$$

因此，$K=20$，即开环增益等于 10。未校正系统的开环频率特性

$$G_0(j\omega) = \frac{10}{j\omega(j\omega+1)(j0.5\omega+1)}$$

(2) 画出未校正的开环对数频率特性曲线　如图 6-20 所示。由开环对数幅频近似曲线可计算出 $\omega_{c0} = 2.7rad/s$，$\gamma_0 = -33°$，说明系统不稳定。如果用超前校正，需要补偿的超前相角至少 83°；如果用滞后校正，截止频率会大大降低。必须采用滞后-超前校正。

(3) 确定校正后的截止频率 $\omega_c$　当 $\angle G_0(\omega) = -180°$ 时，$\omega = 1.5rad/s$。设计指标未对调节时间 $t_s$ 作要求，可以取 $\omega_c = 1.5rad/s$。

(4) 计算 $\alpha$　需要补偿的相角 $\phi_m = \gamma + 5° = 55°$，所以

$$\alpha = \frac{1-\sin\phi_m}{1+\sin\phi_m} = \frac{1+\sin 55°}{1-\sin 55°} = 10$$

(5) 计算 $T_a$　选择校正网络滞后部分的零点 $\omega_a = \dfrac{1}{T_a} = 0.1\omega_c = 0.15rad/s$，求得

$$T_a = 6.67s$$

(6) 计算 $T_b$　由未校正的幅频渐近线可求得

$$20\lg|G_0(j\omega_c)| = 60\lg\frac{\omega_{c0}}{2} + 40\lg\frac{2}{\omega_c} = 13dB$$

应用式 (6-21)

$$20\lg|G_0(j\omega_c)| - 20\lg\alpha + 20\lg T_b\omega_c = 0$$

求得

$$T_b = 1.49s$$

(7) 校正装置的传递函数

$$G_c(s) = \frac{(T_a s+1)(T_b s+1)}{(\alpha T_a s+1)(\frac{T_b}{\alpha}s+1)} = \frac{(6.67s+1)(1.49s+1)}{(66.7s+1)(0.149s+1)}$$

(8) 计算检验校正后的指标　校正后系统的开环传递函数为

$$G_c(s)G_0(s) = \frac{10(6.67s+1)(1.49s+1)}{s(s+1)(0.5s+1)(66.7s+1)(0.149s+1)}$$

校正后开环对数幅频特性和相频特性如图 6-20 所示。经过计算，校正后各项指标为

$$\omega_c = 1.1245 \qquad \gamma = 50° \qquad h = 16\text{dB} \qquad K_v = 10\text{s}^{-1}$$

所有指标得到满足。

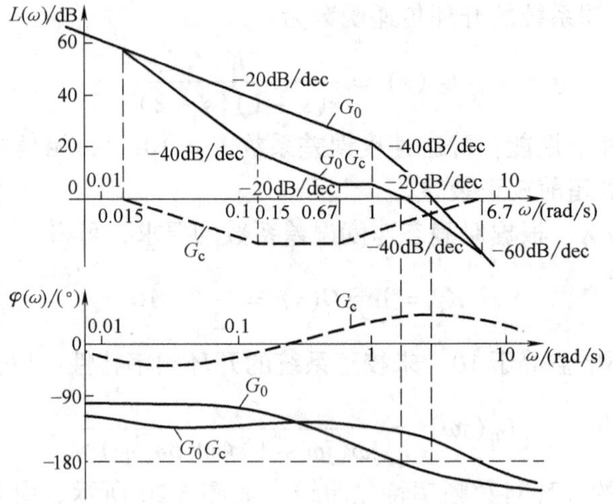


图 6-20

在设计滞后-超前校正时，超前和滞后部分也可以分开设计。在设计超前部分时，只需按照超前校正方法设计；而设计滞后部分时，则是在超前校正完成的基础上按照滞后校正的方法设计。这时，一般 $a \neq 1/b$，所以滞后-超前校正装置 $G_c(s)$ 的对数幅频特性近似曲线在低频段和高频段的幅值是不相同的。

## 6.4 串联校正：根轨迹分析法

一般来说，当性能指标以时域指标给出时，采用根轨迹法进行设计更为有效和方便。依据给定的时域指标确定希望的主导极点。基于根轨迹的串联校正方法是通过引入适当的开环零、极点来修改系统原有的闭环根轨迹形状，使校正后的根轨迹能够经过希望的闭环主导极点。所需要增加的零、极点由校正装置实现。

### 6.4.1 串联超前校正

串联超前校正的目的是改善系统的瞬态性能。当原系统不稳定，或虽然稳定但瞬态性能不理想时，将超前网络的零点放在原系统离原点最近的开环实数极点附近（原点处的开环极点除外），使校正后的根轨迹离开虚轴向左推移，经过希望的主导极点。由于校正后系统的阻尼比和无阻尼自然振荡频率增大，从而减小了系统的超调量和调节时间。

下面介绍串联超前校正的设计方法。设未校正系统的开环传递函数为

$$G_0(s) = G(s)H(s) = \frac{K^* \prod_{i=1}^{m} (s - z_i)}{\prod_{i=1}^{n} (s - p_i)}$$

系统的开环增益 $K = K^* \dfrac{\prod_{i=1}^{m}(-z_i)}{\prod_{i=1}^{n}(-p_i)}$。取超前校正网络的传递函数为

$$G_c(s) = \frac{aTs+1}{Ts+1} = a\frac{s+\dfrac{1}{aT}}{s+\dfrac{1}{T}} = a\frac{s-z_c}{s-p_c} \qquad a>1$$

$z_c = -\dfrac{1}{aT}$ 是 $G_c(s)$ 的零点，$p_c = -\dfrac{1}{T}$ 是 $G_c(s)$ 的极点。校正后的开环传递函数为

$$G_c(s)G_0(s) = aK^* \frac{(s-z_c)\prod_{i=1}^{m}(s-z_i)}{(s-p_c)\prod_{i=1}^{n}(s-p_i)}$$

又设希望的闭环复数主导极点为 $s_{1,2}$，若要保证 $s_1$ 位于校正后的闭环根轨迹上，$s_1$ 应满足根轨迹方程 $G_c(s)G_0(s) = -1$，即 $s_1$ 满足幅值条件式（6-22）和相角条件式（6-23）

$$aK^* \frac{|s_1-z_c|}{|s_1-p_c|} \frac{\prod_{i=1}^{m}|s_1-z_i|}{\prod_{i=1}^{n}|s_1-p_i|} = 1 \tag{6-22}$$

$$\angle\left(\frac{s_1-z_c}{s_1-p_c}\right) + \sum_{i=1}^{m}\angle(s_1-z_i) - \sum_{i=1}^{n}\angle(s_1-p_i) = (2k+1)\pi \tag{6-23}$$

由式（6-22）求得超前网络应满足的幅值条件为

$$a\frac{|s_1-z_c|}{|s_1-p_c|} = \frac{\prod_{i=1}^{n}|s_1-p_i|}{K^*\prod_{i=1}^{m}|s_1-z_i|} = \frac{1}{|G_0(s_1)|} = M \tag{6-24}$$

由式（6-23）求得超前网络应产生的相角为

$$\angle\left(\frac{s_1-z_c}{s_1-p_c}\right) = (2k+1)\pi - \angle G_0(s_1) = \phi \tag{6-25}$$

式中，$\angle G_0(s_1) = \sum_{i=1}^{m}\angle(s_1-z_i) - \sum_{i=1}^{n}\angle(s_1-p_i)$。

在根据稳态指标确定 $G_0(s)$ 的根轨迹增益 $K^*$ 后，$M$ 和 $\phi$ 均为已知的，设计超前网络就是根据 $M$ 和 $\phi$ 确定参数 $a$ 和 $T$。计算 $a$ 和 $T$ 的方法有多种，这里介绍一种图解法。由式（6-25）可作出超前网络 $G_c(s)$ 应提供的相角 $\phi$ 与零点 $z_c$、极点 $p_c$ 的关系如图 6-21 所示。

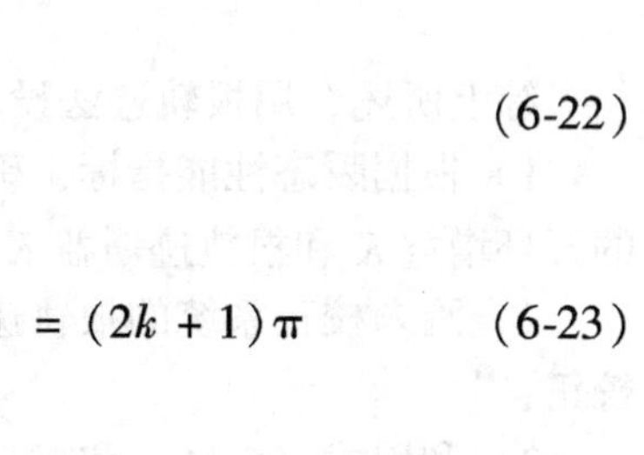


图　6-21

由图 6-21 可以列写三角方程如下：

$$|s_1-z_c|\sin\alpha = |z_c|\sin\beta$$

$$|s_1 - p_c|\sin(\phi + \alpha) = |p_c|\sin\beta$$

在上面两式中消去 $\sin\beta$，并考虑式（6-24），可得

$$\frac{\sin(\phi + \alpha)}{\sin\alpha} = \frac{|p_c|}{|z_c|}\frac{|s_1 - z_c|}{|s_1 - p_c|} = a\frac{|s_1 - z_c|}{|s_1 - p_c|} = M$$

即

$$\tan\alpha = \frac{\sin\phi}{M - \cos\phi} \tag{6-26}$$

按照式（6-26）计算出 $\alpha$ 后，由图 6-21 可求得

$$|z_c| = \omega_n \frac{\sin\alpha}{\sin\theta} \tag{6-27}$$

$$|p_c| = \omega_n \frac{\sin(\phi + \alpha)}{\sin(\theta - \phi)} \tag{6-28}$$

式中，$\theta = \pi - \alpha - \beta$，$\beta = \arccos\xi$。$\omega_n$ 和 $\xi$ 分别是决定主导极点 $s_1$ 位置的无阻尼自然频率和阻尼比。最后可确定超前校正网络的参数

$$T = \frac{1}{|p_c|} \qquad a = \frac{|p_c|}{|z_c|} \tag{6-29}$$

综上所述，用根轨迹法设计串联超前校正装置的步骤如下：

1）根据瞬态性能指标，确定希望的闭环主导极点 $s_1$。根据稳态性能指标，确定原系统的开环增益 $K$ 和根轨迹增益 $K^*$；

2）画未校正系统的根轨迹图，若 $s_1$ 的位置在未校正系统根轨迹的左侧，则应进行超前校正；

3）利用式（6-24）和式（6-25）计算 $M$ 和 $\phi$；

4）按照图解法，利用式（6-26）～式（6-29）求出超前网络的参数 $a$ 和 $T$，得到校正网络的传递函数 $G_c(s)$；

5）检验校正后的性能指标。

**例 6-6** 单位负反馈系统的开环传递函数为

$$G_0(s) = \frac{K^*}{s(s+2)}$$

试设计串联超前校正装置 $G_c(s)$，使校正后系统的阻尼比 $\xi = 0.5$，无阻尼自然频率 $\omega_n = 4\text{rad/s}$，速度误差系数 $K_v > 4.5\text{s}^{-1}$。

**解** （1）计算希望的闭环主导极点。由设计要求，可得

$$s_{1,2} = -\xi\omega_n \pm j\omega_n\sqrt{1-\xi^2} = -2 \pm j2\sqrt{3}$$

（2）画未校正系统的根轨迹图，如图 6-22a 所示。可见，希望的闭环主导极点不在根轨迹上，因此，仅仅通过调整根轨迹增益 $K^*$，无法满足设计要求。$s_1$ 在根轨迹左侧，可以采用超前校正改变根轨迹形状，使之通过 $s_1$。

（3）计算 $M$ 和 $\phi$。取 $K_v = 5\text{s}^{-1}$，$K^* = 2K_v = 10\text{s}^{-1}$。所以

$$M = \frac{|s_1||s_1 + 2|}{K^*} = \frac{|-2 + j2\sqrt{3}||-2 + j2\sqrt{3} + 2|}{10} = 1.386$$

$$\phi = (2k+1)\pi + \angle s_1 + \angle(s_1+2) = -180^\circ + 120^\circ + 90^\circ = 30^\circ$$

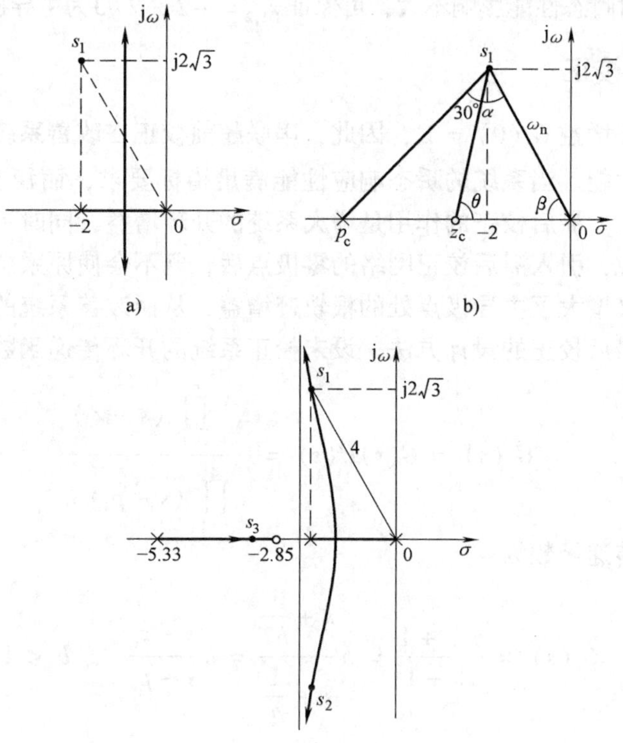


图　6-22

（4）计算超前网络参数 $a$ 和 $T$。由图 6-22b，利用式（6-26）~式（6-29）有

$$\tan\alpha = \frac{\sin\phi}{M - \cos\phi} = \frac{\sin 30^\circ}{1.386 - \cos 30^\circ} = 0.962$$

求得 $\alpha = 43.88^\circ$，$\beta = \arccos\xi = 60^\circ$，$\theta = 180^\circ - \alpha - \beta = 180^\circ - 43.88^\circ - 60^\circ = 76.12^\circ$

$$|z_c| = \omega_n \frac{\sin\alpha}{\sin\theta} = 4 \times \frac{\sin 43.88^\circ}{\sin 76.12^\circ} = \frac{4 \times 0.693}{0.971} = 2.85$$

$$|p_c| = \omega_n \frac{\sin(\phi + \alpha)}{\sin(\theta - \phi)} = 4 \times \frac{\sin(30^\circ + 43.88^\circ)}{\sin(76.12^\circ - 30^\circ)} = \frac{4 \times 0.96}{0.72} = 5.33$$

即 $z_c = -2.85$，$p_c = -5.33$。可求得 $T = 1/5.33\text{s} = 0.19\text{s}$，$a = 5.33/2.85 = 1.87$

$$G_c(s) = a\frac{s - z_c}{s - p_c} = \frac{1.87(s + 2.85)}{s + 5.33}$$

（5）校正后的开环传递函数为

$$G_c(s)G_0(s) = \frac{18.7(s + 2.85)}{s(s+2)(s+5.33)}$$

校正后的根轨迹如图 6-22c 所示。校正后根轨迹通过 $s_1$ 点，$\xi = 0.5$，$\omega_n = 4\text{rad/s}$，速度误差系数 $K_v = 5\text{s}^{-1}$。闭环特征方程为

$$s(s+2)(s+5.33) + 18.3(s+2.85) = s^3 + 7.33s^2 + 29.36s + 53.3 = 0$$

已知 $s_{1,2}=-2\pm j2\sqrt{3}$，可求得另一闭环极点 $s_3=-3.33$。$s_3$ 在 $s_{1,2}$ 的左侧，且与闭环零点 $z_c=-2.85$ 比较靠近，对瞬态性能影响不大，可保证 $s_{1,2}=-2\pm j2\sqrt{3}$ 为主导极点。

### 6.4.2 串联滞后校正

超前网络的静态增益 $G_c(0)=1$，因此，串联超前校正在改善系统瞬态性能的同时并不改变原系统的稳态性能。当系统的瞬态响应性能满足指标要求，而稳态性能不令人满意时，可采用串联滞后校正。滞后校正的作用是增大系统的开环增益，同时不使系统的瞬态性能有明显变化。也就是说，引入滞后校正网络的零极点后，既不会使原系统主导极点附近的根轨迹产生明显变化，又增大了主导极点处的根轨迹增益，从而改善系统的稳态性能。

下面介绍串联滞后校正的设计方法。设未校正系统的开环传递函数为

$$G_0(s)=G(s)H(s)=\frac{K^*\prod_{i=1}^{m}(s-z_i)}{\prod_{i=1}^{n}(s-p_i)}$$

取滞后校正网络的传递函数为

$$G_c(s)=\frac{bTs+1}{Ts+1}=b\frac{s+\frac{1}{bT}}{s+\frac{1}{T}}=b\frac{s-z_c}{s-p_c}\qquad b<1$$

$z_c=-\frac{1}{bT}$ 是 $G_c(s)$ 的零点，$p_c=-\frac{1}{T}$ 是 $G_c(s)$ 的极点。

设未校正系统的根轨迹上，希望的复数闭环主导极点为 $s_{1,2}$。为了避免 $s_{1,2}$ 处根轨迹明显变化，滞后网络产生的相角应很小（$<5°$），为此，应使滞后网络的零点和极点紧靠在一起，并靠近坐标原点，满足 $|z_c|=\frac{1}{b}|p_c|<<\omega_n$（$\omega_n$ 是 $s_1$ 到原点的距离）。这时，对主导极点 $s_1$ 来说，$z_c$ 和 $p_c$ 可看作一对偶极子，有

$$|G_c(s_1)|=b\frac{|s_1-z_c|}{|s_1-p_c|}\approx b\qquad \angle G_c(s_1)\approx 0°$$

校正后，在 $s_1$ 处

$$G_c(s_1)G_0(s_1)\approx\frac{bK^*\prod_{i=1}^{m}(s_1-z_i)}{\prod_{i=1}^{n}(s_1-p_i)}$$

可见，校正后 $s_1$ 处的根轨迹不会明显变化。由根轨迹的幅值条件，已知

$$|G_0(s_1)|=\left|\frac{K^*\prod_{i=1}^{m}(s_1-z_i)}{\prod_{i=1}^{n}(s_1-p_i)}\right|=1$$

若要使 $s_1$ 满足

$$|G_c(s_1)G_0(s_1)| \approx \left| \frac{bK^* \prod_{i=1}^{m}(s_1 - z_i)}{\prod_{i=1}^{n}(s_1 - p_i)} \right| = 1$$

原系统的根轨迹增益 $K^*$ 可增加 $1/b$ 倍。所以，校正后系统的开环增益也增加 $1/b$ 倍，可使系统的稳态误差减小 $1/b$ 倍。当 $z_c$ 和 $p_c$ 离原点很近时，$1/b$ 可取较大值，通常 $1<1/b<15$。

综上所述，用根轨迹法设计串联滞后校正装置的步骤如下：

1）绘制未校正系统的根轨迹图，根据瞬态性能指标，在根轨迹上确定希望的闭环主导极点 $s_1$ 的位置，利用幅值条件计算 $s_1$ 处的根轨迹增益 $K^*$ 和开环增益 $K$；

2）根据稳态指标要求，确定校正后的开环增益 $K_1$，计算需要增加的增益 $1/b$

$$b = K/K_1$$

3）根据 $b$ 选择校正网络的零点 $z_c = -\frac{1}{bT}$ 和极点 $p_c = -\frac{1}{T}$（原则上是使零、极点靠近原点，例如可取 $p_c = -0.01$）。取校正网络 $G_c(s) = K_c \frac{s - z_c}{s - p_c}$；

4）绘制校正后的根轨迹图，找到希望的闭环主导极点，再根据幅值条件，确定 $G_c(s)$ 中的增益 $K_c$；

5）检验校正后的性能指标。

**例 6-7**　单位负反馈系统的开环传递函数为

$$G_0(s) = \frac{1.06}{s(s+1)(s+2)}$$

要求校正后 $K_v = 5s^{-1}$，并且原闭环主导极点的位置无明显改变，试设计串联滞后校正装置。

**解**　（1）绘制未校正系统的根轨迹如图 6-23a 所示。开环增益 $K=0.53$，闭环主导极点 $s_{1,2} = -0.33 \pm j0.58$，主导极点处 $\xi=0.5$，$\omega_n=0.67\text{rad/s}$。

（2）根据设计要求 $K_v=5s^{-1}$，即要求校正后的开环增益 $K_1=5$，未校正系统的开环增益 $K=0.53$，显然不满足要求。所以

$$b = K/K_1 = 0.53/5 = 0.1$$

（3）取校正网络的极点 $p_c = -\frac{1}{T} = -0.01$，零点 $z_c = -\frac{1}{bT} = -0.1$，可得校正网络的传递函数为

$$G_c(s) = K_c \frac{s + \frac{1}{bT}}{s + \frac{1}{T}} = \frac{K_c(s+0.1)}{s+0.01}$$

（4）校正后的开环传递函数 $G(s)$ 为

$$G(s) = G_c(s)G_0(s) = \frac{1.06K_c(s+0.1)}{s(s+0.01)(s+1)(s+2)}$$

绘制校正后的根轨迹如图 6-23b 所示。保持 $\xi=0.5$ 不变，校正后的闭环主导极点

$s_{1,2}=-0.28\pm j0.51$。由幅值条件

$$1.06K_c=\left|\frac{s(s+0.01)(s+1)(s+2)}{s+0.1}\right|_{s=-0.28\pm j0.51}=0.98$$

可求出 $K_c=0.925$。

(5) 检验校正后的性能指标。校正后的开环传递函数

$$G(s)=\frac{0.98(s+0.1)}{s(s+0.01)(s+1)(s+2)}$$

校正后另外两个闭环极点 $s_3=-0.137$，$s_4=-2.31$。$s_3$ 靠近闭环零点，$s_4$ 离虚轴较远，其作用可以忽略，所以 $s_{1,2}$ 是主导极点。校正后的静态速度误差系数 $K_v=4.9\text{s}^{-1}$，略小于期望值，工程上可以接受，若需要进一步提高 $K_v$，可加大 $1/b$ 的值。校正后 $\omega_n=0.6\text{rad/s}$，比校正前 $\omega_n=0.67\text{rad/s}$ 减小，说明瞬态响应变慢。

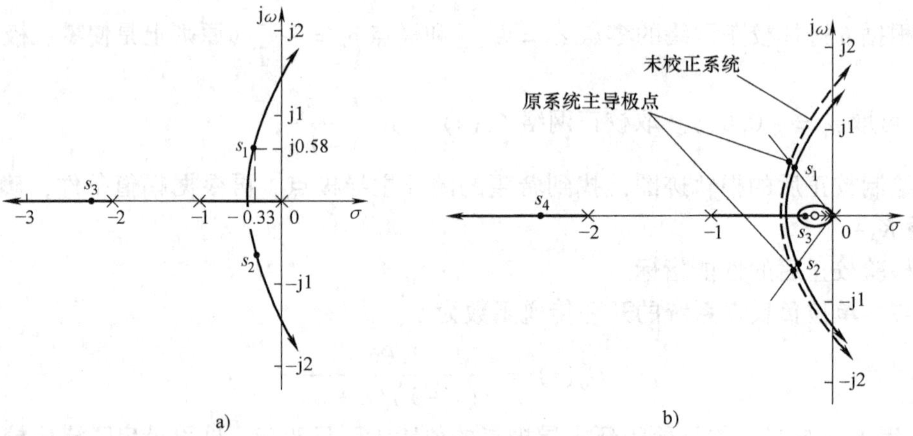


图 6-23

## 6.4.3 串联滞后-超前校正

滞后-超前校正是利用校正装置的超前部分改善系统的瞬态性能，而利用滞后部分改善系统的稳态性能，使得系统瞬态和稳态性能同时得到改进。

滞后-超前校正网络的传递函数为

$$G_c(s)=K_c\frac{(T_as+1)(T_bs+1)}{(\alpha T_as+1)\left(\frac{T_b}{\alpha}s+1\right)}\qquad T_a>T_b\qquad \alpha>1$$

其中，$\dfrac{T_as+1}{\alpha T_as+1}$ 是校正网络的滞后部分，$\dfrac{T_bs+1}{\frac{T_b}{\alpha}s+1}$ 是校正网络的超前部分。

利用根轨迹法设计滞后-超前校正网络的步骤：

1) 根据给定的瞬态性能指标，确定希望的复数闭环主导极点 $s_{1,2}$；根据稳态性能指标，

确定 $K_c$；

2）计算需要由校正网络的超前部分补偿的相角 $\phi$；

3）若能将 $T_a$ 选择得足够大，使 $1/T_a \ll \omega_n$，则滞后部分满足

$$\left|\frac{s_1+\dfrac{1}{T_a}}{s_1+\dfrac{1}{\alpha T_a}}\right| \approx 1, \qquad \angle \frac{s_1+\dfrac{1}{T_a}}{s_1+\dfrac{1}{\alpha T_a}} \approx 0°$$

这时，根据根轨迹的幅值条件和相角条件，有

$$\left|\frac{s_1+\dfrac{1}{T_b}}{s_1+\dfrac{\alpha}{T_b}}\right| |K_c G_0(s_1)| = 1, \qquad \angle \frac{s_1+\dfrac{1}{T_b}}{s_1+\dfrac{\alpha}{T_b}} = \phi$$

可确定 $T_b$ 和 $\alpha$ 的值；

4）根据已确定的 $\alpha$，选择 $T_a$，使得滞后部分满足

$$\left|\frac{s_1+\dfrac{1}{T_a}}{s_1+\dfrac{1}{\alpha T_a}}\right| \approx 1, \qquad 0° < \angle \frac{s_1+\dfrac{1}{T_a}}{s_1+\dfrac{1}{\alpha T_a}} < 3°$$

但是，为便于实现，$\alpha T_a$ 不能选得太大。

5）确定校正装置的传递函数 $G_c(s)$，绘制校正后的根轨迹图，检验校正后的性能指标。

**例 6-8**　单位负反馈系统的开环传递函数为

$$G_0(s) = \frac{4}{s(s+0.5)}$$

要求校正后的闭环主导极点处 $\xi = 0.5$，$\omega_n = 5\text{rad/s}$，$K_v = 50\text{s}^{-1}$，试设计适当的串联校正装置。

**解**　分析未校正系统的指标。闭环极点 $s_{1,2} = -0.25 \pm \text{j}1.98$，求得各项指标 $\xi = 0.125$，$\omega_n = 2\text{rad/s}$，$K_v = 8\text{s}^{-1}$，均不满足要求。这时，应考虑采用滞后-超前校正。

（1）根据指标要求，希望的闭环主导极点为 $s_{1,2} = -2.5 \pm \text{j}4.33$。校正后的开环传递函数

$$G(s) = G_c(s)G_0(s) = K_c \frac{(T_a s+1)(T_b s+1)}{(\alpha T_a s+1)\left(\dfrac{T_b}{\alpha}s+1\right)} \frac{4}{s(s+0.5)}$$

$$K_v = \lim_{s\to 0} sG(s) = \frac{4K_c}{0.5} = 50\text{s}^{-1} \qquad K_c = 6.25$$

（2）计算要补偿的相角 $\phi$。在希望的闭环极点处 $s_1 = -2.5 + \text{j}4.33$，求得

$$\angle G_0(s_1) = \angle \frac{4}{s_1(s_1+0.5)} = -235°$$

所以，校正网络超前部分需要提供的补偿角 $\phi=55°$。

（3）由幅值条件

$$\left|\frac{s_1+\frac{1}{T_b}}{s_1+\frac{\alpha}{T_b}}\right|\left|K_cG_0(s_1)\right|=\left|\frac{s_1+\frac{1}{T_b}}{s_1+\frac{\alpha}{T_b}}\right|\left|K_c\frac{4}{s_1(s_1+0.5)}\right|=1$$

求得

$$\left|\frac{s_1+\frac{1}{T_b}}{s_1+\frac{\alpha}{T_b}}\right|=\frac{4.77}{5}$$

并且

$$\angle\frac{s_1+\frac{1}{T_b}}{s_1+\frac{\alpha}{T_b}}=\phi=55°$$

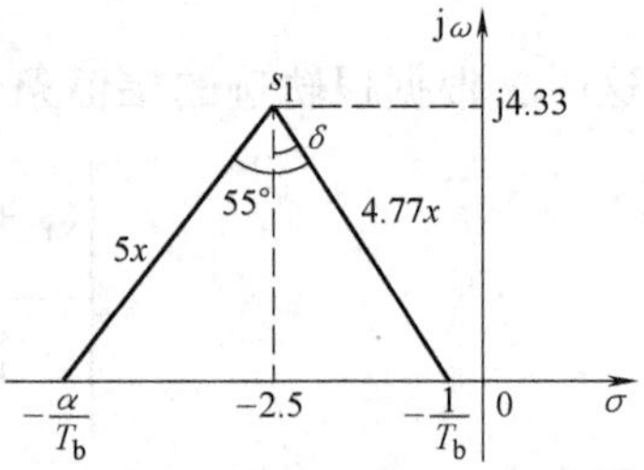


图 6-24

超前部分的零点 $s=-\frac{1}{T_b}$、极点 $s=-\frac{\alpha}{T_b}$ 与 $\phi$ 之间的关系可用图 6-24 表示。列写三角方程 $5\cos(55°-\delta)=4.77\cos\delta$，解得 $\delta=24.89°$，进一步可求得 $-1/T_b=-0.5$，$-\alpha/T_b=-5$，即 $T_b=2$，$\alpha=10$。

（4）选择 $T_a$。$T_a$ 的选择应使滞后部分对超前校正的结果不产生明显影响。取 $T_a=10$，则有

$$\left|\frac{s_1+\frac{1}{T_a}}{s_1+\frac{1}{\alpha T_a}}\right|=\frac{|-2.5+j4.33+0.1|}{|-2.5+j4.33+0.01|}=1.07\approx1,\ \angle\frac{s_1+\frac{1}{T_a}}{s_1+\frac{1}{\alpha T_a}}=0.9°<3°$$

满足要求。所以校正网络

$$G_c(s)=6.25\frac{(s+0.1)(s+0.5)}{(s+0.01)(s+5)}$$

（5）校正后的开环传递函数为

$$G_c(s)G_0(s)=\frac{25(s+0.1)(s+0.5)}{s(s+0.5)(s+0.01)(s+5)}$$

校正后的根轨迹如图6-25 所示。在根轨迹上，与 $\xi=0.5$ 的等阻尼线相交处有 $s_{1,2}=-2.45\pm j4.3$，因为校正网络的滞后部分的相角很小，所以校正后闭环主导极点的位置与希望位置 $s_{1,2}=-2.5\pm j4.33$ 相比，变化不大。校正后系统的其他两个极点为 $s_3=-0.102$，$s_4=-0.5$，$s_3$ 与闭环零点 $z_1=-0.1$ 很近，$s_4$ 与闭环零点 $z_2=-0.5$ 相同，所以它们的影响很小。校正后 $K_v=50s^{-1}$，系统能够满足性能指标要求。

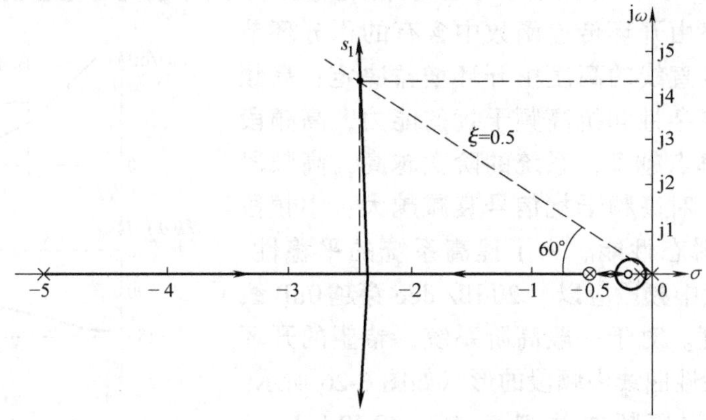


图 6-25

## 6.5 串联校正：频域综合法

综合法又称希望特性法。其基本思想是：从闭环系统性能与开环频率特性密切相关这一概念出发，根据规定的性能指标要求，首先确定系统希望的开环频率特性曲线形状，然后与系统原有开环频率特性曲线相比较，从而确定校正装置的传递函数形式和参数。

具体地说，在图 6-4 所示的串联校正系统中，校正后的开环传递函数为

$$G(s) = G_c(s)G_0(s)$$

校正后开环对数幅频特性为

$$\begin{aligned}20\lg|G(j\omega)| &= 20\lg|G_c(j\omega)G_0(j\omega)| \\ &= 20\lg|G_c(j\omega)| + 20\lg|G_0(j\omega)|\end{aligned} \tag{6-30}$$

根据对闭环系统性能指标的要求，首先确定 $20\lg|G(j\omega)|$，称其为希望的对数幅频特性，简称希望特性。由式（6-30）有

$$20\lg|G_c(j\omega)| = 20\lg|G(j\omega)| - 20\lg|G_0(j\omega)| \tag{6-31}$$

根据式（6-31）求得串联校正装置的对数幅频特性，就可以确定串联校正装置的传递函数 $G_c(s)$。

综合法有广泛的理论意义，希望的开环频率特性直观地表达了系统校正后所具有的性能。但是，与分析法不同的是，综合法不先确定校正装置的传递函数形式，最终设计出的校正装置的传递函数可能相当复杂，在物理上难以准确实现。同时需要指出的是，综合法只适用于最小相位系统。

### 6.5.1 绘制希望的开环频率特性

确定希望的开环频率特性是综合法设计的第一步，本节首先讨论如何根据性能指标要求，绘制典型形式的希望特性曲线。

**1. 希望频率特性的参数与性能指标的关系**

在第 5 章中，介绍了闭环系统开环频率特性的三频段概念。根据三频段特性分析，对于

一个最小相位系统，开环对数幅频特性的低频段反映了闭环系统的稳态精度，开环幅频特性第一段直线的斜率由开环传递函数中含有的积分环节个数决定，第一段直线的高度由开环增益决定；高频段反映了系统的复杂性和抗高频干扰的能力，高频段曲线上的转折频率点越多，系统的阶次越高，高频段曲线的斜率越大，对高频干扰信号衰减越大；中频段则反映了系统的瞬态性能。为了提高系统的平稳性，降低超调量，一般中频段应以 -20dB/ dec 穿越 0dB 线并占据一定的宽度。对于一般高阶系统，希望的开环对数幅频、相频特性曲线中频段的形状如图 6-26 所示。

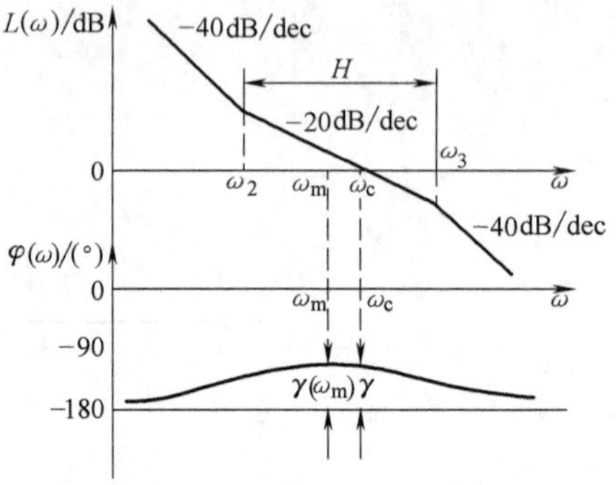


图 6-26

中频段的对数幅频曲线斜率为 -40dB/ dec→ -20dB/ dec→ -40dB/ dec，相应的传递函数为

$$G(s) = \frac{K(\frac{s}{\omega_2}+1)}{s^2(\frac{s}{\omega_3}+1)} \tag{6-32}$$

其相频特性为

$$\varphi(\omega) = -180° + \arctan\frac{\omega}{\omega_2} - \arctan\frac{\omega}{\omega_3}$$

这时

$$\gamma(\omega) = 180° + \varphi(\omega) = \arctan\frac{\omega}{\omega_2} - \arctan\frac{\omega}{\omega_3} \tag{6-33}$$

令 $\frac{d\gamma(\omega)}{d\omega} = 0$，解出产生 $\gamma(\omega)$ 最大值 $\gamma_{max}$ 的角频率 $\omega_m$ 为

$$\omega_m = \sqrt{\omega_2\omega_3} \tag{6-34}$$

即 $\lg\omega_m = \frac{1}{2}(\lg\omega_2 + \lg\omega_3)$，表明在对数坐标上，$\omega_m$ 是 $\omega_2$ 和 $\omega_3$ 的几何中心。

将式（6-34）代入式（6-33），并由两角和的三角公式，得

$$\tan\gamma(\omega_m) = \frac{\frac{\omega_m}{\omega_2} - \frac{\omega_m}{\omega_3}}{1 + \frac{\omega_m^2}{\omega_2\omega_3}} = \frac{\omega_3 - \omega_2}{2\sqrt{\omega_2\omega_3}}$$

由上式得到

$$\gamma_{max} = \gamma(\omega_m) = \arcsin\frac{\omega_3 - \omega_2}{\omega_3 + \omega_2} \tag{6-35}$$

在图 6-26 中，希望特性曲线上斜率为 -20dB/dec 的中频区的几何宽度为 $\lg H$，有

$$\lg H = \lg\omega_3 - \lg\omega_2$$

即

$$H = \frac{\omega_3}{\omega_2} \tag{6-36}$$

称 $H$ 为中频区宽度。则式（6-35）可以写成

$$\gamma_{\max} = \gamma(\omega_m) = \arcsin\frac{H-1}{H+1}$$

或

$$\frac{1}{\sin\gamma(\omega_m)} = \frac{H+1}{H-1} \tag{6-37}$$

由式（6-8），系统的闭环谐振峰值为

$$M_r = \frac{1}{\sin\gamma}$$

式中，$\gamma$ 为希望特性的相角裕度，$\gamma=\gamma(\omega_c)$。因此，为了分析系统的闭环谐振峰值 $M_r$ 与中频区宽度 $H$ 之间的关系，需要先分析角频率 $\omega_m$ 与截止频率 $\omega_c$ 的关系。由图 6-26 可以得到

$$20\lg|G(j\omega_m)| = 20(\lg\omega_c - \lg\omega_m)$$

即

$$\frac{\omega_c}{\omega_m} = |G(j\omega_m)| \tag{6-38}$$

图 6-27 给出由等 $M$ 圆求 $|G(j\omega_m)|$ 的方法。对于取 $M_r = M_1 > 1$ 的情况，由图 6-27 可计算出

$$|G(j\omega_m)| = \overline{OP} = \frac{M_1}{\sqrt{M_1^2-1}} \tag{6-39}$$

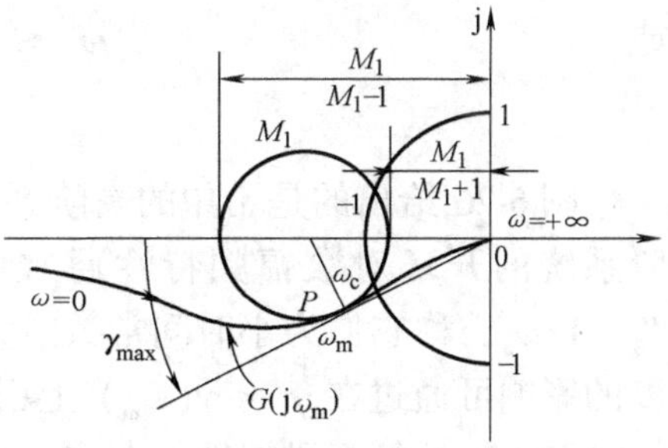

图 6-27

由式（6-38）及式（6-39）写出 $M_r>1$ 情况下 $\omega_m$ 与 $\omega_c$ 的比值为

$$\frac{\omega_c}{\omega_m} = \frac{M_r}{\sqrt{M_r^2-1}} \tag{6-40}$$

上式说明，$\omega_m < \omega_c$，且通常有 $\omega_m \approx \omega_c$。因此，$\gamma(\omega_m) \approx \gamma(\omega_c) = \gamma$，故式（6-37）可近似写为

$$\frac{1}{\sin\gamma} = \frac{H+1}{H-1} \tag{6-41}$$

所以有

$$M_r = \frac{H+1}{H-1} \tag{6-42}$$

或写成

$$H = \frac{M_r+1}{M_r-1} \tag{6-43}$$

将式（6-42）代入式（6-9）

$$\sigma = 0.16 + 0.4(M_r-1) = 0.16 + \frac{0.8}{H-1} \tag{6-44}$$

上式表明，中频区宽度 $H$ 与闭环谐振峰值 $M_r$ 一样，都是描述系统阻尼程度或相对稳定性的频域指标。增大 $H$ 可以降低闭环谐振峰值 $M_r$，减小超调量 $\sigma$。

在图 6-26 中，转折频率 $\omega_2$、$\omega_3$ 与截止频率 $\omega_c$ 的关系，可以根据式（6-40）和式(6-42)，

并考虑 $\omega_m = \sqrt{\omega_2\omega_3}$ 和 $H=\omega_3/\omega_2$ 求得

$$\frac{\omega_3}{\omega_c}=\frac{2H}{H+1} \tag{6-45}$$

$$\frac{\omega_c}{\omega_2}=\frac{H+1}{2} \tag{6-46}$$

如果已给定 $M_r$，则应用式（6-43），可得到 $\omega_2$、$\omega_3$ 与 $\omega_c$ 的关系为

$$\frac{\omega_3}{\omega_c}=\frac{M_r+1}{M_r} \tag{6-47}$$

$$\frac{\omega_c}{\omega_2}=\frac{M_r}{M_r-1} \tag{6-48}$$

式（6-45）~式（6-48）是在 $\omega_m \approx \omega_c$ 的条件下推导出来的，满足这一条件可使希望的开环对数幅频特性对应的闭环系统具有最小的 $M_r$ 值。这时，$\omega_2$、$\omega_3$ 与 $\omega_c$ 的关系被称为“最佳频比”。为了保证系统具有以 $H$ 或 $M_r$ 表征的阻尼性能，通常选取

$$\omega_2 \leqslant \omega_c\frac{M_r-1}{M_r} \text{ 且 } \omega_3 \geqslant \omega_c\frac{M_r+1}{M_r} \tag{6-49}$$

或

$$\omega_2 \leqslant \omega_c\frac{2}{H+1} \text{ 且 } \omega_3 \geqslant \omega_c\frac{2H}{H+1} \tag{6-50}$$

图 6-26 给出的是希望的高阶系统开环对数频率特性曲线的中频段部分。更为一般的高阶系统的开环对数幅频特性通常可由图 6-28 表示，其中 $T_4=1/\omega_4$，$T_5=1/\omega_5$，均小于 $T_3=1/\omega_3$，称它们为小时间常数。为简化控制系统设计，这些小时间常数环节对系统相角裕度的影响可通过在 $\gamma \approx \gamma(\omega_m)$ 上引入几度的附加正相角裕度 $\Delta\gamma$ 加以补偿。另外，斜率为 -20dB/dec的低频段特性的存在，相当于在图 6-26 所示特性上引入了一个正附加相角裕度，从而可对小时间常数环节带来的不利影响起到一定的补偿作用。

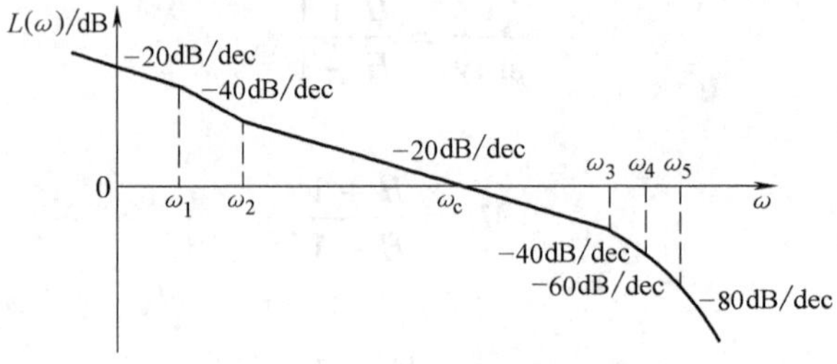


图 6-28

**2. 典型形式的希望对数幅频特性的确定**

1）根据对系统稳态精度的要求，确定开环积分环节个数 $\nu$ 和开环增益 $K$，绘制希望特性曲线的低频段；

2）根据动态响应速度、超调量、稳定裕度、中频区宽度要求，确定截止频率 $\omega_c$ 及中频区上下限角频率 $\omega_2$、$\omega_3$，绘制希望特性曲线的中频段，保证中频段的斜率为 -20dB/dec；

3）绘制希望特性低、中频段之间的衔接频段，其斜率一般为 -40dB/dec；

4）根据系统对幅值裕度和抗高频噪声的要求，绘制希望特性曲线的高频段。为了使校正装置具有比较简单的特性以便于实现，在未校正系统高频段能满足抗高频干扰要求的情况下，一般应使高频段斜率与未校正系统高频段斜率一致，或者使两者高频段曲线完全相重；

5）绘制希望特性中、高频段之间的衔接频段，其斜率一般取 -40dB/dec；

6）对求出的希望特性进行性能指标验算，并对特性曲线的转折频率作必要的调整。

**例 6-9** 单位负反馈系统的开环传递函数为

$$G_0(s) = \frac{K}{s(0.1s+1)(0.02s+1)(0.01s+1)(0.005s+1)}$$

要求满足的性能指标为

（1）静态速度误差系数 $K_v = 200\text{s}^{-1}$；

（2）单位阶跃响应的超调量 $\sigma\% \leqslant 30\%$；

（3）单位阶跃响应的调节时间 $t_s \leqslant 0.7s$；

（4）幅值裕度 $h \geqslant 6\text{dB}$。

试绘制给定系统的希望特性曲线。

**解** 按如下步骤绘制希望特性曲线。

（1）绘制希望特性的低频段 由动态误差系数要求可知，系统应为Ⅰ型，希望特性曲线的低频段斜率为 -20dB/dec，开环增益应取 $K = K_v = 200\text{s}^{-1}$。希望特性低频段绘于图 6-29 中，其延长线在 $\omega = 200\text{rad/s}$ 处与横轴相交，且在 $\omega = 1\text{rad/s}$ 时，$20\lg|G| = 46\text{dB}$。

（2）绘制希望特性的中频段 首先，将给定的时域指标 $\sigma\%$、$t_s$ 换算为相应的频域指标 $\gamma$、$H$ 及 $\omega_c$。根据经验公式（6-9），有

$$\sigma = 0.16 + 0.4(M_r - 1) = 0.3$$

解得 $M_r = 1.35$；再由近似公式（6-8），求得

$$\gamma = \arcsin\frac{1}{M_r} = 47.8°$$

为留有余地，选相角裕度的希望值 $\gamma = 50°$；又按式（6-43），中频区宽度应取

$$H \geqslant \frac{M_r+1}{M_r-1} = \frac{1+\sin\gamma}{1-\sin\gamma} = \frac{1+\sin 50°}{1-\sin 50°} = 7.5$$

最后，由经验公式（6-10）得

$$t_s = \frac{\pi}{\omega_c}[2 + 1.5(M_r - 1) + 2.5(M_r - 1)^2] = 0.7\text{s}$$

解得 $\omega_c = 12.7\text{rad/s}$，取希望特性的截止频率 $\omega_c = 13\text{rad/s}$。

其次，在图 6-29 上，过 $\omega = 13\text{rad/s}$ 作斜率为 -20dB/dec 直线，其上下限角频率 $\omega_2$ 及 $\omega_3$ 按式（6-50）求得：$\omega_2 \leqslant 3.37\text{rad/s}$，$\omega_3 \geqslant 22.6\text{rad/s}$。初选 $\omega_2 = 1.3\text{rad/s}$，即 $\omega_2 = 0.1\omega_c$，以及 $\omega_3 = 50\text{rad/s}$，此时中频区宽度 $H = \omega_3/\omega_2 = 38.5$，大于要求的 $H$ 值。

（3）绘制希望特性低、中频段的衔接频段 在图 6-29 上，找到中频段与过 $\omega_2 = 1.3$ rad/s的横轴垂线的交点，过该点作斜率为 -40dB/dec 的直线，交低频段于 $\omega_1 = 0.0845\text{rad/s}$，$\omega_1$ 和 $\omega_2$ 分别为希望特性由低频段开始的第一及第二个转折频率。

（4）绘制希望特性的高频段 根据 $v = 1$ 及 $K = 200\text{s}^{-1}$ 的要求，在图 6-29 上绘出未校正的频率特性 $20\lg|G_0(\text{j}\omega)|$，其高频区斜率为 -60 ~ -100dB/dec，表明未校正系统具有良好

的抑制高频噪声的能力，故可使希望特性的高频段与 $20\lg|G_0(j\omega)|$ 的高频段相同。

（5）绘制希望特性中、高频段的衔接频段　在图 6-29 中，找出过 $\omega_3=50\text{rad/s}$ 的横轴垂线与希望特性中频段的交点，通过该点作斜率为 $-40\text{dB/dec}$ 的直线在 $\omega_4=100\text{rad/s}$ 处斜率改变为 $-60\text{dB/dec}$，与希望特性高频段相交，交点对应的频率 $\omega_5=153.85\text{rad/s}$ 是希望特性从低频到高频的第五个转折频率，从而完成中、高频之间的衔接频率设计。希望特性的第六个转折频率 $\omega_6=200\text{rad/s}$。

（6）验算性能指标　根据图 6-29 中绘制的希望特性曲线 $20\lg|G(j\omega)|$，求得希望的开环传递函数为

$$G(s)=\frac{200\left(\frac{1}{1.3}s+1\right)}{s\left(\frac{1}{0.0845}s+1\right)\left(\frac{1}{50}s+1\right)\left(\frac{1}{100}s+1\right)\left(\frac{1}{153.85}s+1\right)\left(\frac{1}{200}s+1\right)}$$

可计算出相角裕度、中频区宽度、幅值裕度分别为

$$\gamma=51.8°>50°,\ H=38.5>7.5,\ h=8.7\text{dB}>6\text{dB}$$

完全满足给定性能指标要求。

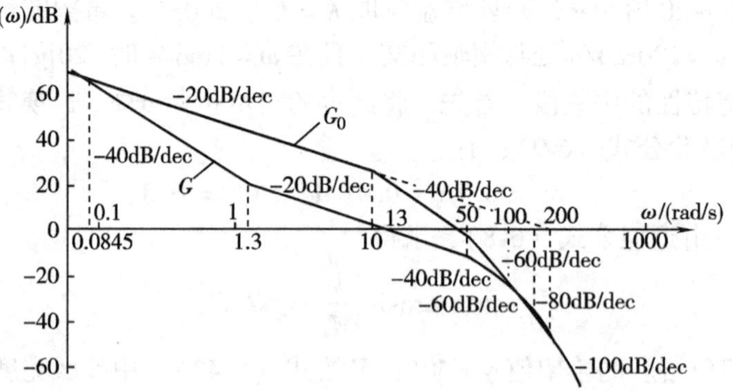


图　6-29

## 6.5.2　频域综合法设计串联校正装置

串联校正中，希望的频率特性表达式为 $G(j\omega)=G_0(j\omega)G_c(j\omega)$，利用希望特性曲线进行综合法串联校正的设计步骤如下：

1）根据性能指标中稳态性能要求，绘制满足稳态性能的待校正系统的开环对数幅频特性 $L_0(\omega)=20\lg|G_0(j\omega)|$；

2）根据稳态和动态指标，绘制希望的开环对数幅频特性 $L(\omega)=20\lg|G_0(j\omega)G_c(j\omega)|$，其低频段与 $L_0(\omega)$ 低频段重合；

3）由 $L_c(\omega)=20\lg|G_c(j\omega)|=L(\omega)-L_0(\omega)$ 确定串联校正装置的对数幅频特性，求出校正装置的传递函数 $G_c(s)$；

4）验证系统校正后的性能指标；

5）串联校正装置 $G_c(s)$ 的物理实现。

**例 6-10**　单位负反馈系统的开环传递函数为

$$G_0(s) = \frac{K}{s(1+0.12s)(1+0.02s)}$$

试用综合法设计串联校正装置，使系统满足：$K_v \geqslant 70\text{s}^{-1}, t_s \leqslant 1\text{s}, \sigma\% \leqslant 40\%$ 。

**解**　本例可按如下步骤求解：

（1）取 $K=70$，画未校正系统的对数幅频特性曲线，如图 6-30 所示。未校正系统的截止频率 $\omega_{c0} = 24\text{rad/s}$ 。

（2）绘希望特性曲线。其主要参数：

低频段：希望特性仍为 I 型系统，低频段斜率为 -20dB/dec，与 $20\lg|G_0|$ 的低频段重合。

中频段及衔接频段：由式（6-9）及式（6-10），将 $\sigma\%$ 及 $t_s$ 转换为相应的频域指标，并取

$$M_r = 1.6,\ \omega_c = 13\text{rad/s}$$

按式（6-49）估算，应有

$$\omega_2 \leqslant 4.88\text{rad/s},\ \omega_3 \geqslant 21.13\text{rad/s}$$

在 $\omega_c = 13\text{rad/s}$ 处，作斜率为 -20dB/dec 的直线，交 $20\lg|G_0|$ 于 $\omega = 45\text{rad/s}$ 处，见图 6-30。取

$$\omega_2 = 4\text{rad/s},\ \omega_3 = 45\text{rad/s}$$

此时，$H = \omega_3/\omega_2 = 11.25$。由式 $\dfrac{1}{\sin\gamma} = \dfrac{H+1}{H-1}$ 知，相应的

$$\gamma = \arcsin\frac{H-1}{H+1} = 56.8°$$

在中频段与过 $\omega_2 = 4\text{rad/s}$ 的横轴垂线的交点上，作斜率为 -40dB/dec 的直线，交希望特性的低频段于 $\omega_1 = 0.75\text{rad/s}$ 处。

高频段及衔接频段：由于本题未对高频特性提出要求，故在 $\omega \geqslant \omega_3$ 的频段，取希望特性 $20\lg|G_0G_c|$ 与未校正系统的特性 $20\lg|G_0|$ 一致，这样可使设计得到的校正装置 $G_c(s)$ 不过于复杂。在希望特性上，$\omega \geqslant \omega_4 = 50\text{rad/s}$ 为高频段，$\omega_3 < \omega < \omega_4$ 为中高频衔接频段。

所以，希望特性的参数为

$$\omega_1 = 0.75\text{rad/s}, \omega_2 = 4\text{rad/s}, \omega_3 = 45\text{rad/s}, \omega_4 = 50\text{rad/s}, \omega_c = 13\text{rad/s}, H = 11.25$$

（3）将曲线 $20\lg|G_0G_c|$ 与 $20\lg|G_0|$ 相减，求出曲线 $20\lg|G_c|$ ，可写出串联校正装置传递函数

$$G_c(s) = \frac{(1+0.25s)(1+0.12s)}{(1+1.33s)(1+0.022s)}$$

（4）验算性能指标。校正后系统开环传递函数

$$G(s) = \frac{70(1+0.25s)}{s(1+1.33s)(1+0.02s)(1+0.022s)}$$

算得 $\omega_c = 13\text{rad/s}$ ，$\gamma = 45.6°$，$M_r = 1.4$，$\sigma\% = 32\%$ ，$t_s = 0.73\text{s}$ 。完全满足设计要求。

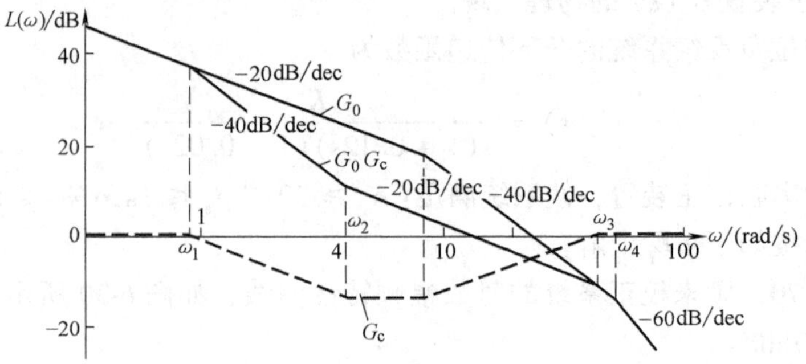


图 6-30

## 6.6 串联校正：PID 控制器的工程设计方法

在当前的工程实际应用中，大多数工业控制系统采用 PID 控制器或者各类改进的 PID 控制器。常规 PID 控制器是由比例（P）、积分（I）、微分（D）三种基本控制规律组合成的。大多数 PID 控制器的参数是在工业现场进行整定，人们已经总结出很多不同形式的参数整定规则。尤其是，当被控对象的数学模型未知或模型不准确时，无法采用分析法和综合法设计校正装置，这时使用 PID 控制器进行校正是有效的。由于 PID 控制器的广泛使用，已经形成了大量的商业产品供选择。而且，PID 控制器参数自动整定方法不断发展，一些 PID 控制器已具有在线自动整定的功能。

本节首先介绍 PID 控制规律，然后介绍串联 PID 校正的工程设计方法。

### 6.6.1 PID 控制规律

PID 控制规律包括比例、积分、微分等基本控制规律，以及这些基本控制规律的组合，如比例-微分、比例-积分、比例-积分-微分等组合控制规律。

**1. 比例（P）控制规律**

比例控制规律是指控制器的输出信号 $u(t)$ 能够无失真地、完全按比例地复现输入信号 $e(t)$，即

$$u(t) = K_{p}e(t) \tag{6-51}$$

$K_p$ 为比例系数。具有比例控制规律的控制器，称为比例控制器或 P 控制器。P 控制器的框图如图 6-31 所示。

P 控制器实质上是一个具有可调增益的放大器，在信号变换过程中，P 控制器只改变信号的大小而不影响其相位。在串联校正中，加大控制器增益 $K_p$，可以提高系统的开环增益，减小系统的稳态误差，从而提高系统的控制精度；但系统开环增益的增加，降低了系统的相对稳定性，甚至可能造成闭环系统不稳定。因此在系统校正设计中，很少单独使用比例控制规律。

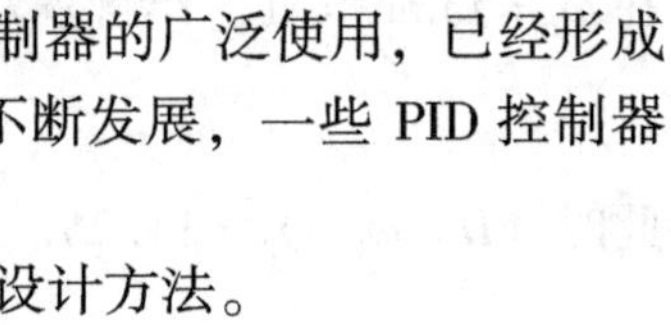


图 6-31

**2. 比例-微分（PD）控制规律**

比例-微分控制规律是指控制器的输出信号 $u(t)$ 既反映输入信号 $e(t)$，又反映 $e(t)$ 对 $t$

的导数，即

$$u(t) = K_p e(t) + K_p T_d \frac{de(t)}{dt} \tag{6-52}$$

其中，$K_p$ 为比例系数，$T_d$ 为微分时间常数。对应的输出输入传递函数为

$$G_c(s) = K_p(1 + T_d s) \tag{6-53}$$

具有比例-微分控制规律的控制器，称为 PD 控制器，其框图如图 6-32 所示。

PD 控制器中的微分控制规律，能根据输入信号 $e(t)$ 的变化趋势，提前产生有效的修正信号，以增加系统的阻尼程度，从而改善系统的稳定性。在串联校正中，PD 控制器为系统增加了一个开环零点，使系统的相角裕度提高，有助于改善系统的动态性能。

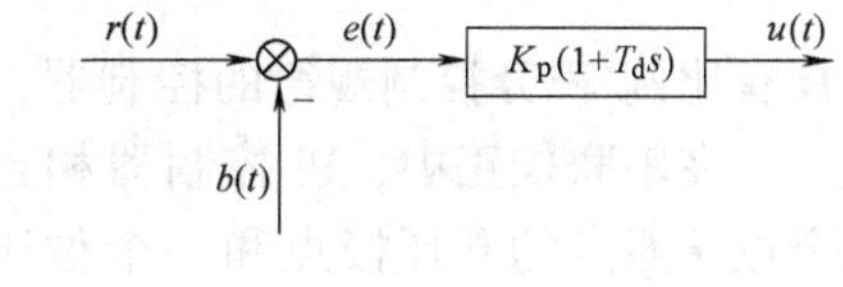

图　6-32

图 6-33 比较了 PD 控制器与超前校正网络的对数幅频特性。显然，PD 控制器具有超前校正作用，可看作是零点为 $-1/T_d$，极点位于 $-\infty$ 的超前校正网络。在一定的频率范围内，PD 控制器与相应的超前网络具有相同的频率特性。实际上，超前校正网络是 PD 控制器的一个工程实现。

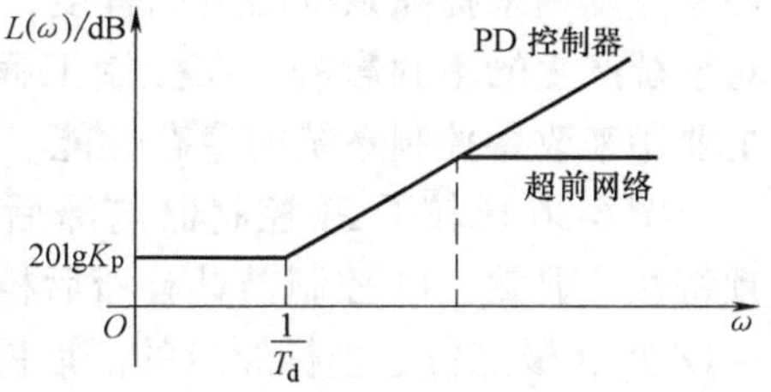

图　6-33

需要指出，因为微分控制只对动态过程起作用，而对稳态过程没有影响，且对系统噪声非常敏感，所以单一的 D 控制器在任何情况下都不宜与被控对象串联起来单独使用。通常微分控制规律总是与比例控制规律或比例-积分控制规律结合起来，构成 PD 或 PID 控制器，应用于实际的控制系统。

**3. 积分（I）控制规律**

积分控制规律是指控制器的输出信号 $u(t)$ 成比例地反映输入信号 $e(t)$ 的积分，即

$$u(t) = \frac{1}{T_i}\int_0^t e(t)\,dt \tag{6-54}$$

其中，$T_i$ 为积分时间常数。对应的输出输入传递函数为

$$G_c(s) = \frac{1}{T_i s} \tag{6-55}$$

具有积分控制规律的控制器，称为 I 控制器，其框图如图 6-34 所示。

由于 I 控制器的作用是对输入信号 $e(t)$ 进行积分，因此在 $e(t)$ 消失后，I 控制器的输出 $u(t)$ 仍然可以是一个不为零的常量。

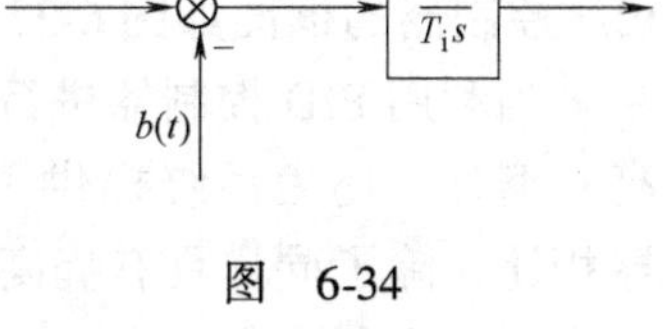

图　6-34

在串联校正时，采用 I 控制器可以提高系统的型别（无差度），有利于系统稳态精度的提高，但积分控制使系统增加了一个位于原点的开环极点，使系统产生 90°的相角滞后，不利于系统的稳定性。因此，在控制系统的校正设计中，通常不宜采用单一的 I 控制器。

**4. 比例-积分（PI）控制规律**

比例-积分控制规律是指控制器的输出信号 $u(t)$ 既反映输入信号 $e(t)$，又反映 $e(t)$ 对 $t$ 的积分，即

$$u(t) = K_p e(t) + \frac{K_p}{T_i}\int_0^t e(t)\,dt \tag{6-56}$$

其中，$K_p$ 为比例系数，$T_i$ 为积分时间常数。对应的输出输入传递函数为

$$G_c(s) = K_p\left(1 + \frac{1}{T_i s}\right) \tag{6-57}$$

具有比例-积分控制规律的控制器，称为 PI 控制器，其框图如图 6-35 所示。

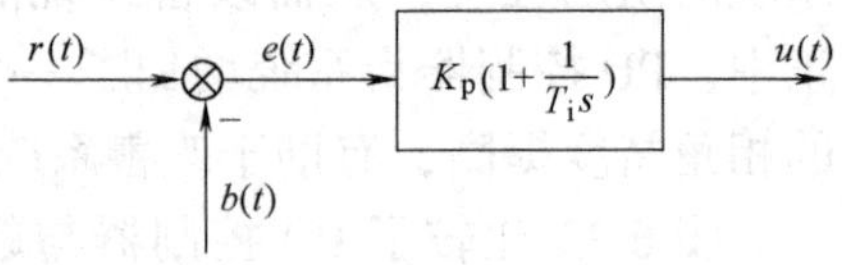


图 6-35

在串联校正中，PI 控制器相当于在系统中增加了一个位于原点的开环极点和一个位于 $s$ 左半平面的开环零点。位于原点的极点可以提高系统的型别，以消除或减小系统的稳态误差，改善系统的稳态性能；而增加的开环零点则用来提高系统的阻尼程度，缓和 PI 控制器极点对系统产生的不利影响。在控制工程实践中，PI 控制器主要用来改善控制系统的稳态性能。

图 6-36 比较了 PI 控制器与滞后校正网络的对数幅频特性。显然，PI 控制器具有滞后校正作用，是零点为 $-1/T_i$，极点位于坐标原点的滞后网络。在一定的频率范围内，PI 控制器与相应的滞后网络有相同的频率特性。

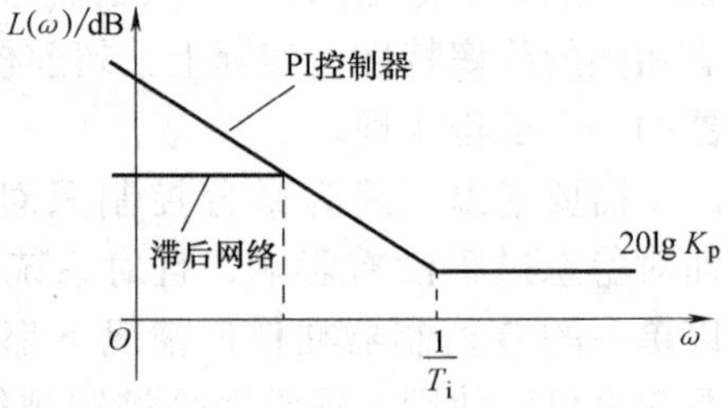


图 6-36

**5. 比例-积分-微分（PID）控制规律**

比例-积分-微分控制规律是由比例、积分、微分基本控制规律组合而成的控制规律。具有比例-积分-微分控制规律的控制器，称为 PID 控制器，其输出信号 $u(t)$ 与输入信号 $e(t)$ 之间的方程为

$$u(t) = K_p e(t) + \frac{K_p}{T_i}\int_0^t e(t)\,dt + K_p T_d \frac{de(t)}{dt} \tag{6-58}$$

对应的输出输入传递函数为

$$\begin{aligned} G_c(s) &= K_p\left(1 + \frac{1}{T_i s} + T_d s\right) \\ &= \frac{K_p}{T_i}\,\frac{T_i T_d s^2 + T_i s + 1}{s} \end{aligned} \tag{6-59}$$

PID 控制器的框图如图 6-37 所示。

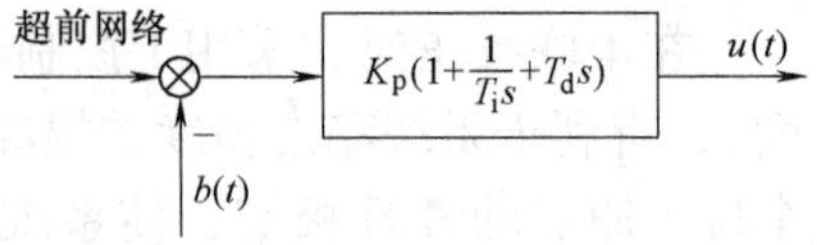


图 6-37

当利用 PID 控制器进行校正时，除可使系统的型别提高一型外，还为系统提供了两个负实部零点。与 PI 控制器相比，除了同样具有提高系统稳态性能的优点外，还多提供了一个负实数零点，在提高系统的动态性能方面具有更大的优越性。在工业过程控制中，广泛使用 PID 控制

器。PID 控制器各部分的参数，在系统现场调试中最后确定。通常，应使 I 部分发生在系统频率特性的低频段，以提高系统的稳态性能，而使 D 部分发生在系统频率特性的中频段，以改善系统的动态性能。

PID 控制器的作用相当于滞后-超前校正网络的校正作用。

### 6.6.2　PID 串联校正的工程设计方法

串联校正的工程设计法是在综合法的基础上，将希望特性进一步规范化和简单化。对于一般二阶以上系统，模型参数与性能指标之间的关系难以确定，工程上往往规定一些典型系统（例如典型 I 型、典型 II 型），将希望的开环传递函数规范为

典型 I 型：
$$G(s) = G_c(s)G_0(s) = \frac{K}{s(Ts+1)} \tag{6-60}$$

典型 II 型：
$$G(s) = G_c(s)G_0(s) = \frac{K(T_1 s+1)}{s^2(T_2 s+1)} \tag{6-61}$$

典型 I 型系统是闭环二阶系统，典型 II 型系统是闭环三阶系统。找出典型系统模型参数与性能指标之间的确定关系，设计时就可以方便地按照给定的指标计算希望特性的参数。

工程设计法的一般步骤是先设定串联校正装置 $G_c(s)$ 为 P、PI、PID 等控制器形式，然后按最佳性能要求，选择相应于 P、PI 或 PID 控制规律的 $G_c(s)$ 的参数。这种设计方法简单，易于工程实现。常用的工程设计方法有三阶最佳设计法和最小 $M_r$ 设计法。

**1. 三阶最佳设计方法**

取希望的开环传递函数为典型 II 型，以能取得最大相角裕度，并有尽可能快的响应速度来选择希望特性 $G(s)$ 的参数。比较式（6-32）与式（6-61），有 $T_1 = \frac{1}{\omega_2}, T_2 = \frac{1}{\omega_3}$。一般取

$$H = \frac{\omega_3}{\omega_2} = \frac{T_1}{T_2} = 4, \quad T_1 = HT_2, \quad K = \frac{1}{8T_2^2} \tag{6-62}$$

较为适宜。从而希望特性为

$$G(s) = \frac{K(T_1 s+1)}{s^2(T_2 s+1)} = \frac{(4T_2 s+1)}{8T_2^2 s^2(T_2 s+1)} \tag{6-63}$$

然后，根据 $G(s)$ 和 $G_0(s)$ 确定相应 PID 控制器 $G_c(s)$ 的参数。按照不同类型的待校正系统 $G_0(s)$，常见的选择方式如下：

（1）待校正系统
$$G_0(s) = \frac{K_0}{s(T_0 s+1)}$$

则可选择 PI 控制器

$$G_c(s) = K_p\left(1+\frac{1}{T_i s}\right) = \frac{\tau s+1}{Ts}$$

由 $G_c(s)G_0(s) = \frac{(4T_2 s+1)}{8T_2^2 s^2(T_2 s+1)}$，求得 $T_2 = T_0$，PI 控制器参数

$$T = 8K_0 T_0^2, \quad \tau = 4T_0 \tag{6-64}$$

校正后的系统
$$G(s) = \frac{(4T_0 s+1)}{8T_0^2 s^2(T_0 s+1)}$$

（2）待校正系统 $G_0(s)=\dfrac{K_0}{s(T_{01}s+1)(T_{02}s+1)}$

则可选择 PID 控制器

$$G_c(s)=K_p\left(1+\frac{1}{T_is}+T_ds\right)=\frac{(\tau_1s+1)(\tau_2s+1)}{Ts}$$

由 $G_c(s)G_0(s)=\dfrac{(4T_2s+1)}{8T_2^2s^2(T_2s+1)}$，并令 $\tau_2=T_{02}$（或 $T_{01}$），PID 控制器参数选为

$$\tau_1=4T_{01},\quad \tau_2=T_{02},\quad T=8K_0T_{01}^2 \tag{6-65}$$

校正后的系统 $G(s)=\dfrac{(4T_{01}s+1)}{8T_{01}^2s^2(T_{01}s+1)}$

对于其他情况：

若 $G_0(s)=\dfrac{K_0}{(T_{01}s+1)(T_{02}s+1)}$，且 $T_{01}>>T_{02}$，则可将 $G_0$（$s$）简化为 $G_0(s)\approx\dfrac{K_0}{T_{01}s(T_{02}s+1)}$，然后按照（1）的情况处理。

若 $G_0(s)=\dfrac{K_0}{(T_{01}s+1)(T_{02}s+1)(T_{03}s+1)}$，且 $T_{03}>>T_{01}$，$T_{02}$，则可将 $G_0(s)$ 简化为 $G_0(s)\approx\dfrac{K_0}{T_{03}s(T_{01}s+1)(T_{02}s+1)}$，然后按照（2）的情况处理。

若 $G_0(s)=\dfrac{K_0}{s(T_{01}s+1)(T_{03}s+1)(T_{04}s+1)(T_{05}s+1)}$，且 $T_{03}$，$T_{04}$，$T_{05}<<T_{01}$，则可将 $G_0$（$s$）简化为 $G_0(s)\approx\dfrac{K_0}{s(T_{01}s+1)(T_{02}s+1)}$，其中 $T_{02}=T_{03}+T_{04}+T_{05}$，然后按照（2）的情况处理。

**2. 最小 $M_r$ 设计方法**

最小 $M_r$ 设计方法与三阶最佳设计方法基本相同，仅选择参数的出发点不同。这时，希望特性参数的选择是使式（6-61）对应的闭环系统具有最小 $M_r$ 值，并同时考虑系统的响应速度和抗扰性能。希望的开环传递函数形式仍为

$$G(s)=G_c(s)G_0(s)=\frac{K(T_1s+1)}{s^2(T_2s+1)}$$

但参数选择公式一般为

$$H=5,\quad T_1=HT_2,\quad K=\frac{H+1}{2H^2T_2^2} \tag{6-66}$$

从而有

$$G(s)=\frac{3(5T_2s+1)}{25T_2^2s^2(T_2s+1)} \tag{6-67}$$

选择控制器形式及计算控制器参数的方法与三阶最佳设计方法相同。

**例 6-11** 设单位负反馈系统的开环传递函数为

$$G_0(s)=\frac{40}{s(0.003s+1)}$$

试用工程设计方法确定串联 PID 控制器 $G_c(s)$ 。

**解**　(1) 分析未校正系统的性能　未校正系统为二阶系统，阻尼比 $\xi=1.44$，自然频率 $\omega_n=115.5\text{rad/s}$。显然，未校正系统为过阻尼二阶系统，其性能指标

$$\gamma_0=83.2°,\quad \omega_{c0}=40\text{rad/s},\quad t_s=0.07\text{s}$$

由于未校正系统为Ⅰ型系统，在斜坡输入信号作用下必然存在稳态误差。因此，可考虑采用工程设计法，将系统校正为Ⅱ型系统。

(2) 采用三阶最佳设计方法　本例属于三阶最佳设计方法中的第一种情况。已知 $K_0=40\text{s}^{-1}$，$T_0=0.003\text{s}$，故可选 PI 控制器作为串联校正装置，其参数可按式 (6-64) 确定，可得

$$T=0.0029\text{s},\quad \tau=0.012\text{s}$$

所以，PI 控制器的传递函数为

$$G_c(s)=\frac{0.012s+1}{0.0029s}=4.14\left(1+\frac{1}{0.012s}\right)$$

即 PI 控制器的比例系数 $K_p=4.14\text{s}^{-1}$，积分时间常数 $T_i=0.012\text{s}$。

校正后的开环传递函数为

$$G(s)=\frac{13793.1(0.012s+1)}{s^2(0.003s+1)}$$

(3) 采用最小 $M_r$ 设计方法　选 PI 控制器作为串联校正装置，利用式 (6-66)，有

$$G_0(s)G_c(s)=\frac{40}{s(0.003s+1)}\frac{\tau s+1}{Ts}=\frac{3(5T_2s+1)}{25T_2^2s^2(T_2s+1)}$$

求得 PI 控制器参数

$$T=0.003\text{s},\quad \tau=0.015\text{s}$$

PI 控制器的传递函数为

$$G_c(s)=\frac{0.015s+1}{0.003s}=5\left(1+\frac{1}{0.015s}\right)$$

校正后的开环传递函数为

$$G(s)=\frac{13333.3(0.015s+1)}{s^2(0.003s+1)}$$

## 6.7　反馈校正

改善控制系统的性能，除了采用串联校正方案外，反馈校正也是广泛采用的校正方式之一。

### 6.7.1　反馈校正的作用

反馈校正系统如图 6-38 所示。反馈校正的基本原理是：用反馈校正装置包围待校正系统中对动态性能改善有重大妨碍作用的某些环节，形成一个局部反馈回路。适当选择校正装

置 $G_c(s)$ 的形式和参数，可使校正后的性能大为改善。

**1. 利用反馈校正取代局部结构**

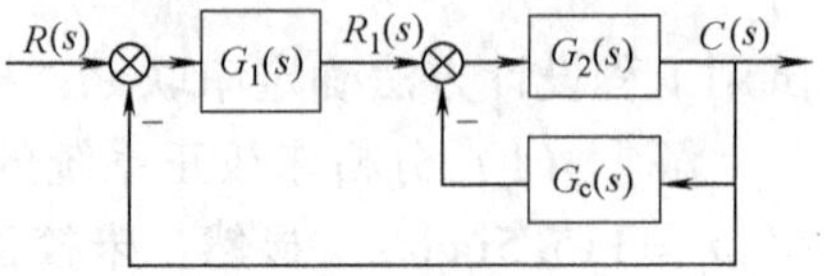

图 6-38

图 6-38 中，局部反馈校正部分的传递函数为

$$G(s) = \frac{C(s)}{R_1(s)} = \frac{G_2(s)}{1 + G_2(s)G_c(s)}$$

如果在对系统动态性能起主要影响的频率范围内，有 $|G_2(j\omega)G_c(j\omega)| >> 1$ 成立，那么

$$G(j\omega) \approx \frac{1}{G_c(j\omega)}, \quad G(s) \approx \frac{1}{G_c(s)}$$

表明可以采用适当选择的 $\frac{1}{G_c(s)}$ 替代原有的 $G_2(s)$ 。

**2. 利用反馈校正改变局部结构和参数**

（1）比例反馈包围积分环节　若图 6-38 中，$G_2(s) = \frac{K}{s}$ ，取 $G_c(s) = K_H$ ，校正后局部反馈回路的传递函数为

$$G(s) = \frac{\frac{1}{K_H}}{\frac{1}{KK_H}s + 1}$$

积分环节经局部反馈成为惯性环节，意味着降低了系统的型别，这样虽然会使系统跟随一些典型输入信号时的稳态精度降低，但有可能改变原系统存在的结构不稳定。

（2）比例反馈包围惯性环节　若 $G_2(s) = \frac{K}{Ts + 1}$ ，取 $G_c(s) = K_H$ ，校正后局部反馈回路的传递函数为

$$G(s) = \frac{\frac{K}{KK_H + 1}}{\frac{T}{KK_H + 1}s + 1}$$

局部反馈系统仍为一惯性环节，但其时间常数减小为原来的 $1/(KK_H + 1)$ ，系统响应加快。

$G(s)$ 可以等价表示为

$$G(s) = \frac{1}{KK_H + 1} \frac{Ts + 1}{\frac{T}{KK_H + 1}s + 1} \frac{K}{Ts + 1}$$

令　　$a = KK_H + 1 > 1$　　$G(s) = \frac{1}{a} \frac{Ts + 1}{\frac{T}{a}s + 1} \frac{K}{Ts + 1}$

显然，此种反馈校正可以等效为串联超前校正，只是需将超前网络的零点设计与 $G_2(s)$ 的极点相同。达到相同的校正结果，反馈校正装置的结构简单，便于实现。

（3）微分反馈包围惯性环节　若 $G_2(s) = \frac{K}{Ts + 1}$ ，取 $G_c(s) = K_t s$ ，校正后局部反馈回

路的传递函数为

$$G(s) = \frac{K}{(T + KK_t)s + 1}$$

仍为一惯性环节，时间常数增大，但增益不受影响。利用局部反馈可以使原系统中各环节的时间常数拉开距离，从而改善系统的相对稳定性。同样有

$$G(s) = \frac{Ts + 1}{(T + KK_t)s + 1} \frac{K}{Ts + 1}$$

局部反馈校正可等效为串联滞后校正。

（4）微分反馈包围振荡环节　若 $G_2(s) = \dfrac{K}{T^2 s^2 + 2\xi Ts + 1}$，取 $G_c(s) = K_t s$，校正后局部反馈回路的传递函数为

$$G(s) = \frac{K}{T^2 s^2 + (2\xi T + KK_t)s + 1}$$

仍为振荡环节，但等效阻尼比可显著增大，系统超调量减小。

从上面的几种情况可以总结出：反馈校正环节是比例系数，校正结果是改变被包围环节传递函数分母多项式的常数项；反馈校正环节是 $s$ 的一次项，校正结果是改变被包围环节传递函数分母多项式的 $s$ 项系数；依次类推，其作用是改变系统开环极点分布。达到同样的校正效果，采用的反馈校正网络比串联校正网络要简单得多。同时必须强调指出，反馈校正装置不一定必须是电气网络，在调速系统和随动系统中，反馈元件实际上就是一些传感器，例如测速发电机、电流互感器等，实现起来更为方便。由于局部反馈结构能有效改变被包围环节的特性，在一定条件下，可以大大减弱被包围环节因参数变化、存在非线性特性等因素而给系统带来的不利影响。

## 6.7.2　反馈校正的频域综合法

具有反馈校正的控制系统如图 6-39 所示。

未校正系统的开环传递函数为

$$G_0(s) = G_1(s)G_2(s)G_3(s)$$

校正后系统的开环传递函数为

$$G(s) = \frac{G_0(s)}{1 + G_2(s)G_c(s)}$$

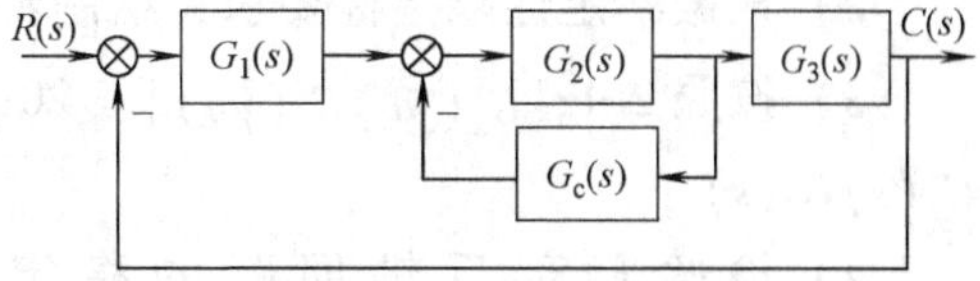


图　6-39

其开环频率特性为

$$G(\mathrm{j}\omega) = \frac{G_0(\mathrm{j}\omega)}{1 + G_2(\mathrm{j}\omega)G_c(\mathrm{j}\omega)} \tag{6-68}$$

从式（6-68）看出，如果局部反馈系统稳定，则在满足 $|G_2(\mathrm{j}\omega)G_c(\mathrm{j}\omega)| \ll 1$ 的频率范围内，有

$$G(\mathrm{j}\omega) \approx G_0(\mathrm{j}\omega) \tag{6-69}$$

而在满足 $|G_2(\mathrm{j}\omega)G_c(\mathrm{j}\omega)| \gg 1$ 的频率范围内，有

$$G(\mathrm{j}\omega) \approx \frac{G_0(\mathrm{j}\omega)}{G_2(\mathrm{j}\omega)G_c(\mathrm{j}\omega)} \tag{6-70}$$

在反馈校正时，可以近似用 $|G_2(\mathrm{j}\omega)G_c(\mathrm{j}\omega)| \leq 1$ 和 $|G_2(\mathrm{j}\omega)G_c(\mathrm{j}\omega)| \geq 1$ 分别代替 $|G_2(\mathrm{j}\omega)G_c(\mathrm{j}\omega)| << 1$ 和 $|G_2(\mathrm{j}\omega)G_c(\mathrm{j}\omega)| >> 1$。这样的近似处理，在 $|G_2(\mathrm{j}\omega)G_c(\mathrm{j}\omega)| = 1$ 附近，使用式（6-69）和式（6-70）会有一定的误差。但是，校正后系统的瞬态性能主要取决于 $G(\mathrm{j}\omega)$ 的对数幅频特性在截止频率附近的形状。一般来说，在截止频率附近，$|G_2(\mathrm{j}\omega)G_c(\mathrm{j}\omega)| >> 1$，因此，近似处理能够满足工程要求。

在系统主要的校正频率范围内，应使 $|G_2(\mathrm{j}\omega)G_c(\mathrm{j}\omega)| > 1$，由式（6-70），反馈校正装置可由下式求出：

$$G_c(\mathrm{j}\omega) \approx \frac{G_0(\mathrm{j}\omega)}{G_2(\mathrm{j}\omega)G(\mathrm{j}\omega)} \tag{6-71}$$

式中，$G(\mathrm{j}\omega)$ 由希望频率特性确定。

或

$$G_2(\mathrm{j}\omega)G_c(\mathrm{j}\omega) \approx \frac{G_0(\mathrm{j}\omega)}{G(\mathrm{j}\omega)} \tag{6-72}$$

式（6-72）表明在 $|G_2(\mathrm{j}\omega)G_c(\mathrm{j}\omega)| > 1$ 的频带范围内，画出未校正系统的开环对数幅频特性 $20\lg|G_0(\mathrm{j}\omega)|$，然后减去希望的开环对数幅频特性 $20\lg|G(\mathrm{j}\omega)|$，可以获得近似的 $G_2(s)G_c(s)$。由于 $G_2(s)$ 是已知的，因此可以求得反馈校正装置 $G_c(s)$。

在反馈校正过程中，应当注意：①在系统受校正频段内，应使 $20\lg|G_0(\mathrm{j}\omega)| > 20\lg|G(\mathrm{j}\omega)|$，大得越多，校正精度越高；②局部反馈回路通常要求是稳定的，这样，可方便系统调试，且不至于加重局部反馈回路后面元件的负担；③按照上面的思路进行校正，仅适用于最小相位系统。

频域综合法反馈校正设计步骤如下：

1）按稳态性能指标要求，确定开环增益，然后绘制未校正系统的开环对数幅频特性曲线 $20\lg|G_0(\mathrm{j}\omega)|$；

2）根据给定性能指标要求，绘制希望的开环对数幅频特性曲线 $20\lg|G(\mathrm{j}\omega)|$；

3）按照 $20\lg|G_2(\mathrm{j}\omega)G_c(\mathrm{j}\omega)| = 20\lg|G_0(\mathrm{j}\omega)| - 20\lg|G(\mathrm{j}\omega)|$ 绘制曲线，确定传递函数 $G_2(s)G_c(s)$；

4）检验局部反馈回路的稳定性，并检查希望的开环截止频率 $\omega_c$ 附近，$20\lg|G_2(\mathrm{j}\omega)G_c(\mathrm{j}\omega)| > 0$ 的程度是否满足要求；

5）由 $G_2(s)G_c(s)$ 求出 $G_c(\mathrm{s})$；

6）检验校正后系统的性能指标；

7）考虑 $G_c(s)$ 的物理实现。

**例 6-12** 设系统的结构如图 6-39 所示。图中

$$G_1(s) = \frac{K_1}{0.014s+1}, \quad G_2(s) = \frac{12}{(0.1s+1)(0.02s+1)}, \quad G_3(s) = \frac{0.0025}{s}$$

$K_1$ 在 6000 以内可调。要求系统满足性能指标：静态速度误差系数 $K_v \geq 150\mathrm{s}^{-1}$，超调量 $\sigma\% \leq 40\%$，调节时间 $t_s \leq 1\mathrm{s}$。试设计反馈校正装置 $G_c(s)$。

**解**　(1) 由 $K_v = 12 \times 0.0025 \times K_1 = 150s^{-1}$，得 $K_1 = 5000$。未校正系统开环传递函数为

$$G_0(s) = \frac{150}{s(0.1s+1)(0.02s+1)(0.014s+1)}$$

绘制对数幅频特性曲线 $20\lg|G_0(j\omega)|$ 如图 6-40 所示。求得 $\omega_{c0} = 38.7\text{rad/s}$。

(2) 绘制希望的开环对数幅频特性

中频段：由式 (6-9) 和式 (6-10)，将 $\sigma\%$ 和 $t_s$ 转换为相应的频域指标，并且取

$$M_r = 1.6, \quad \omega_c = 13\text{rad/s}$$

为使校正装置简单，取

$$\omega_3 = \frac{1}{0.014}\text{rad/s} = 71.4\text{rad/s}$$

过 $\omega_c = 13\text{rad/s}$ 作 $-20\text{dB/dec}$ 斜率直线，并取 $\omega_2 = 4\text{rad/s}$，使中频宽 $H = \omega_3/\omega_2 = 17.8$。由式 (6-41)，相应的相角裕度

$$\gamma = \arcsin\frac{H-1}{H+1} = 63.3°$$

在 $\omega_3 = 71.4\text{rad/s}$ 处，作 $-40\text{dB/dec}$ 斜率直线，交曲线 $20\lg|G_0(j\omega)|$ 于 $\omega_4 = 75\text{rad/s}$。

低频段：Ⅰ型系统，在 $\omega = 1\text{rad/s}$ 时，有 $20\lg K_v = 43.5\text{dB}$，斜率为 $-20\text{dB/dec}$，与 $20\lg|G_0(j\omega)|$ 的低频段重合。过 $\omega_2 = 4\text{rad/s}$ 作 $-40\text{dB/dec}$ 斜率直线与低频段相交，交点频率 $\omega_1 = 0.35\text{rad/s}$。

高频段：在 $\omega \geqslant \omega_4$ 范围，取 $20\lg|G(j\omega)|$ 与 $20\lg|G_0(j\omega)|$ 一致。

绘制希望特性曲线如图 6-40。希望的开环传递函数为

$$G(s) = \frac{150(0.25s+1)}{s(2.86s+1)(0.013s+1)^2(0.014s+1)}$$

(3) 求 $G_2(s)G_c(s)$。在图 6-40 中，令

$$20\lg|G_2(j\omega)G_c(j\omega)| = 20\lg|G_0(j\omega)| - 20\lg|G(j\omega)|$$

$$G_2(s)G_c(s) = \frac{(2.86s+1)(0.013s+1)^2}{(0.25s+1)(0.1s+1)(0.02s+1)}$$

为使 $G_2(s)G_c(s)$ 简单，取

$$G_2(s)G_c(s) = \frac{2.86s}{(0.25s+1)(0.1s+1)(0.02s+1)}$$

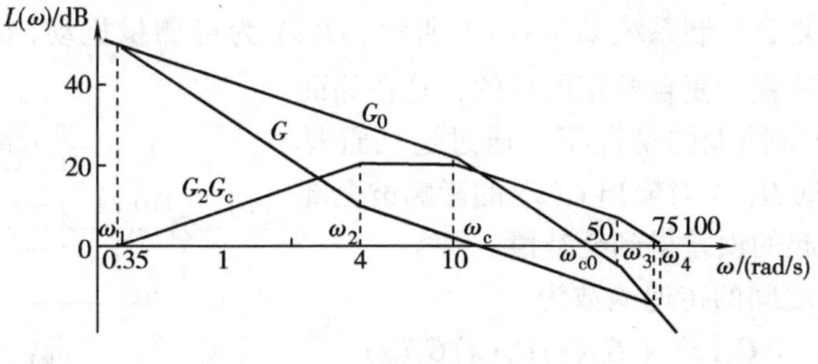


图　6-40

(4) 检验局部反馈回路的稳定性。主要检验 $\omega = \omega_4 = 75\text{rad/s}$ 处的相角裕度：

$$\gamma(\omega_4) = 180° + 90° - \arctan 0.25\omega_4 - \arctan 0.1\omega_4 - \arctan 0.02\omega_4 = 44.3°$$

故局部反馈回路稳定。再检验 $20\lg|G_2(j\omega)G_c(j\omega)|$ 在 $\omega_c=13\text{rad/s}$ 处的幅值，由图6-40求得

$$20\lg|G_2(j\omega_c)G_c(j\omega_c)|\approx 18.9\text{dB}$$

基本满足 $|G_2(j\omega)G_c(j\omega)|>>1$ 的要求，表明近似程度较高。

(5) 求反馈校正装置的传递函数。在求出的 $G_2(s)G_c(s)$ 传递函数中，代入已知的 $G_2(s)=\dfrac{12}{(0.1s+1)(0.02s+1)}$，求得

$$G_c(s)=\frac{0.238s}{0.25s+1}=0.95\frac{0.25s}{0.25s+1}$$

(6) 验算校正后的性能指标。由于近似条件能较好地满足，故可以直接用希望特性来验算，其结果为

$$K_v=150\text{s}^{-1},\quad \gamma=54.3°,\quad M_r=1.23,\quad \sigma\%=25.2\%,\quad t_s=0.6\text{s}$$

满足设计要求。

## 6.8 复合校正

### 6.8.1 复合校正的概念

在控制系统主反馈回路内部进行串联校正或者局部反馈校正，在一定程度上可以满足性能指标要求，因而得到广泛使用。但是，存在两方面的问题：①为了减小或消除在典型输入信号作用下的稳态误差，需要增加开环传递函数中积分环节的个数或提高系统的开环增益，但是同时会降低系统的相对稳定性，使超调量变大，甚至造成系统的不稳定；②控制系统中存在的低频强扰动，其频率与给定输入信号的频率接近，若系统对输入信号跟踪快，则对扰动的抑制能力就差，反之若对扰动不敏感，则跟踪输入信号的能力就差。也就是说，系统在瞬态和稳态指标之间、抗扰和跟踪能力之间存在矛盾。

复合校正方式是在主反馈回路之外，增加前馈或顺馈校正通路，组成一个有机整体，分别形成按输入补偿的复合控制系统或按扰动补偿的复合控制系统。按输入补偿的复合控制可解决动、静态指标之间的矛盾，按扰动补偿的复合控制可解决抗扰和跟踪之间的矛盾。

### 6.8.2 按扰动补偿的复合控制系统

按扰动补偿的复合控制系统如图6-41所示。$D(s)$ 为可测量扰动，$G_d(s)$ 为扰动补偿装置，或称顺馈校正装置。复合校正的目的，是在保证闭环系统瞬态和稳态性能的情况下，通过适当选择 $G_d(s)$，使低频扰动 $D(s)$ 对输出 $C(s)$ 的影响被全部消除，即由扰动引起的误差得到全补偿。

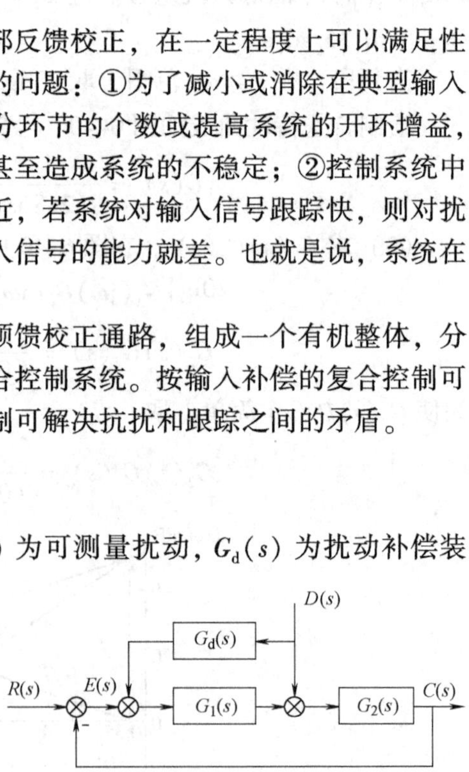

图 6-41

$C(s)$ 与 $D(s)$ 之间的传递函数为

$$\Phi_d(s)=\frac{C(s)}{D(s)}=\frac{G_2(s)+G_d(s)G_1(s)G_2(s)}{1+G_1(s)G_2(s)}$$

要实现对扰动全补偿，应有 $\Phi_d(s)=0$。即

$$G_2(s)+G_d(s)G_1(s)G_2(s)=0$$

补偿装置的传递函数为

$$G_d(s) = -\frac{1}{G_1(s)} \tag{6-73}$$

式（6-73）称为对扰动的全补偿条件。由于这种补偿不影响系统的闭环传递函数，因此可以按照对给定输入 $R(s)$ 的瞬态和稳态响应性能要求设计反馈系统，而利用 $G_d(s)$ 来补偿扰动对系统的影响。

在实际应用中，实现对扰动的全补偿需要满足两个条件：①要求扰动信号 $d(t)$ 可测量；②要求 $G_d(s)$ 物理上可实现。一般来说，传递函数 $G_1(s)$ 的分母阶次大于等于分子阶次，当 $G_1(s)$ 的分母阶次大于分子阶次时，$G_d(s)$ 的分母阶次就会小于分子阶次，这在物理上是不能实现的，只能通过增加 $G_d(s)$ 的极点近似实现。近似实现的补偿装置动态性能发生了变化，但稳态性能不改变。因此，在实际应用中，主要采用近似补偿和稳态全补偿。

**例 6-13**　控制系统如图 6-42 所示，试确定误差全补偿的条件。

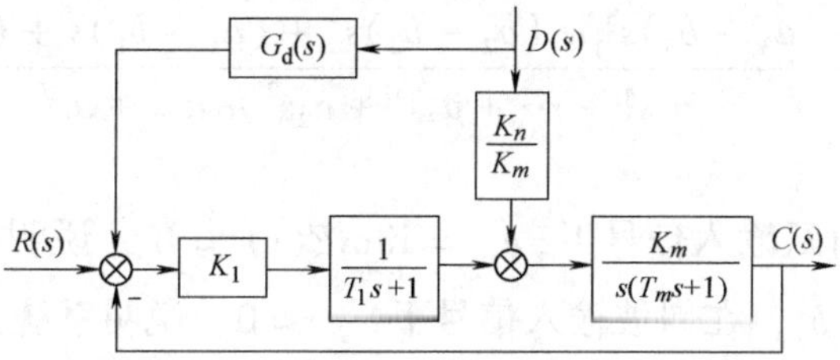


图　6-42

**解**　由结构图可得到

$$\Phi_d(s) = \frac{C(s)}{D(s)} = \frac{\frac{K_m}{s(T_m s+1)}\left(\frac{K_n}{K_m} + G_d(s)\frac{K_1}{T_1 s+1}\right)}{1 + \frac{K_1}{T_1 s+1}\frac{K_m}{s(T_m s+1)}}$$

令 $\Phi_d(s) = 0$，可得全补偿条件为

$$G_d(s) = -\frac{K_n}{K_1 K_m}(T_1 s+1)$$

$G_d(s)$ 为一阶微分环节，全补偿条件无法准确实现，若选择

$$G_d(s) = -\frac{K_n}{K_1 K_m}\frac{T_1 s+1}{T_2 s+1} \qquad T_2 << T_1$$

可在主要频段进行全补偿。

若选择 $G_d(s) = -\frac{K_n}{K_1 K_m}$，可实现稳态全补偿，即当扰动量为阶跃信号时，可使扰动引起的稳态误差为零。

### 6.8.3　按输入补偿的复合控制系统

按输入补偿的复合控制系统如图 6-43 所示，$G_r(s)$ 为输入补偿装置，或称前馈校正装置。首先按照瞬态性能指标设计闭环系统，复合校正的目的，是在保证闭环瞬态性能的情况下，通过适当选择 $G_r(s)$，实现对输入信号 $r(t)$ 作用下的误差进行全补偿或部分补偿，提高稳态精度。

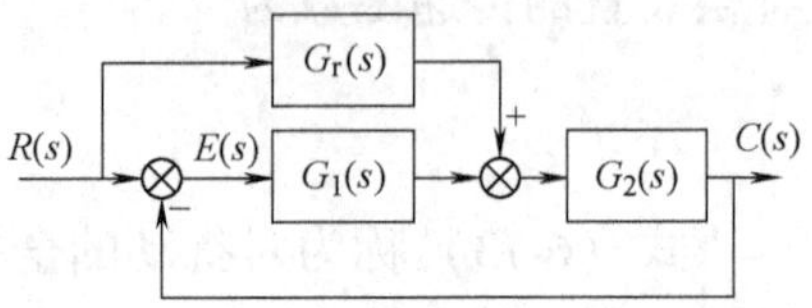

图 6-43

在讨论补偿条件之前，先讨论系统的闭环传递函数的系数与系统型别的关系。

在图 6-43 所示系统中，先不考虑 $G_r(s)$，设闭环传递函数为

$$\Phi(s)=\frac{C(s)}{R(s)}=\frac{G_1(s)G_2(s)}{1+G_1(s)G_2(s)}=\frac{b_ms^m+\cdots+b_3s^3+b_2s^2+b_1s+b_0}{a_ns^n+\cdots+a_3s^3+a_2s^2+a_1s+a_0}$$

$$E(s)=R(s)-C(s)=[1-\Phi(s)]R(s)$$

$$=(1-\frac{b_ms^m+\cdots+b_3s^3+b_2s^2+b_1s+b_0}{a_ns^n+\cdots+a_3s^3+a_2s^2+a_1s+a_0})R(s)$$

$$=\frac{\cdots+(a_3-b_3)s^3+(a_2-b_2)s^2+(a_1-b_1)s+(a_0-b_0)}{a_ns^n+\cdots+a_3s^3+a_2s^2+a_1s+a_0}R(s)$$

在系统稳定的前提下：

1）若 $a_0=b_0$，在阶跃输入信号下，$e_{ss}=\lim\limits_{s\to 0}sE(s)=0$，说明系统为Ⅰ型系统；

2）若 $a_0=b_0$，$a_1=b_1$，在斜坡输入信号下，$e_{ss}=0$，说明系统为Ⅱ型系统；

3）若 $a_0=b_0$，$a_1=b_1$，$a_2=b_2$，在加速度输入信号下，$e_{ss}=0$，说明系统为Ⅲ型系统。

依此类推。在此基础上，讨论对输入跟随误差的补偿条件。

**1. 全补偿条件**

所谓全补偿，是指输入信号 $r(t)$ 为任意函数的情况下，通过输入补偿装置的作用，使 $E(s)=0$。对于图 6-43 所示系统

$$\Phi_{er}(s)=\frac{1-G_2(s)G_r(s)}{1+G_1(s)G_2(s)}$$

令 $\Phi_{er}(s)=0$，全补偿条件为

$$G_r(s)=\frac{1}{G_2(s)} \tag{6-74}$$

**2. 部分补偿条件**

所谓部分补偿，是指当输入 $r(t)$ 为某种典型信号时，通过输入补偿使 $e_{ss}=\lim\limits_{s\to 0}sE(s)=0$。即不增加反馈回路中的积分环节数，不改变开环增益，通过设计 $G_r(s)$ 使系统等效为要求的型别。

对于图 6-43 所示系统，闭环传递函数为

$$\Phi(s)=(1+\frac{G_r(s)}{G_1(s)})\frac{G_1(s)G_2(s)}{1+G_1(s)G_2(s)}$$

$$=(1+\frac{G_r(s)}{G_1(s)})\frac{b_ms^m+\cdots+b_3s^3+b_2s^2+b_1s+b_0}{a_ns^n+\cdots+a_3s^3+a_2s^2+a_1s+a_0}$$

若希望将系统校正为Ⅰ型，应有

$$\Phi(s)=\frac{c_m s^m+\cdots+c_3 s^3+c_2 s^2+c_1 s+a_0}{a_n s^n+\cdots+a_3 s^3+a_2 s^2+a_1 s+a_0} \tag{6-75}$$

式中，分子多项式系数 $c_i$ 可按照希望的闭环零点确定。若取 $c_i=b_i$，可使 $G_r(s)$ 具有比较简单的形式，这时有

$$\Phi(s)=\frac{b_m s^m+\cdots+b_3 s^3+b_2 s^2+b_1 s+a_0}{a_n s^n+\cdots+a_3 s^3+a_2 s^2+a_1 s+a_0} \tag{6-76}$$

则
$$1+\frac{G_r(s)}{G_1(s)}=\frac{b_m s^m+\cdots+b_3 s^3+b_2 s^2+b_1 s+a_0}{b_m s^m+\cdots+b_3 s^3+b_2 s^2+b_1 s+b_0}$$

由上式可求得
$$G_r(s)=\frac{a_0-b_0}{b_m s^m+\cdots+b_3 s^3+b_2 s^2+b_1 s+b_0}G_1(s) \tag{6-77}$$

同样，若希望将系统校正为Ⅱ型，应有

$$\Phi(s)=\frac{b_m s^m+\cdots+b_3 s^3+b_2 s^2+a_1 s+a_0}{a_n s^n+\cdots+a_3 s^3+a_2 s^2+a_1 s+a_0} \tag{6-78}$$

求得
$$G_r(s)=\frac{(a_1-b_1)s+(a_0-b_0)}{b_m s^m+\cdots+b_3 s^3+b_2 s^2+b_1 s+b_0}G_1(s) \tag{6-79}$$

其余情况类推。

需要指出的是，不论对输入信号作用下误差的全补偿还是部分补偿，$G_r(s)$ 都有可能是物理上难以实现的，这时只能近似实现，即在一定的频段内进行补偿。

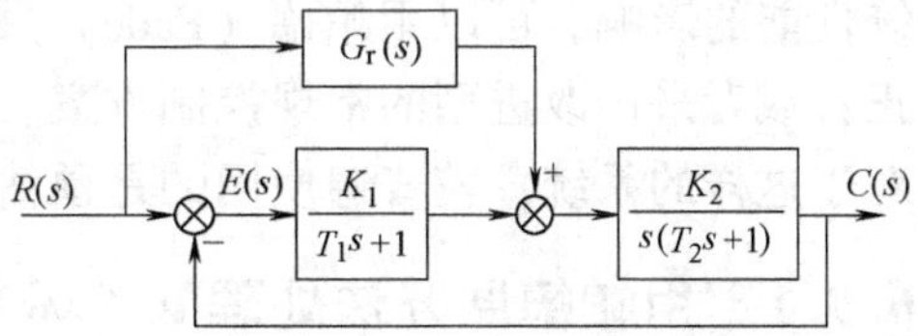

图 6-44

**例 6-14**　控制系统如图 6-44 所示，选择输入补偿装置及其参数，使系统成为Ⅱ型或Ⅲ型系统。

**解**　复合控制系统的闭环传递函数为

$$\Phi(s)=\frac{\dfrac{K_2}{s(T_2 s+1)}\left(\dfrac{K_1}{T_1 s+1}+G_r(s)\right)}{1+\dfrac{K_1}{T_1 s+1}\dfrac{K_2}{s(T_2 s+1)}}=\frac{K_2(T_1 s+1)G_r(s)+K_1K_2}{T_1T_2 s^3+(T_1+T_2)s^2+s+K_1K_2}$$

若使系统成为Ⅱ型，可取

$$\Phi(s)=\frac{s+K_1K_2}{T_1T_2 s^3+(T_1+T_2)s^2+s+K_1K_2}$$

求得
$$G_r(s)=\frac{s}{K_2(T_1 s+1)}$$

若使系统成为Ⅲ型，可取

$$\Phi(s)=\frac{(T_1+T_2)s^2+s+K_1K_2}{T_1T_2 s^3+(T_1+T_2)s^2+s+K_1K_2}$$

求得
$$G_r(s)=\frac{(T_1+T_2)s^2+s}{K_2(T_1 s+1)}$$

在不改变闭环极点的情况下，使Ⅰ型系统校正为Ⅱ型或Ⅲ型系统。

## 6.9 延迟系统的校正

前面各节介绍的校正方法主要用于被控对象不含延迟环节的情况。然而，在大多数过程控制系统中，不同程度地存在着时间延迟特性，即被控对象的传递函数中含有延迟环节，这类系统称为延迟系统或滞后系统。延迟环节往往是由于物料或能量的传输过程需要时间而形成的，例如，炉温加热、轧辊传输等生产过程；也存在于测量环节，例如物料成分测量过程需要花费时间；还可能发生在执行器中，即执行器需要一定的时间产生动作。从时域分析可知，由于延迟环节的存在，被控量不能及时反映控制作用的效果，控制系统的超调量和调节时间都增大。由频率特性分析可知，延迟环节使被控对象的相角滞后加大，因而引起闭环控制系统稳定性明显降低，过渡过程时间加长。含有延迟环节的系统是一种较难控制的系统，当延迟环节 $e^{-\tau s}$的滞后时间 $\tau$ 增大时，系统控制的难度加剧。

设延迟系统的被控对象传递函数为 $G_0(s)e^{-\tau s}$，其中 $G_0(s)$ 是不含延迟环节的线性定常模型部分，设 $G_0(s)$ 的动态时间常数为 $T$。根据被控对象延迟时间 $\tau$ 的大小，采用的控制方案不同。通常，延迟时间 $\tau$ 与动态时间常数 $T$ 的比值 $\tau/T\leqslant0.1$ 时，可以不考虑延迟特性的影响，按照不含延迟环节的系统进行校正。当 $0.1<\tau/T<0.3$ 时，应该考虑延迟特性对系统性能的影响，可以用帕德（Pade）展开法将系统变成不含延迟环节的系统，然后进行校正；或者采用改进型的常规控制方案。当 $\tau/T\geqslant0.3$ 时，就被认为是含有大延迟特性的系统，对于这样的系统，较普遍使用的是预估补偿方法。

### 6.9.1 用帕德展开法处理 $e^{-\tau s}$环节

当延迟时间 $\tau$ 较小时，可以用帕德（Pade）展开法处理 $e^{-\tau s}$环节，将延迟环节用有理传递函数的形式近似。常用的有帕德一阶和二阶近似式。

帕德一阶近似式为

$$e^{-\tau s}=\frac{1-\tau s/2}{1+\tau s/2} \tag{6-80}$$

帕德二阶近似式为

$$e^{-\tau s}=\frac{1-\tau s/2+\tau^2s^2/12}{1+\tau s/2+\tau^2s^2/12} \tag{6-81}$$

典型的 $n$ 阶帕德展开式可表示为

$$e^{-\tau s}=\frac{1-p_1\tau s+p_2(\tau s)^2-p_3(\tau s)^3+\cdots+(-1)^np_n(\tau s)^n}{1+p_1\tau s+p_2(\tau s)^2+p_3(\tau s)^3+\cdots+p_n(\tau s)^n} \tag{6-82}$$

表6-2 给出了 $n\leqslant6$ 时帕德展开式系数。

**表6-2 帕德展开式系数表**

| 阶次 $n$ | $p_1$ | $p_2$ | $p_3$ | $p_4$ | $p_5$ | $p_6$ |
|---|---|---|---|---|---|---|
| 1 | 1/2 | 0 | 0 | 0 | 0 | 0 |
| 2 | 1/2 | 1/12 | 0 | 0 | 0 | 0 |
| 3 | 1/2 | 1/10 | 1/120 | 0 | 0 | 0 |

（续）

| 阶次 $n$ | $p_1$ | $p_2$ | $p_3$ | $p_4$ | $p_5$ | $p_6$ |
|---|---|---|---|---|---|---|
| 4 | 1/2 | 3/28 | 1/84 | 1/1680 | 0 | 0 |
| 5 | 1/2 | 1/9 | 1/72 | 1/1008 | 1/30240 | 0 |
| 6 | 1/2 | 5/44 | 1/66 | 1/792 | 1/15840 | 1/665280 |

## 6.9.2　史密斯预估补偿方案

20 世纪 50 年代末，由史密斯（Smith）提出的大延迟系统预估补偿方法是得到广泛应用的方案之一。其主要原理是根据被控对象的动态模型，设计一种预估补偿器并联在被控对象上，对系统中的延迟特性进行补偿，使补偿后系统的延迟特性被移到闭环之外，这样就消除了延迟特性在闭环中的影响。由于将被延迟了时间 $\tau$ 的被控量提前送入控制器，使控制作用提前，可以明显减小超调量，缩短调节时间，系统性能得到有效改善。

史密斯预估补偿方案原理如图 6-45 所示。

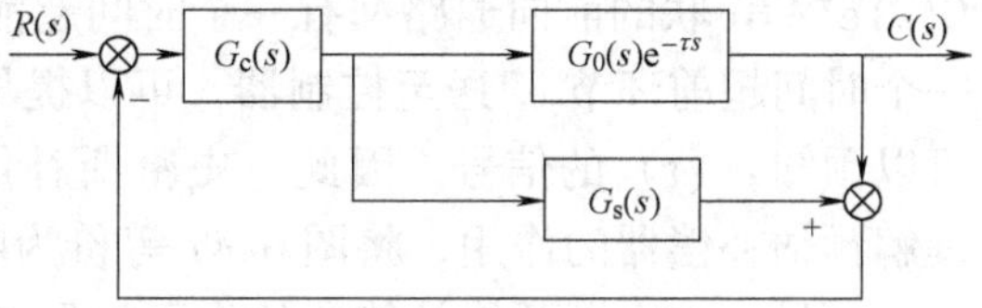


图　6-45

图中，$G_0(s)e^{-\tau s}$ 是被控对象的传递函数，其中 $G_0(s)$ 是不包括延迟环节的传递函数部分；$G_c(s)$ 是串联校正装置，一般采用 PID 调节器；$G_s(s)$ 是史密斯预估补偿器。

显然，在未考虑史密斯预估补偿器的情况下，系统闭环传递函数为

$$\Phi(s) = \frac{C(s)}{R(s)} = \frac{G_c(s)G_0(s)e^{-\tau s}}{1 + G_c(s)G_0(s)e^{-\tau s}} \tag{6-83}$$

其闭环特征方程为

$$1 + G_c(s)G_0(s)e^{-\tau s} = 0 \tag{6-84}$$

系统的闭环特征方程中出现 $e^{-\tau s}$，由此引入的滞后相角容易造成系统的不稳定。引入史密斯预估补偿器的目的，是使等效的被控对象模型中能消除延迟环节，进而就可应用本章前面各节介绍的方法设计串联校正装置 $G_c(s)$。因此，在图 6-45 中 $G_s(s)$ 应满足如下关系：

$$G_0(s)e^{-\tau s} + G_s(s) = G_0(s) \tag{6-85}$$

可求得史密斯预估补偿器的传递函数为

$$G_s(s) = G_0(s)(1 - e^{-\tau s}) \tag{6-86}$$

因此，图 6-45 所示的史密斯预估补偿控制系统的结构图可由图 6-46 表示。

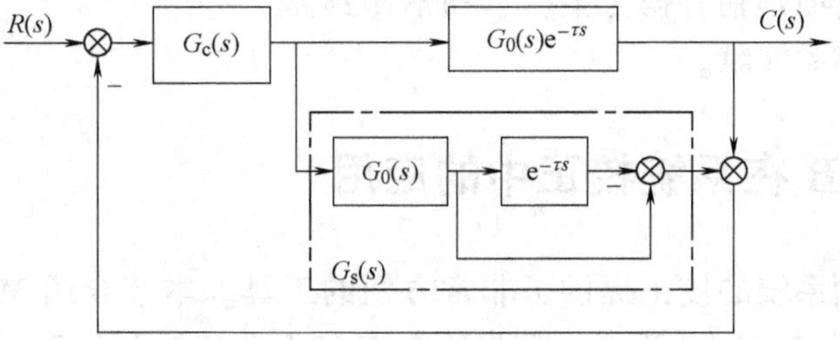


图　6-46

图6-46 经过等效变换，成为图6-47 所示结构图。

由图6-47 可得史密斯预估补偿控制系统的闭环传递函数为

$$\Phi_s(s)=\frac{C(s)}{R(s)}=\frac{G_c(s)G_0(s)e^{-\tau s}}{1+G_c(s)G_0(s)} \tag{6-87}$$

闭环特征方程为

$$1+G_c(s)G_0(s)=0 \tag{6-88}$$

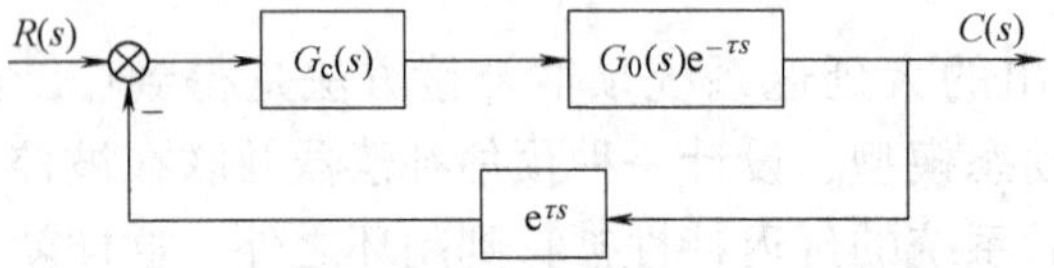


图 6-47

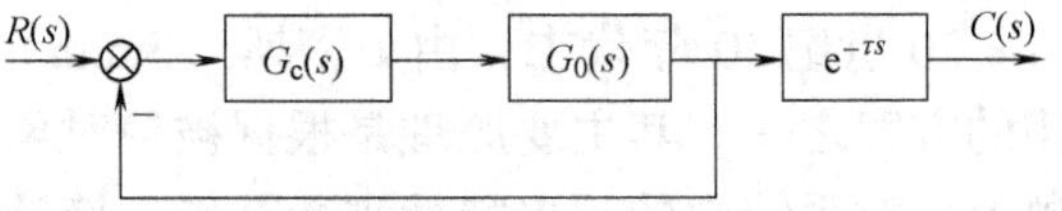


图 6-48

由图6-47 可以看出，带有预估补偿器的控制系统可视为由控制器 $G_c(s)$、被控对象 $G(s)e^{-\tau s}$ 串联的前向通路和有一个时间超前环节 $e^{\tau s}$的反馈通路组成的。输出信号 $c(t)$ 经过一个时间超前环节 $e^{\tau s}$送至控制器，可以提早一个时间 $\tau$。换句话说，经过 $e^{\tau s}$这样一个环节，可以预知 $c(t)$ 的信号。因此，史密斯补偿器称为预估补偿器就是这个道理。为了进一步理解预估补偿器的作用，将图6-47 等价为图6-48。

可见，史密斯预估补偿器的作用就是将延迟环节移到闭环之外，从闭环特征方程中消除延迟环节 $e^{-\tau s}$，使得系统的稳定性得到改善。

史密斯预估补偿控制系统还有一种模式，即可以利用帕德二阶近似式代替延迟环节 $e^{-\tau s}$ 构成预估补偿器。由式（6-81）和式（6-86），可以得到

$$G_s(s)=G_0(s)(1-e^{-\tau s})\approx G_0(s)\frac{\tau s}{1+\tau s/2+\tau^2s^2/12} \tag{6-89}$$

由帕德二阶近似式代替 $e^{-\tau s}$ 构成的补偿系统如图6-49。

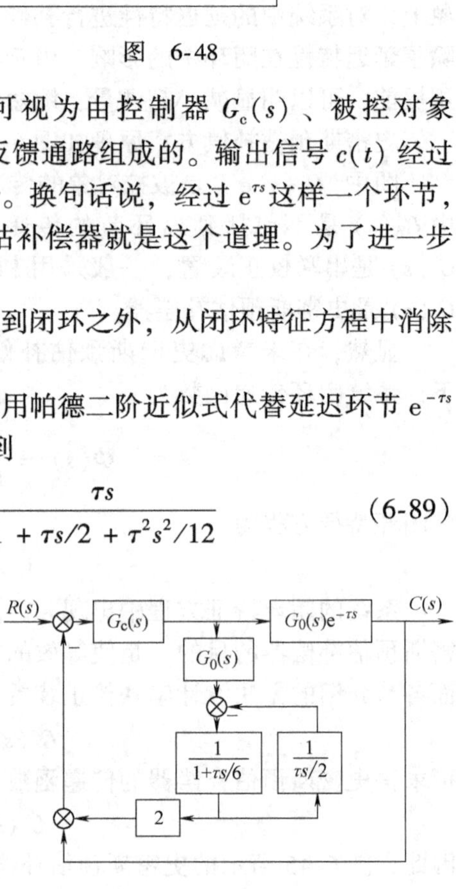


图 6-49

需要指出的是，尽管史密斯预估补偿控制对于大延迟系统有很好的控制性能，但其对系统的数学模型要求甚高，即必须提供精确的被控对象模型才能设计史密斯补偿器。对于实际工业过程，由于工作环境变化、干扰的影响以及非线性因素的存在，难以提供精确且不变的模型，对补偿效果有很大影响。为此，出现了多种改进型史密斯预估补偿方案，本书不作具体介绍，读者可参考相关文献。

## 6.10 MATLAB 在系统校正中的应用

MATLAB 为控制系统的校正提供了非常方便的工具。本节介绍 MATLAB 在串联分析法校正中的应用。利用 MATLAB 程序，首先绘制未校正系统的开环对数频率特性曲线，计算性能指标是否满足要求；如果性能不满足要求，则选择串联校正方式，编程计算校正装置的

参数；最后，绘制校正后的开环对数频率特性曲线，并且不断修改校正装置的类型和参数，直到满足性能要求。通过 MATLAB 仿真，可以及时、清楚地了解校正装置对系统性能的影响。下面举例说明。

**例 6-15**　已知单位负反馈系统的开环传递函数为

$$G(s)=\frac{200}{s(0.1s+1)}$$

试设计一个串联校正环节，使系统的相位裕度 $\gamma \geq 45°$，截止频率 $\omega_c \geq 55\text{rad/s}$。

**解**　（1）首先画出校正前系统的对数幅频特性和相频特性，计算相位裕度 $\gamma_0$、幅值裕度 $h_0$、截止频率 $\omega_{c0}$ 和穿越频率 $\omega_{x0}$。采用的 MATLAB 语句如下：

```
>> num = [200]; den = conv ( [1 0], [0.1 1]);
>> margin (num, den)                    %画未校正的开环对数幅频、相频特性
```

运行结果（见图 6-50）

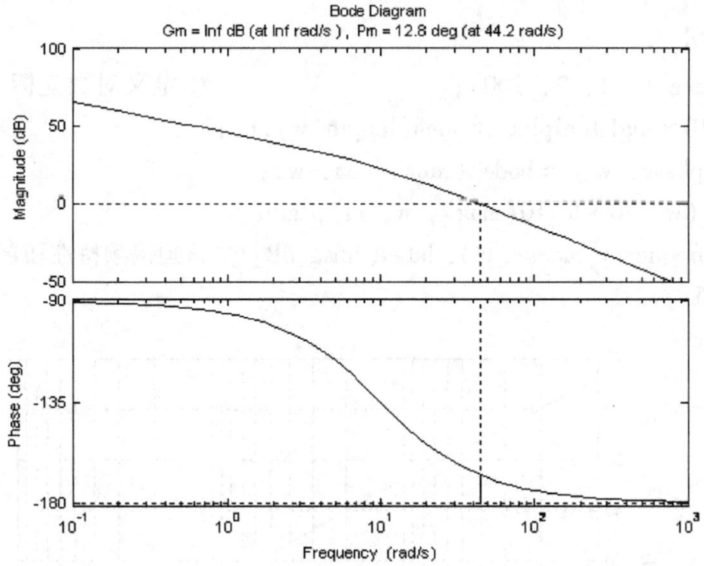


图　6-50

```
>> [gm, pm, wcg, wcp] = margin (num, den)
```

%计算幅值裕度 gm（$\gamma_0$）、相位裕度 pm（$h_0$）、穿越频率 wcg（$\omega_{x0}$）、截止频率 wcp（$\omega_{c0}$）。

运行结果

```
gm =
   Inf
pm =
   12.7580
wcg =
   Inf
wcp =
   44.1649
```

（2）设计校正装置。选择超前校正方式，计算需要补偿的相角 $\varphi_m=\gamma-\gamma_0+(5°\sim12°)$，由 $\alpha=\dfrac{1+\sin\varphi_m}{1-\sin\varphi_m}$ 求出超前校正网络的参数 $\alpha$，在博德图上由幅频特性与直线 $L(\omega)=-10\lg\alpha$ 的交点求出校正后的截止频率 $\omega_c=\omega_m$，求出校正网络的另一参数 $T=\dfrac{1}{\omega_m\sqrt{\alpha}}$，得到校正网络的传递函数。采用的 MATLAB 语句如下：

```
>> phi = (45 - pm + 5) * pi/180                       %计算需要补偿的相角并用弧度表示
   运行结果：
   phi =
         0.6500
 >> alpha = (1 + sin(phi) / (1 - sin(phi))           %计算校正网络参数α
   运行结果：
   alpha =
         4.0656
 >> w = logspace (-1, 2, 200);                       %定义对数坐标
 >> m = - 10 * log10(alpha) * ones(length(w),1);
 >> [mag, phase, w] = bode (num, den, w);
 >> semilogx (w, 20 * log10(mag), w, m), grid
 >> xlabel('frequency[rad/sec]'),ylabel('mag[dB]') %画幅频特性和直线L(ω) = -10lgα
```

运行结果见图 6-51。

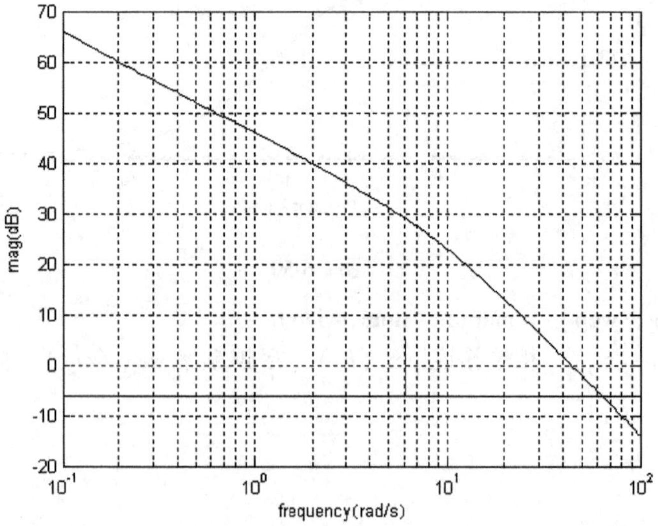


图 6-51

在图 6-51 中读出幅频特性与直线 $L(\omega)=-10\lg\alpha$ 的交点处角频率，即为校正后的截止频率 $\omega_c=\omega_m=10^{1.8}=61.3$。然后运行下列语句：

```
>> wm = 61.3;
>> T = 1/ (wm * sqrt(alpha));             %计算校正网络参数T
```

```
>> Gc = tf ( [alpha * T   1], [T   1])% 求校正网络的传递函数
```

运行结果：

```
Transfer function:
0.03289s + 1
--------------
0.008091s + 1
```

（3）画出校正后的开环频率特性，并计算各项指标。采用的 MATLAB 语句如下：

```
>> num1 = [200]; den1 = conv ( [1 0], [0.1 1]);
>> numc = [0.03289 1]; denc = [0.008091 1];
>> [num, den] = series (numc, denc, num1, den1);     % 加入串联校正后的系统
>> margin (num, den)                                  % 画校正后的频率特性曲线
```

运行结果见图 6-52。

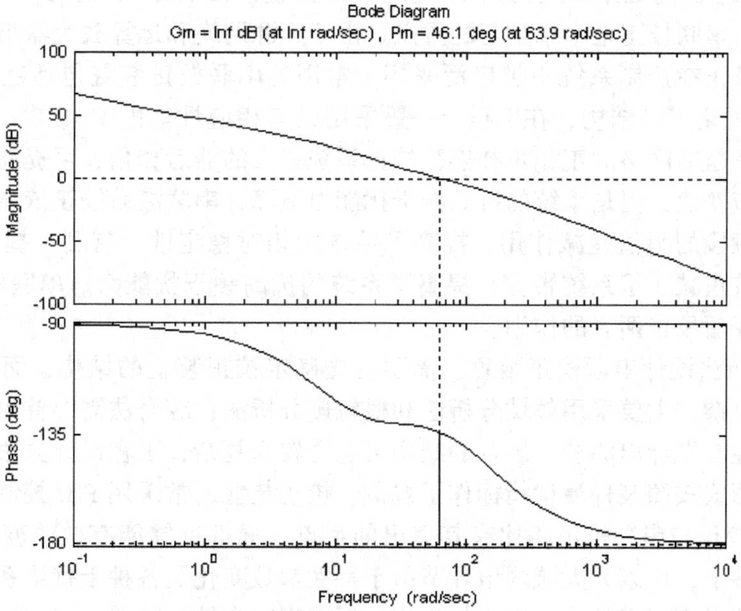


图　6-52

```
>> [gm, pm, wcg, wcp] = margin (num, den)
```

% 计算校正后的幅值裕度、相位裕度、穿越频率、截止频率。

运行结果：

```
gm =
   Inf
pm =
   46.1055
wcg =
   Inf
```

wcp =

63.9229

可以得到，校正后幅值裕度 $h=\infty$，相位裕度 $\gamma=46.1055°$。截止频率 $\omega_c=63.9229\text{rad/s}>55\text{rad/s}$，满足设计要求。

## 小　　结

(1) 对线性控制系统进行校正，是通过引入一个元件或装置，改变待校正系统的开环频率特性曲线的形状，或改变闭环根轨迹的形状，使校正后的系统具有满意的性能。引入的这个元件或装置称为校正装置。控制系统的校正就是选择校正装置的形式，确定其参数。常用的有基于根轨迹的校正方法和基于频率响应的校正方法。频域或根轨迹校正方法又可分为分析法（试探法）和综合法（希望特性法）。

(2) 根据校正装置在控制系统中所处的不同位置，校正方式可分为串联校正、反馈校正和复合校正。串联校正是本章学习的重点。由于无源网络和运算放大器组件在技术上较易实现，故串联校正在控制系统中被广泛采用。常用的串联校正装置包括超前网络、滞后网络、滞后-超前网络三种结构，在工程上一般采用具有相应性能的 PD、PI、PID 控制器。串联超前校正依靠超前网络的正相角补偿被校正系统过大的滞后相角，可提高系统的相对稳定性，使瞬态响应变快，但是系统的抗高频干扰能力下降；串联滞后校正依靠滞后网络对数幅频特性中、高频段的幅值衰减作用，提高了系统的相对稳定性，有利于提高系统的稳态精度，由于滞后校正减小了系统带宽，提高了系统的抗高频干扰能力。串联滞后-超前校正具有超前校正和滞后校正两者的作用。

(3) 用分析法设计串联校正装置，需要首先确定校正装置的结构，而设计校正装置参数的过程较为复杂，主要采用频域分析法和根轨迹分析法；综合法需要首先确定校正后系统的希望频率特性，设计出的校正装置的结构可能会较为复杂；工程设计方法属于综合法，是对希望特性的形式按照某种最优指标作了规范，校正装置通常采用 PID 控制器。

(4) 反馈校正与串联校正相比有其突出的特点，局部反馈能有效改变被包围环节的特性，在一定条件下，可以大大减弱该环节由于特性参数变化及各种干扰给系统带来的不利影响。反馈校正可以实现串联校正同样的作用，而实现起来较为简单。

(5) 复合校正是在主反馈回路之外，增加前馈或顺馈校正通路，分别形成按输入补偿的复合控制系统或按扰动补偿的复合控制系统。按输入补偿的复合控制可解决系统瞬态指标和稳态指标之间的矛盾，按扰动补偿的复合控制可解决系统抗扰性能和跟踪性能之间的矛盾。

(6) 具有大时间延迟特性的系统，是一种较难控制的系统，使用常规的串联和反馈校正方法，难以获得满意的性能。比较经典的校正方法是在反馈系统中引入史密斯预估器，补偿延迟环节的影响。其作用等效为将延迟环节移到闭环之外，由于闭环内消除了延迟环节，因此闭环系统可以按照常规系统进行校正。

(7) MATLAB 为控制系统的校正设计提供了非常方便的工具。在使用频域法设计校正装置的过程中，可以首先使用博德图进行校正装置的近似设计，然后利用 MATLAB 函数对校正后的指标进行较为精确的计算，可以方便地验证设计结果。

## 习　题

6-1　已知具有单位负反馈的伺服系统，其开环传递函数为

$$G(s) = \frac{K}{s(0.2s+1)(0.5s+1)}$$

若要求系统最大输出速度为 12°/s 时，输出位置的容许误差小于 2°，试求：

（1）满足上述指标的最小 $K$ 值，计算该 $K$ 值下系统的相角裕度和幅值裕度；

（2）现采用串联超前校正，校正装置的传递函数为

$$G_c(s) = \frac{0.4s+1}{0.08s+1}$$

计算校正后系统的相角裕度和幅值裕度，说明超前校正对系统动态性能的影响。

6-2　已知单位负反馈系统的开环传递函数为

$$G(s) = \frac{K}{s(0.1s+1)(0.01s+1)}$$

试设计串联超前校正装置，使校正后的系统相角裕度 $\gamma \geqslant 30°$，截止频率 $\omega_c \geqslant 45\text{rad/s}$，静态速度误差系数 $k_v \geqslant 100\text{s}^{-1}$。

6-3　设单位反馈系统的开环传递函数为

$$G(s) = \frac{K}{s(s+1)}$$

试设计一个串联超前校正装置，使系统满足下列指标：

（1）相角裕度 $\gamma \geqslant 45°$；

（2）在单位斜坡输入下的稳态误差 $e_{ss} \leqslant \frac{1}{15}$；

（3）截止频率 $\omega_c \geqslant 7.5\text{rad/s}$。

6-4　已知单位负反馈系统的开环传递函数为

$$G(s) = \frac{3}{s(s+1)(0.5s+1)}$$

试设计一个滞后校正装置，使校正后系统的相角裕度 $\gamma \geqslant 45°$，并保持原有的开环增益不变。

6-5　已知单位负反馈系统的开环传递函数为

$$G(s) = \frac{40}{s(s+2)}$$

试设计一个滞后校正装置，使系统跟踪斜坡信号 $r(t) = At$ 的稳态误差 $e_{ss} \leqslant 0.05A$，相角裕度 $\gamma \geqslant 30°$，截止频率 $\omega_c = 2\text{rad/s}$。

6-6　已知单位负反馈系统的开环传递函数为

$$G(s) = \frac{10}{s(0.2s+1)(0.5s+1)}$$

试分别设计串联超前校正和滞后校正装置，使校正后的系统相角裕度 $\gamma \geqslant 50°$，静态速度误差系数 $k_v = 10\text{s}^{-1}$。比较两种校正效果的差别。

6-7　设单位负反馈系统的开环传递函数为

$$G(s) = \frac{8}{s(2s+1)}$$

若采用滞后-超前校正装置

$$G_c(s) = \frac{(10s+1)(2s+1)}{(100s+1)(0.2s+1)}$$

对系统进行串联校正，试绘制系统校正前后的对数幅频特性近似曲线，并计算系统校正前后的相角裕度。

6-8　已知单位负反馈系统的开环传递函数为

$$G(s) = \frac{K}{s(s+1)(2s+1)}$$

试设计一个串联滞后-超前校正装置，使系统的静态速度误差系数 $k_v = 10s^{-1}$，相角裕度 $\gamma \geqslant 50°$，幅值裕度 $h > 10\text{dB}$。

6-9　已知单位负反馈系统的开环传递函数为

$$G(s) = \frac{10}{s(0.05s+1)(0.25s+1)}$$

要求校正后系统的闭环谐振峰值 $M_r = 1.4$，谐振频率 $\omega_r > 10\text{rad/s}$。试设计串联校正装置。

6-10　设单位负反馈系统的开环传递函数为

$$G(s) = \frac{400}{s^2(0.01s+1)}$$

三种串联校正网络的幅频特性如图 6-53 所示，它们均由最小相位环节组成。试问：

(1) 三种幅频特性曲线分别属于何种校正网络？

(2) 哪一种校正网络可使系统的稳定程度最好？

(3) 为了将 12Hz 的正弦干扰削弱 1/10 左右，应该采用哪种校正？

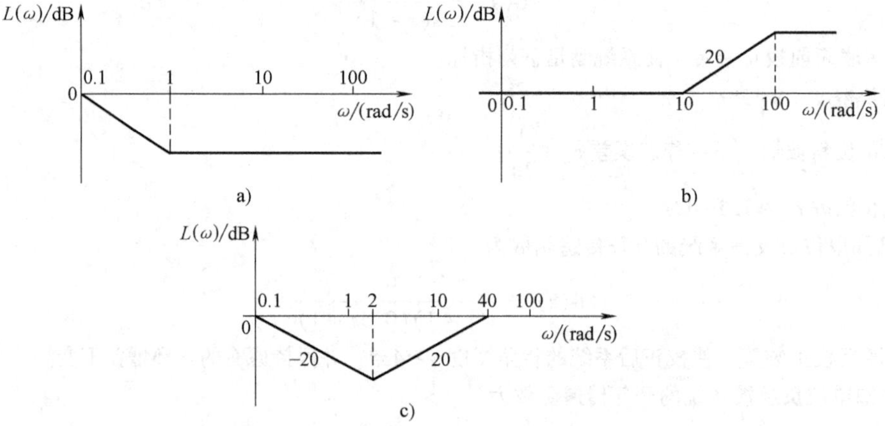


图　6-53

6-11　一单位负反馈系统的开环传递函数为

$$G(s) = \frac{K}{s(s+1)(s+4)}$$

试用根轨迹法设计串联超前校正装置 $G_c(s)$，使系统满足下列指标：$\xi = 0.5$，$t_s = 10s$，$K_v \geqslant 5s^{-1}$。

6-12　已知单位负反馈系统的开环传递函数为

$$G(s) = \frac{16}{s(s+4)}$$

试用根轨迹法设计串联滞后校正装置 $G_c(s)$，使静态速度误差系数 $K_v = 20s^{-1}$，而不会使一对闭环复数极点的原始位置发生明显变化。

6-13　已知单位负反馈系统的开环传递函数为

$$G(s) = \frac{10}{s(s+2)(s+5)}$$

试用根轨迹法设计串联滞后-超前校正装置，使闭环主导极点位于 $s=-2\pm j2\sqrt{3}$，且静态速度误差系数 $K_v=50s^{-1}$。

6-14　一单位负反馈系统的开环传递函数为

$$G(s)=\frac{K}{s(s+3)(s+9)}$$

（1）若要求系统的超调量 $\sigma\%\leqslant 20\%$，试确定 $K$ 值；

（2）根据求得的 $K$ 值，计算系统的调节时间 $t_s$ 和静态速度误差系数 $K_v$；

（3）设计一个串联滞后-超前校正装置，使系统的 $K_v\geqslant 20s^{-1}$，$\sigma\%\leqslant 15\%$，$t_s$ 减小 1/4。

6-15　设晶闸管控制的直流电动机调速系统中的电流环如图 6-54 所示。

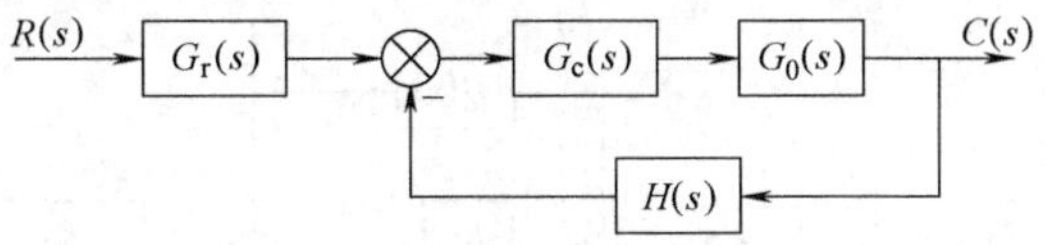


图　6-54

图中，被控对象的传递函数为 $G_0(s)=\dfrac{16500}{(0.0033s+1)(0.2s+1)}$，滤波器的传递函数为 $G_r(s)=\dfrac{1}{Ts+1}$，PI 控制器的传递函数为 $G_c(s)=\dfrac{K_c(\tau s+1)}{\tau s}$，反馈环节的传递函数为 $H(s)=\dfrac{0.0024}{0.0018s+1}$。试按三阶最佳工程设计法确定参数 $K_c$、$\tau$ 和 $T$。

6-16　设反馈系统如图 6-55 所示。

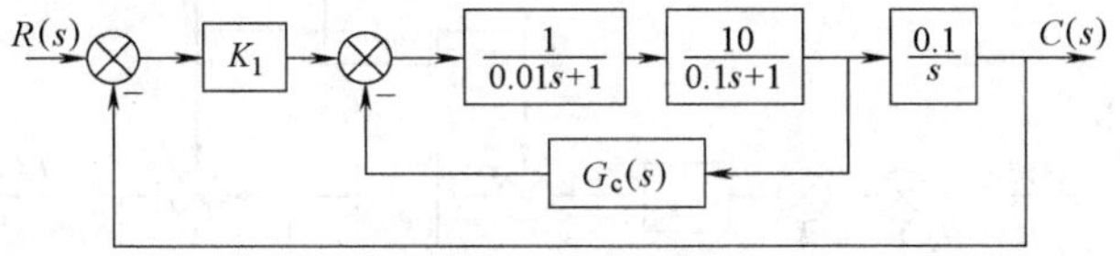


图　6-55

若要求校正后系统静态速度误差系数 $K_v=200s^{-1}$，超调量 $\sigma\%\leqslant 20\%$，调节时间 $t_s\leqslant 2s$。试确定反馈校正装置的 $G_c(s)$。

6-17　反馈校正系统结构图如图 6-56 所示。

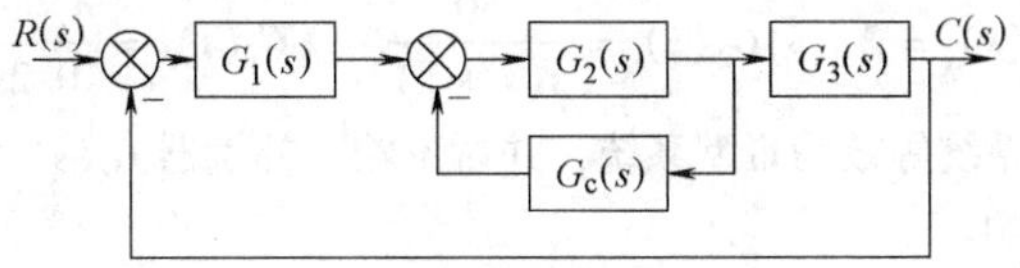


图　6-56

图中

$$G_1(s)=10\qquad G_2(s)=\frac{20}{\left(1+\frac{s}{20}\right)\left(1+\frac{s}{200}\right)}\qquad G_3(s)=\frac{1}{s}$$

试确定反馈校正装置的 $G_c(s)$，使校正后系统的相角裕度 $\gamma(\omega_c)\geqslant 50°$，截止频率 $\omega_c\geqslant 30\text{rad/s}$。

6-18　设复合校正系统如图 6-57 所示。若要求闭环回路过阻尼，且系统在斜坡输入作用下的稳态误差为零，试确定 $K$ 值及输入补偿装置 $G_r(s)$。

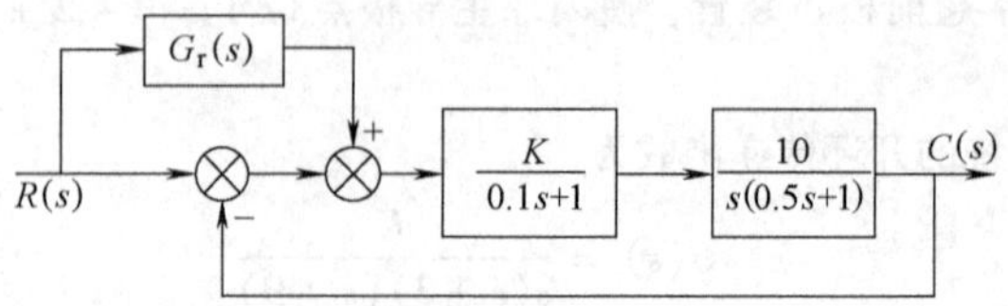


图 6-57

6-19 复合校正系统如图 6-58 所示，图中 $D(s)$ 为可测量扰动。要求系统输出 $C(s)$ 完全不受 $D(s)$ 的影响，且跟踪阶跃输入信号的误差为零，试确定扰动补偿装置 $G_d(s)$ 和串联校正装置 $G_c(s)$ 。

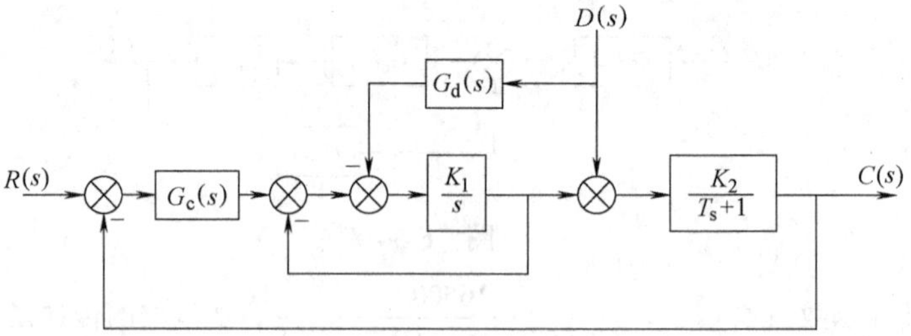


图 6-58

6-20 复合控制系统如图 6-59 所示。选取扰动补偿器 $G_d(s)$ ，使可测量扰动信号 $D(s)$ 对系统输出 $C(s)$ 无影响；选取微分反馈系数 $K_2$，使系统阻尼比 $\xi=0.707$。图中 $K_1>0$。

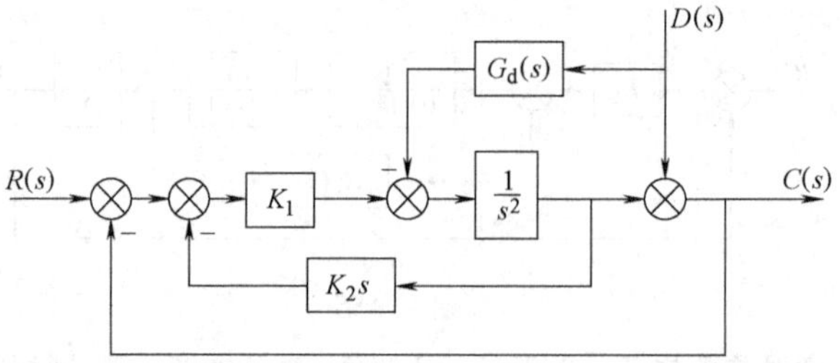


图 6-59

6-21 复合控制系统如图 6-60 所示。图中

$$G_1(s)=2 \qquad G_2(s)=\frac{50}{s(s+1)} \qquad G_r(s)=\frac{\lambda_2 s^2+\lambda_1 s}{0.2s+1}$$

试确定 $\lambda_1$ 和 $\lambda_2$ 的数值，使系统等效为Ⅲ型系统，并讨论输入补偿器 $G_r(s)$ 引入的寄生因子 $(0.2s+1)$ 对系统稳定性和动态性能的影响。

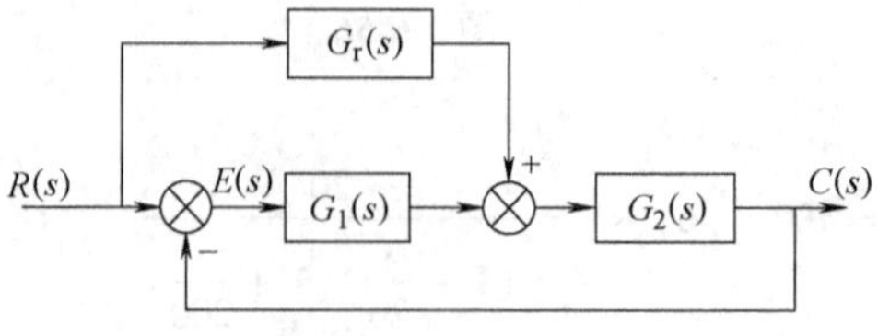


图 6-60

6-22 试利用 MATLAB 语言编程完成习题 6-6。

# 第 7 章　线性离散控制系统

在控制工程中，根据系统中信号的性质不同，控制系统通常分为两大类：一类是连续时间控制系统；另一类是离散时间控制系统。前面几章分别介绍了连续时间系统的模型、分析和校正方法。离散时间系统与连续时间系统相比较，在研究方法上既有相似之处，又有自己的特点，因此，研究离散控制系统的理论与方法已成为自动控制理论的重要内容。本章介绍离散时间系统的基本概念、线性定常离散系统的模型、系统分析和系统校正的基本理论和方法。

## 7.1　引言

连续时间系统简称连续系统，是指控制系统中所有的信号都是时间变量的连续函数。这种在时间上连续，在幅值上也连续的信号称为模拟信号。在连续系统中，使用的控制器是由模拟电子器件实现的。

近几十年来，随着脉冲技术、数字技术和数字计算机技术的相继发展，脉冲器件、数字元部件被广泛用于控制系统中，尤其是用计算机实现的数字控制器在越来越多的场合取代模拟控制器，形成了各种离散时间系统。离散时间系统简称离散系统，是指系统中有一处或几处信号是脉冲序列形式或数字序列形式，这些信号只在离散的时刻上有值。通常，将离散信号为脉冲序列形式的离散控制系统称为采样控制系统或脉冲控制系统，而将离散信号为数字序列形式的离散控制系统称为数字控制系统。现在广泛应用的数字控制系统是计算机控制系统。

### 7.1.1　离散控制系统的结构

以广泛使用的计算机控制系统为例，讨论离散控制系统的结构。图 7-1 是一个典型的计算机控制系统的原理框图。在图示闭环系统中，数字计算机及其接口元件 A/D 和 D/A 一起取代了模拟控制器。被控量 $c(t)$ 是一个随时间连续变化的物理量，经过测量元件转换成模拟电信号。由于计算机只能处理在时间上离散、幅值上被整量化的数字信号，因此采用模数转换器（A/D）将模拟信号 $e(t)$ 转换为数字信号 $\bar{e}^*(t)$ 送给计算机，计算机按照某种控制算法进行计算，输出的控制信号 $\bar{u}^*(t)$ 仍为数字信号，由于被控对象的输入信号一般为模

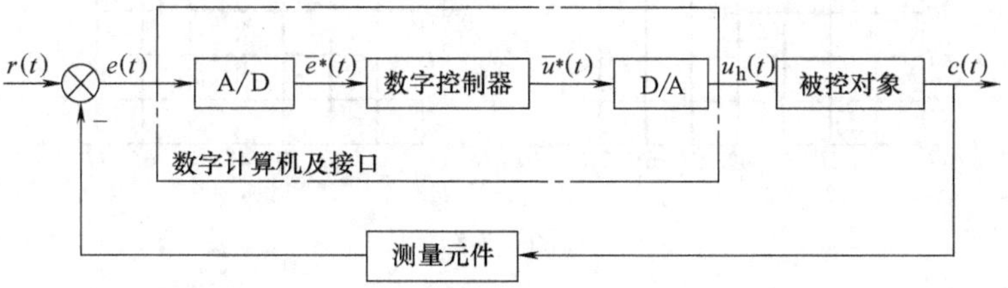


图　7-1

拟信号，因此需要再经过数/模转换器（D/A）将 $\bar{u}^*(t)$ 转换成连续的模拟信号 $u_h(t)$ 去控制被控对象。

A/D 转换器和 D/A 转换器是计算机控制系统中必不可少的部分。为了了解它们对系统中信号的影响，对它们的工作过程作一简单介绍，在此基础上抽象出离散系统的一般结构。

**1. A/D 转换器**

为分析方便，将 A/D 转换分解为图 7-2 所示的三个过程：

图 7-2

采样过程指采样开关每隔时间 $T$ 对连续信号 $e(t)$ 进行一次数据采集，得到采样信号 $e^*(t)$，该信号在时间上是离散的；整量化过程是将信号 $e^*(t)$ 的幅值按照 A/D 转换器的最小二进制单位（也称整量化单位）$q$ 的整数倍进行整量化，得到的量化信号 $\bar{e}^*(t)$ 在幅值上也是断续的，其中 $q = E/2^n$，$E$ 是 A/D 转换器的参考电压，$n$ 是 A/D 转换器的位数；编码过程将 $\bar{e}^*(t)$ 变成计算机能够处理的二进制数。图 7-2 中的各个信号如图 7-3 所示。

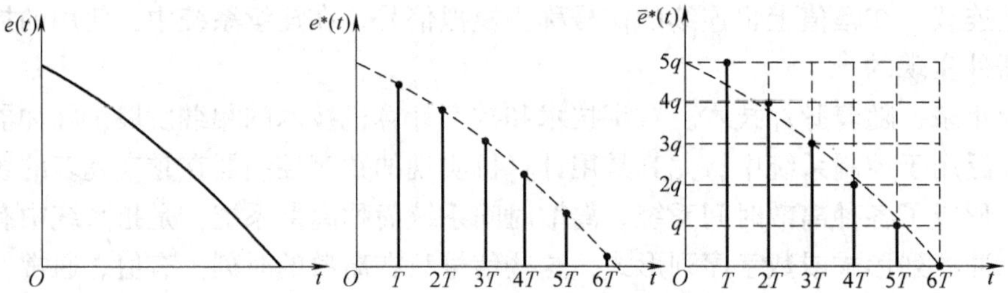

图 7-3

**2. D/A 转换器**

D/A 转换也可分解为两个过程，如图 7- 4 所示。

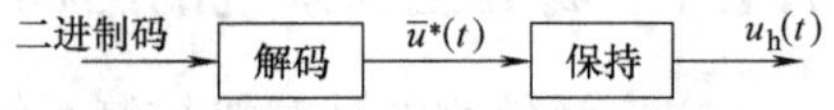


图 7- 4

解码过程将计算机送出的二进制码转换为离散的量化信号 $\bar{u}^*(t)$，再经过保持器恢复为连续的模拟信号 $u_h(t)$。图 7-4 中的各个信号如图 7-5 所示。保持器输出的信号 $u_h(t)$ 是一个阶梯信号，当采样频率足够高时，$u_h(t)$ 将趋近于 $u(t)$。

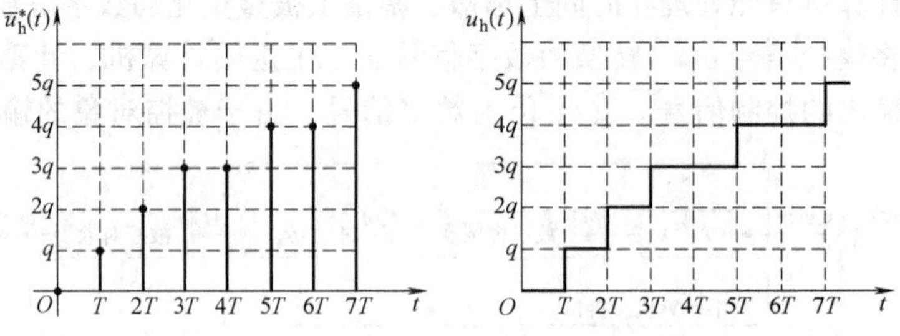

图 7-5

**3. 离散控制系统的典型结构**

在计算机控制系统中，当整量化单位 $q$ 足够小时，可以忽略数字信号在幅值上的断续性，用脉冲信号代替数字信号

$$\bar{e}^*(t) \approx e^*(t), \bar{u}^*(t) \approx u^*(t)$$

这时，A/D 转换器可以用一个每隔时间 $T$ 瞬时闭合一次的理想采样开关 $S$ 表示，采样开关也称为采样器，$T$ 称为采样周期；D/A 转换器可以用保持器 $G_h(s)$ 表示。若被控对象的传递函数为 $G_p(s)$，测量元件的传递函数为 $H(s)$，则图 7-1 的计算机控制系统可以等效为一个离散信号为脉冲序列的采样控制系统，如图 7-6 所示。因此，在本章后续各节的讨论中，将不再区分计算机控制系统（数字控制系统）和采样控制系统（脉冲控制系统），而是统称离散控制系统。

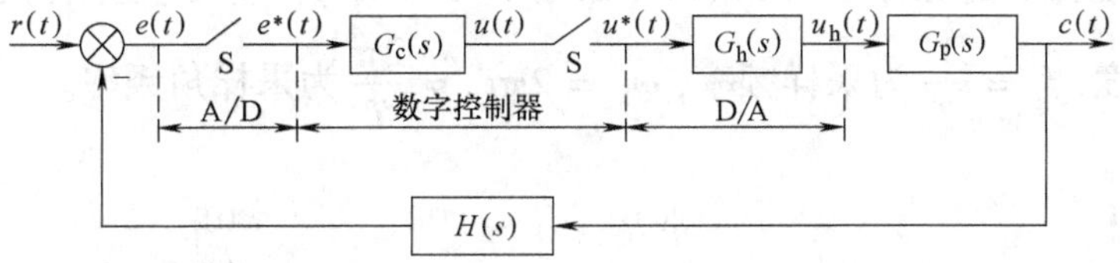


图　7-6

## 7.1.2　离散控制系统的研究方法

根据采样开关在系统中的位置和性能，离散系统可以分为线性离散系统和非线性离散系统，开环离散系统和闭环离散系统。采样器输出信号 $e^*(t)$ 的幅值与输入信号 $e(t)$ 的幅值之间满足线性关系，并且系统中的连续部分为线性的，称为线性离散系统；采样器在系统的闭合回路之外，或者系统中不存在闭合回路，称这样的离散系统为开环离散系统；采样器在系统的闭合回路之内，称为闭环离散系统。

在工程实践中，采样器可以有以下几种不同的工作方式：

1）周期采样（等速采样）：指一个采样器的采样时刻是等间隔的。

2）同步采样：指系统中两个或两个以上的采样器的采样周期相同，并且相位上同步。

3）多速采样：指系统中两个或两个以上的采样器分别按不同的采样周期工作。

本章仅研究所有采样器均以同步采样、周期采样的方式工作的线性定常离散系统。

线性定常离散系统的研究内容主要包括系统的模型方法、系统的分析和校正方法。数学模型的形式和使用的数学工具与连续系统不同。建立离散系统模型时，使用的时域动态模型是差分方程；由于系统中存在离散信号，直接使用拉普拉斯变换方法建立传递函数时，因计算过程中出现 $s$ 的超越函数而遇到了困难，需要采用 $Z$ 变换方法建立离散系统的脉冲传递函数。连续系统的稳定性分析、瞬态性能分析和稳态误差的计算等方法，经过适当的变换后可用于离散系统。离散系统的校正除了可以利用连续系统的校正方法，更多的情况下采用直接数字控制器的设计方法。

# 7.2　信号的采样与恢复

在离散控制系统中，由于采样器和保持器的存在，信号传递过程需要不断将连续信号

变成离散信号，同时也要将离散信号变成连续信号。这一过程可以用图 7-7 简单表示。能否保证信号不失真地传递，或者说，在什么样的条件下可以使得 $e_h(t) \approx e(t)$，这是离散系统必须考虑的新问题，也就是信号的采样与恢复问题。

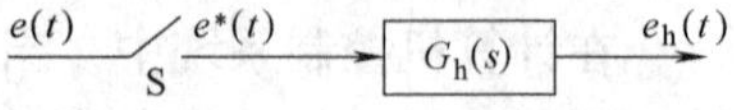


图 7-7

## 7.2.1 采样过程及采样信号的表示

采样过程就是把连续信号转换成离散信号的过程。把连续信号 $e(t)$ 加到采样开关的输入端，采样开关每隔时间 $T$ 闭合一次，闭合持续时间为 $\tau$，由于开关在闭合状态的时间 $\tau$ 非常小，一般有 $\tau \ll T$，故近似认为 $e(t)$ 在 $\tau$ 时间内是不变的，于是在采样开关的输出端得到高度为 $e(kT)$ 宽度为 $\tau$ 的脉冲序列 $e_\tau^*(t)$（如图 7-8b 所示）。称 $T$ 为采样周期，$\tau$ 为采样持续时间即脉冲宽度，$f_s = \dfrac{1}{T}$ 为采样频率，$\omega_s = 2\pi f_s = \dfrac{2\pi}{T}$ 为采样角频率。

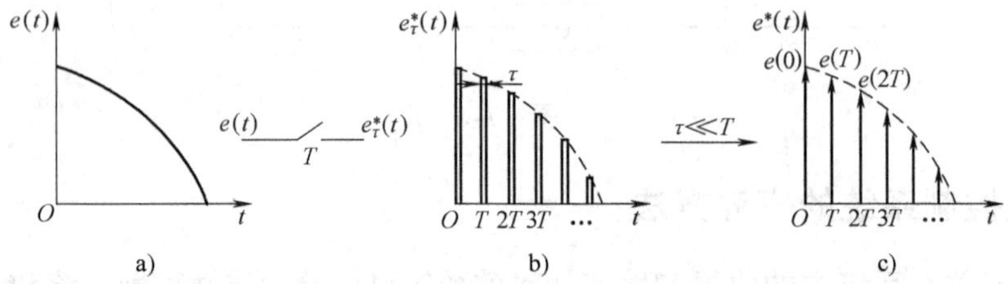


图 7-8

由图 7-8b 可以写出采样信号 $e_\tau^*(t)$ 的数学表达式

$$
\begin{aligned}
e_\tau^*(t) &= e(0)[1(t) - 1(t-\tau)] + e(T)[1(t-T) - 1(t-T-\tau)] + e(2T) \\
&\quad [1(t-2T) - 1(t-2T-\tau)] + \cdots + e(kT)[1(t-kT) - 1(t-kT-\tau) + \cdots] \\
&= \sum_{k=0}^{\infty} e(kT)[1(t-kT) - 1(t-kT-\tau)]
\end{aligned} \tag{7-1}
$$

对于具有有限脉冲宽度 $\tau$ 的采样系统，要准确进行数学分析是非常复杂的。考虑到 $\tau \ll T$，可以忽略脉冲的宽度，即认为 $\tau \to 0$，这时采样器可看作理想开关，$e(t)$ 的采样信号可以用强度为 $e(kT)$ 的理想脉冲序列 $e^*(t)$ 表示（如图 7-8c 所示）。$e(kT)$ 是第 $k$ 个采样时刻对连续信号 $e(t)$ 的采样值。

由图 7-8c 可以写出采样信号 $e^*(t)$ 的数学表达式

$$
\begin{aligned}
e^*(t) &= e(0)\delta(t) + e(T)\delta(t-T) + e(2T)\delta(t-2T) + \cdots + e(kT)\delta(t-kT) + \cdots \\
&= \sum_{k=0}^{\infty} e(kT)\delta(t-kT) = \sum_{k=0}^{\infty} e(t)\delta(t-kT) \\
&= e(t)\sum_{k=0}^{\infty} \delta(t-kT)
\end{aligned} \tag{7-2}
$$

将脉冲序列扩展到 $k \in (-\infty, +\infty)$ 范围，即

$$\delta_T(t) = \sum_{k=-\infty}^{\infty} \delta(t-kT) \tag{7-3}$$

并且注意到，当 $t<0$ 时，$e(t)=0$，所以

$$e^*(t)=e(t)\sum_{k=-\infty}^{\infty}\delta(t-kT)=e(t)\delta_T(t) \tag{7-4}$$

可见，理想采样器的输出信号 $e^*(t)$，等于连续输入信号 $e(t)$ 与单位脉冲序列 $\delta_T(t)$ 的乘积。换句话说，理想采样器相当于一个脉冲调制器，输入信号 $e(t)$ 为调制信号，单位脉冲序列 $\delta_T(t)$ 为载波，当载波 $\delta_T(t)$ 被输入连续信号 $e(t)$ 调幅后，输出信号为 $e^*(t)$。这样的调制过程可以表示为图 7-9。

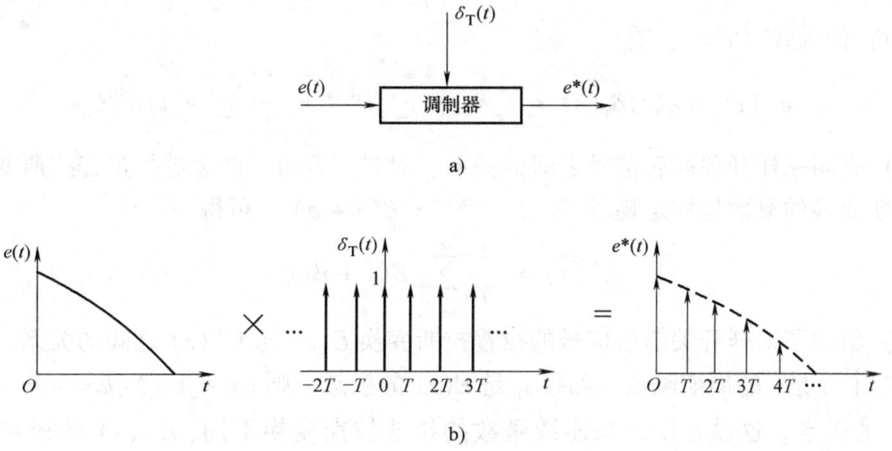


图 7-9

应当指出，理想采样开关是不存在的。但是，当 $\tau$ 远小于 $T$ 以及系统中连续部分的最小时间常数时，这样的采样开关可以近似地认为是理想采样开关。

### 7.2.2 采样信号的拉普拉斯变换

对采样信号 $e^*(t)$ 进行拉普拉斯变换，变换后的象函数记为 $E^*(s)$，即

$$\mathscr{L}[e^*(t)]=E^*(s) \tag{7-5}$$

根据 $e^*(t)$ 的数学表达式（7-2）和式（7-4），可以得到 $E^*(s)$ 的两种表达形式：

（1）由式（7-2）求 $E^*(s)$，有

$$E^*(s)=\mathscr{L}[e^*(t)]=\mathscr{L}\left[\sum_{k=0}^{\infty}e(kT)\delta(t-kT)\right]$$

利用拉普拉斯变换的线性定理和实数位移定理，有

$$E^*(s)=\sum_{k=0}^{\infty}e(kT)\mathscr{L}[\delta(t-kT)]=\sum_{k=0}^{\infty}e(kT)\mathrm{e}^{-kTs} \tag{7-6}$$

式（7-6）表明，$E^*(s)$ 可以用 $e(t)$ 在采样时刻的值 $e(kT)$ 表示成一个无穷级数。需要注意，对于那些 $t<0$ 时 $e(t)=0$，而在 $t=0$ 瞬间有跳跃的原函数 $e(t)$，也就是那些不满足 $\lim\limits_{s\to\infty}sE(s)=0$ 的 $e(t)$，当用式（7-6）求 $E^*(s)$ 时，由于 $e(0^-)\neq e(0^+)$，会得出不同的 $E^*(s)$，因此通常规定初始采样值用 $e(0^+)$。

（2）由式（7-4）求 $E^*(s)$　式（7-3）表明，理想单位脉冲序列 $\delta_T(t)$ 是一个周期函数，可以展开成傅里叶级数形式

$$\delta_T(t) = \sum_{k=-\infty}^{\infty} C_k e^{jk\omega_s t} \tag{7-7}$$

式中，$\omega_s = 2\pi/T$ 为采样角频率；$C_k$ 为傅里叶展开式的系数

$$C_k = \frac{1}{T}\int_{-\frac{T}{2}}^{\frac{T}{2}} \delta_T(t) e^{-jk\omega_s t} dt = \frac{1}{T}\int_{0_-}^{0_+} \delta(t) dt = \frac{1}{T} \tag{7-8}$$

将式（7-8）代入式（7-7），得

$$\delta_T(t) = \frac{1}{T}\sum_{k=-\infty}^{\infty} e^{jk\omega_s t} \tag{7-9}$$

将式（7-9）代入式（7-4），有

$$e^*(t) = e(t)\delta_T(t) = \frac{1}{T}e(t)\sum_{k=-\infty}^{\infty} e^{jk\omega_s t} = \frac{1}{T}\sum_{k=-\infty}^{\infty} e(t) e^{jk\omega_s t} \tag{7-10}$$

式（7-10）表明采样开关前后信号之间的关系。对式（7-10）两边进行拉普拉斯变换，并应用拉普拉斯变换的复数位移定理 $\mathscr{L}[e(t)e^{-at}] = E(s+a)$，可得

$$E^*(s) = \frac{1}{T}\sum_{k=-\infty}^{\infty} E(s + jk\omega_s) \tag{7-11}$$

式（7-11）给出了采样开关前后信号的拉普拉斯变换 $E(s)$ 与 $E^*(s)$ 之间的关系。式(7-11)还说明，$E^*(s)$ 是 $s$ 的周期函数，如果 $s_i$ 是 $E(s)$ 的极点，则 $(s_i + jk\omega_s)(k = -\infty \sim +\infty)$ 都是 $E^*(s)$ 的极点。这就是说，与连续函数的拉普拉斯变换不同，$E^*(s)$ 的极点有无穷多个。

**例 7-1** 设 $e(t) = 1(t)$，试求 $e^*(t)$ 的拉普拉斯变换 $E^*(s)$。

**解** 由于在 $t=0$ 处 $e(t)$ 不连续，$e(0^-) \neq e(0^+)$，因此 $e(0)$ 采用 $e(0^+)$。因 $e(0^+) = 1$，$e(kT) \equiv 1$ $(k>0)$，故

$$E^*(s) = \sum_{k=0}^{\infty} e^{-kTs} = 1 + e^{-Ts} + e^{-2Ts} + \cdots$$

它是一个公比为 $e^{-Ts}$ 的无穷级数，求和后得闭合形式

$$E^*(s) = \frac{1}{1-e^{-Ts}} = \frac{e^{Ts}}{e^{Ts}-1} \qquad |e^{-Ts}| < 1$$

其中，$|e^{-Ts}| = |e^{-T(\sigma+j\omega)}| = e^{-\sigma T} < 1$，即 $\sigma > 0$，是 $E^*(s)$ 能够写成闭合形式的条件。

如果 $e(0)$ 采用 $e(0^-) = 0$，则不难求出

$$E^*(s) = \frac{e^{-Ts}}{1-e^{-Ts}} = \frac{1}{e^{Ts}-1} \qquad |e^{-Ts}| < 1$$

就会得出不同的 $E^*(s)$。因此，在求这一类 $e(t)$ 的 $E^*(s)$ 时，均采用 $e(0^+)$。

**例 7-2** 设 $e(t) = \begin{cases} 0 & t<0 \\ e^{-at} & t \geqslant 0 \end{cases}$ 其中 $a$ 为常数，试求 $e^*(t)$ 的拉普拉斯变换 $E^*(s)$。

**解** 由式（7-6）得

$$E^*(s) = \sum_{k=0}^{\infty} e^{-akT}e^{-ksT} = \sum_{k=0}^{\infty} e^{-k(s+a)T}$$

用上式表示的 $E^*(s)$ 是一个公比为 $e^{-(s+a)T}$ 的无穷级数，用闭合形式表示

$$E^*(s) = \frac{1}{1 - e^{-(s+a)T}} = \frac{e^{Ts}}{e^{Ts} - e^{-aT}} \qquad |e^{-(s+a)T}| = e^{-(\sigma+a)T} < 1$$

式中，$\sigma$ 为 $s$ 的实部，$E^*(s)$ 表示成闭合形式的条件是 $\sigma > -a$。

**例 7-3**　已知 $e(t) = A\sin\omega_0 t(t \geqslant 0)$，求 $e^*(t)$ 的拉普拉斯变换 $E^*(s)$。

**解**　$e(t)$ 的拉普拉斯变换为

$$E(s) = \frac{A\omega_0}{s^2 + \omega_0^2}$$

$t=0$ 时，$e(t) = 0$。按式（7-11）有

$$\begin{aligned} E^*(s) &= \frac{A\omega_0}{T}\sum_{k=-\infty}^{\infty}\frac{1}{(s + jk\omega_s)^2 + \omega_0^2} \\ &= \frac{A\omega_0}{T}\left\{\frac{1}{s^2 + \omega_0^2} + \frac{1}{(s - j\omega_s)^2 + \omega_0^2} + \frac{1}{(s + j\omega_s)^2 + \omega_0^2} + \right. \\ &\quad \left. \frac{1}{(s - j2\omega_s)^2 + \omega_0^2} + \frac{1}{(s + j2\omega_s)^2 + \omega_0^2} + \cdots\right\} \end{aligned}$$

由此可见，$E^*(s)$ 的极点有无穷多个。

### 7.2.3　采样信号的频谱

连续信号 $e(t)$ 经过采样后，得到的调幅脉冲序列只能给出采样点上的数值，不能反映各采样时刻之间的数值。因此，从时域上看，采样过程损失了 $e(t)$ 的一部分信息。怎样才能使采样信号 $e^*(t)$ 比较真实地反映连续信号 $e(t)$ 的变化规律呢？需要在频率域中进一步分析和比较采样信号 $e^*(t)$ 的频谱 $E^*(j\omega)$ 与被采样连续信号 $e(t)$ 的频谱 $E(j\omega)$ 之间的关系。

设连续信号 $e(t)$ 的傅里叶变换为 $E(j\omega)$，称 $|E(j\omega)|$ 为 $e(t)$ 的幅频谱，它表示构成 $e(t)$ 的所有不同角频率正弦分量的幅值与角频率的函数关系。在信号分析理论中知道，当 $e(t)$ 为周期信号时，$E(j\omega)$ 是 $\omega$ 的离散函数，所以 $|E(j\omega)|$ 是一个离散频谱；当 $e(t)$ 为非周期信号时，$E(j\omega)$ 是 $\omega$ 的连续函数，则 $|E(j\omega)|$ 是一个连续频谱。考虑具有有限带宽的非周期连续信号 $e(t)$，其幅频谱如图 7-10 所示，$\omega_{max}$ 是该连续频谱的最大角频率。

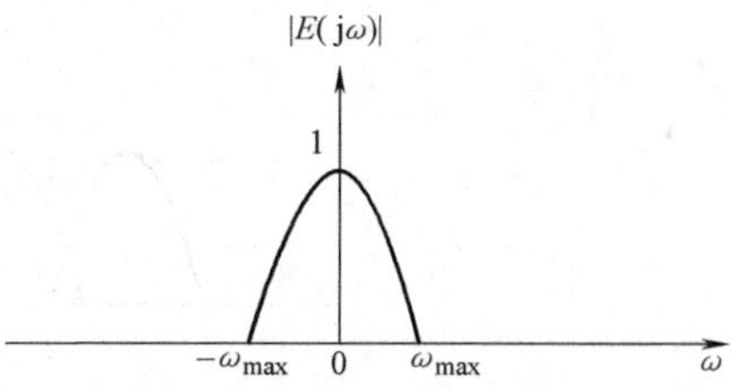


图　7-10

下面求采样信号 $e^*(t)$ 的频谱。如果 $E^*(s)$ 的全部极点均位于左半 $s$ 平面，可令 $s = j\omega$，代入式（7-11），求得 $e^*(t)$ 的傅里叶变换为

$$E^*(j\omega) = \frac{1}{T}\sum_{k=-\infty}^{\infty} E[j(\omega + k\omega_s)] \tag{7-12}$$

式中，$\omega_s$ 为采样角频率；$|E^*(j\omega)|$ 为 $e^*(t)$ 的幅频谱。

式（7-12）给出了离散信号的频谱和连续信号频谱之间的关系。当 $\omega_s \geqslant 2\omega_{max}$ 时，频谱 $|E^*(j\omega)|$ 如图 7-11a 所示，它是以采样角频率 $\omega_s$ 为周期的无穷多个频谱之和。图中，$k=0$

的频谱成为离散信号频谱的主分量，它与连续信号频谱 $|E(\mathrm{j}\omega)|$ 形状一致，仅在幅值上变化了 $1/T$ 倍。其余频谱（$k=\pm1$，$\pm2$，…）都是由于采样而引起的高频频谱，称为离散信号频谱的补分量。在 $\omega_s\geqslant2\omega_{max}$ 的情况下，频谱的各个分量相互不混叠，这时若使用图 7-12 所示的理想低通滤波器 $F(s)$，就可以获得离散信号频谱的主分量 $\dfrac{1}{T}|E(\mathrm{j}\omega)|$。也就是说，经理想低通滤波器恢复出来的连续信号是原连续信号的 $1/T$ 倍。图 7-12 是理想低通滤波器 $F(s)$ 的幅频特性曲线。$|F(\mathrm{j}\omega)|$ 可由下式表示：

$$|F(\mathrm{j}\omega)|=\begin{cases}1 & |\omega|<\dfrac{\omega_s}{2}\\[2ex] 0 & |\omega|>\dfrac{\omega_s}{2}\end{cases}\tag{7-13}$$

如果加大采样周期 $T$，采样角频率 $\omega_s$ 相应减小，当 $\omega_s<2\omega_{max}$ 时，幅频谱 $|E^*(\mathrm{j}\omega)|$ 如图 7-11b 所示，由于离散信号频谱中的各分量之间存在混叠，各分量叠加后的频谱由图中的虚线表示。在这种情况下，即使用图 7-12 的理想低通滤波器，也无法恢复原来连续信号的频谱。不难看出，要想从采样信号 $e^*(t)$ 中不失真地复现出采样前的连续信号 $e(t)$，对采样角频率 $\omega_s$ 应有一定的要求，这就是下面要介绍的采样定理。

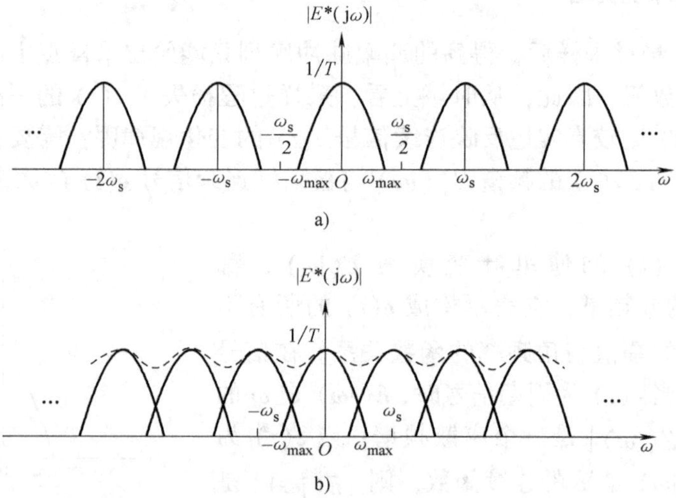


图 7-11

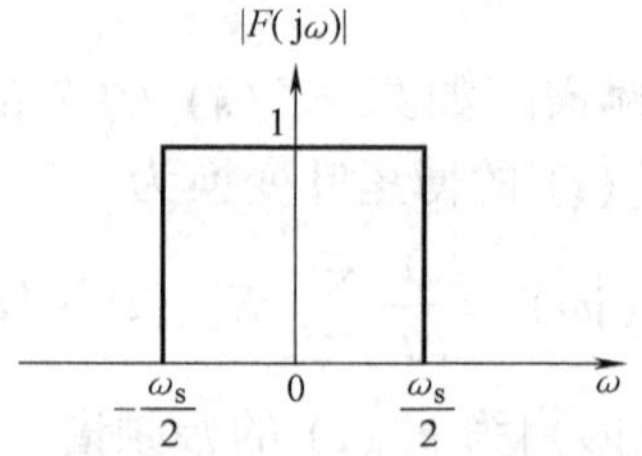


图 7-12

## 7.2.4　采样定理

采样定理也称香农（Shannon）采样定理，该定理指出：

如果采样角频率 $\omega_s$ 大于或等于 $2\omega_{max}$，即

$$\omega_s \geqslant 2\omega_{max} \tag{7-14}$$

则经采样得到的脉冲序列能够无失真地恢复到原连续信号。式中 $\omega_{max}$ 为连续信号频谱的最高角频率。式（7-14）也可表示为

$$f_s \geqslant 2f_{max} \tag{7-15}$$

香农采样定理的物理意义是：如果选择这样一个采样频率，对于连续信号所含的最高频率分量来说，能做到在它的一个周期内采样两次或两次以上，那么经采样所获得的脉冲序列中，就包含了连续信号的全部信息。如果一个周期内采样次数少于两次，就做不到无失真地再现原连续信号。

对于实际的非周期连续信号，其频谱中最高角频率 $\omega_{max}$ 往往是无限的，如图 7-13a 所示，即使采样角频率 $\omega_s$ 很高，采样信号的频谱波形也总是存在混叠现象（见图 7-13b）。但是当频率很高时，频谱的幅值一般都很小，可以近似认为实际信号具有有限的最高频率 $\omega_{max}$，忽略 $\omega > \omega_{max}$ 的高频分量，则信息的损失不会很大，按照采样定理选择的采样频率也不至于太高。但是，在频谱中的高频部分因幅值较大而不可忽略的情况下，就需要先对连续信号进行抗混叠滤波（抗混叠滤波器如图 7-13a 中虚线所示），经过抗混叠滤波的连续信号

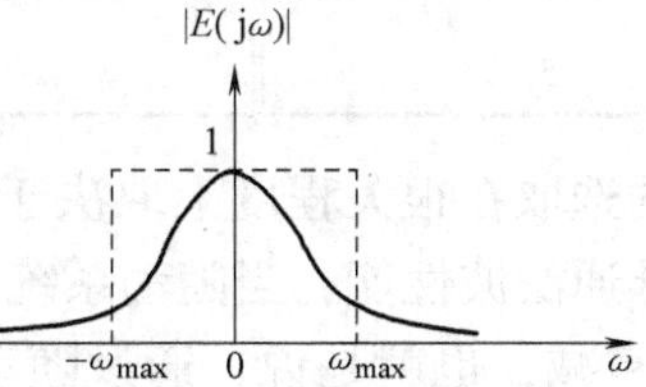


a)

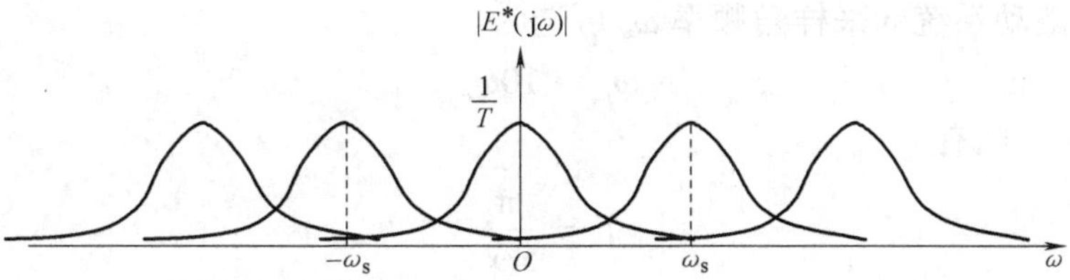


b)

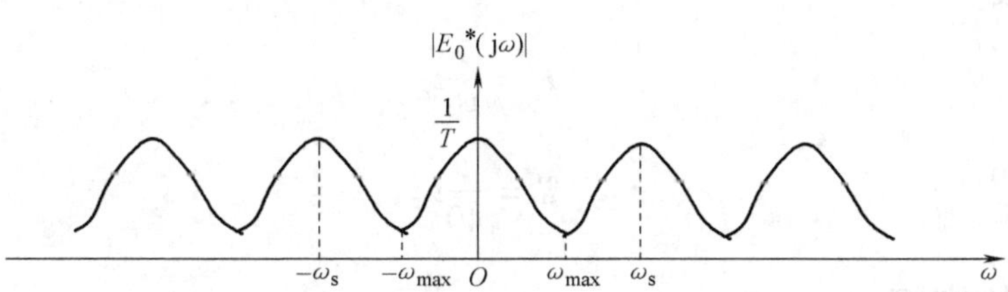


c)

图　7-13

具有有限最高频率 $\omega_{max}$，然后再进行采样，就可以保证满足采样定理。图 7-13c 是经过抗混叠滤波后的连续信号的采样脉冲序列的频谱。

### 7.2.5 采样周期的选取

采样周期 $T$ 是计算机控制系统设计中的一个关键参数。而采样定理只是给出了一个选择采样周期 $T$ 或采样频率 $f_s$(或 $\omega_s$) 的基本原则，它给出的是由采样脉冲序列无失真地复现原连续信号所允许的最大采样周期，或者最低采样频率，并没有给出如何根据实际问题计算采样周期的公式。显然，采样周期 $T$ 选得越小，也就是采样角频率 $\omega_s$ 选得越高，对系统控制过程的信息就获取得越多，控制效果也会越好。但是需要注意，采样周期 $T$ 选得过小，就无法在采样周期内实现较复杂的控制算法，同时会大大增加采样装置的硬件代价。采样周期小到一定程度后，再减小就没有多大实际意义了。反之，采样周期 $T$ 选得过大，会给控制过程带来较大的误差，降低系统的动态性能，甚至可能导致整个控制系统不稳定。

在一般的过程控制系统中，计算机所能提供的信号采集和运算速度，给选择采样周期留有较大的余地。工程实践证明，根据表 7-1 选择采样周期 $T$，可以取得满意的控制效果。

表 7-1 采样周期

| 过程控制参数 | 采样周期/s | 过程控制参数 | 采样周期/s |
|---|---|---|---|
| 流量 | 1 | 温度 | 20 |
| 压力 | 5 | 成分 | 20 |
| 液位 | 5 | | |

对于随动系统，采样周期的选取在很大程度上取决于系统的性能指标。在一般情况下，控制系统的闭环频率特性具有低通滤波性能，当随动系统输入信号的频率高于其闭环谐振频率 $\omega_r$ 时，信号通过系统会很快衰减，也就是说，通过随动系统的控制信号的最高频率分量为 $\omega_r$。在随动系统中，一般认为开环截止频率 $\omega_c$ 与闭环谐振频率 $\omega_r$ 很接近，有 $\omega_c \approx \omega_r$。因此，在随动系统的控制信号中，频率高于 $\omega_c$ 的分量通过系统后将被大幅度衰减掉。根据工程实际经验，随动系统的采样角频率 $\omega_s$ 可选为

$$\omega_s \approx 10\omega_c \tag{7-16}$$

考虑到 $T = 2\pi/\omega_s$，则有

$$T = \frac{\pi}{5\omega_c} \tag{7-17}$$

从时域性能指标来看，采样周期 $T$ 可根据随动系统的上升时间 $t_r$ 和调节时间 $t_s$，按照下列经验公式选取：

$$T = \frac{1}{10}t_r \tag{7-18a}$$

$$T = \frac{1}{40}t_s \tag{7-18b}$$

### 7.2.6 信号的恢复

按照采样定理选择采样周期进行采样，得到的采样信号 $e^*(t)$ 可以再通过理想低通滤波

器完全恢复连续信号 $e(t)$ 。但是，式（7-13）给出的理想低通滤波器实际上并不存在，只能用特性接近的低通滤波器来代替。为此，必须寻找在特性上比较接近理想滤波器，而实际中又可以实现的滤波器。这就是信号恢复要解决的问题。

信号恢复也称为信号保持，是将采样脉冲序列转换成连续信号的过程，如图 7-14 所示。实现信号保持的元件称为保持器。从时域上看，保持器的任务是在采样信号各采样时刻之间进行插值，恢复连续信号；从频域上看，保持器的任务是把采样信号频谱中的高频分量全部滤掉，只保留频谱的主分量，也就是恢复连续信号的频谱。不同的插值算法或者不同的滤波性能就形成了不同的保持器。

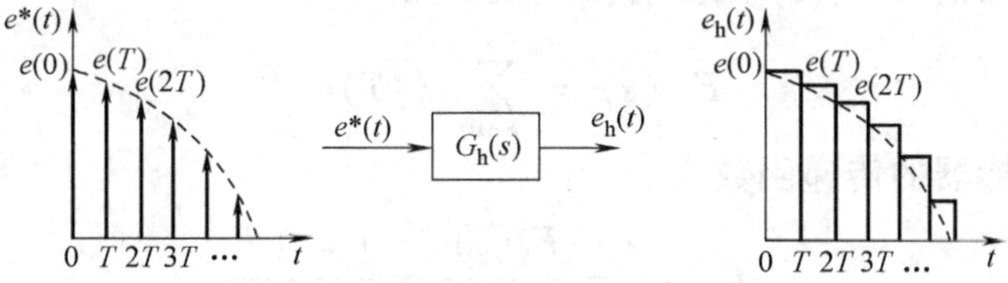


图 7-14

**1. 保持器的数学描述**

在采样时刻上，连续信号的函数值与采样脉冲序列的脉冲强度相等。以连续信号 $e(t)$ 为例，在采样时刻 $kT$，采样值为 $e(kT)$ ；在相邻采样时刻 $(k+1)T$ ，采样值为 $e[(k+1)T]$。但是在相邻采样时刻之间的任意时刻 $kT+\Delta t(0<\Delta t<T)$ ，$e(kT+\Delta t)$ 是多少？它与 $e(kT)$ 的关系如何？这就是保持器要解决的问题。

实际上，保持器是具有外推功能的元件，它利用 $e(kT)$ 以及以前各时刻的采样值 $e[(k-1)T]$、$e[(k-2)T]$ 、…外推求 $e(kT+\Delta t)$ 。通常可采用多项式外推公式

$$e(kT+\Delta t) = a_0 + a_1\Delta t + a_2(\Delta t)^2 + \cdots + a_m(\Delta t)^m \tag{7-19}$$

式中，$m+1$ 个待定系数 $a_i(i=0,1,\cdots,m)$ 可由过去 $m+1$ 采样时刻的采样值 $e[(k-i)T](i=0,1,\cdots,m)$ 唯一地确定，这是因为以往每个采样值都应满足外推公式。式（7-19）就是 $m$ 阶保持器的数学表达式。若取 $m=0$，则称为零阶保持器；取 $m=1$，则称为一阶保持器；依次类推。

**2. 零阶保持器**

零阶保持器的外推公式为

$$e(kT+\Delta t) = a_0 \tag{7-20}$$

当 $\Delta t=0$ 时，求得 $a_0=e(kT)$ ，代入式（7-20），得到零阶保持器的数学表达式

$$e(kT+\Delta t) = e(kT) \qquad 0 \leqslant \Delta t < T \tag{7-21}$$

式（7-21）说明，零阶保持器是按照常值规律外推的保持器。它把前一个采样时刻的采样值作为常值保持到下一个相邻的采样时刻到来之前，保持时间为一个采样周期 $T$。零阶保持器的输出信号 $e_h(t)$ 如图 7-15 所示。从图中看到，$e_h(t)$ 是一个阶梯信号，并不等于采样前的连续信号 $e(t)$ 。如果把阶梯信号 $e_h(t)$ 的每个区间的中点连接起来如图中的虚线所示，就可以得到与 $e(t)$ 形状一致，但在时间上延迟 $T/2$ 的连续信号 $e(t-\frac{T}{2})$，说

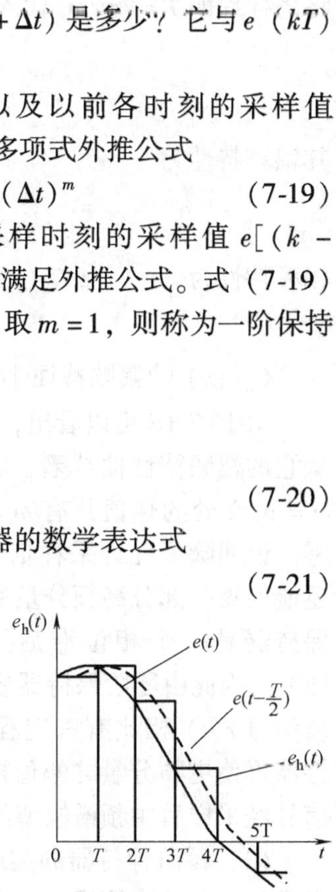


图 7-15

明从 $e_h(t)$ 的平均上看要比 $e(t)$ 滞后$T/2$。

（1）零阶保持器的传递函数　零阶保持器的输入信号为 $e^*(t)$，输出信号为 $e_h(t)$。由图 7-15 中的曲线 $e_h(t)$ 可以写出其表达式

$$e_h(t) = \sum_{k=0}^{\infty} e(kT)[1(t-kT) - 1(t-kT-T)]$$

进行拉普拉斯变换，得到

$$E_h(s) = \sum_{k=0}^{\infty} e(kT)\left[\frac{1}{s}e^{-kTs} - \frac{1}{s}e^{-(k+1)Ts}\right] = \sum_{k=0}^{\infty} e(kT)e^{-kTs}\frac{1-e^{-Ts}}{s}$$

因为零阶保持器输入信号 $e^*(t)$ 的拉普拉斯变换为

$$E^*(s) = \sum_{k=0}^{\infty} e(kT)e^{-kTs}$$

所以，求得零阶保持器的传递函数为

$$G_h(s) = \frac{E_h(s)}{E^*(s)} = \frac{1-e^{-Ts}}{s} \tag{7-22}$$

（2）零阶保持器的频率特性　令 $s=j\omega$，代入式（7-22），得到零阶保持器的频率特性

$$G_h(j\omega) = \frac{1-e^{-j\omega T}}{j\omega} = \frac{e^{-j\omega T/2}(e^{j\omega T/2}-e^{-j\omega T/2})}{j\omega} = T\frac{\sin(\omega T/2)}{\omega T/2}e^{-j\omega T/2} \tag{7-23}$$

将采样周期 $T=2\pi/\omega_s$ 代入式（7-23），有

$$G_h(j\omega) = T\frac{\sin(\pi\omega/\omega_s)}{\pi\omega/\omega_s}e^{-j\pi\omega/\omega_s}$$

其幅频特性为

$$|G_h(j\omega)| = T\left|\frac{\sin(\pi\omega/\omega_s)}{\pi\omega/\omega_s}\right| \tag{7-24}$$

相频特性为

$$\angle G_h(j\omega) = \begin{cases} -\pi\omega/\omega_s & \sin(\pi\omega/\omega_s) > 0 \\ -\pi\omega/\omega_s + \pi & \sin(\pi\omega/\omega_s) < 0 \end{cases} \tag{7-25}$$

$G_h(j\omega)$ 的幅频特性 $|G_h(j\omega)|$ 和相频特性 $\angle G_h(j\omega)$ 如图 7-16 所示。

由图 7-16 可以看出，零阶保持器是一个低通滤波器，但不是一个理想的低通滤波器，从它的幅频特性曲线看，$\omega<\omega_s/2$ 的频率范围内，幅值随频率的增大有不同程度的衰减，$\omega=\omega_s/2$ 处的幅值只有 $\omega=0$ 处幅值的 63.7%；而 $\omega>\omega_s/2$ 的频率范围内，幅值衰减不到零，说明除了允许采样信号的主频谱分量通过以外，还能使得一部分高频分量通过。从相频特性看，零阶保持器是一个相位滞后元件，滞后相角最大可达 180°。因此由零阶保持器恢复的连续信号与原来的连续信号 $e(t)$ 相比有一定程度的失真。但是，零阶保持器可使主频分量的幅值提高 $T$ 倍，正好能补偿连续信号经采样后主频谱幅值的 $1/T$ 倍衰减。

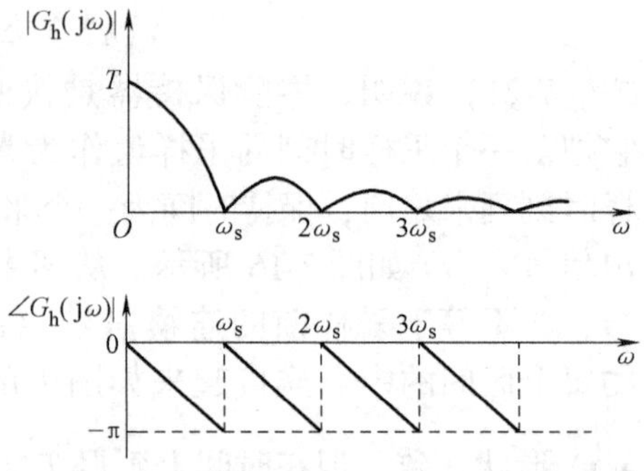

图 7-16

（3）零阶保持器的实现　零阶保持器具有容易实现及延迟时间小等优点，在离散控制系统中是应用最

广泛的一种保持器。在实际离散控制系统中，有些器件本身就是零阶保持器，例如步进电动机，每接收一个脉冲信号就转动一个步距，在下一个脉冲信号到来之前，转角保持不变；又如 D/A 转换器，将数字控制器送出的信号保持一个采样周期，直到下一个信号到来才改变。

用无源网络可近似实现零阶保持器。如果把 $e^{Ts}$ 展开成级数 $e^{Ts}=1+Ts+\frac{1}{2!}T^2s^2+\cdots$，取前两项，则有

$$G_h(s)=\frac{1-e^{-Ts}}{s}=\frac{1}{s}\left(1-\frac{1}{e^{Ts}}\right)\approx\frac{1}{s}\left(1-\frac{1}{1+Ts}\right)=\frac{T}{1+Ts}$$

这就是图 7-17a 所示的 *RC* 低通网络的传递函数。

若取 $e^{Ts}$ 的幂级数的前三项，则有

$$G_h(s)\approx T\frac{1+Ts/2}{1+Ts+T^2s^2/2}$$

因此，零阶保持器更精确一点的实现，可以采用图 7-17b 所表示的 *RLC* 无源网络。

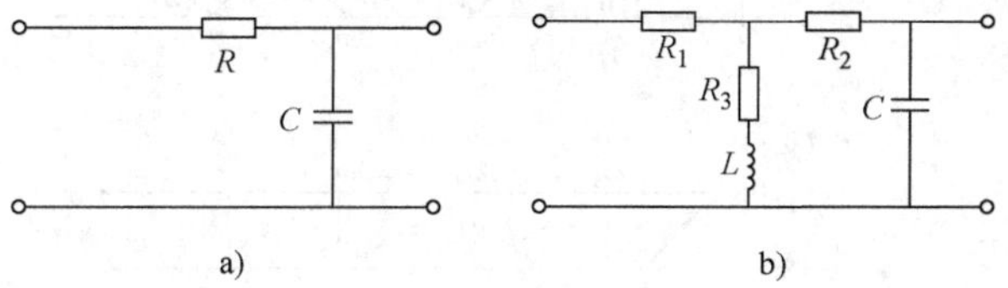


图　7-17

**3. 一阶保持器**

一阶保持器的外推公式为

$$e(kT+\Delta t)=a_0+a_1\Delta t \tag{7-26}$$

当 $\Delta t=0$ 时，求得 $a_0=e(kT)$；当 $\Delta t=-T$ 时，求得 $a_1=\frac{1}{T}\{e(kT)-e[(k-1)T]\}$。代入式（7-26），得到一阶保持器的数学表达式为

$$e(kT+\Delta t)=e(kT)+\frac{e(kT)-e[(k-1)T]}{T}\Delta t\qquad 0\leqslant\Delta t<T \tag{7-27}$$

上式说明，一阶保持器是基于两个采样值 $e(kT)$ 和 $e[(k-1)T]$ 按线性规律外推的保持器。线性外推函数的斜率为 $\{e(kT)-e[(k-1)T]\}/T$。一阶保持器的输出信号 $e_h(t)$ 如图 7-18 所示。

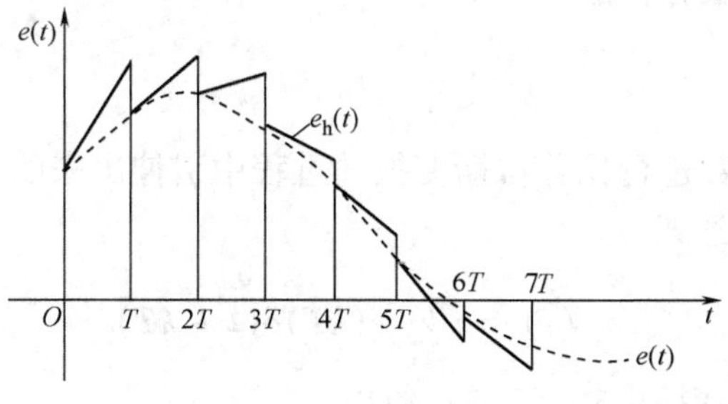


图　7-18

一阶保持器的传递函数和频率特性分别为

$$G_h(s) = \frac{E_h(s)}{E^*(s)} = T(1+Ts)\left(\frac{1-e^{-Ts}}{Ts}\right)^2 \tag{7-28}$$

$$G_h(j\omega) = T\sqrt{1+\omega^2T^2}\left[\frac{\sin\frac{\omega T}{2}}{\frac{\omega T}{2}}\right]^2 e^{-j(\omega T-\arctan\omega T)} \tag{7-29}$$

一阶保持器的频率特性曲线如图 7-19 中实线所示，为便于比较，零阶保持器的频率特性在图中用虚线给出。

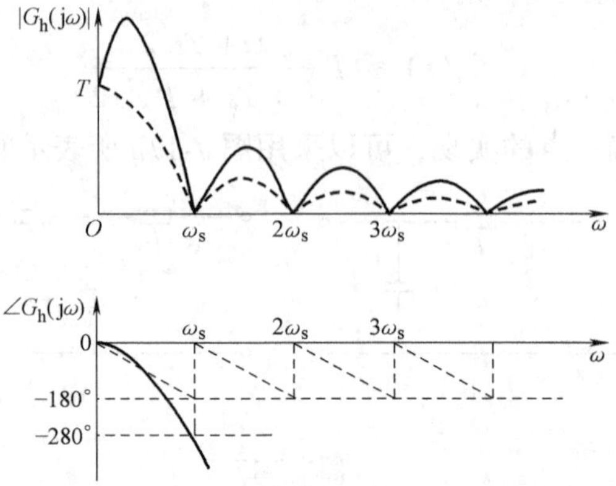


图 7-19

一阶保持器恢复信号的准确性比零阶保持器高。但是一阶保持器的幅频特性值增大，高频分量更容易通过；一阶保持器的相位滞后比零阶保持器大，更不利于闭环系统的稳定。因此，在离散控制系统中，一般很少采用一阶保持器。更不采用高阶保持器。

## 7.3 Z 变换与 Z 反变换

在分析连续系统过程中，应用拉普拉斯变换作为数学工具，将系统的微分方程转化为代数方程，建立了以传递函数为基础的复域分析法，使问题大大简化。类似地，在离散控制系统中，采用 Z 变换法，将描述离散系统动态行为的差分方程转化为代数方程，可以建立以脉冲传递函数为基础的 $z$ 域分析法。

### 7.3.1 Z 变换的定义

Z 变换是在对采样函数进行拉普拉斯变换的过程中引伸出来的一种变换方法。式 (7-2) 给出了采样信号的数学表达式

$$e^*(t) = \sum_{k=0}^{\infty} e(kT)\delta(t-kT)$$

上述采样信号的拉普拉斯变换由式 (7-6) 给出

$$E^*(s) = \mathscr{L}[e^*(t)] = \sum_{k=0}^{\infty} e(kT)\mathrm{e}^{-kTs}$$

从上式看出，在 $E^*(s)$ 中含有 $\mathrm{e}^{Ts}$因子，由于它是 $s$ 的超越函数，给离散系统的分析带来了不便。因此引入新的变量

$$z = \mathrm{e}^{Ts} \tag{7-30}$$

即

$$s = \frac{1}{T}\ln z \tag{7-31}$$

式中，$s$ 是拉普拉斯算子；$T$ 为采样周期；$z$ 是在 $z$ 平面定义的一个复变量，通常称它为 $Z$ 变换算子。

将式（7-6）作变量代换，可得

$$E^*(s)\Big|_{s=\frac{1}{T}\ln z} = E(z) = \sum_{k=0}^{\infty} e(kT)z^{-k} \tag{7-32}$$

式（7-32）给出了采样信号 $Z$ 变换的定义。称 $E(z)$ 为 $e^*(t)$ 的 $Z$ 变换，记作

$$E(z) = \mathscr{Z}[e^*(t)] \tag{7-33}$$

为了书写方便，$\mathscr{Z}[e^*(t)]$ 也可以简记为 $Z[e(t)]$。需要强调的是，$\mathscr{Z}[e(t)]$ 并不表示连续信号 $e(t)$ 的 $Z$ 变换，而仍然是指连续信号 $e(t)$ 的采样信号 $e^*(t)$ 的 $Z$ 变换。由于 $E(z)$ 表达的仅是连续函数 $e(t)$ 在采样时刻上的信息，而不反映采样时刻之间的信息，虽然 $E(z)$ 对应的 $e^*(t)$ 是唯一的，但是对应的 $e(t)$ 却不唯一。

将式（7-32）写成展开的形式

$$E(z) = e(0) + e(T)z^{-1} + e(2T)z^{-2} + \cdots + e(kT)z^{-k} + \cdots \tag{7-34}$$

可以看出，采样函数的 $Z$ 变换是变量 $z$ 的幂级数，其一般项 $e(kT)z^{-k}$ 的意义是：$e(kT)$ 表征采样值，$z$ 的幂次表征采样时刻。因此，它既包含了量值信息 $e(kT)$，又包含了时间信息 $z^{-k}$。

由式（7-34）可见，引入变量 $z=\mathrm{e}^{Ts}$，将算子 $s$ 表示的超越函数转换成 $z$ 的幂级数或 $z$ 的有理分式。

### 7.3.2　Z 变换的计算

计算采样信号 $e^*(t)$ 的 $Z$ 变换方法主要有以下三种。

**1. 级数求和法**

级数求和法就是直接利用 $Z$ 变换定义的计算方法。根据采样信号 $Z$ 变换的级数展开式（7-34），只要知道采样周期，以及连续信号 $e(t)$ 或采样信号 $e^*(t)$ 在各个采样时刻的值 $e(kT)(k=0,1,2,\cdots,\infty)$，就可代入公式计算。但级数具有无穷多项，如不能写成闭合形式则很难应用，而常用函数 $Z$ 变换的级数形式一般都可写成闭合形式。

**例 7-4**　求单位脉冲函数 $\delta(t)$ 的 $Z$ 变换。

**解**　设 $e(t)=\delta(t)$，其采样信号 $e^*(t)=\delta(t)$。对照式（7-2），有 $e(0)=1$，其余时刻 $e(kT)=0(k=1,2,\cdots,\infty)$，所以有

$$E(z) = \mathscr{Z}[\delta(t)] = \sum_{k=0}^{\infty} e(kT)z^{-k} = 1\cdot z^0 = 1$$

**例 7-5**　求单位阶跃函数 $1(t)$ 的 $Z$ 变换。

**解** $e(t)=1(t)$，$e^*(t)=\sum_{k=0}^{\infty}\delta(t-kt)$，在所有采样时刻，$e(kT)=1$。所以

$$E(z)=\sum_{k=0}^{\infty}z^{-k}=1+z^{-1}+z^{-2}+\cdots+z^{-k}+\cdots$$

这是一个公比为$z^{-1}$的等比级数，当$|z^{-1}|<1$，即$|z|>1$时，级数收敛，则可写成闭合形式

$$E(z)=\frac{1}{1-z^{-1}}=\frac{z}{z-1}$$

因为

$$|z|=|e^{Ts}|=|e^{\sigma T+j\omega T}|=e^{\sigma T}$$

所以条件$|z|>1$意味着$\sigma>0$，这是对单位阶跃函数的采样函数进行拉普拉斯变换时，能够得到闭合形式的条件。

**例 7-6** 求单位理想脉冲序列$\delta_T(t)(t\geqslant 0)$的$Z$变换。

**解** $e(t)=\delta_T(t)=\sum_{k=0}^{\infty}\delta(t-kT)$，取采样周期为$T$，$e^*(t)=\delta_T(t)$

$$E(z)=\sum_{k=0}^{\infty}z^{-k}=1+z^{-1}+z^{-2}+\cdots+z^{-k}+\cdots$$

当$|z|>1$时，同样有$E(z)=\dfrac{1}{1-z^{-1}}=\dfrac{z}{z-1}$。

比较上面两个例子可以看出，由不同的$e(t)$得到了相同的$E(z)$。这是由于阶跃信号的采样信号与理想脉冲序列是一样的。由于$Z$变换只是对采样点上的信息有效，只要$e^*(t)$相同，$E(z)$就相同，但采样前的连续信号$e(t)$可以是不同的。

**例 7-7** 求指数函数$e^{-at}$的$Z$变换。

**解** $e(t)=e^{-at}\qquad t\geqslant 0$

其中，$a$为常数。

$$e^*(t)=\sum_{k=0}^{\infty}e^{-akT}\delta(t-kT)$$

$$E(z)=\sum_{k=0}^{\infty}e^{-akT}z^{-k}=1+e^{-aT}z^{-1}+e^{-2aT}z^{-2}+\cdots+e^{-kaT}z^{-k}+\cdots$$

当$|e^{-aT}z^{-1}|<1$时级数收敛，可写成闭合形式

$$E(z)=\frac{1}{1-e^{-aT}z^{-1}}=\frac{z}{z-e^{-aT}}$$

**例 7-8** 求采样序列$a^k$的$Z$变换。

**解** $\mathscr{Z}[a^k]=\sum_{k=0}^{\infty}a^kz^{-k}=1+az^{-1}+a^2z^{-2}+\cdots+a^kz^{-k}+\cdots$

当$|az^{-1}|<1$时级数收敛，可写成闭合形式

$$\mathscr{Z}[a^k]=\frac{z}{z-a}$$

**2. 部分分式法**

在控制系统中，连续函数$e(t)$常常是以拉普拉斯变换形式$E(s)$给出的，已知$E(s)$求

$e^*(t)$ 的 $Z$ 变换采用部分分式法较为方便。设

$$E(s)=\frac{M(s)}{N(s)}$$

其中，$M(s)$ 和 $N(s)$ 分别为复变量 $s$ 的有理多项式，$M(s)$ 的阶次 $\deg M(s)=m$，$N(s)$ 的阶次 $\deg N(s)=n$，且 $m\leqslant n$。将 $E(s)$ 展开成部分分式之和的形式，即

$$E(s)=\sum_{i=1}^{n}\frac{A_i}{s+s_i}=\sum_{i=1}^{n}E_i(s)$$

式中，$-s_i(i=1,2,\cdots,n)$ 是 $N(s)$ 的零点、$E(s)$ 的极点；$A_i$ 为待定常系数。

由拉普拉斯变换知

$$e_i(t)=\mathscr{L}^{-1}[E_i(s)]=\mathscr{L}^{-1}[\frac{A_i}{s+s_i}]=A_i\mathrm{e}^{-s_it}$$

经采样后得到采样序列

$$e_i(kT)=A_i\mathrm{e}^{-ks_iT}$$

再进行 $Z$ 变换，可得

$$E_i(z)=\sum_{k=0}^{\infty}e_i(kT)z^{-k}=\sum_{k=0}^{\infty}A_i\mathrm{e}^{-ks_iT}z^{-k}$$

当满足 $|\mathrm{e}^{-s_iT}z^{-1}|<1$，则有 $E_i(z)=\dfrac{A_iz}{z-\mathrm{e}^{s_iT}}$。所以 $E(s)$ 对应的 $Z$ 变换为

$$E(z)=\sum_{i=1}^{n}\frac{A_iz}{z-\mathrm{e}^{s_iT}}$$

一般来说，$E_i(s)$ 的形式比较简单，易于求其 $Z$ 变换。因此用部分分式法求 $Z$ 变换的关键是将 $E(s)$ 正确表示成部分分式的形式。

**例 7-9**　已知连续函数的拉普拉斯变换为

$$E(s)=\frac{1}{s(s+1)}$$

求与 $E(s)$ 相应的 $Z$ 变换 $E(z)$。

**解**　将 $E(s)$ 展开成下面的部分分式

$$E(s)=\frac{1}{s(s+1)}=\frac{1}{s}-\frac{1}{s+1}$$

对上式逐项求拉普拉斯反变换

$$e(t)=\mathscr{L}^{-1}\left[\frac{1}{s}-\frac{1}{s+1}\right]=1-\mathrm{e}^{-t}\qquad t\geqslant 0$$

由于上式在 $t\geqslant 0$ 时成立，也可表示成

$$e(t)=(1-\mathrm{e}^{-t})1(t)$$

再利用例 7-5 和例 7-7 的结果，有

$$E(z)=\mathscr{Z}[1(t)-\mathrm{e}^{-t}1(t)]=\frac{z}{z-1}-\frac{z}{z-\mathrm{e}^{-T}}=\frac{z(1-\mathrm{e}^{-T})}{(z-1)(z-\mathrm{e}^{-T})}$$

需要强调的是，由 $E(s)$ 求 $E(z)$ 时，可以表示成 $E(z)=\mathscr{Z}[E(s)]$，但仍指的是 $E(s)$

的原函数 $e(t)$ 的采样函数 $e^*(t)$ 的 $Z$ 变换。不能直接将 $s=\frac{1}{T}\ln z$ 代入 $E(s)$ 求 $E(z)$，即

$$E(z) \neq E(s)\big|_{s=\frac{1}{T}\ln z}$$

$E(s)$ 的部分分式的各项 $E_i(s)$ 通常具有常见的典型形式，因此 $E_i(z)$ 也可以通过查表获得。表 7-2 列出了常用的时间函数及其拉普拉斯变换和 $Z$ 变换。从表中可以看出，常用函数的 $Z$ 变换都是 $z$ 的有理分式，且分母阶次大于等于分子阶次。

**表 7-2　常用时间函数及其拉普拉斯变换和 Z 变换**

| 序号 | $E(s)$ | $e(t)$ 或 $e(k)$ | $E(z)$ |
|---|---|---|---|
| 1 | $1$ | $\delta(t)$ | $1$ |
| 2 | $e^{-kTs}$ | $\delta(t-kT)$ | $z^{-k}$ |
| 3 | $\frac{1}{s}$ | $1(t)$ | $\frac{z}{z-1}$ |
| 4 | $\frac{1}{s^2}$ | $t$ | $\frac{Tz}{(z-1)^2}$ |
| 5 | $\frac{1}{s^3}$ | $\frac{1}{2}t^2$ | $\frac{T^2z(z+1)}{2(z-1)^3}$ |
| 6 | $\frac{1}{1-e^{-Ts}}$ | $\sum_{k=0}^{\infty}\delta(t-kT)$ | $\frac{z}{z-1}$ |
| 7 | $\frac{1}{s+a}$ | $e^{-at}$ | $\frac{z}{z-e^{-aT}}$ |
| 8 | $\frac{1}{(s+a)^2}$ | $te^{-at}$ | $\frac{Tze^{-aT}}{(z-e^{-aT})^2}$ |
| 9 | $\frac{a}{s(s+a)}$ | $1-e^{-at}$ | $\frac{(1-e^{-aT})z}{(z-1)(z-e^{-aT})}$ |
| 10 | $\frac{\omega}{s^2+\omega^2}$ | $\sin\omega t$ | $\frac{z\sin\omega T}{z^2-2z\cos\omega T+1}$ |
| 11 | $\frac{s}{s^2+\omega^2}$ | $\cos\omega t$ | $\frac{z(z-\cos\omega T)}{z^2-2z\cos\omega T+1}$ |
| 12 | $\frac{\omega}{(s+a)^2+\omega^2}$ | $e^{-at}\sin\omega t$ | $\frac{ze^{-aT}\sin\omega T}{z^2-2ze^{-aT}\cos\omega T+e^{-2aT}}$ |
| 13 | $\frac{s+a}{(s+a)^2+\omega^2}$ | $e^{-at}\cos\omega t$ | $\frac{z^2-ze^{-aT}\cos\omega T}{z^2-2ze^{-aT}\cos\omega T+e^{-2aT}}$ |
| 14 | | $a^k$ | $\frac{z}{z-a}$ |
| 15 | | $a^k\cos k\pi$ | $\frac{z}{z+a}$ |

**3. 留数法**

已知连续函数 $e(t)$ 的拉普拉斯变换 $E(s)$ 及其全部极点 $s_i(i=1,2,\cdots,l)$，则 $e(t)$ 对应

的 $Z$ 变换可通过下面的留数计算公式求得，即

$$E(z) = \sum_{i=1}^{l} \mathrm{Res}\left[E(s)\frac{z}{z-\mathrm{e}^{sT}}\right]_{s=s_i} \tag{7-35}$$

式中，$\mathrm{Res}\left[E(s)\dfrac{z}{z-\mathrm{e}^{sT}}\right]_{s=s_i}$ 表示 $E(s)\dfrac{z}{z-\mathrm{e}^{sT}}$ 在极点 $s_i$ 处的留数；$l$ 为彼此不相等的极点个数。

若 $s_i$ 为 $r_i$ 阶重极点，计算其留数的公式为

$$\mathrm{Res}\left[E(s)\frac{z}{z-\mathrm{e}^{sT}}\right]_{s=s_i} = \lim_{s\to s_i}\frac{1}{(r_i-1)!}\frac{\mathrm{d}^{r_i-1}}{\mathrm{d}s^{r_i-1}}\left[(s-s_i)^{r_i}E(s)\frac{z}{z-\mathrm{e}^{sT}}\right]$$

所以有

$$E(z) = \sum_{i=1}^{l}\left\{\lim_{s\to s_i}\frac{1}{(r_i-1)!}\frac{\mathrm{d}^{r_i-1}}{\mathrm{d}s^{r_i-1}}\left[(s-s_i)^{r_i}E(s)\frac{z}{z-\mathrm{e}^{sT}}\right]\right\} \tag{7-36}$$

**例 7-10**　已知 $e(t) = t \quad (t \geqslant 0)$，求 $Z$ 变换 $E(z)$。

**解**　$e(t)$ 的拉普拉斯变换为

$$E(s) = \frac{1}{s^2}$$

$E(s)$ 的极点 $s_1 = 0$ 为二重极点，所以 $l = 1$，$r_1 = 2$。由留数计算公式得到

$$E(z) = \lim_{s\to 0}\frac{1}{(2-1)!}\frac{\mathrm{d}}{\mathrm{d}s}\left[(s-0)^2\frac{1}{s^2}\frac{z}{z-\mathrm{e}^{sT}}\right] = \frac{Tz}{(z-1)^2}$$

### 7.3.3　Z 变换的基本定理

与拉普拉斯变换类似，在 $Z$ 变换中也有一些基本定理，可以使 $Z$ 变换的应用变得简单和方便。

**1. 线性定理**

设连续函数为 $e_1(t)$ 和 $e_2(t)$，且 $E_1(z) = \mathscr{Z}[e_1(t)]$，$E_2(z) = \mathscr{Z}[e_2(t)]$，$a_1$ 和 $a_2$ 为任意实数，则有

$$\mathscr{Z}[a_1e_1(t) \pm a_2e_2(t)] = a_1E_1(z) \pm a_2E_2(z) \tag{7-37}$$

**证明**　由 $Z$ 变换定义

$$\mathscr{Z}[a_1e_1(t) \pm a_2e_2(t)] = \sum_{k=0}^{\infty}[a_1e_1(kT) \pm a_2e_2(kT)]z^{-k}$$

$$= a_1\sum_{k=0}^{\infty}e_1(kT)z^{-k} \pm a_2\sum_{k=0}^{\infty}e_2(kT)z^{-k} = a_1E_1(z) \pm a_2E_2(z)$$

**例 7-11**　设 $e(t) = \sin\omega t \quad (t \geqslant 0)$，求 $Z$ 变换 $E(z)$。

**解**　$e(t) = \sin\omega t = \dfrac{1}{2\mathrm{j}}(\mathrm{e}^{\mathrm{j}\omega t} - \mathrm{e}^{-\mathrm{j}\omega t})$

由线性定理　$E(z) = \mathscr{Z}[\sin\omega t] = \dfrac{1}{2\mathrm{j}}\{\mathscr{Z}[\mathrm{e}^{\mathrm{j}\omega t}] - \mathscr{Z}[\mathrm{e}^{-\mathrm{j}\omega t}]\}$

利用例 7-7 的结果，有

$$E(z)=\frac{1}{2\mathrm{j}}\left(\frac{z}{z-\mathrm{e}^{\mathrm{j}\omega T}}-\frac{z}{z-\mathrm{e}^{-\mathrm{j}\omega T}}\right)=\frac{1}{2\mathrm{j}}\frac{z(\mathrm{e}^{\mathrm{j}\omega T}-\mathrm{e}^{-\mathrm{j}\omega T})}{z^2-z(\mathrm{e}^{\mathrm{j}\omega T}+\mathrm{e}^{-\mathrm{j}\omega T})+1}$$

$$=\frac{z\sin\omega T}{z^2-2z\cos\omega T+1}$$

**2. 实数位移定理**

设连续函数为 $e(t)$，且 $E(z)=\mathscr{Z}[e(t)]$，则有

$$\mathscr{Z}[e(t-nT)]=z^{-n}E(z) \tag{7-38}$$

和

$$\mathscr{Z}[e(t+nT)]=z^{n}\left[E(z)-\sum_{k=0}^{n-1}e(kT)z^{-k}\right] \tag{7-39}$$

式中，$n$ 为正整数。

**证明** 首先证明式（7-38），因为

$$\mathscr{Z}[e(t-nT)]=\sum_{k=0}^{\infty}e(kT-nT)z^{-k}=\sum_{k=0}^{\infty}z^{-n}e(kT-nT)z^{-k}z^{n}$$

$$=z^{-n}\sum_{k=0}^{\infty}e(kT-nT)z^{-(k-n)}=z^{-n}\sum_{j=-n}^{\infty}e(jT)z^{-j}$$

式中，$j=k-n$，当 $j<0$ 时，$e(jT)=0$，所以有

$$\mathscr{Z}[e(t-nT)]=z^{-n}\sum_{j=0}^{\infty}e(jT)z^{-j}=z^{-n}E(z)$$

再证明式（7-39），由于

$$\mathscr{Z}[e(t+nT)]=\sum_{k=0}^{\infty}e(kT+nT)z^{-k}=z^{n}\sum_{k=0}^{\infty}e[(k+n)T]z^{-(k+n)}$$

$$=z^{n}\sum_{j=n}^{\infty}e(jT)z^{-j}$$

式中，$j=k+n$。上式又可写成

$$\mathscr{Z}[e(t+nT)]=z^{n}\left[\sum_{j=0}^{\infty}e(jT)z^{-j}-\sum_{j=0}^{n-1}e(jT)z^{-j}\right]$$

$$=z^{n}\left[E(z)-\sum_{k=0}^{n-1}e(kT)z^{-k}\right]$$

在实数位移定理中，式（7-38）称为滞后定理，表示在时域内采样信号被延迟了 $n$ 个采样周期，在 $z$ 域内表现为它的 $Z$ 变换函数乘以 $z^{-n}$。而式（7-39）称为超前定理，表示将采样信号超前 $n$ 个采样周期。需要注意，只有当 $e(0)=e(T)=\cdots=e[(n-1)T]=0$ 时，式（7-39）才可以写成

$$\mathscr{Z}[e(t+nT)]=z^{n}E(z)$$

$Z$ 变换中的实数位移定理在求解离散系统的差分方程时经常使用。其作用相当于拉普拉斯变换中的微分定理和积分定理。

**例 7-12** 已知 $e(t)=\mathrm{e}^{-a(t-T)}$，试用实数位移定理求 $E(z)$。

**解** 在例 7-7 中已求得

$$\mathscr{Z}[\mathrm{e}^{-at}]=\frac{z}{z-\mathrm{e}^{-aT}}$$

由滞后定理，有

$$E(z)=\mathscr{Z}\left[e^{-a(t-T)}\right]=z^{-1}\frac{z}{z-e^{-aT}}=\frac{1}{z-e^{-aT}}$$

**3. 复数位移定理**

设连续函数为 $e(t)$，且 $E(z)=\mathscr{Z}[e(t)]$，则有

$$\mathscr{Z}\left[e(t)e^{\mp at}\right]=E(ze^{\pm aT}) \tag{7-40}$$

式中，$a$ 为常数。

**证明**　根据 $Z$ 变换定义

$$\mathscr{Z}\left[e(t)e^{\mp at}\right]=\sum_{k=0}^{\infty}e(kT)e^{\mp akT}z^{-k}$$

令 $z_1=ze^{\pm aT}$，则有

$$\mathscr{Z}\left[e(t)e^{\mp at}\right]=\sum_{k=0}^{\infty}e(kT)(ze^{\pm aT})^{-k}=\sum_{k=0}^{\infty}e(kT)z_1^{-k}=E(z_1)=E(ze^{\pm aT})$$

复数位移定理表示，采样序列 $e(kT)$ 乘以指数序列 $e^{\mp akT}$的 $Z$ 变换，等于 $e(kT)$ 的 $Z$ 变换表达式 $E(z)$ 中，以 $ze^{\pm aT}$代替原算子 $z$。

**例 7-13**　已知 $e(t)=e^{-at}\sin\omega t$，试用复数位移定理求 $E(z)$。

**解**　在例 7-11 中已求得

$$\mathscr{Z}[\sin\omega t]=\frac{z\sin\omega T}{z^2-2z\cos\omega T+1}$$

根据式（7-40），有

$$\mathscr{Z}\left[e^{-at}\sin\omega t\right]=\frac{(ze^{aT})\sin\omega T}{(ze^{aT})^2-2ze^{aT}\cos\omega T+1}=\frac{ze^{-aT}\sin\omega T}{z^2-2ze^{-aT}\cos\omega T+e^{-2aT}}$$

**4. $z$ 域微分定理**

设连续函数为 $e(t)$，且 $E(z)=\mathscr{Z}[e(t)]$，则有

$$\mathscr{Z}[te(t)]=-Tz\frac{d}{dz}[E(z)] \tag{7-41}$$

**证明**　因为

$$E(z)=\sum_{k=0}^{\infty}e(kT)z^{-k}$$

将上式两边对 $z$ 求导数，得

$$\frac{d}{dz}E(z)=\frac{d}{dz}\sum_{k=0}^{\infty}e(kT)z^{-k}$$

交换求导数与求和运算的次序

$$\begin{aligned}\frac{d}{dz}E(z)&=\sum_{k=0}^{\infty}e(kT)\frac{d}{dz}z^{-k}=\sum_{k=0}^{\infty}e(kT)(-k)z^{-k-1}\\&=\frac{-z^{-1}}{T}\sum_{k=0}^{\infty}[kTe(kT)]z^{-k}=-\frac{z^{-1}}{T}Z[te(t)]\end{aligned}$$

所以

$$Z[te(t)]=-Tz\frac{d}{dz}[E(z)]$$

同理可得

$$\mathscr{Z}[t^2e(t)] = -Tz\frac{\mathrm{d}}{\mathrm{d}z}\left[-Tz\frac{\mathrm{d}}{\mathrm{d}z}E(z)\right]$$

$$\mathscr{Z}[t^3e(t)] = -Tz\frac{\mathrm{d}}{\mathrm{d}z}\left\{-Tz\frac{\mathrm{d}}{\mathrm{d}z}\left[-Tz\frac{\mathrm{d}}{\mathrm{d}z}E(z)\right]\right\}$$

**例 7-14** 试用 $z$ 域微分定理求单位斜坡函数 $t(t \geqslant 0)$ 的 $Z$ 变换。

**解** 已知单位阶跃函数的 $Z$ 变换为

$$\mathscr{Z}[1(t)] = \frac{z}{z-1}$$

利用 $z$ 域微分定理，有

$$\mathscr{Z}[t1(t)] = -Tz\frac{\mathrm{d}}{\mathrm{d}z}\left[\frac{z}{z-1}\right] = -Tz\frac{-1}{(z-1)^2} = \frac{Tz}{(z-1)^2}$$

**5. $z$ 域尺度定理**

设连续函数为 $e(t)$，且 $E(z) = \mathscr{Z}[e(t)]$，则有

$$\mathscr{Z}[a^k e(t)] = E\left(\frac{z}{a}\right) \tag{7-42}$$

式中，$a$ 为常数。

**证明** 由 $Z$ 变换的定义

$$\mathscr{Z}[a^k e(t)] = \sum_{k=0}^{\infty} a^k e(kT)z^{-k} = \sum_{k=0}^{\infty} e(kT)\left(\frac{z}{a}\right)^{-k} = E\left(\frac{z}{a}\right)$$

$z$ 域尺度定理表示采样序列 $e(kT)$ 乘以 $a^k$ 的 $Z$ 变换，等于 $e(kT)$ 的 $Z$ 变换表达式 $E(z)$ 中，以 $z/a$ 代替原算子 $z$。

**例 7-15** 试求 $\beta^k\cos\omega t$ 的 $Z$ 变换。

**解** 由表 7-2，有

$$\mathscr{Z}[\cos\omega t] = \frac{z(z-\cos\omega T)}{z^2 - 2z\cos\omega T + 1}$$

应用式（7-42）

$$\mathscr{Z}[\beta^k\cos\omega t] = \frac{\frac{z}{\beta}\left[\frac{z}{\beta} - \cos\omega T\right]}{\left(\frac{z}{\beta}\right)^2 - 2\frac{z}{\beta}\cos\omega T + 1} = \frac{1-\beta z^{-1}\cos\omega T}{1 - 2\beta z^{-1}\cos\omega T + \beta^2 z^{-2}}$$

**6. 初值定理**

若连续函数 $e(t)$ 的 $Z$ 变换为 $E(z)$，并且 $\lim\limits_{z\to\infty}E(z)$ 存在，则有

$$e(0) = \lim_{z\to\infty}E(z) \tag{7-43}$$

**证明** 因为 $E(z) = \sum\limits_{k=0}^{\infty} e(kT)z^{-k} = e(0) + e(T)z^{-1} + e(2T)z^{-2} + \cdots$

所以 $\lim\limits_{z\to\infty}E(z) = \lim\limits_{z\to\infty}[e(0) + e(T)z^{-1} + e(2T)z^{-2} + \cdots] = e(0)$

**7. 终值定理**

若连续函数 $e(t)$ 的 $Z$ 变换为 $E(z)$，且 $E(z)$ 在 $z$ 平面的单位圆上没有二重以上极点，

在单位圆外解析，即极限 $\lim_{k\to\infty} e(kT)$ 存在，则

$$e(\infty) = \lim_{k\to\infty} e(kT) = \lim_{z\to 1}(z-1)E(z) \tag{7-44}$$

**证明**　应用实数位移定理中的超前定理

$$\mathscr{Z}[e(t+T)-e(t)] = zE(z) - ze(0) - E(z) = (z-1)E(z) - ze(0)$$

即

$$\begin{aligned}(z-1)E(z) &= ze(0) + \mathscr{Z}[e(t+T)-e(t)] \\ &= ze(0) + \sum_{k=0}^{\infty}[e((k+1)T) - e(kT)]z^{-k}\end{aligned}$$

两边取 $z\to 1$ 时的极限

$$\begin{aligned}\lim_{z\to 1}(z-1)E(z) &= \lim_{z\to 1}\left\{ze(0) + \sum_{k=0}^{\infty}[e((k+1)T) - e(kT)]z^{-k}\right\} \\ &= e(0) + [e(T) - e(0)] + [e(2T) - e(T)] + [e(3T) - e(2T)] + \cdots \\ &= e(\infty)\end{aligned}$$

所以

$$e(\infty) = \lim_{k\to\infty} e(kT) = \lim_{z\to 1}(z-1)E(z)$$

以上两个定理的应用，类似于拉普拉斯变换中的初值定理和终值定理。如果已知 $e(t)$ 的 $Z$ 变换 $E(z)$，在不求反变换的情况下，可以方便地求出 $e(kT)$ 的初值和终值。

**8. 卷积定理**

设 $e_1(kT)$ 和 $e_2(kT)$ 为两个采样序列，当 $k<0$ 时，$e_1(kT) = e_2(kT) = 0$。其离散卷积定义为

$$e_1(kT)e_2(kT) = \sum_{n=0}^{\infty} e_1(nT)e_2[(k-n)T] \tag{7-45}$$

则有卷积定理

$$\mathscr{Z}[e_1(kT)e_2(kT)] = \mathscr{Z}[e_1(kT)]\mathscr{Z}[e_2(kT)] = E_1(z)E_2(z) \tag{7-46}$$

**证明**　由式 (7-45)

$$\begin{aligned}\mathscr{Z}[e_1(kT)e_2(kT)] &= \mathscr{Z}\left\{\sum_{n=0}^{\infty} e_1(nT)e_2[(k-n)T]\right\} = \sum_{k=0}^{\infty}\sum_{n=0}^{\infty} e_1(nT)e_2[(k-n)T]z^{-k} \\ &= \sum_{n=0}^{\infty} e_1(nT)\sum_{k=0}^{\infty} e_2[(k-n)T]z^{-k}\end{aligned}$$

令 $k-n=m$，则 $k=n+m$，上式可以写成

$$\begin{aligned}\mathscr{Z}[e_1(kT)e_2(kT)] &= \sum_{n=0}^{\infty} e_1(nT)\sum_{k=0}^{\infty} e_2[(k-n)T]z^{-k} = \sum_{n=0}^{\infty} e_1(nT)z^{-n}\sum_{m=0}^{\infty} e_2(mT)z^{-m} \\ &= Z[e_1(kT)]Z[e_2(kT)] = E_1(z)E_2(z)\end{aligned}$$

卷积定理说明，两个采样函数卷积的 $Z$ 变换，就等于这两个采样函数的 $Z$ 变换的乘积。在离散系统分析中，卷积定理是沟通时域和 $z$ 域的桥梁。

## 7.3.4　Z 反变换的计算

$Z$ 反变换是 $Z$ 变换的逆运算。通过 $Z$ 反变换，可由 $z$ 域函数 $E(z)$，求出时域函数 $e^*(t)$。$Z$ 反变换记作

$$e^*(t) = \mathscr{Z}^{-1}[E(z)] \tag{7-47}$$

$Z$ 反变换只能给出采样序列 $e(kT)$ 或采样函数 $e^*(t)$，而不能提供连续函数 $e(t)$。也就是说，通过 $Z$ 反变换得到的仅是连续函数在各采样时刻上的值。下面介绍与 $Z$ 变换的计算方法对应的三种常用的 $Z$ 反变换计算方法。

**1. 幂级数法**（长除法）

一般 $E(z)$ 是 $z$ 的有理函数，通常可以表示为按 $z^{-1}$ 升幂排列的两个多项式之比

$$E(z) = \frac{b_m + b_{m-1}z^{-1} + b_{m-2}z^{-2} + \cdots + b_0 z^{-m}}{1 + a_{n-1}z^{-1} + a_{n-2}z^{-2} + \cdots + a_0 z^{-n}} \quad (n \geqslant m) \tag{7-48}$$

其中，$a_i(i = 0,1,\cdots,n-1)$ 和 $b_i(i = 0,1,\cdots,m)$ 均为常数。对式（7-48）用分子多项式除以分母多项式，得到按 $z^{-1}$ 的升幂排列的幂级数展开式

$$E(z) = c_0 + c_1 z^{-1} + c_2 z^{-2} + \cdots + c_k z^{-k} + \cdots = \sum_{k=0}^{\infty} c_k z^{-k} \tag{7-49}$$

将式（7-49）与 $Z$ 变换的定义式（7-34）比较，可得

$$c_k = e(kT) \qquad k = 0,1,2,\cdots$$

由式（7-49）可以直接写出

$$e^*(t) = \sum_{k=0}^{\infty} c_k \delta(t - kT) \tag{7-50}$$

此方法在实际中应用较为简便，通常计算有限几项就够了。但是，要得到 $e(kT)$ 的一般表达式比较困难。

**例 7-16** 已知 $E(z) = \dfrac{10z}{(z-1)(z-2)}$，试求其 $Z$ 反变换。

**解** 因为 $$E(z) = \frac{10z}{(z-1)(z-2)} = \frac{10z}{z^2 - 3z + 2} = \frac{10z^{-1}}{1 - 3z^{-1} + 2z^{-2}}$$

应用长除法得

$$E(z) = 10z^{-1} + 30z^{-2} + 70z^{-3} + \cdots$$

可得 $$e(0) = 0, e(T) = 10, e(2T) = 30, e(3T) = 70, \cdots$$

所以

$$e^*(t) = 10\delta(t-T) + 30\delta(t-2T) + 70\delta(t-3T) + \cdots$$

**2. 部分分式法**

部分分式法又称查表法，具体方法与拉普拉斯反变换的部分分式法类似。在进行部分分式展开时，与拉普拉斯变换稍有不同，由 $Z$ 变换表 7-2 看出，所有的 $E(z)$ 在其分子上都有因子 $z$，因此应将 $E(z)/z$ 展开成部分分式

$$\frac{E(z)}{z} = \sum_{i=1}^{n} \frac{A_i}{z - z_i} \tag{7-51}$$

式（7-51）两边乘以 $z$，得到 $E(z)$ 的部分分式展开式的希望形式

$$E(z) = \sum_{i=1}^{n} \frac{A_i z}{z - z_i} = \sum_{i=1}^{n} E_i(z)$$

对每一个分式 $E_i(z)$ 查表得到 $e_i(t)$，则 $e(kT) = \sum\limits_{i=1}^{n} e_i(kT)$，$E(z)$ 的 $Z$ 反变换为

$$e^*(t) = \sum_{k=0}^{\infty} e(kT)\delta(t-kT) = \sum_{k=0}^{\infty}\sum_{i=1}^{n} e_i(kT)\delta(t-kT) \tag{7-52}$$

**例 7-17**　已知 $Z$ 变换函数

$$E(z) = \frac{10z}{(z-1)(z-2)}$$

试求其 $Z$ 反变换。

**解**　首先将 $E(z)/z$ 展开成部分分式

$$\frac{E(z)}{z} = \frac{10}{(z-1)(z-2)} = \frac{-10}{z-1} + \frac{10}{z-2}$$

等式两边乘以 $z$，得到

$$E(z) = -10 \times \frac{z}{z-1} + 10 \times \frac{z}{z-2} = E_1(z) + E_2(z)$$

查表 7-2 得

$$e_1(kT) = -10,\ e_2(kT) = 10 \times 2^k$$

$$e(kT) = 10 \times (2^k - 1) \qquad k = 0,1,2,\cdots$$

故

$$e^*(t) = \sum_{k=0}^{\infty} 10 \times (2^k - 1)\delta(t-kT)$$

变换结果与例 7-16 相同，但是采用部分分式法可以得到 $e(kT)$ 的一般表达式。

**3. 留数法**

在实际问题中遇到的 $Z$ 变换函数 $E(z)$ 并不都是有理分式，也可能是超越函数，这时幂级数法和部分分式法就无法使用，只能采用留数法计算。应用留数法求 $E(z)$ 的 $Z$ 反变换，首先求 $e(kT)$，即

$$e(kT) = \sum_{i=1}^{l} \mathrm{Res}[E(z)z^{k-1}]_{z=z_i} \qquad k = 0,1,2,\cdots \tag{7-53}$$

式中，$z_i(i=1,2,\cdots,l)$ 为 $E(z)$ 彼此不相等的极点。$\mathrm{Res}[E(z)z^{k-1}]_{z=z_i}$ 表示 $E(z)z^{k-1}$ 在极点 $z_i$ 处的留数。若 $z_i$ 为 $r_i$ 阶重极点，计算其留数的公式为

$$\mathrm{Res}[E(z)z^{k-1}]_{z=z_i} = \lim_{z\to z_i}\frac{1}{(r_i-1)!}\frac{\mathrm{d}^{r_i-1}}{\mathrm{d}z^{r_i-1}}[(z-z_i)^{r_i}E(z)z^{k-1}] \tag{7-54}$$

$$e(kT) = \sum_{i=1}^{l}\left\{\lim_{z\to z_i}\frac{1}{(r_i-1)!}\frac{\mathrm{d}^{r_i-1}}{\mathrm{d}z^{r_i-1}}[(z-z_i)^{r_i}E(z)z^{k-1}]\right\} \qquad k = 0,1,2,\cdots \tag{7-55}$$

然后由求得的 $e(kT)$ 写出 $e^*(t)$，即

$$e^*(t) = \sum_{k=1}^{\infty}\sum_{i=1}^{l}\left\{\lim_{z\to z_i}\frac{1}{(r_i-1)!}\frac{\mathrm{d}^{r_i-1}}{\mathrm{d}z^{r_i-1}}[(z-z_i)^{r_i}E(z)z^{k-1}]\right\}\delta(t-kT) \tag{7-56}$$

**例 7-18**　已知 $E(z) = \dfrac{z}{(z-1)^2(z-2)}$，试用留数法求 $e^*(t)$。

**解**　$E(z)z^{k-1} = \dfrac{z^k}{(z-1)^2(z-2)}$

$E(z)z^{k-1}$ 有两个极点：$z_1=1$ 为二重极点，$r_1=2$；$z_2=2$ 为单极点。应用留数法有

$$e(kT) = \lim_{z\to1}\frac{1}{(2-1)!}\frac{\mathrm{d}}{\mathrm{d}z}\left[(z-1)^2\frac{z^k}{(z-1)^2(z-2)}\right] + \lim_{z\to2}\left[(z-2)\frac{z^k}{(z-1)^2(z-2)}\right]$$

$$= \lim_{z\to1}\left[\frac{kz^{k-1}}{z-2} - \frac{z^k}{(z-2)^2}\right] + \lim_{z\to2}\frac{z^k}{(z-1)^2} = -k-1+2^k$$

$$e^*(t) = \sum_{k=0}^{\infty}(2^k-k-1)\delta(t-kT)$$

**例 7-19** 已知 $E(z) = \dfrac{az}{\sin mz}$，试用留数法求 $e^*(t)$。

**解** 将 $E(z)$ 乘以 $z^{k-1}$，有

$$E(z)z^{k-1} = \frac{az^k}{\sin mz}$$

$E(z)z^{k-1}$ 有无穷多个极点：$z_i = \dfrac{i\pi}{m}$ $(i = 0,1,2,\cdots)$。应用留数法有

$$e(kT) = \sum_{i=0}^{\infty}\mathrm{Res}\left[\frac{az^k}{\sin mz}\right]_{z=z_i} = \sum_{i=0}^{\infty}\lim_{z\to\frac{i\pi}{m}}\left[\left(z-\frac{i\pi}{m}\right)\frac{az^k}{\sin mz}\right]$$

$$= \sum_{i=0}^{\infty}\lim_{z\to\frac{i\pi}{m}}\left[\frac{az^k}{m\cos mz}\right] = \sum_{i=0}^{\infty}(-1)^i\frac{a}{m}\left(\frac{i\pi}{m}\right)^k \qquad k = 0,1,2,\cdots$$

$$e^*(t) = \sum_{k=0}^{\infty}\left[\sum_{i=0}^{\infty}(-1)^i\frac{a}{m}\left(\frac{i\pi}{m}\right)^k\right]\delta(t-kT)$$

## 7.4 离散系统的数学模型

为了便于对离散系统进行分析和校正，首先需要建立离散系统的数学模型。线性离散系统的数学模型有差分方程和脉冲传递函数。本节介绍差分方程及其求解方法。脉冲传递函数的概念以及由离散系统结构图求脉冲传递函数的方法。

### 7.4.1 线性常系数差分方程及其求解

**1. 差分的定义**

连续函数 $e(t)$ 的采样序列为 $e(kT)$，通常为方便起见，记为

$$e(kT) \triangleq e(k)$$

差分是指两个采样信息之间的差值，又可分为前向差分和后向差分两种，分别定义如下：一阶前向差分为

$$\Delta e(k) = e(k+1) - e(k) \tag{7-57}$$

二阶前向差分为

$$\Delta^2 e(k) = \Delta[\Delta e(k)] = \Delta[e(k+1) - e(k)] = \Delta e(k+1) - \Delta e(k)$$
$$= [e(k+2) - e(k+1)] - [e(k+1) - e(k)]$$
$$= e(k+2) - 2e(k+1) + e(k) \tag{7-58}$$

……

$n$ 阶前向差分为

$$\Delta^n e(k) = \Delta^{n-1} e(k+1) - \Delta^{n-1} e(k) \tag{7-59}$$

同理，一阶后向差分为

$$\nabla e(k) = e(k) - e(k-1) \tag{7-60}$$

二阶后向差分为

$$\begin{aligned} \nabla^2 e(k) &= \nabla e(k) - \nabla e(k-1) = e(k) - e(k-1) - [e(k-1) - e(k-2)] \\ &= e(k) - 2e(k-1) + e(k-2) \end{aligned} \tag{7-61}$$

……

$n$ 阶后向差分为

$$\nabla^n e(k) = \nabla^{n-1} e(k) - \nabla^{n-1} e(k-1) \tag{7-62}$$

**2. 线性常系数差分方程的一般形式**

线性常系数差分方程是描述线性定常离散系统输入输出关系的时域动态方程。差分方程分为后向差分方程和前向差分方程。

$n$ 阶前向差分方程的一般形式为

$$\begin{aligned} & c(k+n) + a_{n-1} c(k+n-1) + \cdots + a_1 c(k+1) + a_0 c(k) \\ &= b_m r(k+m) + b_{m-1} r(k+m-1) + \cdots + b_1 r(k+1) + b_0 r(k) \end{aligned} \tag{7-63}$$

式（7-63）也可以表示成

$$c(k+n) = -\sum_{i=1}^{n} a_{n-i} c(k+n-i) + \sum_{j=0}^{m} b_{m-j} r(k+m-j)$$

式中，$a_0$，…，$a_{n-1}$，$b_0$，…，$b_m$ 为常系数，且有 $n \geqslant m$；$r(k)$ 为输入信号；$c(k)$ 为输出信号。

$n$ 阶后向差分方程的一般形式为

$$\begin{aligned} & c(k) + a_{n-1} c(k-1) + \cdots + a_1 c(k-n+1) + a_0 c(k-n) \\ &= b_m r(k) + b_{m-1} r(k-1) + \cdots + b_1 r(k-m+1) + b_0 r(k-m) \end{aligned} \tag{7-64}$$

式（7-64）也可以表示成

$$c(k) = -\sum_{i=1}^{n} a_{n-i} c(k-i) + \sum_{j=0}^{m} b_{m-j} r(k-j)$$

由式（7-64）可见，$n$ 阶线性定常离散系统的输出 $c(k)$，不仅与 $k$ 时刻的输入 $r(k)$ 有关，而且与 $k$ 时刻以前的输入 $r(k-j)\quad(j=1,\cdots,m)$ 和输出 $c(k-i)\quad(i=1,\cdots,n)$ 有关。需要指出的是，差分方程的阶次是输出量差分的最大阶次减去最小阶次。式（7-63）的阶次为 $(k+n)-k=n$。式（7-64）阶次为 $k-(k-n)=n$。

**3. 差分方程的建立方法**

实际的离散控制系统中，被控对象是连续的物理系统，而数字控制器输出的信号是离散的。系统中的连续部分一般由微分方程或传递函数来描述，为了分析方便，需要通过离散化方法建立系统的差分方程。由连续系统的微分方程求差分方程时，若采样周期足够小，就可以用差分近似表示微分来实现离散化。

用前向差分近似表示微分的形式为

$$\frac{\mathrm{d}e(t)}{\mathrm{d}t} \approx \frac{e(k+1) - e(k)}{T} \tag{7-65}$$

用后向差分近似表示微分的形式为

$$\frac{\mathrm{d}e(t)}{\mathrm{d}t} \approx \frac{e(k) - e(k-1)}{T} \tag{7-66}$$

已知连续系统的微分方程，只要使用式（7-65）或式（7-66），将输入输出变量的各阶导数近似用差分表示并代入微分方程，即得到差分方程表示的输入输出关系式。采样周期越小，离散化造成的误差也就越小。

**例 7-20** 已知系统的微分方程为 $\frac{\mathrm{d}^2c(t)}{\mathrm{d}t^2} + 2\frac{\mathrm{d}c(t)}{\mathrm{d}t} + c(t) = 0$，求离散后的前向差分方程。

**解** $$\frac{\mathrm{d}e^2(t)}{\mathrm{d}t^2} \approx \frac{\Delta^2 e(k)}{T^2} = \frac{e(k+2) - 2e(k+1) + e(k)}{T^2}$$

$$\frac{\mathrm{d}e(t)}{\mathrm{d}t} \approx \frac{e(k+1) - e(k)}{T}$$

代入微分方程，有

$$\frac{e(k+2) - 2e(k+1) + e(k)}{T^2} + 2\frac{e(k+1) - e(k)}{T} + e(k) = 0$$

整理后得

$$e(k+2) + 2(T-1)e(k+1) + (T^2 - 2T + 1)e(k) = 0$$

**4. 差分方程的求解方法**

已知线性常系数差分方程，求解差分方程常用的方法有迭代法和 $Z$ 变换法。

（1）迭代法　已知差分方程的输入采样序列及输出采样序列的初值，利用差分方程的递推关系，就可以逐步求出输出采样序列。迭代法尤其适合于利用计算机求解。

**例 7-21** 已知离散系统的差分方程为 $c(k) - 5c(k-1) + 6c(k-2) = r(k)$，且输入序列 $r(k) = 1$，初始条件 $c(0) = 0, c(1) = 1$。试用迭代法求输出序列 $c(k)$，$k = 0, 1, 2, \cdots$。

**解** 差分方程的递推关系为

$$c(k) = r(k) + 5c(k-1) - 6c(k-2)$$

由初始条件 $c(0) = 0$

$c(1) = 1$

递推得到 $c(2) = r(2) + 5c(1) - 6c(0) = 1 + 5 - 0 = 6$

$c(3) = r(3) + 5c(2) - 6c(1) = 1 + 30 - 6 = 25$

$c(4) = r(4) + 5c(3) - 6c(2) = 1 + 125 - 36 = 90$

……

（2）$Z$ 变换法　用 $Z$ 变换法求解差分方程是通过 $Z$ 变换将时域中的差分方程转化为 $z$ 域中的代数方程，求出代数方程的解，再经 $Z$ 反变换获得方程的时域解。

**例 7-22** 离散系统的差分方程为

$$c(k+2) - 2c(k+1) + c(k) = r(k)$$

已知输入序列 $r(k) = 2^k$，初始条件 $c(0) = 0, c(1) = 0$，求输出序列 $c(k)$。

**解** 对前向差分方程两边进行 $Z$ 变换，得到

$$z^2[C(z)-c(0)-z^{-1}c(1)]-2z[C(z)-c(0)]+C(z)=R(z)$$

由于 $r(k)=2^k$，查表 7-2 得　　$R(z)=\dfrac{z}{z-2}$

代入初始条件 $c(0)=0, c(1)=0$，得到

$$z^2C(z)-2zC(z)+C(z)=\frac{z}{z-2}$$

从上式求出

$$C(z)=\frac{1}{z^2-2z+1}\frac{z}{z-2}=\frac{z}{(z-1)^2(z-2)}$$

为了便于对 $C(z)$ 进行 $Z$ 反变换，将 $C(z)/z$ 展开部分分式

$$\frac{C(z)}{z}=\frac{-1}{(z-1)^2}+\frac{-1}{z-1}+\frac{1}{z-2}$$

即

$$C(z)=\frac{-z}{(z-1)^2}+\frac{-z}{z-1}+\frac{z}{z-2}$$

查表 7-2 得

$$c(k)=-k-1+2^k \qquad (k=0,1,2,\cdots)$$

故

$$c^*(t)=\sum_{k=0}^{\infty}(2^k-k-1)\delta(t-kT)$$

### 7.4.2　脉冲传递函数

在连续系统中，经拉普拉斯变换在 $s$ 域建立的传递函数，是经典控制理论中研究连续系统控制性能的重要数学模型。对于离散系统来说，研究的思路与连续系统完全类似，可以在 $z$ 域中，通过建立脉冲传递函数来研究离散系统的控制性能。

**1. 脉冲传递函数的定义**

线性定常离散系统的脉冲传递函数定义为：零初始条件下系统输出采样信号的 $Z$ 变换与输入采样信号的 $Z$ 变换之比。

设开环离散系统如图 7-20 所示。系统输入信号为 $r(t)$，经采样后 $r^*(t)$ 的 $Z$ 变换为 $R(z)$，连续部分输出为 $c(t)$，采样后 $c^*(t)$ 的 $Z$ 变换为 $C(z)$，则脉冲传递函数 $G(z)$ 为

$$G(z)=\frac{\mathscr{Z}[c^*(t)]}{\mathscr{Z}[r^*(t)]}=\frac{C(z)}{R(z)} \tag{7-67}$$

也可记为

$$G(z)=\mathscr{Z}[G(s)]$$

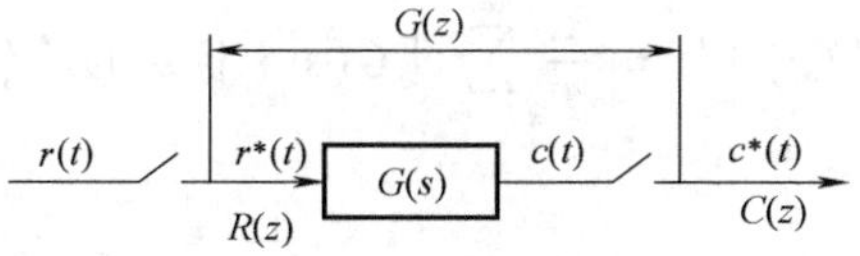


图　7-20

如果已知系统的脉冲传递函数 $G(z)$ 及输入采样信号的 $Z$ 变换 $R(z)$，那么在初始条件为零时的输出采样信号为

$$c^*(t) = \mathscr{Z}^{-1}[C(z)] = \mathscr{Z}^{-1}[G(z)R(z)] \tag{7-68}$$

可见，求解 $c^*(t)$ 的关键就在于如何求出系统的脉冲传递函数 $G(z)$。但是对于大多数实际系统来说，其输出往往是连续信号 $c(t)$ 而不是采样信号 $c^*(t)$，也就是说连续对象 $G(s)$ 后面的采样开关一般不存在。由于直接求解系统的实际输出 $c(t)$ 比较困难，在这种情况下，可以在系统输出端虚设一个采样开关，如图 7-21 中虚线所示，它与输入端采样开关一样，以周期 $T$ 同步工作。如果 $c(t)$ 比较平滑，且采样周期比较小，那么就可以用式（7-68）求出 $c^*(t)$ 来近似描述实际输出 $c(t)$。所以，用脉冲传递函数求系统的输出比较方便，但只能求得实际输出信号在采样时刻的值，而无法获得实际输出信号在采样间隔的值。

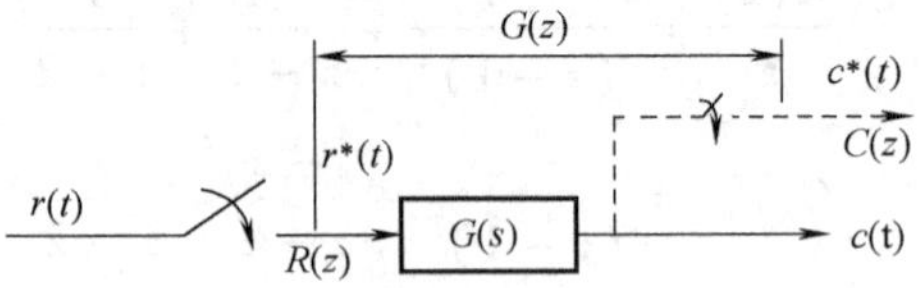


图 7-21

**2. 采样函数拉普拉斯变换的两个重要性质**

**性质 1** 采样函数的拉普拉斯变换具有周期性，即

$$G^*(s) = G^*(s + \mathrm{j}n\omega_s) \tag{7-69}$$

式中，$\omega_s$ 为采样角频率。

**证明** 由式（7-11）有

$$G^*(s) = \frac{1}{T}\sum_{k=-\infty}^{\infty} G(s + \mathrm{j}k\omega_s)$$

所以

$$G^*(s + \mathrm{j}n\omega_s) = \frac{1}{T}\sum_{k=-\infty}^{\infty} G(s + \mathrm{j}k\omega_s + \mathrm{j}n\omega_s)$$

令 $l = k + n$，得

$$G^*(s + \mathrm{j}n\omega_s) = \frac{1}{T}\sum_{l=-\infty}^{\infty} G(s + \mathrm{j}l\omega_s) = G^*(s)$$

**性质 2** 采样函数的拉普拉斯变换 $E^*(s)$ 与连续函数的拉普拉斯变换 $G(s)$ 相乘后再离散化，有下式成立：

$$[G(s)E^*(s)]^* = G^*(s)E^*(s) \tag{7-70}$$

即 $E^*(s)$ 可以直接从离散符号中提出。

**证明** 由式（7-11）有

$$[G(s)E^*(s)]^* = \frac{1}{T}\sum_{k=-\infty}^{\infty}[G(s + \mathrm{j}k\omega_s)E^*(s + \mathrm{j}k\omega_s)]$$

由式（7-69）推得

$$\begin{aligned}[G(s)E^*(s)]^* &= \frac{1}{T}\sum_{k=-\infty}^{\infty}[G(s + \mathrm{j}k\omega_s)E^*(s)] = \frac{1}{T}\sum_{k=-\infty}^{\infty}[G(s + \mathrm{j}k\omega_s)]E^*(s) \\ &= G^*(s)E^*(s)\end{aligned}$$

**3. 关于脉冲传递函数的几点讨论**

(1) $G^*(s)$ 和 $G(z)$ 之间的关系　由图 7-21，可以得到系统实际输出信号的拉普拉斯变换为

$$C(s) = G(s)R^*(s)$$

由性质 2，有
$$C^*(s) = [G(s)R^*(s)]^* = G^*(s)R^*(s)$$

$$G^*(s) = \frac{C^*(s)}{R^*(s)}$$

作变量代换
$$G^*(s)\big|_{s=\frac{1}{T}\ln z} = \left.\frac{C^*(s)}{R^*(s)}\right|_{s=\frac{1}{T}\ln z} = \frac{C(z)}{R(z)} = G(z)$$

可见
$$G(z) = G^*(s)\big|_{s=\frac{1}{T}\ln z} \tag{7-71}$$

(2) $G(z)$ 与单位脉冲响应 $k(t)$ 之间的关系　对于图 7-21 所示系统，当输入信号为单位脉冲函数 $r(t) = \delta(t)$ 时，有 $r^*(t) = \delta(t)$，$R^*(s) = 1$。其单位脉冲响应 $k(t)$ 的拉普拉斯变换 $K(s)$ 为

$$K(s) = G(s)R^*(s) = G(s)$$

离散化后，有

$$K^*(s) = G^*(s)$$

即
$$G^*(s) = \mathscr{L}[k^*(t)] = \sum_{k=0}^{\infty} k(kT)\mathrm{e}^{-ksT}$$

通过变量代换，可得

$$G(z) = G^*(s)\big|_{s=\frac{1}{T}\ln z} = \sum_{k=0}^{\infty} k(kT)\mathrm{e}^{-k} = \mathscr{Z}[k^*(t)] \tag{7-72}$$

或者
$$k^*(t) = \mathscr{Z}^{-1}[G(z)]$$

式 (7-72) 给出的结论与连续系统中传递函数与单位脉冲响应之间的关系类似。

(3) $G(z)$ 与系统差分方程之间的关系　设离散系统的差分方程为

$$c(k) + \sum_{i=1}^{n} a_i c(k-i) = \sum_{i=0}^{m} b_i r(k-i)$$

经 $Z$ 变换得

$$C(z) + \sum_{i=1}^{n} a_i z^{-i} C(z) = \sum_{i=0}^{m} b_i z^{-i} R(z)$$

即
$$\left(1 + \sum_{i=1}^{n} a_i z^{-i}\right) C(z) = \sum_{i=0}^{m} b_i z^{-i} R(z)$$

则脉冲传递函数为

$$G(z) = \frac{C(z)}{R(z)} = \frac{\sum_{i=0}^{m} b_i z^{-i}}{1 + \sum_{i=1}^{n} a_i z^{-i}} \tag{7-73}$$

从上面的关系可知，如果已知系统的脉冲传递函数，则很容易得到其差分方程。

**4. 求脉冲传递函数的方法**

基于以上所述，总结求离散系统脉冲传递函数的方法如下：

1）已知连续系统的单位脉冲响应 $k(t)$，利用 $G(z)=\sum_{k=0}^{\infty}k(kT)z^{-k}$ 求出 $G(z)$。

2）已知连续系统的传递函数 $G(s)$，化成部分分式并查表求出 $G(z)=\mathscr{Z}[G(s)]$。

3）已知系统的差分方程，在初始条件为零的情况下进行 $Z$ 变换求 $G(z)$。

**例 7-23** 系统结构如图 7-21 所示，其中连续部分传递函数为 $G(s)=\dfrac{10}{s(s+10)}$，试求该开环系统的脉冲传递函数 $G(z)$。

**解** 将 $G(s)$ 用部分分式表示为

$$G(s)=\frac{10}{s(s+10)}=\frac{1}{s}-\frac{1}{s+10}$$

$$k(t)=\mathscr{L}^{-1}[G(s)]=\mathscr{L}^{-1}\left[\frac{1}{s}-\frac{1}{s+10}\right]=1-e^{-10t}\qquad t\geqslant 0$$

所以离散序列 $\qquad k(kT)=1-e^{-10kT}\quad k\geqslant 0$

$$G(z)=\sum_{k=0}^{\infty}1\times z^{-k}-\sum_{k=0}^{\infty}e^{-10kT}z^{-k}=\frac{z}{z-1}-\frac{z}{z-e^{-10T}}=\frac{z(1-e^{-10T})}{(z-1)(z-e^{-10T})}$$

此例也可由 $G(s)=\dfrac{1}{s}-\dfrac{1}{s+10}$ 直接查表 7-2 得到

$$G(z)=\frac{z}{z-1}-\frac{z}{z-e^{-10T}}=\frac{z(1-e^{-10T})}{(z-1)(z-e^{-10T})}$$

结果相同。

**例 7-24** 已知系统连续部分的传递函数为 $G(s)=\dfrac{k}{(s+a)(s+b)}$，试求脉冲传递函数 $G(z)$。

**解** 将 $G(s)$ 展开成部分分式为

$$G(s)=\frac{k}{b-a}\left(\frac{1}{s+a}-\frac{1}{s+b}\right)$$

查表 7-2 得

$$G(z)=\frac{k}{b-a}\left(\frac{z}{z-e^{-aT}}-\frac{z}{z-e^{-bT}}\right)=\frac{k}{b-a}\frac{z(e^{-aT}-e^{-bT})}{(z-e^{-aT})(z-e^{-bT})}$$

### 7.4.3 离散系统的结构图化简

本节介绍如何根据离散系统结构图求脉冲传递函数或系统的输出 $C(z)$。与连续系统的结构图相比较，离散系统的结构图需要考虑采样开关的位置。由于采样开关所处的位置不同，连续系统的结构图等效变换规则不能直接使用。根据离散系统的结构图计算脉冲传递函数时，比较简单的方法是：首先在结构图中每一个采样开关后面标出采样信号的 $Z$ 变换函数，然后列写上述各个离散变量之间的关系方程，消去中间变量即可求得相应的脉冲传递函数。

**1. 开环离散系统的脉冲传递函数**

在连续系统中，串联环节的传递函数等于各环节传递函数的乘积。在采样系统中，串联环节的脉冲传递函数就不完全是这样了，要由环节之间有无采样开关而定。下面分几种情况讨论。

（1）串联环节之间有采样开关的情况　图 7-22 所示系统中，被采样开关分隔的两个线性环节串联，总的脉冲传递函数等于各个环节脉冲传递函数的乘积，即

$$G(z)=\mathscr{Z}[G_1(s)]\mathscr{Z}[G_2(s)]=G_1(z)G_2(z) \tag{7-74}$$

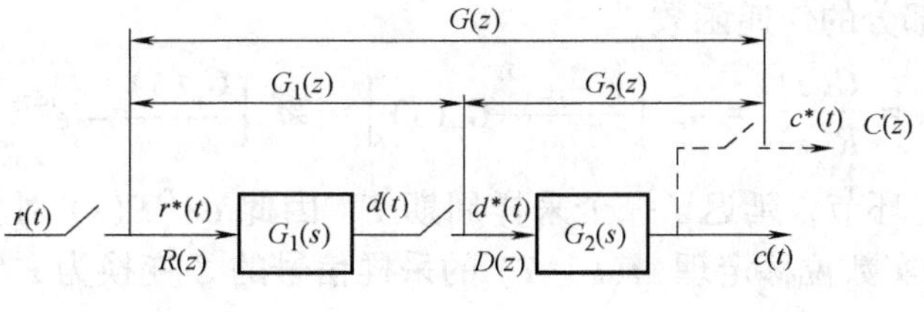


图　7-22

式（7-74）可以由以下计算证明：

由图 7-22，离散信号的 $Z$ 变换 $R(z)$ 、$D(z)$ 和 $C(z)$ 之间满足方程

$$C(z)=\mathscr{Z}[G_2(s)]D(z)=G_2(z)D(z)$$

$$D(z)=\mathscr{Z}[G_1(s)]R(z)=G_1(z)R(z)$$

消去中间变量 $D(z)$，得到

$$C(z)=G_1(z)G_2(z)R(z)$$

故有

$$G(z)=\frac{C(z)}{R(z)}=G_1(z)G_2(z)$$

式（7-74）的结论可以推广到 $n$ 个环节串联，且环节间均有同步采样开关分隔的情况。

（2）串联环节之间无采样开关的情况　图 7-23 中，两个串联环节之间无采样开关隔开时，总的脉冲传递函数等于两个环节传递函数的乘积的 $Z$ 变换。即

$$G(z)=\frac{C(z)}{R(z)}=\mathscr{Z}[G_1(s)G_2(s)]\triangleq G_1G_2(z) \tag{7-75}$$

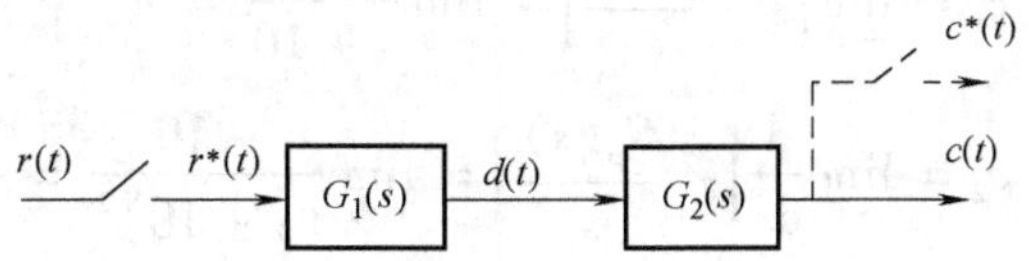


图　7-23

式中，$G_1G_2(z)$ 表示 $G_1(s)$ 和 $G_2(s)$ 相乘后进行 $Z$ 变换。显然

$$G_1G_2(z)\neq G_1(z)G_2(z)$$

式（7-75）的结论也适用于 $n$ 个环节串联而彼此之间无采样开关隔开的情况。

（3）有零阶保持器时的情况　具有零阶保持器的开环离散系统如图 7-24 所示。图中零阶保持器的传递函数为

$$G_h(s)=\frac{1-e^{-Ts}}{s}$$

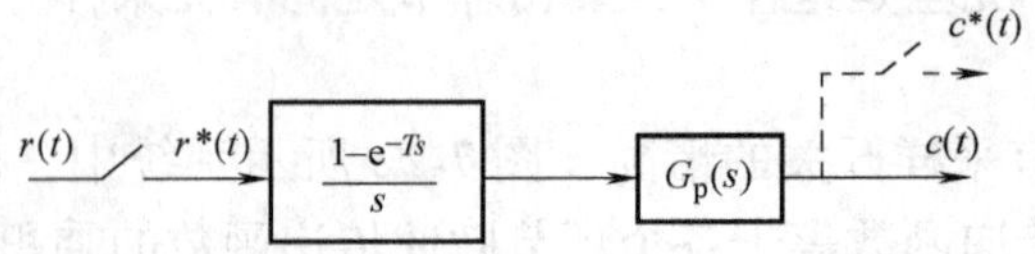


图 7-24

$G_p(s)$ 为系统连续部分的传递函数。

$$G(z)=\frac{C(z)}{R(z)}=\mathscr{Z}\left[\frac{1-e^{-Ts}}{s}G_p(s)\right]=\mathscr{Z}\left[\frac{G_p(s)}{s}-e^{-Ts}\frac{G_p(s)}{s}\right]$$

因为 $e^{-Ts}$是一个延迟环节，延迟了一个采样周期 $T$，因此 $e^{-Ts}F(s)$ 对应的时域函数为$f(t-T)$。根据 $Z$ 变换的实数位移定理，$f(t-T)$ 的采样信号的 $Z$ 变换为 $z^{-1}F(z)$，即 $z^{-1}F(z)=\mathscr{Z}[e^{-Ts}F(s)]$。所以

$$G(z)=\mathscr{Z}\left[\frac{G_p(s)}{s}\right]-\mathscr{Z}\left[e^{-Ts}\frac{G_p(s)}{s}\right]=\mathscr{Z}\left[\frac{G_p(s)}{s}\right]-z^{-1}\mathscr{Z}\left[\frac{G_p(s)}{s}\right]$$

$$=(1-z^{-1})\mathscr{Z}\left[\frac{G_p(s)}{s}\right] \tag{7-76}$$

上式中的 $\mathscr{Z}\left[\frac{G_p(s)}{s}\right]$ 可以采用部分分式法求出。

**例 7-25** 具有零阶保持器的开环采样系统结构图如图 7-24 所示，其中

$$G_p(s)=\frac{10}{s(s+10)}$$

试求开环系统的脉冲传递函数 $G(z)$。

**解** 将 $\frac{G_p(s)}{s}$ 化成部分分式

$$\frac{G_p(s)}{s}=\frac{10}{s^2(s+10)}=\frac{c_1}{s^2}+\frac{c_2}{s}+\frac{c_3}{s+10}$$

$$c_1=\lim_{s\to0}\left[s^2\frac{G_p(s)}{s}\right]=\lim_{s\to0}\frac{10}{s+10}=1$$

$$c_2=\lim_{s\to0}\frac{d}{ds}\left[s^2\frac{G_p(s)}{s}\right]=\lim_{s\to0}\frac{-10}{(s+10)^2}=-0.1$$

$$c_3=\lim_{s\to-10}\left[(s+10)\frac{G_p(s)}{s}\right]=\lim_{s\to-10}\frac{10}{s^2}=0.1$$

得到

$$\frac{G_p(s)}{s}=\frac{1}{s^2}-\frac{0.1}{s}+\frac{0.1}{s+10}$$

查表 7-2 得到 $Z$ 变换

$$\mathscr{Z}\left[\frac{G_p(s)}{s}\right]=\frac{Tz}{(z-1)^2}-\frac{0.1z}{z-1}+\frac{0.1z}{z-e^{-10T}}$$

由式（7-76）得

$$G(z)=\frac{z-1}{z}\left[-\frac{0.1z}{z-1}+\frac{Tz}{(z-1)^2}+\frac{0.1z}{z-\mathrm{e}^{-10T}}\right]$$
$$=\frac{(T-0.1+0.1\mathrm{e}^{-10T})z+(0.1-T\mathrm{e}^{-10T}-0.1e^{-10T})}{(z-1)(z-\mathrm{e}^{-10T})}$$

（4）连续信号直接进入连续环节时的情况　图 7-25 所示的开环离散系统，输入信号未经采样开关直接输入 $G_1(s)$ 。由图可以列出如下两个方程

$$C(z)=G_2(z)D(z)$$
$$D(z)=\mathscr{Z}[G_1(s)R(s)]=G_1R(z)$$

得到

$$C(z)=G_2(z)G_1R(z) \tag{7-77}$$

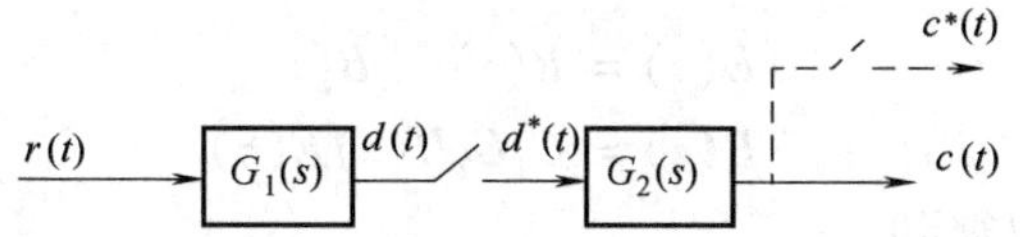


图　7-25

由式（7-77）看出，连续信号直接进入连续环节的情况下，出现 $G_1(s)$ 和 $R(s)$ 乘积的 $Z$ 变换 $G_1R(z)$ ，故只能求得输出采样信号 $c^*(t)$ 的 $Z$ 变换表达式 $C(z)$ 而得不到 $C(z)/R(z)$ ，因而无法求得脉冲传递函数 $G(z)$ 。

**2. 闭环离散系统的脉冲传递函数**

在连续系统中，闭环传递函数与相应的开环传递函数之间有着确定的比较简单的关系。而在离散系统中，由于采样开关在系统中的位置不同，可以有多种结构形式。图 7-26a 是一种比较常见的离散系统结构图，$r(t)$ 为参考输入，$d(t)$ 为扰动输入，图中的采样开关均以周期 $T$ 同步工作。下面计算图 7-26a 所示闭环离散系统中常用的几个脉冲传递函数。为了分析

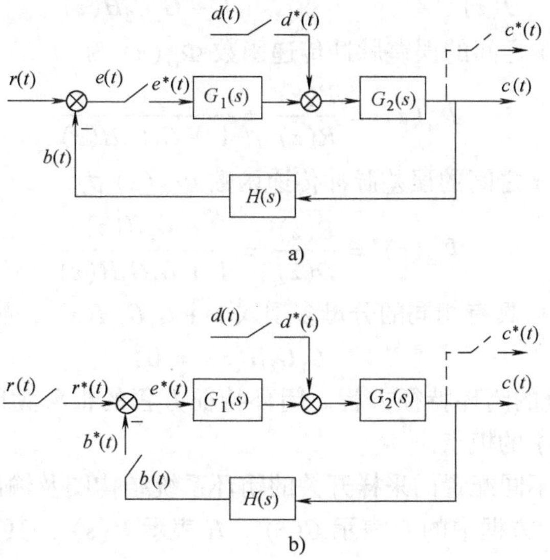


图　7-26

方便，将图 7-26a 等效为图 7-26b。

(1) 闭环系统的开环脉冲传递函数 $G(z)$　在图 7-26b 中，断开主反馈通路，并令 $d(t)=0$，由 $e^*(t)$ 到 $b^*(t)$ 之间脉冲传递函数称为闭环离散系统的开环脉冲传递函数。由图可以写出

$$B(z)=\mathscr{Z}[G_1(s)G_2(s)H(s)]E(z)=G_1G_2H(z)E(z)$$

开环脉冲传递函数为

$$G(z)=\frac{B(z)}{E(z)}=G_1G_2H(z) \tag{7-78}$$

(2) $r^*(t)$ 到 $c^*(t)$ 之间的闭环脉冲传递函数 $\Phi(z)$　令 $d(t)=0$，由图 7-26b 列出方程为

$$C(z)=G_1G_2(z)E(z)$$
$$E(z)=R(z)-B(z)$$
$$B(z)=G_1G_2H(z)E(z)$$

消去 $E(z)$、$B(z)$，可以得到

$$\Phi(z)=\frac{C(z)}{R(z)}=\frac{G_1G_2(z)}{1+G_1G_2H(z)} \tag{7-79}$$

(3) $d^*(t)$ 到 $c^*(t)$ 之间的闭环脉冲传递函数 $\Phi_{\mathrm{d}}(z)$　令 $r(t)=0$，可以列出下列方程：

$$C(z)=G_2(z)D(z)+G_1G_2(z)E(z)$$
$$E(z)=-B(z)$$
$$B(z)=G_1G_2H(z)E(z)+G_2H(z)D(z)$$

消去 $E(z)$、$B(z)$，整理后求得

$$\Phi_{\mathrm{d}}(z)=\frac{C(z)}{D(z)}=\frac{G_2(z)+G_2(z)G_1G_2H(z)-G_1G_2(z)G_2H(z)}{1+G_1G_2H(z)} \tag{7-80}$$

(4) $r^*(t)$ 到 $e^*(t)$ 之间的误差脉冲传递函数 $\Phi_{\mathrm{er}}(z)$ 为

$$\Phi_{\mathrm{er}}(z)=\frac{E(z)}{R(z)}=\frac{1}{1+G_1G_2H(z)} \tag{7-81}$$

(5) $d^*(t)$ 到 $e^*(t)$ 之间的误差脉冲传递函数 $\Phi_{\mathrm{ed}}(z)$ 为

$$\Phi_{\mathrm{ed}}(z)=\frac{E(z)}{D(z)}=\frac{-G_2H(z)}{1+G_1G_2H(z)} \tag{7-82}$$

式 (7-79) 及式 (7-82) 具有相同的分母多项式 $1+G_1G_2H(z)$，称

$$1+G_1G_2H(z)=0 \tag{7-83}$$

为图 7-26 所示离散系统的闭环特征方程。闭环特征方程的根称为闭环系统的特征根，也是闭环脉冲传递函数 $\Phi(z)$ 的极点。

表 7-3 给出了具有不同配置的采样开关的闭环系统结构图及输出采样信号的 $Z$ 变换表达式 $C(z)$。在表 7-3 中，方框中的 $G$ 表示 $G(s)$，$H$ 表示 $H(s)$，其余类同。

**表 7-3　闭环系统结构图及 Z 变换式**

| 序　号 | 结 构 图 | $C(z)$ |
|---|---|---|
| 1 | 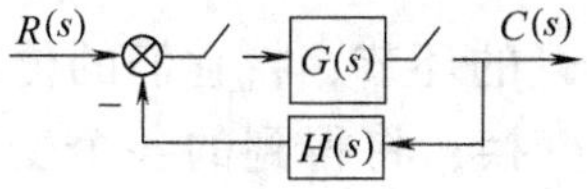 | $C(z)=\dfrac{G(z)R(z)}{1+G(z)H(z)}$ |
| 2 | 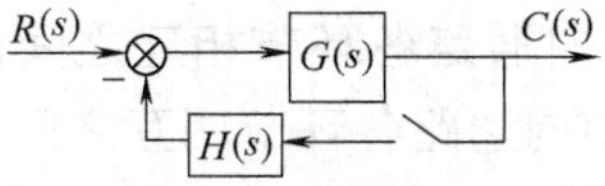 | $C(z)=\dfrac{GR(z)}{1+GH(z)}$ |
| 3 | 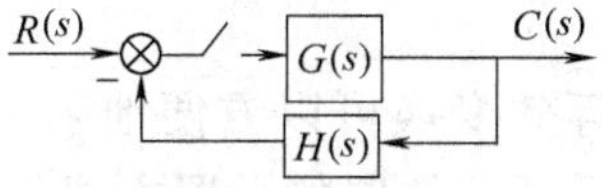 | $C(z)=\dfrac{G(z)R(z)}{1+GH(z)}$ |
| 4 | 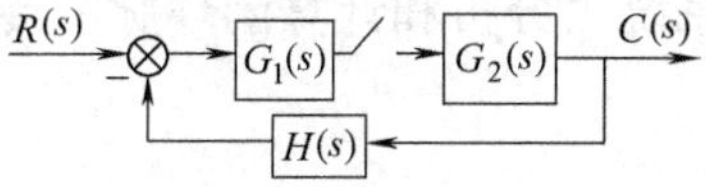 | $C(z)=\dfrac{G_2(z)G_1R(z)}{1+G_1G_2H(z)}$ |
| 5 | 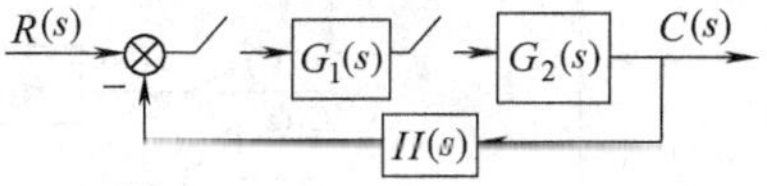 | $C(z)=\dfrac{G_1(z)G_2(z)R(z)}{1+G_1(z)G_2H(z)}$ |
| 6 | 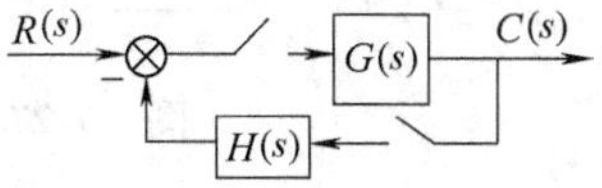 | $C(z)=\dfrac{G(z)R(z)}{1+G(z)H(z)}$ |
| 7 | 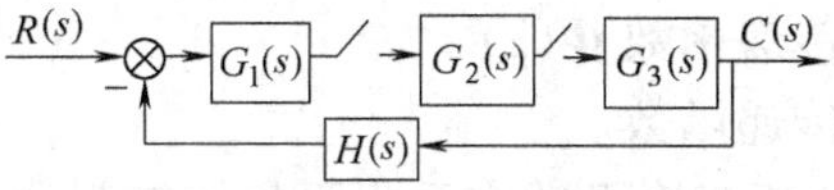 | $C(z)=\dfrac{G_2(z)G_3(z)G_1R(z)}{1+G_2(z)G_1G_3H(z)}$ |
| 8 | 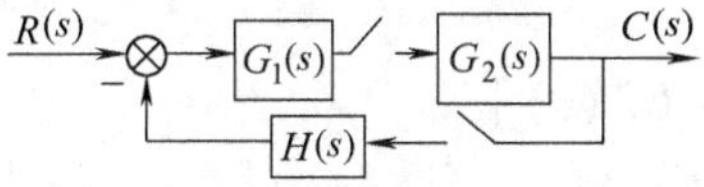 | $C(z)=\dfrac{G_2(z)G_1R(z)}{1+G_2(z)G_1H(z)}$ |

在计算闭环系统的脉冲传递函数时，需要注意以下两点：

1）离散系统连续部分的结构相同，采样开关位置不同，闭环脉冲传递函数也就不同。因此，不能用连续系统闭环传递函数的 $Z$ 变换来求闭环脉冲传递函数。即

$$\Phi(z)\neq\mathscr{Z}[\Phi(s)]$$

式中的等号只有在闭环系统内部不含采样开关时才成立。例如表 7-3 中，结构图 1、2、3、6 的连续部分均相同，但是对应的 $\Phi(z)$ 或 $C(z)$ 不一定相同。

2）已知离散系统的脉冲传递函数 $\Phi(z)$ 和输入采样序列的 $Z$ 变换 $R(z)$，可以用 $C(z)=\Phi(z)R(z)$ 求系统在零初始条件下的响应。但是，对于输入信号 $r(t)$ 不经采样开关直接输入连续环节的情况，由于系统中不存在 $r^*(t)$，无法计算脉冲传递函数 $\Phi(z)$，只能得到 $C(z)$，由 $Z$ 反变换可以求输出采样信号 $c^*(t)$。例如，表 7-3 中结构图 2、3、7、8 的

情况。

表7-3列出的都是单回路离散系统。单回路离散系统比较简单，掌握基本规律后，可以通过观察，直接写出 $C(z)$ 表达式。方法是：

1）在反馈回路中，对于中间无采样开关隔开的环节，将它们的传递函数相乘后取 $Z$ 变换；中间有采样开关隔开的环节，分别进行 $Z$ 变换；将得到的各个变换函数相乘，就是开环脉冲传递函数。开环脉冲传递函数加1即可得到 $C(z)$ 的分母多项式。

2）在前向通路中，输入信号 $R(s)$ 以及前向通路各环节相互之间没有采样开关的，将它们相乘后进行 $Z$ 变换；输入信号 $R(s)$ 以及前向通路各环节相互之间有采样开关的，各自进行 $Z$ 变换；将得到的变换函数相乘，即可得到 $C(z)$ 的分子多项式。

**3. 多回路离散系统结构图计算举例**

对于多回路连续系统结构图，采用结构图等效变换可以方便地求出系统总的传递函数。然而，对于多回路离散系统的结构图，由于采样开关位置的设置方式是多样的，使得闭环系统的结构形式各异。因此，只能针对具体的系统去分析和计算闭环脉冲传递函数。

对于比较复杂的多回路离散系统，通常需要根据结构图列写方程来求解系统总的脉冲传递函数。前面介绍了利用系统中离散变量的 $Z$ 变换函数列写方程的方法。除此之外，还可以根据系统中各变量的拉普拉斯变换之间的关系列写方程，再经过消元和离散化计算，即可求出闭环脉冲传递函数或输出 $C(z)$。下面举例说明。

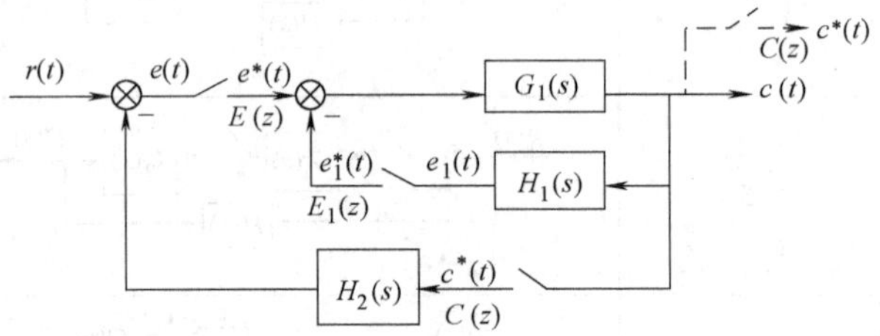


图 7-27

**例7-26** 闭环离散系统的结构图如图7-27所示，图中所有采样开关同步工作。试计算输出采样信号与输入采样信号之间的脉冲传递函数 $\Phi(z)$。

**解** 采用两种方法列写方程计算脉冲传递函数。

**方法1** 将图中的所有信号用其拉普拉斯变换函数表示，再根据变量之间的传递关系列写出下列方程：

$$C(s)=G_1(s)[E^*(s)-E_1^*(s)]$$
$$E(s)=R(s)-H_2(s)C^*(s)$$
$$E_1(s)=H_1(s)C(s)=H_1(s)G_1(s)[E(s)-E_1(s)]$$

对上述三个方程分别离散化，应用式（7-70），得到

$$C^*(s)=G_1^*(s)[E^*(s)-E_1^*(s)]$$
$$E^*(s)=R^*(s)-H_2^*(s)C^*(s)$$
$$E_1^*(s)=H_1G_1^*(s)[E^*(s)-E_1^*(s)]$$

消去中间变量 $E^*(s)$、$E_1^*(s)$，得到

$$\left[1+G_1^*(s)H_2^*(s)-\frac{G_1^*(s)H_1G_1^*(s)H_2^*(s)}{1+H_1G_1^*(s)}\right]C^*(s)=G_1^*(s)\left[1-\frac{H_1G_1^*(s)}{1+H_1G_1^*(s)}\right]R^*(s)$$

可以求得

$$\Phi^*(s) = \frac{C^*(s)}{R^*(s)} = \frac{G_1^*(s)}{1 + H_1G_1^*(s) + G_1^*(s)H_2^*(s)}$$

作变量代换 $s = \frac{1}{T}\ln z$，所求脉冲传递函数为

$$\Phi(z) = \frac{C(z)}{R(z)} = \frac{G_1(z)}{1 + H_1G_1(z) + G_1(z)H_2(z)}$$

**方法 2**　将图中每个采样开关后面的采样信号用其 $Z$ 变换函数表示，直接列写各采样信号的 $Z$ 变换函数之间的关系方程，其中要注意正确列写两个采样开关之间的脉冲传递函数

$$C(z) = G_1(z)[E(z) - E_1(z)]$$
$$E(z) = R(z) - H_2(z)C(z)$$
$$E_1(z) = G_1H_1(z)[E(z) - E_1(z)]$$

消去中间变量 $E(z)$、$E_1(z)$，得到

$$\left[1 + G_1(z)H_2(z) - \frac{G_1(z)H_1G_1(z)H_2(z)}{1 + H_1G_1(z)}\right]C(z) = G_1(z)\left[1 - \frac{H_1G_1(z)}{1 + H_1G_1(z)}\right]R(z)$$

经整理，求得脉冲传递函数

$$\Phi(z) = \frac{C(z)}{R(z)} = \frac{G_1(z)}{1 + H_1G_1(z) + G_1(z)H_2(z)}$$

**例 7-27**　闭环离散系统的结构图如图 7-28 所示。试计算输出采样信号的 $Z$ 变换 $C(z)$。

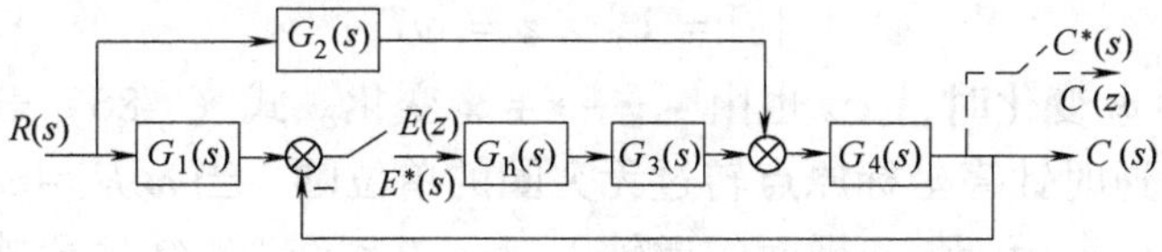


图　7-28

**解**　根据图中采样开关之后的采样信号 $Z$ 变换函数直接列写方程：

$$C(z) = G_4G_3G_h(z)E(z) + G_4G_2R(z)$$
$$E(z) = G_1R(z) - C(z)$$

消去中间变量 $E(z)$，得到

$$C(z) = G_4G_3G_h(z)G_1R(z) - G_4G_3G_h(z)C(z) + G_4G_2R(z)$$

整理后解出

$$C(z) = \frac{G_4G_3G_h(z)G_1R(z) + G_4G_2R(z)}{1 + G_4G_3G_h(z)}$$

在结构图中，由于输入信号 $r(t)$ 不经采样直接输入到连续环节 $G_1(s)$ 和 $G_2(s)$，求出的 $C(z)$ 表达式中不含独立的 $R(z)$，因此无法获得输出与输入之间的脉冲传递函数 $\Phi(z)$，只能求出 $C(z)$。

## 7.5 离散控制系统的稳定性分析

线性连续系统的稳定性分析是基于闭环特征根在 $s$ 平面中的位置，若闭环特征根全部位于左半 $s$ 开平面，则系统稳定。那么，如何根据线性离散系统的闭环特征根在 $z$ 平面上的位置来分析系统的稳定性呢？首先，需要了解 $s$ 平面与 $z$ 平面的关系。

### 7.5.1 从 $s$ 平面到 $z$ 平面的映射

在定义 $Z$ 变换时，使用了复变量 $s$ 与复变量 $z$ 之间的转换关系

$$z = e^{sT} \tag{7-84}$$

式中，$T$ 为采样周期，$T = \dfrac{2\pi}{\omega_s}$，$\omega_s$ 为采样角频率。

式（7-84）就是 $s$ 平面与 $z$ 平面之间的映射关系。将复变量 $s = \sigma + j\omega$ 代入式（7-84），得到

$$z = e^{(\sigma + j\omega)T} = e^{\sigma T}e^{j\omega T}$$

复变量 $z$ 的模和辐角分别为

$$|z| = e^{\sigma T},\ \angle z = \omega T \tag{7-85}$$

下面具体讨论 $s$ 平面与 $z$ 平面之间的映射关系。

**1. $s$ 平面上的虚轴在 $z$ 平面上的映射**

在 $s$ 平面上，当 $\sigma = 0$ 时，$s = j\omega$ 表示虚轴。代入式（7-85），有

$$|z| = 1,\ \angle z = \omega T \tag{7-86}$$

当 $\omega$ 由 $-\infty \to +\infty$ 变化时，$\angle z$ 也由 $-\infty \to +\infty$ 变化。式（7-86）表明 $s$ 平面上的虚轴映射到 $z$ 平面上为一逆时针绕坐标原点转过无穷圈的单位圆。当 $\omega$ 从 $-\omega_s/2$ 变到 $+\omega_s/2$ 时，辐角 $\angle z$ 由 $-\pi$ 变到 $+\pi$。因此，$s$ 平面的虚轴上 $-\omega_s/2 \leqslant \omega \leqslant \omega_s/2$ 区段映射到 $z$ 平面上是逆时针绕坐标原点转过一圈的单位圆，如图 7-29 所示。$s$ 平面虚轴上长度为 $\omega_s$ 的区段 $-3\omega_s/2 \leqslant \omega < -\omega_s/2$，$\omega_s/2 < \omega \leqslant 3\omega_s/2$，…均重叠地映射为 $z$ 平面上的单位圆。考虑到实际系统的带宽有限，其截止频率一般远低于采样角频率 $\omega_s$，所以将 $s$ 平面虚轴上 $-\omega_s/2 \leqslant \omega \leqslant \omega_s/2$ 作为主频带，与之对应的 $z$ 平面上的单位圆作为分析和设计离散系统的依据。

**2. 左半 $s$ 开平面在 $z$ 平面上的映射**

在 $s$ 平面上，$-\infty < \sigma < 0$，$-\infty < \omega < +\infty$ 表示左半 $s$ 开平面。代入式（7-85）得到 $|z| < 1$，说明左半 $s$ 开平面映射到 $z$ 平面的单位圆内部。$s$ 平面上 $-\infty < \sigma < 0$ 且 $-\omega_s/2 \leqslant \omega \leqslant \omega_s/2$ 的矩形区域称为主频区。并且 $\sigma = -\infty$ 时，$|z| = 0$。因此，由 $a$、$b$、$c$、$d$、$e$ 各点连线围成的主频区映射到 $z$ 平面上为经过 $a'$、$b'$、$c'$、$d'$、$e'$ 各点的单位圆内部区域，如图 7-29 所示。不难看到，左半 $s$ 开平面上的辅频区在 $z$ 平面上的映射也是上述单位圆的内部区域。

**3. 右半 $s$ 开平面在 $z$ 平面上的映射**

在 $s$ 平面上，$0 < \sigma < +\infty$，$-\infty < \omega < +\infty$ 表示右半 $s$ 开平面。代入式（7-85）得到 $|z| > 1$。与分析左半 $s$ 开平面同样的道理，右半 $s$ 开平面映射到 $z$ 平面上的单位圆外部。

图 7-29 给出了 $s$ 平面到 $z$ 平面的映射关系。

综上所述，$s$ 平面到 $z$ 平面的映射关系如表 7-4 所列。

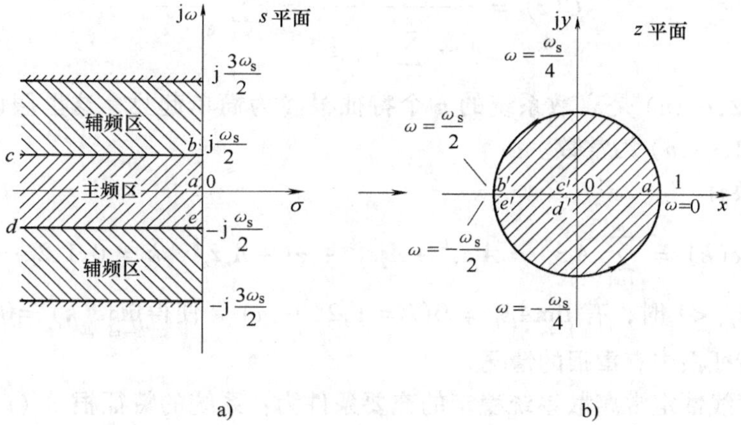


图 7-29

**表 7-4　s 平面到 z 平面的映射关系**

| s 平面 | z 平面 |
|---|---|
| $\sigma=0$, $-\infty<\omega<+\infty$ 虚轴 | $\lvert z\rvert=1$ 单位圆 |
| $\sigma<0$, $-\infty<\omega<+\infty$ 左半平面 | $\lvert z\rvert<1$ 单位圆内 |
| $\sigma>0$, $-\infty<\omega<+\infty$ 右半平面 | $\lvert z\rvert>1$ 单位圆外 |
| $\sigma=-\infty$, $-\infty<\omega<+\infty$ 负无穷远 | $\lvert z\rvert=0$ 原点 |

## 7.5.2　线性定常离散系统稳定的充分必要条件

线性定常连续系统稳定的充分必要条件是闭环特征根全部分布在左半 $s$ 开平面。那么，根据 $s$ 平面与 $z$ 平面之间的映射关系，线性定常离散系统稳定的充要条件是否就是闭环特征根全部分布在 $z$ 平面的单位圆内呢？

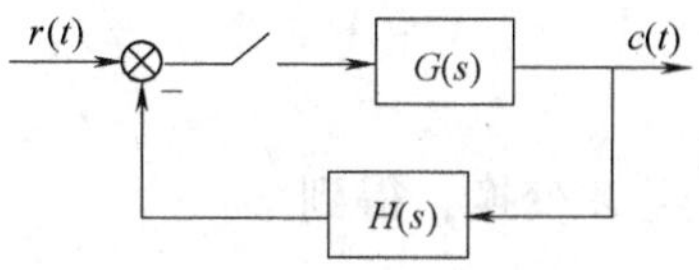


图　7-30

考虑图 7-30 所示的线性定常离散系统。系统的闭环脉冲传递函数为

$$\frac{C(z)}{R(z)}=\frac{G(z)}{1+GH(z)}=\frac{\sum_{i=0}^{m}b_{m-i}z^{-i}}{1+\sum_{i=1}^{n}a_{n-i}z^{-i}} \tag{7-87}$$

若离散系统在有界输入序列作用下，其输出序列也是有界的，则称该离散系统是稳定的。线性定常离散系统的稳定性是由系统的结构和参数决定的，与输入信号无关，因此，若系统稳定，则该系统在零初始条件下的单位脉冲响应将能够收敛到零。

令 $r(t)=\delta(t)$，$R(z)=1$，由式（7-87），得到单位脉冲响应为

$$C(z)=\frac{\sum_{i=0}^{m} b_{m-i}z^{-i}}{1+\sum_{i=1}^{n} a_{n-i}z^{-i}}=\sum_{i=1}^{n}\frac{A_i z}{z-z_i}$$

式中，$z_i(i=1,2,\cdots,n)$ 是离散系统的 $n$ 个特征根（为简单起见，这里假设特征根均为单根）；$A_i(i=1,2,\cdots,n)$ 为常数。

经 $Z$ 反变换有

$$c(k)=\sum_{i=1}^{n} A_i z_i{}^{k}=A_1 z_1{}^{k}+A_2 z_2{}^{k}+\cdots+A_n z_n{}^{k}\quad k=0,1,2,\cdots \tag{7-88}$$

当全部特征根 $|z_i|<1$ 时，有 $\lim\limits_{k\to\infty}A_i z_i^k=0(i=1,2,\cdots,n)$，使得 $\lim\limits_{k\to\infty}c(k)=0$。这一结果同样适用于系统的特征根中有重根的情况。

这就证明了线性定常离散系统稳定的充要条件为：系统的特征根 $z_i$（$i=1,2,\cdots,n$）必须全部位于 $z$ 平面上以原点为中心的单位圆内，即 $|z_i|<1$。只要有一个特征根位于单位圆外，系统就不稳定；若有特征根正好位于单位圆上，则系统处于临界稳定。在经典控制理论中，临界稳定状态属于不稳定状态。

由 $s$ 平面和 $z$ 平面的对应关系可知，若离散系统稳定，则用复变量 $s$ 表示的闭环特征方程 $D^*(s)=0$ 的所有特征根 $s_i(i=1,2,\cdots,n)$ 均分布在 $s$ 左半开平面上。

**例 7-28** 具有零阶保持器的闭环采样系统如图 7-31 所示，试分析当增益 $K=1$、采样周期 $T=1\text{s}$ 时闭环系统的稳定性。

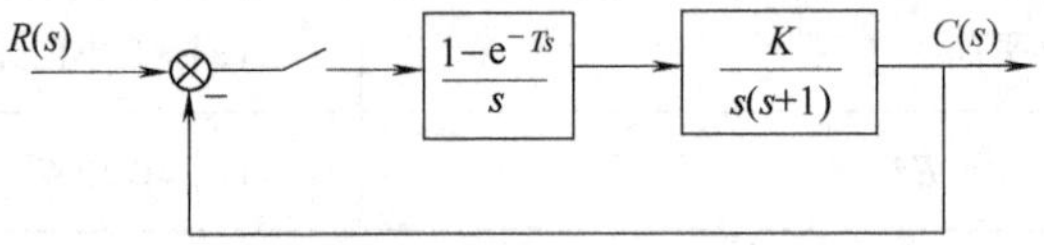


图 7-31

**解** 由图 7-31 并取 $K=1$，有

$$G(s)=\frac{1-e^{-Ts}}{s}\frac{1}{s(s+1)}$$

经 $Z$ 变换，得到

$$G(z)=(1-z^{-1})\mathscr{Z}\left[\frac{1}{s^2(s+1)}\right]=\frac{(e^{-T}+T-1)z+(1-e^{-T}-Te^{-T})}{(z-1)(z-e^{-T})}$$

相应的闭环特征方程为

$$D(z)=1+G(z)=0$$

当 $T=1\text{s}$ 时，有

$$D(z)=z^2-z+0.632=0$$

解出两个特征根分别为 $z_1=0.5+\text{j}0.618, z_2=0.5-\text{j}0.618$，其模 $|z_1|=|z_2|=0.795<1$。由于两个特征根均分布在 $z$ 平面单位圆内，故闭环系统稳定。

## 7.5.3 线性定常离散系统的稳定判据

与连续系统的稳定性分析一样，对于高阶离散系统，直接求解系统的特征根一般很困难。能否找到与 $s$ 平面中的劳斯判据、赫尔维茨判据类似的代数判据？回答是肯定的。但是，连续系统中的劳斯稳定判据是判别系统特征根是否全部在左半 $s$ 开平面，而在 $z$ 平面内，稳定性取决于特征根是否全部在单位圆内，因此劳斯判据不能直接应用。如果将 $z$ 平面变换回到 $s$ 平面，则系统的特征方程中又将出现超越函数。所以需要再寻找一种新的变换，使 $z$ 平面的单位圆内部映射到一个新的平面的左半部分而又不至于出现超越函数，在这样的平面上就可直接应用劳斯判据了。采用的新变换称为 $w$ 变换，或双线性变换。

**1. $z$ 平面到 $w$ 平面的映射**

令

$$z = \frac{w+1}{w-1} \tag{7-89}$$

或

$$w = \frac{z+1}{z-1} \tag{7-90}$$

其中 $z$、$w$ 均为复变量，分别表示为

$$z = x + jy \tag{7-91}$$

$$w = u + jv \tag{7-92}$$

将式（7-91）代入式（7-90），整理后得

$$w = u + jv = \frac{x + jy + 1}{x + jy - 1} = \frac{x^2 + y^2 - 1}{(x-1)^2 + y^2} - j\frac{2y}{(x-1)^2 + y^2}$$

$w$ 的实部为

$$u = \frac{x^2 + y^2 - 1}{(x-1)^2 + y^2} \tag{7-93}$$

$z$ 平面上的单位圆方程为 $|z| = x^2 + y^2 = 1$，代入式（7-93），得 $u=0$，表示 $w$ 平面的虚轴；$|z| = x^2 + y^2 < 1$ 表示 $z$ 平面的单位圆内部，对应于 $w$ 平面上 $u<0$，即左半 $w$ 开平面；若 $|z| = x^2 + y^2 > 1$ 则表示 $z$ 平面的单位圆外部，对应于 $w$ 平面的 $u>0$，即右半 $w$ 开平面。$z$ 平面与 $w$ 平面之间的映射关系如图 7-32 所示。

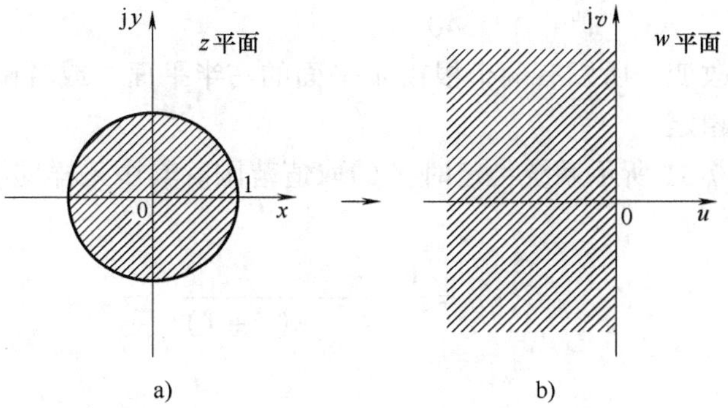


图　7-32

综上所述，采用 $w$ 变换后，线性定常离散系统稳定的充要条件就是：系统特征方程 $D(w) = 0$ 的根全部位于 $w$ 左半开平面上。

应当指出，若将 $w$ 变换公式（7-89）和式（7-90）改为

$$z=\frac{1+w}{1-w} \text{ 和 } w=\frac{z-1}{z+1} \tag{7-94}$$

也可以得到类似的映射关系。

**2. $w$ 平面的劳斯稳定判据**

利用上述 $w$ 变换，将离散系统特征方程 $D(z)=0$ 转换成 $D(w)=0$ 后，就可以在 $w$ 平面上直接应用劳斯判据了。其步骤是：

1）求出离散系统的特征方程 $D(z)=0$；

对于闭环脉冲传递函数可用显式表示的离散控制系统，和连续系统一样，闭环脉冲传递函数的分母多项式就是系统的特征多项式 $D(z)$。对于一类不能以显式表示闭环脉冲传递函数的系统，用系统输出信号的象函数 $C(z)$ 分母中与输入信号无关的那部分作为 $D(z)$。

2）对 $D(z)=0$ 进行 $w$ 变换，整理后得 $D(w)=0$，它是 $w$ 的代数方程；

3）应用劳斯判据判断离散系统的稳定性。

**例 7-29** 设离散系统的特征方程为

$$D(z)=45z^3-117z^2+119z-39=0$$

试判断系统稳定性。

**解** 令 $z=\dfrac{w+1}{w-1}$ 代入特征方程，得

$$45\left(\frac{w+1}{w-1}\right)^3-117\left(\frac{w+1}{w-1}\right)^2+119\left(\frac{w+1}{w-1}\right)-39=0$$

用 $(w-1)^3$ 乘等式两边，化简后得

$$D(w)=w^3+2w^2+2w+40=0$$

列出劳斯表

| | | | |
|---|---|---|---|
| $w^3$ | 1 | 2 | 0 |
| $w^2$ | 2 | 40 | 0 |
| $w^1$ | −18 | 0 | |
| $w^0$ | 40 | | |

因第一列有两次符号改变，所以有两个根在 $w$ 平面的右半平面，或者说有两个根在 $z$ 平面的单位圆之外，系统不稳定。

**例 7-30** 试求图 7-31 所示系统稳定时 $K$ 的取值范围。其中采样周期 $T=1\text{s}$。

**解** 由图 7-31

$$G(s)=\frac{1-e^{-Ts}}{s}\frac{K}{s(s+1)}$$

经 $Z$ 变换得到

$$G(z)=\frac{(e^{-T}+T-1)z+(1-e^{-T}-Te^{-T})}{(z-1)(z-e^{-T})}K$$

当 $T=1\text{s}$ 时，闭环特征方程为

$$D(z)=z^2+(0.368K-1.368)z+(0.264K+0.368)=0$$

令 $z=\dfrac{w+1}{w-1}$，代入 $D(z)$ 得

$$D(w) = \left(\frac{w+1}{w-1}\right)^2 + (0.368K - 1.368)\left(\frac{w+1}{w-1}\right) + (0.264K + 0.368) = 0$$

化简后得

$$0.632Kw^2 + (1.264 - 0.528K)w + (2.736 - 0.104K) = 0$$

列出劳斯表

| | | |
|---|---|---|
| $w^2$ | $0.632K$ | $2.736 - 0.104K$ |
| $w^1$ | $1.264 - 0.528K$ | 0 |
| $w^0$ | $2.736 - 0.104K$ | 0 |

从劳斯表第一列系数可以看出，为保证系统稳定，应有下列三个不等式成立

$$K > 0 \quad 1.264 - 0.528K > 0 \quad 2.736 - 0.104K > 0$$

求得系统稳定时 $K$ 的取值范围为

$$0 < K < 2.39$$

**例 7-31**　判断图 7-28 所示离散系统的稳定性。图中 $G_3(s) = \dfrac{1}{s}$，$G_4(s) = \dfrac{1}{s+1}$，$G_h(s) = \dfrac{1-e^{-Ts}}{s}$。采样周期 $T=0.1s$。

**解**　在图 7-28 给出的结构图中，由于输入信号 $r(t)$ 不经采样开关直接输入到连续环节 $G_1(s)$ 和 $G_2(s)$，因此无法获得闭环脉冲传递函数 $\Phi(z)$，只能求出输出 $C(z)$。根据例7-27已经求出的结果

$$C(z) = \frac{G_4G_3G_h(z)G_1R(z) + G_4G_2R(z)}{1 + G_4G_3G_h(z)}$$

取 $C(z)$ 的分母中与输入信号 $R(z)$ 无关的部分作为闭环系统的特征方程，有

$$D(z) = 1 + G_4G_3G_h(z) = 0$$

已知

$$G_4(s)G_3(s)G_h(s) = \frac{1-e^{-Ts}}{s}\frac{1}{s(s+1)}$$

经 $Z$ 变换求得

$$G_4G_3G_h(z) = \mathscr{Z}\left[\frac{1-e^{-Ts}}{s}\frac{1}{s(s+1)}\right] = \frac{(e^{-T}+T-1)z + (1-e^{-T}-Te^{-T})}{(z-1)(z-e^{-T})}$$

$$= \frac{0.005z + 0.005}{(z-1)(z-0.905)}$$

$$D(z) = z^2 - 1.9z + 0.91$$

需要指出，作 $w$ 变换仍然是比较麻烦的，对于一、二阶离散系统的稳定性分析，往往直接在 $z$ 域求解特征方程的根更容易。由 $D(z) = z^2 - 1.9z + 0.91 = 0$，可以直接解出两个闭环极点：$z_{1,2} = 0.95 \pm j0.087$，$|z_1| = |z_2| = 0.954 < 1$，均在 $z$ 平面单位圆内，可知闭环系统稳定。

**3. $z$ 平面的朱利稳定判据**

朱利（Jury）判据是直接在 $z$ 平面使用的代数判据，与连续系统的赫尔维茨判据类似，根据离散系统闭环特征方程 $D(z) = 0$ 的系数判断闭环系统的稳定性。设

$$D(z) = a_0 + a_1z + a_2z^2 + \cdots + a_nz^n \quad a_n > 0$$

利用特征方程的系数构造 $2n-3$ 行、$n+1$ 列朱利阵列如表 7-5 所示。

表 7-5 朱利阵列

| 行数 | $z^0$ | $z^1$ | $z^2$ | $z^3$ | … | $z^{n-k}$ | … | $z^{n-1}$ | $z^n$ |
|---|---|---|---|---|---|---|---|---|---|
| 1 | $a_0$ | $a_1$ | $a_2$ | $a_3$ | … | $a_{n-k}$ | … | $a_{n-1}$ | $a_n$ |
| 2 | $a_n$ | $a_{n-1}$ | $a_{n-2}$ | $a_{n-3}$ | … | $a_k$ | … | $a_1$ | $a_0$ |
| 3 | $b_0$ | $b_1$ | $b_2$ | $b_3$ | … | $b_{n-k}$ | … | $b_{n-1}$ | |
| 4 | $b_{n-1}$ | $b_{n-2}$ | $b_{n-3}$ | $b_{n-4}$ | … | $b_{k-1}$ | … | $b_0$ | |
| 5 | $c_0$ | $c_1$ | $c_2$ | $c_3$ | … | $c_{n-k}$ | | | |
| 6 | $c_{n-2}$ | $c_{n-3}$ | $c_{n-4}$ | $c_{n-5}$ | … | $c_{k-2}$ | | | |
| ⋮ | ⋮ | ⋮ | ⋮ | ⋮ | | | | | |
| $2n-5$ | $p_0$ | $p_1$ | $p_2$ | $p_3$ | | | | | |
| $2n-4$ | $p_3$ | $p_2$ | $p_1$ | $p_0$ | | | | | |
| $2n-3$ | $q_0$ | $q_1$ | $q_2$ | | | | | | |

表中

$$b_k = \begin{vmatrix} a_0 & a_{n-k} \\ a_n & a_k \end{vmatrix} \quad k = 0,1,\cdots,n-1$$

$$c_k = \begin{vmatrix} b_0 & b_{n-k-1} \\ b_{n-1} & b_k \end{vmatrix} \quad k = 0,1,\cdots,n-2$$

……

$$q_0 = \begin{vmatrix} p_0 & p_3 \\ p_3 & p_0 \end{vmatrix} \quad q_1 = \begin{vmatrix} p_0 & p_2 \\ p_3 & p_1 \end{vmatrix} \quad q_2 = \begin{vmatrix} p_0 & p_1 \\ p_3 & p_2 \end{vmatrix}$$

朱利判据：特征方程 $D(z)=0$ 的根均位于 $z$ 平面单位圆内的充分必要条件为

$$D(1) > 0, \quad (-1)^n D(-1) > 0$$

并且下列 $n-1$ 个约束条件成立

$$|a_0| < a_n, \quad |b_0| > |b_{n-1}|, \quad |c_0| > |c_{n-2}| \quad \cdots, |q_0| > |q_2|$$

**例 7-32** 已知离散系统的闭环特征方程 $D(z) = 45z^3 - 117z^2 + 119z - 39 = 0$，试判断该系统的稳定性。

**解** $D(1) = 8 > 0, \quad (-1)^n D(-1) = 320 > 0$

已知 $n=3$，$a_0=-39$，$a_1=119$，$a_2=-117$，$a_3=45$，$3\times4$ 朱利阵列为

| 行数 | $z^0$ | $z^1$ | $z^2$ | $z^3$ |
|---|---|---|---|---|
| 1 | −39 | 119 | −117 | 45 |
| 2 | 45 | −117 | 119 | −39 |
| 3 | $b_0$ | $b_1$ | $b_2$ | |

计算得到

$$b_0 = \begin{vmatrix} -39 & 45 \\ 45 & -39 \end{vmatrix} = -504, \quad b_1 = \begin{vmatrix} -39 & -117 \\ 45 & 119 \end{vmatrix} = 624, \quad b_2 = \begin{vmatrix} -39 & 119 \\ 45 & -117 \end{vmatrix} = -702$$

满足 $|a_0|<a_3$，但是不满足 $|b_0|>|b_2|$，所以系统不稳定。使用朱利判据的判稳结果与例 7-28一致，但是当系统不稳定时，朱利判据不能确定系统有几个闭环特征根位于单位圆外。

### 7.5.4 采样周期和保持器对离散系统稳定性的影响

与连续系统一样，离散系统的稳定性受到系统零、极点分布和开环增益及延迟时间等因素的影响，同时还受到采样周期 $T$ 的影响。图 7-31 所示的离散系统中，若无采样开关和零阶保持器，则变成一般的二阶连续线性定常系统，这类系统只要开环增益 $K>0$ 总是稳定的。有了采样开关和保持器后，系统有可能变成条件稳定，即开环增益 $K$ 增大到某个值时就会导致系统不稳定。一般来说，提高采样频率，即减小采样周期，可使线性离散系统的稳定性得到改善。这是因为提高采样频率，会使采样系统中信息损失减少，使其工作情况更接近于连续系统。

以图 7-31 所示系统为例，采样周期 $T$ 对开环增益 $K$ 的稳定范围的影响见表 7-6。

**表 7-6 采样周期与开环增益的关系**

| 采样周期 $T$/s | 开环增益 $K$ 的稳定范围 | 采样周期 $T$/s | 开环增益 $K$ 的稳定范围 |
|---|---|---|---|
| 0.1 | $0<K<21.11$ | 1 | $0<K<2.39$ |
| 0.5 | $0<K<4.37$ | 4 | $0<K<0.965$ |

可见减小采样周期 $T$ 可以增大 $K$ 的稳定范围。

因此，对于离散系统，当采样周期一定时，增大开环增益会使系统稳定性变坏甚至不稳定；当开环增益一定时，加大采样周期会使系统稳定性变坏甚至不稳定。

另外，系统中的零阶保持器也会影响系统的稳定性。仍以图 7-31 所示系统为例，表 7-7 给出零阶保持器对 $K$ 的稳定范围的影响。

**表 7-7 零阶保持器对 $K$ 的影响**

| 采样周期 $T$/s | 开环增益 $K$ 的稳定范围 | |
|---|---|---|
| | 有零阶保持器 | 无零阶保持器 |
| 0.4 | $0<K<5.79$ | $0<K<5.27$ |
| 3 | $0<K<1$ | $0<K<2$ |

比较表 7-7 的结果可以看出，当采样周期 $T$ 较小时，有无保持器对系统稳定性影响不大。但是当 $T$ 较大时，保持器将产生较大的相位滞后，从而使系统的稳定性变差。

## 7.6 离散控制系统的瞬态性能分析

与连续系统的分析方法类似，在离散系统分析中也有相应的时域法、根轨迹法和频域法。本节主要介绍在时域中如何分析系统的瞬态性能，根轨迹法和频域法分析将在 7.8 节作简单介绍。

### 7.6.1 线性定常离散系统的单位阶跃响应

离散系统的时域分析法是通过闭环脉冲传递函数，求出离散系统在典型输入信号作用下的输出响应，从而分析系统的性能。在分析系统瞬态性能时，输入信号通常采用单位阶跃信号。

设离散系统的闭环脉冲传递函数为 $\Phi(z)=\dfrac{C(z)}{R(z)}$，输入单位阶跃信号的 $Z$ 变换为 $R(z)=\dfrac{z}{z-1}$，则系统输出响应的 $Z$ 变换 $C(z)=\Phi(z)\dfrac{z}{z-1}$。即使对于那些无法求出 $\Phi(z)$ 的系统，由于 $R(z)$ 已知，仍可以求出 $C(z)$。经过 $Z$ 反变换，得到离散系统的时间响应表达式 $c^*(t)$，用 $c^*(t)$ 曲线近似系统的实际输出响应曲线 $c(t)$，可以计算瞬态性能指标。

**例 7-33** 已知离散控制系统的结构如图 7-31 所示。图中增益 $K=1$，采样周期 $T=1\text{s}$，输入信号 $r(t)=1(t)$。试分析系统的瞬态性能。

**解** 在例 7-28 中已求出开环脉冲传递函数为

$$G(z)=\frac{(\mathrm{e}^{-T}+T-1)z+(1-\mathrm{e}^{-T}-T\mathrm{e}^{-T})}{(z-1)(z-\mathrm{e}^{-T})}$$

当 $T=1\text{s}$ 时，有

$$G(z)=\frac{0.368z+0.264}{(z-1)(z-0.368)}$$

闭环脉冲传递函数为

$$\Phi(z)=\frac{G(z)}{1+G(z)}=\frac{0.368z+0.264}{z^2-z+0.632}$$

考虑 $R(z)=\dfrac{z}{z-1}$，所以

$$C(z)=\Phi(z)R(z)=\frac{0.368z^2+0.264z}{z^3-2z^2+1.632z-0.632}$$

将 $C(z)$ 展开成无穷幂级数形式

$$\begin{aligned}C(z)&=\frac{0.368z^{-1}+0.264z^{-2}}{1-2z^{-1}+1.632z^{-2}-0.632z^{-3}}\\&=0.368z^{-1}+z^{-2}+1.4z^{-3}+1.4z^{-4}+1.147z^{-5}+0.895z^{-6}+\cdots\\&=\sum_{k=0}^{\infty}c(kT)z^{-k}\end{aligned}$$

求得单位阶跃响应在各采样时刻的值为：$c(0)=0$，$c(T)=0.368$，$c(2T)=1$，$c(3T)=1.4$，$c(4T)=1.4$，$c(5T)=1.147$，$c(6T)=0.895$，$c(7T)=0.802$，$c(8T)=0.868$，$c(9T)=0.993$，$c(10T)=1.077$，$c(11T)=1.081$，$c(12T)=1.032$，$c(13T)=0.981$，$c(14T)=0.961$，$c(15T)=0.973$，$c(16T)=0.997$，$c(17T)=1.015$，…

离散系统的单位阶跃响应表达式为

$$c^*(t)=\sum_{k=0}^{\infty}c(kT)\delta(t-kT)$$

绘出 $c^*(t)$ 曲线如图 7-33 所示。将 $c^*(t)$ 在采样时刻的值连接成光滑曲线，可以近似表示系统的实际输出信号 $c(t)$。由图可以求出时域性能指标：超调量 $\sigma\%\approx40\%$，调节时间 $t_s\approx12\text{s}$（误差带 $\Delta=\pm5\%$）。

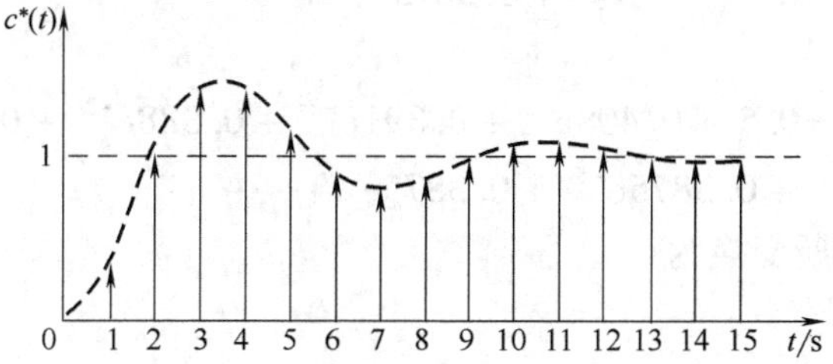


图　7-33

### 7.6.2　用输出采样信号分析离散系统的条件

上面介绍了应用 $Z$ 变换法求系统的时间响应 $c^*(t)$ 并分析系统瞬态性能的过程。需要进一步讨论的是，控制系统实际输出通常为连续信号 $c(t)$，而 $Z$ 变换法只能求出系统在采样时刻的值，得到的是 $c^*(t)$，是否只要将 $c^*(t)$ 在采样点上的值连接起来就是 $c(t)$ 呢？两者之间有什么差异？不妨举例分析。

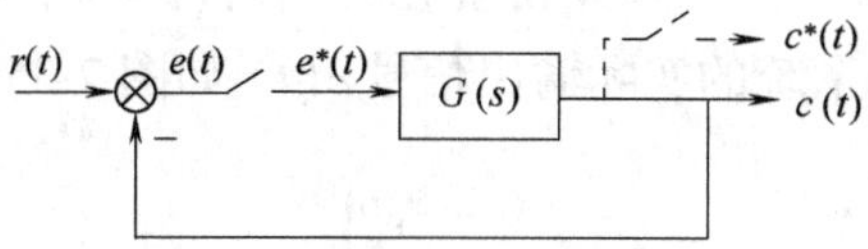


图　7-34

**例 7-34**　考虑图 7-34 所示的单位负反馈离散系统。其中，$G(s)=\dfrac{1}{s+1}$，采样周期 $T=1\mathrm{s}$，输入信号 $r(t)=1(t)$。试比较 $c(t)$ 和 $c^*(t)$。

**解**　开环脉冲传递函数

$$G(z)=\frac{z}{z-\mathrm{e}^{-T}}=\frac{z}{z-0.368}$$

闭环脉冲传递函数为

$$\Phi(z)=\frac{G(z)}{1+G(z)}=\frac{z}{2z-0.368}$$

求解系统输出采样信号 $c^*(t)$，可采用 $z$ 变换方法。输出采样信号的 $Z$ 变换为

$$C(z)=\Phi(z)R(z)=\frac{z^2}{2z^2-2.368z+0.368}$$

$$=0.5+0.592z^{-1}+0.609z^{-2}+0.612z^{-3}+0.613z^{-4}+0.614z^{-5}+0.614z^{-6}+\cdots$$

经 $Z$ 反变换求得输出采样信号为

$$c^*(t)=0.5\delta(t)+0.592\delta(t-1)+0.609\delta(t-2)+0.612\delta(t-3)+0.613\delta(t-4)$$
$$+0.614\delta(t-5)+0.614\delta(t-6)+\cdots$$

系统的输出采样信号如图 7-35a 所示。

若要求解系统实际的连续输出信号 $c(t)$，需要采用拉普拉斯变换方法，有

$$C(s)=G(s)E^*(s)$$

由于

$$E(z)=\frac{R(z)}{1+G(z)}=\frac{z-0.368}{2z-0.368}\,\frac{z}{z-1}=\frac{z^2-0.368z}{2z^2-2.368z+0.368}$$

$$=0.5+0.408z^{-1}+0.391z^{-2}+0.388z^{-3}+0.3875z^{-4}+0.3875z^{-5}$$

$$+0.3875z^{-6}+\cdots$$

所以

$$E^*(s)=0.5+0.408e^{-s}+0.391e^{-2s}+0.388e^{-3s}+0.3875e^{-4s}+0.3875e^{-5s}+0.3875e^{-6s}+\cdots$$

连续输出信号的拉普拉斯变换为

$$C(s)=G(s)E^*(s)=\frac{1}{s+1}[0.5+0.408e^{-s}+0.391e^{-2s}+0.388e^{-3s}+0.3875e^{-4s}+0.3875e^{-5s}+0.3875e^{-6s}+\cdots]$$

经拉普拉斯反变换求得输出信号为

$$c(t)=0.5e^{-t}1(t)+0.408e^{-(t-1)}1(t-1)+0.391e^{-(t-2)}1(t-2)+0.388e^{-(t-3)}1(t-3)+0.3875e^{-(t-4)}1(t-4)+0.3875e^{-(t-5)}1(t-5)+0.3875e^{-(t-6)}1(t-6)+\cdots$$

系统的实际输出信号 $c(t)$ 如图 7-35b 所示。

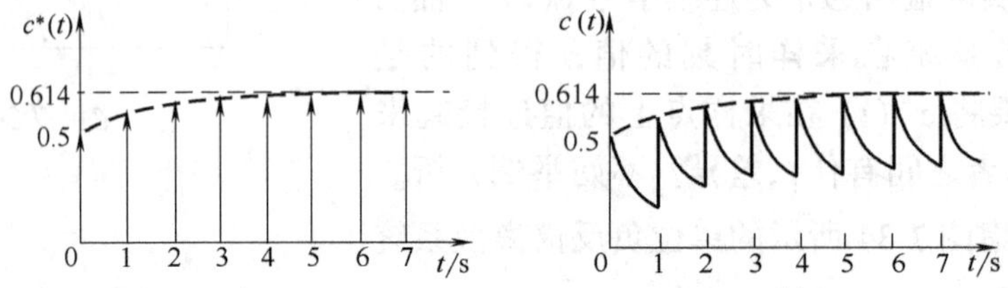


图 7-35

由图 7-35 可见，将 $c^*(t)$ 在采样时刻的值连接起来画出的光滑曲线，与实际的 $c(t)$ 曲线有明显的差别，也就是采样间隔中的信息失真了。这是因为连续环节 $G(s)=1/(s+1)$ 的输入 $e^*(t)$ 是脉冲序列，$1/(s+1)$ 对它不具有平滑作用，所以在采样点处出现跳变。若 $G(s)$ 的极点个数比零点个数多两个以上，即满足条件

$$\lim_{s\to\infty}sG(s)=0 \tag{7-95}$$

则连续输出信号 $c(t)$ 在采样点不会产生跳变，这样才可以将 $c^*(t)$ 在采样时刻的值连接起来得到 $c(t)$，否则会产生很大的误差。若在图 7-34 的系统中加入零阶保持器，由于零阶保持器可以近似表示为一阶惯性环节，这时就可以满足式（7-95）。

使用 $Z$ 变换法只能求得实际输出信号 $c(t)$ 的采样序列 $c(kT)$，而无法获得 $c(t)$ 在采样间隔中的值。若要获得 $c(t)$ 在采样间隔中的信息，可以采用扩展 $Z$ 变换法或称修正 $Z$ 变换法，这里不作详述，读者可参阅有关书籍。

另外，用 $Z$ 变换法求解系统的时间响应 $c^*(t)$ 时，已假定采样开关为理想开关，采样信号可以用理想脉冲序列来近似，每个理想脉冲的强度（面积）等于采样信号在采样时刻的瞬时值。这种假定要求采样持续时间 $\tau$ 远远小于采样周期 $T$ 和系统连续部分的最小时间常数。

### 7.6.3 离散系统闭环极点分布与瞬态响应的关系

连续系统的闭环极点在 $s$ 平面上的位置与系统的瞬态响应形式有明确的关系，这一关系

在离散系统中同样存在。研究离散系统的闭环极点在 $z$ 平面上的位置与系统瞬态响应的关系，对离散系统的分析和设计有重要意义。

设离散系统的闭环脉冲传递函数为

$$\Phi(z)=\frac{b_m z^m+b_{m-1}z^{m-1}+\cdots+b_1 z+b_0}{a_n z^n+a_{n-1}z^{n-1}+\cdots+a_1 z+a_0}=\frac{b_m}{a_n}\frac{\prod_{i=1}^{m}(z-z_i)}{\prod_{i=1}^{n}(z-p_i)} \tag{7-96}$$

式中，$z_i(i=1,2,\cdots,m)$、$p_i(i=1,2,\cdots,n)$ 分别为 $\Phi(z)$ 的零点和极点，且 $n\geqslant m$。

当输入信号 $r(t)=1(t)$，且假定 $\Phi(z)$ 无重极点，就有

$$C(z)=\Phi(z)R(z)=\frac{b_m}{a_n}\frac{\prod_{i=1}^{m}(z-z_i)}{\prod_{i=1}^{n}(z-p_i)}\frac{z}{z-1}=\frac{A_0 z}{z-1}+\sum_{i=1}^{n}\frac{A_i z}{z-p_i} \tag{7-97}$$

式中，$A_i$ 为待定系数

$$A_0=(z-1)C(z)\big|_{z=1}=\Phi(1),\quad A_i=(z-p_i)C(z)\big|_{z=p_i}\quad i=1,2,\cdots,n$$

式（7-97）经 $Z$ 反变换得到

$$c(kT)=A_0+\sum_{i=1}^{n}A_i p_i^k\qquad (k=0,1,2,\cdots) \tag{7-98}$$

式中第一项 $A_0$ 为响应的稳态分量，第二项为各个极点对应的瞬态分量之和，其中 $A_i p_i^k$ 是收敛，还是发散、振荡，完全取决于极点 $p_i$ 在 $z$ 平面上的位置，下面分几种情况进行讨论。

1）当 $0<p_i<1$ 时，极点位于 $z$ 平面单位圆内的正实轴上，对应的瞬态分量 $A_i p_i^k$ 为单调收敛脉冲序列，且 $p_i$ 越靠近原点，其值越小，$A_i p_i^k$ 收敛越快。

2）当 $-1<p_i<0$ 时，极点位于单位圆内的负实轴上，且当 $k$ 为偶数时，$A_i p_i^k$ 为正值，当 $k$ 为奇数时，$A_i p_i^k$ 为负值。因此该瞬态分量为正、负交替变化的脉冲序列，由于在单位圆内，所以呈现为正、负交替收敛，或称振荡收敛。

3）当 $p_i>1$ 时，极点位于单位圆外的正实轴上，对应的瞬态分量 $A_i p_i^k$ 为单调发散的脉冲序列；当 $p_i<-1$ 时，极点位于单位圆外的负实轴上，对应的瞬态分量 $A_i p_i^k$ 为正、负交替发散的脉冲序列。

4）当 $p_i=1$ 或 $p_i=-1$ 时，极点位于单位圆与实轴的交点。当 $p_i=1$ 时，对应的瞬态分量 $A_i p_i^k$ 为等幅脉冲序列；当 $p_i=-1$ 时，对应的瞬态分量 $A_i p_i^k$ 为正、负交替的等幅振荡。

上述四种情况下，闭环极点分布与响应的瞬态分量的形式如图 7-36a 所示。

5）当 $p_i$ 和 $p_{i+1}$ 为一对共轭复数极点时，对应的瞬态分量为

$$\mathscr{Z}^{-1}\left[\frac{A_i z}{z-p_i}+\frac{A_{i+1}z}{z-p_{i+1}}\right]=A_i p_i^k+A_{i+1}p_{i+1}^k \tag{7-99}$$

设 $p_{i,i+1}=|p_i|\mathrm{e}^{\pm\mathrm{j}\theta_i}$，$\theta_i$ 是 $p_i$ 到 $z$ 平面原点的连线与正实轴的夹角。因为 $\Phi(z)$ 的系数均为实数，所以 $A_i$ 和 $A_{i+1}$ 也必为共轭，设 $A_{i,i+1}=|A_i|\mathrm{e}^{\pm\mathrm{j}\varphi_i}$。式（7-99）可以进一步写成

$$\begin{aligned}A_i p_i^k+A_{i+1}p_{i+1}^k&=|A_i|\mathrm{e}^{\mathrm{j}\varphi_i}|p_i|^k\mathrm{e}^{\mathrm{j}k\theta_i}+|A_i|\mathrm{e}^{-\mathrm{j}\varphi_i}|p_i|^k\mathrm{e}^{-\mathrm{j}k\theta_i}\\&=|A_i||p_i|^k\left[\mathrm{e}^{\mathrm{j}(k\theta_i+\varphi_i)}+\mathrm{e}^{-\mathrm{j}(k\theta_i+\varphi_i)}\right]=2|A_i||p_i|^k\cos(k\theta_i+\varphi_i)\end{aligned} \tag{7-100}$$

所以，一对共轭极点所对应的瞬态分量是以余弦规律振荡。当 $|p_i|>1$ 时，为发散振荡的脉冲序列；$|p_i|=1$ 时，为等幅振荡的脉冲序列；$|p_i|<1$ 时，为衰减振荡的脉冲序列，极点越靠近原点，衰减越快。振荡角频率 $\omega_i=\dfrac{\theta_i}{T}$，$\theta_i$ 越大，振荡频率越高。闭环共轭复数极点在 $z$ 平面上的分布与所对应的瞬态分量的形式如图 7-36b 所示。

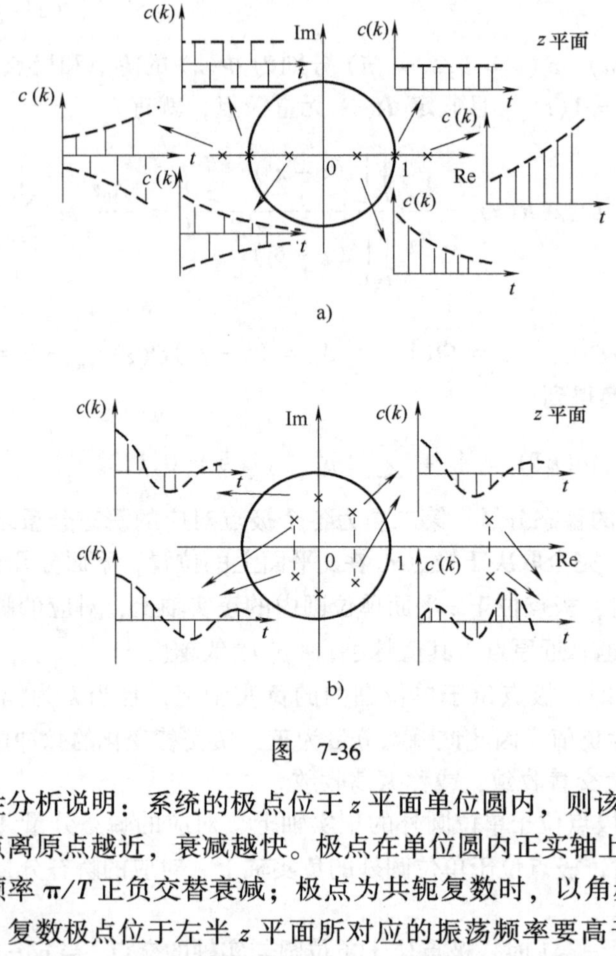


图 7-36

上面所作的定性分析说明：系统的极点位于 $z$ 平面单位圆内，则该极点所对应的瞬态分量总是衰减的，极点离原点越近，衰减越快。极点在单位圆内正实轴上为单调衰减；在单位圆内负实轴上以角频率 $\pi/T$ 正负交替衰减；极点为共轭复数时，以角频率 $\theta_i/T$ 按照余弦规律振荡衰减，并且，复数极点位于左半 $z$ 平面所对应的振荡频率要高于右半 $z$ 平面。因此，在设计离散系统时，应将闭环极点安置在 $z$ 平面右半平面的单位圆内，并且尽量靠近原点，这样可以提高系统瞬态响应速度，并且减少高频振荡的幅值和频率。

那么，如果离散系统的闭环极点均位于坐标原点，系统的瞬态响应又会具有什么特性呢？这时闭环脉冲传递函数具有如下形式：

$$\Phi(z)=\frac{b_m z^m+b_{m-1}z^{m-1}+\cdots+b_1 z+b_0}{a_n z^n}\qquad m\leqslant n \tag{7-101}$$

用长除法可求得

$$\Phi(z)=d_0+d_1 z^{-1}+\cdots+d_n z^{-n} \tag{7-102}$$

式（7-102）为 $z^{-1}$ 的有限项幂级数。当 $m=n-1$ 时，有 $d_0=0$；当 $m=n-2$ 时，有 $d_0=d_1=0$；依此类推。设输入信号 $r(t)=\delta(t)$，输入采样信号的 $Z$ 变换 $R(z)=1$，这时

$$C(z) = \Phi(z) = d_0 + d_1 z^{-1} + \cdots + d_n z^{-n}$$

系统的输出脉冲序列为

$$c(kT) = \begin{cases} d_k & k = 0,1,2,\cdots,n \\ 0 & k > n \end{cases}$$

或
$$c^*(t) = d_0\delta(t) + d_1\delta(t-T) + \cdots + d_n\delta(t-nT)$$

可见，该系统单位脉冲响应的瞬态响应分量经过 $n$ 个采样周期即可为零。

离散系统的闭环极点 $z=0$ 时，由于 $z=e^{sT}$，相当于连续系统闭环极点的实部 $\sigma=-\infty$ 的情况，$\sigma$ 反映闭环系统的稳定度。$\sigma=-\infty$ 的连续系统具有无穷大的稳定度，理论上瞬态响应最快，但是在实际中是难以实现的。然而，式（7-101）表示的离散系统可以具有无穷大的稳定度，且瞬态过程在有限个采样周期内结束，这是离散系统特有的情况，称为有限时间响应系统，或称为最少拍系统。

## 7.7　离散控制系统的稳态误差分析

在连续系统中，稳态误差的大小与系统本身的结构、参数，以及外部输入信号有关。对于离散系统来说，影响稳态误差的因素更为复杂，除了系统连续部分的结构、参数和外部输入信号外，稳态误差还与采样开关的位置、采样周期的大小有关。正是由于采样开关在系统中的位置不同，使得离散系统结构形式各异，所以只能针对系统的具体结构计算稳态误差。

### 7.7.1　利用终值定理求稳态误差

连续系统的稳态性能分析，是在拉普拉斯变换终值定理的基础上建立稳态误差的计算方法。对于离散系统，可以类似地采用 $Z$ 变换终值定理来分析计算采样时刻的稳态误差。

考虑结构如图 7-37 所示的离散系统。

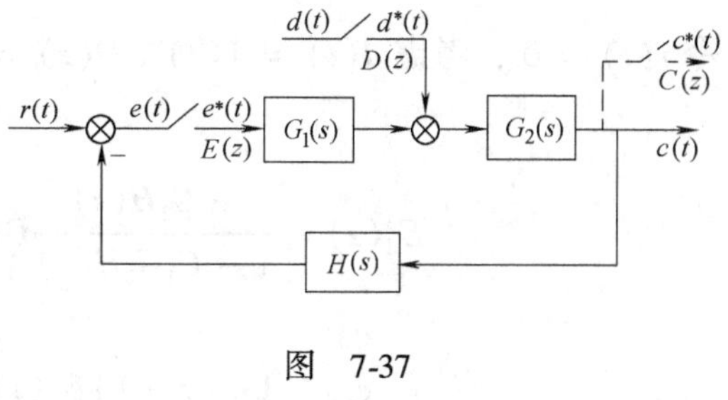


图　7-37

图中 $r(t)$ 为给定输入信号，$d(t)$ 为外部干扰信号，$e(t)$ 为误差信号，$d^*(t)$ 为干扰采样信号，$e^*(t)$ 为误差采样信号。系统的误差采样信号与输入采样信号之间的脉冲传递函数为

$$\Phi_{er}(z) = \frac{E_r(z)}{R(z)} = \frac{1}{1+G_1G_2H(z)}$$

系统的误差采样信号与干扰采样信号之间的脉冲传递函数为

$$\Phi_{ed}(z) = \frac{E_d(z)}{D(z)} = \frac{-G_2H(z)}{1+G_1G_2H(z)}$$

可得
$$E(z) = E_r(z) + E_d(z) = \frac{1}{1+G_1G_2H(z)}R(z) + \frac{-G_2H(z)}{1+G_1G_2H(z)}D(z)$$

定义系统在采样时刻的稳态误差为

$$e_{ss} = e(\infty) = \lim_{k\to\infty} e(kT) \tag{7-103}$$

若系统的全部闭环极点均位于 $z$ 平面上以原点为圆心的单位圆内（即系统稳定），则应用式(7-44)的 $Z$ 变换终值定理可以求出

$$e_{ss}=\lim_{z\to1}(z-1)E(z)=\lim_{z\to1}(z-1)\left[\frac{1}{1+G_1G_2H(z)}R(z)-\frac{G_2H(z)}{1+G_1G_2H(z)}D(z)\right] \tag{7-104}$$

**例 7-35** 图 7-37 所示的离散系统中，$G_1(s)=\dfrac{1}{s}$，$G_2(s)=\dfrac{1}{s+1}$，$H(s)=1$。已知采样周期 $T=1\text{s}$，$r(t)=2t$，$d(t)=1(t)$，求系统的稳态误差。

**解** 首先判断闭环系统的稳定性

$$G_1G_2H(z)=\mathscr{Z}\left[\frac{1}{s(s+1)}\right]=\frac{z(1-\mathrm{e}^{-T})}{(z-1)(z-\mathrm{e}^{-T})}$$

闭环特征方程为

$$(z-1)(z-\mathrm{e}^{-T})+z(1-\mathrm{e}^{-T})=z^2-0.736z+0.368=0$$

闭环极点 $z_{1,2}=0.368\pm\mathrm{j}0.482$，闭环稳定。

令 $d(t)=0$，考虑 $r(t)=2t$，$R(z)=\dfrac{2Tz}{(z-1)^2}$，有

$$E_r(z)=\frac{1}{1+G_1G_2H(z)}R(z)=\frac{1}{1+\dfrac{z(1-\mathrm{e}^{-T})}{(z-1)(z-\mathrm{e}^{-T})}}\frac{2Tz}{(z-1)^2}$$

$$e_{ssr}=\lim_{z\to1}(z-1)E_r(z)=2$$

令 $r(t)=0$，考虑 $d(t)=1(t)$，$D(z)=\dfrac{z}{z-1}$，有

$$E_d(z)=\frac{-G_2H(z)}{1+G_1G_2H(z)}D(z)=\frac{-\dfrac{z}{z-\mathrm{e}^{-T}}}{1+\dfrac{z(1-\mathrm{e}^{-T})}{(z-1)(z-\mathrm{e}^{-T})}}\frac{z}{z-1}$$

$$e_{ssd}=\lim_{z\to1}(z-1)E_d(z)=0$$

所以系统总的稳态误差为

$$e_{ss}=e_{ssr}+e_{ssd}=2$$

需要强调，用 $Z$ 变换终值定理计算得到的稳态误差是指系统在采样时刻的稳态误差，由于无法获得采样点之间的误差信息，因而仅用采样时刻的计算结果分析稳态精度与实际情况会有一定的差距。

## 7.7.2 离散系统的型别与静态误差系数

为了分析典型输入信号作用下的稳态误差与系统结构、参数的关系，考虑图 7-37 所示离散系统，令外部干扰信号 $d(t)=0$。将开环脉冲传递函数 $G(z)=G_1G_2H(z)$ 中包含的 $z=1$ 的极点个数 $v$ 定义为系统的型别，分别将 $\nu=0,1,2,\cdots$ 的离散系统，称为 0 型、Ⅰ型、Ⅱ型、…系统。下面讨论不同型别的离散系统在三种典型输入信号作用下的稳态误差，

并且定义离散系统的静态误差系数。

**1. 当输入信号为单位阶跃函数时的稳态误差**

因为 $r(t) = 1(t)$，所以

$$R(z) = \frac{z}{z-1}$$

由式（7-104），有

$$e_{ss} = \lim_{z\to 1}(z-1)\frac{1}{1+G(z)}\frac{z}{z-1} = \lim_{z\to 1}\frac{1}{1+G(z)} \tag{7-105}$$

定义静态位置误差系数

$$K_p = \lim_{z\to 1}G(z) \tag{7-106}$$

由式（7-105）得

$$e_{ss} = \frac{1}{1+K_p}$$

从式（7-106）看出，当 $\nu \geqslant 1$ 时，有

$$K_p = \infty\text{，则 } e_{ss} = \frac{1}{1+K_p} = 0$$

**2. 当输入信号为单位斜坡函数时的稳态误差**

因为 $r(t) = t$，所以

$$R(z) = \frac{Tz}{(z-1)^2}$$

由式（7-105）

$$e_{ss} = \lim_{z\to 1}(z-1)\frac{1}{1+G(z)}\frac{Tz}{(z-1)^2} = \lim_{z\to 1}\frac{T}{(z-1)[1+G(z)]} = \lim_{z\to 1}\frac{T}{(z-1)G(z)}$$

定义静态速度误差系数

$$K_v = \lim_{z\to 1}(z-1)G(z) \tag{7-107}$$

则

$$e_{ss} = \frac{T}{K_v} \tag{7-108}$$

由式（7-107）看出，当 $\nu \geqslant 2$ 时，有

$$K_v = \infty\text{，则 } e_{ss} = \frac{T}{K_v} = 0$$

**3. 当输入信号为单位加速度函数时的稳态误差**

因为 $r(t) = \frac{1}{2}t^2$，所以

$$R(z) = \frac{T^2 z(z+1)}{2(z-1)^3}$$

由式（7-105）

$$e_{ss} = \lim_{z\to 1}(z-1)\frac{1}{1+G(z)}\frac{T^2 z(z+1)}{2(z-1)^3} = \lim_{z\to 1}\frac{T^2}{(z-1)^2 G(z)}$$

定义静态加速度误差系数

$$K_a = \lim_{z\to 1}(z-1)^2 G(z) \tag{7-109}$$

则

$$e_{ss} = \frac{T^2}{K_a} \tag{7-110}$$

由式（7-109）看出，当$\nu \geqslant 3$时，有

$$K_a = \infty \qquad 则\ e_{ss} = \frac{T^2}{K_a} = 0$$

综上所述，系统静态误差系数、稳态误差与典型输入、系统型别之间的关系汇总于表7-8。

**表 7-8 静态误差系数、稳态误差与系统型别的关系**

| 系统型别 $\nu$ | 静态误差系数 | | | 稳态误差 $e_{ss}$ | | |
|---|---|---|---|---|---|---|
| | $K_p$ | $K_v$ | $K_a$ | $r(t)=1(t)$ | $r(t)=t$ | $r(t)=\frac{1}{2}t^2$ |
| 0 型 | 非零有限值 | 0 | 0 | $1/(1+K_p)$ | $\infty$ | $\infty$ |
| Ⅰ型 | $\infty$ | 非零有限值 | 0 | 0 | $T/K_v$ | $\infty$ |
| Ⅱ型 | $\infty$ | $\infty$ | 非零有限值 | 0 | 0 | $T^2/K_a$ |
| Ⅲ型 | $\infty$ | $\infty$ | $\infty$ | 0 | 0 | 0 |

由表 7-8 可知，若要使系统在阶跃输入下无静差，需要Ⅰ型及以上系统；若要使系统在斜坡输入下无静差，需要Ⅱ型及以上系统；若要使系统在加速度输入下无静差，需要Ⅲ型及以上系统。静态误差系数是反映离散系统跟随典型输入的稳态精度指标，静态位置误差系数$K_p$反映了离散系统跟随阶跃信号的稳态精度，静态速度误差系数$K_v$反映了离散系统跟随斜坡信号的稳态精度，静态加速度误差系数$K_a$反映了离散系统跟随加速度信号的稳态精度。以上结论与连续系统完全类似。需要注意的是，离散系统的稳态误差还与系统的采样周期有关，缩短采样周期、提高采样频率，可以降低系统的稳态误差。

**例 7-36** 已知采样系统结构如图 7-38 所示。采样周期$T=0.2\text{s}$，输入信号$r(t)=1+t+\frac{1}{2}t^2$，试用静态误差系数法，求该系统的稳态误差。

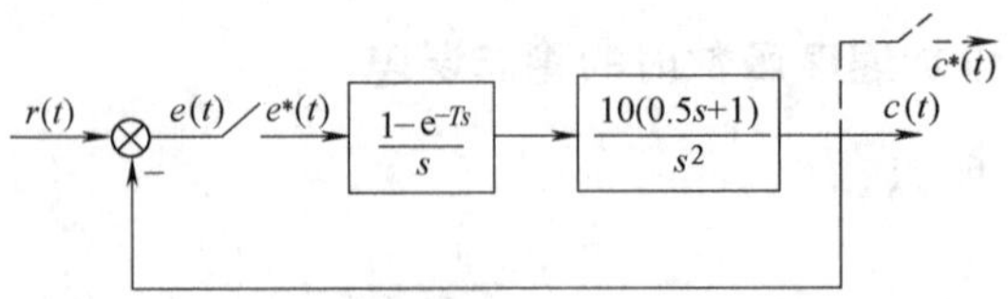


图 7-38

**解** 先求$G(z)$，因有零阶保持器，故

$$G(z) = \frac{z-1}{z}\mathscr{Z}\left[\frac{10(0.5s+1)}{s^3}\right] = \frac{z-1}{z}\mathscr{Z}\left[\frac{10}{s^3}+\frac{5}{s^2}\right]$$

由表 7-2 得

$$G(z)=\frac{z-1}{z}\left[\frac{5T^2z(z+1)}{(z-1)^3}+\frac{5Tz}{(z-1)^2}\right]$$

将采样周期 $T=0.2\mathrm{s}$ 代入上式，并化简得

$$G(z)=\frac{1.2z-0.8}{(z-1)^2}$$

为应用终值定理，需判别系统的特征根是否在单位圆内。闭环特征方程为

$$D(z)=1+G(z)=0$$

即

$$z^2-0.8z+0.2=0$$

特征根 $p_{1,2}=0.4\pm \mathrm{j}0.2$ 在单位圆内，所以系统稳定。现在用静态误差系数求 $e_{ss}$。

因为静态位置误差系数为

$$K_p=\lim_{z\to 1}G(z)=\lim_{z\to 1}\frac{1.2z-0.8}{(z-1)^2}=\infty$$

静态速度误差系数为

$$K_v=\lim_{z\to 1}(z-1)G(z)=\lim_{z\to 1}\frac{1.2z-0.8}{(z-1)}=\infty$$

静态加速度误差系数为

$$K_a=\lim_{z\to 1}(z-1)^2G(z)=\lim_{z\to 1}(1.2z-0.8)=0.4$$

由表 7-7 求得在输入 $r(t)=1+t+\frac{1}{2}t^2$ 作用下的稳态误差为

$$e_{ss}=\frac{1}{1+K_p}+\frac{T}{K_v}+\frac{T^2}{K_a}=0+0+\frac{0.2^2}{0.4}=0.1$$

也可以直接利用系统型别与各种典型输入时稳态误差之间的关系进行计算。由于单位反馈系统的 $G(z)$ 中有两个 $z=1$ 的极点，所以是Ⅱ型系统，则在阶跃输入和斜坡输入下稳态误差均为零，只要求出在加速度作用下的常值误差即可，这与连续系统完全类似。

## 7.8 根轨迹和频率特性在离散系统分析中的应用

本节简要介绍在离散系统分析中如何使用根轨迹法和频率法。设线性离散系统的结构如图 7-39 所示。

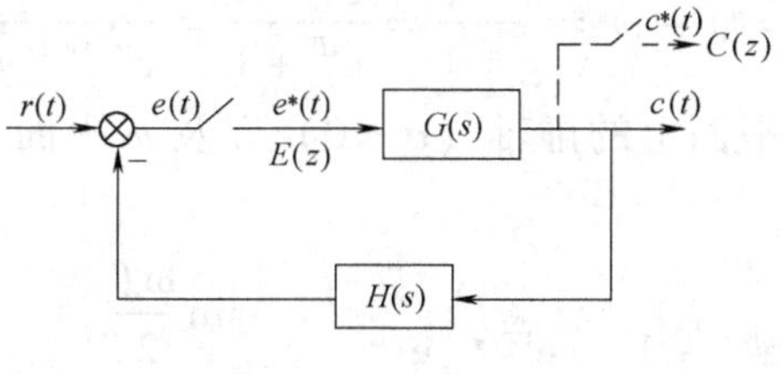


图　7-39

**1. 根轨迹法**

由图 7-39，线性离散系统的开环脉冲传递函数为

$$GH(z) = K^* \frac{\prod_{i=1}^{m}(z - z_i)}{\prod_{j=1}^{n}(z - p_j)} \tag{7-111}$$

式中，$z_i(i = 1,2,\cdots,m)$ 为开环零点；$p_j(j = 1,2,\cdots,n)$ 为开环极点；$K^*$ 为根轨迹增益。

系统的闭环特征方程为

$$1 + GH(z) = 0$$

则根轨迹的幅值方程和相角方程分别为

$$|GH(z)| = K^* \frac{\prod_{i=1}^{m}|z - z_i|}{\prod_{j=1}^{n}|z - p_j|} = 1 \tag{7-112}$$

$$\angle GH(z) = \sum_{i=1}^{m}\angle(z - z_i) - \sum_{j=1}^{n}\angle(z - p_j) = (2k+1)\pi \qquad (k = 0, \pm 1, \pm 2, \cdots) \tag{7-113}$$

根据幅值方程和相角方程，可以用连续系统根轨迹的作图法则，作出离散系统的根轨迹。需要注意的是，在连续系统中，决定系统临界稳定状态的是根轨迹与 $s$ 平面虚轴的交点，而在离散系统中，决定系统临界稳定状态的是根轨迹与 $z$ 平面上单位圆的交点。

**2. 频率特性法**

与连续系统频率法类似，可以采用对数频率特性（即博德图）分析离散系统的性能。首先利用式（7-94）的 $w$ 变换公式，将系统的开环脉冲传递函数 $GH(z)$ 变成 $GH(w)$。设复变量 $w = u + \mathrm{j}v$，$v$ 称为虚拟频率，令 $w = \mathrm{j}v$，代入 $GH(w)$ 得到 $GH(\mathrm{j}v)$，$GH(\mathrm{j}v)$ 称为离散系统的开环虚拟频率特性。然后绘制系统的开环对数幅频特性曲线 $20\lg|GH(\mathrm{j}v)|$ 和相频特性曲线 $\angle GH(\mathrm{j}v)$。按照绘制的对数频率特性曲线，可以用连续系统中的分析方法判断离散系统的稳定性，计算幅值裕度和相位裕度，确定静态误差系数，以评价系统的瞬态性能和稳态性能。也可以用尼柯尔斯图求得闭环频率特性，然后计算系统的谐振峰值、谐振频率及带宽等频域性能指标。

虚拟频率 $v$ 与实际角频率 $\omega$ 之间具有怎样的关系呢？由 $w$ 变换公式（7-94），有

$$w = u + \mathrm{j}v = \frac{z-1}{z+1} = \frac{\mathrm{e}^{sT}-1}{\mathrm{e}^{sT}+1} = \frac{\mathrm{e}^{\sigma T + \mathrm{j}\omega T}-1}{\mathrm{e}^{\sigma T + \mathrm{j}\omega T}+1}$$

由于 $z$ 平面上的单位圆与 $s$ 平面上的虚轴（$\sigma = 0$）以及 $w$ 平面上的虚轴（$u = 0$）相对应，所以

$$\mathrm{j}v = \frac{\mathrm{e}^{\mathrm{j}\omega T}-1}{\mathrm{e}^{\mathrm{j}\omega T}+1} = \frac{\mathrm{e}^{\mathrm{j}\frac{\omega T}{2}} - \mathrm{e}^{-\mathrm{j}\frac{\omega T}{2}}}{\mathrm{e}^{\mathrm{j}\frac{\omega T}{2}} + \mathrm{e}^{-\mathrm{j}\frac{\omega T}{2}}} = \mathrm{j}\frac{\sin\frac{\omega T}{2}}{\cos\frac{\omega T}{2}} = \mathrm{j}\tan\frac{\omega T}{2}$$

求得 $v$ 与 $\omega$ 之间的关系

$$v = \tan\frac{\omega T}{2} \tag{7-114}$$

式 (7-114) 表明，$v$ 是 $\omega$ 的周期函数，其周期就是采样角频率 $\omega_s$。当 $\omega$ 很小时，$v \approx \frac{\omega T}{2}$。

在利用离散系统的开环虚拟频率特性作出的博德图中，若求得虚拟截止频率 $v_c$，利用式 (7-114) 就可求出实际截止频率 $\omega_c$。

## 7.9　线性定常离散系统的数字校正

在大多数工业计算机控制系统中，被控对象是连续的，控制器由计算机实现。因此，离散控制系统的校正问题就是通过设计数字控制器，以保证系统的性能指标满足要求。离散系统的校正一般也称为离散控制系统的设计。

线性定常离散系统设计中，常用的性能指标有两类：第一类指标与连续系统的大致相同，包括瞬态性能指标、稳定裕度、静态误差系数、频域性能指标等。瞬态性能指标有时也通过闭环主导极点的位置或阻尼比的形式给出。第二类指标是离散系统特有的，要求系统在典型输入信号作用下，具有零稳态误差和最小时间响应。与连续系统一样，离散系统也可以采用串联校正、局部反馈校正和复合校正几种方式。本节介绍串联数字控制器的设计。

### 7.9.1　数字控制器的模拟化和离散化设计方法

采用串联校正的离散控制系统的结构如图 7-40 所示。$G_p(s)$ 为连续被控对象的传递函数，$G_h(s)$ 为保持器的传递函数，$D(z)$ 为串联数字控制器的脉冲传递函数。

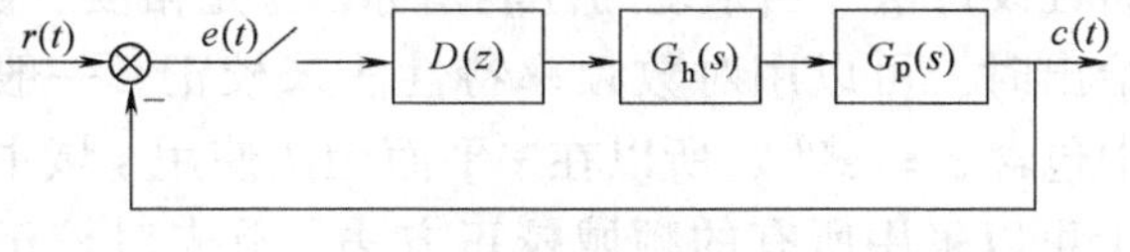


图　7-40

数字控制器的设计分为模拟化设计方法和离散化设计方法。模拟化设计方法就是按连续系统理论设计连续校正装置，再将该校正装置离散化。离散化设计方法则直接设计数字校正装置。

**1. 数字控制器的模拟化设计方法**

将图 7-40 所示的离散系统结构图等效为图 7-41 所示的结构图。

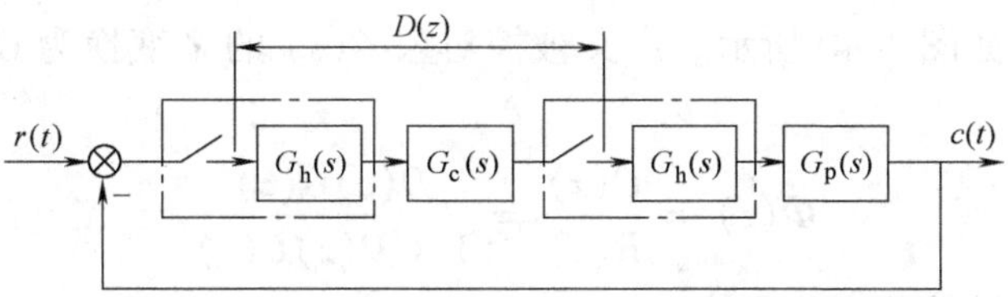


图　7-41

图中，由于连续信号经采样后再经过保持器可恢复连续信号，因此，采样器与相邻保持器的作用可忽略，这时离散系统可以等效为连续系统。只要按照连续系统的校正方法求出连续校正装置的传递函数 $G_c(s)$，然后进行离散化，就可以求得数字校正装置的脉冲传递函数 $D(z)$，即

$$D(z) = \mathscr{Z}[G_h(s)G_c(s)] \tag{7-115}$$

在实际应用中，若采样周期 $T$ 取得很小，式（7-115）也可以近似表示为 $D(z) = Z[G_c(s)]$。

需要指出，对连续校正装置进行离散化的方法有多种。除了式（7-115）给出的 $Z$ 变换方法，常用的方法有零极点匹配法，后向差分变换法，双线性变换法等。不同的离散化方法对控制器精度、稳定性的影响也不同，这方面的知识可参考相关文献。

**2. 数字控制器的离散化设计方法**

考虑图 7-40 所示的离散控制系统。$G(s) = G_h(s)G_p(s)$ 为保持器与被控对象传递函数的乘积，称 $G(s)$ 为广义被控对象，$D(z)$ 为数字控制器的脉冲传递函数。用离散化方法设计数字控制器，首先需要对系统中的连续部分离散化，求出未校正系统的开环脉冲传递函数 $G(z) = G_hG_p(z)$，然后选择合适的 $D(z)$ 使校正后的系统满足设计要求。离散化设计方法可以有以下三种：

（1）$z$ 域的根轨迹设计法　当系统具有一对闭环主导极点，且指标以误差系数和主导极点在单位圆内的位置，或者阻尼比等形式给出时，应用根轨迹法校正比较方便。该方法首先在 $z$ 平面上绘出校正前离散系统的根轨迹图，利用校正装置引入新的零点，以抵消原有的不希望的极点，同时引入新的极点，改变根轨迹的形状，使系统达到给定的性能指标。$z$ 域的根轨迹校正方法与连续系统在 $s$ 域的根轨迹校正方法类似，本书不作详述。

（2）$w$ 域的频率特性设计法　当系统的性能指标以稳定裕度、误差系数、谐振峰值、谐振频率和带宽等形式给出时，可以用对数频率特性法来校正。一般不在 $z$ 域采用频率特性法，这是因为计算式中包含 $z = e^{j\omega T}$，所以在 $z$ 平面无法使用 $s$ 域中近似的对数频率特性作图方法。而在 $w$ 平面上可以采用所有的频域校正方法。首先对校正前的开环脉冲传递函数 $G(z) = G_hG_p(z)$ 作 $w$ 变换得到 $G(w)$，令 $w = jv$，得到开环虚拟频率特性 $G(jv)$，作出虚拟频率特性曲线。按照与连续系统类似的方法确定数字校正装置的虚拟频率特性 $D(jv)$ 和相应的 $w$ 域传递函数 $D(w)$，最后利用 $w$ 变换公式求出校正装置的脉冲传递函数。

（3）$z$ 域的直接设计方法　上面介绍的数字校正装置的两种设计方法都是连续系统校正方法在离散系统中的推广。当指标要求离散系统在典型输入信号作用下，具有零稳态误差和最小时间响应时，往往采用 $z$ 域中的直接设计方法。该方法是一种基于 $Z$ 变换的解析设计方法，基本思想如下：

设离散控制系统如图 7-40 所示。广义被控对象 $G(s)$ 的 $Z$ 变换为 $G(z)$，系统的闭环脉冲传递函数为

$$\Phi(z) = \frac{C(z)}{R(z)} = \frac{D(z)G(z)}{1 + D(z)G(z)} \tag{7-116}$$

误差与输入信号之间脉冲传递函数为

$$\Phi_e(z) = \frac{E(z)}{R(z)} = \frac{1}{1 + D(z)G(z)} \tag{7-117}$$

显然有

$$\Phi_e(z) = 1 - \Phi(z) \tag{7-118}$$

由式（7-116）和式（7-117）可以分别求出数字控制器的脉冲传递函数为

$$D(z) = \frac{\Phi(z)}{G(z)[1 - \Phi(z)]} \tag{7-119}$$

或者

$$D(z) = \frac{1 - \Phi_e(z)}{G(z)\Phi_e(z)} = \frac{\Phi(z)}{G(z)\Phi_e(z)} \tag{7-120}$$

离散系统的直接数字校正问题就是：根据对离散系统性能指标的要求，确定闭环脉冲传递函数 $\Phi(z)$ 或误差脉冲传递函数 $\Phi_e(z)$，然后利用式（7-119）或式（7-120）确定数字控制器的脉冲传递函数 $D(z)$，并且加以实现。根据不同的性能指标要求，形成不同的 $D(z)$ 设计方法，例如：最少拍系统的设计，无稳态误差的最少拍系统的设计，无纹波最少拍系统的设计等。

## 7.9.2　最少拍无差系统的设计

在采样过程中，通常称一个采样周期为一拍。所谓最少拍无差系统是指在典型输入信号作用下，能够以有限拍结束响应过程，且在采样时刻上无稳态误差的离散系统。最少拍系统也称为最小调节时间系统或时间最优系统。

常见的典型输入信号有：单位阶跃函数、单位斜坡函数、单位加速度函数等。它们的 $Z$ 变换分别为

$$\mathscr{Z}[1(t)] = \frac{z}{z-1} = \frac{1}{1-z^{-1}}$$

$$\mathscr{Z}[t] = \frac{Tz}{(z-1)^2} = \frac{Tz^{-1}}{(1-z^{-1})^2}$$

$$\mathscr{Z}\left[\frac{1}{2}t^2\right] = \frac{T^2z(z+1)}{2(z-1)^3} = \frac{T^2z^{-1}(1+z^{-1})}{2(1-z^{-1})^3}$$

因此，这些典型输入的 $Z$ 变换具有以下一般形式：

$$R(z) = \frac{A(z)}{(1-z^{-1})^m} \tag{7-121}$$

其中，$A(z)$ 是不含（$1-z^{-1}$）因子的 $z^{-1}$ 多项式。例如：当 $r(t) = 1(t)$ 时，则有 $m = 1$，$A(z) = 1$；当 $r(t) = t$ 时有 $m = 2$，$A(z) = Tz^{-1}$；当 $r(t) = t^2/2$ 时有 $m = 3$，$A(z) = T^2[(z^{-1})^2 + z^{-1}]/2$。

最少拍无差系统的设计方法是：若系统的广义被控对象 $G(z)$ 无延迟且在 $z$ 平面单位圆上及单位圆外无零、极点，要求首先选择闭环脉冲传递函数 $\Phi(z)$ 或 $\Phi_e(z)$，使系统在典型输入作用下，经最少采样周期后能使输出序列在各采样时刻的稳态误差为零，达到完全跟踪输入信号的目的，然后根据 $\Phi(z)$、$\Phi_e(z)$ 确定所需要的数字控制器的脉冲传递函数 $D(z)$。

根据这一设计方法，需要求出稳态误差 $e_{ss}$ 的表达式。由于误差信号 $e(t)$ 对应的 $Z$ 变换为

$$E(z) = \Phi_e(z)R(z) = \frac{\Phi_e(z)A(z)}{(1-z^{-1})^m} \tag{7-122}$$

由 $Z$ 变换的定义，上式又可以写为

$$E(z) = \sum_{k=0}^{\infty} e(kT)z^{-k} = e(0) + e(T)z^{-1} + e(2T)z^{-2} + \cdots$$

根据 $Z$ 变换的终值定理，离散系统的稳态误差为

$$e_{ss} = \lim_{z\to1}(z-1)E(z) = \lim_{z\to1}(1-z^{-1})\frac{A(z)}{(1-z^{-1})^m}\Phi_e(z)$$

上式表明，使稳态误差 $e_{ss}$ 为零的条件是 $\Phi_e(z)$ 中包含有 $(1-z^{-1})^m$ 的因子，即

$$\Phi_e(z) = (1-z^{-1})^m F(z) \tag{7-123}$$

式中，$F(z)$ 为不含 $(1-z^{-1})$ 因子的多项式。为满足瞬态过程在最少拍结束的要求，由式（7-101）和式（7-118）可知，需要选择合适的 $F(z)$，使 $\Phi_e(z)$ 的全部极点均位于 $z$ 平面的原点，且所含 $z^{-1}$ 项数最少。如果 $G(z)$ 不含延迟环节 $z^{-1}$ 及 $z$ 平面单位圆上或单位圆外的零、极点，则可以取 $F(z)=1$。于是有

$$\Phi_e(z) = (1-z^{-1})^m \tag{7-124}$$

$$\Phi(z) = 1-(1-z^{-1})^m \tag{7-125}$$

式（7-125）便是最少拍无差系统的闭环脉冲传递函数，系统的瞬态响应只经过 $m$ 拍就进入稳态，其调节时间 $t_s = mT$。自 $t=mT$ 时刻开始，有 $e(mT) = e[(m+1)T] = \cdots = 0$，所以

$$E(z) = e(0) + e(T)z^{-1} + \cdots + e(mT)z^{-m}$$

$$e^*(t) = e(0)\delta(0) + e(T)\delta(t-T) + \cdots + e(mT)\delta(t-mT)$$

下面讨论最少拍系统在不同典型输入信号作用下，数字控制器脉冲传递函数 $D(z)$ 的确定方法。

**1. 输入为单位阶跃信号**

由于 $r(t)=1(t)$ 时，有 $m=1$，$A(z)=1$。由式（7-124）和式（7-125）可得到

$$\Phi_e(z) = 1-z^{-1}, \qquad \Phi(z) = z^{-1}$$

于是，根据式（7-119）或式（7-120）可以求出

$$D(z) = \frac{z^{-1}}{(1-z^{-1})G(z)} \tag{7-126}$$

由式（7-122）可得

$$E(z) = \frac{A(z)}{(1-z^{-1})^m}\Phi_e(z) = 1$$

$$C(z) = R(z) - E(z) = z^{-1} + z^{-2} + \cdots + z^{-k} + \cdots$$

上式表明：$e(0)=1$，$e(T)=e(2T)=e(3T)=\cdots=0$。可见，最少拍系统经过一拍便可以完全跟踪输入 $r(t)=1(t)$，其调节时间 $t_s=T$。最少拍无差系统的单位阶跃响应 $c^*(t)$ 如图 7-42a 所示。

**2. 输入为单位斜坡信号**

由于 $r(t)=t$ 时，有 $m=2$，$A(z)=Tz^{-1}$，故

$$\Phi_e(z) = (1 - z^{-1})^2$$

$$\Phi(z) = 1 - \Phi_e(z) = 2z^{-1} - z^{-2}$$

于是

$$D(z) = \frac{\Phi(z)}{G(z)\Phi_e(z)} = \frac{z^{-1}(2 - z^{-1})}{(1 - z^{-1})^2 G(z)} \tag{7-127}$$

且有

$$E(z) = \frac{A(z)}{(1 - z^{-1})^m}\Phi_e(z) = Tz^{-1}$$

$$C(z) = 2Tz^{-2} + 3Tz^{-3} + \cdots + kTz^{-k} + \cdots$$

上式表明：$e(0) = 0, e(T) = T, e(2T) = e(3T) = \cdots = 0$。可见，最少拍系统经过二拍便可以完全跟踪输入 $r(t) = t$，其调节时间 $t_s = 2T$。最少拍无差系统的单位斜坡响应 $c^*(t)$ 如图 7-42b 所示。

**3. 输入为单位加速度**

由于$r(t) = t^2/2$ 时，有 $m = 3, A(z) = 0.5T^2z^{-1}(1 + z^{-1})$，故可得闭环脉冲传递函数为

$$\Phi_e(z) = (1 - z^{-1})^3$$

$$\Phi(z) = 3z^{-1} - 3z^{-2} + z^{-3}$$

因此，数字控制器脉冲传递函数为

$$D(z) = \frac{z^{-1}(3 - 3z^{-1} + z^{-2})}{(1 - z^{-1})^3 G(z)} \tag{7-128}$$

误差脉冲序列及输出脉冲序列的 $Z$ 变换分别为

$$E(z) = 0.5T^2z^{-1} + 0.5T^2z^{-2}$$

$$C(z) = 1.5T^2z^{-2} + 4.5T^2z^{-3} + \cdots + 0.5k^2T^2z^{-k} + \cdots$$

于是有

$$e(0) = 0, e(T) = 0.5T^2, e(2T) = 0.5T^2, e(3T) = e(4T) = \cdots = 0$$

$$c(0) = c(T) = 0, c(2T) = 1.5T^2, c(3T) = 4.5T^2, \cdots$$

可见，最少拍系统经过三拍便可完全跟踪输入 $r(t) = t^2/2$，其调节时间 $t_s = 3T$。最少拍无差系统的单位加速度响应 $c^*(t)$ 如图 7-42c 所示。

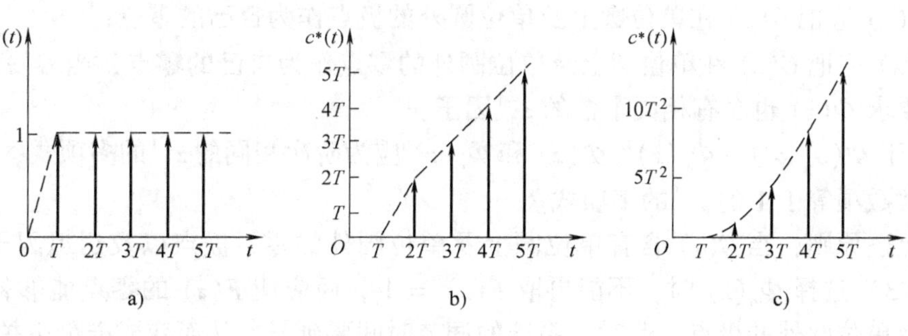


图　7-42

将以上最少拍无差系统的设计结果汇总成表 7-9。由表可见，对不同类型的典型输入信号，最少拍无差系统的闭环脉冲传递函数 $\Phi(z)$ 是不同的。需要指出，根据某一种典型输入设计的最少拍系统，在其他形式典型输入下，瞬态过程的拍数不变，但是性能会变坏；当有扰动输入时，系统性能会下降。因此，最少拍系统的适应性较差。另外，$\Phi(z)$ 有如此简单

的形式，是靠 $D(z)$ 的零、极点与 $G(z)$ 的零、极点相消的结果，因此这种系统对参数的变化也是很敏感的。

表 7-9 最少拍无差系统的设计结果

| $r(t)$ | $\Phi(z)$ | $\Phi_e(z)$ | $D(z)$ | $t_s$ |
|---|---|---|---|---|
| $1(t)$ | $z^{-1}$ | $1-z^{-1}$ | $\dfrac{z^{-1}}{(1-z^{-1})G(z)}$ | $T$ |
| $t$ | $2z^{-1}-z^{-2}$ | $(1-z^{-1})^2$ | $\dfrac{z^{-1}(2-z^{-1})}{(1-z^{-1})^2G(z)}$ | $2T$ |
| $\dfrac{1}{2}t^2$ | $3z^{-1}-3z^{-2}+z^{-3}$ | $(1-z^{-1})^3$ | $\dfrac{z^{-1}(3-3z^{-1}+z^{-2})}{(1-z^{-1})^3G(z)}$ | $3T$ |

在最少拍无差系统设计中，如果 $G(z)$ 含有时间延迟因子 $z^{-1}$ 及单位圆上或单位圆外的零、极点，就不能直接应用表 7-9 的设计结果。在这种情况下，必须对 $\Phi(z)$ 和 $\Phi_e(z)$ 的选择加以限制，否则将造成 $D(z)$ 实现上的困难。

由式（7-120），图 7-40 所示离散控制系统具有以下关系：

$$\Phi(z) = D(z)G(z)\Phi_e(z) \tag{7-129}$$

为了保证闭环系统稳定，$\Phi(z)$ 或 $\Phi_e(z)$ 不应该含有单位圆上或单位圆外的极点。这时，如果试图用 $D(z)$ 的零点与 $G(z)$ 在单位圆上或单位圆外的极点相消，由于不可避免的参数波动导致不能完全相消，反而会造成闭环系统不稳定；同样，也不能用 $D(z)$ 的极点消去 $G(z)$ 在单位圆上或单位圆外的零点，否则可能导致数字控制器 $D(z)$ 的不稳定；对于 $G(z)$ 中所包含的延迟因子 $z^{-1}$，也不允许用 $D(z)$ 来对消，因为这将使得 $D(z)$ 成为超前环节，即要求作为数字控制器的计算机有超前输出，这在物理上是无法实现的。因此，$G(z)$ 所含有的延迟因子 $z^{-1}$ 和单位圆上及单位圆外的零、极点，必须由 $\Phi(z)$ 及 $\Phi_e(z)$ 的零点去补偿。

为了使求出的 $D(z)$ 是物理可实现的，在最少拍系统设计中，$\Phi(z)$ 及 $\Phi_e(z)$ 的选择应遵循以下原则：

1）$D(z)$ 应是有理多项式分式，其极点的数目应大于等于零点的数目；

2）$\Phi_e(z)$ 应把 $G(z)$ 在单位圆上及单位圆外的极点作为自己的零点；

3）$\Phi(z)$ 应把 $G(z)$ 在单位圆上及单位圆外的零点作为自己的零点，当 $G(z)$ 中含有 $z^{-1}$ 因子时，要求 $\Phi(z)$ 也含有相同个数的 $z^{-1}$ 因子；

4）由于 $\Phi(z)=1-\Phi_e(z)$，$\Phi(z)$ 和 $\Phi_e(z)$ 应为阶次相同的 $z^{-1}$ 的多项式，且 $\Phi_e(z)$ 还应为包含常数项等于 1 的 $z^{-1}$ 的多项式。

根据上述原则，当 $G(z)$ 含有单位圆上及单位圆外的零、极点以及延迟因子 $z^{-1}$ 时，应用式（7-123）选择 $\Phi_e(z)$ 时，不能再取 $F(z)=1$，而应使 $F(z)$ 的零点能够补偿 $G(z)$ 在单位圆上及单位圆外的极点。此时，系统的调节时间要延长，从而变成准最少拍系统。

### 7.9.3 数字控制器的实现

在数字控制系统中，数字控制器 $D(z)$ 又称为数字补偿器或数字滤波器，可以用计算机程序来实现 $D(z)$ 所描述的数字控制规律。

设数字控制器的脉冲传递函数有如下一般形式：

$$D(z)=\frac{U(z)}{E(z)}=\frac{b_n+b_{n-1}z^{-1}+b_{n-2}z^{-2}+\cdots+b_0z^{-n}}{1+a_{n-1}z^{-1}+a_{n-2}z^{-2}+\cdots+a_0z^{-n}} \tag{7-130}$$

式（7-130）可以写为

$$(1+a_{n-1}z^{-1}+a_{n-2}z^{-2}+\cdots+a_0z^{-n})U(z)=(b_n+b_{n-1}z^{-1}+b_{n-2}z^{-2}+\cdots+b_0z^{-n})E(z)$$

对上式取 $Z$ 反变换，并经过整理得控制器输出序列

$$u(kT)=\sum_{i=0}^{n}b_{n-i}e[(k-i)T]-\sum_{i=1}^{n}a_{n-i}u[(k-i)T] \quad k=0,1,2,\cdots \tag{7-131}$$

式（7-131）给出了数字控制器 $D(z)$ 的计算机程序实现算法。其中，$kT$ 表示当前采样时刻；$(k-i)T$ 表示过去采样时刻，它与当前采样时刻相距 $i$ 个采样周期。可见，实现数字控制器的控制规律，除了需要当前采样时刻的信息 $e(kT)$ 外，还需要使用过去采样时刻的信息。因此，在每一个采样时刻上出现的输入 $e$ 及计算结果 $u$ 都要送入存储单元，以便用于下一个采样时刻的计算。

**例 7-37** 设图 7-40 的离散系统中，连续部分和零阶保持器的传递函数分别为

$$G_p(s)=\frac{10}{s(s+1)} \quad 和 \quad G_h(s)=\frac{1-e^{-sT}}{s}$$

其中采样周期为 $T=1s$。若要求系统在单位斜坡输入时实现最少拍无差控制，试求出数字控制器的脉冲传递函数 $D(z)$ 。

**解** 系统的开环传递函数

$$G(s)=G_h(s)G_p(s)=\frac{10(1-e^{-sT})}{s^2(s+1)}$$

经 $Z$ 变换有

$$G(z)=10(1-z^{-1})Z\left[\frac{1}{s^2(s+1)}\right]=10(1-z^{-1})\left[\frac{Tz}{(z-1)^2}-\frac{(1-e^{-T})z}{(z-1)(z-e^{-T})}\right]$$

$$=\frac{3.68z^{-1}(1+0.717z^{-1})}{(1-z^{-1})(1-0.368z^{-1})}$$

由于输入 $r(t)=t$，最少拍系统应具有的闭环脉冲传递函数和误差脉冲传递函数为

$$\Phi(z)=2z^{-1}-z^{-2},\ \Phi_e(z)=(1-z^{-1})^2$$

可见，$\Phi_e(z)$ 的零点 $z=1$ 正好可以补偿 $G(z)$ 在单位圆上的极点 $z=1$；$\Phi(z)$ 已包含 $G(z)$ 的延迟因子 $z^{-1}$。因此，上述 $\Phi(z)$ 和 $\Phi_e(z)$ 满足对消 $G(z)$ 中的延迟因子 $z^{-1}$ 及补偿 $G(z)$ 在单位圆上极点 $z=1$ 的限制性要求。所以按照式（7-120）算出的 $D(z)$，可以确保在 $r(t)=t$ 作用下系统成为最少拍无差系统。可以求出

$$D(z)=\frac{\Phi(z)}{G(z)\Phi_e(z)}=\frac{0.543(1-0.368z^{-1})(1-0.5z^{-1})}{(1-z^{-1})(1+0.717z^{-1})}$$

当 $r(t)=t$ 时，系统输出的 $Z$ 变换为

$$C(z)=2z^{-2}+3z^{-3}+4z^{-4}+5z^{-5}+\cdots$$

单位速度响应 $c^*(t)$ 如图 7-43a 所示。可见，瞬态过程在第二拍结束。从第二拍开始，采样时刻的误差达到零。

但是，当 $r(t)=1(t)$ 时，有

$$C(z)=2z^{-1}+z^{-2}+z^{-3}+z^{-4}+z^{-5}+\cdots$$

单位阶跃响应 $c^*(t)$ 如图 7-43b 所示。

当 $r(t) = t^2/2$ 时，有

$$C(z) = z^{-2} + 3.5z^{-3} + 7.0z^{-4} + 11.5z^{-5} + \cdots$$

单位加速度响应 $c^*(t)$ 如图 7-43c 所示。

可见，在单位阶跃输入和单位加速度输入情况下，瞬态过程虽然也在第二拍结束，但是单位阶跃响应的超调量为 100%，单位加速度响应的稳态误差为 1。根据单位斜坡输入设计的最少拍系统，其单位阶跃响应和单位加速度响应的性能变差，说明该系统的适应性不够好。

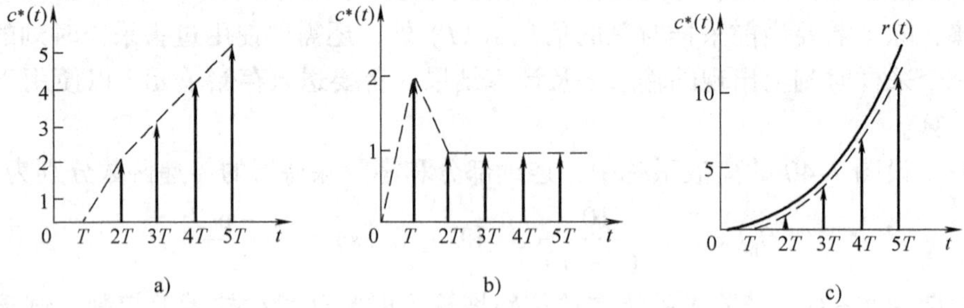


图 7-43

**例 7-38** 试写出例 7-37 中数字控制器脉冲传递函数 $D(z)$ 的程序实现算法。

**解** 由例 7-37 得

$$D(z) = \frac{0.543(1-0.368z^{-1})(1-0.5z^{-1})}{(1-z^{-1})(1+0.717z^{-1})}$$

上式可写为

$$U(z) = 0.543E(z) - 0.471z^{-1}E(z) + 0.0999z^{-2}E(z) + 0.283z^{-1}U(z) + 0.717z^{-2}U(z)$$

对上式取 $Z$ 反变换，可得

$$u(kT) = 0.543e(kT) - 0.471e[(k-1)T] + 0.0999e[(k-2)T] + \\ + 0.283u[(k-1)T] + 0.717u[(k-2)T] \qquad (k = 0,1,2,\cdots)$$

上式就是例 7-37 中 $D(z)$ 的计算机程序实现算法。

应当指出，上面介绍的最少拍无差系统设计，只能保证系统在采样时刻的稳态误差为零。而在采样间隔的输出可能与输入信号不同，出现所谓纹波。这种系统称为有纹波最少拍无差系统。纹波的存在不仅影响精度，对于控制机械设备的系统，还会增加机械磨损和功耗，当然是不希望的。对于无纹波最少拍无差系统的设计，可参考相关文献。

## 7.10 MATLAB 在离散控制系统中的应用

本节简要介绍 MATLAB 软件在离散系统的建模和分析中的应用。

**1. 脉冲传递函数在 MATLAB 中的表示**

（1）多项式分式形式的脉冲传递函数为

$$G(z) = \frac{b_m z^m + b_{m-1}z^{m-1} + \cdots + b_1 z + b_0}{a_n z^n + a_{n-1}z^{n-1} + \cdots + a_1 z + a_0}$$

用 num = $[b_m, b_{m-1}, \cdots, b_0]$ 表示分子多项式系数，den = $[a_n, a_{n-1}, \cdots, a_0]$ 表示分母多项式系数。建立具有多项式分式形式的脉冲传递函数可以调用 MATLAB 函数

sys = tf(num,den,T)

其中，T 为采样周期。若采样周期不确定，则设置 T = -1。

（2）零、极点增益形式的传递函数为

$$G(z) = K\frac{(z-z_1)(z-z_2)\cdots(z-z_m)}{(z-p_1)(z-p_2)\cdots(z-p_n)}$$

用 $Z = [z_1, z_2, \cdots, z_m]$ 表示零点，$P = [p_1, p_2, \cdots, p_n]$ 表示极点，$K$ 表示增益。建立具有零、极点增益形式的脉冲传递函数可以调用 MATLAB 函数

sys = zpk(Z,P,K,T)

（3）脉冲传递函数两种形式之间的转换　多项式分式形式转换成零、极点增益形式可调用函数

[Z,P,K] = tf2zp(num,den)

零、极点增益形式转换成多项式分式形式可调用函数

[num,den] = zp2tf(Z,P,K)

**2. 连续系统模型与离散系统模型之间的变换**

MATLAB 提供了连续系统和离散系统之间的模型变换函数。c2dm（）函数用于将连续系统模型变换成离散系统模型，d2cm（）函数用于将离散系统模型变换成连续系统模型。两个函数的调用格式如下

[numd,dend] = c2dm(num,den,T,'method')

[num,den] = d2cm(numd,dend,T,'method')

其中，numd 表示离散系统脉冲传递函数的分子多项式系数；

dend 表示离散系统脉冲传递函数的分母多项式系数；

num 表示连续系统传递函数的分子多项式系数；

den 表示连续系统传递函数的分母多项式系数；

T 表示采样周期；

'method' 表示采用的离散化方法，有多种方法可供选择。该参数的默认值为 'zoh'，即零阶保持器法，表示在连续系统传递函数之前带有零阶保持器；用 'matched' 表示采用零、极点匹配法。

**例 7-39**　已知连续系统的传递函数为 $G_p(s) = \dfrac{1}{s(s+1)}$，将 $G(s) = G_h(s)G_p(s)$ 离散化，求脉冲传递函数 $G(z)$。$G_h(s)$ 为零阶保持器，且采样周期 $T = 1s$。

**解**　在 MATLAB 命令窗键入如下程序：

```
>> num = [1]; den = [1 1 0];                     %输入连续系统传递函数 Gp(s)
>> T = 1;                                        %输入采样周期
>> [numd, dend] = c2dm (num, den, T, 'zoh');     %进行离散化
>> printsys (numd, dend, 'z')                    %打印出脉冲传递函数
```

运行结果：

num/den =

```
     0.36788 z + 0.26424
  ---------------------------
  z^2 - 1.3679 z + 0.36788
```

若采用零、极点匹配法对上述连续系统 $G_p(s)$ 离散化，可键入：

```
>> num = [1]; den = [1 1 0]; T=1;
>> [numd, dend] = c2dm (num, den, T, 'matched');
>> printsys (numd, dend, 'z')
```

运行结果：

```
num/den =
     0.33485 z + 0.33485
  ---------------------------
  z^2 - 1.3679 z + 0.36788
```

**3. 求闭环系统的脉冲传递函数**

MATLAB提供的函数feedback（）可用于连续系统，也可用于离散系统。但是，求离散系统的闭环脉冲传递函数有多种情况，对于闭环脉冲传递函数

$$\Phi(z) = \frac{G(z)}{1+G(z)H(z)}$$

的情况，可以用下列方式调用feedback（）函数：

```
sys =feedback (sys1, sys2, sign)
[num, den] = feedback (num1, den1, num2, den2, sign)
```

其中，num1和den1分别是sys1的分子和分母多项式系数，num2和den2分别是sys2的分子和分母多项式系数。Sign取+1表示正反馈，取-1表示负反馈，负反馈时可省略。

**4. 求离散系统的时间响应**

应用MATLAB提供的函数dstep（）、dimpulse（）和dlsim（），可以用来仿真计算离散系统的响应。其中dstep（）函数用于求单位阶跃响应，dimpulse（）函数用于求单位脉冲响应，dlsim（）函数用于求任意给定输入的响应。函数的调用格式如下：

```
[y, x] = dstep (numd, dend, n)        或 dstep (numd, dend, n)
[y, x] = dimpulse (numd, dend, n)     或 dimpulse (numd, dend, n)
[y, x] = dlsim (numd, dend, u)        或 dlsim (numd, dend, u)
```

其中，y表示系统的输出响应；x表示系统的状态响应；numd和dend分别表示离散系统脉冲传递函数的分子多项式系数、分母多项式系数；n表示采样次数（是可选项）；u表示任意给定输入信号序列，其行数应等于采样次数。在函数调用格式中，左边列出的调用格式将显示系统输出响应序列，右边列出的调用格式将直接绘出输出响应曲线。

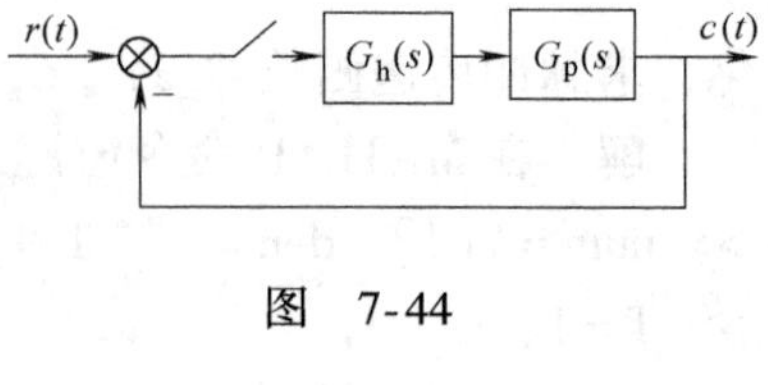

图 7-44

**例7-40** 离散系统的结构如图7-44所示。被控对象和零阶保持器的传递函数分别为

$$G_p(s) = \frac{1.5}{s(0.1s+1)(0.5s+1)} \qquad G_h(s) = \frac{1-e^{-sT}}{s}$$

采样周期 $T=0.1\text{s}$，采样次数 $n=100$。绘出系统的单位阶跃响应曲线。

**解**　$G_p(s) = \dfrac{30}{s(s+10)(s+2)}$

编写 MATLAB 程序或在命令窗键入下列命令：

```
>> Z = []; P = [0 -10 -2]; K=30;                  %输入连续系统的零、极点和增益
>> [num, den] = zp2tf (Z, P, K);                   %将零、极点增益形式转化为多项式分式形式
>> T=0.1; n=100;                                   %输入采样周期和采样次数
>> [numd, dend] = c2dm (num, den, T, 'zoh');       %离散化求开环脉冲传递函数
>> [numc, denc] = feedback (numd, dend, 1, 1);     %求闭环脉冲传递函数
>> printsys (numc, denc, 'z')                      %打印闭环脉冲传递函数
```

运行结果：

```
num/den =
     0.0037646 z^2 + 0.011354 z + 0.0020693
     ------------------------------------------------------
     z^3 - 2.1828 z^2 + 1.4992 z - 0.29912
>> dstep (numc, denc, n)                           %绘出离散系统的单位阶跃响应曲线
```

运行结果如图 7-45 所示。

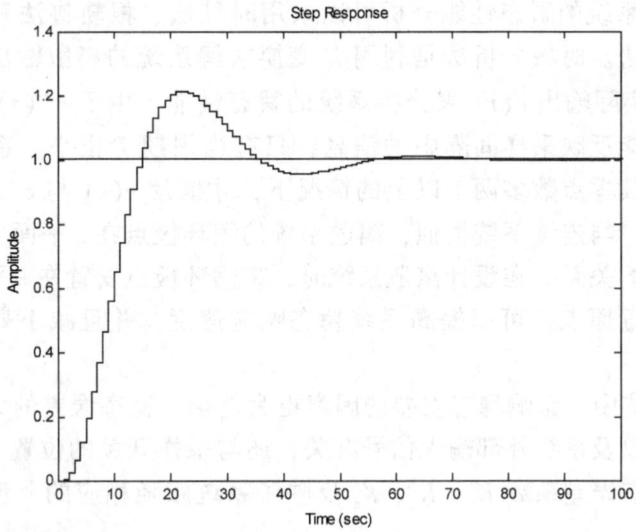


图　7-45

在图 7-45 中，横坐标是采样点序号乘以采样周期 $T=0.1\text{s}$，即可表示以秒为单位的时间坐标。

# 小　结

(1) 与连续系统一样，离散系统所要研究的问题也主要包括模型方法、系统性能分析方法和校正方法。由于离散控制系统中至少含有一个在时间上是离散的信号，因此本章首先介绍信号的采样与保持问题。为了保证连续信号经采样后能够恢复，要求采样频率必须大于等于原连续信号所含有的最高频率的两倍，即满足香农采样定理。信号恢复需要的理想滤波器一般通过零阶保持器近似实现。

(2) 描述离散系统的时域数学模型是差分方程，经过 $Z$ 变换可以获得离散系统的 $z$ 域模型，即脉冲传递函数。$Z$ 变换理论是离散系统分析中的主要数学工具，其在线性离散系统中的作用与拉普拉斯变换在线性连续系统中的作用类似。脉冲传递函数是用 $Z$ 变换法求解差分方程过程中引伸出来的数学模型，其重要作用与连续系统的传递函数相同。由于离散系统中采样开关配置的多样性，离散系统不具有连续系统结构图化简的一般规则。由离散系统的结构图求脉冲传递函数时，一般可通过列写变量之间的代数关系方程来求解。

(3) 由 $s$ 域到 $z$ 域的映射，得到线性离散系统稳定的充分必要条件是：离散特征方程的全部特征根均位于 $z$ 平面上以原点为圆心的单位圆内。由 $z$ 域到 $w$ 域的映射，使得连续系统的劳斯判据可以在 $w$ 域中直接用来判断离散系统的稳定性。离散系统的稳定性除了与系统固有的结构和参数有关，还与系统的采样周期有关。

(4) 离散控制系统的瞬态性能分析可以采用时域法、根轨迹法和频率特性法，本书主要介绍时域分析法。时域分析法是利用 $Z$ 变换求解系统的离散输出响应 $c^*(t)$，并用 $c^*(t)$ 近似系统的实际输出 $c(t)$ 来分析系统的瞬态性能。由于 $c^*(t)$ 只能反映系统在采样时刻的信息，不能反映采样间隔中的信息，只有当周期 $T$ 很小，系统连续部分传递函数的极点数至少比其零点数多两个以上的情况下，才能使 $c(t)$ 与 $c^*(t)$ 基本接近，否则会带来较大的误差。与连续系统类似，离散系统的闭环极点在 $z$ 平面上的位置与系统的瞬态响应形式有明确的关系。在设计离散系统时，将闭环极点安置在 $z$ 平面右半平面的单位圆内，并且尽量靠近原点，可以提高系统瞬态响应速度，并且减小高频振荡的幅值和频率。

(5) 在离散系统中，影响稳态误差的因素更为复杂。稳态误差的大小除了与系统连续部分的结构、参数以及系统外部输入信号有关，还与采样开关的位置、采样周期的大小有关。离散系统的静态误差系数 $K_p$、$K_v$、$K_a$ 反映了系统跟随相应的典型输入信号时的稳态精度。

(6) 设计离散控制系统的数字控制器可以采用模拟化方法和离散化方法。模拟化设计方法就是按连续系统理论设计连续校正装置，再将该校正装置离散化。离散化设计方法则在 $z$ 域中直接设计数字控制器。本章主要介绍如何用直接数字设计方法设计最少拍无差系统，使系统的输出在有限拍内实现对典型输入信号的完全跟踪。并且讨论了数字控制器实现的条件。

(7) 介绍了 MATLAB 函数在离散控制系统建模和分析中的应用。

## 习　题

7-1　试写出下列函数的 $E^*(s)$ 。

(1) $e(t)=\sin\omega t$　　(2) $E(s)=\dfrac{1}{(s+1)(s+2)}$

7-2　试求下列函数 $e(t)$ 的 $Z$ 变换 $E(z)$ 。

(1) $e(t)=a^t$　　(2) $e(t)=\cos\omega t$

(3) $e(t)=t^2e^{-3t}$　　(4) $e(t)=\dfrac{1}{3!}t^3$

7-3　试求下列拉普拉斯变换函数 $E(s)$ 的 $Z$ 变换 $E(z)$ 。

(1) $E(s)=\dfrac{s+3}{(s+1)(s+2)}$　　(2) $E(s)=\dfrac{s+1}{s^2}$　　(3) $E(s)=\dfrac{1-e^{-s}}{s^2(s+1)}$

7-4　试用部分分式法、幂级数法和留数法，求下列函数的 $Z$ 反变换。

(1) $E(z)=\dfrac{10z}{(z-1)(z-2)}$　　(2) $E(z)=\dfrac{-3+z^{-1}}{1-2z^{-1}+z^{-2}}$

7-5　试求下列函数的 $Z$ 反变换 $e^*(t)$ 。

(1) $E(z)=\dfrac{z}{(z-1)(z-2)}$　　(2) $E(z)=\dfrac{z}{(z+1)(3z^2+1)}$

(3) $E(z)=\dfrac{z}{(z-1)(z+0.5)^2}$

7-6　试确定下列函数的初值和终值。

(1) $E(z)=\dfrac{Tz^{-1}}{(1-z^{-1})^2}$　　(2) $E(z)=\dfrac{z^2}{(z-0.8)(z-0.1)}$

7-7　已知差分方程为

$$c(k+2)-4c(k+1)+2c(k)=r(k+2)+3r(k+1)$$

输入序列 $r(k)=1(k\geqslant 0)$ 且初始条件为 $c(0)=0$, $c(1)=1$ 。试用迭代法求输出序列 $c(k), k=0,1,2,3,4$ 。

7-8　试用 $Z$ 变换法求解下列差分方程。

(1) $c(k+2)-3c(k+1)+2c(k)=r(k)$，已知 $r(t)=1(t)$，$c(0)=c(1)=1$，$c(2)=0$

(2) $c(k+3)+6c(k+2)+11c(k+1)+6c(k)=0$，已知 $c(0)=c(1)=1$，$c(2)=0$

(3) $c(k+2)+2c(k+1)+c(k)=k$，已知 $c(0)=c(1)=0$

(4) $c(k+2)+5c(k+1)+6c(k)=\cos k\dfrac{\pi}{2}$，已知 $c(0)=c(1)=0$

7-9　设开环离散系统如图 7-46 所示，试求系统的脉冲传递函数 $G(z)=C(z)/R(z)$ 。

7-10　求图 7-47 所示闭环离散系统的脉冲传递函数 $\Phi(z)$ 或输出 $Z$ 变换 $C(z)$ 。

7-11　已知脉冲传递函数

$$G(z)=\frac{C(z)}{R(z)}=\frac{0.53+0.1z^{-1}}{1-0.37z^{-1}}$$

其中，$R(z)$ = 用 $z/(z-1)$ 或 $\dfrac{z}{z-1}$，试求 $c(nT)$ 。

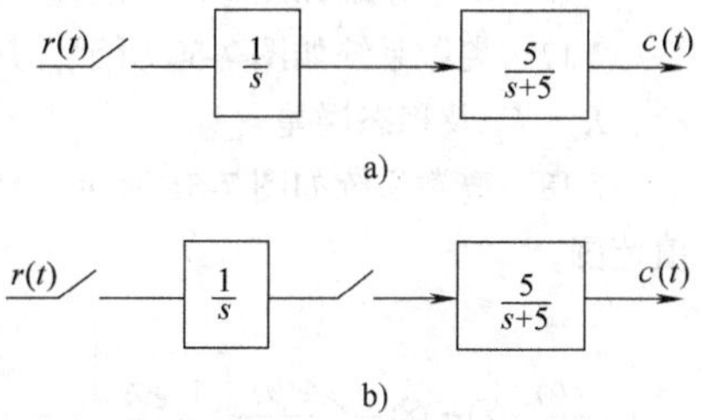


图　7-46

7-12　已知离散系统的闭环特征方程分别为

(1) $D(z)=(z+0.5)(z-0.8)(z+1.2)=0$

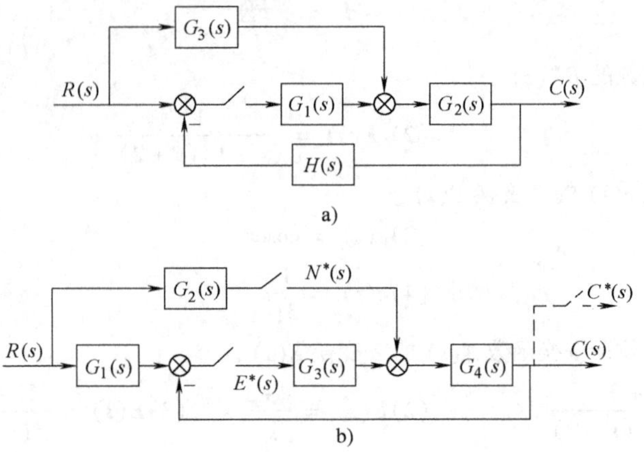


图 7-47

(2) $D(z)=z^3-1.5z^2-0.25z+0.4=0$

试判断离散系统的稳定性。

7-13 已知单位负反馈离散系统的开环脉冲传递函数为

$$G(z)=\frac{0.368z+0.264}{z^2-1.368z+0.368}$$

试用劳斯判据和朱利判据判断系统的稳定性。

7-14 已知离散系统结构如图 7-48 所示。$G_h(s)$ 为零阶保持器，$G(s)=\dfrac{K}{s(s+2)}$。

要求：

(1) 当 $K=8$，$T=1\text{s}$ 时，分析系统的稳定性；

(2) 试求 $T=1\text{s}$ 及 $T=0.5\text{s}$ 时，使系统稳定的 $K$ 值范围。讨论采样周期 $T$ 对稳定性的影响。

7-15 试求图 7-49 所示系统的单位阶跃响应 $c^*(t)$，采样周期 $T=0.1\text{s}$。

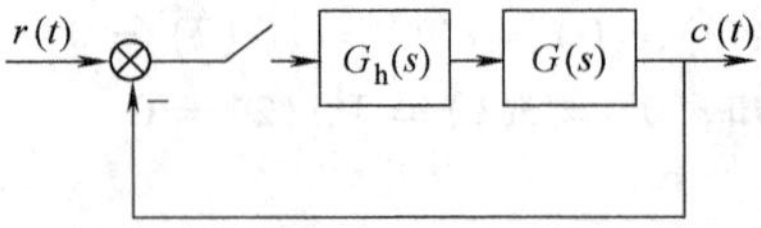


图 7-48

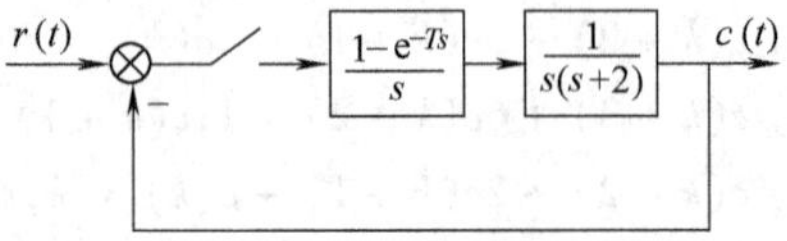


图 7-49

7-16 离散系统如图 7-50 所示，其中采样周期 $T=0.2\text{s}$，试求系统的单位阶跃响应序列 $c(kT)$。

7-17 离散系统如图 7-50 所示，其中采样周期 $T=0.2\text{s}$，$r(t)=1+2t+t^2$。试求系统的静态误差系数 $K_p$、$K_v$、$K_a$ 及稳态误差 $e_{ss}$。

7-18 离散系统如图 7-51 所示，其中 $T=0.25\text{s}$，$r(t)=2+t$。若要使稳态误差小于 0.1，试求 $K$ 的取值范围。

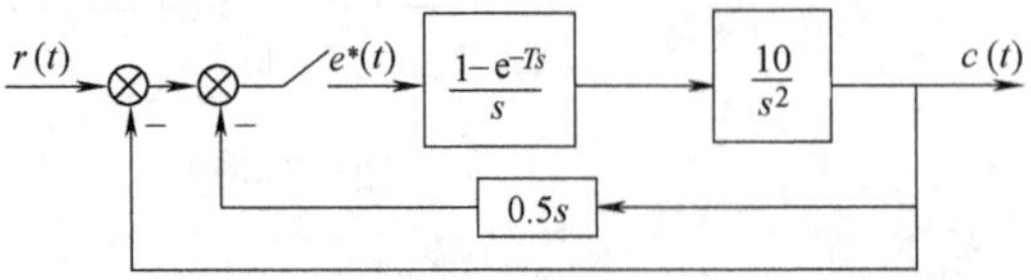


图 7-50

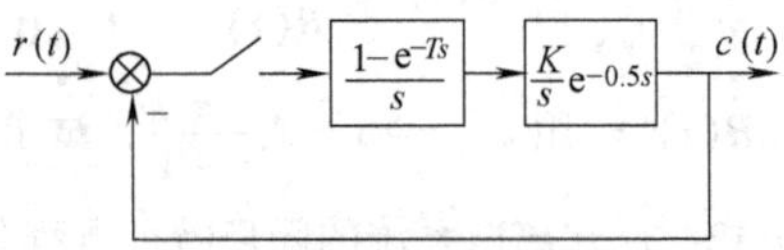


图 7-51

7-19　已知离散系统如图 7-52 所示，其中采样周期 $T=1\text{s}$，连续部分传递函数为 $G_0(s)=\dfrac{2}{s(s+2)}$。试求当 $r(t)=1(t)$ 时，系统无稳态误差，过渡过程在最少拍内结束的数字控制器 $D(z)$。

7-20　设离散系统如图 7-53 所示，其中 $G_p(s)=\dfrac{k}{s}$，$G_h(s)$ 为零阶保持器，采样周期 $T=1\text{s}$，$r(t)=R_0+R_1t(t\geqslant 0)$，要求将系统校正成最少拍无差系统，并设计数字控制器 $D(z)$。

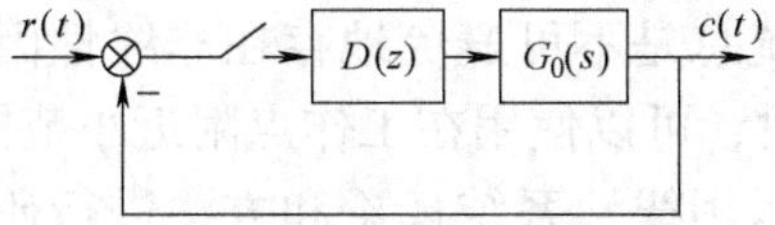

图　7-52

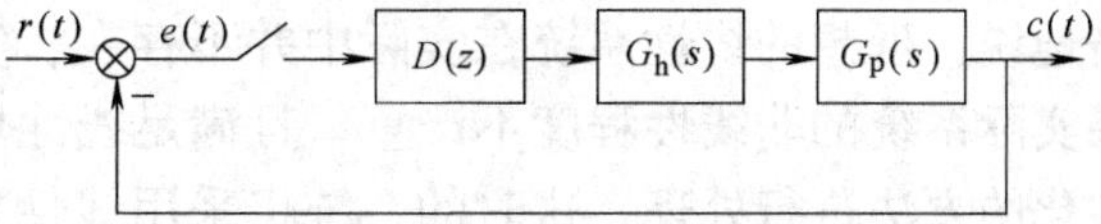

图　7-53

7-21　离散系统如图 7-50 所示，其中采样周期 $T=0.2\text{s}$。试利用 MATLAB 语言编程求解系统的单位阶跃响应序列 $c(kT)$，并绘出响应曲线。

# 第 8 章　非线性控制系统

控制系统有线性和非线性之分。前面各章讨论了线性定常系统的分析与设计问题。但是严格地说，理想的线性系统在实际中并不存在，实际系统总是不可避免地存在非线性因素。如果实际系统的非线性程度不严重，且满足线性化条件时，可以使用在工作点附近小范围内线性化的方法进行处理，这时的系统仍采用线性描述，运用线性系统理论和方法进行研究。但是，对于实际系统的非线性程度比较严重的情况，采用在工作点附近小范围内线性化的方法去进行研究，会产生较大的误差，甚至会导致错误的结论。这时应采用非线性系统的研究方法进行研究。

非线性系统的研究方法大致可分为两类。运用相平面法或数字计算机仿真可以求得非线性系统的精确解，进而分析非线性系统的性能，但是相平面法只适用于一阶和二阶系统；建立在描述函数基础上的谐波线性化方法可以对非线性系统作出定性分析，是分析非线性系统的简便而实用的方法，尤其在解决工程实际问题，不需求精确解时更为有效。

## 8.1　引言

### 8.1.1　典型非线性特性及其对系统运动的影响

实际的物理系统，由于其组成元部件总是或多或少地带有非线性特性，可以说都是非线性系统。例如，在一些常见的测量装置中，当输入信号在零值附近的某一小范围之内时，输出为零，只有当输入信号大于此范围时才有输出，即输入输出特性中总有一个不灵敏区(也称死区)，如图 8-1a 所示，图中 $x$ 代表输入，$y$ 代表输出。显然，$x$ 和 $y$ 之间是非线性关系，称输入输出特性如图 8-1a 所示的非线性关系为死区特性。放大元件的输入信号在一定范围内时，输入输出呈线性关系，当输入信号超过一定范围时，放大元件就会出现饱和现象，即输出信号不再随着输入信号的增加而增加，如图 8-1b 所示，这种非线性关系称为饱和特性。各种传动机构由于机械加工和装配上的缺陷，在传动过程中总存在着间隙，其输入输出特性为间隙特性，当输入信号 $x$ 改变变化方向时，输出量 $y$ 保持不变，直到间隙消失后才开始变化，因而间隙特性又称换向不灵敏特性，如图 8-1c 所示。称输入输出特性如图8-1c

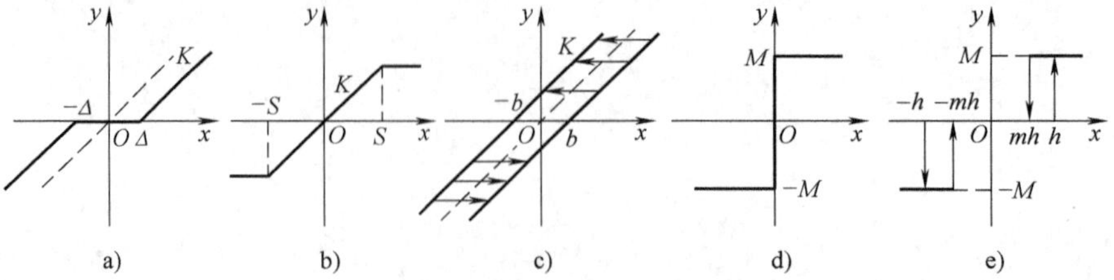


图　8-1

所示的非线性关系为间隙特性。有时为了改善系统的性能或者简化系统的结构，还常常在系统中引入非线性部件或者更复杂的非线性控制器。在自动控制系统中，最简单和最普遍采用的非线性特性就是继电特性，图 8-1d 所示的非线性特性称为理想继电特性，它是一种零值比较器。图8-1e所示的非线性特性称为一般继电特性，它是一种带有死区及滞环的零值比较器。显然，理想继电特性是一般继电特性的一种特例。

以上情况说明，非线性特性在实际系统中是普遍存在的，只要系统中包含一个或一个以上具有非线性特性的元件或环节，就称其为非线性系统。所以，严格地说，实际的控制系统都是非线性系统，所谓线性系统仅仅是实际系统忽略了非线性因素后的理想模型。

图 8-1 是实际系统中常见的典型非线性特性，从非线性环节的输入与输出之间存在的函数关系划分，非线性特性可分为单值函数与多值函数两类。例如图 8-1a、b、d 所示的死区特性、饱和特性及理想继电特性等属于输入与输出间为单值函数关系的非线性特性；图 8-1c、e 所示的间隙特性和一般继电特性则属于输入与输出之间为多值函数关系的非线性特性。

在实际控制系统中，最常见的典型非线性特性有死区特性、饱和特性、间隙特性和继电特性等。在多数情况下，这些非线性特性都会对系统正常工作带来不利影响。下面从物理概念上对包含这些非线性特性的系统进行一些分析，有时为了说明问题，仍运用线性系统的某些概念和方法。虽然分析不够严谨，但便于了解，而且所得出的一些概念和结论对于从事实际系统的调试工作是具有参考价值的。

**1. 死区特性**

死区特性如图 8-1a 所示，死区特性的数学描述为

$$y=\begin{cases}K(x-\Delta) & x\geqslant\Delta\\0 & |x|<\Delta\\K(x+\Delta) & x\leqslant-\Delta\end{cases}\tag{8-1}$$

死区对系统最直接的影响是造成稳态误差。例如对于线性无静差系统，系统在阶跃信号作用下进入稳态后，稳态误差为零，系统中各点信号处于平衡状态。若控制器中包含有死区特性，则系统进入稳态后，稳态误差可能为死区范围 $-\Delta\sim\Delta$ 内的某一值，这是由于死区特性输出为零，系统中各点信号仍可处于平衡状态，说明系统进入稳态后稳态误差可能为 $-\Delta\sim\Delta$ 内的某一值。当输入信号是斜坡函数时，死区的存在会造成系统输出量在时间上的滞后，从而降低系统的跟踪速度。摩擦死区特性（指动、静摩擦系数不相等的情况）可能造成系统低速运动的不均匀，甚至出现低速爬行，即走走停停的现象，其情形犹如人们在平地上推动重物，要保持重物的低速均匀移动是相当困难的。另外，死区的存在会造成系统等效开环增益的下降，从而减弱过渡过程的振荡性，提高系统的稳定性。死区也能滤除在输入端作小幅度振荡的干扰信号，提高系统的抗干扰能力。

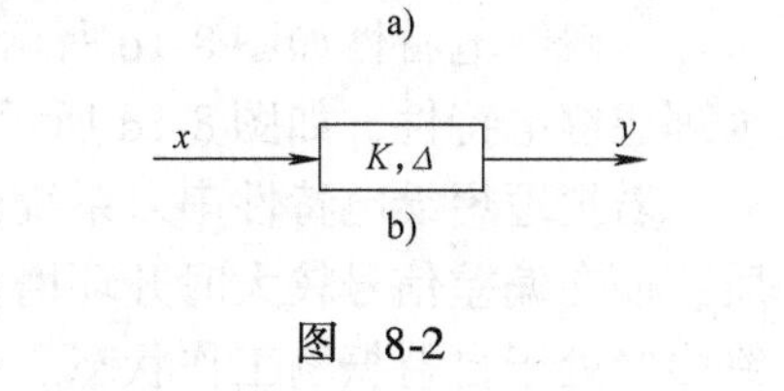

图　8-2

在图 8-2a 所示的非线性系统中，$K_1$、$K_2$、$K_3$ 分别为测量元件、放大元件和执行元件的传递系数，$\Delta_1$、$\Delta_2$、$\Delta_3$ 分别为它们的死区。若把三个死区特性等效成一个如图 8-2b所示的死区特性（$K$, $\Delta$），则

$$\begin{cases} K = K_1K_2K_3 \\ \Delta = \Delta_1 + \dfrac{\Delta_2}{K_1} + \dfrac{\Delta_3}{K_1K_2} \end{cases} \tag{8-2}$$

如果 $K_1>1$，$K_2>1$，由式（8-2）可见，处于系统前向通路最前面的测量元件，其死区所造成的影响最大，而放大元件和执行元件的死区影响可以通过提高该元件前级的传递系数来减小。

**2. 饱和特性**

饱和特性如图 8-1b 所示，输入信号在一定范围内时，输入、输出之间为线性关系，输出信号会随着输入信号的增减而增减，一旦输出信号达到最大值（饱和值），不论如何增加输入信号的幅值，输出信号将不再变化。饱和特性的数学描述为

$$y = \begin{cases} KS & x > S \\ Kx & |x| \leqslant S \\ -KS & x \leqslant -S \end{cases} \tag{8-3}$$

饱和特性将使系统在大信号作用之下的输出受到限制，系统等效增益降低。一般来讲，等效增益降低，会使系统超调量下降，振荡性减弱，稳态误差增大。处于深度饱和的控制器对误差信号（即控制器的输入信号）的变化失去反应，从而使系统丧失闭环控制作用。在一些系统中经常利用饱和特性作为信号限幅，限制某些物理参量出现过大值，保证系统安全合理地工作。

若含有饱和特性的非线性系统工作在线性状态时是不稳定的，即当饱和非线性特性工作在线性范围时，系统中各点的信号振荡发散，那么随着振荡幅值的不断增加，饱和非线性特性进入饱和状态，导致系统等效增益下降，系统的运动有收敛的趋势，因而系统振荡的幅值不可能无限增大，最终系统输出将维持等幅振荡。这种振荡在没有外界周期变化信号作用时具有固定的振幅和频率，称为自持振荡，简称自振。所以说，含有饱和特性的非线性系统有可能出现自持振荡。

**3. 间隙特性**

间隙特性又称回环特性，如图 8-1c 所示。间隙特性普遍存在于齿轮传动中，由于存在间隙，当输入信号 $x$（主动轮角位移）结束增加过程开始减小时，输出量 $y$（从动轮角位移）先保持原值不变，直到间隙消失后才开始减小。铁磁元件中的磁滞现象也是一种回环特性或间隙特性。

间隙特性对系统性能的影响：①增大了系统的稳态误差，降低了控制精度，这相当于死区的影响；②因为间隙特性使系统频率响应的相角迟后增大，降低系统的稳定裕度，从而使系统过渡过程的振荡加剧，甚至使系统变为不稳定。

**4. 继电特性**

一般继电特性如图 8-1e 所示，其特性中包含了死区、回环及饱和特性。当 $h=0$ 时，称为理想继电特性，如图 8-1d 所示。

若把理想继电特性串入系统，在偏差信号较小时开环增益大，系统的运动一般呈发散性质；而在偏差信号较大时开环增益很小，系统的运动具有收敛性质。故理想继电控制系统最终多半处于自持振荡工作状态。

继电特性能够使被控制的执行装置在最大输入信号下工作，可以充分发挥其调节能力，

故有可能利用继电特性实现快速跟踪。

至于带死区的继电特性，将会增加系统的定位误差，而对其他瞬态性能的影响，类似于死区、饱和非线性特性的综合效果。

以上只是对系统前向通道中包含某个典型非线性特性的情况进行了直观的讨论，所得结论为一般情况下的定性结论，这些结论对于从事实际系统的调试工作是具有参考价值的。

### 8.1.2　非线性系统的特征

描述线性系统运动状态的数学模型是线性微分方程，其重要特征是可以应用叠加原理；描述非线性系统运动状态的数学模型是非线性微分方程，不能应用叠加原理。由于两类系统的根本区别，它们的运动规律是很不相同的。现将非线性系统所具有的主要运动特点归纳如下。

**1. 稳定性**

线性系统的稳定性只取决于系统的结构和参数，与外作用和初始条件无关。因此，讨论线性系统的稳定性时，可不考虑外作用和初始条件。只要线性系统是稳定的，就可以断言，这个系统所有可能的运动都是稳定的。

对于非线性系统，不存在系统是否稳定的笼统概念，必须针对系统某一具体的运动状态，才能讨论其是否稳定的问题。例如一个非线性系统，其非线性微分方程为

$$\dot{x} = -x + x^2 = -x(1-x) \tag{8-4}$$

设 $t=0$ 时，系统的初始条件为 $x_0$，可以求得上述微分方程的解为

$$x(t) = \frac{x_0 e^{-t}}{1 - x_0 + x_0 e^{-t}} \tag{8-5}$$

不同初始条件下的时间响应曲线如图 8-3 所示。实际上，根据式 (8-4)，可以判断 $x(t)$ 的变化情况，粗略地看，当 $x_0=1$ 或 $x_0=0$ 时，$\dot{x}=0$，$x(t)$ 必维持 1 或 0 不变；当 $x_0>1$ 时，$\dot{x}>0$，$x(t)$ 随时间的增长而增大；当 $0<x_0<1$ 时，$\dot{x}<0$，$x(t)$ 随时间的增长而收敛到零；当 $x_0<0$ 时，$\dot{x}>0$，$x(t)$ 随时间的增长而增大，最终趋于零。

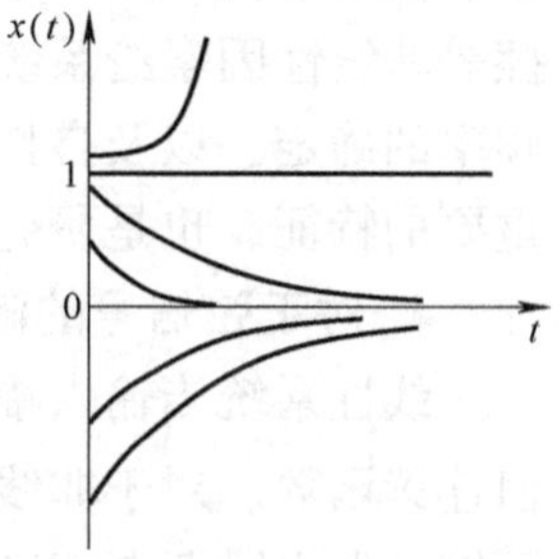

图　8-3

在式 (8-4) 中，若令 $\dot{x}=0$，可以求出系统的两个平衡状态：$x=0$ 和 $x=1$。从图 8-3 可以看出，$x=0$ 这个平衡状态是稳定的，因为只要初始状态满足 $x_0<1$，$x(t)$ 都将收敛到 $x=0$，即平衡状态 $x=0$ 对 $x_0<1$ 的扰动具有恢复原平衡状态的能力；而平衡状态 $x=1$ 是不稳定的，稍加扰动 $x(t)$ 不是收敛到零，就是发散到无穷，不可能再回到 $x=1$ 这个平衡状态。

由此可见，与线性系统不同，非线性系统可能存在多个平衡状态，其中某些平衡状态是稳定的，另一些平衡状态是不稳定的。初始条件不同，系统运动的形式不同，稳定性也不同。所以说，非线性系统的稳定性不仅与系统的结构和参数有关，而且与运动的初始条件、输入信号有直接关系。

**2. 时间响应**

线性系统时间响应的一些基本特征（如振荡性和收敛性）与输入信号的大小及初始条

件无关，而非线性系统时间响应的基本特征则与输入信号的大小及初始条件有关。图 8-4 为线性系统、非线性系统在输入阶跃信号幅值改变时的响应曲线。图 8-4 中的虚线表明，对于线性系统，输入阶跃信号的大小只影响系统响应的幅值，不改变响应曲线的形状，因而衡量响应曲线的性能指标（如上升时间、峰值时间、超调量、调节时间等）是相同的。图 8-4 中的实线表明，非线性系统的时间响应与输入信号的大小有关，随着输入阶跃信号的大小不同，响应曲线的幅值和形状会产生显著变化，可能出现非周期形式，或出现振荡形式，针对不同响应曲线，其性能指标是不一样的。这是由于非线性特性不遵守叠加原理，输入信号的变化会使输出具有多种不同的形式。

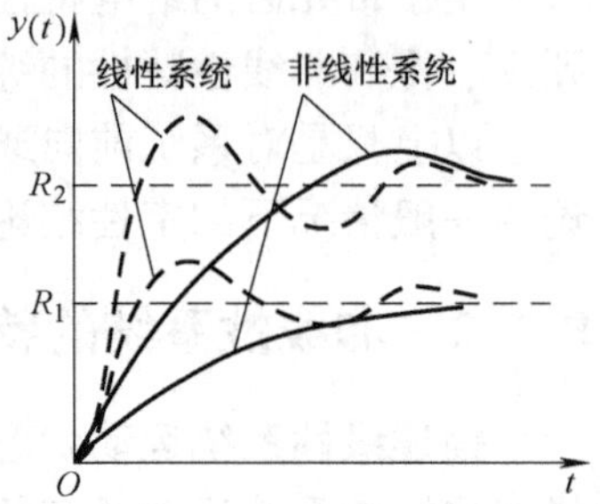


图 8-4

**3. 自持振荡**

线性定常系统只有在临界稳定的情况下，才能产生等幅振荡。这种等幅振荡是靠参数的配合达到的，即只有系统参数满足临界稳定条件时，才能产生等幅振荡，且振荡的幅值与初始条件有关。由于实际系统很难满足临界稳定条件，因而实际上是无法观察到线性定常系统的等幅振荡的，线性定常系统中的等幅振荡不具有稳定性。

有些非线性系统在没有外界周期变化信号的作用下，系统中就能产生具有固定振幅和频率的稳定周期运动。如振荡发散的线性系统中引入饱和特性时就会产生等幅振荡，这种固定振幅和频率的稳定周期运动称为自持振荡，其振幅和频率由系统本身的特性所决定。自持振荡具有一定的稳定性，当受到某种扰动之后，只要扰动的振幅在一定的范围之内，这种振荡状态仍能恢复。在多数情况下，不希望系统有自持振荡。长时间大幅度的振荡会造成机械磨损、能量消耗，并带来控制误差。但是有时又故意引入高频小幅度的颤振，来克服间隙、摩擦等非线性因素给系统带来的不利影响。因此必须对自持振荡产生的条件、自持振荡振幅和频率的确定，以及自持振荡的抑制等问题进行研究。所以说自持振荡是非线性系统一个十分重要的特征，也是研究非线性系统的一个重要内容。

**4. 对正弦信号的响应**

线性系统当输入幅值恒定而频率不同的正弦信号时，稳态输出的幅值 $A_c$ 是频率 $\omega$ 的单值连续函数。对于非线性系统，稳态输出的幅值 $A_c$ 与 $\omega$ 的关系可能会发生跳跃谐振和多值响应，其特性如图 8-5 所示。当 $\omega$ 增加时，系统输出的幅值从 1 点逐渐变化到 2 点，然后会从 2 点突跳到 3 点；而当 $\omega$ 减小时，系统输出的幅值会从 4 点变化到 5 点，然后会从 5 点突跳到 6 点，这种振幅随频率的改变出现突跳的现象称为跳跃谐振。在 $\omega_1$ 到 $\omega_2$ 之间的每一个频率，都对应着三个振幅值，不过 2 点到 5 点之间对应的振荡是不稳定的，因此一个频率对应了两个稳定的振荡，这种现象称为多值响应。产生跳跃谐振和多值响应的原因是系统中滞环特性的多值特点造成的。

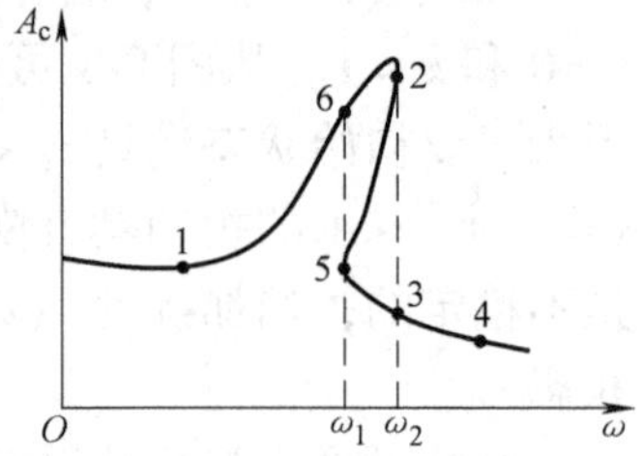


图 8-5

**5. 非线性系统的畸变现象**

线性系统在正弦信号作用下的稳态输出是与输入同频率的正弦信号；非线性系统在正弦

信号作用下的稳态输出不一定是正弦信号，它可能包含有倍频、分频等各种谐波分量，从而使系统输出产生非线性畸变。

在非线性系统中还会出现一些其他的怪异现象，在此不再赘述。

### 8.1.3　非线性系统的分析方法

对于非线性系统，建立数学模型的问题要比线性系统困难得多，至于求解非线性微分方程，并用其解来分析非线性系统的性能，就更加困难了。这是因为除了极特殊的情况外，多数非线性微分方程无法直接求得解析解。所以到目前为止，还没有一个成熟、通用的方法可以用来分析和设计各种不同的非线性系统，目前研究非线性系统常用的工程近似方法有：

**1. 相平面法**

相平面法是时域分析法在非线性系统中的推广应用，通过在相平面上绘制相轨迹，可以求出微分方程在任何初始条件下的解，所得结果比较精确和全面。但对于高于二阶的系统，需要讨论变量空间中的曲面结构，从而大大增加了工程使用的难度。故相平面法仅适用于一、二阶非线性系统的分析。

**2. 描述函数法**

描述函数法是一种频域分析方法，它是线性系统理论中的频率法在非线性系统中的推广应用，其实质是应用谐波线性化的方法，将非线性元件的特性线性化，然后用频率法的一些结论来研究非线性系统。这种方法不受系统阶次的限制，且所得结果也比较符合实际，故得到了广泛应用。

**3. 计算机求解法**

用模拟计算机或数字计算机直接求解非线性微分方程，对于分析和设计复杂的非线性系统，几乎是唯一有效的方法。随着计算机的广泛应用，这种方法会有更大的发展。

应当指出，这些方法主要是解决非线性系统的“分析”问题，而且是以稳定性问题为中心展开的，非线性系统“综合”方法的研究远不如稳定性问题的研究成果丰富，可以说，到目前为止，还没有一种简单而实用的综合方法可以用来设计任意的非线性控制系统。因此本章以系统分析为主，着重介绍广泛应用的相平面法和描述函数法。

## 8.2　相平面法基础

### 8.2.1　相平面法的概念

设一个二阶系统可以用下列微分方程描述：

$$\ddot{x} = f(x, \dot{x}) \tag{8-6}$$

考虑到

$$\ddot{x} = \frac{\mathrm{d}\dot{x}}{\mathrm{d}t} = \frac{\mathrm{d}\dot{x}}{\mathrm{d}x}\frac{\mathrm{d}x}{\mathrm{d}t} = \dot{x}\frac{\mathrm{d}\dot{x}}{\mathrm{d}x} \tag{8-7}$$

式（8-6）可改写为

$$\frac{\mathrm{d}\dot{x}}{\mathrm{d}x} = \frac{f(x, \dot{x})}{\dot{x}} \tag{8-8}$$

这是一个以 $x$ 为自变量，以 $\dot{x}$ 为因变量的一阶微分方程，如果能解出该方程，即求出 $\dot{x}$ 和 $x$ 的关系，则运用 $\dot{x}=\mathrm{d}x/\mathrm{d}t$，就可以把 $x$ 和 $t$ 的关系计算出来。因此对式（8-6）的研究，可以用研究式（8-8）来代替，即式（8-6）的解既可用 $x$ 和 $t$ 的关系来表示，也可以用 $\dot{x}$ 和 $x$ 的关系来表示。如果把式（8-6）看作一个质点的运动方程，即 $x$ 代表质点的位置，$\dot{x}$ 代表质点的速度（因而也代表了质点的动量），用 $x$ 和 $\dot{x}$ 描述式（8-6）的解，就是用质点的状态（如位置和动量）来表示该质点的运动。

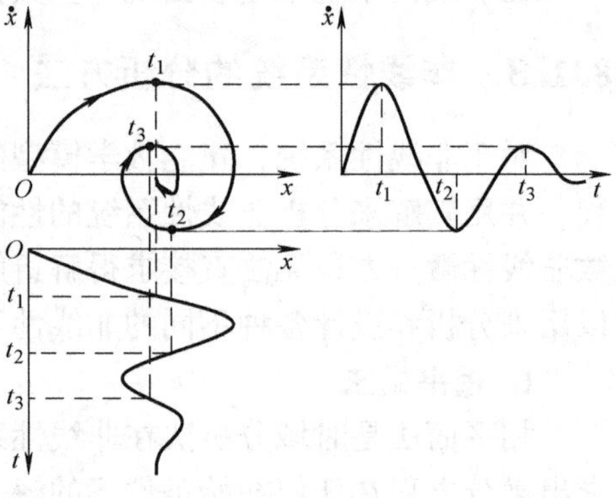


图 8-6

以 $x(t)$ 为横坐标、$\dot{x}(t)$ 为纵坐标所组成的直角坐标平面称为相平面（状态平面）。在某一时刻 $t$，$x(t)$ 和 $\dot{x}(t)$ 的值对应于相平面上的一个点，称为相点（状态点），相点代表了系统在 $t$ 时刻的状态。通常系统在初始时刻 $t_0$ 的状态用相点 $(x_0,\dot{x}_0)$ 表示，随着时间的增长，系统的状态不断地变化，描述这些状态的相点也就不断变化。沿着时间增加的方向，将这些相点连接起来，在相平面上就形成了一条轨迹曲线，这种反映系统状态变化的轨迹曲线叫相轨迹，如图 8-6 所示。相轨迹的箭头表示时间增加时，相点的运动方向。在 $\dot{x}>0$ 的范围内（即上半平面），相轨迹总是沿着 $x$ 增加的方向运动（向右运动），而在 $\dot{x}<0$的范围内（即下半平面），相轨迹总是沿着 $x$ 减小的方向运动（向左运动）。根据微分方程解的存在性和唯一性定理，对于任一初始条件，微分方程有唯一的解与之对应。因此，对某一个微分方程，在相平面上布满了与不同初始条件相对应的一簇相轨迹，由这样一簇相轨迹所组成的图叫相平面图，简称相图。用相平面图分析系统性能的方法就称为相平面法。由于在相平面上只能表示两个独立的变量，故相平面法只能用来研究一阶、二阶控制系统。

## 8.2.2 相轨迹的绘制方法

求解系统的相轨迹有两类方法，即解析法和图解法。解析法只适用于系统的微分方程较为简单、便于求解的场合。当用解析法比较困难时，则采用图解法。

**1. 解析法**

所谓解析法就是通过求解微分方程的办法，找出变量 $x(t)$ 和 $\dot{x}(t)$ 之间的关系，从而在相平面上绘制相轨迹。解析法有两种：

（1）消去参变量 $t$　这种方法是通过直接求解二阶微分方程 $\ddot{x}=f(x,\dot{x})$ 得到 $x(t)$，经求导得 $\dot{x}(t)$ 的表达式，在 $x(t)$ 和 $\dot{x}(t)$ 的表达式中，消去参变量 $t$，就可得到 $\dot{x}$ 和 $x$ 的关系，进而在相平面上绘制相轨迹。

（2）直接积分　若式（8-8）可以分解为

$$g(\dot{x})\mathrm{d}\dot{x}=h(x)\mathrm{d}x$$

则通过积分，可直接得到 $\dot{x}$ 和 $x$ 的关系，并绘制相轨迹。

**例 8-1**　设描述系统运动的微分方程为

$$\ddot{x}+x=0$$

初始条件为 $x(0)=x_0$，$\dot{x}(0)=0$，试绘制系统运动的相轨迹。

**解**　先用第一种解析法求解。根据初始条件可以求得系统运动微分方程的解为

$$x(t) = x_0\cos t$$

经求导得

$$\dot{x}(t) = -x_0\sin t$$

消去参变量 $t$，可以得到

$$\dot{x}^2(t) + x^2(t) = x_0^2$$

再采用第二种解析法求解。系统的微分方程改写为

$$\dot{x}\frac{\mathrm{d}\dot{x}}{\mathrm{d}x} + x = 0$$

即

$$\dot{x}\mathrm{d}\dot{x} = -x\mathrm{d}x$$

两边积分，并考虑到初始条件，得

$$\dot{x}^2(t) + x^2(t) = x_0^2$$

两种解法结果一致，可以画出系统运动的相轨迹如图 8-7 所示。

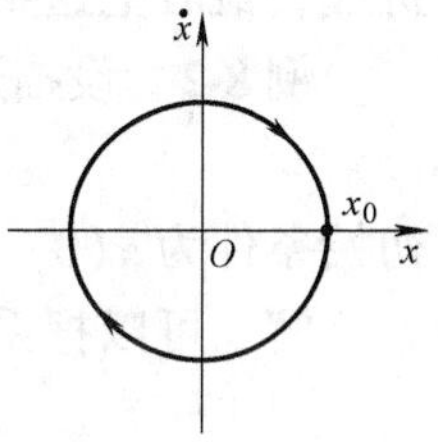

图　8-7

**2. 图解法**

当系统的微分方程用解析法难以求解时，可采用图解法。图解法是利用各种作图规则，在相平面上绘制相轨迹的方法。由于图解法不必直接求解微分方程的解，对于非线性系统的分析尤为重要。图解法有多种，这里介绍等倾线法和 $\delta$ 法。

（1）等倾线法　等倾线法适用于下述一般形式的系统：

$$\ddot{x} = f(x,\dot{x})$$

上式可化为

$$\frac{\mathrm{d}\dot{x}}{\mathrm{d}x} = \frac{f(x,\dot{x})}{\dot{x}}$$

若令

$$\frac{\mathrm{d}\dot{x}}{\mathrm{d}x} = \alpha$$

则有

$$\alpha = \frac{f(x,\dot{x})}{\dot{x}} \tag{8-9}$$

式（8-9）称为等倾线方程，它代表了相点（$x,\dot{x}$）处相轨迹的斜率。在用作图法绘制经过某点的相轨迹时，用式（8-9）可以求出相轨迹经过该点时的斜率，从而作出经过该点的一小段相轨迹；在下一点处，利用式（8-9）可以求出相轨迹经过下一点的斜率，从而作出经过下一点的一小段相轨迹……，利用这种逐步作图的方法，可以绘制出完整的相轨迹。

具体做法是：令 $\alpha$ 为某一常数 $\alpha_1$，式（8-9）即为一条等倾线方程

$$\frac{f(x,\dot{x})}{\dot{x}} = \alpha_1 \tag{8-10}$$

若相轨迹上的点满足式（8-10），则相轨迹经过该点的斜率为 $\alpha_1$，即该点处相轨迹切线方向与横轴正方向夹角为 $\theta = \arctan\alpha_1$。

把式（8-10）绘制在相平面上，得到一条等倾线，显然，相轨迹与等倾线上任意点相交时，相轨迹斜率均为$\alpha_1$。当$\alpha$取不同数值时，由式（8-9）可以绘制若干条不同的等倾线，在每条等倾线上画出表示该等倾线斜率值$\alpha$的小线段，这些小线段表示了相轨迹通过该等倾线时的方向，进而在相平面上构成了相轨迹切线的方向场，如图 8-8 所示。任意给定一个初始条件就相当于给定了相平面上的一个起始点，由该点出发的相轨迹可以这样作出来：从该点出发，按照它所在的等倾线上的方向作一小线段，这个小线段与第二条等倾线交于一点；再由这个交点出发，按照第二条等倾线上的方向再作一小线段，这个小线段交于第三条等倾线；依次连续作下去，就可以得到一条从给定初始条件出发的由多个小线段组成的折线，最后把这条折线光滑处理，就得到了所要求的相轨迹。

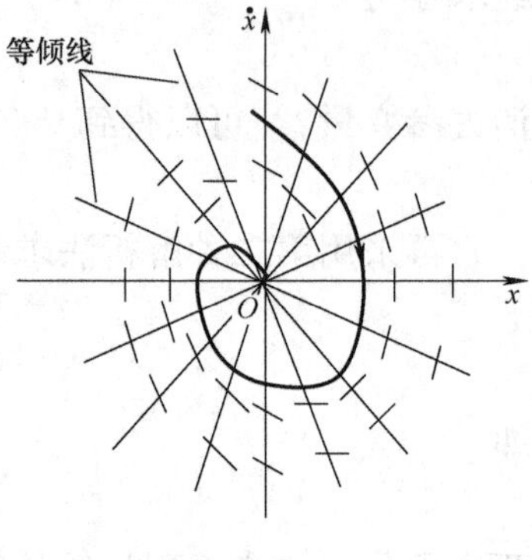

图 8-8

**例 8-2** 设描述系统运动的微分方程为

$$\ddot{x} + x = 0$$

初始条件为$x(0) = x_0, \dot{x}(0) = 0$，试用等倾线法绘制系统运动的相轨迹。

**解** 可以把系统的微分方程改写为

$$\dot{x}\frac{\mathrm{d}\dot{x}}{\mathrm{d}x} + x = 0$$

令

$$\alpha = \frac{\mathrm{d}\dot{x}}{\mathrm{d}x}$$

则有

$$\dot{x} = -\frac{1}{\alpha}x$$

上式即为等倾线方程。显然，等倾线为通过相平面坐标原点的直线，其斜率为$-\dfrac{1}{\alpha}$，而$\alpha$是相轨迹通过等倾线时切线的斜率。若令$\alpha$为不同的值，就可以绘出等倾线簇，在每条等倾线上画出斜率为$\alpha$的短线，所有短线的总体就形成了相轨迹的切线方向场，如图 8-9 所示。图中画出了从初始点$(x_0,0)$出发，沿方向场绘出的系统的相轨迹。该相轨迹为一个圆，与例 8-1 中用解析法所得结论一致。

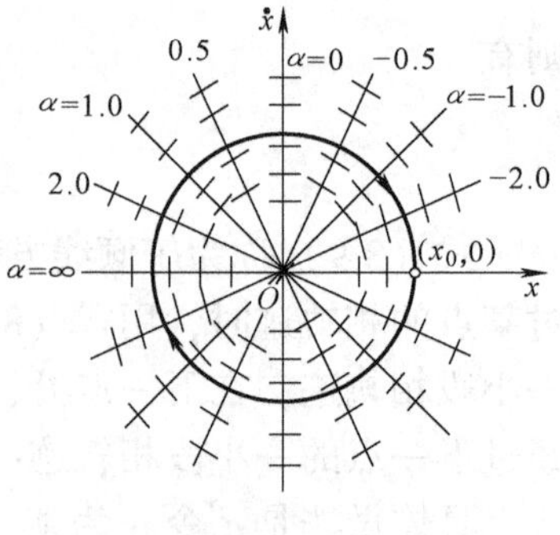

图 8-9

用等倾线法绘制相轨迹时，还需要说明以下几点：

1）横轴（$x$轴）与纵轴（$\mathrm{d}x/\mathrm{d}t$轴）所选用的比例尺应当一致，这样$\alpha$值才与相轨迹切线的几何斜率相同。

2）在相平面的上半平面，由于$\dot{x}>0$，相轨迹总是沿着$x$增加的方向运动（向右运动）；而在下半平面，相轨迹总是沿着$x$减小的方向运动（向左运动）。

3）除平衡点（即$x$的各阶导数为零的点）外，在$x$轴上，由于$\dot{x}=0$，$\alpha = f(x,\dot{x})/\dot{x} =$

∞，所以相轨迹是与 $x$ 轴垂直的。

4）一般来说等倾线的条数越多，作图的精确度越高，但过多了，人工作图所产生的积累误差也会增加，所以等倾线的条数应取得适当。另外，采用平均斜率的方法来作相轨迹，可以提高作图的精确度。即相邻两条等倾线之间的相轨迹，其切线的斜率可近似取为这两条等倾线上切线斜率的平均值。例如有两条相邻的等倾线，其中 $\alpha_1=-1$，$\alpha_2=-1.2$，则这两条等倾线之间的相轨迹斜率可近似取为 $(\alpha_1+\alpha_2)/2=-1.1$。

线性系统的等倾线一般是直线，非线性系统的等倾线往往是曲线或折线。当等倾线是直线时，采用等倾线法还是比较方便的。

（2）$\delta$ 法　$\delta$ 法适用于下述一般形式的系统：

$$\ddot{x}=f(x,\dot{x})$$

其中 $f(x,\dot{x})$ 是单值连续的函数。定义 $\delta$ 函数

$$\delta(x,\dot{x})=\frac{f(x,\dot{x})+\omega^2x}{\omega^2} \tag{8-11}$$

式（8-11）中 $\omega$ 应选择为适当常数，以使 $\delta$ 函数值在所讨论的 $\dot{x}$ 和 $x$ 取值范围内，既不太大也不太小。系统方程可改写为

$$\ddot{x}=f(x,\dot{x})=\omega^2\delta(x,\dot{x})-\omega^2x$$

即

$$\ddot{x}+\omega^2x=\omega^2\delta(x,\dot{x}) \tag{8-12}$$

$\delta$ 函数值取决于变量 $\dot{x}$ 和 $x$，若 $\dot{x}$ 和 $x$ 的变化很小，$\delta$ 可以看作是一个常量，例如在相点 $P_1(x_1,\dot{x}_1)$ 附近，$\delta$ 的值可以取为

$$\delta_1=\frac{f(x_1,\dot{x}_1)+\omega^2x_1}{\omega^2}$$

式（8-12）变为

$$\ddot{x}=-\omega^2x+\omega^2\delta_1$$

或写为

$$\dot{x}\frac{\mathrm{d}\dot{x}}{\mathrm{d}x}=-\omega^2(x-\delta_1)$$

两边乘以 d$x$ 并积分，注意到相轨迹经过 $P_1(x_1,\dot{x}_1)$ 点，可得

$$\left(\frac{\dot{x}}{\omega}\right)^2+(x-\delta_1)^2=\left(\sqrt{\left(\frac{\dot{x}_1}{\omega}\right)^2+(x_1-\delta_1)^2}\right)^2 \tag{8-13}$$

式（8-13）只在 $P_1(x_1,\dot{x}_1)$ 点附近成立。如果把纵坐标取为$\frac{\dot{x}}{\omega}$，横坐标仍为 $x$，则在这样的相平面上，式（8-13）代表一个圆心在 $Q(\delta_1,0)$，半径为 $|P_1Q|$的圆。这表明在 $P_1$ 点附近的相轨迹，可以用一小段圆弧来代替，此圆弧应当足够短，以保证变量 $\delta_1$ 的变化很小，如图 8-10 所示。

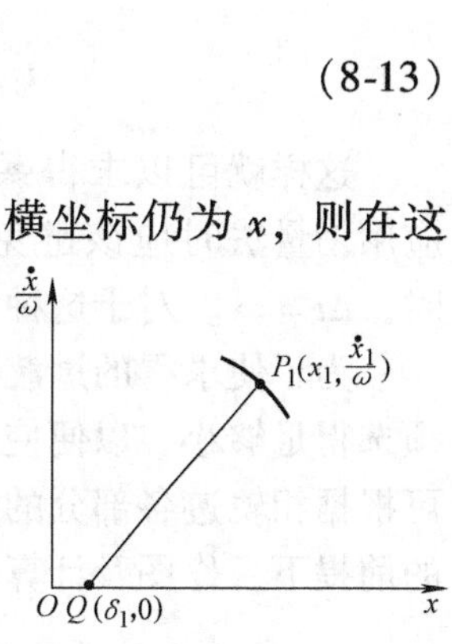


图　8-10

用 $\delta$ 法绘制相轨迹的具体方法是：在图 8-10 中，若 $P_1$ 为相轨迹的起始点，首先应计算出与 $P_1$ 点相对应的 $\delta_1$，确定圆心

$Q\ (\delta_1, 0)$，以 $Q$ 为圆心，$|P_1Q|$ 为半径，过 $P_1$ 点作出一小段圆弧 $P_1P_2$，这段圆弧就代表了从 $P_1$ 点到 $P_2$ 点的相轨迹，得到 $P_2$ 点后，可以计算出与 $P_2$ 点相对应的 $\delta_2$，从而作出一小段圆弧 $P_2P_3$，得到 $P_3$ 点，依次连续作下去，就可以得到系统的相轨迹。

有时为了使作图更加准确起见，可利用一段圆弧的 $x$ 平均值和 $\dot{x}$ 平均值，求出更加准确的 $\delta$ 值，根据新的 $\delta$ 值，重新确定圆心并作出一段新的圆弧，代替原来的圆弧，经过几次这样的逼近，就可以得到一个相当准确的 $\delta$ 值，并进而作出相当精确的相轨迹。

用 $\delta$ 法绘制相轨迹的实质是用分段圆弧代替连续的相轨迹，相轨迹的方向仍然是上半平面向 $x$ 增加的方向移动，下半平面向 $x$ 减小的方向移动。

## 8.2.3 由相平面图求时间解

在系统分析时，往往还需要再由相轨迹求出系统的过渡过程，并画出过渡过程曲线 $x(t)$ 。由相轨迹绘制过渡过程曲线可以用增量法、积分法和圆弧法。

**1. 增量法**

对于小的时间增量 $\Delta t$ 和位移增量 $\Delta x$，其平均速度为 $\Delta x/\Delta t$，若 $\Delta t$ 足够小，可以令 $\dot{x}_{平均}=\Delta x/\Delta t$，于是得到

$$\Delta t = \frac{\Delta x}{\dot{x}_{平均}} \tag{8-14}$$

式（8-14）中若能求出 $\dot{x}_{平均}$，则可以确定 $x(t)$ 改变 $\Delta x$ 时所需要的时间 $\Delta t$。

设系统的相轨迹如图 8-11a 所示。相轨迹从 $P_0$ 点到 $P_1$ 点，横坐标 $x$ 的变化量为 $\Delta x_{01}$，纵坐标的平均值为

$$\dot{x}_{01} = \frac{\dot{x}_0 + \dot{x}_1}{2}$$

式中，$\dot{x}_0$ 和 $\dot{x}_1$ 分别为 $P_0$ 点和 $P_1$ 点的纵坐标值；$\dot{x}_{01}$ 为相轨迹从 $P_0$ 点到 $P_1$ 点平均速度。

因此，根据式（8-14），从 $P_0$ 点到 $P_1$ 点所需时间的近似值为

$$t_{01} = \frac{\Delta x_{01}}{\dot{x}_{01}}$$

同理可得从 $P_1$ 点到 $P_2$ 点，$P_2$ 点到 $P_3$ 点，……所需时间的近似值分别为

$$t_{12} = \frac{\Delta x_{12}}{\dot{x}_{12}},\quad t_{23} = \frac{\Delta x_{23}}{\dot{x}_{23}},\cdots$$

这样就可以求得系统的过渡过程曲线 $x(t)$ ，如图 8-11b 所示。应用增量法时应该避免出现 $\dot{x}$ 的平均值为零的情况，因为 $\dot{x}_{平均}=0$ 时，$\Delta t=\infty$ 。对于这种情况，可采用圆弧法。

为了使求得的过渡过程曲线具有足够的准确度，位移增量 $\Delta x$ 必须选得足够小，以便使 $\dot{x}$ 和 $t$ 的增量也相当小。但是 $\Delta x$ 不必取常量，可根据相轨迹各部分的形状不同而改变，从而使得在保证一定准确度的前提下，作图及计算的工作量减至最小。

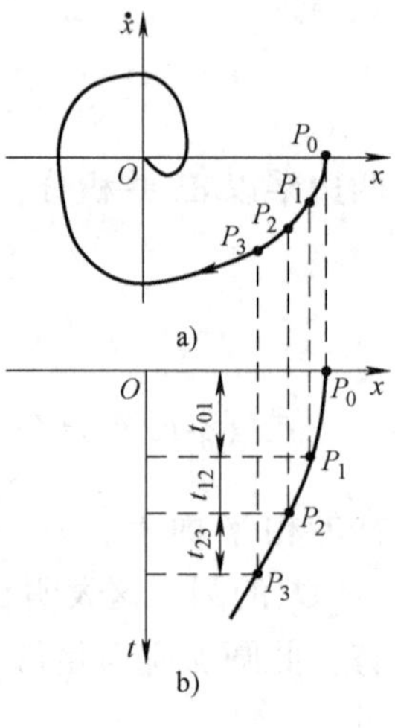


图 8-11

**2. 积分法**

根据 $\dot{x}=\dfrac{\mathrm{d}x}{\mathrm{d}t}$，可以求得相点沿相轨迹从（$x_0$，$\dot{x}_0$）移到（$x_1$，$\dot{x}_1$）所需时间为

$$\Delta t = t_1 - t_0 = \int_{x_0}^{x_1} \frac{1}{\dot{x}}\mathrm{d}x \tag{8-15}$$

设系统的相轨迹如图 8-12a 所示，只要先作出以 $x$ 为横坐标、$1/\dot{x}$ 为纵坐标的 $1/\dot{x}$ 与 $x$ 的关系曲线，如图 8-12b 所示，则 $1/\dot{x}$ 曲线下阴影部分的面积就表示从 $P_0$ 点到 $P_1$ 点所需时间。假如求出了从 $P_0$ 点到其他各点所需要的时间，也就求出了从 $P_0$ 点开始的系统过渡过程曲线。若在积分区间内 $x$ 的导数为零，则 $1/\dot{x}$ 的值变为无穷大，式（8-15）所示积分便无法进行，此时可用圆弧法。

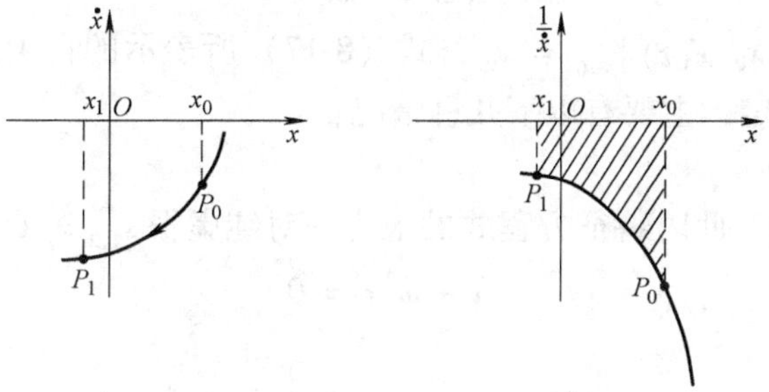


a)　　b)

图　8-12

**3. 圆弧法**

这种方法的基本思想是：用圆心位于 $x$ 轴上的一系列小圆弧来近似要研究的相轨迹段，则运动所需时间等于沿这些小圆弧运动所需时间之和。

例如图 8-13 的相轨迹 $AD$ 段，可以用 $x$ 轴上的 $P$、$Q$、$R$ 点为圆心，以 $|PA|$、$|QB|$、$|RC|$ 为半径的小圆弧 $AB$、$BC$、$CD$ 来近似。因此，相轨迹从 $A$ 点移动到 $D$ 点所需的时间近似为相点沿小圆弧 $AB$、$BC$、$CD$ 移动时所需时间之和。而经过每段小圆弧所需的时间，可以很方便地计算出来。以相点沿小圆弧 $AB$ 移动所需时间 $t_{AB}$ 为例，设相点 $M$ 位于小圆弧 $AB$ 上，则

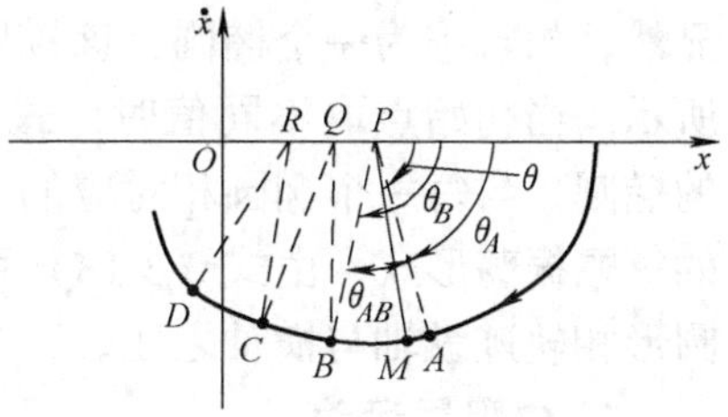


图　8-13

$$\dot{x} = |PA|\sin\theta$$
$$x = |PA|\cos\theta + |OP|$$

对 $x$ 微分，得

$$\mathrm{d}x = -|PA|\sin\theta\mathrm{d}\theta$$

将 $\dot{x}$，$\mathrm{d}x$ 的表达式代入式（8-15），可得

$$t_{AB} = \int_{\theta_A}^{\theta_B} \frac{-|PA|\sin\theta}{|PA|\sin\theta}\mathrm{d}\theta = \theta_A - \theta_B = \theta_{AB} \tag{8-16}$$

式（8-16）表明，$t_{AB}$ 在数值上等于小圆弧 $AB$ 所对应的圆心角 $\theta_{AB}$ 用弧度来度量的数值。

## 8.3 二阶系统的相平面分析法

### 8.3.1 线性系统的相轨迹

相平面法是分析非线性二阶系统的重要方法，但是在介绍非线性系统的相平面分析法之前，先掌握各种线性二阶系统相轨迹图的作法及其特点是十分必要的。因为许多非线性二阶系统（例如含有饱和、死区等特性的非线性系统）可用分段线性化的方法来研究。

下面以线性二阶系统的自由运动（零输入响应）为例，介绍线性系统的相轨迹。

设线性二阶系统的微分方程如下：

$$\ddot{x}+2\xi\omega_n\dot{x}+\omega_n^2x=0 \tag{8-17}$$

初始条件为 $x(t)|_{t=0}=x_0,\dot{x}(t)|_{t=0}=\dot{x}_0$，式（8-17）所表示的自由运动，其性质由特征方程式根的分布特点所决定，主要有以下几种情况：

**1. 无阻尼运动**

无阻尼运动时 $\xi=0$，此时特征方程式的根为一对纯虚根 $s_{1,2}=\pm j\omega_n$。式（8-17）变为

$$\ddot{x}+\omega_n^2x=0$$

上式可化为

$$\dot{x}\frac{d\dot{x}}{dx}=-\omega_n^2x$$

两边乘以 dx，考虑到初始相点为 $(x_0,\dot{x}_0)$，积分后得相轨迹方程

$$x^2+\frac{\dot{x}^2}{\omega_n^2}=\left(\sqrt{{x_0}^2+\frac{\dot{x}_0^2}{\omega_n^2}}\right)^2 \tag{8-18}$$

显然，相轨迹为一个椭圆，该椭圆通过初始点（$x_0$，$\dot{x}_0$），如图 8-14 所示。当初始点取不同值时，式（8-18）在相平面上表示一簇同心的椭圆，与每一个椭圆相对应的 $x(t)$ 应满足初始条件，呈频率为 $\omega_n$ 的等幅振荡形式。由式（8-18）可知，振荡频率 $\omega_n$ 在数值上等于椭圆形相轨迹纵轴与横轴之比。

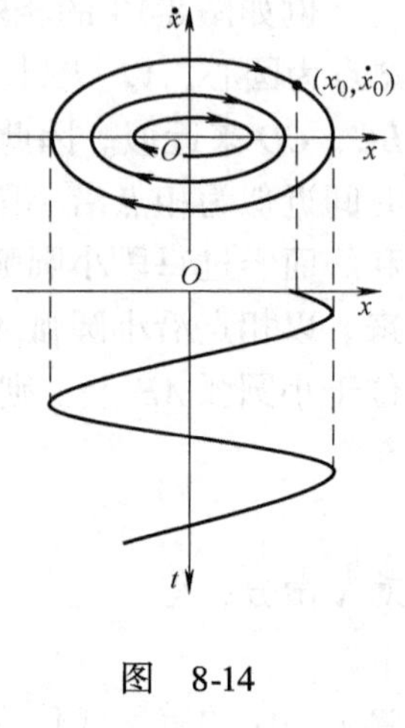


图 8-14

**2. 欠阻尼运动**

欠阻尼运动时 $0<\xi<1$，此时特征方程式的根为一对位于左半 s 平面的共轭复根，式（8-17）的解为

$$x(t)=Ae^{-\xi\omega_nt}\cos(\omega_dt+\varphi)$$

式中

$$\omega_d=\omega_n\sqrt{1-\xi^2}$$

$$A=\frac{\sqrt{\dot{x}_0^2+2\xi\omega_nx_0\dot{x}_0+\omega_n^2x_0^2}}{\omega_d}$$

$$\varphi=-\arctan\frac{\dot{x}_0+\xi\omega_nx_0}{\omega_dx_0}$$

$x(t)$ 对 $t$ 求导得到 $\dot{x}(t)$，从 $x(t)$ 和 $\dot{x}(t)$ 的表达式中消去时间 $t$，整理后得

$$(\dot{x}+\xi\omega_{\mathrm{n}}x)^2+\omega_{\mathrm{d}}^2x^2=c\exp\left(\frac{2\xi\omega_{\mathrm{n}}}{\omega_{\mathrm{d}}}\arctan\frac{\dot{x}+\xi\omega_{\mathrm{n}}x}{\omega_{\mathrm{d}}x}\right) \tag{8-19}$$

式中

$$c=A^2\omega_{\mathrm{d}}^2\exp\left(\frac{2\xi\omega_{\mathrm{n}}\varphi}{\omega_{\mathrm{d}}}\right)$$

式（8-19）就是系统欠阻尼运动时的相轨迹方程，它是一条通过初始点（$x_0,\dot{x}_0$）趋向坐标原点的对数螺旋线。给定不同的初始点，可以画出一簇对数螺旋线，与每一条对数螺旋线相对应的 $x(t)$ 应满足其初始条件，系统运动呈衰减振荡形式，如图 8-15 所示。

**3. 过阻尼运动**

过阻尼运动时 $\xi>1$，此时特征方程式的根为两个负实根，与式（8-17）对应的特征方程为

$$s^2+2\xi\omega_{\mathrm{n}}s+\omega_{\mathrm{n}}^2=0$$

可以解出特征方程的根为

$$s_1=-q_1=-(\xi+\sqrt{\xi^2-1})\omega_{\mathrm{n}}$$

$$s_2=-q_2=-(\xi-\sqrt{\xi^2-1})\omega_{\mathrm{n}}$$

式（8-17）的解为

$$x(t)=A_1\mathrm{e}^{-q_1t}+A_2\mathrm{e}^{-q_2t} \tag{8-20}$$

式中

$$A_1=\frac{q_2x_0+\dot{x}_0}{q_2-q_1},\qquad A_2=\frac{q_1x_0+\dot{x}_0}{q_1-q_2}$$

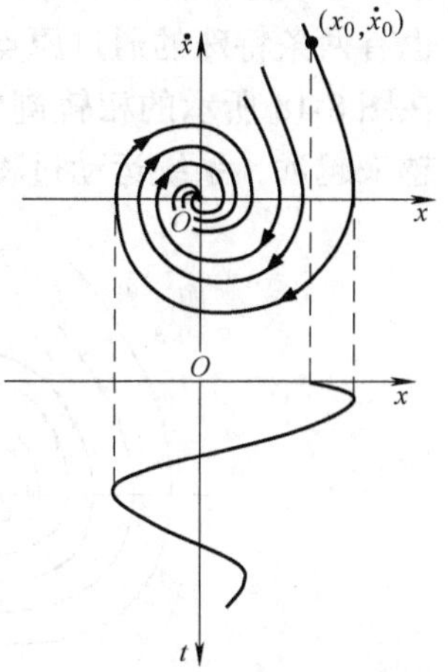


图　8-15

当初始点满足 $q_1x_0+\dot{x}_0=0$ 时，有 $A_2=0$，这时式（8-17）的解为

$$x(t)=A_1\mathrm{e}^{-q_1t}$$

$x(t)$ 对 $t$ 求导得到 $\dot{x}(t)$，从 $x(t)$ 和 $\dot{x}(t)$ 的表达式中消去时间 $t$，整理后可得相轨迹方程为

$$q_1x+\dot{x}=0 \tag{8-21}$$

它表示了相平面上一条特殊的相轨迹，如图 8-16 中的直线 1 所示，该直线通过原点，斜率为特征方程式的根 $s_1=-q_1$。类似地，当初始点满足 $q_2x_0+\dot{x}_0=0$ 时，有 $A_1=0$，可得相轨迹方程为

$$q_2x+\dot{x}=0 \tag{8-22}$$

它表示相平面上另一条特殊的相轨迹，如图 8-16 中的直线 2 所示，该直线通过原点，斜率为特征方程式的根 $s_2=-q_2$。当初始点位于其他位置时，对式(8-20)求导得到 $\dot{x}(t)$，从 $x(t)$ 和 $\dot{x}(t)$ 的表达式中消去时间 $t$，整理后有

$$(\dot{x}+q_2x)^{q_2}=\alpha(\dot{x}+q_1x)^{q_1} \tag{8-23}$$

式中

$$\alpha=\frac{(q_2-q_1)^{q_2}A_1^{\ q_2}}{(q_1-q_2)^{q_1}A_2^{\ q_1}}$$

式（8-23）就是系统过阻尼运动时的相轨迹方程，它代表了一条通过原点的抛物线。给定不同的初始点，可以画出一簇抛物线，与每一条抛物线相对应的 $x(t)$ 应满足其初始条件，系统运动呈非振荡衰减形式，如图 8-16 所示。

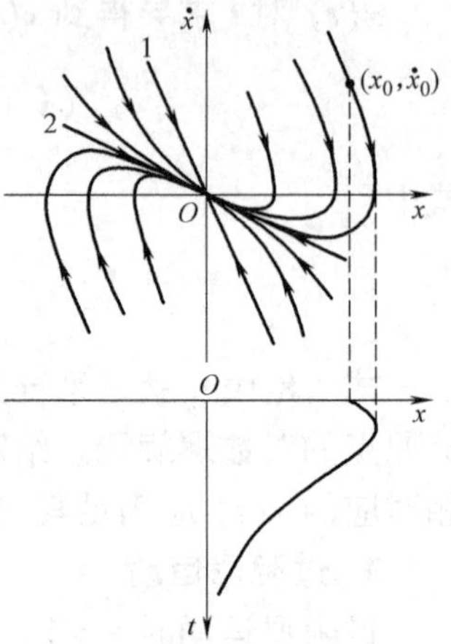

图 8-16

**4. 负阻尼运动**

负阻尼运动时 $\xi<0$。其中 $-1<\xi<0$ 时特征方程式的根为一对具有正实部的共轭复数根，相轨迹如图 8-17 所示，它是一簇对数螺旋线，随着时间 $t$ 的增长，相点离开原点越来越远，系统运动过程是振荡发散的。$\xi<-1$ 时特征方程式的根为两个正实根，相轨迹如图 8-18 所示，它是一簇抛物线。在这簇抛物线中，也有两条特殊的通过原点的直线，直线斜率等于特征方程的根。在图 8-18 所示的相轨迹中，随着时间 $t$ 的增长，相点离开原点越来越远，系统运动过程是发散的。

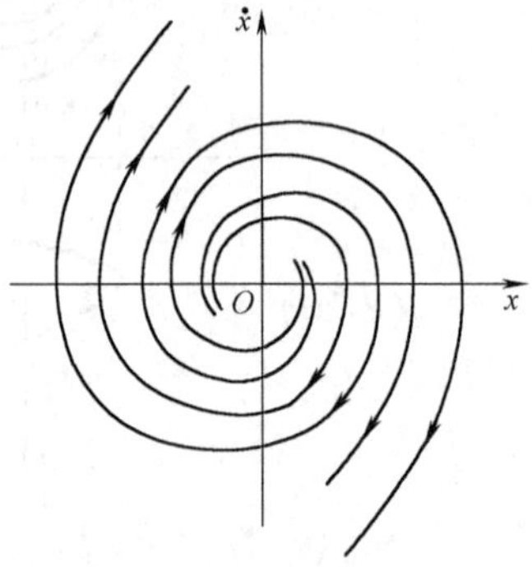

图 8-17

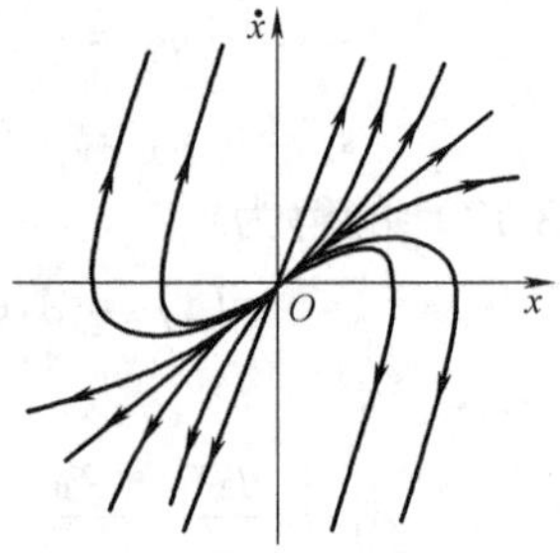

图 8-18

对于线性二阶系统，还存在另外一种类型的微分方程

$$\ddot{x}+2\xi\omega_n\dot{x}-\omega_n{}^2x=0$$

式中，$\xi>0$，初始条件为 $x(t)|_{t=0}=x_0$，$\dot{x}(t)|_{t=0}=\dot{x}_0$。这时特征方程式的根为一正、一负两个实根，即

$$s_1=-q_1=-(\xi-\sqrt{\xi^2+1})\omega_n>0$$

$$s_2=-q_2=-(\xi+\sqrt{\xi^2+1})\omega_n<0$$

微分方程解的形式为

$$x(t)=A_1\mathrm{e}^{-q_1t}+A_2\mathrm{e}^{-q_2t} \tag{8-24}$$

类似于过阻尼运动时的讨论，当初始条件满足

$$q_1x_0+\dot{x}_0=0 \text{ 或 } q_2x_0+\dot{x}_0=0$$

时，得到的相轨迹为

$$q_1x+\dot{x}=0 \text{ 或 } q_2x+\dot{x}=0$$

此时的相轨迹为通过原点的直线，直线斜率等于特征方程的根。与其他初始条件相对应的相轨迹为一簇双曲线，如图 8-19 所示。显然，随着 $t$ 的增长，系统运动过程是发散的。

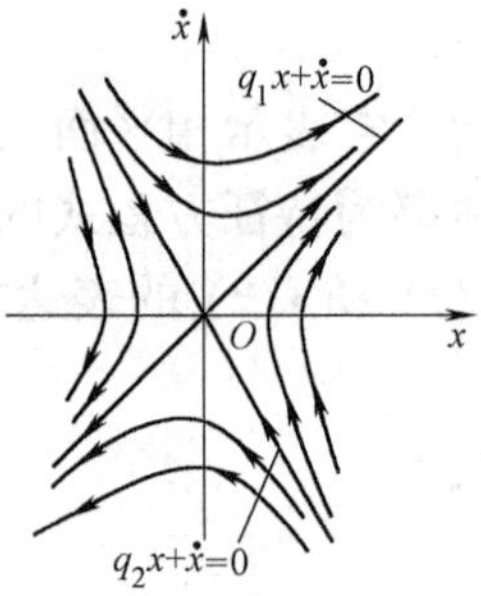

图 8-19

以上讨论了线性二阶系统的相轨迹，它们是通过解析法绘制的，实际上线性二阶系统的相轨迹也可以应用8.2节介绍的作图法绘制。

## 8.3.2　奇点与平衡点

一般说来，描述二阶系统的二阶常微分方程可以用两个一阶微分方程表示，即

$$\begin{cases}\dot{x}_1(t) = f_1[x_1(t), x_2(t)] \\ \dot{x}_2(t) = f_2[x_1(t), x_2(t)]\end{cases} \tag{8-25}$$

若状态 $[x_{1e}, x_{2e}]$ 满足

$$\begin{cases}\dot{x}_{1e} = f_1[x_{1e}, x_{2e}] = 0 \\ \dot{x}_{2e} = f_2[x_{1e}, x_{2e}] = 0\end{cases} \tag{8-26}$$

则称状态 $[x_{1e}, x_{2e}]$ 为系统的一个平衡点。若以 $x_1$ 和 $x_2$ 作为相平面的两个坐标轴，则 $\frac{\mathrm{d}x_2}{\mathrm{d}x_1}$ 为相轨迹的斜率。在平衡点处，由于

$$\frac{\mathrm{d}x_2}{\mathrm{d}x_1} = \frac{0}{0} \tag{8-27}$$

也就是说，相轨迹的斜率不定，这样的点称为奇点。

对于二阶线性定常系统，其自由运动时的微分方程为

$$\ddot{x} + 2\xi\omega_n\dot{x} + \omega_n^2 x = 0$$

若令 $x_1 = x$、$x_2 = \dot{x}$，则微分方程可改写为两个一阶微分方程

$$\begin{cases}\dot{x}_1 = x_2 \\ \dot{x}_2 = -\omega_n^2 x_1 - 2\xi\omega_n x_2\end{cases} \tag{8-28}$$

若令 $\dot{x}_1 = 0$、$\dot{x}_2 = 0$ 或 $\dot{x} = 0$、$\ddot{x} = 0$，式（8-28）有唯一解 $x_1 = x = 0$、$x_2 = \dot{x} = 0$，也就是说，相平面的原点是二阶线性定常系统自由运动时的唯一平衡点或奇点。

根据二阶线性定常系统自由运动时相轨迹的形状，可以把奇点分成若干类型，包括稳定焦点、不稳定焦点、稳定节点、不稳定节点、中心以及鞍点等，分别如图8-20a～f所示。图

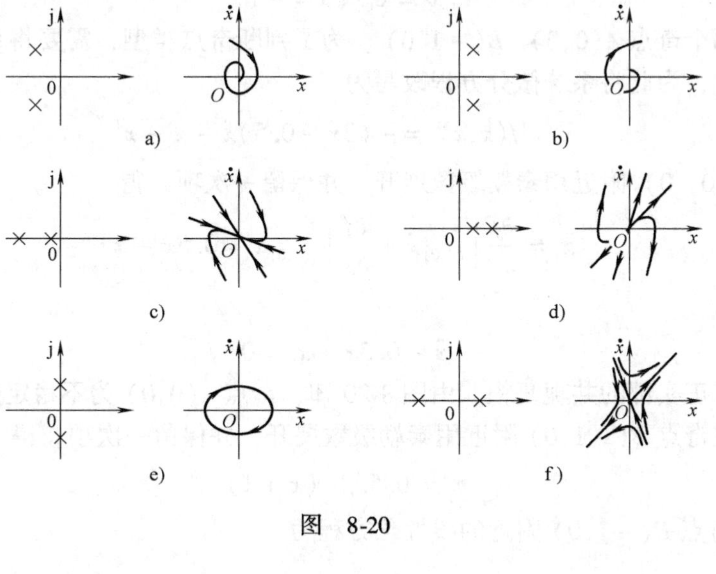


图　8-20

8-20 中标出了与不同类型奇点相对应的二阶线性定常系统特征根的分布。通过前面的讨论可以看出，二阶线性定常系统相轨迹的形状与特征根的分布密切相关，所以根据二阶线性定常系统特征根分布即可判断奇点的类型。

对于非线性二阶系统，为了判断奇点 $[x_{1e}, x_{2e}]$ 的类型，进而绘制奇点附近的相轨迹形状，可以将原系统在平衡点附近线性化，根据线性化以后的结果来判断奇点的类型。具体做法是：将式（8-25）在奇点附近用泰勒级数展开，并忽略高次项，得

$$\begin{cases} \dot{x}_1 = \left.\dfrac{\partial f_1}{\partial x_1}\right|_{(x_{1e},x_{2e})}(x_1 - x_{1e}) + \left.\dfrac{\partial f_1}{\partial x_2}\right|_{(x_{1e},x_{2e})}(x_2 - x_{2e}) \\ \dot{x}_2 = \left.\dfrac{\partial f_2}{\partial x_1}\right|_{(x_{1e},x_{2e})}(x_1 - x_{1e}) + \left.\dfrac{\partial f_2}{\partial x_2}\right|_{(x_{1e},x_{2e})}(x_2 - x_{2e}) \end{cases} \tag{8-29}$$

上式简记为

$$\begin{cases} \dot{x}_1 = a(x_1 - x_{1e}) + b(x_2 - x_{2e}) \\ \dot{x}_2 = c(x_1 - x_{1e}) + d(x_2 - x_{2e}) \end{cases}$$

若记 $x_1 - x_{1e}$ 为 $x_1$，$x_2 - x_{2e}$ 为 $x_2$，上式进一步简化为

$$\begin{cases} \dot{x}_1 = ax_1 + bx_2 \\ \dot{x}_2 = cx_1 + dx_2 \end{cases}$$

将两个一阶微分方程合并为一个二阶微分方程

$$\ddot{x}_1 - (a + d)\dot{x}_1 + (ad - bc)x_1 = 0 \tag{8-30}$$

根据这个二阶微分方程特征根的位置，即可判断奇点的类型。

**例 8-3** 非线性控制系统的微分方程为

$$\ddot{x} + (3\dot{x} - 0.5)\dot{x} + x + x^2 = 0$$

求系统的奇点，并概略绘制奇点附近的相轨迹。

**解** 在系统微分方程中，令 $\dot{x}=0$，$\ddot{x}=0$，得

$$x + x^2 = 0$$

$$x = 0 \text{ 或 } x = -1$$

非线性系统有两个奇点 $A(0,0)$、$B(-1,0)$。为了判断奇点类型，需要将系统的微分方程在奇点附近线性化，为此将系统微分方程改写为

$$\ddot{x} = f(x,\dot{x}) = -(3\dot{x} - 0.5)\dot{x} - x - x^2$$

上式在奇点 $A$（0，0）附近用泰勒级数展开，并保留一次项，得

$$\ddot{x} = \left.\frac{\partial f}{\partial \dot{x}}\right|_{(0,0)}\dot{x} + \left.\frac{\partial f}{\partial x}\right|_{(0,0)}x = 0.5\dot{x} - x$$

或

$$\ddot{x} - 0.5\dot{x} + x = 0$$

其特征值为具有正实部的共轭复根，由图 8-20 知，奇点 $A(0,0)$ 为不稳定焦点。类似地，将系统微分方程在奇点 $B(-1,0)$ 附近用泰勒级数展开，并保留一次项，得

$$\ddot{x} = 0.5\dot{x} + (x + 1)$$

记 $x+1$ 为 $x$，奇点 $B(-1,0)$ 附近的线性化方程为

$$\ddot{x}-0.5\dot{x}-x=0$$

其特征值为一正、一负两个实根，奇点 $B$（$-1$，0）为鞍点。根据奇点 $A$、$B$ 的性质，可以概略绘制奇点附近的相轨迹如图 8-21 所示。

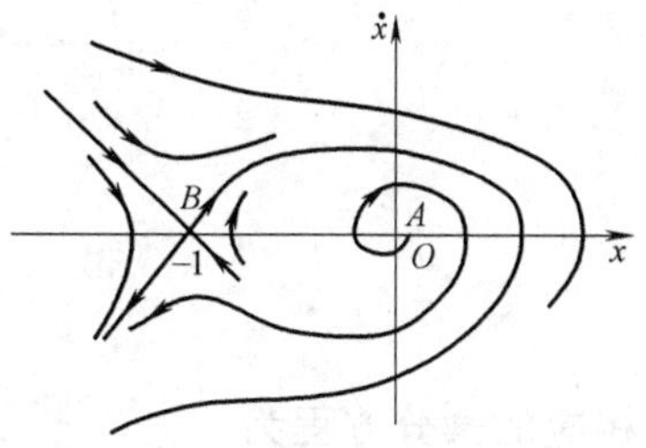

图　8-21

## 8.3.3　极限环

非线性系统的运动除了发散和收敛两种模式外，还可能出现等幅振荡形式。在相平面图中与等幅振荡运动相对应的相轨迹是一个孤立的封闭曲线，这种孤立的封闭曲线称为极限环，与它相邻的相轨迹或是趋向极限环，或是从极限环离开，如图 8-22 所示。

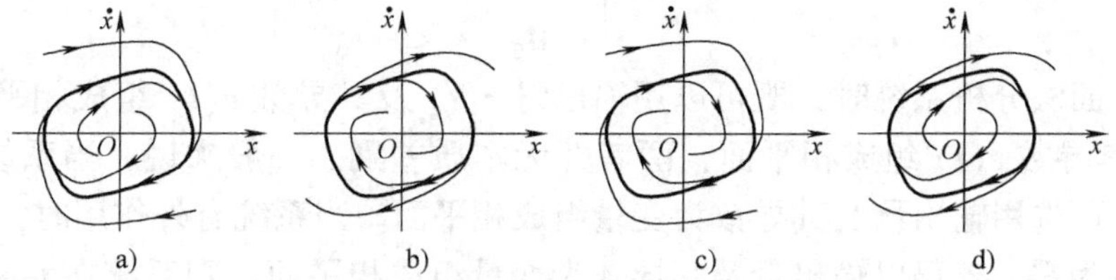

图　8-22

如果极限环附近的相轨迹均趋向极限环，该极限环称为稳定的极限环，如图 8-22a 所示。系统沿稳定极限环的运动表现为稳定频率和稳定幅值的周期运动，称为自持振荡。

如果极限环附近的相轨迹是从极限环发散出去的，该极限环称为不稳定的极限环，如图 8-22b 所示。系统沿不稳定极限环的运动是一种不稳定的周期运动，这种周期运动只是在理论上存在，在实际系统中是无法观测的。因为当系统状态沿该极限环运动时，微小的状态扰动都将使系统状态偏离该极限环，并将永远无法回到该极限环。

如果极限环外部附近的相轨迹均趋向极限环，内部附近的相轨迹均离开极限环或者极限环内部附近的相轨迹均趋向极限环，外部附近的相轨迹均离开极限环，如图 8-22c、d 所示，这种极限环称为半稳定的极限环。系统状态沿半稳定极限环的运动也是一种不稳定的周期运动，这种周期运动只是在理论上存在，在实际系统中是无法观测的。

## 8.3.4　非线性系统的相轨迹

下面用分段线性化的方法来分析具有几种典型非线性特性的控制系统，着重说明这种方法的应用，同时还可以加深理解某些非线性特性对系统性能的影响。

**1. 具有饱和特性的非线性控制系统**

具有饱和特性的非线性控制系统如图 8-23 所示，图中 $T=1$、$K=4$、$e_0=0.2$、$M_0=0.2$，设系统开始处于零初始状态，即 $c(0)=0$、$\dot{c}(0)=0$。试分别作出 $r(t)=R\cdot 1(t)$ 和 $r(t)=V_0t$ 时，系统的相平面图。

该系统线性部分的传递函数为

$$\frac{C(s)}{M(s)}=\frac{K}{s(Ts+1)}$$

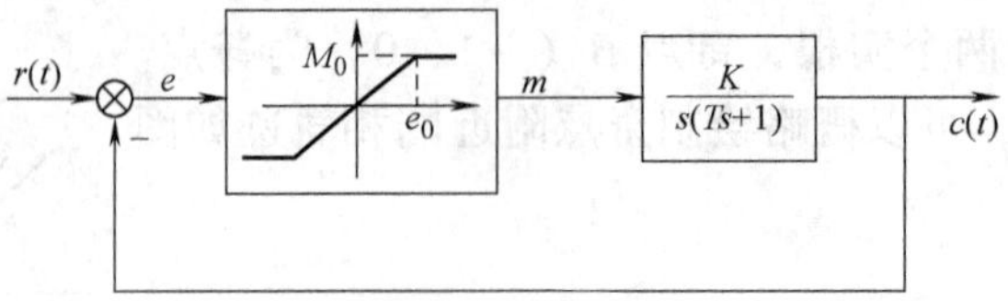


图 8-23

相应的微分方程为

$$T\ddot{c}(t)+\dot{c}(t)=Km(t)$$

非线性特性为

$$m(t)=\begin{cases}e(t) & |e|\leqslant e_0\\ M_0 & e>e_0\\ -M_0 & e<-e_0\end{cases}$$

在用相平面法分析系统时，既可以用输出量 $c(t)$ 及其导数 $\dot{c}(t)$ 组成相平面，也可以用误差 $e(t)$ 及其导数 $\dot{e}(t)$ 组成相平面，两者并无本质差别。一般来说，当系统无外作用时，为便于分析，可选用输出量及其导数为变量组成相平面。当系统有外作用时，由于系统的稳态输出一般不为零，若仍以输出量及其导数为变量组成相平面，则系统在 $t\to\infty$ 时相点的位置一般不在相平面的坐标原点，有时甚至不是定值。为了回避这种情况，常取误差及其导数作为变量组成相平面。对于图 8-23 所示系统，取误差及其导数作为相平面的坐标。

考虑到

$$e(t)=r(t)-c(t)$$

或

$$c(t)=r(t)-e(t)$$

可将系统的微分方程改写为如下分段形式：

$$T\ddot{e}+\dot{e}+Ke=T\ddot{r}+\dot{r}\quad |e|\leqslant e_0$$

$$T\ddot{e}+\dot{e}+KM_0=T\ddot{r}+\dot{r}\quad e>e_0$$

$$T\ddot{e}+\dot{e}-KM_0=T\ddot{r}+\dot{r}\quad e<-e_0$$

相平面被 $e=\pm e_0$ 划分为三个区域，即线性区（$|e|\leqslant e_0$），正饱和区（$e>e_0$）和负饱和区（$e<-e_0$）。称 $e=\pm e_0$ 为相平面的开关线，显然当相点移动到开关线处，系统的运动特性将发生转换。下面分别绘制系统在两种外作用下的相平面图。

（1）当 $r(t)=R\cdot 1(t)(R>0.2)$ 时　由于 $\ddot{r}(t)=\dot{r}(t)=0$，则系统的分段微分方程变为

$$T\ddot{e}+\dot{e}+Ke=0\qquad |e|\leqslant e_0$$

$$T\ddot{e}+\dot{e}+KM_0=0\qquad e>e_0$$

$$T\ddot{e}+\dot{e}-KM_0=0\qquad e<-e_0$$

首先讨论相轨迹在线性区 $|e|\leqslant e_0$ 的情况。此时相轨迹方程为

$$T\ddot{e}+\dot{e}+Ke=0$$

显然，相平面的坐标原点 (0,0) 为一个平衡点，考虑到系统微分方程的特征根 $s_{1,2}=$

$(-1\pm\sqrt{1-4KT})/2T=-0.5\pm j1.94$ 为一对位于左半 $s$ 平面的共轭复根，所以坐标原点为稳定焦点。由于奇点 (0,0) 位于所讨论的线性区 $|e|\leqslant e_0$ 范围内，该奇点称为实奇点。根据线性二阶系统相轨迹法分析的结论，$|e|\leqslant e_0$ 范围内的相轨迹为对数螺旋线。

在 $e>e_0$ 的饱和区，相轨迹方程为

$$T\ddot{e}+\dot{e}+KM_0=0\qquad e>e_0$$

由于相轨迹方程在 $\dot{e}=0$，$\ddot{e}=0$ 时无解，说明在 $e>e_0$ 范围内没有奇点。

在相轨迹方程中，令 $\alpha=\dfrac{\mathrm{d}\dot{e}}{\mathrm{d}e}$，可得等倾线方程为

$$\dot{e}=\frac{-KM_0}{1+\alpha T}\qquad e>e_0$$

等倾线是平行于横轴的直线。给定不同的 $\alpha$ 可以绘出等倾线簇，在每条等倾线上画出斜率为 $\alpha$ 的短线，所有短线的总体形成了相轨迹的切线方向场，如图 8-24a 所示。从图 8-24a 可以看出，在 $e>e_0$ 范围内相轨迹均渐近于 $\dot{e}=-KM_0$ 的直线。事实上，$\dot{e}=-KM_0$ 为系统的一条特殊的水平相轨迹，这是因为 $\dot{e}=-KM_0$ 为 $\alpha=0$ 的等倾线，说明从 $\dot{e}=-KM_0$ 上的任一点出发的相轨迹的斜率为零，相轨迹必然沿着 $\dot{e}=-KM_0$ 水平移动。

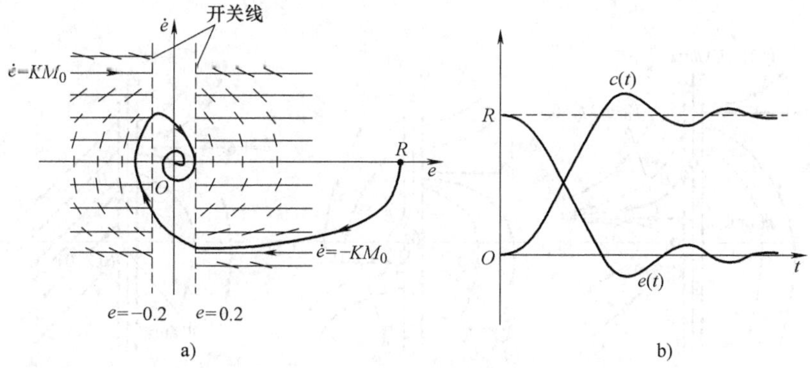


图　8-24

在 $e<-e_0$ 的饱和区，相轨迹方程和等倾线方程分别为

$$T\ddot{e}+\dot{e}-KM_0=0,\qquad e<-e_0$$

$$\dot{e}=\frac{KM_0}{1+\alpha T}\qquad e<-e_0$$

由于相轨迹方程在 $\dot{e}=0$，$\ddot{e}=0$ 时无解，说明在 $e<-e_0$ 范围内没有奇点。等倾线是平行于横轴的直线，给定不同的 $\alpha$ 可以绘出等倾线簇，在每条等倾线上画出斜率为 $\alpha$ 的短线，所有短线的总体形成了相轨迹的切线方向场，如图 8-24a 所示。从图 8-24a 可以看出，$\dot{e}=KM_0$ 为系统的一条特殊的水平相轨迹，在 $e<-e_0$ 范围内相轨迹均渐近于 $\dot{e}=KM_0$ 的直线。

由于初始状态为 $c(0)=0$、$\dot{c}(0)=0$，根据 $e(t)=r(t)-c(t)$，得初始相点为

$$e(0^+)=R,\ \dot{e}(0^+)=0$$

图 8-24a 中绘出了满足初始状态的一条相轨迹。由图可见，相点从初始状态出发，在正饱和区（$e>e_0$）内移动，当相点移动到开关线 $e=e_0$ 处，系统的运动特性发生转换，相点进

入线性区（$|e|\leqslant e_0$），当相点在线性区内移动到开关线 $e=-e_0$ 处，系统的运动特性再次发生转换，相点进入负饱和区（$e<-e_0$）……，最终相点趋于坐标原点，系统的稳态误差 $e_{ss}=0$。相轨迹还表明，由于饱和特性的存在，减小了系统的振荡性，相应的 $e(t)$ 和 $c(t)$ 的时间响应曲线如图 8-24b 所示。

（2）当 $r(t)=V_0t$ 时　由于 $\dot r(t)=V_0$，$\ddot r(t)=0$，则系统的微分方程变为

$$T\ddot e+\dot e+Ke=V_0 \qquad |e|\leqslant e_0$$

$$T\ddot e+\dot e+KM_0=V_0 \qquad e>e_0$$

$$T\ddot e+\dot e-KM_0=V_0 \qquad e<-e_0$$

相平面的开关线为 $e=\pm e_0$。首先讨论相轨迹在线性区 $|e|\leqslant e_0$ 的情况。此时相轨迹方程为

$$T\ddot e+\dot e+Ke=V_0$$

由 $T=1$、$K=4$ 知微分方程的特征根为一对位于左半 $s$ 平面的共轭复根，所以在线性区 $|e|\leqslant e_0$ 时的相轨迹应为对数螺旋线。若令 $\dot e=0$、$\ddot e=0$，可得奇点或平衡点为 $e=V_0/K$、$\dot e=0$，该奇点为稳定焦点，奇点的位置与输入信号的大小有关。当 $V_0\leqslant Ke_0$ 时，因奇点 $e=V_0/K$、$\dot e=0$ 位于线性区 $|e|\leqslant e_0$ 的范围内，该奇点为实奇点；当 $V_0>Ke_0$ 时，奇点位于线性区 $|e|\leqslant e_0$ 的范围之外，线性区的相轨迹无法趋向或离开该奇点，这样的奇点称为虚奇点，如图 8-25 所示。

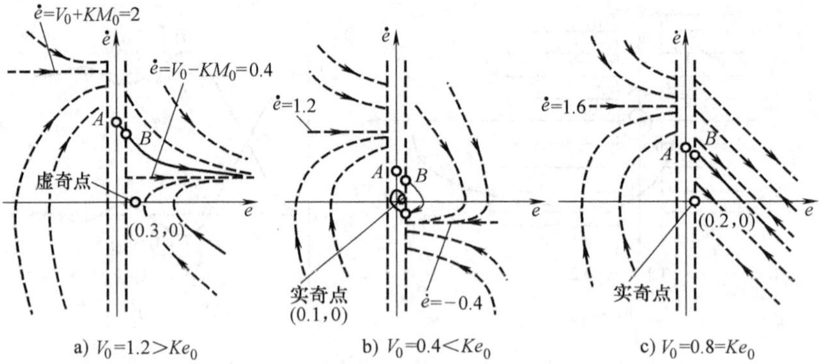


图　8-25

在 $e>e_0$ 的区域，相轨迹方程为

$$T\ddot e+\dot e+KM_0=V_0$$

在 $e<-e_0$ 的区域，相轨迹方程为

$$T\ddot e+\dot e-KM_0=V_0$$

在 $e>e_0$ 和 $e<-e_0$ 的正、负饱和区，若令 $\dot e=0$、$\ddot e=0$，相轨迹方程均无解，说明正、负饱和区的相平面中不存在奇点。类似于 $r(t)=R\cdot 1(t)$ 时的讨论过程，可知在 $e>e_0$ 的区域，相轨迹均渐近于 $\dot e=V_0-KM_0$ 的直线，在 $e<-e_0$ 的区域，相轨迹均渐近于 $\dot e=V_0+KM_0$ 的直线。

图 8-25 画出了 $V_0$ 取不同数值时的相轨迹。从图中可以看出，当 $V_0=1.2>Ke_0$ 时，相轨迹最终趋于 $\dot e=V_0-KM_0=0.4$ 的一条水平直线，说明系统的稳态误差 $e(\infty)$ 将趋于无穷大，系统无法跟踪快速变化的斜坡信号。从图 8-25a 中可以看出，当相点通过 $B$ 点时，控制器处

于正向饱和状态，控制器的输出为饱和值，使系统输出的速度受到限制，系统的输出无法跟上输入的变化，导致误差的不断增加直至无穷。可见饱和非线性特性限制了系统的跟踪速度。考虑到系统初始条件 $c(0)=0$、$\dot{c}(0)=0$，知 $e(0)=0$、$\dot{e}(0)=V_0=1.2$，图8-25a 绘出了从初始相点出发的相轨迹，其中 $AB$ 段是对数螺旋线，以 (0.3，0) 为虚奇点。

当 $V_0=0.4<Ke_0$ 时，相轨迹最终收敛于 (0.1,0)，系统的稳态误差为0.1，说明系统可以跟踪变化较慢的斜坡信号，考虑到系统初始条件 $c(0)=0$、$\dot{c}(0)=0$，知 $e(0)=0$、$\dot{e}(0)=V_0=0.4$，图 8-25b 绘出了从初始相点出发的相轨迹，其中 $AB$ 段是对数螺旋线，以 (0.1,0) 为实奇点。

当 $V_0=0.8=Ke_0$ 时，在 $|e|\leqslant e_0$ 的区域内，相轨迹的奇点 (0.2,0) 是稳定的焦点，位于开关线上。在 $e>e_0$ 的区域，相轨迹的微分方程变为

$$T\ddot{e}+\dot{e}=0$$

容易求得 $\mathrm{d}\dot{e}/\mathrm{d}e=-1/T$，说明相轨迹是相互平行的直线，其斜率为 $-1/T$。在该区域内，相轨迹均趋于 $\dot{e}=V_0-KM_0=0$，说明相轨迹将终止于横轴上，终止的位置决定了稳态误差的大小，与初始条件有关。考虑到系统初始条件 $c(0)=0$、$\dot{c}(0)=0$，知 $e(0)=0$、$\dot{e}(0)=V_0=0.8$，图 8-25c 绘出了从初始相点出发的相轨迹，其中 $AB$ 段是对数螺旋线，以 (0.2,0) 为实奇点。

总之，图 8-25 表明，非线性系统与线性系统有着完全不同的运动特性，非线性系统的运动形式及稳态误差既和输入信号的大小有关，也和初始条件有关。

**2. 继电型非线性控制系统**

含有继电型非线性元件的系统称为继电型系统。继电型非线性的一般形式如图 8-26a 所示，称为具有滞环的三位置继电特性；若 $m=1$，即为具有死区的三位置继电特性，如图 8-26b所示；若 $m=-1$，即为具有滞环的两位置继电特性，如图 8-26c 所示；若 $h=0$，即为理想继电特性，如图 8-26d 所示。

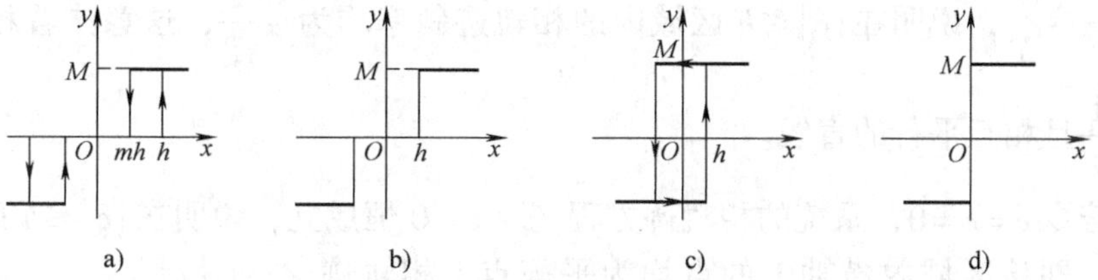


图 8-26

继电型非线性控制系统如图 8-27 所示，下面具体分析当图 8-27 中的继电特性分别为图 8-26 中的四种情况时，系统自由运动的相平面图及其运动特点。在绘制相平面图时，均取输出量 $c$ 及其导数 $\dot{c}$ 作为变量。

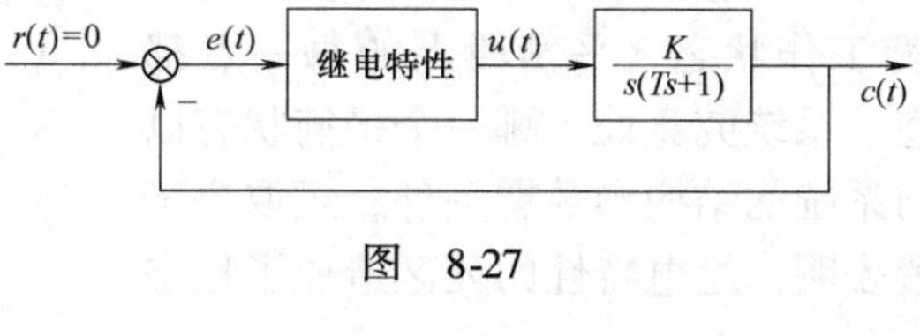


图 8-27

（1）具有死区的三位置继电特性（$m=1$） 线性部分的传递函数为

$$\frac{C(s)}{U(s)}=\frac{K}{s(Ts+1)}$$

相应的微分方程为

$$T\ddot{c}+\dot{c}=Ku \tag{8-31}$$

若继电特性为具有死区的三位置继电特性，即

$$u=\begin{cases}M & e>h\\ 0 & |e|\leqslant h\\ -M & e<-h\end{cases}$$

考虑到系统自由运动时 $e=-c$，式（8-31）写成分段线性微分方程为

$$T\ddot{c}+\dot{c}=-KM \quad c>h$$

$$T\ddot{c}+\dot{c}=0 \quad |c|\leqslant h$$

$$T\ddot{c}+\dot{c}=KM \quad c<-h$$

开关线为 $c=\pm h$，两条开关线将相平面划分为三个线性区域，下面分区绘制相轨迹。

在 $c>h$ 区域，相轨迹方程为

$$T\ddot{c}+\dot{c}=-KM$$

类似于具有饱和非线性特性控制系统时的讨论，相平面在该区域无奇点，相轨迹均渐近于 $\dot{c}=-KM$ 的直线。

在 $c<-h$ 区域，相轨迹方程为

$$T\ddot{c}+\dot{c}=KM$$

相平面在该区域无奇点，相轨迹均渐近于 $\dot{c}=KM$ 的直线。

在 $|c|\leqslant h$ 区域，相轨迹方程为

$$T\ddot{c}+\dot{c}=0$$

由于$\frac{\mathrm{d}\dot{c}}{\mathrm{d}c}=-\frac{1}{T}$，说明在 $|c|\leqslant h$ 区域内的相轨迹斜率均为 $-\frac{1}{T}$，这意味着相轨迹应是一簇斜率为 $-\frac{1}{T}$ 且相互平行的直线。

另外，若令 $\dot{c}=\ddot{c}=0$，系统的相轨迹方程 $T\ddot{c}+\dot{c}=0$ 恒成立，说明在 $|c|\leqslant h$ 区域内，$\dot{c}=0$ 均为平衡点，即该区域内横轴上的点均为平衡点，相轨迹可终止于其中的任一点，这一段直线称为系统的平衡段。具有死区的三位置继电特性的非线性控制系统相平面图如图 8-28 所示。

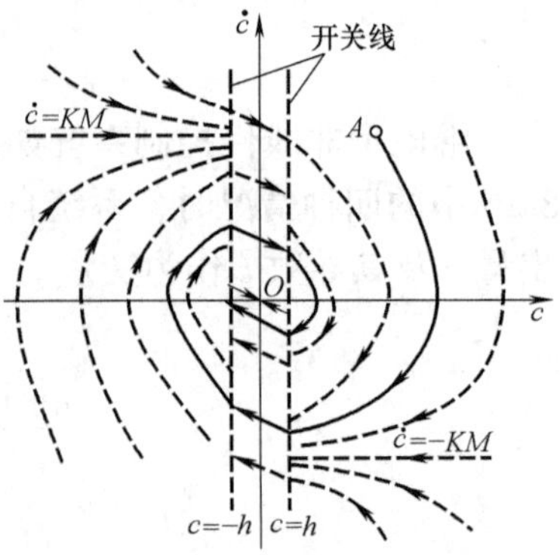

图 8-28

从图 8-28 中可以看出，从初始相点出发的相轨迹在开关线 $c=\pm h$ 处发生了转换，表明继电特性由一种工作状态转换为另一种工作状态。一旦相轨迹到达平衡段 $\dot{c}=0$，$|c|\leqslant h$，系统便处于平衡工作状态，平衡段上的每一点都对应系统的一个平衡状态。系统究竟处于哪一个平衡状态以及稳态误差的大小，除与系统的结构参数有关外，还取决于系统的初始条件。平衡段表明，继电特性的死区造成了稳态

误差，降低了系统的稳态精度。

相平面图还表明，系统的暂态过程均为衰减振荡过程并最终收敛于平衡点，系统是稳定的。系统的振荡情况既与初始条件有关，又与时间常数 $T$ 有关。若减小时间常数 $T$，则在 $|c|\leqslant h$ 区域内，相轨迹的斜率减小，在相同的初始条件下，相轨迹经过很少次切换就能达到平衡点，提高了暂态响应的平稳性；反之，增大时间常数 $T$，相轨迹要经过多次切换才能达到平衡点，因而加剧了暂态过程的振荡。另外，系统的振荡情况还与 $KM$ 值有关，$KM$ 加大，系统的振荡加剧，收敛也会变慢。

（2）具有滞环的两位置继电特性（$m=-1$）　当继电特性为具有滞环的两位置继电特性时，式（8-31）写成分段线性微分方程为

$$T\ddot{c}+\dot{c}=-KM \qquad c>h; c>-h, \dot{c}<0$$

$$T\ddot{c}+\dot{c}=KM \qquad c<-h; c<h, \dot{c}>0$$

在相平面中绘出以上两个方程适用的区域，可知开关线方程为 $c=h$，$\dot{c}>0$ 和 $c=-h$，$\dot{c}<0$。两条开关线将整个相平面划分成两个区域，在区域 $c>h$ 及 $c>-h$，$\dot{c}<0$，相轨迹方程为

$$T\ddot{c}+\dot{c}=-KM$$

相平面在该区域无奇点，所有相轨迹均渐近于 $\dot{c}=-KM$ 的水平直线。

在区域 $c<-h$ 及 $c<h$，$\dot{c}>0$，相轨迹方程为

$$T\ddot{c}+\dot{c}=KM$$

相平面在该区域内也不存在奇点，相轨迹均渐近于 $\dot{c}=KM$ 的水平直线。

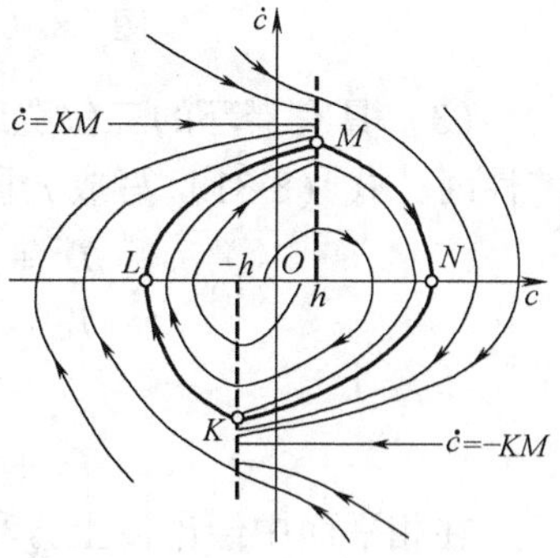

图　8-29

系统的相平面图如图 8-29 所示。由图 8-29 可见，含有继电特性的非线性控制系统在 $m=-1$ 时的相轨迹与 $m=1$ 时的相轨迹不同，这时 $\dot{c}=0$，$|c|\leqslant h$ 不再是系统的平衡段，由这个线段出发的相轨迹都向外发散，而由较大初始条件出发的相轨迹都向内收敛。介于从内向外发散和从外向内收敛的相轨迹之间，存在着一个极限环 $KLMNK$，该极限环为稳定的极限环，这是因为当相点在极限环中移动时，若扰动使相点离开极限环，一旦扰动消失，相点将趋向极限环，说明该极限环对应于一个稳定的等幅振荡（自持振荡）。图 8-29 还表明，从任一初始点出发的相轨迹都趋于这个稳定的极限环，系统的输出出现等幅振荡。因此对这个系统而言，不论初始条件如何，系统最终均处于自持振荡状态，振荡的周期与振幅仅取决于系统的参数，与初始条件无关。在控制系统中其他的滞环特性（例如间隙特性）也可能引起系统自持振荡，可见滞环特性恶化了系统的品质。

现在讨论另外一种情况，若初始时刻继电特性输出值为 $-M$，而继电特性的输入为 $|e|<h$，$\dot{e}<0$，由于此时 $-h<c<h$，$\dot{c}=-\dot{e}>0$，相轨迹方程为 $T\ddot{c}+\dot{c}=-KM$，这种情况在图 8-29 中便无法表示出来，为此可以画出 $c>-h$ 时，相轨迹方程为 $T\ddot{c}+\dot{c}=-KM$ 的相平面图，如图 8-30a 所示。

同样，若初始时刻继电特性输出为 $M$，而继电特性的输入为 $|e|<h$，$\dot{e}>0$，由于此时 $-h<c<h$，$\dot{c}<0$，相轨迹方程为 $T\ddot{c}+\dot{c}=KM$，这种情况在图 8-29 中也无法表示出来，为此

可以画出 $c<h$ 时，相轨迹方程为 $T\ddot{c}+\dot{c}=KM$ 的相平面图，如图 8-30b 所示。

把图 8-30a 和图 8-30b 画在一张图上时，便得到了系统完整的相平面图，如图 8-31 所示。图 8-31 为多页相平面图，这是因为图中在 $-h<c<h$ 部分，相轨迹有重叠。可根据具体情况，判断在重叠区域采用何种形式的相轨迹，图中画出了初始时刻继电特性输出为 $-M$，且 $|e|<h$，$\dot{e}<0$ 的一条相轨迹，该相轨迹的起点为 $C_1$ 点，相轨迹沿着 $C_1$、$C_2$、$C_3$、$C_4$、$C_5$、$C_6$、…移动。

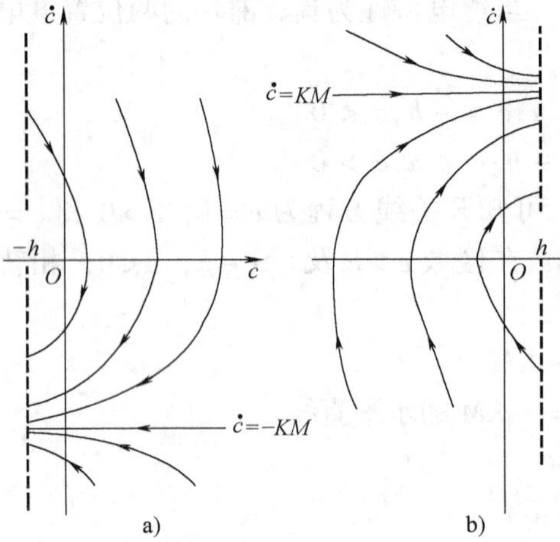


图 8-30

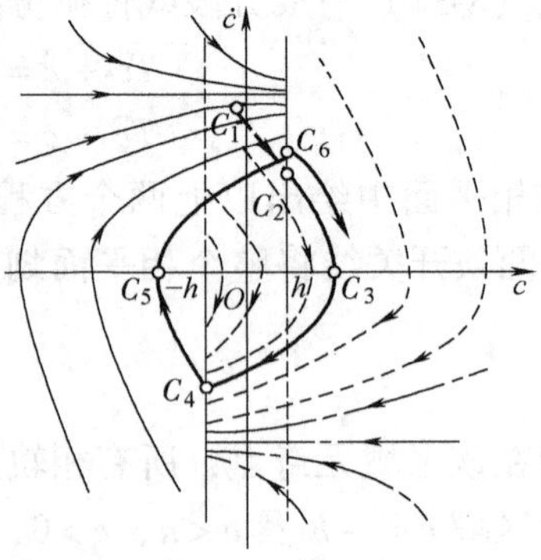


图 8-31

（3）具有滞环的三位置继电特性（$-1<m<1$） 当继电特性为具有滞环的三位置继电特性时，式（8-31）写成分段线性微分方程为

$$
\begin{aligned}
&T\ddot{c}+\dot{c}=-KM \quad c>h;\quad c>mh,\quad \dot{c}<0\\
&T\ddot{c}+\dot{c}=0 \quad\quad -h<c<mh,\quad \dot{c}<0;\\
&\quad\quad\quad\quad\quad\quad\quad -mh<c<h,\quad \dot{c}>0\\
&T\ddot{c}+\dot{c}=KM \quad\quad c<-h;\quad c<-mh,\quad \dot{c}>0
\end{aligned}
$$

在相平面中绘出以上方程适用的区域，可知开关线方程为 $\dot{c}>0$，$c=h$，$c=-mh$ 和 $\dot{c}<0$，$c=-h$，$c=mh$。四条开关线将相平面划分为三个区域，可绘出系统的相平面图，如图 8-32所示。

比较图 8-32 与图 8-28 所示的 $m=1$ 时的相平面图，其区别在于：上半平面的开关线由 $c=-h$ 变为 $c=-mh$；下半平面的开关线由 $c=h$ 变为 $c=mh$。

图 8-33 绘出了随着 $m$ 值的减小，系统相轨迹变化的示意图。从图中可以看出，随着 $m$ 值的减小，系统的振荡趋势将逐渐加大，当 $m$ 减小到 $0<m\ll1$ 时，相平面图将由图 8-33a变为图 8-33b，这时出现了半稳定的极限环。当 $m$ 进一步减小至 $-1<m<0$ 时，系统的相平面图变为图 8-33c，这时出现了稳定的极限环和由两条相轨迹围成的区域，如图中阴影区域所示。这时，若初始状态落在阴影线区域内，则系

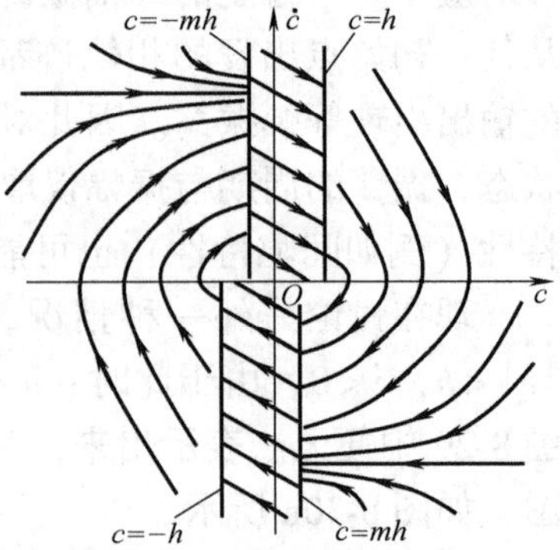


图 8-32

统的自由运动将趋于平衡状态，否则将产生自持振荡。

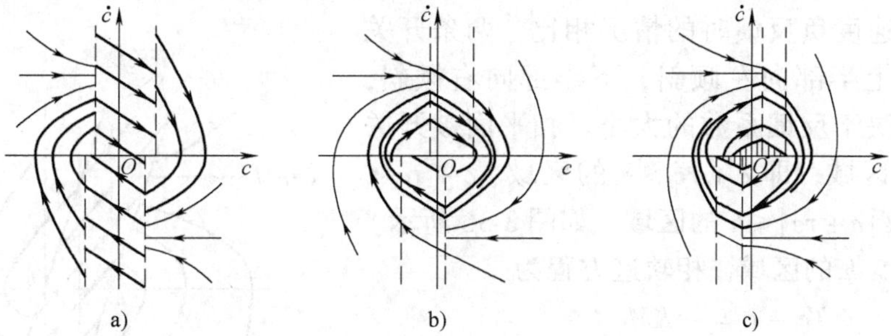


图　8-33

可以肯定，当 $m$ 值减小到一定数值时，系统中将会出现自持振荡。通过研究，图 8-27 所示的继电型非线性系统产生自持振荡的充分必要条件是

$$e^{-\frac{2h}{KMT}} - 1 + \frac{(m+1)h}{KMT} < 0 \tag{8-32}$$

显然，当 $m=-1$ 时，式（8-32）成立，系统有自持振荡；当 $m=1$ 时，式（8-32）不成立，系统无自持振荡。

（4）理想继电特性（$h=0$）　当继电特性为理想继电特性时，继电型控制系统的分段线性微分方程为

$$\begin{aligned} T\ddot{c} + \dot{c} &= KM \qquad c < 0 \\ T\ddot{c} + \dot{c} &= -KM \qquad c > 0 \end{aligned}$$

开关线方程为 $c=0$，开关线将相平面划分为左、右两个区域，可以画出系统的相平面图如图 8-34 所示。实际上在图 8-28 中，令 $h=0$，即可得到图 8-34。由图 8-34 可见，从任一初始点出发的相轨迹均收敛于坐标原点，控制系统在任一初始条件下的自由运动呈衰减振荡形式，系统的输出最终趋于零，稳态误差也为零。

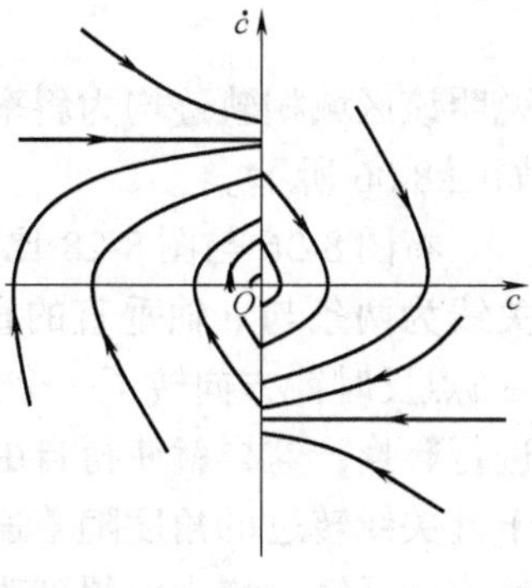


图　8-34

### 8.3.5　速度反馈对系统自由运动的影响

具有速度负反馈的继电型控制系统的结构图如图 8-35 所示，图中 $0<\tau<T$。这时系统的分段线性微分方程为

$$\begin{aligned} T\ddot{c} + \dot{c} &= KM \qquad c + \tau\dot{c} < -h \\ T\ddot{c} + \dot{c} &= 0 \qquad |c + \tau\dot{c}| \leqslant h \\ T\ddot{c} + \dot{c} &= -KM \qquad c + \tau\dot{c} > h \end{aligned}$$

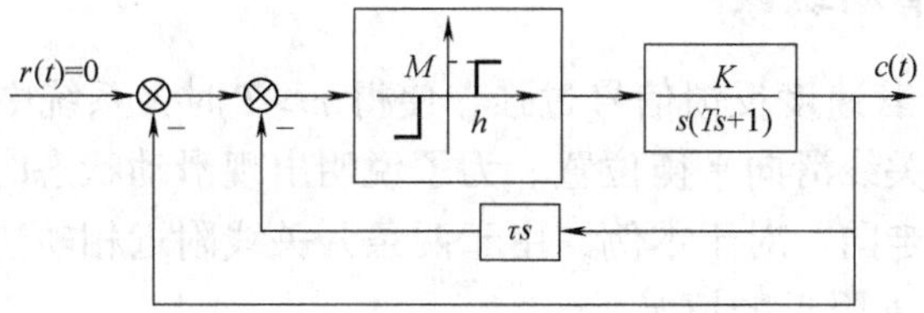


图　8-35

开关线方程为

$$c + \tau\dot{c} = \pm h$$

与未采用速度负反馈时的情况相比，两条开关线在相平面的上半部向左倾斜，下半部向右倾斜，倾斜的角度取决于反馈系数的大小。相平面被开关线划分成三个区域，即 $c+\tau\dot{c}>h$ 的区域、$c+\tau\dot{c}<-h$的区域以及$|c+\tau\dot{c}|\leqslant h$ 的区域，如图 8-36 所示。

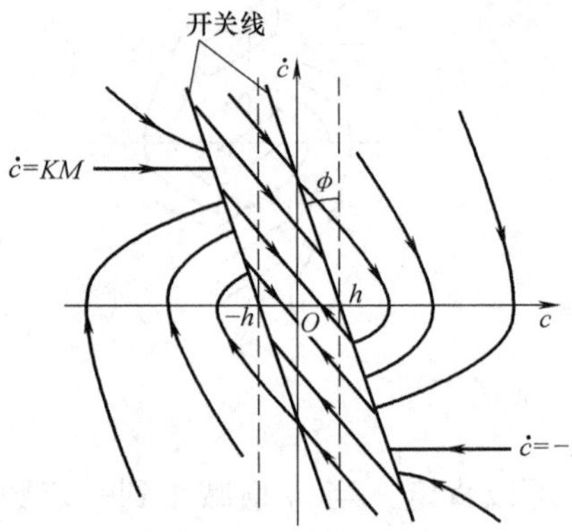


图 8-36

在 $c+\tau\dot{c}>h$ 的区域，相轨迹方程为

$$T\ddot{c} + \dot{c} = -KM$$

相平面在该区域内无奇点，相轨迹均渐近于 $\dot{c}=-KM$ 的水平线。

在 $c+\tau\dot{c}<-h$ 的区域，相轨迹方程为

$$T\ddot{c} + \dot{c} = KM$$

相平面在该区域内无奇点，相轨迹均渐近于 $\dot{c}=KM$ 的水平线。

在$|c+\tau\dot{c}|\leqslant h$ 的区域，相轨迹方程为

$$T\ddot{c} + \dot{c} = 0$$

可写为

$$\dot{c} = 0 \text{ 或} \mathrm{d}\dot{c}/\mathrm{d}c = -1/T$$

说明该区域相轨迹均为斜率为 $-1/T$ 的直线，且 $\dot{c}=0$，$|c|\leqslant h$ 为平衡段，系统的相平面图如图 8-36 所示。

将图 8-36 与图 8-28 比较可以看出，两者主要是开关线不同。未接入速度负反馈时，开关线为两条与 $c$ 轴垂直的直线 $c=\pm h$；在接入速度反馈后，这两条开关线分别绕 $c$ 轴上的 $\pm h$点反时针方向转了一个角度 $\phi=\arctan\tau$。由于开关线逆时针转动的结果，相轨迹将提前进行转换，这样就使得自由运动的超调量减小，调节时间缩短，系统的性能将得到改善。由于开关线转过的角度随着速度反馈强度的增大而增大，因此当$0<\tau<T$时，系统的性能将随着速度反馈的增大而得到改善。

从图 8-36 可以看出，开关线在上半平面向左移动，在下半平面向右移动，会使系统性能变好。在图 8-33a、b、c 中，随着 $m$ 的减小，开关线在上半平面向右移动，在下半平面向左移动，从而使系统性能变坏。开关线与系统性能的这种密切关系，在用相轨迹分析系统时非常重要，利用这种关系不仅可以比较不同系统性能的好坏，而且还可以通过改变开关线的位置来改善系统的性能。

## 8.3.6 继电系统的滑动现象

图 8-35 所示系统，若速度反馈信号过强，使得 $\tau>T$ 时，系统中会发生滑动现象，也就是说，相轨迹会沿着开关线滑向平衡位置。为了说明出现滑动状态时相轨迹的特点，需要研究开关线附近相轨迹的走向。对于本例，由于两条开关线附近相轨迹的情况是对称的，这里只讨论开关线 $c+\tau\dot{c}=-h$ 附近的情况。

定义一个函数 $\delta=c+\tau\dot{c}+h$。显然，相平面上每一相点均对应于一个确定的 $\delta$ 值，例如

当相点位于开关线 $c+\tau\dot{c}=-h$ 上时有 $\delta=0$。当 $\delta$ 取不同值时，在相平面上得到一簇平行于开关线的直线，每条直线上的 $\delta$ 值相同，称为等 $\delta$ 线，如图 8-37 所示。

从图 8-37 可以看出，在开关线 $c+\tau\dot{c}=-h$ 的下方，即 $\delta<0$ 的区域，$\delta$ 值越大，等 $\delta$ 线越靠近开关线；$\delta$ 值越小，等 $\delta$ 线越远离开关线，因此当相点沿着相轨迹移动时，其对应的 $\delta$ 值的变化趋势可以表示相点相对于开关线的变化情况。在某相点处，若 $\frac{d\delta}{dt}>0$，说明此处的相轨迹将趋向开关线；若 $\frac{d\delta}{dt}<0$，说明此处的相轨迹将离开开关线。

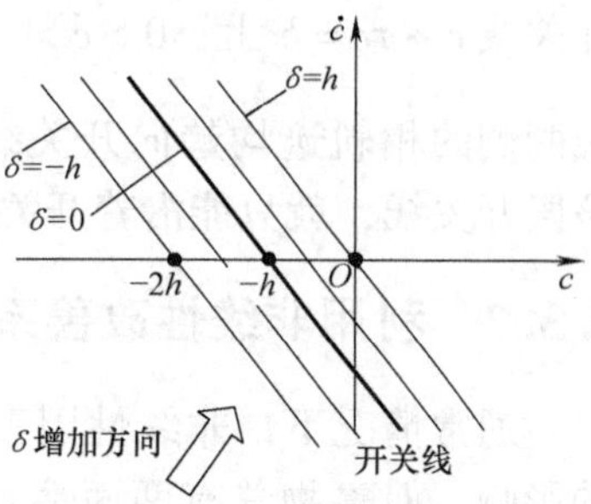

图　8-37

在开关线 $c+\tau\dot{c}=-h$ 的上方，即 $\delta>0$ 的区域，经类似分析，可以得出结论，在某相点处，若 $\frac{d\delta}{dt}>0$，说明此处的相轨迹将离开开关线；若 $\frac{d\delta}{dt}<0$，说明此处的相轨迹将趋向开关线。通过研究相轨迹在开关线附近时 $\frac{d\delta}{dt}$ 的正负情况，即可判断出相轨迹的走向。

下面研究图 8-35 所示系统相轨迹在开关线 $c+\tau\dot{c}=-h$ 两侧时相轨迹的走向，定义 $\delta=c+\tau\dot{c}+h$，在开关线的上方，相轨迹方程为

$$T\ddot{c}+\dot{c}=0$$

当相点位于相轨迹上时，有

$$\frac{d\delta}{dt}=\tau\ddot{c}+\dot{c}=\left(-\frac{\tau}{T}+1\right)\dot{c}$$

由于 $\tau>T$，故当 $\dot{c}>0$ 时，有 $\frac{d\delta}{dt}<0$，说明在 $\dot{c}>0$ 的区域，即相平面的上半部，相轨迹将趋向开关线；而在 $\dot{c}<0$ 的区域，即相平面的下半部，有 $\frac{d\delta}{dt}>0$，说明相轨迹将离开开关线。

在开关线的下方，相轨迹方程为

$$T\ddot{c}+\dot{c}=KM$$

当相点位于相轨迹上时，有

$$\frac{d\delta}{dt}=\tau\ddot{c}+\dot{c}=\left(-\frac{\tau}{T}+1\right)\dot{c}+\frac{KM\tau}{T}$$

显然，在 $\dot{c}>\frac{\tau KM}{\tau-T}$ 的区域，有 $\frac{d\delta}{dt}<0$，说明在该区域内相轨迹将离开开关线；在 $\dot{c}<\frac{\tau KM}{\tau-T}$ 区域，有 $\frac{d\delta}{dt}>0$，说明在该区域内相轨迹将趋向开关线。

根据以上的讨论，可以画出当 $\tau>T$ 时控制系统的相平面图如图 8-38 所示。需要注意的是，在开关线 $c+\tau\dot{c}=-h$ 上，$0<\dot{c}<\frac{\tau KM}{\tau-T}$ 的区域，由于开关线两侧的相轨迹均趋向开关线，

因此，一旦相点进入该段开关线，就只能沿着开关线滑向（$-h$，0）点，相轨迹出现滑动现象；同样，在开关线 $c+\tau\dot{c}=h$ 上，$0>\dot{c}>-\dfrac{\tau KM}{\tau-T}$ 的区域，由于开关线两侧的相轨迹均趋向开关线，因此，一旦相点进入该段开关线，就只能沿着开关线滑向（$h$，0）点。

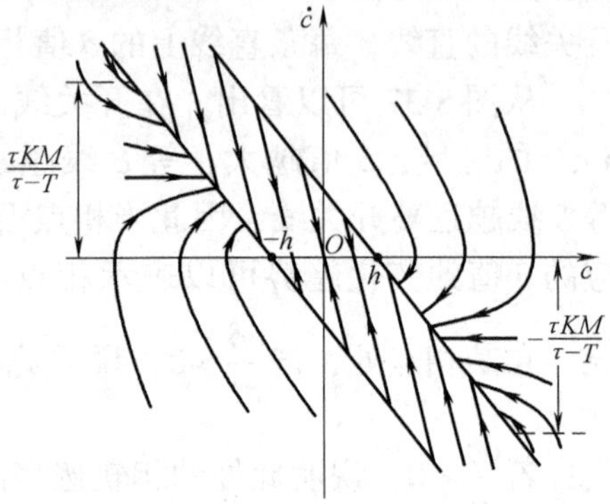


图 8-38

## 8.3.7 利用非线性改善系统的性能

通常情况下，非线性因素会对控制系统带来不利的影响。但事物总有两面性，有时在线性系统中有目的地引入非线性环节，却有可能使系统性能大幅度地提高，而这种提高往往是单纯用线性系统难以实现的。下面通过几个例子来加以说明。

**1. 粗、精调控制系统**

图 8-39 为一具有非线性放大器的控制系统，其中非线性环节的放大系数根据误差信号的大小而发生变化。当误差信号较大时，非线性环节的放大系数较大；当误差信号较小时，非线性环节的放大系数较小。

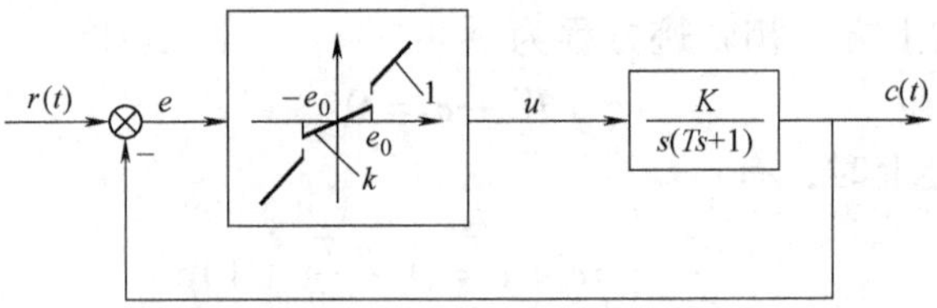


图 8-39

在时域分析法中，对二阶系统的单位阶跃响应作了详细的研究。若系统的开环放大系数较大，则系统具有较强的调节能力，在瞬态响应中，表现为上升时间较短，但系统响应的平稳性较差，超调量较大。若系统的开环放大系数较小，则系统响应较为缓慢，在瞬态响应中，表现为上升时间及调节时间长，但系统响应的平稳性较好。对于线性系统，单纯调节开环放大系数，难以得到既快速又平稳的理想响应曲线。

采用非线性环节，在阶跃响应的初始阶段，误差信号较大，此时开环放大系数大，有利于系统的快速响应；当输出信号接近希望值时，误差信号较小，此时开环放大系数小，有利于减小超调量，进而减小调节时间，得到较为理想的响应曲线。

下面用相平面法来分析图 8-39 所示系统的单位阶跃响应，为了明确起见，假设系统参数之间满足下列关系

$$\frac{1}{2\sqrt{KT}}<1<\frac{1}{2\sqrt{kKT}}\qquad 0<e_0<1$$

其中 $k<1$。

系统中线性环节传递函数为

$$\frac{C(s)}{U(s)}=\frac{K}{s(Ts+1)}$$

相应的微分方程为

$$T\ddot{c}+\dot{c}=Ku$$

系统中非线性特性为

$$u=\begin{cases}ke & |e|<e_0\\ e & |e|>e_0\end{cases}$$

考虑到 $e=r-c$，在单位阶跃信号输入时，$\ddot{r}=\dot{r}=0$，上述微分方程可写为分段线性形式

$$T\ddot{e}+\dot{e}+Ke=0 \qquad |e|>e_0$$

$$T\ddot{e}+\dot{e}+kKe=0 \qquad |e|<e_0$$

两条开关线为 $e=\pm e_0$，它们将相平面划分为三个线性区域。

在 $|e|>e_0$ 区域，相轨迹方程为

$$T\ddot{e}+\dot{e}+Ke=0$$

这是二阶线性微分方程，显然平衡点在坐标原点，属于虚奇点。由于微分方程的特征根在假设参数的情况下为一对具有负实部的共轭复数，故相轨迹为对数螺旋线。

在 $|e|<e_0$ 区域，相轨迹方程为

$$T\ddot{e}+\dot{e}+kKe=0$$

平衡点在坐标原点，为实奇点，由于微分方程的特征根为两个负实数，故相轨迹为抛物线。

假定系统初始条件为零，即 $c(0)=0$、$\dot{c}(0)=0$。在单位阶跃信号作用下，容易推得

$$e(0^+)=1,\dot{e}(0^+)=0$$

相轨迹的起始点为 (1,0)。根据以上讨论可画出系统的相平面图如图 8-40 所示。相点从初始点 (1,0) 出发，经 A、B、C、D、E 趋于相平面的原点，说明在阶跃信号作用下稳态误差为零。图中 AB 段、CD 段为对数螺旋线，BC 段、DE 段为抛物线。图中还画出了系统的单位阶跃响应曲线和误差响应曲线，可以看出，系统的单位阶跃响应较为迅速且超调量大为减小，控制效果比采用单一放大系数的线性放大器有明显改善。

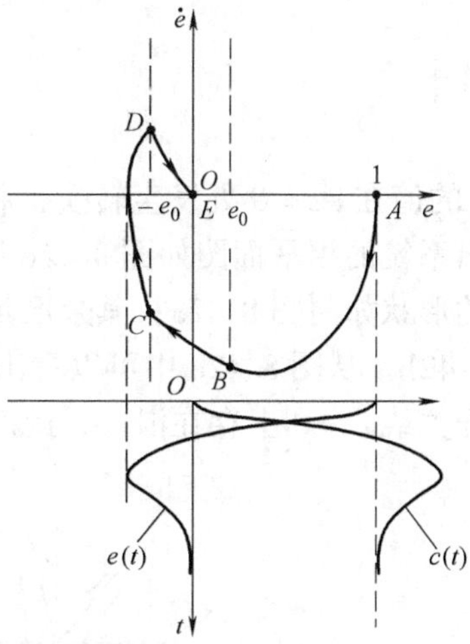


图　8-40

**2. 滑模变结构控制系统**

图 8-41 为一变结构控制的二阶系统框图，所谓变结构控制，是指根据系统工作状态的变化，不断改变系统的结构或参数，以期改善系统性能的控制方式。图中线性部分的传递函数为

$$G(s)=\frac{1}{s^2-2s-1}$$

在讨论系统自由运动（$r=0$）时，有

$$u=r+kc=kc$$

$k$ 可取为 2 或 $-3$。对于图 8-41 所示系统，无论 $k$ 取 2 或 $-3$，

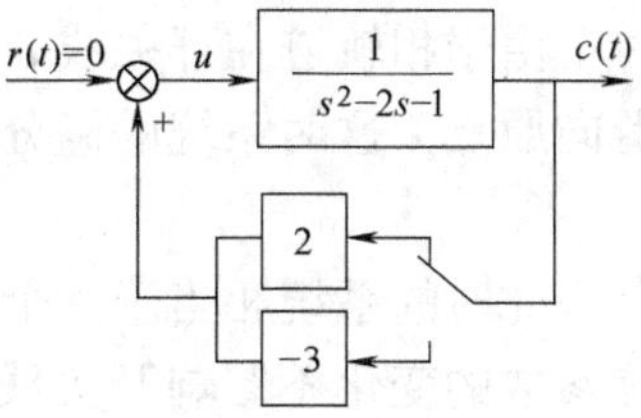


图　8-41

都是不稳定的。研究该系统的目的在于确定变结构控制规律，即 $u$ 或 $k$ 的控制策略，使系统既稳定又具有较好的动态性能。

根据系统线性部分的传递函数，写出系统的微分方程为

$$\ddot{c} - 2\dot{c} - c = u$$

当 $k=2$ 时，由于 $u=kc=2c$，系统的微分方程为

$$\ddot{c} - 2\dot{c} - 3c = 0$$

这是二阶线性微分方程，其特征根为 $-1$ 和 3。根据线性二阶系统相轨迹的结论可知：系统平衡点在坐标原点，平衡点为一鞍点，系统相轨迹如图 8-42a 所示，图中 $AB$ 直线斜率为 $-1$，$CD$ 直线斜率为 3。

当 $k=-3$ 时，由于 $u=kc=-3c$，系统的微分方程为

$$\ddot{c} - 2\dot{c} + 2c = 0$$

特征根为 $1\pm \mathrm{j}$，平衡点在坐标原点，根据特征根的分布可知平衡点为一不稳定的焦点，其相轨迹如图 8-42b 所示。

现假设变结构控制规律为

$$u = r + kc$$

$$k = \begin{cases} -3 & \sigma c > 0 \\ 2 & \sigma c < 0 \end{cases}$$

其中

$$\sigma = s_1 c + \dot{c} \qquad 0 < s_1 < 1$$

$k$ 的值在 $\sigma c=0$ 处发生转换，相平面图中的开关线为 $\sigma c=0$，即 $\sigma=0$ 或 $c=0$ 两条。于是画出系统的相平面图如图 8-42c 所示。图中阴影区域是 $\sigma c<0$ 的区域，在该区域 $k=2$，相轨迹的形状如同图 8-42a；其余区域是 $\sigma c>0$ 的区域，在该区域 $k=-3$，相轨迹的形状如同图 8-42b。从图 8-42c 中可以看出，开关线 $\sigma=0$ 两侧的相轨迹均指向开关线，系统的相轨迹在开关线 $\sigma=0$ 上存在滑动，此时的系统称为滑模变结构系统。

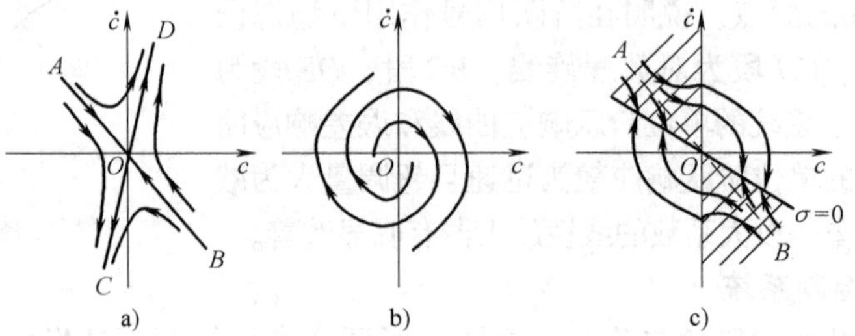


图 8-42

由于相轨迹在开关线 $\sigma=0$ 上存在滑动，一旦相点进入开关线，相点便只能沿着开关线滑向原点，这时系统的微分方程为开关线方程 $\sigma=0$，即

$$s_1 c + \dot{c} = 0 \qquad 0 < s_1 < 1$$

此时的系统相当于一个一阶系统，合理地选择开关线可使系统具有良好的性能。由于系统参数的变化不影响开关线，因而只要在开关线上存在滑动，系统的动态性能基本保持不变，故系统动态性能具有较高的鲁棒性。

综上所述，利用滑模变结构控制，根据系统状态及时地选择系统的结构，可以极大地改善控制系统的性能，把一个原来性能极差的系统变成一个性能良好的系统，且具有较高的鲁棒性。

**3. 控制信号受限制的时间最优控制**

实际系统中各个信号及其变化速率都会受到各种物理上的限制，这种限制使得实际系统的动作速度受到限制，不可能无限地提高。时间最优控制的提法是：在控制信号受到限制的条件下，找出系统的控制规律，使系统的输出量在最短的时间内从初值变到所要求的目标值。

若系统的微分方程为

$$c^{(n)} + a_{n-1}c^{(n-1)} + \cdots + a_1\dot{c} + a_0 c = b_0 u$$

式中，$u$ 是控制信号，其幅值受到限制，即：$|u| \leqslant u_0$

可以证明，针对上述系统的时间最优控制规律是继电型控制，即控制信号的大小始终是最大值，而信号的符号交替地取正或负，最多有 $n-1$ 次转换，这里的 $n$ 为系统的阶数。

图 8-43 为一时间最优控制系统的框图，要求寻找最优控制规律，使系统动态过程的时间最短。

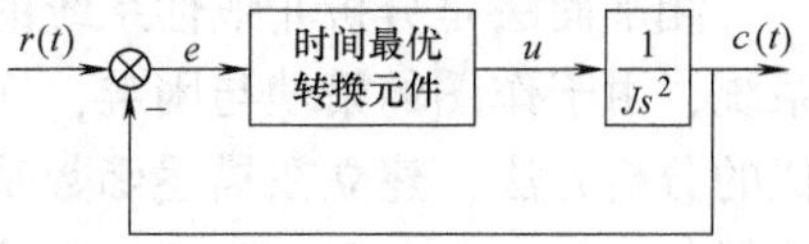

图　8-43

由图 8-43 可以写出系统方程为

$$J\ddot{c} = u$$

$$u = u_0 f(e)$$

$$e = r - c$$

考虑到时间最优控制规律是继电型的控制方式，因而式中 $f(e)$ 取 1 或 $-1$，$f(e)$ 的改变规律即为最优控制规律，它使得系统瞬态过程的时间最短。

当输入是单位阶跃信号，即 $r(t) = 1(t)$ 时，由于 $\dot{e} = -\dot{c}$、$\ddot{e} = -\ddot{c}$，系统方程可写为

$$J\ddot{e} = -u_0 f(e)$$

其解为

$$\dot{e}^2 = -\frac{2u_0}{J}e + A_0, \quad f(e) = 1$$

$$\dot{e}^2 = \frac{2u_0}{J}e + A_1, \quad f(e) = -1$$

若以 $e$ 和 $\dot{e}$ 为变量绘制相平面，则相轨迹为两簇抛物线。$f(e) = 1$ 时，抛物线开口朝着 $e$ 轴的负方向，$A_0$ 由初始条件决定；$f(e) = -1$ 时，抛物线开口朝着 $e$ 轴的正方向，$A_1$ 由初始条件决定，如图 8－44 所示。在这两组抛物线中只有 $\dot{e}^2 = \pm 2u_0 e/J$ 是通过坐标原点的，在图上表示为 $AO$ 和 $BO$。

若给定相平面上的一个初始点 $P$，为做到时间最优，应首先利用 $u = u_0$（即 $f(e) = 1$）使相点由 $P$ 沿着抛物线运动到 $Q$ 点，到达 $Q$ 的那个时刻，就必须将控制信号换成 $u = -u_0$（即 $f(e) = -1$），系统的相点就沿着 $QO$ 的轨迹移向原点；若初始点在 $S$ 点，首先应利用 $u = -u_0$ 使相点移动到 $T$ 点，再利用 $u = u_0$ 使相点沿着 $TO$ 的轨迹移向原点，因此 $AOB$ 就是时

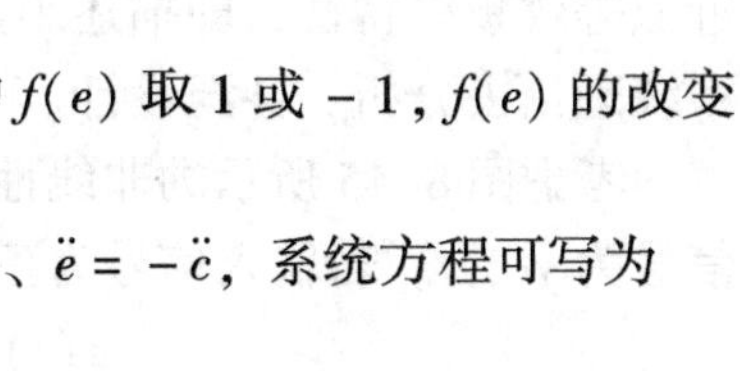

图　8-44

间最优控制系统的开关线。显然，当相点位于开关线 $AOB$ 上方时，为做到时间最优，应取 $u=u_0$（即 $f(e)=1$）；当相点位于开关线 $AOB$ 下方时，为做到时间最优，应取 $u=-u_0$（即 $f(e)=-1$）。相点最终应沿着 $AO$ 或 $BO$ 进入平衡状态，进入平衡状态后，稳态误差为 0，输出便完全跟踪了输入信号。表示时间最优控制规律的函数 $f(e)$ 如下：

$$f(e)=\begin{cases}+1 & \dot{e}^2-\dfrac{2u_0}{J}e<0,\quad \dot{e}>0,\quad \dot{e}^2+\dfrac{2u_0}{J}e\geqslant 0\\ -1 & \dot{e}^2+\dfrac{2u_0}{J}e<0,\quad \dot{e}<0,\quad \dot{e}^2-\dfrac{2u_0}{J}e\geqslant 0\end{cases}$$

## 8.4 描述函数

### 8.4.1 描述函数的一般概念

相平面法是分析非线性系统的一种常用方法，它适用于分析二阶非线性系统，对于高阶系统，由于作图的繁琐与困难，实际难以应用。为此，针对非线性系统的研究发展了一些近似的分析方法，建立在描述函数基础上的谐波平衡法就是其中应用较为广泛的一种，它是由达尼尔（P. J. Daniel）于 1940 年首先提出的，其基本思想是：当系统满足一定条件时，非线性环节在正弦信号作用下的稳态输出可以用一次谐波分量来近似，由此导出非线性环节的近似等效频率特性，即描述函数。采用描述函数后，非线性系统近似为线性系统，可用线性系统理论去分析，甚至设计。

考虑图 8-45 所示的非线性环节 $N$，其输入信号为 $x(t)$，输出信号为 $y(t)$。若输入信号为正弦函数，即

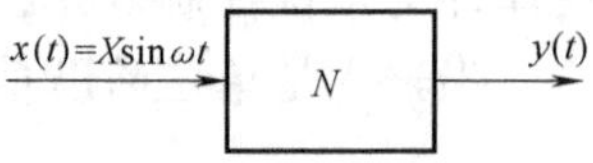

图 8-45

$$x(t)=X\sin\omega t$$

一般情况下，非线性环节的稳态输出 $y(t)$ 是与输入信号同频率的非正弦周期函数，且此周期函数可以展成傅里叶级数

$$\begin{aligned}y(t)&=\frac{A_0}{2}+\sum_{n=1}^{\infty}(A_n\cos n\omega t+B_n\sin n\omega t)\\&=\frac{A_0}{2}+\sum_{n=1}^{\infty}Y_n\sin(n\omega t+\varphi_n)\end{aligned}\tag{8-33}$$

式中

$$A_n=\frac{1}{\pi}\int_0^{2\pi}y(t)\cos n\omega t\,\mathrm{d}(\omega t)$$

$$B_n=\frac{1}{\pi}\int_0^{2\pi}y(t)\sin n\omega t\,\mathrm{d}(\omega t)$$

$$Y_n=\sqrt{A_n^2+B_n^2}$$

$$\varphi_n=\arctan\frac{A_n}{B_n}$$

$\frac{A_0}{2}$是输出信号中的直流分量；$Y_n$ 是输出信号中各次谐波分量的幅值，一般情况下 $Y_n$ 是输入信号幅值 $X$ 和频率 $\omega$ 的函数。

若非线性特性关于原点对称，则称非线性特性是奇对称的，如死区特性、饱和特性等。对于具有奇对称特性的非线性环节，式（8-33）中 $A_0=0$，说明在正弦信号作用下非线性环节的稳态输出信号中不含有直流分量，此时若只考虑稳态输出信号中的一次谐波分量，而把高次谐波分量忽略，即近似认为

$$y(t)=A_1\cos\omega t+B_1\sin\omega t=Y_1\sin(\omega t+\varphi_1) \tag{8-34}$$

由式 (8-34) 可知，稳态输出信号的近似值是与输入信号同频率的正弦信号，仿照线性部件频率特性的定义，可定义非线性特性的描述函数。

非线性特性的描述函数就是当输入信号是正弦信号 $x(t)=X\sin\omega t$ 时，其稳态输出的一次谐波分量与输入正弦量的复数比，其数学表达式如下：

$$N(X)=\frac{Y_1}{X}\angle\varphi_1=\frac{B_1}{X}+\mathrm{j}\frac{A_1}{X} \tag{8-35}$$

式中

$$A_1=\frac{1}{\pi}\int_0^{2\pi}y(t)\cos\omega t\mathrm{d}(\omega t),\quad B_1=\frac{1}{\pi}\int_0^{2\pi}y(t)\sin\omega t\mathrm{d}(\omega t)$$

$$Y_1=\sqrt{A_1^2+B_1^2},\quad \varphi_1=\arctan\frac{A_1}{B_1}$$

非线性环节的描述函数类似于线性环节的频率特性，由于非线性环节在正弦信号作用下的稳态输出用其一次谐波来近似，故用描述函数作为非线性环节数学模型的方法称为非线性环节的谐波线性化方法，它是线性系统频率特性在非线性系统中的推广，适用于奇对称特性的非线性环节。应当指出，在一般情况下，描述函数是一个与输入信号幅值 $X$ 和频率 $\omega$ 均有关的复数，故应表示为 $N(X,\omega)$ 。但是，实际大多数非线性环节中不包含储能元件，它们的输出与输入信号的频率无关，所以常见非线性环节的描述函数仅是输入信号幅值 $X$ 的函数 $N(X)$ 。

式 (8-35) 表明，$N(X)$ 为 $X$ 的复函数。若非线性特性是单值奇对称的，那么在正弦函数作用下，稳态输出 $y(t)$ 也是奇函数，此时式 (8-35) 中 $A_1=0$，描述函数为

$$N(X)=\frac{Y_1}{X}\angle\varphi_1=\frac{B_1}{X} \tag{8-36}$$

即 $N(X)$ 是输入信号幅值 $X$ 的实函数，$\varphi_1=0$。

## 8.4.2　典型非线性特性的描述函数

用式 (8-35) 和式(8-36) 即可计算非线性特性的描述函数。下面通过几种典型非线性特性的描述函数计算，进一步说明非线性特性描述函数的求法。

**1. 死区特性的描述函数**

图 8-46 为死区特性及其在正弦信号 $x(t)=X\sin\omega t$ 作用下的输出波形。输出 $y(t)$ 的数学表达式为

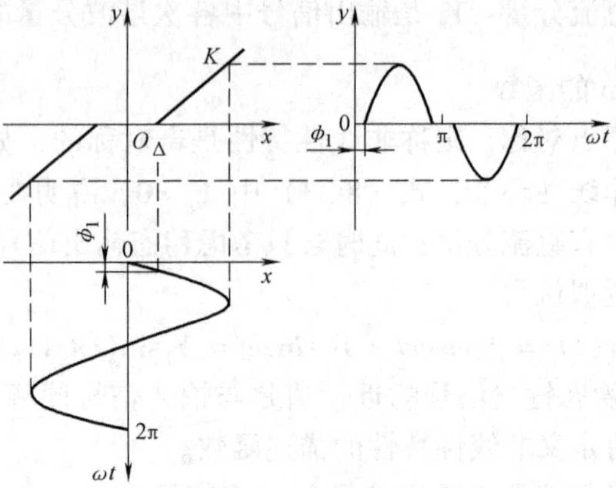


图 8-46

$$y(t)=\begin{cases}0 & 0\leqslant \omega t\leqslant \phi_1\\ K(X\sin\omega t-\Delta) & \phi_1<\omega t<\dfrac{\pi}{2}\end{cases}$$

$$\phi_1=\arcsin\frac{\Delta}{X}$$

式中，$\Delta$ 为死区范围，$K$ 为线性部分的斜率。

由于死区特性是单值奇对称的，所以 $A_1=0$，$\varphi_1=0$。$B_1$ 可按下式计算：

$$\begin{aligned}B_1&=\frac{1}{\pi}\int_0^{2\pi}y(t)\sin\omega t\mathrm{d}(\omega t)\\&=\frac{4}{\pi}\int_{\phi_1}^{\frac{\pi}{2}}K(X\sin\omega t-\Delta)\sin\omega t\mathrm{d}(\omega t)\\&=\frac{4KX}{\pi}\int_{\phi_1}^{\frac{\pi}{2}}\sin^2\omega t\mathrm{d}(\omega t)-\frac{4K\Delta}{\pi}\int_{\phi_1}^{\frac{\pi}{2}}\sin\omega t\mathrm{d}(\omega t)\\&=\frac{4KX}{\pi}\left[\frac{\omega t}{2}-\frac{1}{4}\sin2\omega t\right]\Bigg|_{\phi_1}^{\frac{\pi}{2}}-\frac{4K\Delta}{\pi}[-\cos\omega t]\Bigg|_{\phi_1}^{\frac{\pi}{2}}\\&=\frac{4KX}{\pi}\left[\frac{\pi}{4}-\frac{\phi_1}{2}+\frac{1}{4}\sin2\phi_1-\frac{\Delta}{X}\cos\phi_1\right]\\&=\frac{2KX}{\pi}\left[\frac{\pi}{2}-\arcsin\frac{\Delta}{X}-\frac{\Delta}{X}\sqrt{1-\left(\frac{\Delta}{X}\right)^2}\right]\end{aligned}$$

可得死区特性的描述函数为

$$N(X)=\frac{B_1}{X}=\frac{2K}{\pi}\left[\frac{\pi}{2}-\arcsin\frac{\Delta}{X}-\frac{\Delta}{X}\sqrt{1-\left(\frac{\Delta}{X}\right)^2}\right]\qquad X\geqslant\Delta \tag{8-37}$$

由式 (8-37) 可见，死区特性的描述函数是输入信号幅值的实函数，与输入正弦信号的频率无关。当$\dfrac{\Delta}{X}$很小时，$N(X)\approx K$，即输入正弦信号幅值很大或死区很小时，死区的影响可以忽略。

**2. 饱和特性的描述函数**

图 8-47 为饱和特性及其在正弦信号 $x(t) = X\sin\omega t$ 作用下的输出波形。输出 $y(t)$ 的数学表达式为

$$y(t) = \begin{cases} KX\sin\omega t & 0 \leqslant \omega t \leqslant \phi_1 \\ KS & \phi_1 < \omega t < \dfrac{\pi}{2} \end{cases}$$

$$\phi_1 = \arcsin\frac{S}{X}$$

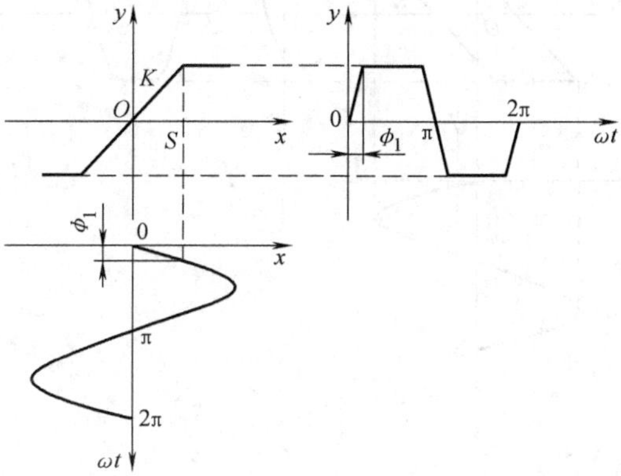


图　8-47

式中，$S$ 为线性范围，$K$ 为线性部分的斜率。

由于饱和特性是单值奇对称的，所以 $A_1 = 0$，$\varphi_1 = 0$。$B_1$ 可按下式计算：

$$\begin{aligned} B_1 &= \frac{1}{\pi}\int_0^{2\pi} y(t)\sin\omega t \mathrm{d}(\omega t) \\ &= \frac{4}{\pi}\int_0^{\phi_1} KX\sin^2\omega t \mathrm{d}(\omega t) + \frac{4}{\pi}\int_{\phi_1}^{\frac{\pi}{2}} KS\sin\omega t \mathrm{d}(\omega t) \\ &= \frac{2KX}{\pi}\left[\arcsin\frac{S}{X} + \frac{S}{X}\sqrt{1 - \left(\frac{S}{X}\right)^2}\right] \end{aligned}$$

可得饱和特性的描述函数为

$$N(X) = \frac{B_1}{X} = \frac{2K}{\pi}\left[\arcsin\frac{S}{X} + \frac{S}{X}\sqrt{1 - \left(\frac{S}{X}\right)^2}\right] \quad X \geqslant S \tag{8-38}$$

由式 (8-38) 可见，饱和特性的描述函数是输入信号幅值的实函数，与输入信号频率无关。

**3. 间隙特性的描述函数**

图 8-48 为间隙特性及其在正弦信号 $x(t) = X\sin\omega t$ 作用下的输出波形，显然，输出 $y(t)$ 滞后于输入信号 $x(t)$ 。输出 $y(t)$ 的数学表达式为

$$y(t)=\begin{cases}K(X\sin\omega t-b) & 0\leqslant\omega t<\dfrac{\pi}{2}\\ K(X-b) & \dfrac{\pi}{2}\leqslant\omega t<\phi_1\\ K(X\sin\omega t+b) & \phi_1\leqslant\omega t<\pi\end{cases}$$

$$\phi_1=\pi-\arcsin\left(1-\frac{2b}{X}\right)$$

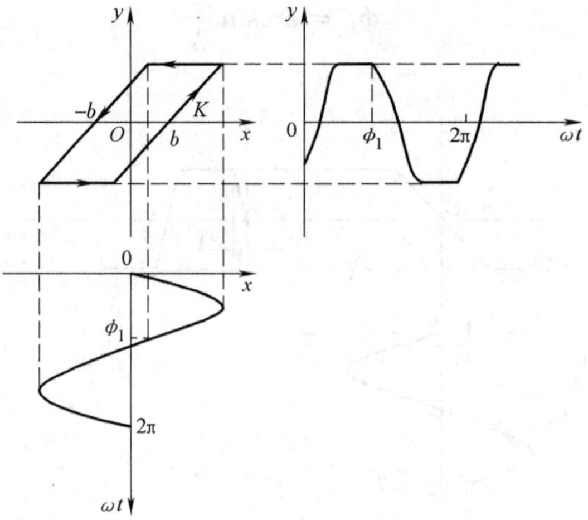


图 8-48

由于间隙特性为多值函数，所以 $A_1$、$B_1$ 都需要计算

$$\begin{aligned}A_1&=\frac{1}{\pi}\int_0^{2\pi}y(t)\cos\omega t\mathrm{d}(\omega t)\\&=\frac{2}{\pi}\Big[\int_0^{\pi/2}K(X\sin\omega t-b)\cos\omega t\mathrm{d}(\omega t)+\\&\int_{\pi/2}^{\phi_1}K(X-b)\cos\omega t\mathrm{d}(\omega t)+\\&\int_{\phi_1}^{\pi}K(X\sin\omega t+b)\cos\omega t\mathrm{d}(\omega t)\Big]\\&=\frac{4Kb}{\pi}\left(\frac{b}{X}-1\right)\end{aligned}$$

$$\begin{aligned}B_1&=\frac{1}{\pi}\int_0^{2\pi}y(t)\sin\omega t\mathrm{d}(\omega t)\\&=\frac{2}{\pi}\Big[\int_0^{\pi/2}K(X\sin\omega t-b)\sin\omega t\mathrm{d}(\omega t)+\\&\int_{\pi/2}^{\phi_1}K(X-b)\sin\omega t\mathrm{d}(\omega t)+\\&\int_{\phi_1}^{\pi}K(X\sin\omega t+b)\sin\omega t\mathrm{d}(\omega t)\Big]\end{aligned}$$

$$= \frac{KX}{\pi}\left[\frac{\pi}{2} + \arcsin\left(1 - \frac{2b}{X}\right) + 2\left(1 - \frac{2b}{X}\right)\sqrt{\frac{b}{X}\left(1 - \frac{b}{X}\right)}\right]$$

可得间隙特性的描述函数为

$$\begin{aligned} N(X) &= \frac{B_1}{X} + \mathrm{j}\frac{A_1}{X} \\ &= \frac{K}{\pi}\left[\frac{\pi}{2} + \arcsin\left(1 - \frac{2b}{X}\right) + 2\left(1 - \frac{2b}{X}\right)\sqrt{\frac{b}{X}\left(1 - \frac{b}{X}\right)}\right] + \\ &\quad \mathrm{j}\frac{4Kb}{\pi X}\left(\frac{b}{X} - 1\right) \qquad X \geqslant b \end{aligned} \tag{8-39}$$

由式 (8-39) 可见，间隙特性的描述函数是输入信号幅值的复函数，与输入信号频率无关。

**4. 继电特性的描述函数**

图 8-49 为继电特性及其在正弦信号 $x(t) = X\sin\omega t$ 作用下的输出波形。输出 $y(t)$ 的数学表达式为

$$y(t) = \begin{cases} 0 & 0 \leqslant \omega t < \phi_1 \\ M & \phi_1 \leqslant \omega t < \phi_2 \\ 0 & \phi_2 \leqslant \omega t < \pi \end{cases}$$

$$\phi_1 = \arcsin\frac{h}{X}, \phi_2 = \pi - \arcsin\frac{mh}{X}$$

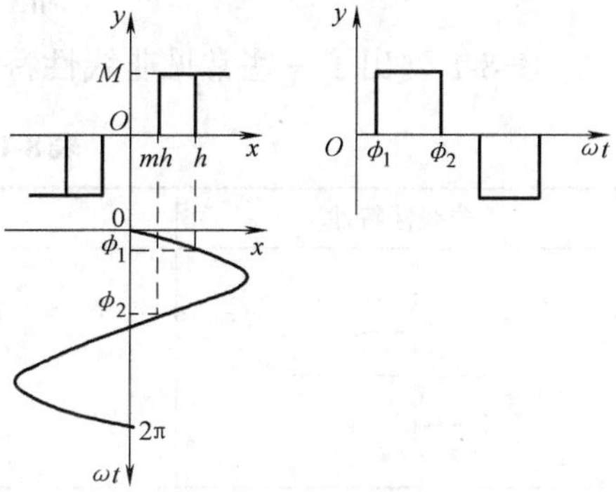


图 8-49

由于继电特性为多值函数，所以 $A_1$、$B_1$ 都需要计算

$$\begin{aligned} A_1 &= \frac{1}{\pi}\int_0^{2\pi} y(t)\cos\omega t\mathrm{d}(\omega t) \\ &= \frac{2}{\pi}\int_{\phi_1}^{\phi_2} M\cos\omega t\mathrm{d}(\omega t) \\ &= \frac{2Mh}{\pi X}(m - 1) \end{aligned}$$

$$\begin{aligned} B_1 &= \frac{1}{\pi}\int_0^{2\pi} y(t)\sin\omega t\mathrm{d}(\omega t) \\ &= \frac{2}{\pi}\int_{\phi_1}^{\phi_2} M\sin\omega t\mathrm{d}(\omega t) \\ &= \frac{2M}{\pi}\left[\sqrt{1 - \left(\frac{mh}{X}\right)^2} + \sqrt{1 - \left(\frac{h}{X}\right)^2}\right] \end{aligned}$$

可得继电特性的描述函数为

$$\begin{aligned} N(X) &= \frac{B_1}{X} + \mathrm{j}\frac{A_1}{X} \\ &= \frac{2M}{\pi X}\left[\sqrt{1 - \left(\frac{mh}{X}\right)^2} + \sqrt{1 - \left(\frac{h}{X}\right)^2}\right] + \mathrm{j}\frac{2Mh}{\pi X^2}(m - 1) \qquad X \geqslant h \end{aligned} \tag{8-40}$$

由式 (8-40) 可见，继电特性的描述函数是输入信号幅值的复函数，与输入信号频率无关。

在式 (8-40) 中，令 $h=0$，就可得到两位置理想继电特性的描述函数

$$N(X) = \frac{4M}{\pi X} \tag{8-41}$$

在式 (8-40) 中，令 $m=1$，就可得到具有死区的三位置继电特性的描述函数

$$N(X) = \frac{4M}{\pi X}\sqrt{1-\left(\frac{h}{X}\right)^2} \qquad X \geqslant h \tag{8-42}$$

在式 (8-40) 中，令 $m=-1$，就可得到具有滞环的两位置继电特性的描述函数

$$N(X) = \frac{4M}{\pi X}\sqrt{1-\left(\frac{h}{X}\right)^2} - \mathrm{j}\frac{4Mh}{\pi X^2} \qquad X \geqslant h \tag{8-43}$$

表 8-1 列出了一些常见非线性特性的描述函数，以供查用。

**表 8-1 非线性特性及其描述函数**

| 非线性特性 | 描述函数 |
|---|---|
| 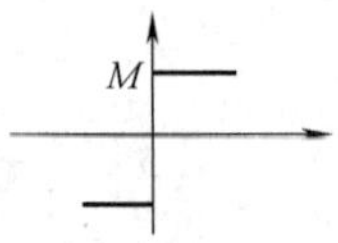 | $\frac{4M}{\pi X}$ |
| 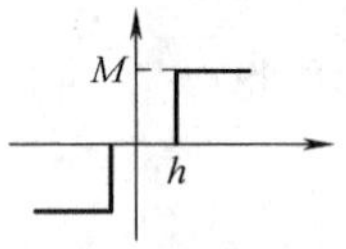 | $\frac{4M}{\pi X}\sqrt{1-\left(\frac{h}{X}\right)^2} \qquad X\geqslant h$ |
| 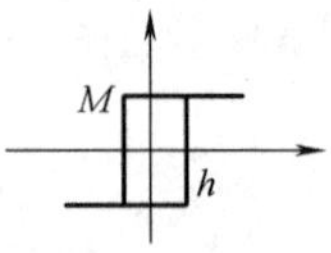 | $\frac{4M}{\pi X}\sqrt{1-\left(\frac{h}{X}\right)^2}-\mathrm{j}\frac{4Mh}{\pi X^2} \qquad X\geqslant h$ |
| 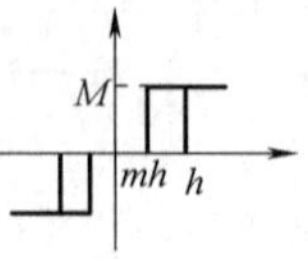 | $\frac{2M}{\pi X}\left[\sqrt{1-\left(\frac{mh}{X}\right)^2}+\sqrt{1-\left(\frac{h}{X}\right)^2}\right]+\mathrm{j}\frac{2Mh}{\pi X^2}(m-1) \qquad X\geqslant h$ |
| 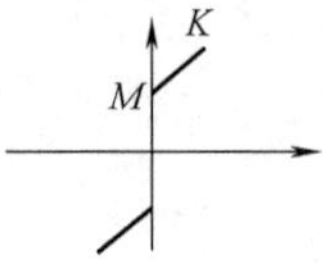 | $K+\frac{4M}{\pi X}$ |
| 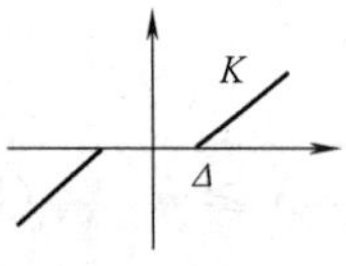 | $\frac{2K}{\pi}\left[\frac{\pi}{2}-\arcsin\frac{\Delta}{X}-\frac{\Delta}{X}\sqrt{1-\left(\frac{\Delta}{X}\right)^2}\right] \qquad X\geqslant\Delta$ |

（续）

| 非线性特性 | 描述函数 |
|---|---|
| 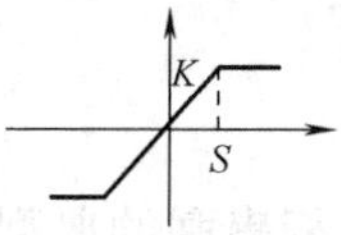 | $\frac{2K}{\pi}\left[\arcsin\frac{S}{X}+\frac{S}{X}\sqrt{1-\left(\frac{S}{X}\right)^2}\right]\quad X\geqslant S$ |
| 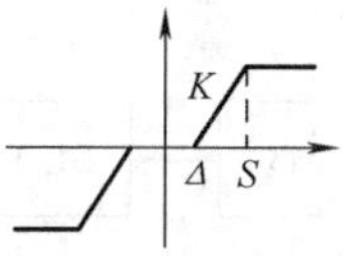 | $\frac{2K}{\pi}\left[\arcsin\frac{S}{X}+\frac{S}{X}\sqrt{1-\left(\frac{S}{X}\right)^2}-\arcsin\frac{\Delta}{X}-\frac{\Delta}{X}\sqrt{1-\left(\frac{\Delta}{X}\right)^2}\right]\quad X\geqslant\Delta$ |
| 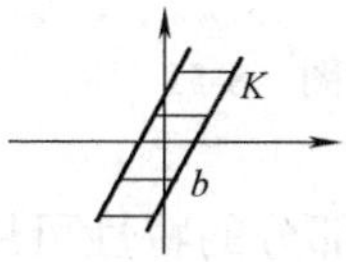 | $\frac{K}{\pi}\left[\frac{\pi}{2}+\arcsin\left(1-\frac{2b}{X}\right)+2\left(1-\frac{2b}{X}\right)\sqrt{\frac{b}{X}\left(1-\frac{b}{X}\right)}\right]+\mathrm{j}\frac{4Kb}{\pi X}\left(\frac{b}{X}-1\right)\quad X\geqslant b$ |
| 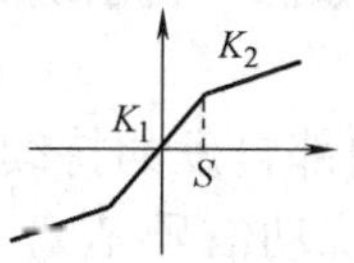 | $K_2+\frac{2\ (K_1-K_2)}{\pi}\left[\arcsin\frac{S}{X}+\frac{S}{X}\sqrt{1-\left(\frac{S}{X}\right)^2}\right]\quad X\geqslant S$ |
| 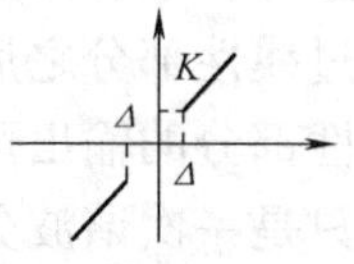 | $\frac{2K}{\pi}\left[\frac{\pi}{2}-\arcsin\frac{\Delta}{X}-\frac{\Delta}{X}\sqrt{1-\left(\frac{\Delta}{X}\right)^2}\right]+\frac{4\Delta}{\pi X}\sqrt{1-\left(\frac{\Delta}{X}\right)^2}\quad X\geqslant\Delta$ |

**5. 组合非线性特性的描述函数**

当非线性系统中含有两个以上非线性环节时，一般不能简单地按照线性环节的串并联方法求总的描述函数，而应按照以下方法进行计算。

（1）非线性特性的并联计算　设系统中有两个非线性环节并联，其描述函数分别为 $N_1(X)$ 和 $N_2(X)$，如图 8-50 所示。显然非线性环节并联后的总输出为两个非线性环节的输出之和，即

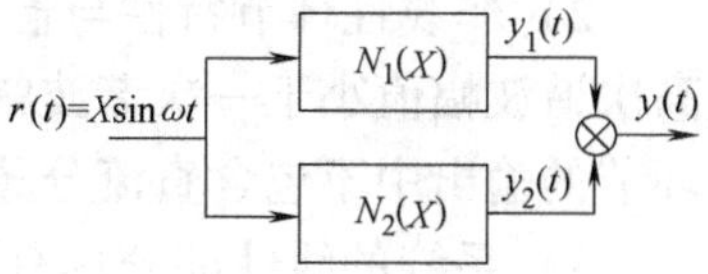


图　8-50

$$y(t)=y_1(t)+y_2(t)$$

若将 $y(t)$ 展开成傅里叶级数，则 $y(t)$ 的一次谐波分量应为 $y_1(t)$ 和 $y_2(t)$ 的一次谐波分量之和，按照描述函数的定义，总的描述函数应为

$$N(X)=N_1(X)+N_2(X)\tag{8-44}$$

（2）非线性特性的串联计算　一般说来，当两个非线性环节串联时，其总的描述函数不等于两个非线性环节描述函数的乘积，而是需要通过折算，先求出这两个非线性环节串联时的等效非线性特性，然后根据等效的非线性特性求总的描述函数。两个非线性环节串联的前后次序不同，其等效的非线性特性不同，总的描述函数也不一样，这是与两个线性环节串联时的区别。

# 8.5 用描述函数分析非线性系统

## 8.5.1 系统的典型结构及基本条件

设非线性系统经过等效变换，可表示为线性部分 $G$ 与非线性部分 $N$ 相串联的典型结构，如图 8-51 所示。

对非线性系统进行分析，首先考虑和关心的是稳定性和自持振荡。而描述函数法对系统的稳定性、产生自持振荡的条件、自持振荡振幅和频率的确定以及抑制自持振荡等问题，都能够给出比较符合实际的解答。

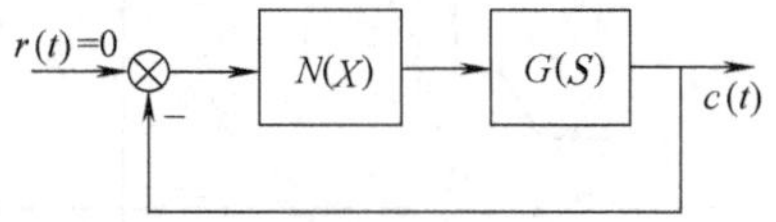

图 8-51

描述函数法是基于这样的假设，即系统处于自持振荡状态时，非线性部分和线性部分的输入、输出均为同频率的正弦量。在这种条件下，非线性部分的特性可用描述函数表示，线性部分的特性可用频率特性表示，从而建立起非线性系统自持振荡时的理论模型，这是描述函数法分析系统的稳定性和自持振荡的必要前提。

关于正弦量假设的合理性，说明如下：自持振荡是由非线性系统内部自发的持续振荡，和系统的输入、干扰等外作用无关（分析时，可设输入信号 $r(t)=0$，扰动信号 $d(t)=0$）。假设自持振荡时非线性部分的输入为正弦信号，则其输出除一次谐波分量外，还有高次谐波分量。但是，一般高次谐波的幅值比一次谐波分量的幅值要小，且在经过线性部分之后，由于线性部分的低通滤波效应，将使高次谐波分量进一步被衰减，致使线性部分的输出可认为只是一次谐波分量的响应。因此，系统自持振荡时各部分的输入、输出只是一次谐波分量的正弦量在起作用。实际系统的自持振荡表现也证明了这一点。

综上所述，用描述函数法分析系统时对系统的基本假设是：

1）非线性系统可归纳为类似于图 8-51 所示的典型结构，在系统的闭环回路中应包含一个非线性环节和一个线性环节的串联结构。

2）非线性环节特性与输入信号幅值有关，与时间 $t$ 无关。在正弦信号作用下的输出中，高次谐波幅值小于一次谐波幅值，且非线性环节的输入输出特性是奇对称的，以保证非线性环节的输出中不包含直流分量。

3）系统的线性部分具有较好的低通滤波性能。

## 8.5.2 非线性系统的稳定性分析

对于图 8-51 所示的非线性系统，假设非线性部分和线性部分满足用描述函数法分析系统时的假设条件，则非线性部分的特性可用描述函数表示，线性部分的特性可用频率特性表示，于是非线性系统可看作一个等效的线性系统，系统的闭环频率特性为

$$\Phi(\mathrm{j}\omega)=\frac{C(\mathrm{j}\omega)}{R(\mathrm{j}\omega)}=\frac{N(X)G(\mathrm{j}\omega)}{1+N(X)G(\mathrm{j}\omega)} \tag{8-45}$$

系统的特征方程为

$$1+N(X)G(\mathrm{j}\omega)=0 \tag{8-46}$$

或

$$G(j\omega)=-\frac{1}{N(X)} \tag{8-47}$$

在图 8-51 中，假设非线性环节的输入信号为正弦信号 $X\sin\omega t$，其幅值 $X$ 和频率 $\omega$ 满足式（8-47），即满足 $N(X)G(j\omega)=-1$，由于 $N(X)G(j\omega)$ 是系统的等效开环频率特性，根据频率特性的定义，易知系统输出端出现的正弦信号为 $-X\sin\omega t$，经反馈后维持了非线性环节的输入正弦信号，系统中便出现了 $X\sin\omega t$ 的等幅振荡。因此式（8-47）就是系统产生等幅振荡的条件，$-\dfrac{1}{N(X)}$叫做非线性特性的负倒描述函数。

如果将式（8-47）与线性系统中利用开环频率特性判断闭环系统稳定性的乃奎斯特判据相比较，非线性系统中的负倒描述函数 $-\dfrac{1}{N(X)}$ 相当于线性系统中的 $-1$。在复平面上，非线性系统中的负倒描述函数曲线相当于线性系统中的（$-1$,j0）点。据此，可以把线性系统中的乃氏判据推广到非线性系统中去。

推广的乃氏判据可叙述如下：设控制系统线性部分的传递函数 $G(s)$ 不含有位于右半 $s$ 平面的极点，若 $G(j\omega)$ 曲线不包围 $-\dfrac{1}{N(X)}$ 曲线，如图 8-52a 所示，则非线性系统是稳定的，两者距离越远，稳定程度越高；若 $G(j\omega)$ 曲线包围了 $-\dfrac{1}{N(X)}$ 曲线，如图 8-52b 所示，则非线性系统是不稳定的。

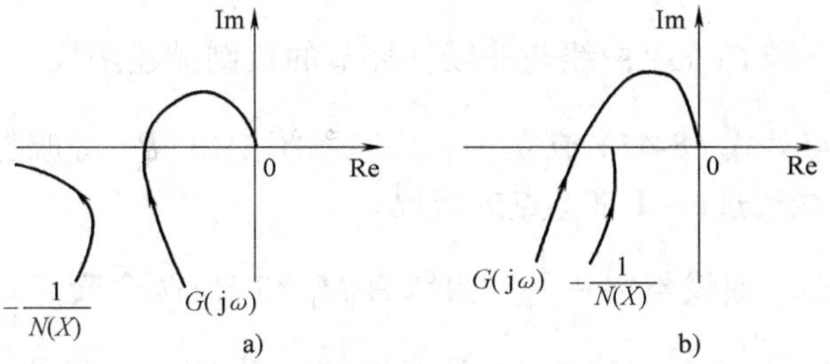


图　8-52

**例 8-4**　非线性控制系统如图 8-53 所示，试分析系统的稳定性。

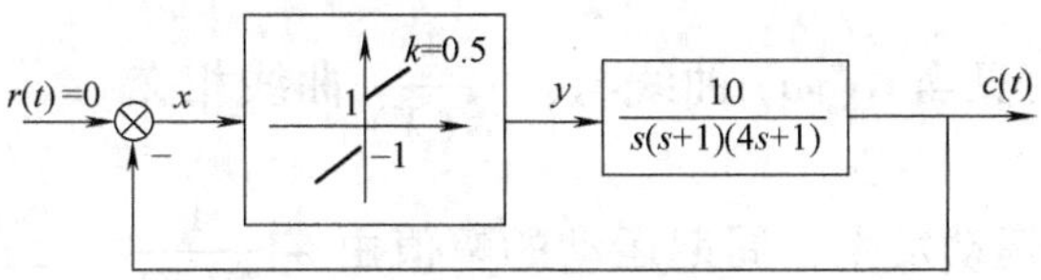


图　8-53

**解**　由表 8-1 可以查得，非线性环节的描述函数为

$$N(X)=k+\frac{4M}{\pi X}$$

负倒描述函数为

$$-\frac{1}{N(X)}=-\frac{1}{k+\frac{4M}{\pi X}}=-\frac{1}{0.5+\frac{4}{\pi X}}$$

负倒描述函数是 $X$ 的实函数，随着 $X$ 的增加而单调减小。由于

$$-\frac{1}{N(0)}=0,\ -\frac{1}{N(\infty)}=-2$$

说明负倒描述函数曲线的起点为 (0,0)，终点为(-2,0)，可以绘出非线性环节的负倒描述函数曲线如图 8-54 所示。

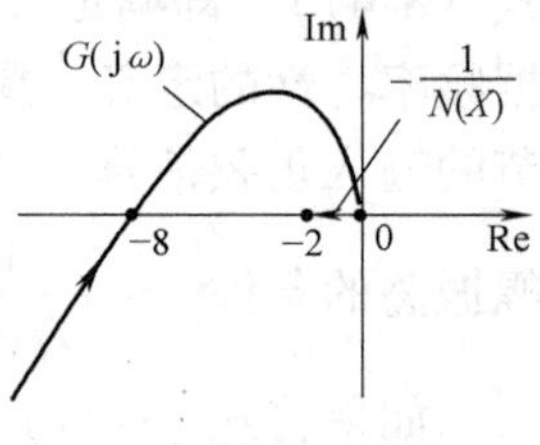


图 8-54

线性环节的传递函数为

$$G(s)=\frac{10}{s(s+1)(4s+1)}$$

频率特性为

$$G(j\omega)=\frac{10}{j\omega(j\omega+1)(4j\omega+1)}$$

令 $\mathrm{Im}G(j\omega)=0$，得 $\omega_g=0.5\mathrm{rad/s}$，$G(j\omega_g)=-8$。可以绘出线性环节的幅相曲线如图 8-54 所示，在 $\omega=\omega_g=0.5\mathrm{rad/s}$ 时，幅相曲线与负实轴相交，交点为 (-8,0)。由图 8-54 可见，$G(j\omega)$ 曲线包围了 $-\frac{1}{N(X)}$ 曲线，非线性系统是不稳定的。

### 8.5.3 非线性系统的自持振荡分析

在非线性系统中，若 $G(j\omega)$ 曲线与非线性环节的负倒描述函数 $-\frac{1}{N(X)}$ 曲线相交，如图 8-55 所示，说明在交点处式 (8-47) 成立，非线性系统中出现了等幅振荡，这种情况类似于线性系统中 $G(j\omega)$ 曲线通过 (-1,j0) 点的情况。

在图 8-55 中，$G(j\omega)$ 曲线与 $-\frac{1}{N(X)}$ 曲线有 $M_1$ 和 $M_2$ 两个交点。假定 $-\frac{1}{N(X)}$ 曲线在 $M_1$ 处对应的 $X$ 值为 $X_1$，$G(j\omega)$ 曲线在 $M_1$ 处对应的 $\omega$ 值为 $\omega_1$，显然 ($X_1$、$\omega_1$) 使式 (8-47) 成立，系统中可能存在幅值为 $X_1$、频率为 $\omega_1$ 的周期运动；类似地，设 $-\frac{1}{N(X)}$ 曲线在 $M_2$ 处对应的 $X$ 值为 $X_2$，$G(j\omega)$ 曲线在 $M_2$ 处对应的 $\omega$ 值为 $\omega_2$，系统中可能存在幅值为 $X_2$、频率为 $\omega_2$ 的周期运动。可见当 $G(j\omega)$ 曲线与 $-\frac{1}{N(X)}$ 曲线相交时，系统中可能有周期运动发生，周期运动的幅值由 $-\frac{1}{N(X)}$ 确定，周期运动的频率则由 $G(j\omega)$ 确定。

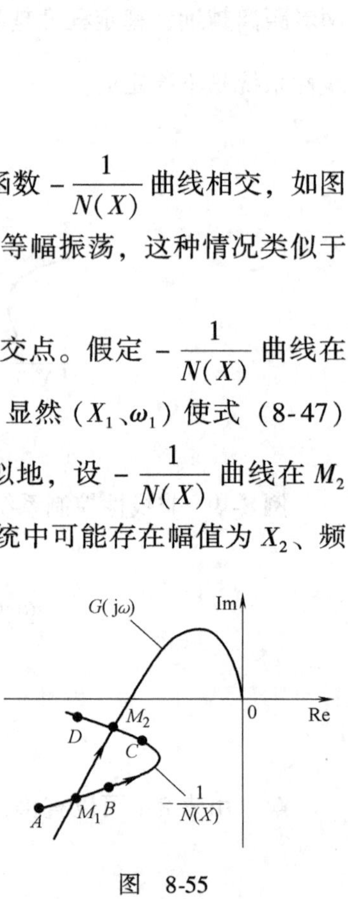


图 8-55

非线性系统中的自持振荡对应于稳定的周期运动。图 8-55 中只是确定了系统中可能的周期运动和它的参数，要判断系统中是否存在自持振荡还必须研究周期运动的稳定性。首先讨论

交点 $M_1$ 处的情况，假定系统最初工作在 $M_1$ 点，即发生了 $X_1\sin\omega_1 t$ 的周期运动，如果给这个运动一个轻微的扰动，使非线性环节的输入幅值稍有增大，即将 $-\dfrac{1}{N(X)}$ 由 $M_1$ 点移到了 $B$ 点，这时 $B$ 点相当于线性系统中的 $(-1,\mathrm{j}0)$ 点，而 $G(\mathrm{j}\omega)$ 曲线包围了这一点，因而系统是不稳定的，其周期运动的振幅 $X$ 必将加大，振幅 $X$ 将离 $M_1$ 点对应的 $X_1$ 越来越远。相反，如果扰动使非线性环节的输入幅度减小，这时 $-\dfrac{1}{N(X)}$ 由 $M_1$ 点移到了 $A$ 点，由于 $G(\mathrm{j}\omega)$ 曲线不包围 $A$ 点，系统的运动是收敛的，非线性环节的输入振幅 $X$ 将会进一步减小，振幅 $X$ 离 $X_1$ 越来越远。由以上分析可知，$M_1$ 点对应的周期运动受到扰动后没有恢复能力，因而是不稳定的周期运动，在实际系统中这种周期运动是难以观测的。$M_1$ 点对应的周期运动相当于相平面中的不稳定极限环，它在系统分析中的意义是给出了非线性系统分析中划分初始扰动的一个界限，即当初始扰动小于 $X_1$ 时，系统呈现出的运动是向平衡状态收敛；当初始扰动大于 $X_1$ 时，系统呈现的是最终趋向于振幅为 $X_2$ 的自持振荡状态。

其次研究交点 $M_2$ 处的情况，假定系统最初工作在 $M_2$ 点，即发生了 $X_2\sin\omega_2 t$ 的周期运动，如果给这个运动一个轻微的扰动，使非线性环节的输入幅值稍有增大，相当于 $-\dfrac{1}{N(X)}$ 由 $M_2$ 点移到了 $D$ 点，由于 $G(\mathrm{j}\omega)$ 曲线不包围 $D$ 点，系统的运动是收敛的，非线性环节的输入幅值将会减小；如果扰动使非线性环节的输入幅值减小，这时 $-\dfrac{1}{N(X)}$ 由 $M_2$ 点移到了 $C$ 点，由于 $G(\mathrm{j}\omega)$ 曲线包围了 $C$ 点，系统的运动是发散的，可以使非线性环节的输入幅值增加。这就意味着 $M_2$ 点所对应的振荡对扰动保持了稳定性，是一个自持振荡。$M_2$ 点对应的周期运动相当于相平面中的稳定极限环。

**例 8-5**　非线性控制系统如图 8-56 所示，已知 $M=1.7$，$h=0.7$，试判断系统是否存在自持振荡，若有自持振荡，求出自持振荡的振幅和频率。

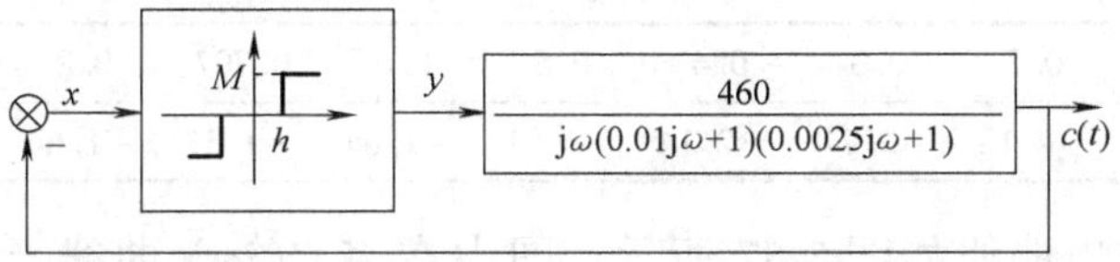


图　8-56

**解**　死区继电特性的描述函数为

$$N(X)=\frac{4M}{\pi X}\sqrt{1-\left(\frac{h}{X}\right)^2}$$

由于 $N(X)$ 中包含两个参数 $M$ 和 $h$，为使作图简单起见，将 $N(X)$ 表示成相对描述函数的形式，即

$$\begin{aligned}N(X)&=\frac{M}{h}\frac{4h}{\pi X}\sqrt{1-\left(\frac{h}{X}\right)^2}\\&=K_0N_0(X)\end{aligned}$$

式中，$K_0=\dfrac{M}{h}$称为非线性环节的尺度系数；$N_0(X)=\dfrac{4h}{\pi X}\sqrt{1-\left(\dfrac{h}{X}\right)^2}$称为相对描述函数。

非线性系统的闭环特征方程式 $1+N(X)G(j\omega)=0$ 可以改写为

$$K_0G(j\omega)=-\frac{1}{N_0(X)}$$

式中，$-\dfrac{1}{N_0(X)}$称为负倒相对描述函数。

显然，$G(j\omega)$ 与 $-\dfrac{1}{N(X)}$的交点和 $K_0G(j\omega)$ 与 $-\dfrac{1}{N_0(X)}$的交点所对应的$(X,\omega)$ 相同。对于本例有

$$K_0=\frac{M}{h}=\frac{1.7}{0.7}=2.43$$

$$-\frac{1}{N_0(X)}=-\frac{1}{\dfrac{4h}{\pi X}\sqrt{1-\left(\dfrac{h}{X}\right)^2}}=-\frac{\pi}{4}\frac{1}{\dfrac{h}{X}\sqrt{1-\left(\dfrac{h}{X}\right)^2}}\qquad X\geqslant h$$

下一步应在复平面上分别绘制 $K_0G(j\omega)$ 曲线和 $-\dfrac{1}{N_0(X)}$曲线。给出 $X$、$\omega$ 一系列数值，可算出 $K_0G(j\omega)$ 及 $-\dfrac{1}{N_0(X)}$值如下：

| $\omega/(\mathrm{s}^{-1})$ | 120 | 150 | 180 | 200 | 250 | 300 | 400 |
|---|---|---|---|---|---|---|---|
| $\lvert G(j\omega)\rvert$ | 2.35 | 1.59 | 1.13 | 0.92 | 0.58 | 0.39 | 0.20 |
| $K_0\lvert G(j\omega)\rvert$ | 5.7 | 3.9 | 2.75 | 2.23 | 1.40 | 0.94 | 0.48 |
| $\angle G(j\omega)$ | −155° | −165.5° | −173.7° | −180° | −189° | −196° | −209° |

| $h/X$ | 0.1 | 0.2 | 0.3 | 0.4 | 0.5 | 0.6 | 0.707 | 0.8 | 0.9 | 0.95 | 1 |
|---|---|---|---|---|---|---|---|---|---|---|---|
| $-1/N_0(X)$ | −7.89 | −4.18 | −2.74 | −2.14 | −1.81 | −1.64 | −1.57 | −1.64 | −2 | −2.65 | −∞ |

依据以上数据作出曲线如图 8-57 所示，图中在 $K_0G(j\omega)$ 曲线上标出了 $\omega$ 的数值，在 $-\dfrac{1}{N_0(X)}$曲线上标出了$\dfrac{h}{X}$的数值，负倒相对描述函数曲线上的箭头方向表示了变量 $X$ 增加的方向。由于负倒相对描述函数曲线在负实轴上有重叠，为便于分析，有意把 $-\dfrac{1}{N_0(X)}$曲线画成上、下两条。由图 8-57 可知，$K_0G(j\omega)$ 曲线和 $-\dfrac{1}{N_0(X)}$曲线共有 $A$、$B$ 两个交点。从 $K_0G(j\omega)$ 曲线上找到交点处 $\omega=200\mathrm{rad/s}$，从 $-\dfrac{1}{N_0(X)}$曲线上找到交点处 $h/X$ 的值分别为 0.92 及 0.38，振幅 $X$ 则为 0.757 及 1.84。这说明系统中存在着两个振幅不同的周期运动，

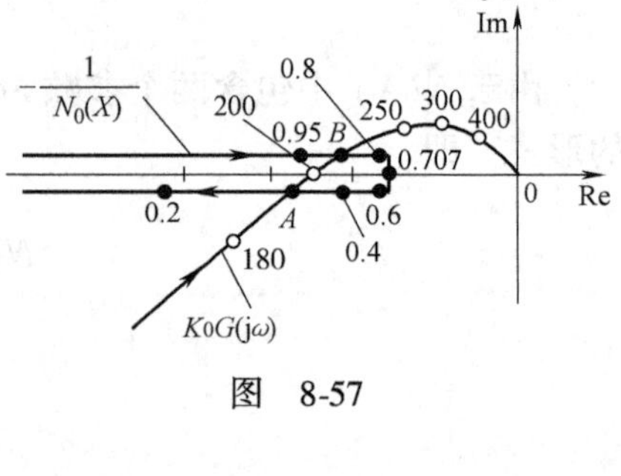


图 8-57

但振荡频率相同。

由稳定性分析可知，$B$ 点对应的 $0.757\sin200t$ 是不稳定的周期运动；而 $A$ 点对应的 $1.84\sin200t$ 是稳定的周期运动。所以系统中存在一个自持振荡，它的振幅为 1.84，频率为 200rad/s。当系统的扰动较小时，系统并不呈现自持振荡状态，而是呈现趋于平衡状态（不灵敏区）的瞬态过程，或者说系统的平衡状态在小扰动时是稳定的。由不稳定的周期运动的振幅 0.757 可知，如果只有幅值扰动，而扰动小于 0.757 时系统中的运动都趋向于平衡状态。当扰动幅值大于 0.757 时，系统最终表现出来的是自持振荡状态。

### 8.5.4　非线性系统结构图的简化

以上讨论的非线性系统，在其结构上均属于一个非线性部分和一个线性部分串联。然而实际系统作出的原始结构图，并非完全符合上述形式。为了应用描述函数法分析系统的自持振荡及稳定性，需要将各种结构形式归化为典型结构。

在讨论自持振荡及稳定性时，只研究由系统内部造成的周期运动，并不考虑外作用。因此，在将系统结构图进行归化变换时，可以认为所有外作用均为零，只考虑系统的闭环回路。

在结构归化时，若系统中出现两个非线性环节并联或串联结构，可以将两个非线性环节合并为一个等效环节进行处理。具体地说，两个非线性环节相并联，合并后的等效环节的描述函数为两个非线性环节的描述函数之和；两个非线性环节相串联，应先求出它们的等效非线性特性，再求其等效描述函数。

若非线性系统含有一个非线性环节和多个线性环节，此时可以按结构图等效变换法则对线性环节进行合并，将系统归化为典型结构形式。图 8-58 给出了一个非线性系统，其中非线性环节被线性局部反馈所包围。对这种结构，可视 $G_1(s)$、$G_2(s)$ 为并联结构，按结构图等效变换法则将其合并为一个线性部分，则系统就归化为典型结构形式。若非线性环节处于局部反馈通道中，也可通过适当变换，将系统归化为一个线性部分和一个非线性部分的串联，如图 8-59 所示。

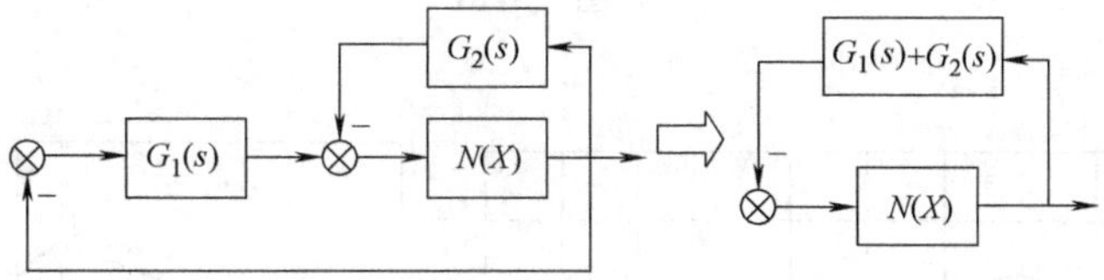


图　8-58

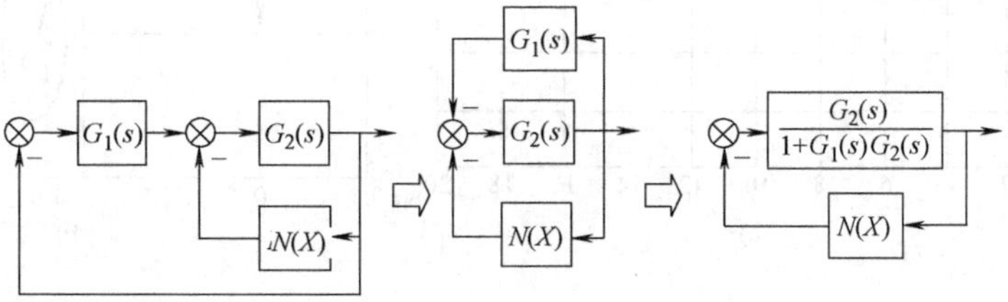


图　8-59

## 8.6 MATLAB 在非线性系统中的应用

利用 MATLAB 编程或 SIMULINK 环境可以对非线性系统进行仿真，下面通过例子说明仿真的方法。

**例 8-6** 具有饱和非线性特性的控制系统如图 8-60 所示，分析反馈系数 $k$ 对系统单位阶跃响应的影响。

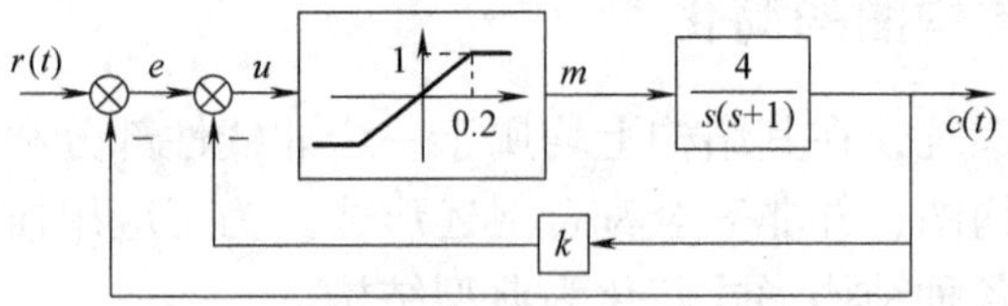


图 8-60

**解** 首先研究 $k=0$ 的情况。打开 SIMULINK 图形窗口后用 SIMULINK 的模块库建立如图 8-61 所示的系统模型，其中 Sum 模块在数学库（Math Operations）中，两个传递函数模块从线性系统库（Continuous）中调入，饱和特性从非线性系统库（Discontinuities）中调入，示波器模块从显示库（Sinks）中调入，阶跃信号模块从信号源库（Sources）中调入。双击以上模块，按本例要求适当选择参数。运行后，得到系统的单位阶跃响应以及相平面图如图 8-62a、b 所示。

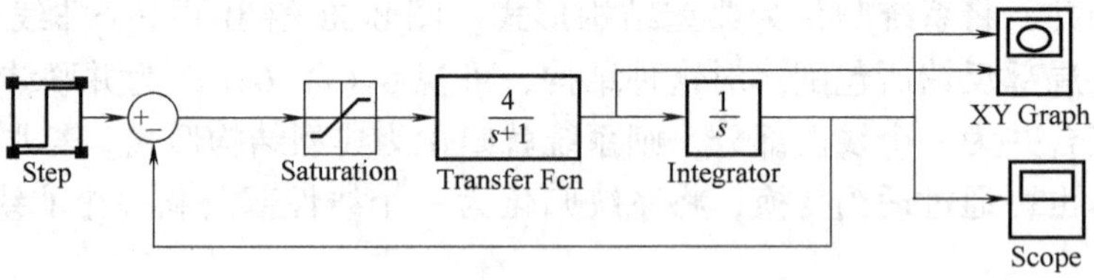


图 8-61

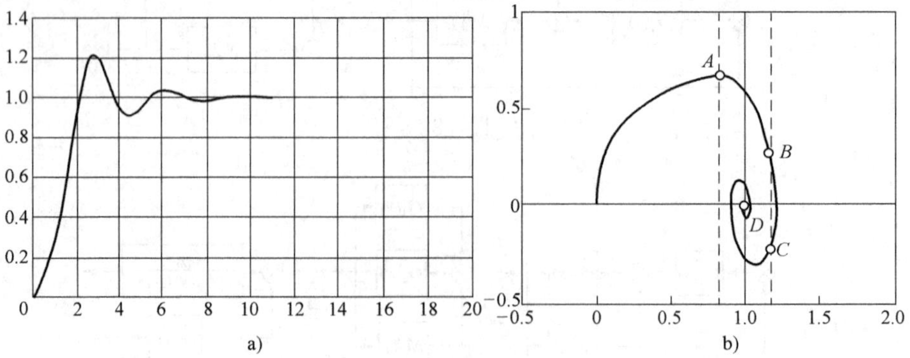


图 8-62

从相平面图可以看出，相平面被开关线 $c=1\pm0.2$ 分成三个区域，即正、负饱和区及线性区，相轨迹中的 $AB$ 段、$CD$ 段位于线性区域，呈对数螺旋曲线。相轨迹最终趋于 (1,0) 点，即系统的稳态输出值为 1。

下面研究 $k\neq0$ 的情况。打开 SIMULINK 图形窗口后用 SIMULINK 的模块库建立如图 8-63 所示的系统模型。$k=0.2$ 时，得到系统的单位阶跃响应以及相平面图如图 8-64a、b 所示；$k=1$ 时，得到系统的单位阶跃响应以及相平面图如图 8-65a、b 所示。由图 8-64、图 8-65看出，由于引入速度负反馈，使开关线向左倾斜，相点转换提前，有利于减小系统超调量，且这种作用随着 $k$ 值的增大而加强。

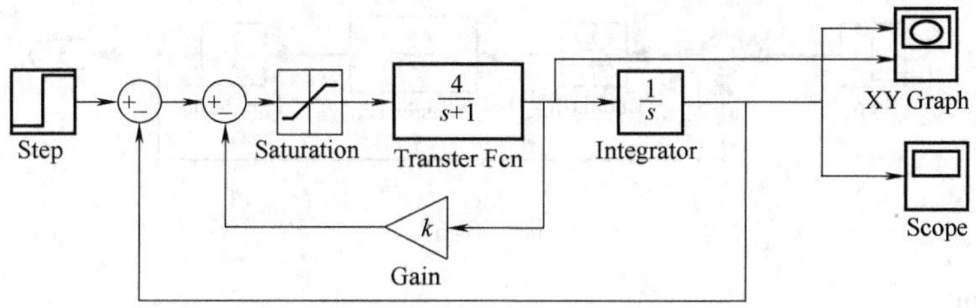


图　8-63

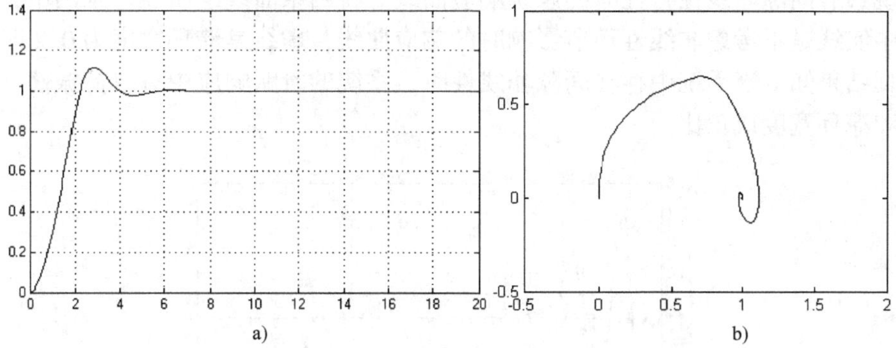


图　8-64

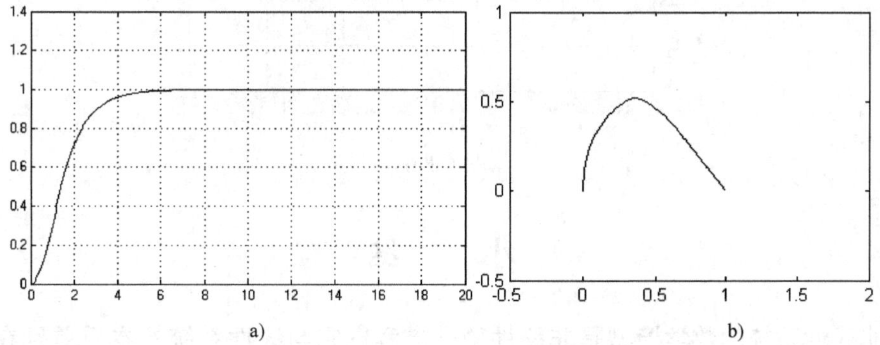


图　8-65

**例 8-7**　非线性系统框图如图 8-66 所示。设给定输入为单位阶跃信号，增益 $K=5$，间隙非线性的滞环宽度为0.2。(1) 不考虑非线性环节的影响时，求系统的阶跃响应；(2) 加入间隙非线性后，求系统的阶跃响应，并比较结果。

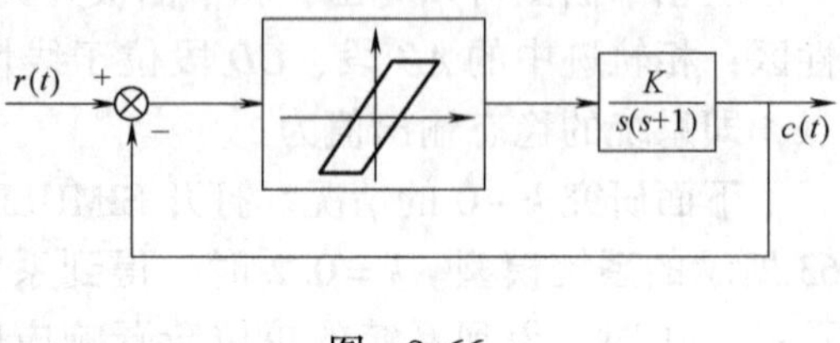

图 8-66

**解** 根据系统框图建立 SIMULINK 仿真模型如图8-67所示。

双击间隙非线性模块选择参数，先将滞环宽度（Deadband Width）选为零，点“仿真”（Simulink）下拉菜单中的“开始”（Start），在 MATLAB 命令窗口输入命令

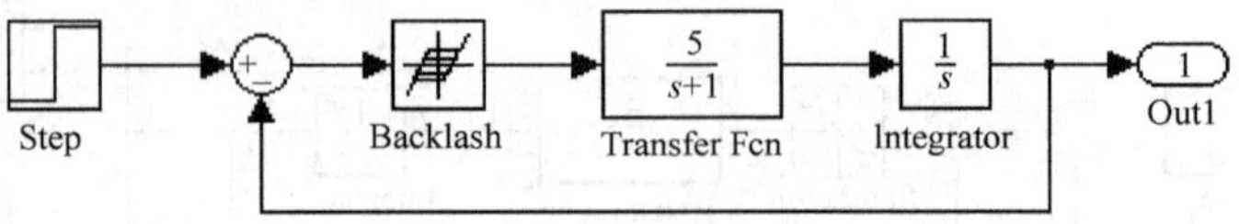

图 8-67

grid; hold on

plot（tout，yout）

就可观察系统在不考虑非线性环节影响时的响应曲线。将滞环宽度设为0.2，重复上述过程，可观察有间隙非线性特性时的系统响应曲线。将两条曲线绘制在一张图中，如图8-68所示，图中实线是不考虑非线性环节影响时的响应曲线，虚线是滞环宽度为0.2时的响应曲线。从仿真结果知，当系统中存在间隙非线性时，系统的阶跃响应中有自持振荡，且自持振荡的振幅和滞环宽度成正比。

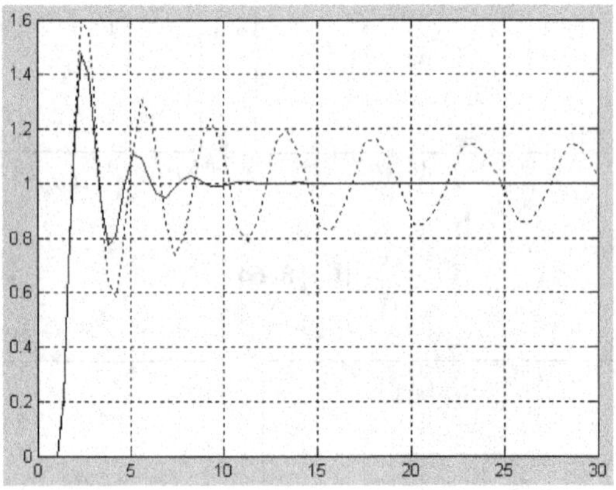

图 8-68

## 小　　结

(1) 非线性系统的数学模型是非线性微分方程，它与线性系统的本质差别在于不能应用叠加原理。因此，非线性系统的瞬态响应有许多奇异现象，其中工程中最关心的是自持振荡。

（2）借助于线性系统的某些概念，讨论了一些非线性特性对系统运动过程的影响，所得出的一些概念和结论对于从事实际系统的调试工作是具有参考价值的。

（3）相平面法能精确地分析系统，其要点是在相平面上作出状态变量随时间变化的相轨迹，进而分析系统的性能，但系统的阶次限于二阶或低于二阶。

（4）描述函数法实际上是对非线性特性进行谐波线性化，其要点是用一次谐波分量代替非线性环节输出的总体，因而要求非线性环节输出中的高次谐波分量较小且系统线性部分具有低通滤波性能，描述函数法是一种近似的分析方法，在解决工程实际问题时应用广泛。

（5）利用非线性特性改善系统的瞬态性能，往往可以取得较线性系统更为理想的效果，实现起来也并不复杂，本章通过几个例子介绍了这方面的情况。

## 习　题

8-1　绘制出下列系统方程的相轨迹

(1) $\ddot{x} + x + 3x\,\mathrm{sign}\dot{x} = 0$

(2) $\ddot{x} + |x| = 0$

(3) $\ddot{x} + x^2 + x = 0$

(4) $\ddot{x} + \mathrm{sign}(x + \dot{x}) = 0$

8-2　线性系统的方程如下

$$\frac{\mathrm{d}x_1}{\mathrm{d}x_2} = \frac{x_1 + x_2}{2x_1 + 4x_2}$$

试确定相平面（$x_1$，$x_2$）上奇点类型。

8-3　设系统如图 8-69 所示，试绘制初始条件为 $c(0) = c_0 > 1, \dot{c}(0) = 0$ 的相轨迹，画出 $c(t)$ 曲线，并计算 $c(t)$ 的周期。

8-4　非线性系统结构如图 8-70 所示。若输入为单位阶跃函数，请画出系统的相平面图。

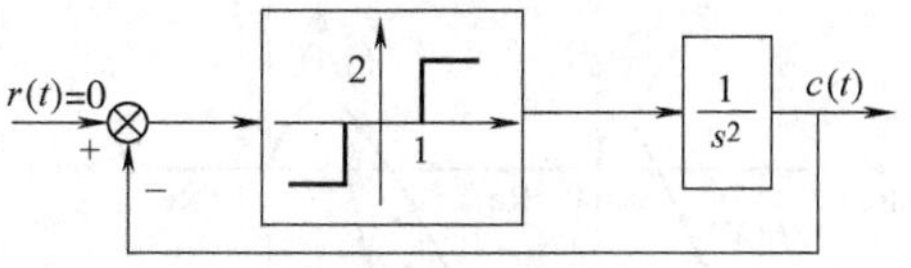


图　8-69

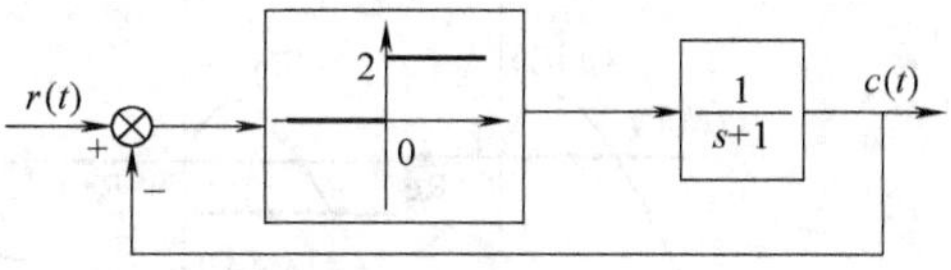


图　8-70

8-5　非线性系统的结构图如图 8-71 所示。要求

(1) 画出系统当初始条件为 $c(0) = 2$，$\dot{c}(0) = 0$ 时，$c - \dot{c}$ 平面的相轨迹（$r(t) = 0$）；

(2) 大致画出与该相轨迹对应的时间响应曲线 $c(t)$。

8-6　非线性系统的结构图如图 8-72 所示。画出系统当初始条件为 $c(0) = -3$，$\dot{c}(0) = 0$ 时，$c - \dot{c}$ 平面的相轨迹以及相应的时间响应曲线。

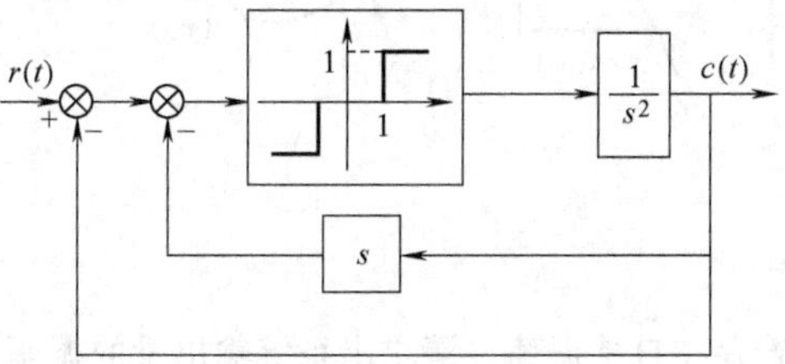


图　8-71

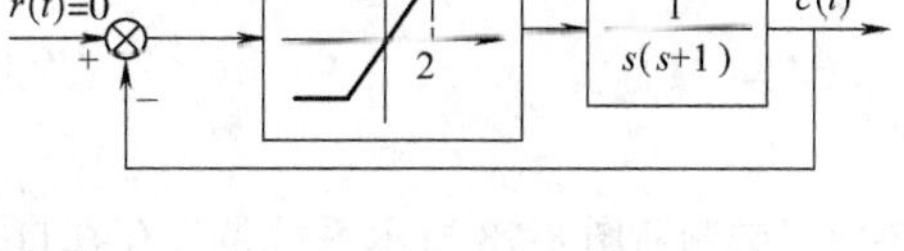


图　8-72

8-7 试用相平面法分析图 8-73 所示系统在 $\beta>0$, $\beta=0$ 以及 $\beta<0$ 时相轨迹的特点。

8-8 非线性控制系统如图 8-74 所示，设初始条件为 $c(0)=1$，$\dot{c}(0)=\sqrt{2}$，试绘制 $c-\dot{c}$ 平面的相轨迹，作出 $c(t)$ 的大致波形。

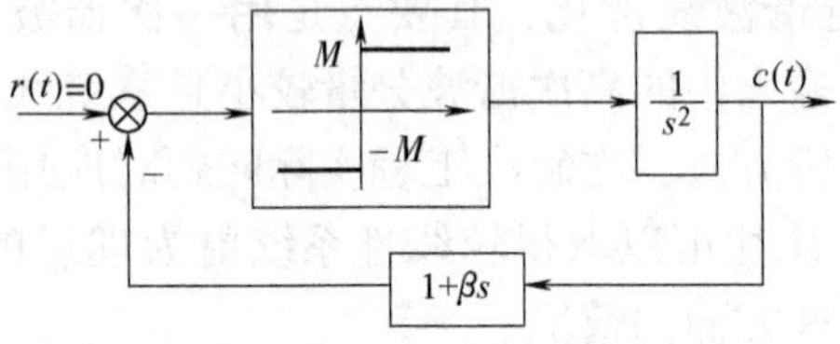


图 8-73

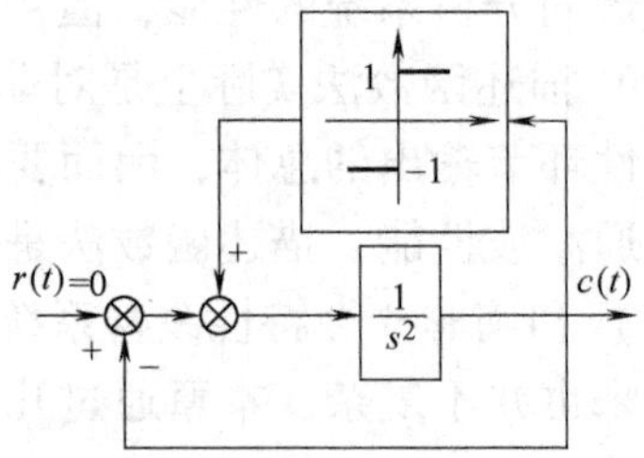


图 8-74

8-9 非线性系统结构如图 8-75 所示。$K=1$，$T=1$，当系统输入为 $r(t)=2\cdot 1(t)$ 时，请画出系统的相轨迹图、判断闭环系统的稳定性并指出稳态输出和稳态误差。

8-10 设非线性特性如图 8-76 所示，试计算其描述函数。

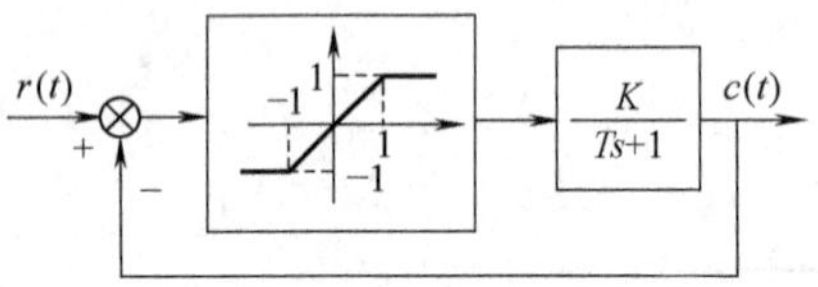


图 8-75

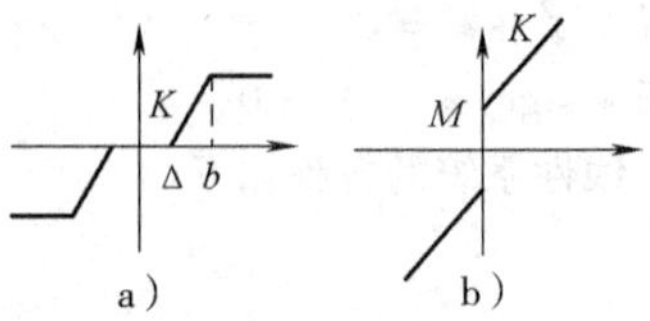


图 8-76

8-11 设非线性系统的 $G(\mathrm{j}\omega)$ 曲线和 $-1/N(X)$ 曲线如图 8-77 所示，试判断各闭环系统是否稳定以及是否存在自持振荡，其中 $G(s)$ 不含有位于右半 $s$ 平面的零、极点。

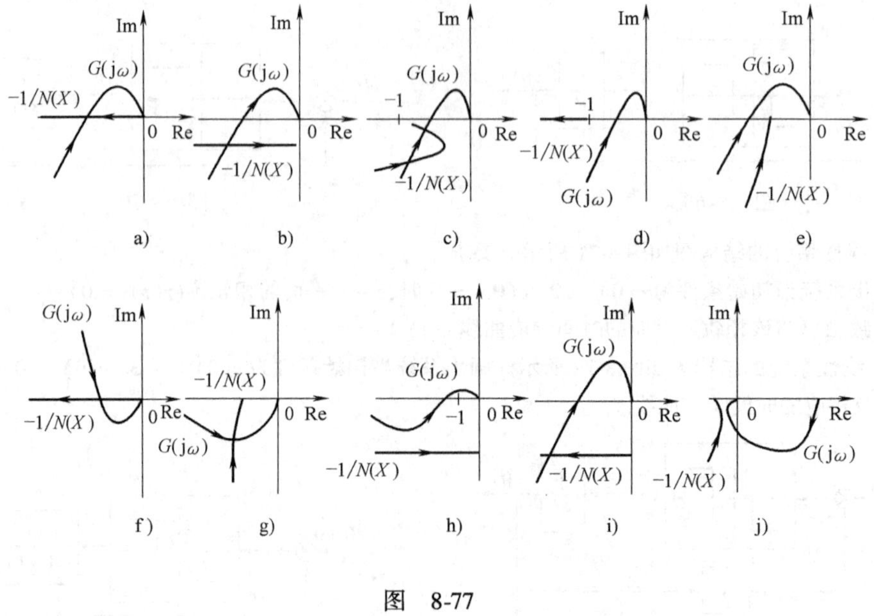


图 8-77

8-12 试判断图 8-78 所示系统是否存在自持振荡，若存在自持振荡，请求出系统输出量的振幅和频率。

8-13　具有饱和非线性特性的系统结构如图 8-79 所示。要求

（1）画出非线性环节的负倒描述函数曲线；

（2）判断系统是否存在自持振荡。若存在自持振荡，求出系统的振荡频率。

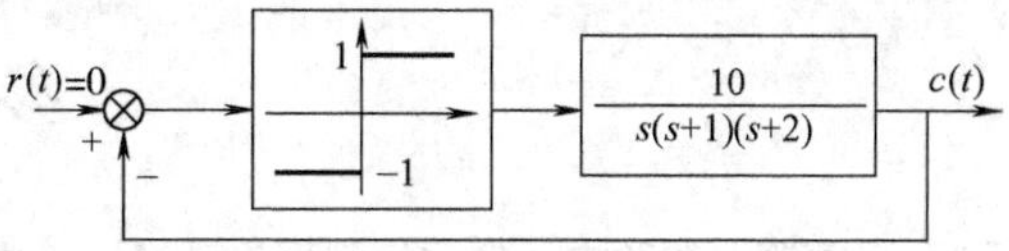


图　8-78

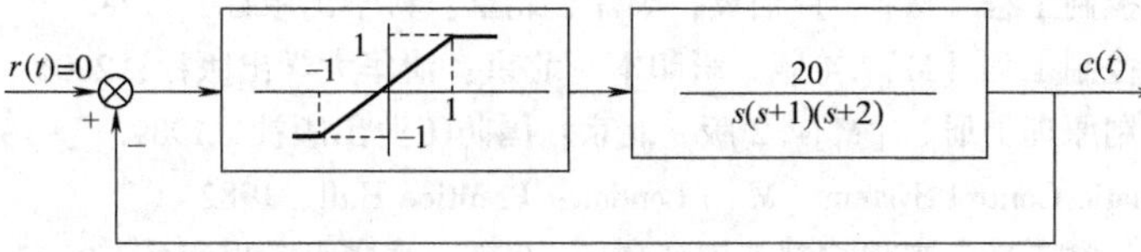


图　8-79

8-14　非线性系统的结构如图 8-80 所示。求出使系统产生自持振荡的 $h$ 和 $M$ 的数值。

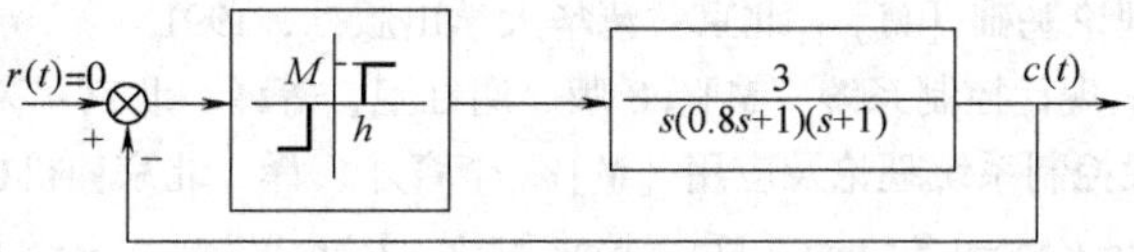


图　8-80

8-15　如图 8-81 所示非线性系统，试讨论系统发生自持振荡时，参数 $K_1$、$K_2$、$M$、$T_1$、$T_2$ 应满足的条件。

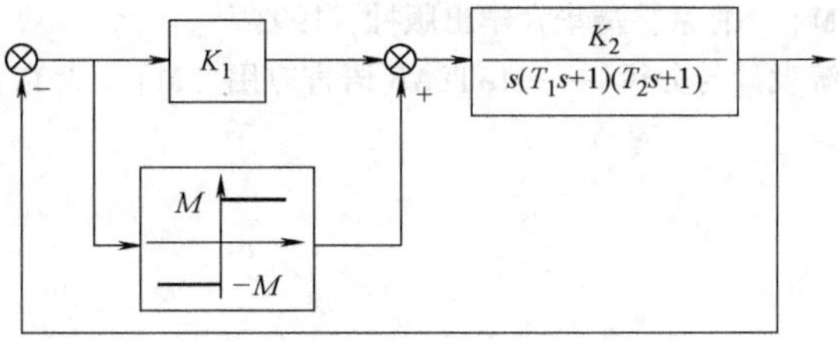


图　8-81

8-16　试利用 MATLAB 编程或 SIMULINK 环境求习题 8-6 的单位阶跃响应。

# 参考文献


[1] 夏德钤，翁贻方．自动控制理论［M］.2版．北京：机械工业出版社，2004.

[2] 胡寿松．自动控制原理［M］.4版．北京：科学出版社，2001.

[3] 绪方胜彦．现代控制工程［M］．卢伯英，等译．北京：科学出版社，1978.

[4] 绪方胜彦．现代控制工程［M］.4版．影印本．北京：清华大学出版社，2006.

[5] 李友善．自动控制原理上册．［M］.2版．北京：国防工业出版社，1989.

[6] B C KUO. Automatic Control System［M］. London：Prentice Hall，1982.

[7] 田作华，陈学中，翁正新．工程控制基础［M］．北京：清华大学出版社，2007.

[8] 蔡尚峰．自动控制理论［M］．北京：机械工业出版社，1980.

[9] I J 纳格拉思，M 戈帕尔．控制系统工程［M］．刘绍球，等译．北京：电子工业出版社，1985.

[10] M Dricls. 线性控制系统工程［M］．金爱娟，等译．北京：清华大学出版社，2006.

[11] 戴忠达．自动控制理论基础［M］．北京：清华大学出版社，1991.

[12] R Dort，R H Bishop. 现代控制系统［M］.8版．谢红卫，等译．北京：高等教育出版社，2001.

[13] S M 欣内尔斯．现代控制系统理论及应用［M］．李育才，译．北京：机械工业出版社，1980.

[14] E I Jury. Sampled Data Control System［M］. New York：John Wiley & Sons Inc，1958.

[15] 程鹏．自动控制原理［M］．北京：高等教育出版社，2003.

[16] 邹伯敏．自动控制理论［M］.2版．北京：机械工业出版社，2002.

[17] 王诗宓，杜继宏，窦日轩．自动控制理论例题习题集［M］．北京：清华大学出版社，2002.

[18] 邵裕森，戴先中．过程控制工程［M］.2版．北京：机械工业出版社，2000.

[19] 金以慧．过程控制［M］．北京：清华大学出版社，1993.

[20] 薛定宇．反馈控制系统设计与分析——MATLAB语言应用［M］．北京：清华大学出版社，2000.